SCHÄFFER
POESCHEL

Dietmar Vahs/Ralf Burmester

Innovations-management

Von der Produktidee
zur erfolgreichen Vermarktung

3., überarbeitete Auflage

2005
Schäffer-Poeschel Verlag Stuttgart

Praxisnahes Wirtschaftsstudium

Herausgeber:
Prof. Dr. Dietmar Vahs, Hochschule Esslingen
Prof. Dr. Bernd P. Pietschmann, Hochschule Aachen
Autoren:
Prof. Dr. Dietmar Vahs, Hochschule Esslingen
Prof. Ralf Burmester, Hochschule Esslingen

Ergänzende Unterlagen

Ergänzende Unterlagen zum Buch erhalten Sie unter der Internetadresse:
www.schaeffer-poeschel.de/isbn/3-7910-2355-1.htm

Bibliografische Information Der Deutschen Bibliothek
Die Deutsche Bibliothek verzeichnet diese Publikation in der Deutschen Nationalbibliografie; detaillierte bibliografische Daten sind im Internet über <http://dnb.ddb.de> abrufbar.

Gedruckt auf chlorfrei gebleichtem, säurefreiem und alterungsbeständigem Papier

ISBN 3-7910-2355-1

www.schaeffer-poeschel.de
info@schaeffer-poeschel.de

Einbandgestaltung: Willy Löffelhardt
Satz: media office gmbh, Kornwestheim
Druck: Kösel, Krugzell • www.koeselbuch.de

Printed in Germany
März/2005

Schäffer-Poeschel Verlag Stuttgart
Ein Tochterunternehmen der Verlagsgruppe Handelsblatt

Vorwort der Herausgeber

Die Reihe *Praxisnahes Wirtschaftsstudium* bietet eine lebendige und praxisorientierte Vermittlung des aktuellen betriebswirtschaftlichen Wissens.

Dazu trägt vor allem die langjährige Praxiserfahrung der Autoren dieser Reihe bei. Durch ihre Tätigkeit als Führungskräfte in Unternehmen, als Hochschullehrer und als Wirtschaftsberater verfügen sie sowohl über fundierte Fachkenntnisse als auch über umfassende praktische Erfahrungen.

Die Reihe *Praxisnahes Wirtschaftsstudium* umfasst zahlreiche Bände, die in Aufbau und Gestaltung derselben Systematik folgen. Dadurch finden sich die Leserinnen und Leser in den einzelnen Wissensgebieten schnell zurecht und können die Themen leichter »vernetzen«. Der besseren Orientierung dienen auch die Marginalien am Rande des Textes und die Kennzeichnung von Beispielen mit einem B und von Definitionen mit einem D. Die Bücher bestehen aus jeweils drei Elementen:

B

D

- In einem **Thementeil** werden die Lehrinhalte systematisch und anhand einer Vielzahl von erklärenden Grafiken und Beispielen aus der Wirtschaft erläutert.
- **Fallbeispiele** führen realitätsnah durch die verschiedenen Bereiche eines Unternehmens und ermöglichen die unmittelbare Anwendung des erarbeiteten Wissens.
- Das ausführliche **Stichwortverzeichnis** am Ende jeden Buches macht die Reihe zu einem Nachschlagewerk, in dem sich die Leserinnen und Leser schnell zurechtfinden.

Wo immer dies sinnvoll ist, wird jeder Abschnitt des Thementeils durch Wiederholungsfragen zur Überprüfung des Lernfortschritts ergänzt; am Ende des Buches findet der Leser dann Übungsaufgaben und Musterlösungen.

Die Bücher der Reihe *Praxisnahes Wirtschaftsstudium* wenden sich insbesondere an zwei Adressatengruppen:

- **Studierende** an Fachhochschulen, Universitäten, Akademien und sonstigen Einrichtungen, denen in dieser Reihe Lehrbücher angeboten werden, die wissenschaftliche Grundlagen mit konkretem Praxisbezug verbinden und die durch ihren Aufbau auch über das Studium hinaus als Nachschlagewerk dienen.

- **Praktiker**, die im Rahmen ihrer Tätigkeit mit betriebswirtschaftlichen Problemen konfrontiert werden und sich schnell und systematisch einen fundierten Einblick in den gegenwärtigen Stand der Betriebswirtschaftslehre und einiger wichtiger Nachbardisziplinen verschaffen wollen.

Für Hinweise, die einer Verbesserung der Reihe *Praxisnahes Wirtschaftsstudium* dienen, sind die Herausgeber jederzeit dankbar.

Aachen und Stuttgart

Bernd P. Pietschmann
Dietmar Vahs

Vorwort der Verfasser zur ersten Auflage

»Die Fähigkeit zur Innovation entscheidet über unser Schicksal.«

Bundespräsident *Roman Herzog* in seiner Rede
»Aufbruch ins 21. Jahrhundert« am 26. April 1997

Innovationen sind eine wesentliche Antriebskraft für die gesellschaftliche und wirtschaftliche Fortentwicklung. Angesichts des sich weiter verschärfenden globalen Wettbewerbs und der zunehmenden Dynamik des Wandels gewinnt das zielgerichtete Management von Innovationen immer mehr an Bedeutung. Es ist zu einem, wenn nicht zu **dem** zentralen »kritischen Erfolgsfaktor« für die langfristige Bestandssicherung von Unternehmen geworden. Bundespräsident *Roman Herzog* hat in seiner denkwürdigen Berliner Rede im April 1997 zu Recht hervorgehoben, dass die Innovationsfähigkeit über unser weiteres Schicksal entscheidet – und dass diese Fähigkeit im Kopf beginnt (vgl. *Herzog*, R. 1997 S. 6 f.).

Das vorliegende Buch bietet gleichermaßen aktuelles Fachwissen und pragmatische Handlungsempfehlungen. Es richtet sich damit sowohl an Studierende der Betriebswirtschaftslehre, des Wirtschaftsingenieurwesens und der Ingenieurwissenschaften als auch an Praktiker, die sich in ihrer täglichen Arbeit mit der Generierung und der Umsetzung von Innovationen befassen.

Um der Komplexität des Themas und seinem unternehmensübergreifenden Charakter gerecht zu werden, gliedert sich das Buch in sieben Kapitel:

- Im ersten Kapitel wird auf das Umfeld und auf wesentliche Merkmale der Innovationstätigkeit in Deutschland und im internationalen Vergleich eingegangen.
- Das Kapitel 2 befasst sich mit den Grundlagen des Innovationsmanagements. Hier finden sich begriffliche Abgrenzungen, die nähere Kennzeichnung von Innovationen und ihren Zielen sowie eine grundlegende Darstellung des Ablaufes von Innovationsprozessen.
- Wegen der strategischen Bedeutung von Innovationen für den langfristigen Unternehmenserfolg ist den Innovationsstrategien ein eigenständiges Kapitel gewidmet. Im Kapitel 3 werden vor allem die unterschiedlichen Strategietypen und die wesentlichen Instrumente zur Formulierung von Innovationsstrategien erörtert.

- Den inhaltlichen Schwerpunkt des Buches bildet das vierte Kapitel, das sich mit der zielgerichteten Gestaltung von Produktinnovationsprozessen auseinander setzt. Hier wird ausführlich und anhand vieler praktischer Beispiele auf die einzelnen Prozessschritte von der Ideengewinnung bis zur Markteinführung von Innovationen eingegangen.
- Innovationsfördernde Unternehmensstrukturen und -prozesse sind eine notwendige Voraussetzung für das Entstehen von Neuerungen und deren erfolgreiche Umsetzung im Markt. Den vielfältigen organisatorischen Möglichkeiten zur Integration der Innovationsfunktion wird deshalb im Kapitel 5 ein vergleichsweise breiter Raum gewidmet.
- Einem Unternehmen kann es nur dann dauerhaft gelingen, immer wieder neue Ideen zu generieren und zu realisieren, wenn es eine Kultur besitzt, die kreative Ideen unterstützt und einem unternehmerischen Denken und Handeln auf allen Hierarchieebenen ausreichenden Spielraum gewährt. Das Kapitel 6 befasst sich mit den Voraussetzungen, den Merkmalen und den Zielen einer positiven Innovationskultur.
- Im abschließenden siebten Kapitel wird auf die wesentlichen Erfolgs- und Misserfolgsfaktoren von Innovationen eingegangen und deren spezifisches Potenzial an Chancen und Risiken aufgezeigt.

Für die engagierte und tatkräftige Unterstützung bei der Erarbeitung dieses Buches gilt unser besonderer Dank Herrn Dipl.-Ökonom *Andreas Rudolf* und Frau Dipl.-Wirtsch.-Ing. (FH) *Sylvia Stockbauer.* Beide haben durch ihren Einsatz wesentlich zum Gelingen des Buchprojektes beigetragen. Zu danken haben wir auch Frau Dipl.-Wirtsch.-Ing. (FH) *Silke Hölzl* und Herrn Dipl.-Wirtsch.-Ing. (FH) *Heiko Trautwein* für die Erstellung verschiedener Abbildungen und die Durchsicht des Manuskripts.

Für innovative Ideen zur Weiterentwicklung des »Innovationsmanagements« sind die Verfasser immer dankbar.

Stuttgart, im September 1998

Dietmar Vahs
Ralf Burmester

Vorwort der Verfasser zur dritten Auflage

In der ersten Auflage des Buches »Innovationsmanagement« wählten die beiden Autoren einen Auszug aus der berühmten Berliner Rede des damaligen Bundespräsidenten *Professor Dr. Roman Herzog* als Leitsatz: »Die Fähigkeit zur Innovation entscheidet über unser Schicksal.«

An der Notwendigkeit, diese Fähigkeit zu besitzen oder zu entwickeln, hat sich bis heute nichts geändert – ganz im Gegenteil: Auch in der Zukunft wird unsere wirtschaftliche und gesellschaftliche Situation entscheidend von der Innovationskraft unserer Unternehmen und der in ihnen tätigen Menschen abhängen. Letztendlich werden wir im internationalen Wettbewerb nur dann langfristig Erfolg haben, wenn wir in der Lage sind, fortlaufend neue Produkte und Verfahren zu entwickeln und zielgerichtet im Weltmarkt zu etablieren. Gerade in Zeiten von immer kürzer werdenden Entwicklungs- und Produktlebenszyklen ist dies zwar eine naheliegende, aber keineswegs eine triviale Erkenntnis. Die Umsetzung von Neuerungen erfordert nämlich ein ganzheitliches und in sich schlüssiges Innovationsmanagement, das sämtliche Aspekte der Gestaltung von Innovationen gleichermaßen berücksichtigt: Von der strategischen Ausrichtung über die Prozess- und Organisationsgestaltung bis zu der Entwicklung einer innovationsfördernden Unternehmenskultur. Das Management von Produkt-, Prozess- und Sozialinnovationen ist damit eine erstrangige Aufgabe für alle Führungskräfte.

Nachdem die vorangegangenen Auflagen von ihren Leserinnen und Lesern äußerst positiv aufgenommen wurden, haben die Verfasser die dritte Auflage auf Verbesserungs- und Ergänzungsmöglichkeiten hin überprüft. Das verwendete Zahlenmaterial und die Beispiele wurden überarbeitet und aktualisiert. Einige Abbildungen und Praxisfälle wurden neu eingefügt. Die bewährte und von Studierenden wie Praktikern gleichermaßen geschätzte Grundstruktur des Lehrbuches blieb dabei unverändert.

Für Anregungen zur Weiterentwicklung des »Innovationsmanagements« sind die Verfasser immer dankbar.

Esslingen, im November 2004

Dietmar Vahs
Ralf Burmester

Inhaltsverzeichnis

Abbildungsverzeichnis

Tabellenverzeichnis

Abkürzungsverzeichnis

Abb.	Abbildung
AEG	Allgemeine Elektrizitätsgesellschaft
AG	Aktiengesellschaft
Anm.	Anmerkung
ASU	Arbeitsgemeinschaft selbstständiger Unternehmer
BCG	Boston Consulting Group
BDI	Bundesverband der Deutschen Industrie
BIP	Bruttoinlandsprodukt
BJU	Bundesverband junger Unternehmer
BMBF	Bundesministerium für Bildung, Wissenschaft, Forschung und Technologie/Bundesministerium für Bildung und Forschung
BMW	Bayerische Motoren Werke
BRD	Bundesrepublik Deutschland
BSP	Bruttosozialprodukt
Bsp.	Beispiel
BVW	Betriebliches Vorschlagswesen
bzgl.	bezüglich
bzw.	beziehungsweise
ca.	circa
CAA	Computer-Aided-Assembly
CAD	Computer-Aided-Design
CAE	Computer-Aided-Engineering
CAM	Computer-Aided-Manufacturing
CAP	Computer-Aided-Planning
CAQ	Computer-Aided-Quality
CAS	Computer-Aided-Selling
CAT	Computer-Aided-Testing
CD	Compact Disc
CD-ROM	Compact Disc – Read Only Memory
CIM	Computer-Integrated-Manufacturing
c. p.	ceteris paribus
DBAG	Daimler-Benz Aktiengesellschaft
DBW	Die Betriebswirtschaft
DCAG	DaimlerChrysler Aktiengesellschaft
DDR	Deutsche Demokratische Republik
ders.	derselbe
DIHK	Deutscher Industrie- und Handelskammertag
DIN	Deutsche Industrie-Norm(en)
DM	Deutsche Mark
DOS	Disc Operating System

DPMA	Deutsches Patent- und Markenamt
EDV	Elektronische Datenverarbeitung
EPA	Europäisches Patentamt
et al.	et alii (und andere)
EU	Europäische Union
€	Euro
evtl.	eventuell
f.	folgende
FAZ	Frankfurter Allgemeine Zeitung
FEM	Finite-Elemente-Methode
ff.	fortfolgende
F+E	Forschung und Entwicklung
Hrsg.	Herausgeber
hrsg. v.	herausgegeben von
HWO	Handwörterbuch der Organisation
IBM	International Bureau Machines
i. d. R.	in der Regel
IGA	Institutionalisierte Gremienarbeit
IKT	Informations- und Kommunikationstechnologie
ISO	International Organization for Standardization
JfB	Journal für Betriebswirtschaft
JVC	Victor Company of Japan, Limited
Kap.	Kapitel(n)
KMU	Kleine und mittlere Unternehmen
KVP	Kontinuierlicher Verbesserungsprozess
kW	Kilowatt
Ltd.	Limited
MITI	Ministry of International Trade and Industry
Mrd.	Milliarde(n)
MS	Microsoft
MTU	Maschinen-Turbinen-Union
OECD	Organization of Economic Cooperation and Development
ÖPNV	Öffentlicher Personennahverkehr
PC	Personal-Computer
PIPC	Produktinnovationsprojekt-Controlling
PKW	Personenkraftwagen
PPS	Produktionsplanung und -steuerung
PR	Public Relations
RKW	Rationalisierungskuratorium der deutschen Wirtschaft
RoI	Return-on-Investment
S.	Seite(n)
SE	Simultaneous Engineering
SGE	Strategische Geschäftseinheit(en)
SMI	Strategisches Management von Innovationen

Sp.	Spalte(n)
StZ	Stuttgarter Zeitung
Tab.	Tabelle
TOWS	Threats – Opportunities – Weaknesses – Strengths
TQM	Total-Quality-Management
u. a.	und andere(s)
USA	United-States of America
USP	Unique-Selling-Proposition
usw.	und so weiter
v. a.	vor allem
VDI	Verein Deutscher Ingenieure
vgl.	vergleiche
VHS	Video-Home-System
vs.	versus
WHU	Wissenschaftliche Hochschule für Unternehmensführung
WiSt	Das Wirtschaftswissenschaftliche Studium
WISU	Das Wirtschaftsstudium
z. B.	zum Beispiel
ZfB	Zeitschrift für Betriebswirtschaft
zfbf	Schmalenbachs Zeitschrift für betriebswirtschaftliche Forschung
zfo	Zeitschrift Führung und Organisation

1 Innovation – Schlagwort oder Motor der Wirtschaft?

1.1 Lernziele

Im ersten Kapitel soll der Leser

- die grundlegende Bedeutung von Innovationen für Wirtschaft, Politik und Gesellschaft kennen lernen,
- einen Überblick über die nationale und die internationale Innovationstätigkeit erhalten,
- sich mit den Strukturen der deutschen Innovationspolitik und -förderung auseinander setzen und
- einen Eindruck von der Art und der Wirkungsweise innovationshemmender Kräfte bekommen.

1.2 Innovationen als zentrale wirtschaftliche, politische und gesellschaftliche Größe

1.2.1 Ausgangsüberlegungen

Der Innovationsbegriff ist in den letzten Jahren neben Begriffen wie »Zukunftsbranche« oder »Schlüsseltechnologie« zu einem schillernden Modewort in der öffentlichen Diskussion geworden, das in allen Bereichen der Gesellschaft, der Politik und vor allem der Wirtschaft präsent ist. Während viele Unternehmer das Innovationsklima hierzulande wegen der hohen Abgaben- und Steuerlast als »rau« bezeichnen, meinen einige Politiker, die deutschen Unternehmen seien in den letzten Jahren »innovationsmüde« geworden und verweisen auf die entsprechenden Statistiken. Ohne die unterschiedlichen Standpunkte an dieser Stelle diskutieren oder bewerten zu wollen (vgl. dazu die folgenden Abschnitte) kann festgehalten werden, dass das Innovationsverständnis in den meisten Fällen eher diffus und unpräzise im Hinblick auf die damit verbundenen Inhalte ist. Das Einzige, über das sich die Parteien einig sind, ist die Tatsache, dass es bei Innovationen um etwas »Neues« geht. Für eine tiefer gehende Auseinandersetzung mit der Innovationsthematik reicht eine solche Begriffsbestimmung jedoch bei weitem nicht aus.

Um Missverständnissen von Anfang an vorzubeugen, wird hier unter einer **Innovation** grundsätzlich die zielgerichtete Durchsetzung von neuen technischen, wirtschaftlichen, organisatorischen D

D

und sozialen Problemlösungen verstanden, die darauf gerichtet sind, die Unternehmenziele auf eine neuartige Weise zu erreichen (zur näheren Kennzeichnung des Innovationsbegriffs vgl. Abschnitt 2.2). Demgegenüber bezeichnet der Begriff der **Technologie** das gesammelte Expertenwissen, das auf einer theoretischen Basis aufbaut und versucht, diese weiterzuentwickeln. Im Mittelpunkt der Technologie steht die Frage nach dem Funktionsprinzip und dessen Beschreibung und Erklärung. Erst die **Technik** setzt die aus der Technologie gewonnenen Erkenntnisse in konkrete Produkte und Verfahren um. Bei der Technik geht es daher um die Frage, wie sich Neuerungen tatsächlich realisieren lassen. Schließlich sind unter **Forschung und Entwicklung (F+E)** diejenigen Aktivitäten zusammengefasst, durch die eine Änderung der Technologie und der Technik herbeigeführt werden kann (vgl. *Bürgel, H. D./Haller, C./Binder, M.* 1996 S. 9 ff., *Brockhoff, K.* 1994 S. 22f., *Pleschak, F./Sabisch, H.* 1996 S. 1 ff.).

Nun werden aus neuartigen Ideen nicht selbstverständlich auch ökonomisch sinnvolle Innovationen. Eine Vielzahl von historischen Beispielen zeigt vielmehr, dass eine reine Technikorientierung zu Unternehmenskrisen führt. Zur erfolgreichen Umsetzung einer Erfindung bedarf es vielmehr neben der ingenieurwissenschaftlichen Kompetenz in erheblichem Maße auch des sozialwissenschaftlichen Sachverstandes (vgl. auch *Brockhoff, K.* 1992 S. 11 ff.).

Bedeutung des Innovationsmanagements

Das **Management von Innovationen**, im Sinne einer systematischen Planung, Durchführung, Steuerung und Kontrolle der Innovationstätigkeit, ist eine unabdingbare Voraussetzung für die effektive und effiziente Ideenrealisation und damit für die Weiterentwicklung von Unternehmen in einem dynamischen Markt- und Wettbewerbsumfeld. Demzufolge ist es auch wenig verwunderlich, dass in den Wissenschaftskreisen der Hochschulen (und hier vor allem der Business Schools) das Innovationsmanagement immer häufiger als eigenständige Disziplin der Betriebswirtschaftslehre institutionalisiert wird, teilweise allerdings immer (noch) mit einer engen Anbindung an andere spezielle Betriebswirtschaftslehren, wie beispielsweise das Marketing oder die Produktionswirtschaft. Die Zielsetzung eines Studiums des Innovationsmanagements ist es, sich in Kenntnis der herausragenden Rolle von Innovationen im Wirtschaftsprozess mit den Methoden und Verfahren zur Generierung und Umsetzung von neuen, marktfähigen Ideen auseinander zu setzen.

***Schumpeters* Innovationstheorie**

Nun ist die Feststellung, dass Innovationen für Wirtschaft, Politik und Gesellschaft eine besondere Bedeutung besitzen, an sich keine neue, »innovative« Erkenntnis (vgl. *Thom, N.* 1980 S. 3). Bereits Anfang diesen Jahrhunderts definierte der österreichische Nationalökonom und spätere Harvard-Professor *Joseph Alois Schumpeter* (1883–1950) Innovationen als die **»Durchsetzung neuer**

Kombinationen«, mit denen Unternehmen aus Gewinnstreben die »ausgefahrenen Bahnen der statischen Wirtschaft« verlassen; übrigens ohne den Begriff »Innovation« zu verwenden. Die Durchsetzung neuer Kombinationen bezieht *Schumpeter* sowohl auf die Herstellung eines neuen Gutes als auch auf die Einführung einer neuen Produktionsmethode, die Erschließung eines neuen Absatzmarkts, die Eroberung einer neuen Bezugsquelle von Rohstoffen und Halbfabrikaten oder die Durchführung einer Neuorganisation.

Erst durch die »**schöpferische Zerstörungskraft**« der Innovationstätigkeit, die nicht stetig und regelmäßig, sondern »diskontinuierlich« erfolgt, wird nach seiner Ansicht die wirtschaftliche Entwicklung vorangetrieben (vgl. *Schumpeter, J. A.* 1950 S. 134 ff., ders. 1987 S. 100). *Schumpeter* kann durch die Verknüpfung von technologischen, wirtschaftlichen, psychologischen und soziologischen Erwägungen zur Erklärung der mittel- bis langfristigen Entwicklung einer Volkswirtschaft als Urheber der heutigen Diskussion um die Hintergründe und die Wirkungsweisen von Innovationen gelten.

In seinem Werk über die »Theorie der wirtschaftlichen Entwicklung«, das erstmals 1912 in Leipzig erschien, führt *Schumpeter* das **Grundphänomen der ökonomischen Weiterentwicklung** von Unternehmen und Volkswirtschaften ursächlich auf zwei Personengruppen zurück (vgl. *Schumpeter, J. A.* 1987 S. 100 ff.):

Dynamische Unternehmer und Financiers

- Im Mittelpunkt seiner Theorie steht der »**dynamische Unternehmer**«. Aufgrund seiner besonderen Persönlichkeitsstruktur, seiner Risikobereitschaft und seiner Weitsicht gelingt es ihm als erstem, neue Erfindungen wirtschaftlich zu nutzen. Sofern die neuartige Kombination der Produktionsmittel einen erkennbaren Vorteil gegenüber der bisherigen Situation aufweist, kommt der für die gesamte Volkswirtschaft relevante Prozess der »schöpferischen Zerstörung« in Gang: Die bis dahin etablierten Produkte und Verfahren werden nach und nach durch die erfolgreichen Neuerungen abgelöst.

  Erreicht der dynamische Unternehmer dank der von ihm verwirklichten Neukombination der Produktionsfaktoren und dem daraus resultierenden Wettbewerbsvorsprung vor seinen Konkurrenten eine monopolähnliche Marktstellung, kommt er in den Genuss hoher Pioniergewinne, die sich zur so genannten »Monopolrente« verfestigen können. Dadurch entsteht jedoch ein für die Wettbewerbssituation unbefriedigender Zustand. Dieser Nachteil wird aber dadurch (über-)kompensiert, dass der *Schumpeter*'sche Unternehmer der Volkswirtschaft insgesamt zu einer höheren Produktivität und damit zu einem höheren Wohlfahrtsniveau verholfen hat. Schließlich ahmen Imitatoren die Neuerungen mit zeitlichem Abstand nach. Es entsteht ein Anpassungsprozess, der zu einem wirtschaftlichen Gleichgewicht auf einem höheren

Niveau führt, das erst wieder durch eine erneute erfolgreiche Innovation und deren Folgen gestört wird.

- Eine wesentliche Voraussetzung für den skizzierten Wachstumsprozess sind ausreichende Finanzierungsmöglichkeiten, bei denen es sich nach *Schumpeter* in der Regel um Bankkredite handelt. Die zweite zentrale Rolle im Prozess der wirtschaftlichen Entwicklung spielt daher die Gruppe der **dynamischen Financiers**. Sie stellt das für die Innovationstätigkeit benötigte Kapital zur Verfügung und ermöglicht dadurch überhaupt erst die Durchsetzung neuer Faktorkombinationen. Die Aufnahme von Krediten durch die Unternehmen wird notwendig, weil die Kapitalrückflüsse aus dem Verkauf der Produkte und Leistungen oder aus der Verzinsung von Kapitalrücklagen nicht ausreichen und weil es in den Unternehmen an freiwilligen Ersparnissen mangelt. Den Bankiers, die bereit zur Investition von Geldmitteln in mehr oder weniger risikoträchtige Neuerungen sind, kommt demzufolge ebenfalls eine besondere Bedeutung im Innovationsprozess zu.

Aktualität der Gedanken *Schumpeters*

Vergleicht man die skizzierten Gedanken *Schumpeters*, in denen **Innovationen** der eigentliche **Motor der wirtschaftlichen Entwicklung** sind, mit der anhaltenden Diskussion um die Risiko- und Innovationsbereitschaft heutiger Unternehmer und Bankenvertreter in Deutschland, so wird deren Aktualität erkennbar. Neben dem Pioniergeist einzelner (Unternehmer-)Persönlichkeiten ist die Gewährung von ausreichendem (Risiko-)Kapital ein zentraler Aspekt, wenn sich neue, bessere Produkte und Prozesse gegen die im Markt etablierten Problemlösungen durchsetzen sollen. Die von *Schumpeter* vertretene Auffassung stellt also Sachverhalte dar, die heute unter Begriffen wie »Venture-Capital« oder »Venture-Management« kontrovers diskutiert und als zunehmend relevant erachtet werden und deren konkrete Ausprägungen in der Wirtschaftspraxis häufig ein Hemmnis für Innovationen sind (vgl. Abschnitt 1.6).

Dynamischer Wettbewerb

Auch der deutsche Volkswirt *Helmut Arndt* sah in dem **dynamischen Wettbewerb** von Vorstoß und Verfolgung, also der ständigen Konkurrenz von innovativ-bahnbrechenden Pionierunternehmen und spontan imitierenden Nachfolgern die einzig sinnvolle Form des ökonomischen Wettbewerbs. Er verwies bereits sehr früh auf den elementaren gesamtwirtschaftlichen und gesellschaftlichen Charakter von Innovationen und der sie durchführenden Unternehmen (vgl. *Arndt, H.* 1952 S. 33 ff.).

Die Werke von *Schumpeter* und *Arndt* können somit zu Recht als Ausgangspunkte und als erste **Meilensteine der modernen Innovationsforschung** angesehen werden. Sie zeigen, dass der technologische Fortschritt die wirtschaftliche Entwicklung einzelner Unternehmen und ganzer Regionen oder Nationen vorantreibt. Gleichzeitig setzt er gesellschaftliche Veränderungsprozesse in Gang, die wiederum auf die Richtung und auf die Intensität des technologischen Wandels zurückwirken können (vgl. auch *Zahn, E.* 1995 S. 9).

1.2.2 Volkswirtschaftliche Bedeutung von Innovationen

In fast allen Bereichen der Makroökonomie lassen sich die potenzielle Innovationsfähigkeit und die tatsächliche Innovationstätigkeit von Volkswirtschaften als zentrale Erfolgskriterien für ein wirtschaftliches Wachstum identifizieren. Im Folgenden wird deshalb auf die relevanten Bereiche der Wachstums-, der Konjunktur- und der Außenwirtschaftstheorie ausführlicher eingegangen.

Wachstums- und Konjunkturtheorie

In der **Wachstums- und Konjunkturtheorie** ist eine stark positive Korrelation zwischen der Existenz und der Intensität von Innovationstätigkeit einerseits und dem Ausmaß des gesamtwirtschaftlichen Wachstums andererseits festgestellt worden. Dabei lassen sich für Produkt- und Prozessinnovationen unterschiedliche Folgewirkungen nachweisen (vgl. *Walter, H.* 1983, S. 156; zur näheren Differenzierung von Produkt- und Prozessinnovationen vgl. Abschnitt 2.5.1):

D

- **Produktinnovationen** sind neu entwickelte materielle und immaterielle Wirtschaftsgüter (vgl. *Thom, N.* 1980 S. 32 ff.). Diese Güter zielen auf die Befriedigung konkreter Kundenbedürfnisse ab. Sie wirken sich positiv auf die abgesetzte Menge und/oder die zu erzielenden Absatzpreise aus und tragen damit zur Verbesserung der Erlössituation der Anbieter bei.
- **Prozessinnovationen** wirken dagegen unmittelbar auf der Angebotsseite und können als »... geplante Veränderungen im Prozess der Faktorkombination ...« definiert werden (*Thom, N.* 1980 S. 35). Prozess- oder Verfahrensinnovationen beziehen sich auf die für die Leistungserstellung notwendigen materiellen und informationellen Prozesse (zur näheren Kennzeichnung von Prozessen vgl. *Vahs, D.* 2005 S. 209 ff.). Sie dienen der Erhöhung der Arbeitsproduktivität und bieten damit die Möglichkeit, das volkswirtschaftliche (Real-)Einkommen zu steigern.

Von einer großen volkswirtschaftlichen Bedeutung ist die Tatsache, dass Innovationen zumeist mit umfangreichen Sachinvestitionen verbunden sind. Die investive Kapitalverwendung im Verlauf von Innovationsprozessen ermöglicht beispielsweise die Errichtung neuer Forschungs- und Entwicklungseinrichtungen, den Erwerb moderner Maschinen und Verfahren oder die Einstellung von zusätzlichem Personal. Ein derartiges Investitionsverhalten innovativer Unternehmen wirkt sich sowohl auf der Beschaffungsseite (z. B. bei Lieferanten und Dienstleistern) als auch auf der Absatzseite (z. B. beim Handel) positiv aus. Durch die mit der Innovationstätigkeit verbundenen

Multiplikator- und (Kapital-)Akkumulationseffekte werden Innovationen zu einem zentralen Motor der konjunkturellen Entwicklung.

***Kondratieff*-Zyklen**

Die große volkswirtschaftliche Bedeutung von Innovationen lässt sich anhand der 1926 von dem russischen Wirtschaftswissenschaftler *Nikolai D. Kondratieff* (1892–1938) theoretisch analysierten **langen Konjunkturwellen** (long wave cycles, K-waves) nachvollziehen. Die so genannten »***Kondratieff*-Zyklen**« sind auf epochale (technische) Basisinnovationen zurückzuführen, die jeweils eine 50 bis 60 Jahre andauernde und durch weiter gehende Zusatzinnovationen bedingte wirtschaftliche Aufschwungphase nach sich ziehen und zu einer Erhöhung des Volkseinkommens beitragen (vgl. *Kondratieff, N. D.* 1984 S. 1 ff.).

Epochale Neuerung (Innovation)	**Wendepunkte** unten	oben	unten
Dampfmaschine	1780/90	1810/17	1844/51
Eisenbahn/Stahlindustrie	1844/51	1870/75	1890/96
Chemie/Automobil/Elektrizität	1890/96	1914/20	1934
Diesellok/TV/Luft- und Raumfahrt	1934	1960	1974/82
Informations-/Kommunikationstechnologie (IKT)	1974/82	1995	???
Life-Sciences	???	???	???

SCHÄFFER POESCHEL

Abb. 1.1: Basisinnovationen als Auslöser von langen Konjunkturwellen (*Kondratieff*-Zyklen)

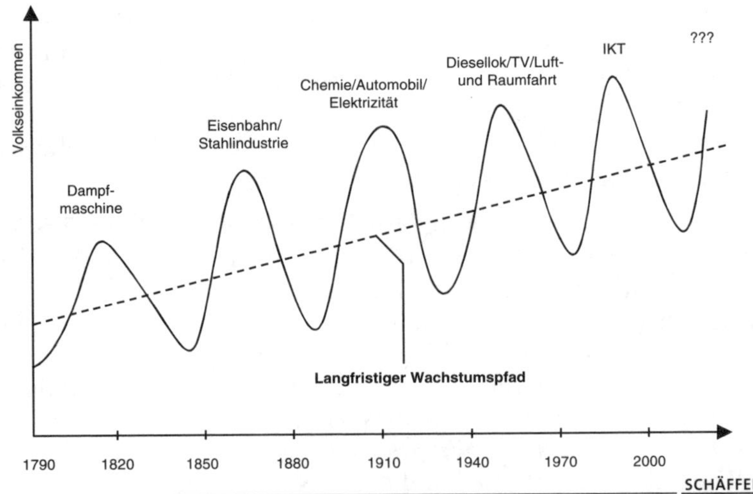

SCHÄFFER POESCHEL

Abb. 1.2: Die fünf langen Konjunkturwellen (*Kondratieff*-Zyklen)

Für den Zeitraum der letzten zwei Jahrhunderte können fünf klassische lange Wellen K1 bis K5 nachgewiesen werden (vgl. Abb. 1.1 und Abb. 1.2). Die oben genannten **Basisinnovationen** waren weltweit nicht nur für die jeweiligen Wirtschaftszweige von größter Tragweite, sondern für die Wirtschaft, die Gesellschaft und letztlich auch die Politik insgesamt. Ihre Wirkungen sollen anhand von einigen Beispielen näher erörtert werden:

B

- Mit der Erfindung und Nutzbarmachung des Funktionsprinzips der **Dampfmaschine** durch den Engländer *James Watt* im Jahre 1769 eröffneten sich neue Möglichkeiten der Energiegewinnung. War man bis dahin auf Wind- oder Wasserkraft angewiesen, so konnte nunmehr die Leistung der Dampfmaschine an jedem beliebigen Ort zur Energieerzeugung genutzt werden. Es entstanden Industriebetriebe, in denen die Fertigungsmaschinen durch Transmissionsriemen angetrieben wurden und ein Vielfaches der bis dahin möglichen Tagesleistung menschlicher Arbeitskräfte erbringen konnten. *Watts* Erfindung kann damit als eine grundlegende Voraussetzung für den Übergang von der handwerklichen zur industriellen Produktion und für das Entstehen großer Industriebetriebe mit Serien- und Massenfertigung angesehen werden. Nicht zuletzt bildete seine bahnbrechende Neuerung den Ursprung einer neuen Branche, nämlich des Maschinenbaus.
- Die Entwicklung der **Stahlindustrie** durch den Einsatz spezieller Verfahren von *Krupp* und *Hösch* zur Gewinnung hochwertigen Stahls und die Etablierung des **Eisenbahnverkehrs** nach der Erfindung des Dampfwagens durch *George Stephenson* 1814 stellen weitere Meilensteine in der Industrialisierung dar. Die zunehmende Mobilität von Personen und Gütern und die vermehrte Herstellung von Investitionsgütern durch die Schwerindustrie, beispielsweise beim Ausbau des Schienenverkehrs, gaben der Wirtschaft grundlegende Wachstumsimpulse, die allerdings nicht ohne weit reichende gesellschaftliche Auswirkungen blieben. So ist die Verstädterung im 19. Jahrhundert und das Entstehen massiver Ballungszentren insbesondere im Rhein-Ruhr-Gebiet und um Berlin eine Konsequenz der fortschreitenden Industrialisierung.
- Der zunehmende Einsatz von **Elektrizität** als Energiequelle im industriellen Fertigungsprozess ab etwa 1880 stellt einen weiteren Quantensprung dar, den sich vor allem die energieintensiven Sektoren **Chemie** und **Automobilbau** zunutze machten. Beide Branchen entwickelten sich durch vielfältige und weit reichende Innovationen (Farbenherstellung, Verbrennungsmotor) sowie eine rasant gestiegene Nachfrage nach ihren Produkten zu »leading sectors« der wirtschaftlichen Entwicklung – eine Rolle, die sie bis heute beibehalten haben.
- Spätestens mit der Perfektionierung der **Luft- und Raumfahrttechnik** und des **Fernsehens** wurden neue Möglichkeiten geschaffen, um die bis dahin kaum zu bewältigenden großen räumlichen Entfernungen schnell und vergleichsweise kostengünstig zu überwinden. Die in diesen Bereichen erfolgten Innovationen sind damit von zentraler Bedeutung für die zunehmende Globalisierung der wirtschaftlichen Aktivitäten.
- Der (vorerst) letzte weltwirtschaftliche Schub, der auf epochale Innovationen zurückzuführen ist, entstammt der **Informations- und Kommunikationstechnologie (IKT)**. Die sich rasant entwickelnde IKT hat nicht nur zur Entstehung völlig neuer Wirtschaftszweige, Beschaffungs- und Fertigungsmethoden geführt, sondern auch in den gesellschaftlichen Bereichen der Arbeits-, Freizeit- und Konsumwelt bemerkenswerte Spuren hinterlassen. Der sich derzeit vor allem in der westlichen

Welt vollziehende Übergang von einer Industrie- zu einer Dienstleistungsgesellschaft wäre ohne die modernen Möglichkeiten der Informationsübermittlung nicht denkbar.

Zusammenfassend kann festgestellt werden, dass die derzeitige Struktur der deutschen Wirtschaft heute nach wie vor am stärksten von den Entwicklungen des zweiten und dritten *Kondratieff'*schen Zyklus geprägt ist. Allerdings entfalten die späteren Neuerungen (v. a. im IKT-Bereich) ihre Wirkungen auch in Deutschland immer mehr, sodass sich die von John Naisbitt 1984 in den USA identifizierten »Megatrends« auch hierzulande verstärkt abzeichnen (beispielsweise die Trends von der Industrie- zur Informationsgesellschaft und von klassischer Technologie zu Hightech; vgl. *Naisbitt, J.* 1984).

»6. Kondratieff«

Einer der bekanntesten Vertreter der Theorie der langen Wellen, *Leo A. Nefiodow*, geht in seinen Überlegungen allerdings noch einen Schritt weiter (vgl. *Nefiodow, L. A.* 1999): Seiner Meinung nach ist die durch die Informations- und Kommunikationstechnik ausgelöste Aufschwungphase für die Industrienationen mit den 1990er Jahren zu Ende gegangen. Aufgrund zunehmender Arbeitslosigkeit und Unterbeschäftigung, stark schwankender Währungen, unzureichender Investitionen trotz stabiler Preise und niedriger Zinsen sollten sich die entwickelten Nationen auf den **sechsten *Kondratieff*-Zyklus** (K6) ausrichten. Aus der Sicht *Nefiodows* kommt als potenzieller Träger dieser neuen langen Welle vor allem das Gebiet der **Life-Sciences** mit der Umwelt- und Biotechnologie, den optischen Technologien (einschließlich der Solartechnik) und dem Gesundheitsbereich in Frage (vgl. *Nefiodow, L. A.* 1999 S. 94 ff.).

Außenwirtschaftstheorie

Im Bereich der **Außenwirtschaftstheorie** stellen die Konzepte der »ability to innovate« und der »ability to adjust« grundlegende Möglichkeiten zur Beurteilung der Wettbewerbsfähigkeit von Nationen dar. Anhand validierbarer Kriterien wie der Existenz und der Förderung von *Schumpeter'*schen Unternehmertypen, den Aufwendungen für Forschung und Entwicklung, der Zahl der Patente und Lizenzen und der Anpassungsfähigkeit einer Volkswirtschaft an exogene Änderungen können Aussagen über die viel diskutierte Standortqualität von einzelnen Ländern im weltweiten Vergleich gemacht werden (vgl. *Trabold, H.* 1995 S. 169 f.).

Betrachtet man die Stellung Deutschlands im internationalen (Standort-)Wettbewerb, so wird ersichtlich, dass seine Position als exportabhängiges Hochlohnland eine permanente Innovationstätigkeit zwingend erforderlich macht. Nur durch die Beherrschung von Schlüsseltechnologien und die daraus zu erzielenden »Innovationsprämien« können die Preisnachteile bei den Produktionsfaktoren kompensiert werden (vgl. *Lukas, A.* 1995 S. 9, *Trommsdorff, V./Trimter, R./Schneider, P.* 1988 S. 8).

D

Unter **Schlüsseltechnologien** sind dabei solche Technologien zu verstehen, die für den aktuellen Wettbewerb die größte Bedeutung besitzen und damit über die Technologie- und Marktposition der einzelnen Unternehmen entscheiden (vgl. *Bullinger, H.-J.* 1994 S. 97). Beispiele für aktuelle Schlüsseltechnologien sind ist die Beherrschung der Technik von Hochleistungsprozessoren, die Biotechnologie oder die Gentechnologie.

Die Wettbewerbsvorteile, die sich durch erfolgreiche Innovationen erzielen lassen, ermöglichen es zumindest zeitweilig, den sich auf den etablierten Märkten weiter verschärfenden Kostenwettbewerb zu umgehen. Um ihre internationale wirtschaftliche Stellung nicht zu gefährden, müssen die einzelnen Volkswirtschaften heute mehr denn je versuchen, in wichtigen Technologiefeldern eine Vorreiterrolle einzunehmen. Gerade vor dem Hintergrund der sich entwickelnden Märkte u. a. in Südostasien und der damit verbundenen Verlagerung von Produktionsfaktoren in diese Region können nur eine ausgeprägte Innovationsorientierung und die Berherrschung fortschrittlicher Technologien das (volks-)wirtschaftliche Wachstum langfristig sichern.

1.2.3 Betriebswirtschaftliche Bedeutung von Innovationen

Die zunehmende Tragweite von Innovationen lässt sich nicht nur auf der makro-, sondern auch auf der mikroökonomischen Ebene aufzeigen; denn die Wettbewerbsfähigkeit des einzelnen Unternehmens hängt wesentlich von seiner Fähigkeit ab, Innovationen zu generieren und umzusetzen. Diejenigen Unternehmen, die nicht in der Lage sind, neue Produkte auf den Markt zu bringen und ihre Prozesse laufend zu optimieren, werden sich gegen ihre Konkurrenten auf mittlere und lange Sicht nicht durchsetzen können.

Wirkungen der Globalisierung

Eine wesentliche Einflussgröße stellt dabei die wachsende **Globalisierung** dar, in der es kaum noch »geographische Marktnischen« gibt. Der daraus resultierende unmittelbare Wettbewerbsdruck zwingt die Unternehmen geradezu zu einer ausgeprägten Innovationsorientierung. Angesichts der sich quantensprungartig verbessernden Transport-, Informations- und Kommunikationsmöglichkeiten verlieren geographische Entfernungen an Bedeutung. Die Mobilität von Gütern, Wissen und Arbeitskräften nimmt zu. Dadurch erschließen sich einerseits neue Beschaffungs- und Absatzmärkte für das einzelne Unternehmen. Andererseits werden die traditionell starken »home markets« der Unternehmen aber durch neue und immer stärkere weltweit operierende Anbieter bedroht. Die eigene Marktstellung kann dabei nur mittels einer ständigen Verbesserung des Produktions- und Leistungsprogramms gefestigt und ausgebaut werden. Aus der Sicht der Anbieter erfährt der Wettbewerbsaspekt in Europa durch den bevorstehenden Ausbau der Wirtschafts- und Währungsunion und die damit einhergehende zunehmende Homogenisierung und Transparenz der Märkte eine weitere Verschärfung.

Der intensiven Innovationsorientierung ist es beispielsweise zuzuschreiben, dass die 1881 gegründete *Bayer AG* gut 50 Prozent ihres Umsatzes und annähernd 60 Prozent ihres Gewinns mit Produkten erzielt, die von dem Unternehmen in den letzten 15 Jahren selbst entwickelt wurden. Die rund 14.000 Mitarbeiter in Forschung und Entwicklung sind weltweit an 25 Standorten tätig. Im Geschäftsjahr 2003 wurden bei einem Umsatz von rund 28,6 Mrd. € fast 10 % der Umsatzerlöse (2,41 Mrd. €) für F+E aufgewendet (*Bayer AG* [Hrsg.] 1998b, http://www.investor.bayer.de).

Ähnliche Relationen finden sich auch bei *3M (Minnesota Mining and Manufacturing Co.)* wieder, einem 1902 in den USA gegründeten, hochdiversifizierten Unternehmen mit weltweit über 50.000 verschiedenen Produkten und jährlichen Forschungsaufwendungen von rund einer Milliarde US-$ (Umsatz 2003: 18,2 Mrd. US-$, 67.000 Beschäftigte). Durchschnittlich 30 Prozent des Jahresumsatzes werden bei *3M* mit Produkten erzielt, die jünger als vier Jahre sind. Zudem ist fast jeder elfte Mitarbeiter im Bereich Forschung und Entwicklung beschäftigt. Dieser hohe Forschungsanteil zahlt sich insofern aus, als durchschnittlich jeden Tag ein neues Produkt in dem Markt vorgestellt werden kann (*3M Deutschland GmbH* [Hrsg.] 1997 S. 4 ff., www.3M.com.de).

Verkürzung der Lebens- und Innovationszyklen

In einem engen Zusammenhang mit der fortschreitenden Globalisierung und der verschärften Wettbewerbssituation steht die Tatsache, dass sowohl die **Lebenszyklen** der Produkte im Markt als auch die **Innovationszyklen** insbesondere in den wachstumsträchtigen Branchen ständig kürzer werden. Die Produkte und Technologien ändern sich immer schneller und häufiger, was den amerikanischen Managementwissenschaftler *Peter F. Drucker* bereits Ende der sechziger Jahre zu der Aussage veranlasste, dass wir in einem **»Zeitalter der Diskontinuitäten«** leben (vgl. *Drucker, P. F.* 1969). Dadurch wird nicht nur der generelle Zwang zur Innovation verstärkt, sondern auch der Zeitdruck erhöht, unter dem erfolgreiche Innovationen heutzutage erdacht, im Unternehmen umgesetzt und schließlich im Markt realisiert werden müssen.

Zwischen den 1960er und den 1990er Jahren haben sich beispielsweise die Produktlebenszyklen in der Pharmaindustrie von rund 24 auf 8 Jahre verkürzt. Im Bereich Nahrungsmittel fand eine Verringerung um 75 Prozent von 20 auf 5 Jahre statt. Ähnlich sieht es auch bei Werkzeugen, Spielzeug und Kosmetika aus (vgl. *Sommerlatte, T.* 1991 S. 10 f.).

Welche Formen der Innovationsdruck annehmen kann, zeigt eindrucksvoll das Beispiel *Sony*: Als erster Anbieter des Walkmans (dessen Grundidee eigentlich von dem Aachener *Andreas Pavel* stammt, der 1977 ein Patent für einen tragbaren Kassettenrecorder »*Stereobelt*« anmeldete), hat das japanische Unternehmen seit dem Jahr der Einführung 1979 ungefähr 370 neue Modelle oder Modellvarianten der tragbaren Kassettenrekorder auf den Markt gebracht und insgesamt ca. 140 Millionen Stück verkauft. Die Lebenszyklen der einzelnen Modelle betrugen in der Regel nicht mehr als sechs Monate (vgl. *Benkenstein, M.* 1993a S. 21, *Hoffritz, J.* 1996 S. 130).

D

Wissenswettbewerb

Ähnlich wie mit den Produkten verhält es sich mit dem für die Innovationskraft so wichtigen **Wissen**, wobei hier unter »Wissen« die Fähigkeit verstanden wird, die relevanten Handlungs- und Sachzusammenhänge zu erkennen und auftretende Probleme effizient und effektiv zu lösen. Dabei ist allgemein festzustellen, dass die **»Halbwertszeit des Wissens«**, also der Zeitraum, in dem die einmal erlernten Kenntnisse gültig und anwendbar sind, im Allgemeinen deutlich abnimmt (vgl. *Braun, J.* 1996b S. 73). Vor allem das EDV- und das technologische Wissen weisen in den letzten Jahren eine immer rasanter verlaufende Entwicklung auf. Entsprechend kurz sind die Halbwertszeiten in diesen Bereichen. Während das in der Schule erworbene Wissen erst nach etwa zwanzig Jahren zur Hälfte veraltet ist, verlieren fünfzig Prozent der aktuellen Kenntnisse im Bereich der Datenverarbeitung bereits nach zwei Jahren ihren Anwendungsbezug (vgl. Abb. 1.3). Die ständige Aktualisierung der organisationalen Wissensbasis, also des in einem Unternehmen verfügbaren »know-hows«, stellt damit eine weitere Hauptressource für eine erfolgreiche Innovationstätigkeit dar.

Zeitwettbewerb

Angesichts der geschilderten Sachverhalte wird deutlich, dass die **Zeit** zu einem entscheidenden Wettbewerbsfaktor geworden ist, der sich ganz erheblich auf die Relation der beiden ökonomischen Größen Aufwand und Ertrag auswirkt. So hat beispielsweise die

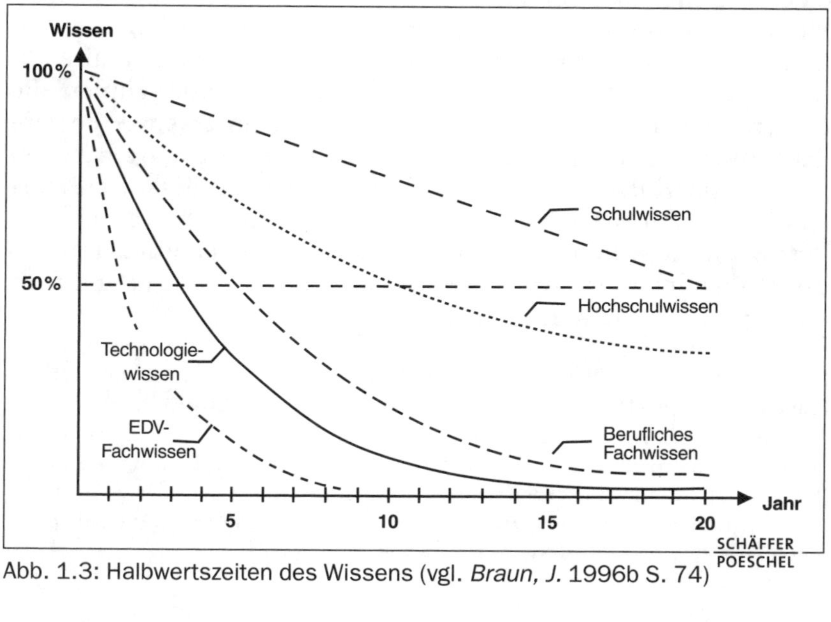

Abb. 1.3: Halbwertszeiten des Wissens (vgl. *Braun, J.* 1996b S. 74)

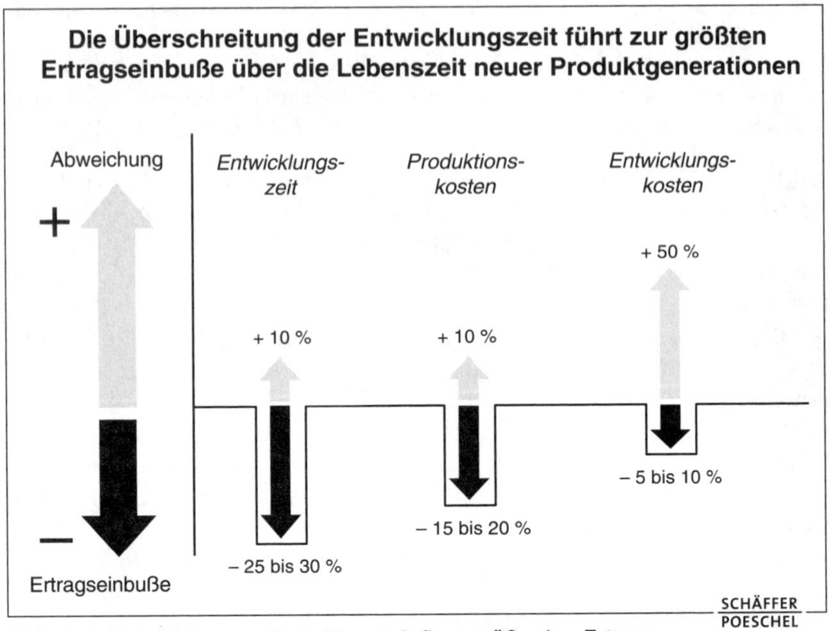

Abb. 1.4: Entwicklungszeit als Haupteinflussgröße des Ertrags (vgl. *Sommerlatte, T.* 1991 S. 13)

Entwicklungszeit einen wesentlichen Einfluss auf den Ertrag eines Produkts über dessen gesamte Marktphase hinweg. Wie die Abbildung 1.4 zeigt, ist die Ertragseinbuße bei einer Überschreitung der Entwicklungs- oder Produktionskosten deutlich geringer als bei einer Verlängerung der Entwicklungsphase. Demzufolge können Pionierunternehmen, die ein neues Produkt zuerst im Markt einführen (first-to-market) mit einer durchschnittlichen Kapitalrendite über vier Jahre von 22,8 % rechnen, während Unternehmen, die erst spät einen Markteintritt wagen (so genannte »späte Folger« [later-to-market]) nur eine Rendite von 17 % zu erwarten haben (vgl. *Sommerlatte, T.* 1991 S. 14). Bedenkt man, dass der Ertrag eines Produkts die Höhe der für Folgeinvestitionen verfügbaren Finanzmittel mitbestimmt, dann wird deutlich, dass kurze Innovationszeiten einen wesentlichen Beitrag zum Fortbestand und zum Wachstum eines Unternehmens leisten.

B

Insofern ist es auch nachvollziehbar, dass Unternehmen in besonders innovativen Branchen, wie beispielsweise der Pharma- und Gesundheitsindustrie, hohe Aufwendungen für Forschung und Entwicklung tätigen. So investierte zum Beispiel das Schweizer Unternehmen *Novartis* im Jahr 2003 knapp vier Milliarden US-$ in den Bereich F+E. Dies entspricht rund fünfzehn Prozent des Umsatzes von 24,9 Mrd. US-$. Dementsprechend weist *Novartis* für 2003 eine durchschnittliche Eigenkapitalrendite von 17,1 Prozent aus (vgl. http://www.novartis.de).

Auch die Ergebnisse der ***PIMS*-Studie** (**P**rofit-**I**mpact-of **M**arket-**S**trategy) weisen auf die elementaren Zusammenhänge hin, die zwischen einigen Teilaspekten der betrieblichen Innovationstätigkeit und dem Unternehmenserfolg bestehen.

***PIMS*-Studie**

B

Bei der *PIMS*-Studie handelt es sich um eine seit den sechziger Jahren von der *Harvard Business School* bzw. dem *Strategic Planning Institute* durchgeführte branchenübergreifende Analyse, in deren Verlauf rund 3.000 Strategische Geschäftseinheiten (SGE) in mehr als 400 Unternehmen betrachtet wurden. Die Zielsetzung dieser weltweiten Untersuchung ist es, unter 37 **strategischen Erfolgsfaktoren**, wie z. B. Marktanteil, Produktqualität, F+E-Ausgaben, Diversifizierungsgrad usw. als unabhängigen Variablen, diejenigen zu ermitteln, die auf den Erfolg der SGEs, operationalisiert in den abhängigen Variablen Return-on-Investment (RoI) und Cash-Flow, den größten Einfluss besitzen (vgl. *Hörschgen, H./Kirsch, J./Käßer-Pawelka, G.* et al. 1993 S. 105).

Die mittels quantitativer Methoden und dabei vor allem mit Hilfe multipler Regressionsanalysen erzielten Korrelationsergebnisse zeigen vielfältige Beziehungen zwischen den verschiedenen Variablen auf. Für das Innovationsmanagement sind insbesondere die vier folgenden Resultate von Bedeutung (vgl. *Hörschgen, H./Kirsch, J./Käßer-Pawelka, G.* et al. 1993 S. 106, *Neubauer, F. F.* 1997 S. 440 f.):

- Als die Determinante mit der größten positiven Korrelation zu den (abhängigen) Zielgrößen RoI und Cash-Flow konnte der relative bzw. der absolute Marktanteil ermittelt werden. Hohe Marktanteile lassen sich in Zeiten zunehmend gesättigter Käufermärkte aber nur dann erzielen, wenn ein Unternehmen überdurchschnittlich erfolgreiche **Produktinnovationen** realisiert.
- Auch die Produktivität weist eine überdurchschnittlich positive Beziehung zu den beiden Erfolgskriterien auf. Eine hohe Produktivität (ausgedrückt als »Wertschöpfung je Beschäftigter«) ist wiederum eng mit der Umsetzung von **Prozessinnovationen** verbunden, erfordert also die laufende Implementierung effizienterer Verfahren und Abläufe.
- Mit Maßnahmen der **Produktdifferenzierung** kann ebenfalls eine Verbesserung der Wettbewerbsposition erreicht werden. Einschränkend ist jedoch hinzuzufügen, dass dieser Zusammenhang empirisch nur dann nachgewiesen werden konnte, wenn die untersuchten Unternehmen aus einer Position der Marktstärke heraus agierten.
- Darüber hinaus konnte mit dem als **»relativer Patentvorteil«** bezeichneten strategischen Einflussfaktor ein weiterer positiver Zusammenhang zwischen Innovationstätigkeit und RoI bzw. Cash-Flow nachgewiesen werden. Dieser quantitativ und qualitativ beschriebene Patentvorteil gegenüber den im Markt befindlichen Konkurrenten kann als Output eines umfassend betriebenen Innovationsmanagements angesehen werden.

Den Innovationserfordernissen begegnen die Unternehmen mit einer zunehmenden Zahl an **Technologie- und Forschungszentren**. Fast alle namhaften Firmen haben in den vergangenen Jahren weltweit derartige Einrichtungen geschaffen. Ihre Aufgabe ist die Konzentration der fachlichen und methodischen Kompetenzen mit dem Ziel, bei der Entwicklung neuer Produkte und Verfahren Synergien zu erzielen und so schneller und kostengünstiger marktreife Problemlösungen zu finden.

B

Am viel zitierten Beispiel des **Silicon Valley** lässt sich nachvollziehen, dass durch die räumliche Ansammlung verschiedener Forschungs- und Entwicklungszentren wahre »brain trusts« entstehen können, die das wettbewerbliche Bild einer ganzen Branche nachhaltig prägen. Besonders für multinationale Unternehmen kann die Nutzung der damit verbundenen Synergiepotenziale einen entscheidenden Wettbewerbsvorteil bedeuten. Die internationale Computerindustrie verfügt neben dem bekannten Kompetenz- und Wissenszentrum in Kalifornien beispielsweise auch über einen umfangreichen »think tank« vor allem im Softwarebereich, der sich erst in den letzten Jahren im indischen Bangalore etabliert hat.

1.2.4 Gesellschaftliche Bedeutung von Innovationen

»Wer zu spät kommt, den bestraft das Leben.« – Nicht erst seit dem inzwischen zum Bonmot gewordenen Ausspruch des ehemaligen sowjetischen Präsidenten *Michail S. Gorbatschow* ist bekannt, dass Innovationen mehr als nur eine Quelle des wirtschaftlichen und technischen Wandels sein können. Vielmehr besitzen sie mitunter auch eine politische und eine gesellschaftlich-soziale Komponente. Dies wird anhand des im weiteren Verlauf dieses Buches erläuterten Begriffs der Sozialinnovation deutlich werden (vgl. Abschnitt 2.5.2) und zeigt sich auch in der grundlegenden Entwicklung, mit der die Gesellschaft des 21. Jahrhunderts voraussichtlich konfrontiert sein wird.

Notwendigkeit von Innovationen

Das unverändert starke Bevölkerungswachstum (verschiedene Prognosen gehen von einem Anstieg der Weltbevölkerung von derzeit ca. 6,42 Mrd. auf über 10 Mrd. Menschen im Jahr 2050 aus) und der sich global vollziehende gesellschaftliche Wandel weisen Innovationen eine **Schlüsselrolle** zu. Das Ziel der westlichen Industrienationen ist dabei die Sicherung des gegenwärtigen, hohen Lebensstandards bei gleichzeitiger Schonung der immer knapper werdenden natürlichen Ressourcen. In den Schwellen- und Entwicklungsländern stehen die Existenzsicherung und ein moderates wirtschaftliches Wachstum im Vordergrund. Diese Zielsetzungen sind ohne weit reichende Fortschritte in Forschung und Technik kaum zu erreichen (vgl. *BMBF* [Hrsg.] 1996 S. 12 ff.).

Widerstand gegen Innovationen

Derartige Fortschritte erfordern neben ihrer technologischen Machbarkeit auch ein entsprechendes **Innovationsbewusstsein**. Gerade in den Industriegesellschaften entstanden in den letzten Jahrzehnten aber immer mehr Gruppierungen, die gegen bestimmte Technologiebereiche opponieren oder sogar aktiven **Widerstand** leisten, weil sie darin eine Bedrohung der Lebensqualität oder eine Gefährdung des Lebens überhaupt sehen. Demgegenüber verweisen viele Unternehmer und Politiker auf die Problematik, die mit dem »Abkoppeln« von der technologischen Entwicklung oder einem »Zuspätkommen« verbunden ist. Sie sehen vor allem die Gefahr eines sinkenden Wohlstandes und der damit einhergehenden Verminderung der sozialen Absicherung (vgl. *Endruweit, G.* 1995 S. 1054). Genau in dieser Polarisierung von Befürwortern und Gegnern technologischer Neuerungen liegt der **»soziale Sprengstoff«** von Innovationen:

Ambivalenz gesellschaftlicher Wirkungen von Innovationen

- Einerseits werden neue Technologien nach wie vor mit **Rationalisierung** gleichgesetzt und wegen der isoliert beobachteten Freisetzungseffekte als »Jobkiller« angesehen (vgl. *Englmann, F.* 1989 S. 114). Den in der Bundesrepublik Deutschland in den sechziger Jahren noch überwiegend positiven Erwartungen gegenüber der Technik (70 % Technikbefürworter) stand in den achtziger Jahren eine eher ambivalente Haltung gegenüber (nur noch 30 % Technikbefürworter). Dabei ist die mittlerweile in weiten Teilen der (deutschen) Bevölkerung verbreitete negative Einschätzung der Zukunftsaussichten sicherlich kein innovationsfördernder Faktor. Insbesondere die kritische Beurteilung der so genannten »neuen Technologien«, wie beispielsweise der Bio- und der Gentechnologie, verdeutlicht die Einstellung weiter Teile unserer Gesellschaft zu bestimmten Innovationsfeldern (vgl. *Endruweit, G.* 1995 S. 1057 f., *Jugendwerk der Deutschen Shell* [Hrsg.] 1997 S. 291 ff., *Kurz, R.* 1989 S. 25).
- Andererseits weisen einige technologische Neuerungen, wie die Computer- und die Kommunikationstechnik, eine hohe gesellschaftliche Akzeptanz auf und erfahren eine rasche Verbreitung, wobei deren **Sozialverträglichkeit** sicherlich eine wesentliche Rolle spielt (vgl. *Endruweit, G.* 1995 S. 1063 f.). Außerdem führen verschiedene gesellschaftliche Trends, wie z. B. die unvermindert steigende Zahl von Kraftfahrzeugen und das wachsende Reiseverkehrsaufkommen, insbesondere in den Industrieländern zu der Forderung nach einer stärkeren Ökologieorientierung. Der damit verbundene gesellschaftliche Widerspruch zwischen Hedonismus auf der einen Seite und Verantwortungsbewusstsein für das natürliche Umfeld auf der anderen Seite kann sich zumindest in diesem Bereich ebenfalls innovationsfördernd auswirken (vgl. *Jugendwerk der Deutschen Shell* [Hrsg.] 1997 S. 14, *Opaschowski, H. W.* 1997 S. 29 f.). Die Erprobung von emissionsarmen Antriebskonzepten in der Automobilindustrie und die vermehrte Forderung nach »Drei-Liter-Autos« sind letztlich eine Konsequenz dieser Widersprüchlichkeit menschlichen Denkens und Handelns.

Technik und Gesellschaft befinden sich also offensichtlich in einer ständigen Wechselwirkung miteinander. Innovationen und die damit einhergehenden Herausforderungen des Neuen und Unbekannten fordern und fördern die menschliche Kreativität und schaffen ein Klima des Aufbruchs und der Erneuerung. Sie können dem befürchteten Verlust der wirtschaftlichen Dynamik und der Erstarrung unserer Gesellschaft entgegenwirken. Wichtig für ihre Umsetzbarkeit ist es allerdings, die Interdependenzen zwischen der Technologieentwicklung und den Bedürfnissen der zukünftigen Gesellschaft sichtbar zu machen (vgl. *Löser, R.* 1995 S. 1092). Der deutsche Alt-Bundespräsident *Roman Herzog* hat diesen Sachverhalt prägnant zusammengefasst: »Es geht um nichts Geringeres als um eine neue industrielle Revolution, um die Entwicklung zu einer neuen, globalen Gesellschaft des Informationszeitalters« (*Herzog, R.* 1997 S. 4).

Wie ist es um die Basis dieser »neuen industriellen Revolution« in Deutschland bestellt?

1.3 Überblick über die Innovationstätigkeit in Deutschland

1.3.1 Probleme bei der Messung der Innovationstätigkeit

»Deutschlands Innovationskraft lässt nach.« So formuliert es ein Empfehlungspapier von *BDI* und *DIHK* zur »Stärkung des Industriestandorts Deutschland« (vgl. *BDI/DIHK* [Hrsg.] 2003). Doch wie lässt sich feststellen, ob die Innovationsdynamik schwindet? Welche Kennzahlen belegen eine derartige Entwicklung?

Um die Innovationstätigkeit in Deutschland beurteilen zu können, sind aussagekräftige Indikatoren erforderlich, die Innovationen anhand quantifizierbarer Größen operationalisieren. Diese finden sich vor allem in **technologischen und ökonomischen Input- und Outputgrößen**, die vergleichsweise einfach zu ermitteln sind. Typische Beispiele hierfür sind die Forschungs- und Entwicklungsausgaben und die Anzahl der Patentanmeldungen und Lizenzvergaben.

Außerdem besteht die Notwendigkeit einer international einheitlichen Begriffsfestlegung, um zu einer auch über die Ländergrenzen hinweg vergleichbaren Datenbasis zu gelangen, auf deren Grundlage dann fundierte Analysen durchgeführt werden können. Aufgrund dessen beziehen sich die folgenden Aussagen fast ausschließlich auf das in der *OECD* und der *EU* abgestimmte Datenmaterial, das regelmäßig im Bundesbericht Forschung des *Bundesministeriums für Bildung und Forschung (BMBF)* veröffentlicht wird. Dabei muss berücksichtigt werden, dass die Integration der Daten der ehemaligen *DDR*, die bis dahin publizistischer Geheimhaltung unterlagen und zudem nach anderen Kriterien erhoben wurden als in den *OECD*-Ländern, zwischen 1989 und 1991 zu einem Strukturbruch in der Zeitreihe führt (vgl. hierzu *Brockhoff, K.* 1994 S. 55, der die Grundlagen der Datengewinnung ausführlich beschreibt).

Jahr	F+E finanziert durch ...				
	Gebietskörperschaften	Wirtschaft	Private Institutionen ohne Erwerbszweck	**F+E-Ausgaben insgesamt**	
	Mrd. €	Mrd. €		Mrd. €	in % des BSP
1982	9,6	12,0	0,1	21,6	2,70
1987	11,1	18,8	0,1	30,1	2,90
1990	12,8	22,1	0,2	35,0	2,80
1991	14,9	24,0	0,2	39,1	2,66
1992	15,4	24,2	0,1	39,7	2,54
1993	15,3	24,0	0,1	39,3	2,49
1994	15,4	24,2	0,1	39,3	2,39
1995	15,9	24,7	0,1	40,7	2,30
1996	16,2	24,9	0,1	41,2	2,29
1997	15,7	27,0	0,1	42,9	2,30
1998	15,7	28,9	0,2	44,8	2,33
1999	15,8	32,4	0,2	48,4	2,41
2000	16,0	34,3	0,2	50,6	2,55
2001	16,7	35,1	0,2	52,1	2,55
2002	16,3	36,0	0,2	52,4	2,50

SCHÄFFER POESCHEL

Tab. 1.1: Forschungs- und Entwicklungsausgaben der Bundesrepublik Deutschland (vgl. *BMBF* [Hrsg.] 2004 S. 175)

1.3.2 Ausgaben für die F+E-Tätigkeit in Deutschland

Versteht man unter **Forschung und Entwicklung (F+E)** die »systematische, schöpferische Arbeit zur Erweiterung des Kenntnisstandes ... sowie deren Verwendung mit dem Ziel, neue Anwendungsmöglichkeiten zu finden« (*OECD* [Hrsg.] 1982 S. 29), so wird offensichtlich, dass die Ausgaben sowohl von den öffentlichen als auch von den privaten Unternehmen getätigt werden können. Die Angaben der Gebietskörperschaften ergeben sich dabei aus den Finanzmitteln, die vom Bund und den Ländern zur Verfügung gestellt werden. Sie beinhalten damit auch die Ausgaben für den Hochschulbereich, der einen beträchtlichen Anteil an den Gesamtausgaben auf sich vereint.

Für die Bundesrepublik Deutschland ergeben sich für die Jahre 1982 bis 2002 die oben dargestellten Ergebnisse (vgl. Tab. 1.1 und Abb. 1.5; zugrunde liegende Zahlen jeweils bis 1990 früheres Bundesgebiet, ab 1991 einschließlich der neuen Bundesländer). Wie der Tabelle 1.1 zu entnehmen ist, sind die **absoluten Ausgaben für F+E** auch in den neunziger Jahren weiter gestiegen. Der Anteil der privaten Wirtschaft an den gesamten F+E-Ausgaben ist von einem 50%-Niveau in den sechziger und siebziger Jahren bis 2002 deutlich angestiegen und liegt derzeit bei fast siebzig Prozent. Daraus ist zu schließen, dass die Forschung und Entwicklung in jünge-

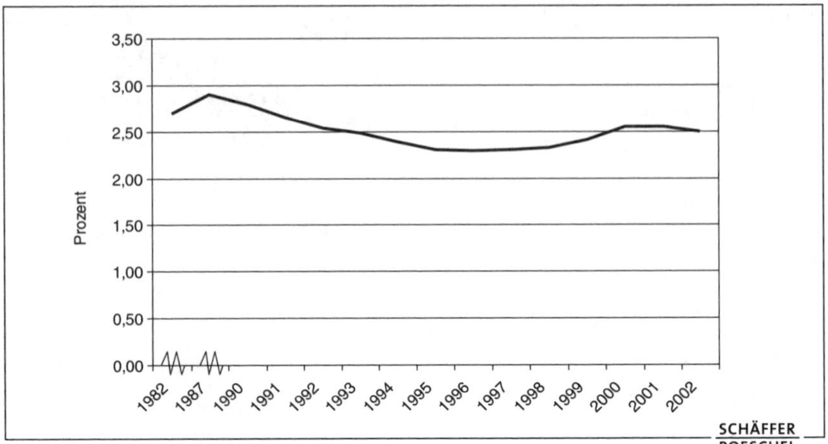

Abb. 1.5: Forschungs- und Entwicklungsintensität in der Bundesrepublik Deutschland (in Prozent des BSP)

rer Zeit stärkere private Impulse erhalten hat. Besondere Bedeutung kommt hierbei der Automobilindustrie zu, denn weit über ein Viertel der F+E-Ausgaben der Wirtschaft entstammen diesem Sektor, der auch als Impulsgeber (»leading sector«) für Neuerungen in anderen Branchen (z. B. Chemie, Elektronik/Elektrotechnik, Kom-

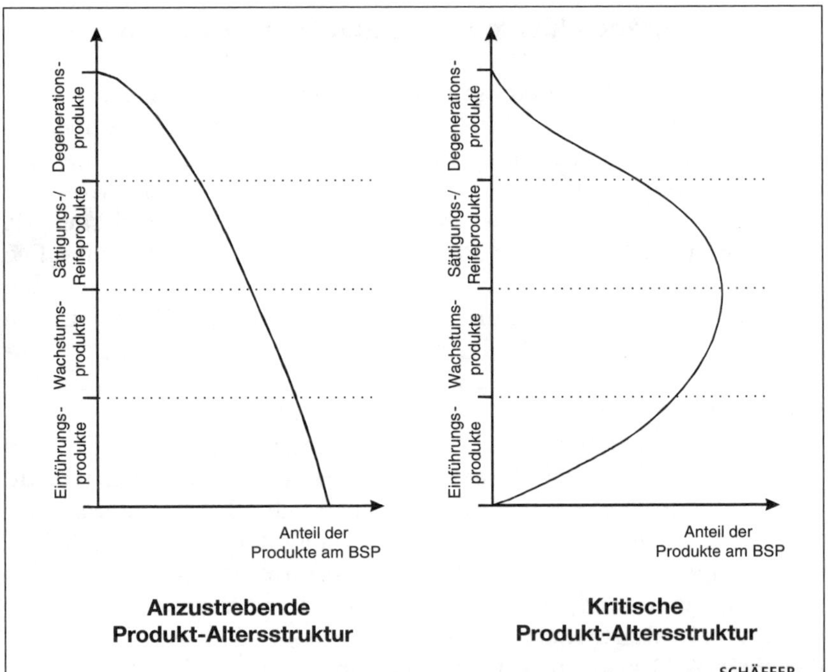

Abb. 1.6: Altersstrukturverteilungen gesamtwirtschaftlicher Produktbündel

munikation) eine wichtige Rolle spielt (vgl. *BMBF* [Hrsg.] 2004 S. 493).

F+E-Intensität

Die gesamtwirtschaftliche **Forschungs- und Entwicklungsintensität**, also der Anteil der F+E-Ausgaben am Bruttosozialprodukt, ist seit 1987 insgesamt rückläufig, trotz leichter Steigerungen in den letzten Jahren (vgl. Tab. 1.1 und Abb. 1.5). Obwohl sich sowohl die absoluten Ausgaben als auch die F+E-Intensität im internationalen Vergleich auf einem verhältnismäßig hohen Niveau befinden (vgl. Abschnitt 1.4.1.1), ist ein Defizit zu erkennen: Die Ausgaben für Forschung und Entwicklung halten mit der Entwicklung des Bruttosozialprodukts nicht Schritt. Dies birgt die Gefahr in sich, dass das von der Volkswirtschaft angebotene Güterbündel bei einer sinkenden Forschungsintensität veraltet. Wenn sich zu viele Güter in der Sättigungs- und Degenerationsphase befinden, ohne dass entsprechende neue Produkte entwickelt werden, macht sich dies zwar kurzfristig nicht bemerkbar; mittelfristig wirkt sich ein derartiger Zustand aber in Form eines rückläufigen Bruttosozialprodukts negativ aus. Die entstandene **technologische Lücke** gegenüber anderen Nationen kann dann nur durch große Anstrengungen von allen am Wirtschaftsverkehr beteiligten Parteien wieder geschlossen werden (z. B. durch wirtschaftspolitische Maßnahmen des Staates, ein verändertes Investitionsverhalten der Unternehmen usw.).

Technologische Lücke

Produkt–Altersstruktur

Neben der Betrachtung der Forschungs- und Entwicklungsintensität sollte demnach auch die jeweilige **Altersstruktur des volkswirtschaftlichen Angebots** kritisch analysiert werden. Die anzustrebende und die kritische Altersstruktur gesamtwirtschaftlicher Produktbündel werden beispielhaft in der Abbildung 1.6 aufgezeigt.

1.3.3 Patent- und Lizenzbilanz der Bundesrepublik Deutschland

Patente und Lizenzen sind ein Indiz für die Ergebnisse unternehmerischer Forschung und Entwicklung und gelten als »Frühindikatoren« für die technologische Leistungsfähigkeit eines Landes und die Expansionsmöglichkeiten auf innovativen Märkten. Insbesondere die weltmarktrelevanten Patente, die so genannten »Triadepatente«, stehen im Allgemeinen für Erfindungen mit einer hohen technischen und wirtschaftlichen Bedeutung. Sie sind zu einem strategischen Instrument im internationalen Technologiewettbewerb geworden (vgl. *BMBF* [Hrsg.] 2004 S. 503).

Analog zu der allgemeinen Zahlungsbilanz, die in Kontenform die monetären Austauschvorgänge innerhalb einer Volkswirtschaft

		Verarbei-tendes Gewerbe	Bau-gewerbe	Handel	Dienst-leistungen	Insgesamt
1999	Einnahmen	1.826	1	42	199	**2.386**
	Ausgaben	2.314	2	132	1.023	**3.467**
	Saldo	–487	–1	–89	–824	**–1.080**
2000	Einnahmen	2.025	0	34	329	**2.403**
	Ausgaben	2.581	1	143	943	**3.682**
	Saldo	–566	–1	–109	–614	**–1.279**
2001	Einnahmen	2.191	0	53	415	**2.666**
	Ausgaben	2.631	2	109	933	**3.742**
	Saldo	–440	0	–57	–518	**–1.056**
2002		2.461	0	380	207	**3.086**
	Ausgaben	2.290	1	213	285	**2.842**
	Saldo	171	–1	167	–78	**244**

Der Saldo der technologischen Zahlungsbilanz spiegelt im Wesentlichen Finanzierungsvorgänge beim Grenzüberschreitenden Technologietransfer innerhalb multinationaler Unternehmen wider.

SCHÄFFER POESCHEL

Tab. 1.2: Einnahmen und Ausgaben der Bundesrepublik Deutschland für Patente, Erfindungen und Verfahren in Mio. € (ohne Urheberrechte; *BMBF* [Hrsg.] 2004a S. 674 ff.)

Technologische Zahlungsbilanz

abbildet, unternimmt die so genannte »**Technologische Zahlungsbilanz**« den Versuch, alle Einnahmen und Ausgaben darzustellen, die aus grenzüberschreitenden Transaktionen von Lizenzen, Patenten, Forschungs- und Entwicklungsaufträgen oder Ingenieurleistungen resultieren. Hinsichtlich der letzten vier Jahre ergibt sich das folgende Bild (vgl. Tab. 1.2):

Für die Bundesrepublik Deutschland lassen sich auch in den letzten Jahren – mit Ausnahme des Jahres 2002 – durchweg Defizite von deutlich mehr als einer Milliarde € feststellen. Aus dieser Tatsache unmittelbar auf eine gravierende technologische Lücke zu schließen, wäre jedoch vorschnell. Denn obwohl ein derartiger Rückschluss zunächst einleuchtend erscheinen mag, müssen bei der **Interpretation der Patent- und Lizenzbilanz** einige einschränkende Aspekte beachtet werden (vgl. *BMBF* [Hrsg.] 1996 S. 125):

Beurteilung der Patent- und Lizenzbilanz

- Aufgrund der ständig wachsenden Möglichkeiten des Austausches von innovativem Wissen kann eine solche Bilanz nur grobe Tendenzen aufzeigen und eignet sich somit kaum für eine isolierte Beurteilung des technologischen Leistungsstandes einer Nation oder einer Region.
- Nicht berücksichtigt sind zudem der Außenhandel mit technologisch hochwertigen Industrieprodukten, der Verkauf industrieller Anlagen sowie die Direktinvestitionen im Ausland. Dies

sind aber zweifelsohne wichtige und zahlenmäßig relevante Größen, die jedoch im Rahmen der Patent- und Lizenzbilanz unberücksichtigt bleiben.

Gliedert man die Technologiebilanz weiter auf und untersucht die einzelnen Branchen, so stellt sich heraus, dass die elektrotechnische, die chemische sowie die Metall erzeugende und Metall verarbeitende Industrie weiterhin die zentrale Technologie- und Innovationsposition besetzen. Sie vereinen auf der Einnahmen- und auf der Ausgabenseite jeweils annähernd 75 % der Zahlungen auf sich.

»Triadepatente«

Bei den weltmarktrelevanten Patenten, die zusätzlich zum Inland in den beiden jeweils verbleibenden Auslandsmärkten der Triaderegionen USA, Europa und Japan angemeldet werden (so genannte »**Triadepatente**«), verläuft das Wachstum in Deutschland seit 1993 nahezu parallel zu der Entwicklung in den USA. Trotz des Einbruchs der deutschen Patentaktivität zu Beginn der neunziger Jahre, als Deutschland seine Spitzenstellung abgeben musste, gehörte es mit 10.482 Triadepatenten im Jahr 2001 gemeinsam mit den USA (31.663) und Japan (20.844) nach wie vor zu den patentintensivsten Ländern der Welt (vgl. *Frietsch, R.* 2003 S. 4) Nimmt man als Vergleichsgröße nicht die Gesamtzahl der weltmarktrelevanten Patente sondern die Patentzahl je eine Million Einwohner, dann nimmt Deutschland mit 121 Patenten/1 Mio. Einwohner sogar eine Spitzenstellung vor den USA (107) und Frankreich (59) ein und wird lediglich von Japan mit 141 Patenten/1 Mio. Einwohner übertroffen (vgl. *BMBF* [Hrsg.] 2004 S. 774. Dabei zeichnet sich in Deutschland in der jüngsten Zeit eine Verschiebung zugunsten der forschungsintensiven Sektoren ab, während die Grundpositionen in der internationalen technologischen Arbeitsteilung weit gehend stabil sind: Spitzentechnik ist vor allem eine Domäne der USA, Japans und – seit kurzem – Schwedens, während sich Deutschland auf die höherwertige Technik zumeist im Automobilbau sowie im Maschinen- und Anlagenbau spezialisiert hat (vgl. *BMBF* [Hrsg.] 2000 S. 115 ff.). In der Folge nahm Deutschland auch beim Welthandel mit F+E-intensiven Gütern im Jahr 2001 mit einem geschätzten Welthandelsanteil von 14,9 % nach den USA (19,4 %) und vor Japan (12,4 %), Großbritannien (7,5 %) und Frankreich (7,2 %) nach wie vor eine Spitzenstellung ein (vgl. *Krawczyk, O.* 2003 S. 222).

1.4 Internationale Innovationsdynamik und -statistik

1.4.1 Gesamtwirtschaftliche Innovationsindikatoren im internationalen Vergleich

1.4.1.1 F+E-Ausgaben ausgewählter Staaten

Forschung und Entwicklung (F+E) spielen für die Stellung einer Volkswirtschaft im internationalen Innovationswettbewerb eine entscheidende Rolle. Die Betrachtung der in den Ländern Deutschland, Frankreich, Italien, Japan und USA in den letzten Jahrzehnten zur Verfügung gestellten Ressourcen für Forschung und Entwicklung zeigt, dass die amerikanischen Forschungsausgaben absolut gesehen um ein Vielfaches höher waren als diejenigen der Europäischen Union insgesamt. Aussagekraft erhalten derartige Indikatoren aber nur durch die Bezugnahme auf eine entsprechende Vergleichsgröße. Im Folgenden wird das Bruttoinlandsprodukt der ausgewählten Staaten als eine solche Vergleichsgröße herangezogen. Setzt man konsistentes Zahlenmaterial voraus, so kommt man zu den in der Tabelle 1.3 und in der Abbildung 1.7 aufgezeigten Verläufen.

Forschungs- und Entwicklungsintensität

Die Darstellung veranschaulicht, dass die **Forschungs- und Entwicklungsintensität** in den fünf betrachteten Staaten in den letzten Jahren weit gehend stagniert. Gemessen an den F+E-Aufwendungen liegt Schweden mit über 4 Prozent bezogen auf das Bruttoinlandsprodukt im weltweiten Vergleich klar an der Spitze, gefolgt von Finnland und Japan, den USA, Deutschland und Frankreich. Während Deutschland Anfang der neunziger Jahre noch mit an der Spitze zu finden war, liegt es heute im unteren Drittel der Spitzen-

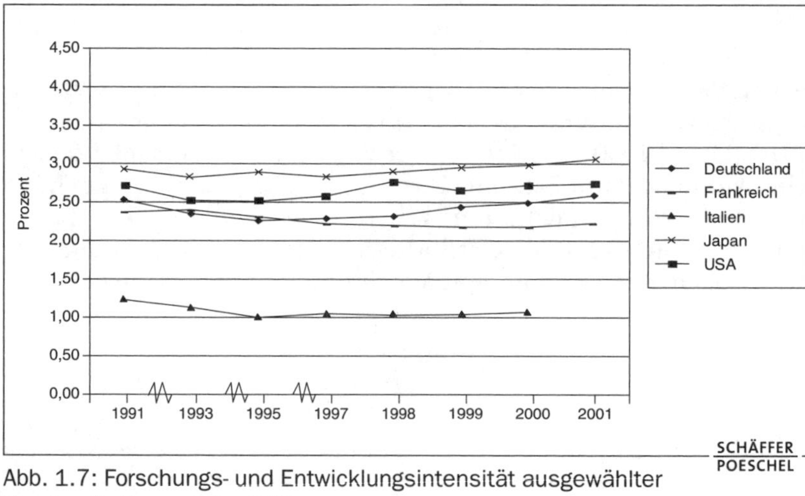

Abb. 1.7: Forschungs- und Entwicklungsintensität ausgewählter Staaten (in Prozent des BIP)

gruppe. Als schwächstes Land ist über den gesamten Zeitraum Italien zu identifizieren, dessen F+E-Ausgaben ein Prozent am Bruttoinlandsprodukt kaum überschreiten.

Staat	1991	1993	1995	1997	1998	1999	2000	2001
	in % des Bruttoinlandsproduktes							
Deutschland	2,53	2,35	2,26	2,29	2,32	2,44	2,49	2,59
Frankreich	2,37	2,40	2,31	2,22	2,20	2,18	2,18	2,23
Italien	1,23	1,13	1,00	1,05	1,03	1,04	1,07	-
Japan	2,93	2,82	2,89	2,83	-	2,95	2,98	3,06
USA	2,72	2,52	2,51	2,58	2,77	2,65	2,72	2,74

Anmerkung: Ab Juli 1990 einschließlich des Gebiets der ehemaligen DDR

SCHÄFFER POESCHEL

Tab. 1.3: Bruttoinlandsausgaben für F+E ausgewählter Staaten (in Prozent des BIP; vgl. *BMBF* [Hrsg.] 1996 S. 580, *BMBF* [Hrsg.] 2004a S. 512 f., *BMBF* [Hrsg.] 2004 S. 688 ff.)

Land		1999	2000	2001	2002
Deutschland	Einnahmen	3.110	2.900	3.290	3.770
	Ausgaben	5.140	5.570	5.440	5.060
	Saldo	–2.030	–2.670	–2.150	–1.290
Frankreich	Einnahmen	1.920	2.310	2.600	3.240
	Ausgaben	2.350	2.040	1.890	1.960
	Saldo	–430	+270	+710	–1.280
Großbritannien	Einnahmen	8.090	7.980	8.270	7.700
	Ausgaben	6.540	6.140	6.130	5.990
	Saldo	+1.550	+1.840	+2.140	+1.710
Italien	Einnahmen	560	560	440	540
	Ausgaben	1.380	1.200	1.310	1.270
	Saldo	–820	–640	–870	–730
EU-Länder (gesamt)	Einnahmen	19.842	19.982	19.965	20.051
	Ausgaben	31.852	30.463	32.107	32.176
	Saldo	–12.101	–10.481	–12.142	–12.125
USA	Einnahmen	36.670	43.230	41.100	44.140
	Ausgaben	13.120	16.470	16.710	19.260
	Saldo	+26.560	+26.760	+24.390	+24.880
Japan	Einnahmen	8.190	10.230	10.460	10.420
	Ausgaben	9.850	11.010	11.100	11.020
	Saldo	–1.660	–780	–640	–600

SCHÄFFER POESCHEL

Tab. 1.4: Patente und Lizenzen in den Zahlungsbilanzen ausgewählter Länder in Mio. US-$ (vgl. *BMBF* [Hrsg.] 2004a S. 702 f.)

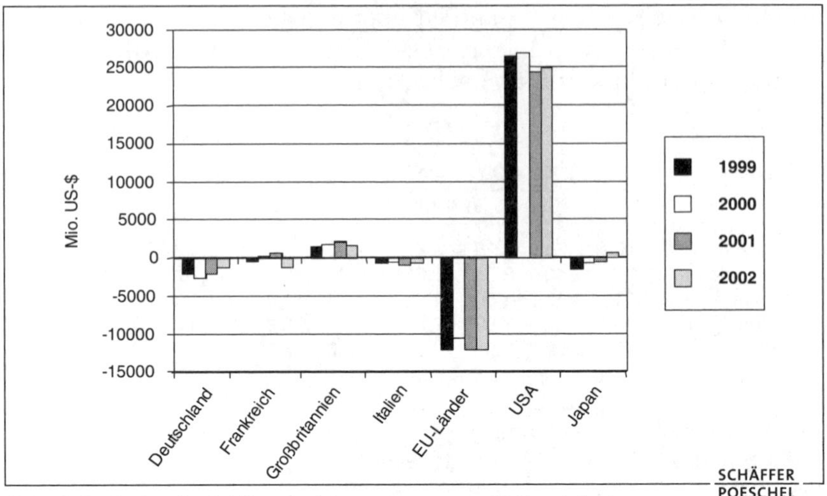

Abb. 1.8: Technologiebilanzsalden von ausgewählten Ländern (in Mio. US-$)

1.4.1.2 Patent- und Lizenzbilanzen ausgewählter Staaten

Trotz der bereits im Abschnitt 1.3.3 erläuterten eingeschränkten Aussagekraft des Indikators »Patente und Lizenzen« sollen an dieser Stelle einige internationale Vergleichszahlen genannt werden; denn die Technologiebilanz vermag zumindest Trends bezüglich der internationalen Innovationsaustauschprozesse und damit auch der allgemeinen Innovationstätigkeit aufzuzeigen. Durch die Ergänzung um weitere Länderdaten, z. B. über das Ausmaß der im Ausland erfolgten und der vom Ausland im Inland getätigten Direktinvestitionen, können die identifizierten Trends dann hinterfragt und zu einem aussagekräftigeren Gesamtbild verdichtet werden.

Aus der Tabelle 1.4 und der Abbildung 1.8 ist die »Weltmachtposition« der USA im Bereich des Wissens- und Technologieexports sofort zu erkennen. Neben Großbritannien sind die Vereinigten Staaten das einzige der betrachteten Länder, das im Zeitraum von 1999 bis 2002 per Saldo einen Einnahmenüberschuss für Patente und Lizenzen in seiner Zahlungsbilanz aufweist. Selbst das Hochtechnologieland Japan zeigt dagegen ein Zahlungsbilanzdefizit von rund 1,6 bis 0,6 Mrd. US-$.

1.4.1.3 Welthandelsanteile im Hochtechnologiebereich

Die Technologiebilanzen beschränken sich ausschließlich auf die (immateriellen) Wissens- und Verfahrenstransfers. Dadurch bleibt der wichtige Bereich des Außenhandels mit hochwertigen und da-

	F+E-intensive Waren insgesamt				Warengruppe Spitzentechnik				Warengruppe Höherwertige Technik			
	1996	1997	1998	2001	1996	1997	1998	2001	1996	1997	1998	2001
Deutschland	15,5	14,4	15,1	14,9	11,8	10,9	9,3	10,6	17,9	16,8	17,8	17,2
Frankreich	7,0	6,8	7,5	7,2	8,1	7,7	8,1	7,3	6,2	6,3	7,3	7,1
Großbritannien	7,7	7,7	7,6	7,5	9,4	9,4	9,9	9,9	6,5	6,5	6,5	5,6
Italien	5,0	7,7	4,2	4,0	3,2	2,7	2,3	2,4	6,2	5,6	5,3	5,0
Japan	16,2	15,8	13,0	12,4	15,9	14,6	11,0	9,5	16,4	16,7	14,1	14,0
USA	17,5	18,8	20,0	19,4	24,9	25,9	30,4	28,0	12,8	13,8	14,8	14,9

SCHÄFFER POESCHEL

Tab. 1.5: Welthandelsanteile (in Prozent) ausgewählter Länder bei F+E-intensiven Gütern (vgl. *BMBF* [Hrsg.] 1996 S. 624 f., *BMBF* [Hrsg.] 2000a S. 553, *BMBF* [Hrsg.] 2004 S. 755 f.)

mit meist forschungsintensiven Industriegütern außen vor. Deshalb kann eine detaillierte Gegenüberstellung der erzielten Welthandelsanteile im Technologiegüterbereich weitere Erkenntnisse über die internationale Innovationstätigkeit liefern. Erst aus der übergreifenden Betrachtung von Forschungs- und Handelsstatistiken lassen sich fundierte Schlüsse ziehen, inwieweit eine Nation nicht nur als »forschungsintensiv« zu bezeichnen ist, sondern inwieweit sie die neuen Ideen auch erfolgreich in marktfähige und entsprechend nachgefragte Güter umzusetzen vermag. Diese Fähigkeit stellt bekanntermaßen ein konstitutives Merkmal von Innovationen dar.

Arten F+E-intensiver Güter

Bei der Betrachtung werden die weltweit angebotenen **F+E-intensiven Waren** in zwei Gruppen eingeteilt (vgl. Tab. 1.5):

- Eine Gruppe repräsentiert die so genannte »**Spitzentechnik**«, die häufig auch als »**Spitzen-**« oder »**Hochtechnologie**« (high technology, »hitech«) bezeichnet wird. Bei ihr liegt der Anteil der Aufwendungen für Forschung und Entwicklung am Umsatz über 8,5 %.
- Die zweite Warengruppe wird als »**höherwertige Technik**« bezeichnet. Der Umsatzanteil von F+E liegt hier zwischen 3,5 % und 8,5% (vgl. *BMBF* [Hrsg.] 2000a S. 553).

Der Gesamtanteil der sechs Länder am Welthandel mit F+E-intensiven Gütern lag 2001 bei rund 65 %. Bei der Gruppe der Spitzentechnik betrug der Anteil sogar über 67 %. Die USA, die sich bei der Betrachtung aller forschungsintensiven Waren seit 1990 zeitweise hinter Japan und Deutschland befanden, dominierten demgegenüber das Segment der Spitzentechnik. Die Güter dieser Gruppe sind zwar sehr kostenintensiv, aufgrund der mit ihnen verbundenen vielfältigen Anwendungsmöglichkeiten und der zu erzielenden hohen Erlöse sind sie aber auch entsprechend renditeträchtig.

Trotz der nach wie vor ungefährdeten Spitzenposition der Bundesrepublik Deutschland innerhalb Europas zeichnet sich jedoch auch hier, wie bei der Forschungs- und Entwicklungsintensität, ein rückläufiger Trend bzw. eine Stagnation ab. Diese eher negative Tendenz kann als eine Auswirkung der stagnierenden bzw. zurück gehenden F+E-Tätigkeit angesehen werden, die sich in abnehmenden Welthandelsanteilen niederschlägt.

1.4.1.4 Resümee

Die gesamtwirtschaftlichen Innovationsindikatoren und ihre Ausprägungen im internationalen Vergleich lassen insbesondere die beiden folgenden Rückschlüsse zu:

- Die Vormachtstellung der als »**Triadeländer**« bezeichneten drei großen Wirtschafts- und Technologienationen USA, Japan und Deutschland ist weiterhin unbestritten. Es bleibt jedoch abzuwarten, inwiefern die sich entwickelnden Länder vor allem des südostasiatischen Raums ihre Position weiter ausbauen können.
- Die Innovationstätigkeit in Deutschland zeigt in den vergangenen Jahren einen positiven Trend in beinahe allen untersuchten Bereichen. Diese Entwicklung ist unter anderem auf zahlreiche, vom Staat angestoßene »Zukunftsprogramme« zurückzuführen. Hierdurch wird der Notwendigkeit Rechnung getragen, dass Deutschland als exportabhängiges Hochlohnland seine internationale Wettbewerbsfähigkeit nur durch eine technologische Spitzenstellung erhalten kann.

Wie sieht es mit der Innovationstätigkeit von **einzelnen** Unternehmen oder Wirtschaftszweigen im internationalen Vergleich aus?

1.4.2 Unternehmensspezifische Innovationsindikatoren im internationalen Vergleich

1.4.2.1 Operationalisierung betrieblicher Innovationstätigkeit

Die Betrachtung der einzelwirtschaftlichen Ebene stellt sich nicht grundlegend anders dar als die in den vorangegangenen Kapiteln erörterten gesamtwirtschaftlichen Tendenzen. Auch bei den unternehmensspezifischen Vergleichen haben die US-amerikanischen, japanischen und deutschen Unternehmen eine Spitzenposition beispielsweise gegenüber der europäischen Konkurrenz inne. Analog zu der gesamtwirtschaftlichen Analyse können auch hier vor allem technische und monetäre Input- und Outputgrößen zur Untersuchung herangezogen werden. In Frage kommen beispielsweise **F+E-Intensitäten, Entwicklungszeiten** und so genannte **»Flop-Raten«**, die ein Indikator für das »Risiko des Scheiterns« bzw. für die Anzahl der im Markt erfolgreichen Innovationen sind (vgl. *Fritz, W.* 1986 S. 138).

Im Folgenden werden die beiden wichtigen Indikatoren »**Innovationszeit**« und »**Innovationskosten**« einem Ländervergleich unterzogen.

1.4.2.2 Innovationszeiten im Ländervergleich USA – Japan – Deutschland

D

Im Abschnitt 1.2.3 wurde bereits auf die Bedeutung des Faktors Zeit im Rahmen der Innovationstätigkeit hingewiesen. Deshalb werden hier die Innovationszeiten in den Triadeländern näher betrachtet. Unter der **Innovationszeit** ist dabei die Zeitspanne von der Entstehung einer Idee bis zur Einführung des neuen Produkts im Markt zu verstehen.

Empirische Untersuchungsergebnisse

Die folgenden Zahlen wurden im Rahmen einer schriftlichen Befragung von insgesamt 300 Unternehmen erhoben. Die befragten Unternehmen waren zum Zeitpunkt der Untersuchung in den Branchen Chemie, Gummi, Maschinenbau, Feinmechanik, Metall und Elektronik tätig und wiesen jeweils einen Umsatz von mehr als 25 Mio. € auf. Die vorläufigen empirischen Ergebnisse wurden anschließend anhand von über zwanzig strukturierten Interviews in Unternehmen aus Deutschland, den USA und Japan validiert (vgl. *Albach, H./Pay, D. de/Rojas, R.* 1991 S. 310 f.).

In der Tabelle 1.6 werden die in den jeweiligen Branchen ermittelten Innovationszeiten länderweise miteinander verglichen. Den so gebildeten Quotienten kann der Indexwert 100 gegenüber gestellt werden, der sich bei übereinstimmenden Innovationszeiten ergeben würde.

B

Würde sich im Rahmen der empirischen Untersuchung beispielsweise eine durchschnittliche Innovationszeit der deutschen Automobilindustrie von 70 Monaten gegenüber einer durchschnittlichen Innovationszeit in Japan von nur 60 Monaten ergeben, so würde dies zu einem Indexwert von 117 führen (117 = 70 : 60 × Indexwert 100).

Vorsprung japanischer Unternehmen

Die Ergebnisse der empirischen Untersuchung machen die Stärke der japanischen Wirtschaft im Hinblick auf die kürzeren Innovationszyklen deutlich. Während vor allem bei dem Vergleich von deutschen und amerikanischen Unternehmen kaum signifikante Abweichungen erkennbar sind, fallen insbesondere die großen Abweichungen zu den japanischen Unternehmen auf: In den inno-

Branche	Deutschland / Japan	Deutschland / USA
Automobilindustrie	112	101
Chemieindustrie	126	106
Elektrotechnik	121	113
Maschinenbau	113	91
Metall verarbeitende Industrie	113	94
Alle befragten Unternehmen	114	101

Tab. 1.6: Verhältnis der Innovationszeiten in Deutschland zu denjenigen in Japan und den USA (vgl. *Albach, H./Pay, D. de/ Rojas, R.* 1991 S. 314)

vativen Branchen Chemie und Elektrotechnik weisen deutsche Unternehmen durchschnittlich um rund ein Viertel längere Innovationszeiten auf. Die Ursache für die vergleichsweise kurzen Innovationszeiten der japanischen Unternehmen sind vor allem eine effiziente Ausnutzung von Lern- und Synergieeffekten, die frühzeitige Berücksichtigung der Kundenwünsche, die Delegation von Entscheidungskompetenzen und die verstärkte Parallelisierung der einzelnen Entwicklungsschritte (vgl. *Pay, D. de* 1995 S. 80). Ein einfaches Beispiel soll die Situation verdeutlichen:

Geht man im Automobilbereich von einer Innovationszeit für ein neues Fahrzeugmodell von sechs Jahren aus, dann würden die japanischen Unternehmen bei einer tatsächlichen positiven Abweichung von 12 % (dies entspricht dem Indexwert 112) ein neues Automobil ceteris paribus immerhin fast ein drei viertel Jahr früher (genau 8,64 Monate) auf den Markt bringen als ihre deutsche Konkurrenz. Obwohl dies bei der Heterogenität des Automobilmarkts und den Besonderheiten bezüglich des Kaufverhaltens und der Markentreue keine Garantie für einen erfolgreichen Absatz bietet, steht dem früher im Markt befindlichen Unternehmen doch zumindest ein größeres potenzielles Absatzvolumen zur Verfügung. Dies erlaubt ihm möglicherweise die Erzielung von Innovationsprofiten.

Zeitvorteile

Einen entscheidenden Wettbewerbsvorteil stellt ein **zeitlicher Vorsprung** speziell in solchen Märkten dar, die durch homogene Güter charakterisiert sind. Hier können Unternehmen durch einen frühen Markteintritt viele Nachfrager auf sich vereinen, bevor die

Abb. 1.9: Beispiel *Tamagotchi*

später auftretende Konkurrenz ihre eigentliche Stammkundschaft bedient. Mit einem Beispiel aus dem Bereich der Unterhaltungselektronik lässt sich dieser Sachverhalt eindrucksvoll belegen.

Nach der erfolgreichen Markteinführung des »virtuellen Haustiers« *Tamagotchi* (vgl. Abb. 1.9) durch das japanische Unternehmen *Bandai Digital Entertainment Corp.* im November 1996 drängten zahlreiche »Follower« mit fast identischen Konkurrenzprodukten *(Virtual Pet, Electro Pet)* auf den Markt. Trotz des starken Wettbewerbs und eines an sich homogenen Markts gelang es *Bandai* als dem Innovator in diesem Segment, seine starke Marktstellung zu behaupten. Bereits nach wenigen Monaten waren allein in Japan mehr als 14 Mio. Stück verkauft. Bis Ende 1997 stieg der Absatz weltweit auf über 40 Mio. Stück an.

1.4.2.3 Innovationskosten im Ländervergleich USA – Japan – Deutschland

Unter den **Innovationskosten** sind sämtliche Kosten zu verstehen, die mit einer Innovation verbunden sind. Hierzu gehören im Wesentlichen die Forschungs- und Entwicklungskosten, die Produktionskosten, die Kosten für die Marktforschung und die Kosten für die Produkteinführung im Markt. Die im Rahmen der im vorhergehenden Abschnitt erwähnten Studie ermittelten Zahlen wurden ebenfalls indiziert und sind in der Tabelle 1.7 zusammengefasst.

Branche	Deutschland / Japan	Deutschland / USA
Automobilindustrie	107	104
Chemieindustrie	119	99
Elektrotechnik	117	105
Maschinenbau	108	95
Metall verarbeitende Industrie	99	107
Alle befragten Unternehmen	112	101

Tab. 1.7: Verhältnis der Innovationskosten in Deutschland zu denjenigen in Japan und den USA (vgl. *Albach, H./Pay, D. de/Rojas, R.* 1991 S. 314)

Die dargestellten Indexwerte sind mit den Ergebnissen vergleichbar, die bei der Untersuchung der Innovationszeiten festgestellt wurden und lassen sich als deren Folgewirkung interpretieren: Kürzere Entwicklungszeiten gehen in der Regel auch mit entsprechend geringeren Innovationskosten einher (vgl. auch Abschnitt 1.2.3) – ein Kausalzusammenhang, der von den japanischen Unternehmen konsequent umgesetzt zu werden scheint.

1.4.2.4 Resümee

Auch wenn die betriebliche Innovationstätigkeit lediglich anhand der beiden Kriterien Zeit und Kosten untersucht wurde, lässt sich der Trend zu einer relativ gesehen sinkenden F+E-Tätigkeit und einer damit verbundenen Schwächung der internationalen Technologieposition Deutschlands auch auf der einzelbetrieblichen Ebene grundsätzlich bestätigen.

Vor allem die im Vergleich zu Japan identifizierten Defizite zeigen ein eher pessimistisches Bild der Entwicklung auf. Sie können aber ein Anstoß sein, um die Innovationsfähigkeit japanischer Unternehmen auch in der deutschen Wirtschaft durch entsprechende Reformen und Umgestaltungen zu erreichen. Mögliche Ansatzpunkte für die Optimierung der Innovationstätigkeit können beispielsweise integrierte Gruppenarbeitskonzepte oder generell die japanische Philosophie einer permanenten Verbesserung (»Kaizen«) sein, die seit einigen Jahren unter der Überschrift des »Total-Quality-Management« (TQM) die westliche Wirtschaftswelt immer mehr durchdringt.

Inwieweit unterstützt der deutsche Staat die Anstrengungen der Unternehmen zur Weiterentwicklung ihrer Innovationsfähigkeit?

1.5 Innovationspolitik und Innovationsförderung in Deutschland

1.5.1 Pro und Contra einer staatlichen Innovationsförderung

Die Bedeutung der Innovationstätigkeit für die Entwicklung einer Volkswirtschaft ist unbestritten. Dennoch muss die Frage gestellt werden, ob es in einem marktwirtschaftlich organisierten System überhaupt eine Aufgabe des Staates sein sollte, mittelbar oder unmittelbar in den Allokationsmechanismus von Angebot und Nachfrage einzugreifen. Zudem liegen keine gesicherten Erkenntnisse darüber vor, dass die staatlichen Stellen die zukünftigen Entwicklungen besser einschätzen und einen entsprechenden Einfluss darauf nehmen können als die Unternehmen selbst (vgl. *Leder, M.* 1989 S. 30).

Hintergrund staatlicher Eingriffe

Nun ist es statistisch nachweisbar, dass der Staat zumindest in den Industrieländern ein wichtiger finanzieller Förderer von Forschungs- und Entwicklungsaktivitäten ist. Begründet wird diese aktive Rolle des Staates, die als Forschungs-, Technologie- und/oder Innovationspolitik bezeichnet wird, mit der besonderen Bedeutung von Innovationen für die Entwicklung einer Volkswirtschaft. Eine

Einflussnahme auf die Allokation der Produktionsfaktoren gilt insbesondere dann als gerechtfertigt, wenn **Marktunvollkommenheiten** vorliegen oder sogar ein **Marktversagen** beobachtet wird. Der staatliche Eingriff orientiert sich somit am Subsidiaritätsprinzip, d. h. die Förderung wird dort eingesetzt, wo dies aus übergeordneten gesellschaftlichen oder gesamtwirtschaftlichen Gründen erforderlich ist (vgl. hierzu die ausführliche Darstellung bei *Brockhoff, K.* 1994, S. 85 ff.). Forschung und Entwicklung besitzen damit teilweise den Charakter eines öffentlichen Gutes bzw. werden als meritorische Güter in ihrer Ausbringung durch den Staat gefördert.

Als Gründe **für** eine staatliche Forschungs- und Technologiepolitik werden die folgenden Hauptargumente genannt (vgl. *Pleschak, F./Sabisch, H.* 1996 S. 300 ff.):

Pro Innovationsförderung

- Die Schaffung einer **F+E-Infrastruktur** in Form von öffentlichen Großforschungseinrichtungen ist eine wesentliche Voraussetzung für eine erfolgreiche **Grundlagenforschung**. Diese wiederum hat positive Effekte auf den wirtschaftlichen Nutzen der angewandten Forschung, leistet einen Beitrag zur Ausbildung der beteiligten Wissenschaftler und entwickelt neue Instrumente und Techniken für die Grundlagenforschung selbst.
- Durch **F+E-Spillovers** und **Vernetzung** lassen sich die Innovationsrisiken teilen und die Kosten reduzieren. Die staatlicherseits unterstützte Verbesserung der Beziehungen zwischen Forschungseinrichtungen und Industrie, beispielsweise im Rahmen des Technologietransfers, trägt so zur Steigerung der internationalen Wettbewerbsfähigkeit bei.
- Um **öffentliche Güter** zur Umsetzung staatlicher Ziele auf den Gebieten der Gesundheit, des Umweltschutzes und der Sicherheit zur entwickeln, ist eine staatliche Innovationspolitik erforderlich.
- Die rasche **Diffusion neuer Technologien** und die in ihrer Folge entstehenden strukturellen Anpassungsprozesse erfordern eine staatliche Unterstützung. Nur so kann der oft beträchtliche gesamtwirtschaftliche Nutzen von Innovationen in Form von Einkommens- und Produktivitätszuwächsen realisiert werden.

Nicht zu leugnen sind aber auch die **Schwierigkeiten**, die sich bei einer staatlichen Forschungsförderung ergeben und zur Fehlallokation von öffentlichen Geldern führen können. Deshalb sprechen verschiedene Gründe prinzipiell **gegen** die staatliche Finanzierung von Forschung und Entwicklung (vgl. hierzu auch die Darstellung bei *Brockhoff, K.* 1994 S. 89 f.):

Contra Innovationsförderung

- Die politischen Entscheidungsträger verfügen zumeist **nicht** über **ausreichende Marktkenntnisse** und **geeignete Instrumente**, um die zukünftige Bedürfnissituation zu erforschen. Sie sind nicht

unmittelbar am Erfolg oder Misserfolg der getroffenen Maßnahmen beteiligt. Durch die Angst vor karriereschädlichen Fehlentscheidungen kann zudem eine übergroße **Risikoscheu** entstehen, welche die erforderlichen Entscheidungen verzögert und die privatwirtschaftliche Risikoaversion verstärkt.
- Die Handlungsorientierung der Entscheidungsträger führt dazu, dass nicht vorrangig nach wirtschaftlichen Effizienzaspekten, sondern nach **politischen Erwägungen** entschieden wird.
- Schließlich besteht die Gefahr, dass **Fehlentscheidungen** über die Allokation von F+E-Geldern bei beschränkten staatlichen Budgets zu Lasten anderer, nicht berücksichtigter Forschungsprogramme gehen.

Bekenntnis zur staatlichen Förderung

Trotz der möglichen Nachteile einer staatlichen Innovationsförderung hat sich gerade in wirtschaftlichen Krisenzeiten ein klares Bekenntnis der Politik herausgebildet, durch eine zielgerichtete und zukunftsorientierte Innovationsförderung neue Anreize zu schaffen. Sie sollen es den Unternehmen erleichtern, auch kostenintensive F+E-Projekte durchzuführen und so neue Marktpotenziale zu erschließen.

1.5.2 Forschungspolitische Ziele des Bundes

Die deutsche Forschungspolitik spiegelt sich in den forschungspolitischen Zielen wider, die im **Bundesbericht Forschung** 2000 veröffentlicht wurden. Hier heißt es einleitend (*BMBF* [Hrsg.] 2000a S. 14 f.):

»Die Innovationskraft von Wirtschaft und Wissenschaft bestimmt die Zukunftsfähigkeit Deutschlands. Um den Prozess der Globalisierung und den Übergang von der Industrie- in die Wissensgesellschaft zu meistern, müssen die Voraussetzungen für Bildung und Forschung ebenso verbessert werden wie die Voraussetzungen für sich dynamisch entwickelnde Märkte. ... Die Bundesregierung richtet ihren Blick auf den gesamten Innovationsprozess. In Deutschland gewonnene und weltweit verfügbare Ergebnisse der Forschung und Entwicklung müssen schneller als bisher in neue Produkte, Verfahren und Dienstleistungen umgesetzt werden, mit denen Deutschland im Wettbewerb mit den anderen technologisch führenden Regionen der Welt besteht.«

Das sind »starke« Worte. Sie beschreiben die Basis, auf der die gegenwärtigen forschungspolitischen Zielsetzungen des Bundes aufbauen, die im Folgenden kurz charakterisiert werden (vgl. *BMBF* [Hrsg.] 2000a S. 15 ff.).

Forschungspolitische Ziele

- **Erhöhung der Investitionen für Bildung und Forschung:** Bildung und Forschung kommt in der heutigen Wissensgesellschaft ein stetig wachsender Stellenwert zu. Die Investitionen in diese Bereiche sollen als »Zukunftsinvestitionen« die Beschäftigung, das Wachstum und den Strukturwandel fördern und sie sollen dazu beitragen, den Abstand der Forschungs- und Entwicklungsintensitäten (Anteil der Bruttoinlandsausgaben für F+E am Bruttoinlandsprodukt) zu den USA und Japan zu verringern.
- **Weiterentwicklung der Forschungslandschaft:** Als zweites Ziel wird im Bundesbericht Forschung 2000 die Weiterentwicklung und Flexibilisierung des deutschen Wissenschafts- und Forschungssystems genannt. Dabei sollen insbesondere bürokratische Strukturen abgebaut, die Eigenverantwortung durch Budgetierung und Globalhaushalte gestärkt und die komplizierten Entscheidungsprozesse vereinfacht werden.
- **Stärkung der Projektförderung:** Mit Hilfe der Förderung von Forschungsprojekten sollen die Flexibilität, der Wettbewerb und damit auch die Qualität der Forschung gesteigert werden. Dabei kommt den strategisch angelegten Leitprojekten eine besondere Bedeutung zu, die auch Orientierungshilfen bezüglich der gesellschaftlichen Anforderungen an die Technologieentwicklung bieten sollen.
- **Innovationsförderung an der Schnittstelle von Wissenschaft und Wirtschaft:** Ein weiteres Ziel der deutschen Forschungspolitik ist es, die Kooperation zwischen den öffentlich geförderten Forschungseinrichtungen, den Hochschulen und der Wirtschaft zu intensivieren. Im Rahmen von Förderprogrammen sollen insbesondere junge Technologieunternehmen, gemeinschaftliche Forschungsvorhaben von mittelständischen Unternehmen und Forschungsinstituten und der Wissenstransfer in mittelständische Unternehmen durch »technologische Beratung« verstärkt werden.
- **Vertiefung der Internationalisierung:** Durch die Entwicklung »attraktiver Angebote« sollen Lehren, Lernen und Forschen über die Grenzen hinaus zu einer Selbstverständlichkeit werden, wie es im Bundesbericht Forschung 2000 heißt. Hierzu sind internationale Kooperationen in Wissenschaft und Forschung erforderlich, die den Forschungsstandort Deutschland auch für ausländische Forscherinnen und Forscher attraktiv machen.
- **Verbesserung des Dialogs zwischen Wissenschaft und Gesellschaft:** Aus der Sicht des Bundes müssen die Erkenntnisse der Forschung wieder stärker als bisher öffentlich vermittelt werden. Dabei sollen vor allem die technisch-wissenschaftlichen, ethischen, sozialen, rechtlichen, ökonomischen und politischen Aspekte deutlich gemacht werden, die sich aus dem neu gewonnenen Wissen ergeben.

Auf der Grundlage der genannten Zielsetzungen soll eine moderne Forschungspolitik das Wachstum nachhaltig fördern, den Strukturwandel beschleunigen und die gesellschaftliche Entwicklung vorantreiben. Hierzu werden die Aufwendungen des *BMBF* für Forschung und Entwicklung von 7,3 Mrd. € im Jahr 1998 auf 9,7 Mrd. € im Jahr 2004 weiter erhöht (vgl. *BMBF* [Hrsg.] 2004 S. 11). Die Schwerpunkte der Forschungsförderung sind u. a. die Grundlagenforschung, die Informations- und Kommunikationsforschung, die Forschung in den Bereichen der Bio- und der Nanotechnologie, die Energieforschung und die Gesundheitsforschung.

Welche Voraussetzungen bietet die Forschungsförderung in Deutschland, um die hoch gesteckten Ziele erreichen zu können?

1.5.3 Struktur und Arten deutscher Forschungsförderung

Im Laufe der Zeit hat sich hierzulande ein Förderungssystem entwickelt, dessen Struktur seine Übersichtlichkeit längst verloren hat. Zu viele verschiedene Institutionen unter zu vielen verschiedenen Zuständigkeiten machen eine überschaubare Klassifizierung der verschiedenen Förderungsarten fast unmöglich. Zudem trägt die steigende Förderungstätigkeit supranationaler Organisationen (vor allem der Europäischen Union mit entsprechend komplexen Regelwerken) nicht gerade zu einer Vereinfachung der Förderungssystematik bei.

Zumindest für den national geförderten privaten Bereich lässt sich dennoch die in der Abbildung 1.10 dargestellte **Förderungssystematik** aufzeigen.

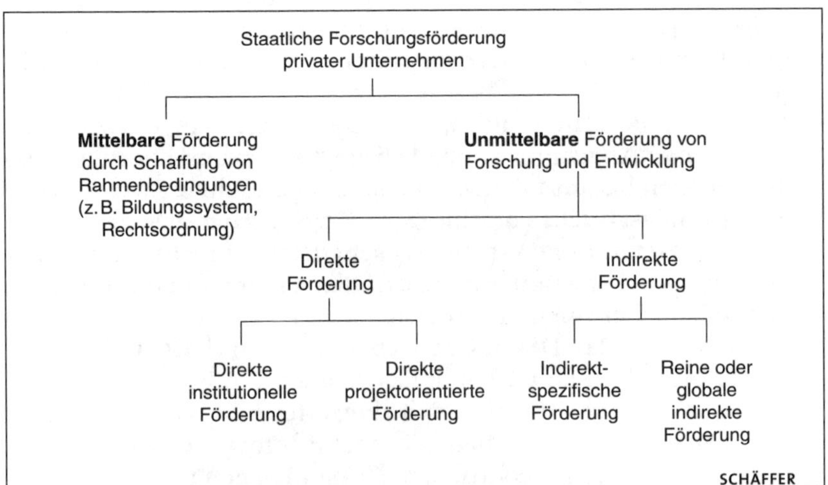

Abb. 1.10: Systematik staatlicher Forschungsförderung von privaten Unternehmen (vgl. *Brockhoff, K.* 1994 S. 91)

Während auf die weitere Untergliederung der **mittelbaren** Förderung nicht eingegangen wird, werden im Folgenden einige wesentliche Aspekte der **unmittelbaren** Förderung von Forschung und Entwicklung erläutert (vgl. *Brockhoff, K.* 1994 S. 91 f.):

Unmittelbare Forschungsförderung

- Im Rahmen der so genannten **direkten institutionellen Förderung** werden staatliche Forschungseinrichtungen, große Forschungsfonds und gemeinsam mit den Ländern finanzierte Einrichtungen gefördert. Mit dieser Förderungsart werden die privaten Wirtschaftsbetriebe also nicht direkt erreicht. Typische Beispiele hierfür sind die *Deutsche Forschungsgemeinschaft*, die *Max-Planck-Gesellschaft*, die *Fraunhofer-Gesellschaft* und die Großforschungseinrichtungen (»*Helmholtz*«-Zentren). Von den insgesamt 16,3 Mrd. € für Forschung und Entwicklung, die Bund und Länder der Bundesrepublik Deutschland in 2002 finanzierten, entfielen 29,7 Prozent auf die institutionelle Förderung. D. h. ca. 4,9 Mrd. €. (Vgl. *BMBF* [Hrsg.] 2004 S. 195.)
- Die **direkte projektorientierte Förderung** kommt im Fall zu hoher wirtschaftlicher Risiken für die betreffenden Unternehmen und im Bereich der staatlichen Daseins- und Zukunftsvorsorge (z. B. Sicherheits-, Umwelt- und Gesundheitsforschung) zum Tragen. Im Mittelpunkt steht die Korrektur von Marktunvollkommenheiten und Marktversagen. Die direkte Projektförderung legt ihren Schwerpunkt vor allem auf die Unterstützung kleiner und mittlerer Unternehmen (KMU). Die gezielte Förderung der KMU erfolgt vor allem deshalb, weil sie einerseits durch ihre Marktnähe und ihre Flexibilität einen entscheidenden Faktor im gesamtwirtschaftlichen Entwicklungsprozess darstellen. Andererseits können sie die benötigten finanziellen Ressourcen oftmals nicht allein aufbringen, um ihre Innovationsvorhaben zu realisieren (vgl. *BMBF* [Hrsg.] 2000a S. 112). Die F+E-Ausgaben des Bundes an die gewerbliche Wirtschaft beliefen sich 2002 auf 1869,0 Mio. € (vgl. *BMBF* [Hrsg.] 2004 S. 200).
- Im Mittelpunkt der **indirekten Förderung** stehen die Bereitstellung meritorischer (Forschungs-)Angebote und die Verbesserung des Innovationsklimas. Dabei strebt die **reine oder globale indirekte Förderung** eine Erhöhung der industriellen Forschungs- und Entwicklungskapazität an. Die **indirekt-spezifische Förderung** beinhaltet zwei Sachverhalte: Die Förderung ist zum einen spezifisch, weil sie Projekte in bestimmten Technologiebereichen fördert. Zum anderen erfolgt die Förderung indirekt, weil der Staat die geförderten Projektinhalte in keiner Weise beeinflusst. Die indirekt-spezifische Förderung ist somit in einer engen Beziehung zur direkten projektorientierten Förderung zu sehen und unterscheidet sich von dieser lediglich durch das Ausmaß des staatlichen Einflusses auf die geförderten Vorhaben (vgl. *Brockhoff, K.* 1994 S. 91 f.).

1.5.4 Innovationsschwerpunkte und Zukunftsbranchen

Konkrete Aussagen über die zukünftige Entwicklung von Innovationsschwerpunkten und Zukunftsbranchen zu machen, ist ein schwieriges Unterfangen. Die zunehmende Globalisierung und Vernetzung der Wirtschaft und die schnelle Entwicklung beinahe aller Wirtschaftsbereiche machen eine pauschale und isolierte Identifikation einzelner »**Wirtschaftszweige der Zukunft**« nahezu unmöglich.

»Vier-Sektoren-Modell«

Der generelle Trend, der eine zunehmende Verlagerung der Beschäftigung vom produzierenden Sektor in den Dienstleistungsbereich vorhersagt und nach *Fourastié* als »**These vom tertiären Sektor**« bezeichnet wird, ist jedoch nicht zu bestreiten (vgl. *Fourastié, J.* 1967 S. 216 ff.). Erweitert man die Drei-Sektoren-Theorie noch um den Bereich **Information**, so ergibt sich ein **vierter Sektor**, der in Zukunft stark an Bedeutung gewinnen dürfte (vgl. Abb. 1.11).

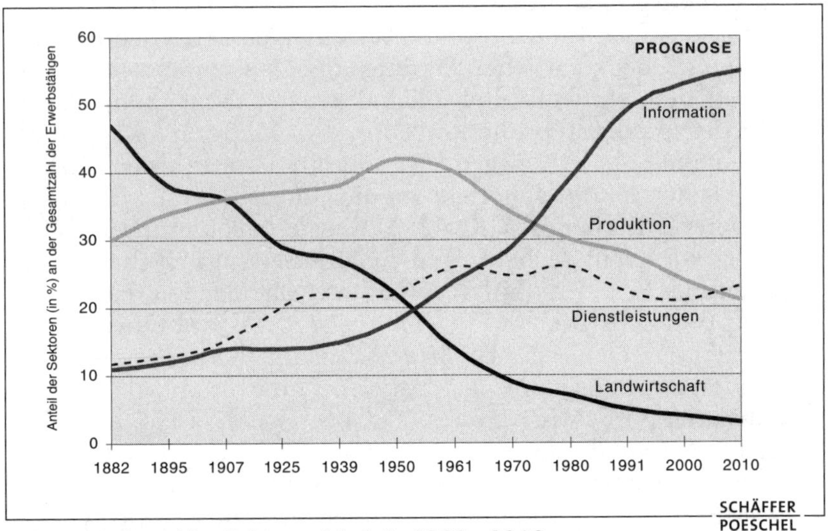

Abb. 1.11: Das »Vier-Sektoren-Modell« 1882–2010 (vgl. *BMBF* [Hrsg.] 1996 S. 19)

Die Abbildung 1.11 zeigt den schon in den 1950er Jahren prognostizierten deutlichen Rückgang des primären und des sekundären Sektors (Landwirtschaft und industrielle Produktion). Während der tertiäre Sektor (Dienstleistungen) über das Jahr 2000 hinaus einen leichten Anstieg aufweist, wird für den Informationssektor ein weiterhin starkes Wachstum prognostiziert. Welche konkreten Auswirkungen und Veränderungen dabei beispielsweise gänzlich neue Produktentwicklungen auf die einzelnen Sektoren haben werden, ist allerdings nur schwer vorherzusagen.

B

Die umwälzende Wirkung von Innovationen auf die Struktur der Weltwirtschaft lässt sich anhand der Informations- und Kommunikationstechnologie verdeutlichen: Durch die Weiterentwicklung von Hardware (Home-PC, Net-PC, Modem, Glasfaserkabel) und Software Anfang der achtziger Jahre erschloss sich mit dem **Internet** eine breite Palette von neuen Nutzungsmöglichkeiten. Diese wird zunehmend von Spezialanbietern vor allem im Bereich des Electronic Commerce genutzt, wobei beispielsweise das Home-Shopping und das Home-Banking eine immer weitere Verbreitung finden. Aus den Möglichkeiten der unmittelbaren und zeitnahen Kommunikation via Internet ergeben sich hinsichtlich der Gestaltung von Angebot und Nachfrage völlig neue Aspekte: Märkte werden »entkoppelt«, geographische Distanzen spielen für den Gütertausch keine Rolle mehr, die Informationsbeschaffung der Konsumenten erfolgt global, traditionelle Verkäufer-Käufer-Beziehungen lösen sich auf usw.

Trotzdem können einige typische Entwicklungsfelder aufgezeigt werden, die im Alltagsgebrauch gerne als **»Zukunftsbranchen«** bezeichnet werden und die in nächster Zeit von einer großen technischen und wirtschaftlichen Bedeutung sein dürften. Ihre Ausnahmestellung zeigt sich auch in den Fördermitteln, die für die Forschung und Entwicklung im Bereich der Spitzentechnologien zur Verfügung gestellt werden (vgl. *BMBF* [Hrsg.] 2000a S. 18 ff., 135 ff.; zu den Entwicklungstendenzen in wichtigen Technologiefeldern vgl. auch die ausführlichen Darstellungen einzelner Technologien bei *Lüder, E.* 1995 S. 81 ff.):

Zukünftige Technologiefelder

- In der **Lasertechnik** soll im Rahmen des Förderschwerpunktes »Laser 2000« das vielseitige und bisher zu wenig ausgeschöpfte Potenzial dieser Technologie weiter nutzbar gemacht werden.
- Das Förderprogramm **»Neue Materialien«** konzentriert sich auf die Werkstoffforschung in den Segmenten der Verkehrs-, Informations-, Energie- und Medizintechnik. Als Technik, die noch am Anfang ihrer Entwicklung steht, ist hierbei speziell die Nanotechnologie zu nennen. Dabei handelt es sich um eine Technologie, die Materialentwicklungen mit nur nanometergroßen Partikeln erlaubt und besonders im Bereich der Miniaturisierung von Bauteilen ein hohes Erfolgspotenzial verspricht.
- Der gesamte Bereich der **Biowissenschaften** wird nach der Meinung von vielen Experten zu einer strategischen Schlüsseltechnologie des 21. Jahrhunderts werden. Potenzielle Technologiepfade stellen dabei unter anderem die molekulare Medizin, die Genforschung und der biotechnisch optimierte Umweltschutz dar.
- Die sich schnell entwickelnden **Informations- und Kommunikationstechnologien** bieten neue Chancen und Herausforderungen, deren Potenzial und deren Auswirkungen, insbesondere auf die Gesellschaft, gegenwärtig noch niemand endgültig einzuschätzen vermag.

B

Die Förderung von Hochtechnologiefeldern in Deutschland zeigt mittlerweile offenbar Wirkung: In der Umwelttechnologie hat Deutschland 1997 mit einem Weltmarktanteil von 18,7 % weltweit den ersten Platz vor den USA (18,5 %) und Japan (14,5%) zurückerobert. Der Anteil von Spitzentechnologien an der deutschen Industrieproduktion insgesamt stieg auf 11,7% (1994: 10 %). Deutschland ist damit der größte Technologielieferant Europas vor Großbritannien und Frankreich. Weltweit ist Japan zurzeit mit einem Anteil von 19,5% der größte Verkäufer technologieintensiver Produkte, gefolgt von den USA mit 17,8% und Deutschland mit 17,1%. Großbritannien und Frankreich bringen es dagegen nur auf 7,5% (vgl. *Koch, W.* 1998 S. 1).

1.6 Innovationshemmnisse

Obwohl die politischen Entscheidungsträger in Deutschland ein innovationsförderndes Klima anstreben und dies auch bei jeder Gelegenheit betonen, existieren zahlreiche Faktoren, die das Innovationsverhalten der Unternehmen nachteilig beeinflussen. Dabei handelt es sich sowohl um **unternehmensspezifische** (endogene) als auch um **überbetriebliche** (exogene) Ursachen. Sie reichen von den mit jeder Innovation verbundenen Marktrisiken über staatliche Reglementierungen und die teilweise unklare politische Willensbildung in den Parlamenten (aktuell z. B. auf dem Gebiet der Gentechnologie) bis zu finanziellen Restriktionen der Unternehmen und einem mehr oder weniger fähigen Management, das mitunter nicht einmal dazu in der Lage ist, die Innovationsprozesse systematisch zu organisieren und strategisch auszurichten (vgl. Abb. 1.12)

In diesem Abschnitt wird weniger auf die unternehmensspezifischen Schwachstellen bei der Umsetzung von Innovationen ein-

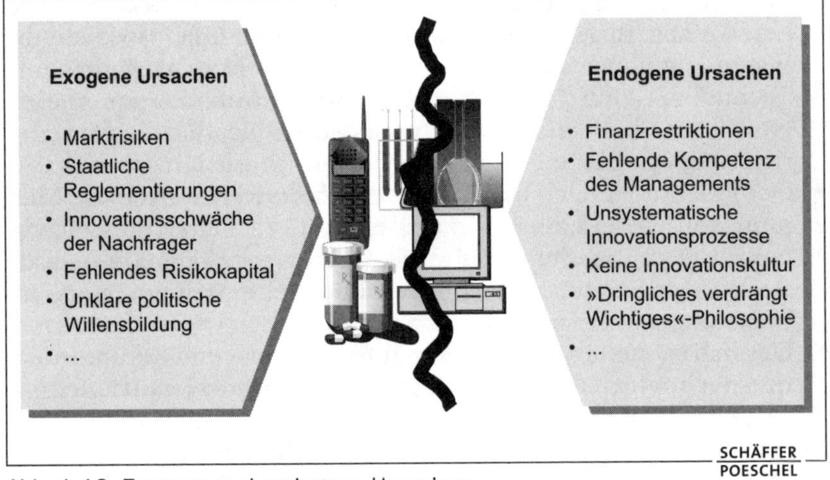

Abb. 1.12: Exogene und endogene Ursachen der deutschen »Innovationslücke«

gegangen als vielmehr auf die allgemeinen Hemmnisse Bezug genommen, welche die gesamtwirtschaftliche Innovationstätigkeit behindern und im Extremfall zum Erliegen bringen können. So fokussiert auch das bereits im Abschnitt 1.3 erwähnte gemeinsame Empfehlungspapier des *Bundesverbandes der Deutschen Industrie* und des *Deutschen Industrie- und Handelskammertages* aus dem Jahr 2003 auf die **exogenen Faktoren**. Beispielsweise fordern beide Institutionen, die staatlichen Investitionen in Forschung und Entwicklung nicht wie geplant weiter zu reduzieren sondern zu erhöhen, die öffentlichen Fördermaßnahmen transparenter und nachhaltiger zu gestalten, die Last der Abgaben und Steuern zu verringern, aufwändige und langwierige Genehmigungsverfahren zu vereinfachen (vgl. hierzu das Beispiel der chemischen Industrie in der Abb. 1.14) und den Technologietransfer effektiver zu gestalten (vgl. *BDI/DIHK* [Hrsg.] 2003 S. 3 ff.).

Wesentliche Innovationshemmnisse

Die Darstellung der Ergebnisse einer empirischen Studie des *BMBF* in der Abbildung 1.13 macht deutlich, dass es sich bei den **Innovationshemmnissen** primär um Tatbestände handelt, die im Bereich des **Marktes** (Imitierbarkeit, Marktrisiko) und der Finanzwirtschaft der **Unternehmen** liegen (z. B. Innovationskosten, Kapitalmangel, Kostenrisiken). Diese Feststellung kann sowohl für Großunternehmen als auch für kleine und mittlere Unternehmen getroffen werden und gilt für das verarbeitende Gewerbe ebenso wie für den Dienstleistungssektor (vgl. *BMBF* [Hrsg.] 2000c S. 7). Darüber hinaus erkennt man, dass die in der Theorie ausgiebig diskutierten unternehmensinternen Widerstände gegen Innovationen von beiden Unternehmensgattungen als kaum relevant angesehen werden.

Venture-Capital

Ein von Seiten des Staates initiierter Innovationsschub sollte demnach vorrangig bei der Verbesserung der ökonomischen Rahmenbedingungen ansetzen. Die **Bereitstellung von Risikokapital** (Venture-Capital) ist ein in diesem Zusammenhang häufig genanntes Mittel, dessen sich der Staat vermehrt bedienen könnte. Darunter wird eine Finanzierungsform verstanden, die jungen und wachstumsorientierten Unternehmen vor allem in der Gründungs- und ersten Wachstumsphase zinsgünstige Investitionsmittel zur Verfügung stellt (vgl. *Schmidtke, A.* 1985 S. 43 f.). Durch diese Mittel können auch Investitionen erfolgen, die bei einer externen Kapitalbeschaffung über die Finanzmärkte und die damit verbundenen hohen Finanzierungskosten nicht mehr rentabel wären. Die Venture-Capital-Finanzierung eignet sich gerade für solche innovativen Investitionsvorhaben besonders gut, die mit hohen oder sehr hohen Risiken verbunden sind.

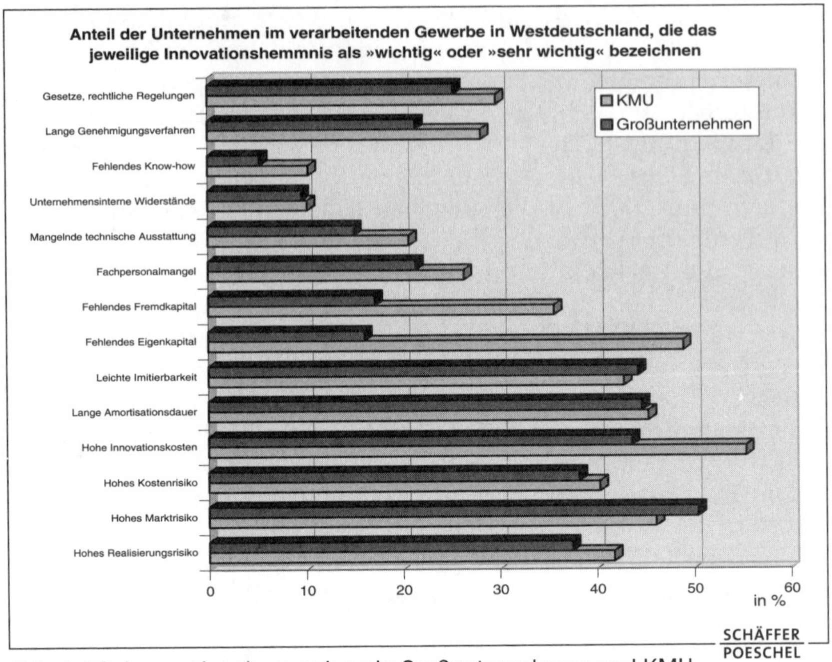

Abb. 1.13: Innovationshemmnisse in Großunternehmen und KMU (*BMBF* [Hrsg.] 1996 S. 16)

Ein klassisches Beispiel für die erfolgreiche Bereitstellung von Venture-Capital ist die 1957 begonnene Erfolgsgeschichte der *Digital Equipment Corporation (DEC)*, einem damals noch wenig bekannten, aber äußerst innovativen Unternehmen. Erst die Finanzierungshilfe der *American Research and Development Corporation*, einer bereits 1946 gegründeten Gesellschaft, die Kapital für Innovationsprojekte sammelt, stattete *Digital Equipment* mit dem nötigen Investitionskapital aus. Diese »Finanzspritze« hat es dem Unternehmen neben anderen innovationsfördernden Aspekten ermöglicht, zu einem der größten Anbieter im Halbleiter- und Hardwarebereich zu werden (vgl. *Servatius, H.-G.* 1988 S. 48). 1988 wurde *DEC* von *Compaq* übernommen, das seinerseits 2002 mit *Hewlett–Packard* fusionierte.

Ein Beispiel für die Bereitstellung von Risikokapital durch die private Wirtschaft in Deutschland ist die *Bayer Innovation Beteiligungsgesellschaft mbH* (seit 2003: *BIG Bayer Innovation GmbH*), eine einhundertprozentige Tochtergesellschaft der *Bayer AG* (vgl. *Bayer Innovation Beteiligungsgesellschaft mbH* [Hrsg.] 1998, www.bayer.de). Diese Gesellschaft kann das von der Mutter zur Verfügung gestellte Kapital eigenverantwortlich in wachstumsträchtige und rechtlich selbstständige kleine und mittlere Unternehmen investieren, die im Bereich der chemischen und der pharmazeutischen Technologien tätig sind. Dabei wird in der Regel eine zeitlich befristete Minderheitsbeteiligung von unter 30 % der Anteile angestrebt (Beteiligungssumme zwischen einer halben und zweieinhalb Millionen €) und großer Wert darauf gelegt, »... dass die jungen Technologieunternehmen ihre Unabhängigkeit und damit ihre inhärenten Stärken wie Kreativität, Motivation und Flexibilität bewahren«.

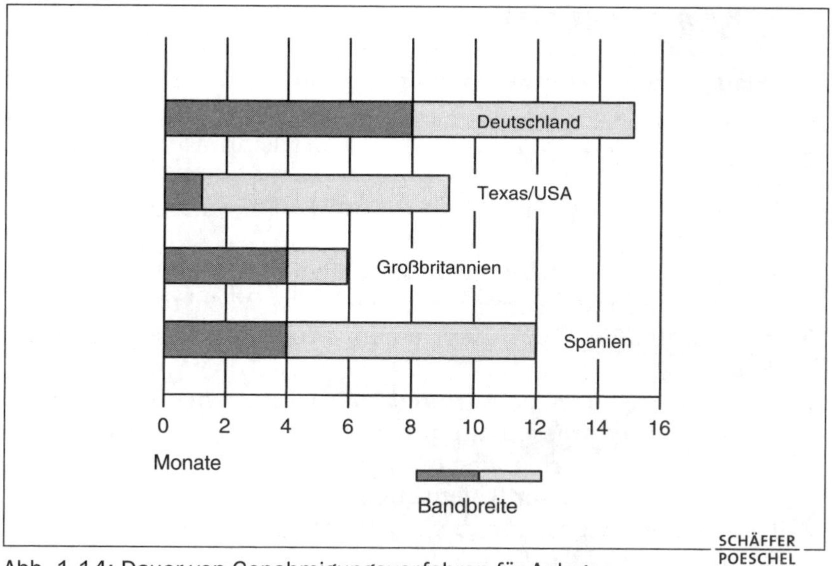

Abb. 1.14: Dauer von Genehmigungsverfahren für Anlagen der chemischen Industrie (vgl. *BASF AG* [Hrsg.] 1997 S. 5)

Hemmnis »Verwaltung«

Ein nicht zu unterschätzendes Hemmnispotenzial liegt nach Ansicht der Unternehmen darüber hinaus im Bereich der **staatlichen Verwaltung**. Langwierige Genehmigungsverfahren, komplizierte Rechtsnormen und bürokratische Verordnungen behindern eine schnelle und flexible Umsetzung von Innovationen. Die im internationalen Vergleich nach wie vor unflexiblen Arbeitszeitregelungen in vielen Tarifbranchen beeinträchtigen darüber hinaus das Innovationsklima in Deutschland (vgl. *Straßberger, F./Beise, M./ Belitz, H.* et al. 1996 S. 117).

B

Anhand der chemischen Industrie können die Wirkungen einer wachsenden Bürokratie verdeutlicht werden, die sich in einer kaum überschaubaren Zahl von Gesetzen und Verordnungen und in deren ständiger Neufassung äußert. Die komplizierten gesetzlichen Regelungen führen dazu, dass die Genehmigungszeiten für chemische Anlagen in Deutschland ungleich länger sind als in den konkurrierenden Nationen (vgl. Abb. 1.14). Derartige Rahmenbedingungen sind es, die der Standortdebatte Nahrung geben und die Wettbewerbsposition der Bundesrepublik Deutschland im internationalen Vergleich schwächen.

B

Eine von *emnid* im Auftrag des *BDI* und der Beratungsgesellschaft *Droege* im Jahr 1998 durchgeführte Studie in 1.879 Unternehmen aus 17 Triadeländern belegt, dass die **Top-Erfolgsfaktoren** im exogenen Bereich im Patentrecht, in der Deregulierung und in der Realisierung von Steuererleichterungen zu sehen sind (zu den unternehmensinternen Erfolgsfaktoren vgl. Kapitel 7). Als **Haupthemmnisse** gelten staatliche Reglementierungen der Innovationstätigkeit, ein innovationsfeindliches Steuerrecht, fehlendes Risikokapital in der Seed-Phase (v. a. in Deutschland) und langwierige Patentierungsverfahren (v. a. in Europa; vgl. *Droege/BDI* [Hrsg.] 1998 S. 6 ff.).

1.7 Wiederholungsfragen

1. Erläutern Sie die Grundgedanken der Innovationstheorie *Joseph A. Schumpeters.*
2. Wie lassen sich Produkt- und Verfahrensinnovationen unterscheiden?
3. Erläutern Sie, welche Basisinnovationen hinter den so genannten »*Kondratieff*-Zyklen« stehen.
4. Was sagen die *Kondratieff*-Zyklen über die Bedeutung von Innovationen für das gesamtwirtschaftliche Wachstum aus?
5. Inwieweit kann heute von einem »6. *Kondratieff*« die Rede sein?
6. Nennen Sie Gründe, warum Unternehmen heute besonders innovativ sein müssen, um ihren Erfolg langfristig zu sichern.
7. Warum ist die betriebliche Innovationstätigkeit für eine Volkswirtschaft von großer Bedeutung?
8. Der Faktor Zeit ist für die Unternehmen ein entscheidender Wettbewerbsfaktor. Stellen Sie den Bezug zwischen der Innovationszeit und dem Innovationserfolg her und erörtern Sie die Zusammenhänge.
9. Erläutern Sie die wesentlichen Inhalte der *PIMS*-Studie. Welche Erkenntnisse ergeben sich aus dieser Studie für das Innovationsmanagement?
10. Wie beurteilen Sie das Verhältnis der deutschen Gesellschaft zu dem Themenkomplex »Forschung und Entwicklung«?
11. Welche Konsequenzen ergeben sich im internationalen Vergleich aus der derzeitigen Innovationstätigkeit in Deutschland?
12. Welche Arten der Forschungsförderung kennen Sie? Erläutern Sie die Besonderheiten der einzelnen Förderarten.
13. Auf welchen Gebieten sind zukünftig Innovationsschwerpunkte zu erwarten?
14. Worin bestehen für die deutschen Unternehmen die größten Hemmnisse für eine erfolgreiche Umsetzung von Innovationen?

2 Grundlagen des Innovationsmanagements

2.1 Lernziele

Im Kapitel 2 soll der Leser

- sich mit den wichtigsten Grundbegriffen des Innovationsmanagements auseinander setzen und sie gegenüber benachbarten Begriffen abgrenzen,
- der Frage nachgehen, welche besonderen Merkmale für Innovationen kennzeichnend sind,
- mit den Zielen von Innovationen vertraut gemacht werden,
- einen Überblick über die unterschiedlichen Arten von Innovationen bekommen und
- den Ablauf eines »typischen« Innovationsprozesses kennen lernen.

2.2 Definition und Abgrenzung des Innovationsbegriffs

2.2.1 Invention und Innovation

Um ein einheitliches Verständnis für die weitere Auseinandersetzung mit dem Thema dieses Buches zu schaffen, sind einige Grundbegriffe zu klären. Allerdings ist gleich zu Beginn festzustellen, dass es aufgrund des Fehlens einer in sich geschlossenen und umfassenden Innovationstheorie bisher keine allgemeingültige und einheitliche Definition des Innovationsbegriffs gibt (einen guten Überblick über die verschiedenen innovationstheoretischen Ansätze gibt *Macharzina, K.* 2003 S. 666 ff.).

Die nachfolgenden Definitionen sollen einen Einblick in den **Facettenreichtum des Innovationsbegriffs** geben (Hervorhebungen durch die Verfasser):

- »An innovation is an idea, practice, or object that is perceived as **new** by an individual or other unit of adoption« (*Rogers, E. M.* 1983 S. 11).
- »›Kreativität‹ ist der Denkprozess, der uns hilft, Ideen hervorzubringen. ›Innovation‹ ist die praktische Anwendung solcher Ideen, um die **Ziele des Unternehmens** wirksamer zu erreichen« (*Majaro, S.* 1993 S. 6).
- »Betriebswirtschaftlich sind alle aus unternehmensindividueller Sicht erstmalig relevanten **Neuheiten** Innovationen« (*Trommsdorff, V./Schneider, P.* 1990 S. 3).

D

- »Liegt eine Erfindung vor und verspricht sie **wirtschaftlichen Erfolg**, so werden Investitionen für die Fertigungsvorbereitung und die Markterschließung erforderlich, Produktion und Marketing müssen in Gang gesetzt werden. Kann damit die **Einführung in dem Markt** erreicht werden oder ein **neues Verfahren** eingesetzt werden, so spricht man von einer Produktinnovation oder einer Prozessinnovation. Hiermit ist im engeren Sinne von Innovation die Rede« (*Brockhoff, K.* 1994 S. 28).
- »Innovation from idea generation to problem-solving to commercialization is a **sequence** of organizational and individual behavior patterns connected by formal resource allocation decision points« (*Goldhar, J. D.* 1980 S. 284).

Als grundlegendes Kriterium einer Innovation lässt sich anhand der obigen Zitate explizit oder implizit mindestens die **Neuartigkeit** oder **Neuheit** identifizieren. Weitere Kriterien wie der **Zielbezug** (wirksamere Zielerreichung, wirtschaftlicher Erfolg), die **Verwertungsrichtung** (Markteinführung, Nutzung) und der **Prozessaspekt** kommen teilweise hinzu. Bevor der Innovationsbegriff näher betrachtet wird, muss zunächst einmal eine Abgrenzung zwischen den beiden Begriffen »Invention« und »Innovation« erfolgen, die im allgemeinen Sprachgebrauch genauso häufig wie unrichtig synonym verwendet werden (vgl. z. B. *Albach, H.* 1991 S. 46, *Bürgel, H. D./Haller, C./Binder, M.* 1996 S. 13 f., *Macharzina, K.* 2003 S. 664 f., *Pleschak, F./Sabisch, H.* 1996 S. 6, *Schaudel, D.* 1993 S. 46):

D

- Die **Invention** oder Erfindung ist eine notwendige Vorstufe der Innovation. Sie beschränkt sich auf den Prozess der Wissensgenerierung durch F+E und die erstmalige **technische Realisierung** einer neuen Problemlösung. Die Invention kann sowohl geplant (wenn sie bestimmte vorher festgelegte Ziele erfüllt) als auch ungeplant (zufällig) erfolgen.
- Dagegen ist unter einer **Innovation** grundsätzlich die erstmalige **wirtschaftliche Anwendung** einer neuen Problemlösung zu verstehen, das heißt, hier geht es um die ökonomische Optimierung der Wissensverwertung. Sie hat die (Markt-)Einführung (**Innovation im engeren Sinn**) und die (Markt-)Bewährung (Diffusion; **Innovation im weiteren Sinn**) der Invention in Form eines neuen Produkts oder Verfahrens zum Ziel.

Im Unterschied zu der zeitpunktbezogenen Invention ist eine Innovation also das Ergebnis eines Prozesses (**objektbezogene Sichtweise**) oder der Prozess selbst (**prozessuale Sichtweise**), der alle Phasen von der Ideengewinnung über die Ideenumsetzung bis hin zur wirtschaftlichen Nutzung der Problemlösung durch deren Markteinführung (in der Regel bei Produktinnovationen) oder durch deren Umsetzung im Unternehmen (in der Regel bei Prozessinnovationen) umfasst (vgl. *Schlick, G. H.* 1995 S. 2).

B

Dieser Betrachtungsweise folgend ist beispielsweise *Werner von Siemens* als **Innovator** auf dem Gebiet der großindustriellen Fertigung von Elektromotoren zu bezeichnen, obwohl er nicht der Erfinder des Elektromotors war. *Otto Hahn* hingegen, der 1938 die Kernspaltung des Urans und des Thoriums entdeckte und durch Experimente nachgewiesen hat, war zwar ein **Erfinder** aber kein Innovator; denn seine theoretischen Erkenntnisse wurden erstmals durch den Bau der Atombombe in die Praxis umgesetzt (vgl. *Schaudel, D.* 1993 S. 46).

Im Folgenden wird ausführlich auf einige **grundlegende Aspekte des Innovationsbegriffs** eingegangen.

Innovationsbegriff

Der Begriff **»Innovation«** stammt von dem lateinischen Wort »innovatio« ab, was so viel wie Neuerung, Erneuerung, Neueinführung oder auch Neuheit bedeutet und auf »novus« (neu) zurückgeht. Allerdings herrscht in der Fachwelt keine Einigkeit darüber, was »neu« bedeutet (vgl. *Staudt, E.* 1985 S. 486). So kann eine Neuerung für ein Individuum oder eine Institution **subjektiv** neu sein, obgleich sie von anderen bereits genutzt wird (**Betriebsneuheit**). Eine **objektive** Neuheit liegt dagegen vor, wenn bisher noch keine Anwendung erfolgt ist. Man spricht dann von einer **Markt-** bzw. **Weltneuheit** (vgl. *Corsten, H./Meier, B.* 1983 S. 251). Da sich aus jeder Art von Innovation Konsequenzen für das jeweilige Unternehmen ergeben, auch wenn die Neuerung bereits anderswo eingeführt wurde, wird Innovation in der betriebswirtschaftlichen Sichtweise heute meist im Sinne von Betriebsneuheit aufgefasst (vgl. *Macharzina, K.* 2003 S. 664).

Neuheitsgrad

Wie oben gezeigt wurde, ist allen Definitionsansätzen das für Innovationen konstitutive Merkmal der »Neuartigkeit« gemeinsam. Allerdings stellt sich die Frage, **wie neu** eine Innovation sein muss, um als solche gelten zu können. Der Neuheitsgrad einer Innovation besitzt eine erhebliche praktische Bedeutung, wie weiter unten noch zu sehen sein wird (vgl. hierzu die Abschnitte 2.3.1 und 2.5.4) und entscheidet mit darüber, ob eine Innovation überhaupt als solche in das menschliche Bewusstsein dringt.

Innovation als »schöpferische Zerstörung«

Im Jahre 1931 beschrieb *Schumpeter* eine Innovation als die diskontinuierlich erfolgende Durchsetzung von neuen Kombinationen (vgl. *Schumpeter, J. A.* 1931 S. 100 f.). Die Innovationen im *Schumpeter'*schen Sinn lösen alte Faktorkombinationen durch deren »schöpferische Zerstörung« ab und führen zu **erheblichen Verbesserungen**. Dieser Auffassung schließt sich *Hauschildt* an, der ebenfalls den Aspekt der Unstetigkeit im Sinne eines Fort-»sprungs« anstelle eines Fort-»schritts« als prägend für das Innovationsbewusstsein betont (vgl. *Hauschildt, J.* 2004 S. 16). Doch dieses traditionelle Verständnis von Innovation hat sich insbesondere in den letzten Jahren gewandelt. Neben den **radikal-revolutionären** Veränderungen, wie sie mit der Anwendung neuer Wirkprinzipien oder der völligen Neugestaltung von Abläufen und Strukturen verbunden sind, haben zunehmend auch die **inkremen-**

Innovation als »evolutionäre Neuerung«

tal-evolutionären Neuerungen an Beachtung gewonnen, wie beispielsweise die kontinuierliche Verbesserung einzelner Produkt- oder Prozessparameter bei einer gleichzeitigen Beibehaltung des bestehenden Grundprinzips. Außer Frage steht allerdings die Tatsache, dass technologische Sprünge die größten Chancen für ein Unternehmen bieten, die relative Wettbewerbsposition zu seinen Gunsten zu verschieben (vgl. *Porter, M. E.* 1996 S. 259). Obwohl neuartige Maßnahmen, die gravierende Veränderungen bewirken, am ehesten als Innovation zu identifizieren sind, darf auch der kontinuierlich und in kleinen Schritten ablaufende Verbesserungsprozess hinsichtlich seiner Wirkungen nicht unterbewertet werden.

B

So hat sich beispielsweise die Leistungsfähigkeit von Waschmaschinen in den letzten Jahren kontinuierlich und schrittweise erhöht. Geräte, die dem neuesten Stand der Technik entsprechen, verbrauchen im Vergleich zu älteren Geräten nur noch einen Bruchteil an Energie, Wasser und Waschmitteln.

Je nach Ausmaß und Neuheitsgrad unterscheiden sich sprunghafte und schrittweise Veränderungen hinsichtlich ihrer Auswirkungen, ihrer Vorgehensweise, ihres Tempos usw. Die Abbildung 2.1 verdeutlicht das **unterschiedliche Innovationsverständnis** anhand von verschiedenen Merkmalen.

Merkmal	**Innovationsverständnis**	
	»alter Art«	**»neuer Art«**
Effekt	Kurzfristig und dramatisch	Langfristig und andauernd, aber undramatisch
Tempo	Große Schritte	Kleine und große Schritte
Protagonisten	Wenige Auserwählte (Geschäftsleitung und Stabsstellen)	Jeder Firmenangestellte, funktionsübergreifende Organisation
Vorgehensweise	Individuelle Ideen und Anstrengungen, »Ellbogenverfahren«	Teamgeist, Gruppenarbeit und systematisches Vorgehen
Devise	Abbruch und Neuaufbau	Erhaltung, Verbesserung und Neuaufbau
Art der Mitarbeiter	Spezialisten	Generalisten
Informationsaustausch	Geheim und intern	Öffentlich und gemeinsam
Feedback	Eingeschränkt	Umfassend und intensiv

SCHÄFFER POESCHEL

Abb. 2.1: Vergleich alter und neuer Innovationsansätze (in Anlehnung an *Bullinger, H.-J.* 1994 S. 37)

Eine weiter gehende Beschreibung des Innovationsbegriffs kann über die besonderen Merkmale von Innovationen erfolgen. Diese werden im Abschnitt 2.3 erläutert.

2.2.2 Management

Erfolgreiche Innovationen setzen in der Regel eine systematische und konsequente Vorbereitung, Durchführung, Koordination und Kontrolle aller mit ihnen verbundenen Aktivitäten und Abläufe voraus. Die Notwendigkeit hierzu ergibt sich in einer marktwirtschaftlichen Ordnung allein schon aus der generellen Knappheit an finanziellen, materiellen und personellen Ressourcen, die im Hinblick auf die Innovationsziele optimal eingesetzt werden müssen. Dazu bedarf es eines Innovationsmanagements, dessen Aufgabe in der ressourcenoptimalen Steuerung des Innovationsgeschehens im Unternehmen besteht, damit langfristige Wettbewerbsvorteile erzielt werden können.

D

Unter dem **Management** oder der **Unternehmensführung** wird die Gesamtheit aller grundlegenden Handlungen verstanden, die sich auf die zielgerichtete Steuerung eines Unternehmens beziehen. Handlungsträger sind in erster Linie die Mitglieder der obersten Führungsebene, die durch die ihnen unterstellten Führungskräfte unterstützt werden.

Managementaspekte

Der Begriff »Management« beinhaltet demnach sowohl **institutionale** als auch **funktionale Aspekte** (vgl. *Vahs, D.* 2005 S. 19, 74 f.):

- Management als **Institution** bezieht sich auf diejenigen Personen, die eine Führungsposition im Unternehmen innehaben. Dabei handelt es sich sowohl um Führungskräfte der ersten (Vorstand, Geschäftsführung, Top-Management) als auch der zweiten (Bereichsleiter, Middle-Management) und der dritten Führungsebene (Abteilungsleiter, Lower-Management). Sie sind organisatorisch für die Führung des Unternehmens und der ihnen unterstellten Mitarbeiter verantwortlich und faktisch die Träger der betrieblichen Entscheidungs- und Handlungsmacht.
- Management als **Funktion** meint die dispositiven Tätigkeiten, die diese Personen wahrnehmen, also das »Managen« oder »Führen«. In diesem Sinne bezieht Management einerseits die Unternehmensführung (bezogen auf die betriebswirtschaftlichen Gesichtspunkte) und andererseits die Personalführung (bezogen auf Personen bzw. Gruppen und ihr Verhalten) mit ein.

Managementprozess

Der **Management-** oder **Führungsprozess** umfasst ausgehend von den Unternehmenszielen die Planung, die Durchführung, die Steuerung und die Kontrolle von sämtlichen Aktivitäten im Unternehmen. Um sicherzustellen, dass die gesetzten Ziele erreicht werden, gehören zum Führungsprozess zyklische Rückkopplungen im Form von laufenden Soll-Ist-Vergleichen, die gegebenenfalls erforderliche Korrekturmaßnahmen sowie Plan- und Zielanpassungen ermöglichen.

Worin sind die spezifischen Aufgaben des F+E- und des Technologiemanagements zu sehen?

2.2.3 F+E-Management und Technologiemanagement

Brockhoff definiert Forschung und Entwicklung als »...eine Kombination von Produktionsfaktoren, die die Gewinnung neuen Wissens ermöglichen soll« (*Brockhoff, K.* 1994 S. 35). Obwohl Forschung und Entwicklung meist gemeinsam genannt werden, umfassen sie doch verschiedene Tätigkeiten. In dem so genannten »*Frascati*-Handbuch«, das von der *OECD* herausgegeben wird und Richtlinien für statistische Erhebungen auf den Gebieten Forschung und Entwicklung enthält, wird der F+E-Prozess in die Teilabschnitte Grundlagenforschung, angewandte Forschung und Entwicklung unterteilt (vgl. *Brockhoff, K.* 1994 S. 38, *OECD* [Hrsg.] 1982 S. 29):

F+E-Prozess

- Die **Grundlagenforschung** hat die experimentelle oder theoretische Gewinnung von grundlegend neuen wissenschaftlichen Erkenntnissen zum Ziel, wobei der Gesichtspunkt der praktischen Anwendbarkeit überwiegend vernachlässigt wird.
- Die **angewandte Forschung** beschäftigt sich ebenfalls mit der Gewinnung neuer wissenschaftlicher und technischer Ideen. Allerdings steht hier die praktische Anwendung der Erkenntnisse zur Lösung konkreter Probleme im Vordergrund.
- Die **Entwicklung** beinhaltet die systematische Anwendung der durch die Forschung gewonnenen Erkenntnisse und zielt darauf ab, zu neuen oder wesentlich verbesserten Materialien, Geräten, Produkten, Verfahren, Systemen und Dienstleistungen zu gelangen oder die vorhandenen wesentlich zu verbessern.

F+E zu »managen« bedeutet demnach, zielgerichtet und unter Berücksichtigung der bestehenden Rahmenbedingungen neue Erkenntnisse zu gewinnen, die sich in konkrete und wirtschaflich verwertbare Problemlösungen umsetzen lassen. Hierzu müssen die in einem Unternehmen verfügbaren Mittel in einer optimalen Art und Weise miteinander kombiniert werden.

Die **Aufgaben des Forschungs- und Entwicklungsmanagements** beinhalten demnach drei Teilbereiche (vgl. *Brockhoff, K.* 1994 S. 51):

Aufgaben des F+E-Managements

- Erstens umfassen sie Planungs-, Organisations-, Steuerungs- und Kontrollaufgaben im Hinblick auf die zweckmäßige Abwicklung des F+E-Prozesses.
- Im Rahmen dieser Aufgaben sind zweitens die zur Verfügung stehenden Ressourcen Personal, Sachmittel und immaterielle Güter optimal einzusetzen.
- Um die Entscheidungen zu erleichtern, die zu den angestrebten F+E-Ergebnissen führen sollen, sind drittens anhand der jeweiligen Entscheidungshorizonte unterschiedliche Entscheidungsebenen zu bilden. Generell lassen sich dabei Grundsatzentscheidungen sowie strategische, taktische und operative Entscheidungen differenzieren.

Die mit diesen Aufgaben verbundene **Zielsetzung des F+E-Managements** ist die **effektive** (auf die richtigen Handlungsfelder bezogene) und die **effiziente** (mit dem Einsatz der richtigen Mittel) Abwicklung der Forschungs- und Entwicklungsaktivitäten im Unternehmen.

Gegenstand des Technologiemanagements

Von dem F+E-Management ist das **Technologiemanagement** abzugrenzen, dessen Inhalte allerdings wesentlich weniger gut bestimmt sind. Mit Hilfe des Technologiemanagements soll die technologische Wettbewerbsfähigkeit eines Unternehmens gesichert werden. Dazu sind die Technologiepotenziale (Patente, Forschungspersonal) auszubauen, die technologische Konkurrenz systematisch zu beobachten, Technologieprognosen und -bewertungen durchzuführen und erforderlichenfalls technologische Allianzen mit anderen Unternehmen zu bilden (vgl. *Hauschildt, J.* 2004 S. 31 f.).

Das Technologiemanagement dient damit sowohl der Generierung **neuartiger** Technologien als auch der strategischen Erhaltung und Weiterführung der **vorhandenen** Technologien. Zu seinen Aufgaben im Rahmen des Innovationsprozesses zählen die angewandte Forschung und die Vorentwicklung. Im Gegensatz zum Innovationsmanagement fehlt dem Technologiemanagement allerdings die Ausrichtung auf **konkrete** Innovationsprozesse. Im Vordergrund steht die konzeptionelle Leistung und nicht deren Durchsetzung im Markt (vgl. *Hauschildt, J.* 2004 S. 31 f., *Macharzina, K.* 2003 S. 672 f.).

2.2.4 Innovationsmanagement

Wie oben gezeigt wurde, sind Forschung und Entwicklung ein Teil des Innovationsprozesses, der sich auf die Abläufe im vormarktlichen, naturwissenschaftlich-technischen Bereich bezieht. Im Gegensatz dazu schließt das Innovationsmanagement alle Aktivitäten des Wertschöpfungsprozesses bis hin zur Markteinführung eines neuen Produkts einschließlich der unterstützenden Funktionen in den Bereichen Personalmanagement, Organisation, Rechnungswesen und Finanzierung mit ein und ist damit umfassender (vgl. Abb. 2.2).

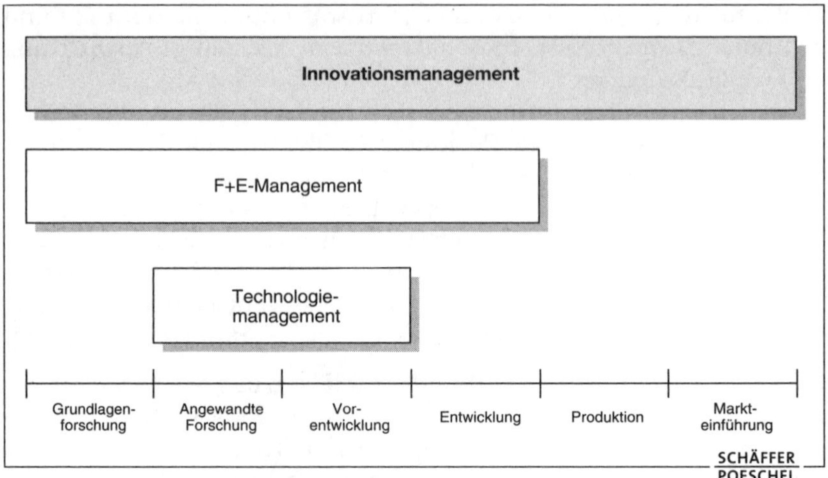

Abb. 2.2: Reichweite des Innovationsmanagements
(vgl. *Macharzina, K.* 2003 S. 673)

Merkmale von Innovationsprozessen

Verglichen mit Routineprozessen zeichnen sich **Innovationsprozesse** durch ein wesentlich höheres Maß an Unsicherheit aus. Innovationsentscheidungen sind mehrstufig und extrem komplex. In ihrem Zusammenhang treten teilweise erhebliche Widerstände von Seiten der beteiligten Personen und Gruppen auf. Dies begründet die hohen Anforderungen, die Innovationsprozesse an die fachliche, die methodische und die soziale Kompetenz des Managements stellen. Zu Recht charakterisiert *Linneweh* das Innovationsmanagement daher als »Akzeptanzmanagement neuer Ideen« (*Linneweh, K.* 1995 S. 20).

Um zu erfolgreichen Innovationen zu gelangen, ist es von entscheidender Bedeutung, den Verlauf des Innovationsprozesses nicht dem Zufall zu überlassen, sondern ihn systematisch und zielorientiert zu initiieren und zu realisieren. Zu den wesentlichen **Aufgaben des Innovationsmanagements** gehört es somit (vgl. *Tsifidaris, M.* 1994 S. 15, *Hauschildt, J.* 2004 S. 61 ff.)

Aufgaben des Innovationsmanagements

- die Innovationsziele und -strategien festzulegen und zu verfolgen,
- die Entscheidungen zur Durchführung von Innovationen auch unter wirtschaftlichen Gesichtspunkten zu treffen,
- die Innovationsprozesse zu planen, zu steuern und zu kontrollieren,
- eine innovationsfördernde Organisationsstruktur und -kultur mit entsprechenden sozialen Beziehungen zu schaffen und
- ein prozessumfassendes Informationssystem zu installieren, das einen zeitnahen Informationsaustausch zwischen allen Beteiligten und eine flexible Prozesssteuerung ermöglicht.

Die Erfüllung dieser Aufgaben dient dem Gesamtziel des Unternehmens, langfristig Wettbewerbsvorteile im Markt zu erzielen und dadurch den ökonomischen Erfolg und letztendlich den Fortbestand zu sichern.

Um den Zusammenhang des Technologie-, des F+E- und des Innovationsmanagements zu verdeutlichen und die drei Begriffe voneinander abzugrenzen, sind in der Abbildung 2.2 die unterschiedlichen Reichweiten der drei Managementbereiche innerhalb des Produktentstehungsprozesses dargestellt.

2.3 Merkmale von Innovationen

2.3.1 Neuheitsgrad

Um Innovationen genauer charakterisieren zu können, ist es sinnvoll, die besonderen Merkmale zu erläutern, durch die sie sich von Routineaufgaben unterscheiden.

Der **Grad der Neuheit** (oder synonym: Neuartigkeit) kann als ***das* konstitutive Merkmal** einer Innovation bezeichnet werden. Er variiert von der geringfügigen Veränderung bereits bekannter Objekte und Prozesse bis hin zu fundamentalen Neuerungen. Als **»neu«** gilt eine Problemlösung dann, wenn sie über den bisherigen Erkenntnis- und Erfahrungsstand hinaus geht. Dabei kann es sich, wie bereits erwähnt, sowohl um Unternehmensneuheiten als auch um regionale, nationale oder Weltneuheiten handeln. Innerhalb der verschiedenen Innovationsmerkmale ist der Neuheitsgrad deshalb von größter Bedeutung, weil mit ihm hohe Anforderungen an das Management von Innovationen verbunden sind (vgl. *Corsten, H./Meier, B.* 1983 S. 252).

Pleschak/Sabisch weisen außerdem auf den Zusammenhang zwischen dem wirtschaftlichen Nutzen und dem Neuheitsgrad einer Innovation hin; denn dieser stellt neben anderen Faktoren, wie beispielsweise der Anwendungsbreite, dem Marktrisiko oder der branchenindividuellen Gewinnspanne, einen potenziellen Einflussfaktor für den Nutzen einer Neuerung dar. Aufgrund der vielfältigen Abhängigkeiten und Vernetzungen der einzelnen Faktoren untereinander besteht jedoch kein direkter und linearer Zusammenhang zwischen dem Neuheitsgrad und dem wirtschaftlichen Nutzen einer Innovation (vgl. *Pleschak, F./Sabisch, H.* 1996 S. 5). Er ist aber insofern von Bedeutung, als ein hoher Neuheitsgrad eines neuen Produkts oder Verfahrens im Allgemeinen einen Vorsprung und damit einen Wettbewerbsvorteil vor der Konkurrenz darstellt und mit einer zumindest kurzfristigen Monopolstellung des Unternehmens im Markt verbunden ist.

2.3.2 Unsicherheit

D

Eng verknüpft mit dem Neuheitsgrad ist das Merkmal der Unsicherheit. Unter **Unsicherheit** ist eine Situation zu verstehen, in der für den Eintritt der relevanten Ereignisse weder subjektive (aus der Erfahrung heraus) noch objektive (statistisch ermittelbare) Wahrscheinlichkeiten angegeben werden können (vgl. *Vahs, D./Schäfer-Kunz, J.* 2005 S. 55 f.). Derartige Situationen sind sicherlich typisch für Innovationen. So herrscht insbesondere in den ersten Phasen des Innovationsprozesses noch Unklarheit über das zu erwartende Ergebnis. Erfolg und Misserfolg liegen nahe beieinander. Ebenso unsicher sind die Faktoren Zeit und Kosten, da im Verlauf des Innovationsprozesses vielerlei Hindernisse und unvorhergesehene Probleme auftreten können, die zu einer zeitlichen Verzögerung und/oder zu einer Überschreitung der budgetierten Kosten führen.

B

Beispielsweise ist es denkbar, dass überraschend Konkurrenzprodukte im Markt eingeführt und dadurch die erwarteten Wettbewerbsvorteile in Frage gestellt oder sogar zunichte gemacht werden. Neue, bis dahin nicht erwartete Gesetze und Verordnungen können erhebliche Probleme bei der Realisierung einer Innovation aufwerfen und zusätzliche Kosten verursachen. Man denke in diesem Zusammenhang z. B. an strengere Umweltschutz- oder Sicherheitsvorschriften.

Neben Hindernissen, die ihre Ursache im Unternehmensumfeld haben, sind vielfach unternehmensinterne Schwierigkeiten zu bewältigen. So ist es möglich, dass die Verarbeitung von neuen Materialien, der Einsatz neuartiger Maschinen und Technologien usw. mit unerwarteten Ungenauigkeiten, Störungen, Anlaufschwierigkeiten und Ähnlichem verbunden sind. Außerdem können Innovationen ungeplante Investitionen in Form von zusätzlichen Geräten, Maschinen, Arbeitskräften usw. nach sich ziehen.

Je höher der Neuheitsgrad einer Innovation ist, desto schwieriger wird es, auf bereits vorhandene Erfahrungswerte zurückzugreifen, da das entsprechende Gebiet bis zu diesem Zeitpunkt nicht Gegenstand der (unternehmensspezifischen) Erkenntnisgewinnung war. Daher ist auch die Planung des erwarteten Ertrags mit einer großen Unsicherheit verbunden. Ist der Innovationsprozess in Bezug auf das gewünschte Ergebnis, die geplanten Kosten und den vorgesehenen Zeitaufwand erfolgreich verlaufen, so herrscht immer noch Unklarheit darüber, ob die Innovation auch tatsächlich wirtschaftlich verwertbar ist und erfolgreich im Zielmarkt platziert werden kann (vgl. *Thom, N.* 1983 S. 6 f.).

2.3.3 Komplexität

Innovationen sind in der Regel durch eine unklare Problemstruktur und durch einen nicht-linearen zeitlichen Verlauf der einzelnen

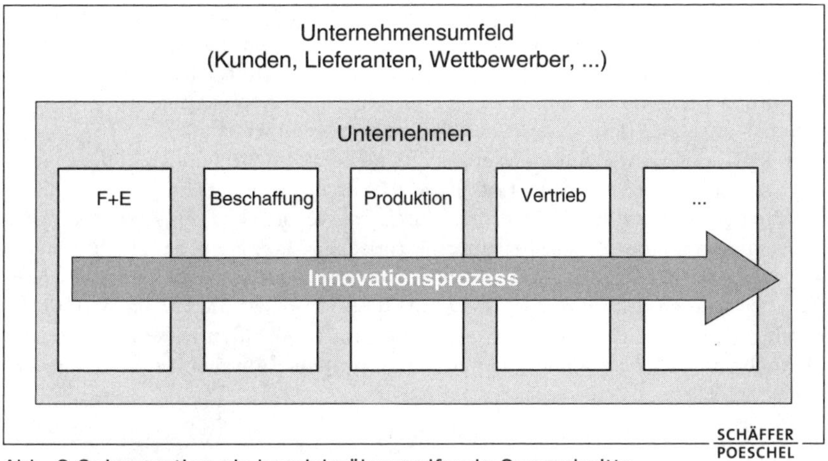

Abb. 2.3: Innovation als bereichsübergreifende Querschnittsfunktion

Innovationsphasen gekennzeichnet. Sie weisen darüber hinaus vielfältige Verbindungen zu anderen Aktivitäten im Unternehmen auf. Die **Komplexität** beinhaltet demzufolge

Komplexitätsdimensionen

- eine **zeitliche Dimension (Dynamik)**, die sich aus der Veränderlichkeit der relevanten Sachverhalte ergibt (z. B. Gesetzgebung, Technologiesprünge, Marktsituation usw.) und
- eine **quantitative** und **qualitative Dimension (Kompliziertheit)**, die aus der Vielzahl, der Vielfalt und der Vernetzung der relevanten Sachverhalte entsteht (z. B. Anzahl der Komponenten, Variantenvielfalt, Interdependenzen von Entscheidungen und Maßnahmen usw.).

Die grundlegende Problematik besteht nun weniger darin, den regelbasierten Anteil der Komplexität zu handhaben als vielmehr ihren zufälligen, nicht vorhersehbaren Teil (vgl. *Bürgel, H. D./Haller, C./Binder, M.* 1996 S. 19 f.).

Innovation als Querschnittsfunktion

Innovationen haben damit den Charakter einer **Querschnittsfunktion** im Unternehmen (vgl. Abb. 2.3). Sie betreffen sowohl die Funktions- als auch (sofern vorhanden) die produktbezogenen Geschäftsbereiche und weisen Beziehungen zum Unternehmensumfeld auf (Kunden, Lieferanten, Behörden, Forschungseinrichtungen, Gesetzgeber usw.). Neben der technischen Komplexität, die sich aus dem spezifischen Aufbau eines neuen Produkts oder den spezifischen Abläufen und Zusammenhängen eines neuen Verfahrens ergibt, ist deshalb auch zu berücksichtigen, inwieweit im Unternehmen neue Organisationsstrukturen erforderlich werden und kulturelle Veränderungen eingeleitet werden müssen.

B

Als Beispiel für diesen Sachverhalt kann das durch die Kooperation der ehemaligen *Daimler-Benz AG* und der *Swatch AG* entstandene Stadtauto *smart* genannt werden. Abgesehen von dem Fahrzeug selbst, das eine produkttechnische Innovation darstellt, beinhaltet das *smart*-Konzept zusätzlich auch Neuheiten prozessualer und organisatorischer Natur. Neuartige Prozesse wurden einerseits durch die Kooperation der beiden Unternehmen erforderlich und betrafen unter anderem die jeweiligen Zuständigkeiten sowie die Gewinnverteilung. Andererseits finden sich auch in der Produktion neue Abläufe, bedingt durch die Neuartigkeit des Fahrzeugs. Dies geht einher mit einer völlig neuen organisatorischen Verbindung der Produktion der Zulieferer und der eigentlichen Fahrzeugproduktion. So fertigen die Hauptzulieferer im so genannten »*smartville*« just-in-time direkt vor Ort mit kurzen Wegen. Dadurch ergeben sich nicht nur kurze Transportzeiten, sondern es besteht auch die Möglichkeit, in Problemfällen schnell und unmittelbar miteinander zu kommunizieren und Lösungen zu erarbeiten.

2.3.4 Konfliktgehalt

D

Der Begriff des **Konflikts** beschreibt das Vorhandensein verschiedener unvereinbarer Zustände von Objekten bzw. Handlungstendenzen bei Personen (vgl. *Rosenstiel, L. v.* 1992 S. 286). Zum Entstehen von Konflikten im Innovationsprozess tragen insbesondere die Faktoren Unsicherheit und Unklarheit bei. Neuartige und ungewohnte Situationen rufen oftmals neue und bis dahin unbekannte **Konfliktkonstellationen** hervor, die unterschiedlicher Natur sein können. Hierzu folgen einige Beispiele.

B

- **Intra- bzw. interpersoneller Konflikt**
  Ein **intra**personeller Konflikt liegt vor, wenn ein Mitarbeiter eine für ihn neue Technik anwenden soll, für die er keinen Anwendungsbedarf sieht (z. B. Einsatz von Computern). **Inter**personelle Konflikte, die auch als »soziale Konflikte« bezeichnet werden, entstehen zwischen Mitgliedern verschiedener Interessengruppen im Unternehmen, die in Bezug auf das Innovationsobjekt unterschiedliche Maßstäbe anlegen. Beispiele hierfür sind die technikorientierte F+E-Abteilung und das kostenorientierte Rechnungswesen.
- **Konflikt zwischen dem Innovationsobjekt und den Unternehmensstandards**
  Lagert ein Unternehmen seine Produkte in einem Hochregallager, das für Europaletten (1,2 m x 0,8 m) ausgelegt ist, so würde die Entwicklung eines Produkts, das diese Maße überschreitet, zu erheblichen Schwierigkeiten führen (und vermutlich auch zu interpersonellen Konflikten zwischen dem Bereich F+E und der Lagerlogistik).
- **Konflikt zwischen einem innovativen und einem bereits vorhandenen Produkt**
  Der *Ford »Ka«* wurde aufgrund seines extravaganten Designs und des guten Preis-Leistungs-Verhältnisses innerhalb kurzer Zeit zum Verkaufsschlager. Allerdings gingen dadurch die Verkaufszahlen des *Ford »Fiesta«* deutlich zurück, da sich das Modell *»Ka«* zum direkten Konkurrenten entwickelte. Um diesem Konflikt entgegenzuwirken, muss ein Unternehmen versuchen, durch differenzierte Angebote und geeignete Kommunikationsmaßnahmen die Produkte klar voneinander abzugrenzen und diese Unterschiede dem Kunden auch zu verdeutlichen.

- **Konflikt zwischen Innovationsobjekt und Unternehmensphilosophie bzw. -image**
  Ein Konflikt dieser Art könnte zum Beispiel dann entstehen, wenn ein Hersteller von qualitativ hochwertigen Luxusautomobilen wie *Ferrari* oder *Rolls Royce* einen nach Kostengesichtspunkten konzipierten Kleinwagen in seine Angebotspalette aufnehmen wollte.
- **Konflikt zwischen dem Innovationsobjekt und der öffentichen Meinung in Bezug auf ethische und moralische Gesichtspunkte**
  Die Kerntechnologie ist technisch-wissenschaftlich gesehen ein sehr interessantes Gebiet in Bezug auf die Energiegewinnung und -bereitstellung. Trotzdem stößt der Einsatz dieser Energieform auf ein erhebliches Maß an Ablehnung und Widerstand in der Öffentlichkeit.
- **Konflikt zwischen dem Innovationsobjekt und der Rechtslage**
  Nicht alles was heute technisch machbar und möglich ist, wird vom Gesetzgeber auch zur Anwendung freigegeben. Dies ist insbesondere im Bereich der Gentechnologie der Fall, wobei zudem länderspezifisch unterschiedliche Regelungen gelten. Werden bestimmte Produkte oder Technologien durch den Gesetzgeber schließlich zur Anwendung zugelassen, so führt dies allerdings nicht zwingend zur Akzeptanz durch die Konsumenten, wie das Beispiel gentechnisch veränderter Lebensmittel zeigt.

Wirkungen von Konflikten

In den genannten Beispielen ist das Merkmal **Konfliktgehalt** überwiegend mit negativen Inhalten belegt. Doch Konflikte und Konfliktbewusstsein sind in positiver Hinsicht überaus wichtig für innovationsbewusste Unternehmen. Ideen und kreative Lösungsansätze entstehen aus der Unzufriedenheit mit einer bestehenden Situation, aus dem Wunsch nach Veränderung und Verbesserung. Der Auslöser für eine Neuerung ist ein konkretes Problem und ein daraus entstehender Konflikt, den es wahrzunehmen und zu lösen gilt. Auch *von Rosenstiel* stellt fest, »... dass ein Konflikt oft die Ursache einer Veränderung ist« (*Rosenstiel, L. v.* 1992 S. 290).

Staehle nennt als **positive** Folgen von Konflikten unter anderem die Stimulation neuer Ideen, eine erhöhte Gruppenkohäsion, ein Überdenken der bestehenden Situation, den Abbau von Spannungen und die Entwicklung neuer Energien. Diesen Faktoren stehen natürlich auch **negative** Auswirkungen gegenüber, wie beispielsweise Stress und Unzufriedenheit, Störungen der Kommunikation und der Kooperation sowie die Vergeudung von Ressourcen (vgl. *Staehle, W. H.* 1994 S. 371 f.).

Wenn Spannungen und Konflikte im Unternehmen jedoch unterdrückt werden, so besteht die Gefahr, dass sich immer mehr ungelöste Probleme ansammeln. Es entsteht ein »Problemstau«, der ein proaktives Handeln verhindert (vgl. *Geiselhart, H.* 1995 S. 92 f.). *Hauschildt* fordert daher »... eine konstruktive Einstellung gegenüber Konflikten, die Konflikte nicht verdrängt, einseitig löst oder nach einem standardisierten Schema behandelt, sondern im Konflikt stets die Aufforderung erblickt, sich etwas Neues einfallen zu lassen« (*Hauschildt, J.* 2004 S. 109).

2.3.5 Zusammenhänge zwischen den Innovationsmerkmalen

Wie *Thom* in einer empirischen Untersuchung festgestellt hat, sind die Merkmale Neuheitsgrad, Unsicherheit, Komplexität und Konfliktgehalt nicht unabhängig voneinander, sondern weisen mehrstufige Beziehungen zueinander auf (vgl. *Thom, N.* 1980 S. 390 f. und Abb. 2.4).

Je höher der **Neuheitsgrad** einer Innovation ist, desto mehr sind die sich vollziehenden Aktivitäten von Unsicherheit geprägt. Dies ist deshalb der Fall, weil für die unerwartet auftretenden und bis dahin unbekannten Probleme keine bewährten Lösungsmuster zur Verfügung stehen. Die mit einem bestimmten, neuartigen Lösungsansatz verbundenen Konsequenzen sind aber ebenfalls weit gehend unbekannt. Das Risiko des Scheiterns ist damit weitaus größer als bei der Modifikation oder Weiterentwicklung bereits bestehender Produkte und Verfahren.

Auch die **Komplexität** verstärkt den Faktor Unsicherheit. Ist eine Situation zwar neu aber überschaubar, so ist sie letztlich meist zu bewältigen. Bei Innovationsprozessen handelt es sich aber nicht nur um neuartige, sondern auch um hochgradig komplexe Vorgänge, die durch einen nicht-linearen Verlauf gekennzeichnet sind und bei denen die beteiligten Personen bzw. Funktionen vielfältige Interdependenzen und Verbindungen zueinander aufweisen. Das Ergebnis der Innovationstätigkeit hängt davon ab, inwieweit es gelingt, die Komplexität und die damit verbundene Unsicherheit durch geeignete Maßnahmen zu reduzieren.

Die Folge der geschilderten Zusammenhänge ist ein hoher **Konfliktgehalt** in allen Phasen des Innovationsprozesses. Wie bereits erwähnt wurde, sind damit sowohl positive als auch negative Aspekte verbunden. Für die Initiierung und die erfolgreiche Durchführung eines Innovationsprozesses sind Konflikte wichtig und not-

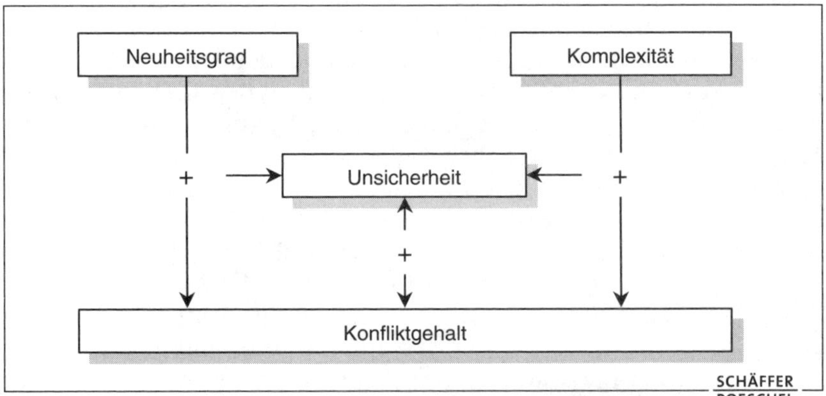

Abb. 2.4: Innovationsmerkmale und ihre Beziehungsstruktur (vgl. *Thom, N.* 1980 S. 391)

wendig, da sie vielfach aus dem Streben nach Veränderung entstehen und so neue, kreative Lösungen hervorbringen. Allerdings muss ein Unternehmen darauf achten, dass die auftretenden Konflikte keine destruktiven Wirkungen entfalten und die Unsicherheit erhöhen, sondern einen konstruktiven Beitrag zur Zielerreichung leisten. Dazu ist es wichtig, dass im Unternehmen eine positive Grundeinstellung gegenüber Konflikten herrscht und dass sie wahrgenommen und bewältigt werden (vgl. *Geiselhart, H.* 1995 S. 93 ff.). Damit ist die **Innovationskultur** als ein wesentlicher Erfolgsfaktor von Innovationsprozessen angesprochen. Auf sie wird im Kapitel 6 eingegangen.

2.4 Zielausrichtung von Innovationen

2.4.1 Zieldimensionen und Zielbeziehungen

D

Ziele sind Aussagen über erwünschte Zustände, die als Ergebnis von Entscheidungen eintreten sollen. Dabei handelt es sich um normative Aussagen, die von den Entscheidungsträgern über einen zukünftigen Zustand der Realität getroffen werden, der von ihnen oder anderen anzustreben ist. Ein Ziel besteht aus mehreren **Dimensionen** (auch »Elemente« genannt), die im Folgenden kurz erläutert werden (vgl. *Berthel, J.* 1995 S. 1073 ff., *Hauschildt, J.* 2004 S. 345 ff., *Vahs, D./Schäfer-Kunz, J.* 2005 S. 33 ff.):

Zieldimensionen

- **Zielobjekt**
  Der Objektbereich ist ein bestimmter **Ausschnitt der Realität**, auf den sich ein Ziel bezieht. Im Allgemeinen ergibt er sich aus der jeweiligen Problemdefinition. Während die klassische Betriebswirtschaftslehre das gesamte Unternehmen als Zielobjekt betrachtet, beziehen sich die Ziele von Innovationsprozessen meist auf einzelne Teilbereiche, die mit dem Innovationsproblem zu tun haben. Dabei handelt es sich um bestimmte Funktionen oder Vorgänge im Unternehmen, wie beispielsweise die Beschaffung, die Forschung und Entwicklung, das Personalwesen, das Rechnungswesen usw.
- **Zieleigenschaften**
  Die Zieleigenschaften, die auch als Zielinhalte, Zielattribute, Zielvariablen, Entscheidungskriterien oder Artenpräferenz bezeichnet werden, geben an, welche Kriterien zur Alternativenbewertung heranzuziehen sind. Diese Merkmale können technischer, wirtschaftlicher, sozialer und ökologischer Natur sein:
  Die **technischen** Zieleigenschaften werden auch als Sachziele oder Leistungsziele bezeichnet. Sie umfassen z. B. die technische

Leistung, die Qualität (der technischen Leistung) und den Wirkungsgrad.

Wirtschaftliche Zielinhalte (die so genannten »Formalziele«) beziehen sich auf ökonomische Größen, wie beispielsweise den mit einer Neuerung anzustrebenden Gewinn, die mit ihr verbundenen Kosten oder die erwartete Rentabilität.

Da in Innovationsprozessen der Faktor Mensch eine wichtige Rolle spielt, sind die **sozialen** Ziele in diesem Zusammenhang ebenfalls von großer Bedeutung. Beispielsweise lässt sich hier als Zielvariable ein möglichst hoher Grad an Selbstständigkeit der Mitarbeiter nennen, der es erlaubt, eigene Ideen und Vorstellungen einzubringen und umzusetzen. Die Verfolgung sozialer Ziele leistet einen wichtigen Beitrag zur Leistungsmotivation der Mitarbeiter und kann gerade im Rahmen des Innovationsmanagements gezielt genutzt werden (vgl. hierzu Kapitel 6).

Zunehmend an Bedeutung gewinnen auch die **ökologischen** Zielinhalte. Hierbei handelt es sich beispielsweise um den Einsatz innovativer, emissionsarmer Fertigungsverfahren oder um die Verwendung recyclingfähiger Vorprodukte.

- **Zielmaßstab**

  Die Auswahl einer bestimmten Handlungsalternative wird anhand ihres erwarteten Beitrags zur Zielerreichung getroffen. Um diesen Beitrag messbar zu machen, benötigt man einen so genannten Zielmaßstab, der angibt, wie die betreffende Zieleigenschaft zu **quantifizieren** ist. So misst man beispielsweise den erzielten Gewinn und den Umsatz sowie die angefallenen Kosten in Geldeinheiten, die benötigte Zeit in Manntagen bzw. -jahren, die technische Leistung in Kilowatt usw. und vergleicht die realisierten Werte mit den vorgegebenen Planwerten.

  Nicht immer lassen sich allerdings **direkte** Maßstäbe für eine bestimmte Größe finden. Ist dies der Fall, muss auf **indirekte** Messgrößen zurückgegriffen werden. Eine dieser schwer quantifizierbaren Größen ist die Kundenzufriedenheit. Um sie messbar zu machen, bedient man sich bestimmter Indikatoren, wie beispielsweise der Reklamationsquote oder der Anzahl der Folgekäufe.

- **Zielfunktion**

  Mit Hilfe der Zielfunktion, die auch Zielvorschrift, Zielausmaß oder Höhenpräferenz genannt wird, lässt sich der angestrebte Zielerreichungsgrad ausdrücken. Möglich sind die **Extremierung** (z. B. Gewinnmaximierung oder Kostenminimierung), die **Fixierung** (z. B. Steigerung des Umsatzes um [exakt] 15 %), die **Begrenzung** (z. B. Ausschussquote unter 1 %) oder die **Satisfizierung** (z. B. Rentabilität des neuen Produkts mindestens 10 %). In der Regel wird dann diejenige Alternative ausgewählt, die den größten Beitrag zur Zielerreichung verspricht.

- **Zeitlicher Bezug**
  Da Ziele einen anzustrebenden Zustand beschreiben, also zukunftsbezogen sind, muss festgelegt werden, bis zu welchem **Zeitpunkt** (z. B. per 30. 06.) bzw. innerhalb welchen **Zeitraums** (z. B. im nächsten Quartal) ein Ziel erreicht werden soll. Der zeitliche Bezug gibt damit auch an, ob es sich um so genannte **Nah-** oder **Fernziele** handelt, wie lange also die geplante Zeitspanne bis zur Zielerreichung ist. In der Praxis des Projektmanagements hat sich der Zeitbezug von Zielen zu einem eigenständigen Ziel verselbstständigt, dem so genannten »**Zeitziel**«.

Zielbeziehungen

Die oben beschriebenen Zieldimensionen beziehen sich jeweils auf ein einziges Ziel. In einem Unternehmen werden jedoch im Allgemeinen mehrere Ziele gleichzeitig verfolgt. Insbesondere im Zusammenhang mit Innovationen orientiert sich das Handeln der Beteiligten an so genannten **Mehrfachzielen**, die bestimmte **Beziehungen** zueinander aufweisen (so genannte Interdependenzrelationen). Dies ist dann ein Problem, wenn es sich um **konfliktäre** Ziele handelt. Wird bei Zielkonflikten versucht, eine Zielgröße zu maximieren, so verschlechtert sich dadurch der Erfüllungsgrad der anderen Zielgröße.

B

Diese Problematik multipler Zielsetzungen lässt sich im F+E-Bereich häufiger beobachten: Während die Entwicklungsseite regelmäßig nach technisch optimalen und qualitativ hochwertigen Problemlösungen strebt, die entsprechend hohe Kosten verursachen, versucht das Controlling die Entwicklungskosten so niedrig wie möglich zu halten. Dies ist aber im Allgemeinen nur zu Lasten der technischen Ziele möglich. Hier besteht geradezu ein »klassischer Zielkonflikt«, der im Übrigen auch Auswirkungen auf der sozialen Seite zeigen kann (z. B. hinsichtlich des Umgangs der einzelnen Vertreter der Funktionsbereiche miteinander).

Um Zielkonflikte zu vermeiden, müssen möglichst neutrale oder noch besser komplementäre Ziele formuliert werden. **Neutrale** Ziele liegen vor, wenn die Erfüllung eines Ziels keinen Einfluss auf die gleichzeitige Erfüllung eines anderen Ziels hat. Bei **komplementären** Zielen hingegen wirkt sich die zunehmende Erfüllung einer Zielgröße zugleich positiv auf die Erfüllung eines anderen Ziels aus.

Lassen sich konfliktäre Ziele nicht vermeiden, so gilt es, Prioritäten in Bezug auf die einzelnen Ziele zu setzen. Dies geschieht durch die Bildung von Zielpräferenzen anhand der Nutzenfunktion des Entscheidungsträgers und den Aufbau eines Zielsystems (Grundfrage: Welches Ziel ist wichtiger als die anderen Ziele?). Die Differenzierung von **Haupt-** und **Nebenzielen** legt damit fest, ob und in welchem Umfang die Erreichung eines Ziels der Realisation eines anderen Ziels vorgezogen oder nachgeordnet werden soll (Präferenzrelation).

Bei Produktinnovationen kann beispielsweise ein technisch ausgereiftes Produkt das Hauptziel des Innovationsprozesses sein. Diese

Zielsetzung wird unter Beachtung von Nebenzielen verfolgt, zu denen neben wirtschaftlichen Zielsetzungen auch ökologische und soziale Ziele gehören können.

Schließlich können zwischen den Zielen Zweck-Mittel-Relationen bestehen, die auch als Instrumentalbeziehungen bezeichnet werden. Sie ermöglichen Aussagen darüber, inwieweit die Erreichung eines Ziels (**Unterziel**) zur Erreichung anderer Ziele (**Zwischen-, Oberziele**) beiträgt. Dieses Zielverhältnis setzt zumindest eine teilweise Komplementarität der verfolgten Zielsetzungen voraus (vgl. *Vahs, D./Schäfer-Kunz, J.* 2005 S. 44).

Wird als Oberziel eines Innovationsprozesses der wirtschaftliche Erfolg des neuen Produkts gesehen, dann kann zum Beispiel die Erfüllung bestimmter technischer Eigenschaften eine wesentliche Voraussetzung (»ein Instrument«) zur Erreichung der ökonomischen Zielsetzungen sein.

2.4.2 Innovationsziele

2.4.2.1 Das »Magische Zieldreieck«

Innovationen sind kein Selbstzweck, sondern sie orientieren sich stets an den problemspezifischen wirtschaftlichen, technischen, sozialen und ökologischen Zielen, die sich ihrerseits aus den übergeordneten Unternehmenszielen und aus den Anforderungen des betrieblichen Umfelds ableiten. Das Hauptanliegen der Innovationstätigkeit ist es, gegenüber der Konkurrenz Wettbewerbsvorteile zu erzielen, die sich in messbaren ökonomischen Erfolgsgrößen (z.B. Umsatz, Deckungsbeitrag, Gewinn, Rentabilität) niederschlagen. Die Innovationsziele lassen sich mit Hilfe eines »**Magischen Zieldreiecks**« darstellen (siehe Abb. 2.5) und umfassen Aufwands-, Zeit- und Ergebnisaspekte sowie die Verhältnisse dieser Größen zueinander, die als Effizienz, Produktivität und Intensität bezeichnet werden können. Darüber hinaus sind die Faktoren Flexibilität, Know-how und Kompetenz zu beachten und in das Zieldreieck zu integrieren (vgl. *Pleschak, F./Sabisch, H.* 1996 S. 8 ff.).

Perspektiven des »Magischen Zieldreiecks«

Generell kann das »Magische Zieldreieck« aus **zwei unterschiedlichen Perspektiven** betrachtet werden, nämlich aus der **Sicht des Kunden** und aus der **Sicht des Anbieters**. Je nach Sichtweise werden bestimmte Erwartungen mit dem Ausmaß der Zielgrößen Ergebnis, Aufwand und Zeit verbunden. So wünscht der Kunde zusätzlich zu dem Nutzen, den eine Leistung stiften soll, einen angemessenen Preis sowie eine gute Verfügbarkeit dieser Leistung. Um den Bedürfnissen des Kunden gerecht zu werden, muss der Anbieter die Faktoren Qualität, Kosten und Lieferbereitschaft optimal gestalten.

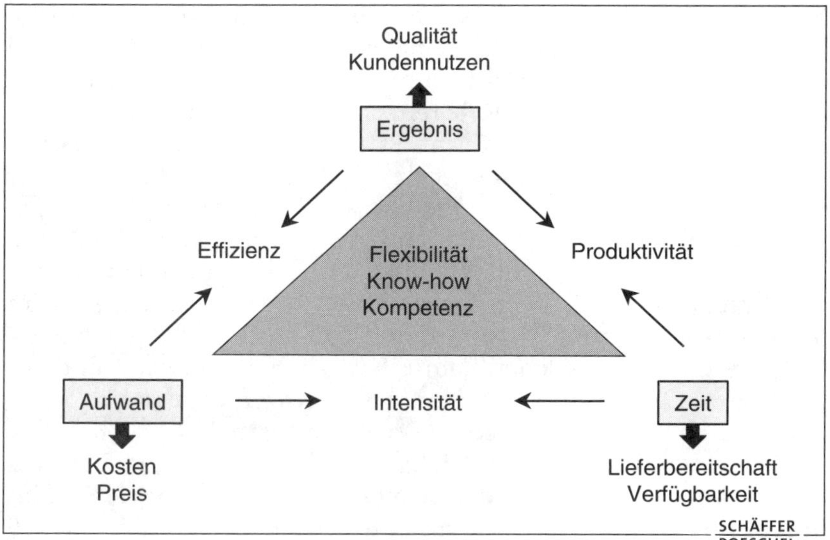

Abb. 2.5: Magisches Zieldreieck (vgl. *Pleschak, F./Sabisch, H.* 1996 S. 9, *Seghezzi, H. D.* 1994 S. 11)

Die Unternehmensleistungen sind dabei sowohl das Produkt als auch der Service, die Informationen und die Interaktionen zwischen dem Anbieter und dem Kunden (vgl. *Seghezzi, H. D.* 1994 S. 11).

Während bei der Zielfestlegung früher eher ein »entweder, oder« galt, sind heute regelmäßig mehrere Ziele gleichzeitig zu verfolgen und auch zu erreichen. Dies bedeutet, dass im Innovationsprozess Qualitäts-, Kosten- und Zeitaspekte zu berücksichtigen sind. Die einzelnen Zielgrößen des »Magischen Zieldreiecks« dürfen also nicht einzeln und isoliert voneinander betrachtet werden. Dies ist deshalb wichtig, weil bei dem Versuch, eine der Zielgrößen zu maximieren oder zu minimieren, stets auch die Erfüllungsgrade der anderen Zielgrößen beeinflusst werden (vgl. *Braun, J.* 1996a S. 11 f.).

Betrachtet man das Verhältnis des erzielten Ergebnisses und des dazu erforderlichen **Aufwands**, also zum Beispiel die erreichte Qualität und die dadurch entstandenen Kosten, so zeigt sich, wie effizient der Innovationsprozess war, also inwieweit die Dinge »richtig« getan wurden. Durch derartige Vergleiche zwischen dem angestrebten und dem realisierten Beitrag zur Zielerreichung und durch die Betrachtung der dahinter stehenden Wirkungszusammenhänge können Optimierungspotenziale in Bezug auf die **Effizienz** aufgedeckt werden. Erforderlichenfalls lassen sich dann konkrete Maßnahmen zur Verbesserung des Ergebnisses und zur Verringerung des Aufwands in die Wege leiten.

Wie bereits dargestellt wurde, spielt gerade in Innovationsprozessen der Faktor **Zeit** eine wichtige Rolle für den Markterfolg einer

Neuerung. Zum einen ist beispielsweise der Zeitraum von der Idee bis zur Markteinführung eines neuen Produkts (time-to-market) ein zentrales Erfolgskriterium; zum anderen sind die Verfügbarkeit des Produkts und die Lieferbereitschaft des Unternehmens entscheidende Erfolgsgrößen. So nutzt eine hervorragende Qualität wenig, wenn ein Wettbewerber ein vergleichbares Produkt früher auf den Markt bringt oder das Produkt aufgrund von Kapazitätsengpässen nicht zu dem Zeitpunkt verfügbar ist, zu dem es der Kunde benötigt. Daher müssen Innovationen dazu beitragen, die **Produktivität** (mengenmäßige Wirtschaftlichkeit) zu steigern, die sich im Verhältnis von Output (Ergebnis) und Zeit ausdrückt. Gleichzeitig darf die Relation zwischen dem erforderlichen Aufwand und der benötigten Zeit nicht außer Acht gelassen werden, denn auch sie gilt es durch Innovationen positiv zu beeinflussen.

Neben den quantitativen Zielgrößen des »Magischen Zieldreiecks« gewinnen zunehmend auch **qualitative Faktoren** wie Flexibilität, Know-how und Kompetenz an Bedeutung.

Unter der **Flexibilität** ist die Fähigkeit zu verstehen, sich auf Veränderungen einzustellen und die dazu erforderlichen Anpassungsvorgänge zeitnah und zielgerichtet vorzunehmen. Sie ist sowohl von den im Unternehmen handelnden Personen als auch von den angewandten Technologien zu fordern und stellt eine wesentliche Voraussetzung für eine erfolgreiche Innovationstätigkeit dar. Zugleich ist die Flexibilität aber auch ein Innovationsziel, weil die Unternehmen bestrebt sein müssen, immer anpassungsfähigere Problemlösungen zu entwickeln. Nur so können sie den Veränderungen von Technologien, Märkten und Kundenanforderungen gerecht werden, die sich zunehmend schneller vollziehen.

In produktionstechnischer Hinsicht ist hier beispielsweise der Einsatz flexibler Fertigungs- und Logistiksysteme zu nennen, die die Herstellung und den Transport von ganz unterschiedlichen Produktarten und -mengen erlauben. Im IKT-Bereich tragen Mobiltelefone, Telefax, Mailing-Systeme usw. zu einer Steigerung der Flexibilität in Bezug auf den Austausch von Informationen bei.

Bei den Erfolgsfaktoren **Know-how** und Kompetenz handelt es sich ebenfalls sowohl um Voraussetzungen als auch um Ziele von Innovationen. Angesichts immer kürzer werdender Halbwertszeiten des Wissens (vgl. Abb. 1.3) müssen sich die Unternehmen fortlaufend um die Erneuerung und die Erweiterung ihres Wissensbestandes bemühen. Nur wenn durch ständige organisationale Lernprozesse ein ausreichendes Handlungswissen vorhanden ist, verfügt ein Unternehmen auch über die erforderliche Problemlösungsfähigkeit.

Ein aktuelles und umfassendes Know-how ist zwar eine notwendige, aber keine hinreichende Bedingung für die Innovationsfähigkeit eines Unternehmens. Um Innovationen realisieren zu können, sind entsprechende **Kompetenzen** erforderlich. Hier lassen sich verschiedene Ausprägungen unterscheiden: die manuell-fachliche, die fachlich-methodische und die soziale Kompetenz. Um Handlungskompetenz bezüglich eines konkreten Problems zu erreichen, müssen alle drei Kompetenzarten in einem ausreichenden Umfang vorhanden sein.

Im Folgenden werden die betriebswirtschaftliche, die technische und die sozial- und gesellschaftsorientierte Sichtweise der Ziele einer betrieblichen Innovationstätigkeit ausführlich erörtert.

2.4.2.2 Betriebswirtschaftliche Sichtweise

2.4.2.2.1 Qualität und Kundennutzen

Die Qualität und der Kundennutzen sind zwei wichtige betriebliche Zielsetzungen. Innovationen sollen grundsätzlich zur Verbesserung der Produkte und Prozesse beitragen und dem Kunden einen erhöhten Nutzen bringen. Sind diese Voraussetzungen nicht gegeben, so ist die Realisierung einer neuartigen Idee nicht sinnvoll.

»**Qualität**« ist ein alter Begriff. Bereits im Mittelalter gab es in den Handwerksbetrieben Normen, deren Einhaltung der Selbstkontrolle der Gesellen bzw. der Fremdkontrolle des Meisters oblag. Durch die Einführung tayloristischer Prinzipien Anfang des letzten Jahrhunderts kam es zu einer immer stärkeren Trennung der Ausführungsverantwortung von der Verantwortung für die Arbeitsplanung und -kontrolle. Die Arbeiter führten die Tätigkeiten in repetitiver Folge aus, während die Meister die einzelnen Arbeitsschritte planten und die Arbeitsergebnisse kontrollierten. Dadurch ging die ganzheitliche Sicht auf die Arbeitsaufgabe und auf die Qualität der Aufgabenausführung zu einem großen Teil verloren (zu den Elementen und den Wirkungen des *Taylorismus* vgl. die ausführliche Darstellung bei *Vahs, D.* 2005 S. 26 ff.).

Entwicklung des Qualitätsmanagements

In den letzten Jahrzehnten hat sich der Qualitätsbegriff ständig erweitert. Während sich das Hauptaugenmerk noch bis weit in die 1950er Jahre auf die Fehlerfeststellung richtete, rückte in den sechziger Jahren die Fehlerverhütung zunehmend in das Blickfeld der **Qualitätskontrolle**. Am Anfang der 1970er Jahre kamen qualitätssichernde Maßnahmen auch in anderen Bereichen als der Produktion hinzu; in Japan wurden Qualitätszirkel eingerichtet, deren Aufgabe die laufende Qualitätsverbesserung war. Der Schwerpunkt der Aktivitäten lag damals in den technischen Bereichen. Im folgenden Jahrzehnt entstanden **Qualitätsnormen für Managementsysteme**. Die heute weit verbreiteten internationalen ISO-Normen der Reihe 9000 ff. wurden veröffentlicht. Schließlich förderte das Konzept des

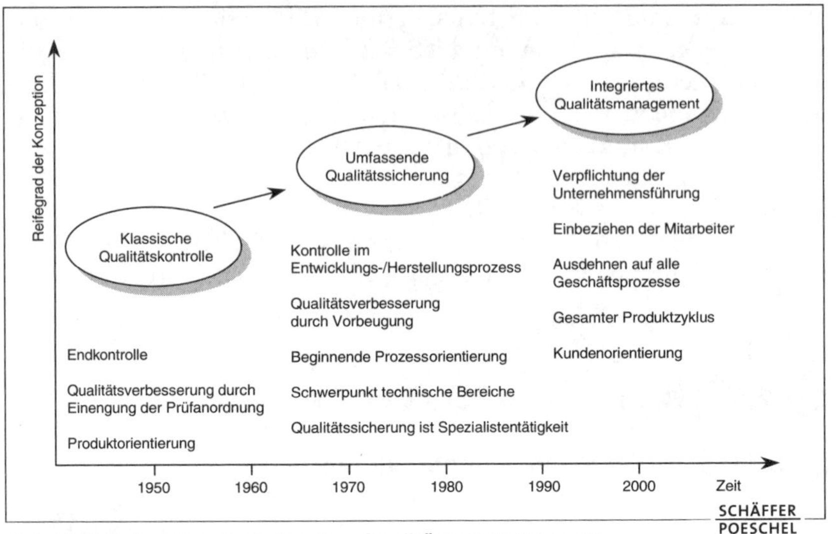

Abb. 2.6: Entwicklungsstufen des Qualitätsmanagements (vgl. *Macharzina, K.* 2003 S. 705)

Total-Quality-Managements (TQM) die Weiterentwicklung des Qualitätsbewusstseins im Sinne eines integrierten Qualitätsmanagements aller Unternehmensbereiche (vgl. Abb. 2.6 und *Seghezzi, H. D.* 1996 S. 5 f., *Wunderer, R./Gerig, V./Hauser, R.* [Hrsg.] 1997 S. 1 ff.). Was ist angesichts dieser Entwicklung heute unter »Qualität« zu verstehen?

Qualitätsbegriff

Einer der Wegbereiter des modernen Qualitätsmanagements, *J. M. Juran*, definiert Qualität schlicht und einfach als **»fitness for use«**. *K. Ishikawa* bezeichnet Qualität als **»conformance to customers requirements«** und rückt damit den Kundennutzen in den Vordergrund. Angesichts der zentralen Bedeutung der Qualität für die heutige Weltwirtschaft ist es nachvollziehbar, dass ein international einheitliches Verständnis des Qualitätsbegriffs geradezu zwingend erforderlich ist. Die 1947 gegründete und in Genf ansässige *International Organization for Standardization (ISO)* hat mit der ISO 8402 eine weltweit anerkannte Begriffsdefinition geschaffen, in der **Qualität** als »die Gesamtheit von Merkmalen einer Einheit bezüglich ihrer Eignung, festgelegte und vorausgesetzte Erfordernisse zu erfüllen« bezeichnet wird (DIN EN ISO 8402 1995 S. 3). Unter einer »Einheit« sind dabei Produkte, Dienstleistungen, Prozesse, Systeme und Organisationseinheiten zu verstehen. Die »Erfordernisse« umfassen sowohl die Kundenanforderungen (Gebrauchsnutzen, Zuverlässigkeit, Entsorgbarkeit usw.) als auch die Ansprüche der Öffentlichkeit (Sicherheit von Leben und Gesundheit, Umweltschutz, Ressourcenschonung) und der Hersteller (Produzierbarkeit, Flexibilität usw.). Es handelt sich also um einen umfassenden, ganzheitlichen und integralen Qualitätsbegriff im Sinne des modernen Qualitätsdenkens (vgl. *Kamiske, G. F./ Brauer, J.-P.* 1995 S. 126 ff., *Seghezzi, H. D.* 1996 S. 7, 17).

Externe und interne Qualitätsaspekte

In erster Linie umfasst Qualität demzufolge einerseits **externe**, auf den **Kunden** gerichtete Aspekte, wie

- die Erfüllung von Kundenwünschen (auch der nicht explizit ausgesprochenen),
- die Einhaltung von Zusagen in Bezug auf Liefertermin und Preis,
- die Durchführung von Installation, Wartung und Entsorgung,
- die Abwicklung von Bestellung, Rückfragen usw. und
- die Gestaltung der Gebiete After-Sales, Kundendienst, Reklamationsbearbeitung, Ersatzteilversorgung usw.

Andererseits kommt der unternehmens**internen** Qualität eine besondere Bedeutung zu, die nicht zuletzt eine wesentliche Voraussetzung für die Gewährleistung der externen Qualität ist. Unter der internen Qualität sind beispielsweise die Arbeits-, die Prozess- und die Unternehmensqualität zu verstehen. Letztere beinhaltet die qualitätsorientierte Ausrichtung sämtlicher Funktionen, Bereiche, Tätigkeiten und Mitarbeiter im Unternehmen im Rahmen eines umfassenden und leistungsfähigen Total-Quality-Managements (vgl. *Lübbe, U.* 1996 S. 754 f.).

Nach DIN EN ISO 8402 handelt es sich beim **Total-Quality-Management (TQM)** um eine »auf die Mitwirkung aller ihrer Mitglieder gestützte Managementmethode einer Organisation, die Qualität in den Mittelpunkt stellt und durch Zufriedenstellung der Kunden auf langfristigen Geschäftserfolg sowie auf Nutzen für die Mitglieder der Organisation und für die Gesellschaft zielt« (DIN EN ISO 8402 1995 S. 18). Damit kann das TQM als die umfassendste Qualitätsstrategie für ein Unternehmen angesehen werden. Es integriert die gesamte Wertschöpfungskette von den Lieferanten bis zu den Kunden und zielt auf die ständige Verbesserung der Qualität der Prozesse, der Arbeitsleistung und der Produkte (vgl. *Kamiske, G. F./Brauer, J.-P.* 1995 S. 243 ff.).

Grundsätzlich lassen sich **zwei Teilbereiche des TQM** unterscheiden:

TQM-Bereiche

- Das **technisch** ausgerichtete Teilsystem des Total-Quality-Managements beinhaltet insbesondere eine ausgeprägte Qualitäts-, Prozess- und Kundenorientierung der Unternehmensführung und des gesamten Unternehmens (vgl. *Bloech, J.* 1993 S. 1207).
- Das **soziale** Teilsystem umfasst die Schaffung eines Qualitätsbewusstseins bei allen Mitarbeitern sowie das Aufrechterhalten eines kontinuierlichen Verbesserungsprozesses. Wesentlich für das Funktionieren dieses Systems ist die überzeugte Führung

durch das Top-Management. Sie ist letztendlich die unabdingbare Voraussetzung für eine konsequente Umsetzung und den Erfolg des Total-Quality-Managements (vgl. *Bloech, J.* 1993 S. 1207, *Geiger, W.* 1994 S. 204).

Qualität als strategisches Ziel

Die Qualitätssicherung und -verbesserung ist damit nicht die Angelegenheit einiger weniger Personen und sie beschränkt sich auch nicht auf eine Abteilung, deren Aufgabe die Sicherstellung der Produktqualität ist. Vielmehr handelt es sich bei der Qualitätsoptimierung um ein **strategisches Unternehmensziel**.

Das Innovationsmanagement kann wesentliche Beiträge zur Erreichung der Qualitätsziele leisten. Dabei zeigt sich die bessere Zielerreichung sowohl in kleinen Schritten im Rahmen eines **kontinuierlichen Verbesserungsprozesses (KVP)** als auch in Form von Qualitätssprüngen. Einen Beitrag zur Qualitätssteigerung leisten primär Produktinnovationen, aber auch Prozessinnovationen in der Beschaffung, in der Fertigung und im Vertrieb sowie soziale Neuerungen tragen zur besseren Erreichung der Qualitätsziele bei.

2.4.2.2.2 Kosten

Aus betriebswirtschaftlicher Sicht stellen die Kosten neben der Qualität eine weitere wesentliche Zielgröße dar. Unter **Kosten** ist dabei grundsätzlich der in Geldeinheiten bewertete Verbrauch von Inputgütern (Material, Maschinen, Gebäude, Personal usw.) zu verstehen. Die Innovationen sind ein Instrument, um die Produkt- und Prozesskosten zu reduzieren und so die Wettbewerbsfähigkeit zu steigern.

Bedeutung der Kosten

Die besondere Bedeutung des Faktors Kosten ergibt sich aus den folgenden Rahmenbedingungen: Viele Unternehmen sehen sich heute mit Käufermärkten konfrontiert. Dadurch sind ihre preispolitischen Spielräume insbesondere durch den Wettbewerb determiniert. Aufgrund dieses Sachverhaltes bestimmt der im Markt zu erzielende Verkaufspreis die Kosten des Produkts. Die Frage lautet nicht mehr: »Was **wird** ein Produkt kosten?«, sondern: »Was **darf** ein Produkt kosten?«. Um einen zufriedenstellenden Gewinn zu erzielen, bleibt den meisten Unternehmen nur die Möglichkeit, ihre Selbstkosten zu reduzieren.

Mit dem Fortschritt des Innovationsprozesses nehmen die Möglichkeiten zur **Beeinflussung der Kosten** stark ab, weshalb möglichst früh Klarheit über die im Markt zu erzielenden Preise bestehen sollte. Die geringere Kostenflexibilität im Zeitablauf ist darauf zurückzuführen, dass im Zuge der Produktentwicklung nach und nach immer mehr Gestaltungsvariablen mit festen Werten belegt werden (vgl. Abb. 2.7).

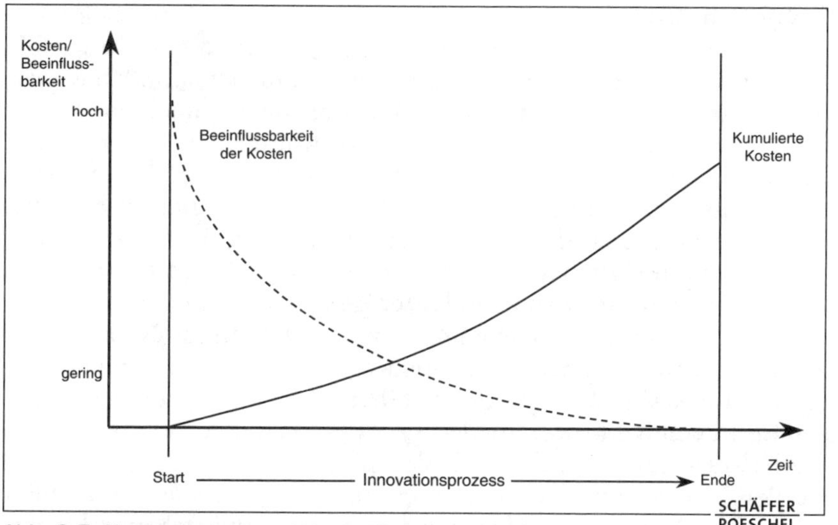

Abb. 2.7: Kostenverlauf und Kostenbeeinflussbarkeit im Innovationsprozess

Beispielsweise kann die Konstruktionszeichnung eines Produkts in der Konzeptphase mit Hilfe moderner Methoden wie Computer-Aided-Design (CAD) innerhalb kürzester Zeit problemlos geändert werden. Die dadurch entstehenden Kosten sind vernachlässigbar. Befindet sich das Poduktprojekt jedoch in einem fortgeschrittenen Zustand, wie beispielsweise in der Herstellungsphase (Serienreifmachung, Nullserie), dann sind die Änderungskosten durch die bereits getroffenen Festlegungen hinsichtlich der einzusetzenden Materialien, Maschinen, Werkzeuge, Fertigungsorganisation usw. ungleich höher.

Empirische Untersuchungen zeigen, dass etwa 70–80 % der Gesamtkosten eines neuen Produkts bereits in dessen Entwicklungsphase festgelegt werden. Hier besteht demgemäß das größte Kostensenkungspotenzial. Im Hinblick auf die Wettbewerbsfähigkeit ist es daher sinnvoll, sich bereits in einer frühen Phase der Produktentwicklung konsequent an den Kundenanforderungen und nicht etwa am technisch Machbaren zu orientieren.

Konstruktionsbegleitende Kalkulation

Die **konstruktionsbegleitende Kalkulation** ist ein geeignetes Instrument, um den Kostenverlauf des Entwicklungsprozesses zu verfolgen und so in der für die Gesamtkosten entscheidenden Entwicklungsphase eine ausreichende Kostenorientierung sicherzustellen. Der Entwickler oder Konstrukteur kann mit ihrer Hilfe die Kosten- und Ergebnisauswirkungen von einzelnen Bauteilen, Baugruppen oder bestimmten konstruktionsbedingten Fertigungserfordernissen unmittelbar erkennen und gezielt nach kostengünstigeren Alternativlösungen suchen. Die konstruktionsbegleitende Kalkulation ermöglicht es zudem, kostenorientierte Abbruchkriterien für Forschungs- und Entwicklungsprojekte zu definieren (vgl. hierzu auch Abschnitt 4.9.4).

2.4.2.2.3 Zeit

Im wirtschaftswissenschaftlichen Schrifttum hat die Diskussion des Faktors »Zeit« ein lange Tradition, die von den neoklassischen, modelltheoretischen Arbeiten zur Bestimmung einer optimalen Entwicklungsdauer bis zu den instrumentell-pragmatischen Aussagen zum »Speed Management« reichen, die zu einer Beschleunigung von Innovationsprozessen beitragen sollen. Er ist neben den Kosten und der Qualität eine weitere wichtige Bestimmungsgröße des Erfolgs von Innovationen. Unter **Zeit** ist allgemein das »Nacheinander der Dinge, die Abfolge der Geschehnisse, erfahrbar als Aufeinanderfolge sowie Dauer von Veränderungen und Ereignissen in Natur und Geschichte« zu verstehen (*Brockhaus* 1994 S. 647).

D

Zeit als Wettbewerbsfaktor

Unstrittig in Theorie und Praxis ist es, dass die Zeit als Wettbewerbsfaktor immer mehr an Bedeutung gewinnt. Das gilt sowohl für den Innovationszyklus als auch für die Marktphase von neuen Produkten. So haben sich beispielsweise die Produktlebenszyklen in vielen Branchen in den letzten Jahrzehnten radikal verkürzt, Zulieferer und Abnehmer gestalten ihre Logistikbeziehungen heutzutage just-in-time, die Kunden erwarten eine immer kurzfristigere Ausführung ihrer Bestellungen und Servicewünsche usw. Demzufolge ist es durchaus berechtigt, von einem »**Zeitwettbewerb**« (Time-Based-Competition) zu sprechen, in dem der Zeitfaktor ein maßgeblicher Impulsgeber für die Unternehmensaktivitäten ist (vgl. *Buchholz, W.* 1998 S. 21).

B

Geradezu ein Paradebeispiel für die Wirkung des Faktors »Zeit« ist die Elektronikindustrie und hier insbesondere die Entwicklung, die Produktion und der Vertrieb von Prozessoren und Speicherchips. Bei diesen Produkten bestehen einerseits bereits extrem kurze Produktlebenszyklen mit dem Trend zu einer weiteren Reduzierung der Entwicklungs- und Marktphasen (man denke u.a. an die Entwicklung der 8086-, 80286-, 80386-, 80486- und Pentium-Prozessoren, die in immer kürzeren Zeitabständen zur Marktreife entwickelt wurden); andererseits verlängern sich die Amortisationszeiten (pay-off-periods) aufgrund des steigenden Investitionsaufwands tendenziell. So kostete die Einrichtung einer Produktionsstätte für Speicherbausteine in den siebziger Jahren rund 20 Mio. US-$, während sich die Kosten heute verzwanzigfacht haben. Für die nächste Produktgeneration ist mit einer Verdoppelung der Kosten zu rechnen (vgl. *Braun, J.* 1996a S. 15, *Geschka, H.* 1993 S. 17).

Das Beispiel aus der Elektronikbranche zeigt, wie eng die Verbindung zwischen der Zeit und den zuvor beschriebenen Kostenaspekten ist. Um im Markt erfolgreich zu sein, muss ein Unternehmen bei der Gestaltung von Innovationen insbesondere zwei Gesichtspunkten des »Erfolgsfaktors Zeit« Rechnung tragen: zum einen der **Dauer des Innovationsprozesses** von der Produktidee bis zur Markteinführung und zum anderen dem **Zeitpunkt des Markteintritts** (vgl. *Gerpott, T. J./Wittkemper, G.* 1991 S. 119 f.).

Vorteile kurzer Innovationszeiten

Kurze Innovationszeiten ermöglichen nicht nur einen frühen Markteintritt, sondern sie bieten auch einen größeren Dispositionsspielraum bei der Wahl des günstigsten Zeitpunkts. Dadurch lässt sich zumindest kurzzeitig eine Monopolstellung des Unternehmens erreichen. Durch diese Monopolsituation ist es möglich, einen höheren Preis für das innovative Produkt zu erzielen und den so genannten »**Monopolgewinn**« abzuschöpfen. Zudem kann sich der F+E-Bereich frühzeitiger neuen, innovativen Aufgaben widmen, die Bindung der personellen, finanziellen und materiellen Ressourcen wird verkürzt und es wird ein technologischer »Wissensvorsprung« gegenüber den Wettbewerbern aufgebaut.

Umsetzungsproblematik

So wichtig und erfolgversprechend die Zeitverkürzung auch ist, so schwer ist sie im Zusammenhang mit Innovationen umzusetzen. Innovationen beinhalten eine Vielzahl neuer, bisher nicht gekannter Aspekte, aus denen sich Probleme ergeben können, für die noch keine Lösungen vorliegen. Insofern sind Innovationsprozesse schwer beherrschbare Prozesse, die viele unbekannte Variablen aufweisen und insgesamt schlecht planbar sind. Zudem hat sich angesichts der fortschreitenden Globalisierung der Wirtschaft der Konkurrenzkampf erheblich verschärft. Die steigende Komplexität der Innovationen, immer höhere Lohn- und Maschinenkosten sowie strengere Umweltschutz- und Sicherheitsauflagen führen zu wachsenden Investitionskosten und tragen damit zu einer Verlängerung der Amortisationszeiten bei. Zusätzlich kommt es zu einer weiteren Verkürzung der Produktlebenszyklen. Damit wird die Zeitspanne immer kürzer, in der durch Innovationen Gewinne erzielt werden können (vgl. Abb. 2.8).

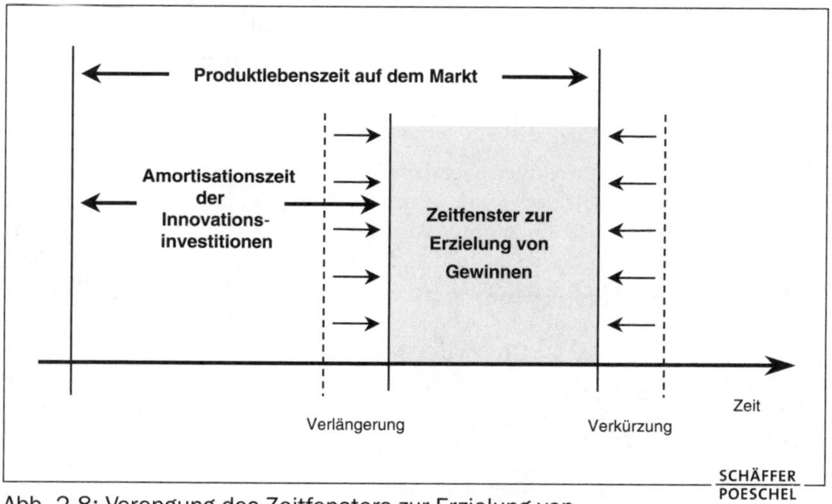

Abb. 2.8: Verengung des Zeitfensters zur Erzielung von Innovationsgewinnen (vgl. *Geschka, H.* 1993 S. 18)

Diesen Schwierigkeiten versuchen die Unternehmen mit verschiedenen Techniken und Strategien zu begegnen. So lassen sich viele produktbezogene Fragen heute durch den Einsatz von Rechnermodellen, z. B. auf der Basis von FEM (Finite-Elemente-Methode) oder 3-D-Simulationen lösen. Die früher zumeist zeitintensiven und aufwendigen Prototypen können relativ leicht und schnell durch Rapid-Prototyping-Verfahren hergestellt werden. Darüber hinaus stehen zur schnellen Umsetzung von Produktideen Werkzeuge wie Computer-Aided-Engineering (CAE) sowie Strategien des Concurrent und Simultaneous Engineering zur Verfügung, die zu einer Parallelisierung, Standardisierung und Integration der Produktentstehungsprozesse führen (vgl. *Warschat, J.* 1996b S. 584).

2.4.2.3 Technische Sichtweise

2.4.2.3.1 Technische Leistung und Funktionalität

Im Gegensatz zu den betriebswirtschaftlichen Zielen, die meist monetär ausgedrückt werden, beziehen sich die technischen Ziele ausschließlich auf die Leistung, die Qualität und den Wirkungsgrad der jeweiligen Produkte und Prozesse.

Leistung aus technischer Sicht wird definiert als das Verhältnis von Arbeit zu einer bestimmten Zeiteinheit. Das gewünschte Leistungsresultat wird in der jeweiligen F+E-Spezifikation festgelegt und ist schließlich als Ergebnis des durchgeführten F+E-Prozesses sichtbar. Mit dem Leistungsbegriff eng verknüpft ist der Faktor **Funktionalität**. Funktionalität bedeutet die Sicherstellung von Eigenschaften, die vom Kunden gefordert werden, durch geeignete technische Gestaltungselemente. Bevor ein Produkt auf den Markt kommt und eingesetzt wird, sind sowohl seine Leistung als auch seine Funktionalität zu überprüfen.

Bezogen auf ein öffentliches Personennahverkehrssystem (ÖPNV) beinhaltet die Leistungsfähigkeit beispielsweise die Anzahl der angefahrenen Haltestellen pro Stunde. Die Funktionalität findet ihren Ausdruck in der Anzahl und in der geographischen Verteilung der Haltestellen und der damit verbundenen Zugänglichkeit des Verkehrsmittels durch den Kunden.

Für neuartige Produkte und Verfahren ist zu fordern, dass sie den Leistungs- und Funktionsanforderungen des Marktes möglichst weit gehend entsprechen. Die Innovationen leisten zu der Erreichung dieses Ziels einen wesentlichen Beitrag.

2.4.2.3.2 Technische Qualität

Auf den Qualitätsbegriff wurde bereits in dem Abschnitt 2.4.2.2.1 ausführlich eingegangen. Deshalb sollen hier nur einige Besonderheiten der technischen Produkt- und Prozessqualität erläutert werden.

Produktqualität

Die technische **Produktqualität** hat sowohl Auswirkungen auf den Konsumenten als auch auf den Hersteller der Leistung. Während sie sich für den Kunden im fehlerfreien Erbringen der gewünschten Leistung äußert, zeigt sie sich beim produzierenden Unternehmen in Form von Nacharbeits-, Reparatur- und Instandhaltungskosten.

Prozessqualität

Neben der Qualität der Produkte steht seit dem Beginn der achtziger Jahre zunehmend die technische **Prozessqualität** im Mittelpunkt. Ein Zeichen hierfür ist die in vielen Unternehmen durchgeführte Zertifizierung nach DIN EN ISO 9000 ff. Dieses zentrale Normenwerk entstand aus dem Wunsch heraus, international einheitliche Richtlinien im Bereich des Qualitätsmanagements zu schaffen. Erfüllt ein Unternehmen die Anforderungen, so wird dies im Rahmen einer Auditierung durch eine Zertifizierungsstelle mit einem Zertifikat bestätigt. Die Zertifizierung stellt heute nach wie vor ein wichtiges Kriterium für die Lieferantenauswahl dar und wird darüber hinaus als Verkaufsargument und Marketinginstrument eingesetzt (vgl. *Lübbe, U.* 1996 S. 771 ff.). Kritisch ist in diesem Zusammenhang allerdings anzumerken, dass eine erfolgreiche Zertifizierung allein keine Garantie für eine langfristig hohe Prozess- und Produktqualität ist. Nur wenn die Auditierung als Ausgangspunkt für einen kontinuierlichen Prozess der Leistungsoptimierung gesehen wird und dieses Denken auch in den Köpfen der Unternehmensführung und der Mitarbeiter verankert ist, bestehen gute Voraussetzungen für eine nachhaltig hohe technische Qualität.

2.4.2.3.3 Wirkungsgrad

D

Der **Wirkungsgrad** bildet das Verhältnis zwischen der erbrachten Nutzleistung und der Gesamtleistung ab. Das Ergebnis ist eine Zahl, die kleiner als eins ist.

B

Beträgt beispielsweise die Nutzleistung eines Verbrennungsmotors 85 % der erzeugten Gesamtleistung und gehen 15 % der Leistung aufgrund von Reibung, Luftwiderstand usw. verloren, so entspricht dies einem Wirkungsgrad von 0,85.

Der Wirkungsgrad von Produkten soll mit Hilfe von Innovationen laufend verbessert werden. Das Ziel ist es dabei, einen möglichst nahe bei eins liegenden Wert zu erreichen. Der Wirkungsgrad wird insbesondere dann zu einer Schlüsselgröße, wenn Ressourcenknappheit herrscht und die vorhandenen Reserven optimal genutzt werden müssen (vgl. *Bürgel, H. D./Haller, C./Binder, M.* 1996 S. 36 f.).

2.4.2.4 Sozial- und gesellschaftsorientierte Sichtweise

Innovationen weisen immer einen mittelbaren oder unmittelbaren Bezug zu den sozialen gesellschaftlichen Zielsetzungen auf (vgl. hierzu auch Abschnitt 1.2.4). Als **mittelbar** ist die Beziehung dann zu bezeichnen, wenn die entsprechende Sozialinnovation die Folge einer vorangegangenen Technikinnovation ist, wie beispielsweise ein verbesserter Gesundheitsschutz am Arbeitsplatz infolge des Einsatzes einer neuen Fertigungstechnologie oder die Humanisierung der Arbeit durch den Einsatz von Fertigungsrobotern in der Produktion.

So trägt der Einsatz von automatisierten Lackieranlagen oder von Wasserbasislacken in der Automobilindustrie mit dazu bei, das Risiko gesundheitlicher Schäden zu vermeiden, die durch das Einatmen giftiger Dämpfe entstehen können.

Im Gegensatz dazu können Innovationen auch **unmittelbar** sozialer oder organisatorischer Natur sein, ohne mit technischen Neuerungen einherzugehen.

Die Einführung von teilautonomen Arbeitsgruppen in der industriellen Fertigung kann sowohl als eine organisatorische als auch als eine soziale Innovation gesehen werden. Durch die Bildung derartiger Gruppen entstehen flexiblere Organisationseinheiten, die ihre Aufgabenverteilung und die Arbeitsausführung weit gehend eigenverantwortlich planen und steuern. In der Gruppe entsteht ein »Wir-Gefühl«, das den Zusammenhalt der Gruppenmitglieder stärkt und ihre Ausrichtung auf die Gruppenziele fördert. Dadurch wird die Gruppenaufgabe effizienter und mit einer höheren Leistungsmotivation bearbeitet.

2.5 Innovationsarten

2.5.1 Kriterien zur Differenzierung von Innovationen

Innovationen lassen sich anhand verschiedener Merkmale in unterschiedliche Kategorien einteilen. Die Abbildung 2.9 vermittelt eine Übersicht über die Differenzierungskriterien, die im Folgenden näher erläutert werden.

2.5.2 Differenzierung nach dem Gegenstandsbereich

In der Literatur werden Innovationen überwiegend nach dem jeweiligen Gegenstandsbereich kategorisiert. Am häufigsten findet sich daher die Unterscheidung von **Produkt-** und **Prozessinnovationen**. Darüber hinaus werden **soziale** und **organisatorische Innovationen** unterschieden.

Differenzierungskriterium	Kernfrage
Gegenstandsbereich	Worauf bezieht sich die Innovation?
Auslöser	Wodurch wird die Innovation veranlasst?
Neuheitsgrad	Wie neu ist eine Innovation?
Veränderungsumfang	Welche Veränderungen werden durch die Innovation im Unternehmen erforderlich?

SCHÄFFER POESCHEL

Abb. 2.9: Differenzierungskriterien von Innovationen

- **Produktinnovation**

D

Produkte sind die von einem Unternehmen im Markt angebotenen materiellen und immateriellen Leistungen, die durch ihre spezifischen Funktionen und Eigenschaften dazu geeignet sind, die tatsächlichen oder die potenziellen Kundenbedürfnisse zu befriedigen. Ein Produkt besteht aus dem Produktkern, dem von den Kunden wahrgenommenen Produktäußeren sowie den verschiedenen Zusatzleistungen. Im Gegensatz zum **Produktkern**, also den technisch-konstruktiven Eigenschaften und den Grundfunktionen eines Produkts, bestehen bei dem **Produktäußeren** und den **Zusatzleistungen** vielfältige Variationsmöglichkeiten in Form von zusätzlichen Leistungsmerkmalen und Dienstleistungen. Entscheidend für den Markterfolg eines Produkts ist es, ob und inwieweit es gelingt, die einzelnen Leistungs- und Nutzenmerkmale zu einer unverwechselbaren »Produktpersönlichkeit« zu integrieren (vgl. *Nieschlag, R./Dichtl, E./Hörschgen, H.* 1997 S. 261 ff., *Pleschak, F./Sabisch, H.* 1996 S. 15).

B

Bezogen auf das Produkt »Auto« lässt sich der Produktkern anhand der Komponenten Motor, Getriebe und Fahrwerk beschreiben. Das Produktäußere differenziert sich über die verschiedenen Karosserievarianten (z. B. Limousine, Kombi, Coupé, Cabrio) und die unterschiedlichen Fahrzeugausstattungen (z. B. elegant, sportlich). Als Zusatzleistungen kommen beispielsweise die angebotenen Finanzierungs- und Leasingvarianten sowie die Garantie- und Serviceleistungen des Herstellers in Frage. Durch die Kombination dieser Merkmale entstehen für den Kunden eindeutig unterscheidbare Produktangebote, z. B. das Cabrio mit Dreiliter-Einspritzmotor, Sportgetriebe und -fahrwerk, sportlicher Innenausstattung und besonderen Serviceleistungen.

Innovation

Im Rahmen der Innovationstätigkeit von Unternehmen sind die **Produktinnovationen** in der Form von Markt- oder Unternehmensneuheiten von besonderer wirtschaftlicher Bedeutung. Der schnelle technische Fortschritt und der laufende Wandel der Konsumentenbedürfnisse führen zu immer kürzeren Produktlebenszyklen, zu einer erheblichen Angebotsausweitung und zu einem steigenden Anteil der neuen Produkte am Gesamtumsatz. Das grundlegende

Ziel einer Produktinnovation ist es deshalb, die Wettbewerbsposition durch die Markteinführung neuer Produkte zu verteidigen oder auszubauen und so die Überlebensfähigkeit des Unternehmens zu sichern. Dazu ist es erforderlich, die Wünsche der Nachfrager optimal zu befriedigen und in Anbetracht der auf vielen Märkten zu verzeichnenden Sättigungstendenzen neue Bedürfnisse mit Hilfe revolutionärer Produktinnovationen zu schaffen (vgl. *Pleschak, F./Sabisch, H.* 1996 S. 14 f., *Trommsdorff, V./Schneider, P.* 1990 S. 4).

B

Empirische Untersuchungen belegen allerdings, dass mit Produktinnovationen erhebliche Fehlschlagrisiken verbunden sind. Beispielsweise wurde ermittelt, dass von 100 Produktideen nur 3,7 zu Markterfolgen werden. Eine andere Untersuchung zeigte, dass sich in den USA von 58 Produktideen nur eine einzige im Markt durchsetzen ließ (vgl. *Nieschlag, R./Dichtl, E./Hörschgen, H.* 1997 S. 262). *Commes* und *Lienert* haben festgestellt, dass von 100 begonnenen F+E-Projekten 88 letztendlich am technischen, marktlichen und wirtschaftlichen Risiko scheitern und keinen vollständigen Lebenszyklus durchlaufen (vgl. Abb. 2.10 und *Commes, M. T./Lienert, R.* 1983 S. 349).

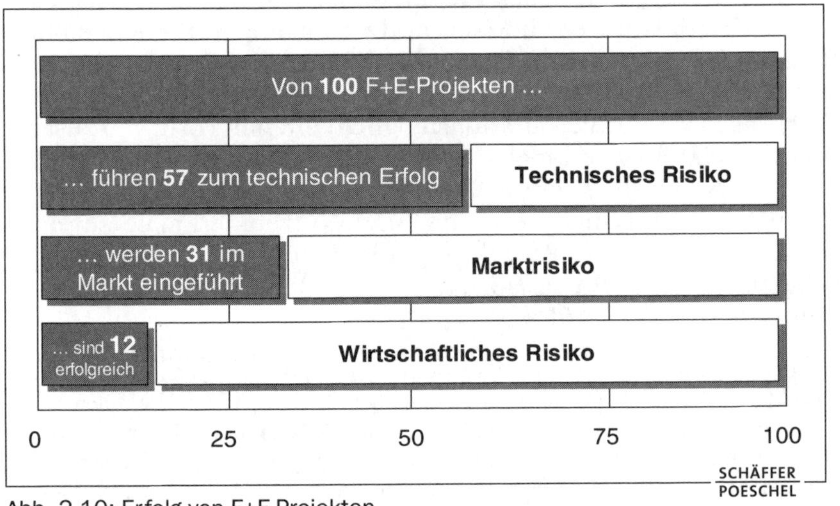

Abb. 2.10: Erfolg von F+E-Projekten

Differenzierung

Trotzdem sind Produktinnovationen wichtige produktpolitische Maßnahmen. Sie stellen gewissermaßen die »höchste Innovationsstufe« dar. Nun können im Rahmen der Produktpolitik allerdings auch bereits vorhandene Produkte den sich verändernden Anforderungen des Markts angepasst werden. Dies geschieht beispielsweise mittels einer **Produktdifferenzierung**, wobei einzelne oder mehrere Produktmerkmale eines bereits im Markt eingeführten Produkts variiert werden. Das veränderte Produkt wird dann zusätzlich angeboten und erweitert so das Absatzprogramm. Diese Vorgehensweise ist weit verbreitet und trägt dem Bestreben der

Unternehmen Rechnung, auf die Besonderheiten einzelner Märkte oder Marktsegmente zu reagieren, um zeitlich parallel möglichst breite Konsumentenschichten anzusprechen (vgl. *Meffert, H.* 1998 S. 425, *Nieschlag, R./Dichtl, E./Hörschgen, H.* 1997 S. 277 f.).

B

Als ein Beispiel für die Produktdifferenzierung nennt *Meffert* die verschiedenen Varianten der *C-Klasse* von *DaimlerChrysler*. Zusätze wie »*Esprit*« oder »*Elegance*« sollen hier die Unterscheidung der Produktlinien verdeutlichen. Ein weiteres Beispiel für den Versuch, die Produktdifferenzierung für den Konsumenten erkennbar zu machen sind die Markenzusätze »*Visage*« oder »*for Men*« bei den Körperpflegeprodukten von *Nivea* (vgl. *Meffert, H.* 1998 S. 428).

Variation

Im Zuge einer **Produktvariation** werden dagegen nur geringfügige Veränderungen der ästhetischen, physikalischen, funktionalen und/ oder symbolischen Nutzenkomponenten eines im Markt eingeführten Produkts vorgenommen, womit jedoch keine sprunghaften Verbesserungen hinsichtlich der Technologie und der Wettbewerbsposition erzielt werden können. Die Grundfunktionen des Produkts bleiben erhalten. Eine Produktvariation dient somit weniger dazu, die Leistung eines Produkts zu verbessern als vielmehr das Produkt gegenüber der Konkurrenz zu repositionieren und den Produktlebenszyklus zu verlängern (vgl. *Meffert, H.* 1998 S. 423, *Nieschlag, R./Dichtl, E./Hörschgen, H.* 1997 S. 277).

B

Produziert beispielsweise ein Hersteller von Küchengeräten seine Toaster, Kaffeemaschinen usw. statt wie bisher in Schwarz und Weiß nun auch in den Farben Gelb, Rot und Grün, so hat sich am Produktnutzen sicherlich nichts Grundlegendes geändert. Durch die farbliche Variation des Produkts gelingt es aber möglicherweise, junge Leute stärker anzusprechen und zum Kauf der Produkte zu bewegen als es bisher der Fall gewesen ist.

Vereinheitlichung

Schließlich steht als ein weiteres Instrument im Rahmen der Produktgestaltung noch die **Produktvereinheitlichung** (Produktstandardisierung) zur Verfügung. Um der wachsenden Komplexität und Individualität zu begegnen, die sich aus der starken Orientierung an den Kundenwünschen ergibt, versuchen die Unternehmen leistungsfähige Baukastensysteme mit standardisierten Baugruppen und Einzelkomponenten zu entwickeln, die aufgrund ihrer großen Stückzahlen mit niedrigen Herstellkosten gefertigt werden können. Durch diese Vorgehensweise lassen sich die mit den Produktinnovationen verbundenen Risiken deutlich reduzieren (vgl. *Pleschak, F./Sabisch, H.* 1996 S. 15 f.).

B

Ein Beispiel für eine große Variantenvielfalt bei gleichzeitiger Produktvereinheitlichung durch die Verwendung von Gleichteilen ist die von dem Landmaschinenhersteller *CLAAS* entwickelte landwirtschaftliche Arbeitsmaschine *Xerion*. Sie verbindet die hohe Arbeitsleistung und den Komfort von Spezialmaschinen mit der Belastbarkeit und der Vielseitigkeit von Traktoren. Der Grundaufbau der Maschine besteht aus einem soliden Rahmen, der vielfältige Auf- und Anbauten und damit kundenindividuelle Verwendungsmöglichkeiten bietet. So kann der *Xerion* je nach Wunsch des Kunden beispielsweise zur Ausbringung von Flüssigdünger, zur Rüben- oder Kartoffelernte, zur Aussaat oder zum Mähen verwendet werden (vgl. *Rössler, U./Nacke, E.* 1996 S. 155 ff.).

- **Prozessinnovation**

Unter einem **Prozess** ist die zielgerichtete Erstellung einer Leistung durch eine Folge logisch zusammenhängender Aktivitäten zu verstehen. Die Leistungserstellung wird innerhalb einer bestimmten Zeitspanne (Durchlaufzeit) nach bestimmten Regeln durchgeführt. In diesem Sinne sind Prozesse inhaltlich abgeschlossene Vorgänge, die von einem Ereignis (z. B. Kundenauftrag) angestoßen werden und einen definierten Input und Output haben. Innerhalb eines Prozesses erfolgt durch die Kombination der Einsatzgüter ein definierter Wertzuwachs (Wertschöpfung, added value), der als Prozessergebnis an einen internen oder externen Kunden weitergegeben wird (vgl. *Vahs, D.* 2005 S. 209 ff.).

Gegenstand von Prozessinnovationen

Im Gegensatz zu den Produktinnovationen zielen die Prozessinnovationen, die auch als **Verfahrensinnovationen** bezeichnet werden, auf die Verbesserung oder die Neugestaltung der Unternehmensprozesse ab. Hierzu gehören sowohl die **materiellen Prozesse**, also die Bearbeitung und der Transport physisch real existierender Objekte (Rohstoffe, Hilfsstoffe, Betriebsstoffe, Halb- und Fertigfabrikate), als auch die **informationellen Prozesse**, die den Austausch und die Verarbeitung von Informationen beinhalten. Im Mittelpunkt der Innovationstätigkeit steht dabei die Verbesserung des Verhältnisses zwischen dem erzielten Prozessergebnis und der dafür benötigten Zeit, also die Arbeitsproduktivität. Die zentrale Zielsetzung ist es, qualitativ hochwertige Produkte durch effiziente Prozesse mit kurzen Durchlaufzeiten bei niedrigen Kosten zu realisieren. Weitere Ziele von Prozessinnovationen können beispielsweise die Erhöhung der Arbeitssicherheit, die Einsparung von Rohstoffen und Energie und die umweltfreundlichere Gestaltung der Produktion sein (vgl. *Thom, N.* 1997 S. 8).

Vernachlässigung des Prozessaspektes

Pleschak/Sabisch bemängeln, dass die Prozessinnovationen gegenüber den Produktinnovationen oft vernachlässigt werden, womit sich ihrer Ansicht nach die Wettbewerbsschwäche insbesondere deutscher Unternehmen erklären lässt. Im Gegensatz dazu setzen japanische Unternehmen vermehrt auf Prozessinnovationen, wodurch sich für sie im internationalen Leistungswettbewerb deutliche Vorteile ergeben. *Pleschak/Sabisch* fordern daher ein ausgewogenes Verhältnis von Produkt- und Prozessinnovationen, um auf dieser Basis Wettbewerbsvorteile zu erzielen (vgl. *Pleschak, F./Sabisch, H.* 1996 S. 20 f.).

Zu einem ähnlichen Ergebnis kommt auch die Innovationsmanagement-Studie von *BDI* und *Droege & Comp.*: Erfolgreiche Unternehmen streben in gleichem Maße Produkt- und Prozessinnovationen an, während weniger erfolgreiche die Prozessinnovationen vernachlässigen (vgl. *Droege/BDI* [Hrsg.] 1998 S. 27).

B

Andere Autoren vertreten demgegenüber die Ansicht, dass die Kaufentscheidung der Kunden in erster Linie von dem angebotenen Produkt bestimmt wird. Für den Kunden sei folglich die unternehmensinterne Effizienz nur dann von Interesse, wenn sie Auswirkungen auf die Qualität, die Nützlichkeit, den Preis usw. des Produkts hat (*Little, A. D.* [Hrsg.] 1994 S. 20 f.).

Hierzu ein Beispiel aus dem Hotel- und Gaststättengewerbe: Für die Gäste eines Restaurants ist es grundsätzlich uninteressant, wie die Küche organisiert ist. Was zählt, ist die Qualität der servierten Speisen und Getränke und der Service. Das so genannte »Process-Reengineering« vieler Unternehmen sei jedoch hauptsächlich eine »Küchen«-Angelegenheit, die dazu noch das Servicepersonal, also die in einem direkten Kundenkontakt stehenden Beschäftigten, oftmals so vereinnahmt, dass der Kunde und die Befriedigung seiner Bedürfnisse mehr oder weniger ins Hintertreffen geraten (vgl. *Little, A. D.* [Hrsg.] 1994 S. 21).

B

Verbindung von Produkt- und Prozessinnovationen

Für die eine wie für die andere Sichtweise lassen sich Argumente finden. Letztendlich ist es aber so, dass sich eine hohe Produktqualität ohne eine entsprechende Qualität der Prozesse nicht erreichen lässt. Produkt- und Prozessinnovationen sind dabei auf vielfältige Art und Weise miteinander verknüpft und bedingen sich oft gegenseitig. Sogar über die Unternehmensgrenzen hinweg können derartige Interdependenzen ausgemacht werden: Die Produktinnovation eines Herstellers im Investitionsgüterbereich kann beispielsweise zu einer Verfahrensinnovation beim Anwender des Neuprodukts führen (vgl. Trommsdorff, V./ Schneider, P. 1990 S. 4).

Ein Werkzeugmaschinenhersteller entwickelt ein flexibles Fertigungssystem, das die Komplettbearbeitung eines Werkstücks ermöglicht und verschiedene Bearbeitungsvorgänge wie z. B. Drehen, Fräsen, Bohren und Schleifen integriert. Bezogen auf den Hersteller stellt dies eine **Produktinnovation** dar. Kommt das neuartige System bei einem Kunden zum Einsatz, so bewirkt es dort eine Veränderung im Produktionsablauf, weil die bisher vorhandenen unterschiedlichen Bearbeitungsstationen in dem neuen Komplettbearbeitungszentrum integriert werden. Diese Integration hat einen Einfluss auf die Transport-, die Liege-, die Rüst- und die Bearbeitungszeiten und verkürzt damit die gesamte Prozessdurchlaufzeit. Die Produktinnovation des Herstellers führt damit beim Kunden zu einer **Verfahrensinnovation**.

B

Wettbewerbshebel Innovation

Auch im Zeitablauf lässt sich eine Verbindung zwischen den Produkt- und den Prozessinnovationen ausmachen. Wie die Abbildung 2.11 zeigt, verschiebt sich das **Innovationsaktivitätsniveau** (gemessen in Form von F+E-Aufwendungen und der Anzahl der in einer Periode neu eingeführten Produkte und Prozesse) zwischen diesen beiden Innovationsarten im Laufe des »Lebens« einer Industrie. So weisen verschiedene **Industrielebenszyklusmodelle** und empirische Indizien darauf hin, dass die Bedeutung von Produkt- und Prozessinnovationen in Abhängigkeit von dem jeweiligen **Reifegrad der Industrie** variiert (wobei der Reifegrad z. B. am Durchschnittsalter der Unternehmen, ihrer Durchschnittsgröße oder ihrer Anzahl innerhalb der betrachteten Branche festgemacht wird; vgl. *Utterback, J. M.* 1994, S. 79 ff., *Gerpott, T.* 1999 S. 40 f.). Dies bedeutet beispielsweise, dass es in einer relativ »alten« Industrie, wie beispielsweise der Automobilindustrie, heute vor allem auf innovative Prozesse ankommt. Demgegenüber bilden bei »jungen« Industrien, wie der Bio- oder Genindustrie, bis auf weiteres die Produktinnovationen den entscheidenden **Wettbewerbshebel**, der einem Unternehmen ökonomische Vorteile innerhalb des jeweiligen Wirtschaftszweiges zu verschaffen vermag.

So setzten beispielsweise im Jahr 1995 in Deutschland die technologisch eher »reifen« Branchen »Metallerzeugung und -verarbeitung« bzw. »Energie- und Wasserversorgung, Bergbau« von ihren internen F+E-Aufwendungen 51 % bzw. 80 % für die Entwicklung von Prozessinnovationen ein und nur 49 % bzw. 20 % für reine Neuproduktentwicklungen. Demgegenüber wurde in der eher »jungen« elektrotechnischen Industrie nur ein Fünftel (22 %) für Verfahrensinnovationen investiert, während mit 78 % der weitaus größte Teil des Investitionsvolumens in reine Produktinnovationen geflossen ist (vgl. *Gerpott, T.* 1999 S. 42).

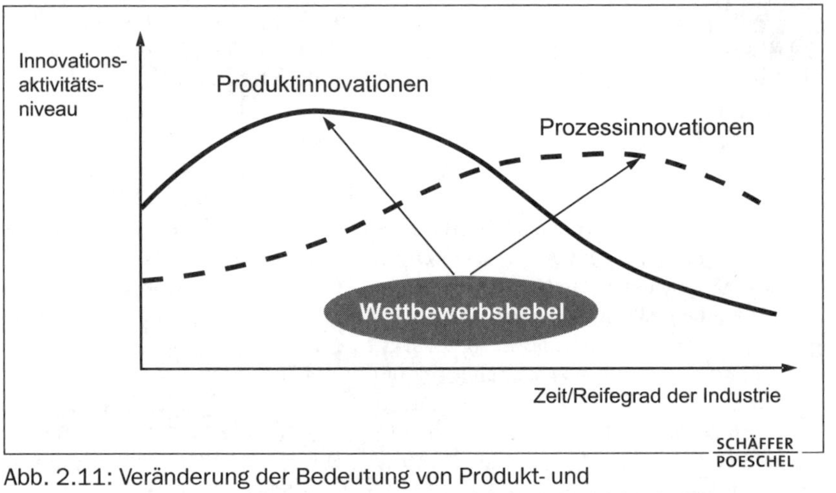

Abb. 2.11: Veränderung der Bedeutung von Produkt- und Prozessinnovationen im Zeitablauf (vgl. *Utterback, J. M.* 1994 S. 91)

- **Soziale und organisatorische Innovation**

Neben Produkten und Prozessen können auch der Humanbereich und die Aufbau- und Ablaufstruktur eines Unternehmens der Gegenstand von Innovationen sein.

Die **Sozialinnovationen** betreffen den Menschen und sein Verhalten im Unternehmen. Sie dienen der Erfüllung sozialer Ziele, wie beispielsweise der Erhöhung der Arbeitszufriedenheit, dem Unfallschutz, der Arbeitsplatzsicherheit usw. und sind eng mit der Unternehmenskultur verbunden.

Sozialinnovation

B

Als Beispiel für eine Sozialinnovation lässt sich die Einführung von Gruppenarbeit in der Fertigung nennen. Durch die Gruppenarbeit erhalten die Beschäftigten mehr Eigenverantwortung und größere Handlungsspielräume. Dadurch werden eine gesteigerte Arbeitsmotivation und -zufriedenheit der Mitarbeiter und letzten Endes eine höhere Arbeitsleistung angestrebt (hohe Stückzahl, geringe Ausschussquote, weniger Fehlzeiten usw.). Derartige Konzepte können allerdings nur in Unternehmen realisiert werden, deren Kultur dies zulässt. So erfordern Gruppenarbeitskonzepte eine Unternehmenskultur, die offen für die Delegation von Aufgaben, Verantwortung und Kompetenzen an einzelne Personen und Teams ist (zu den Wirkungen der Unternehmenskultur im Allgemeinen vgl. *Vahs, D.* 2005 S. 124 ff., zum Thema Innovationskultur vgl. Kapitel 6).

Zwischen den sozialen Innovationen und den anderen Innovationsarten können vielfältige Zusammenhänge bestehen. So sind die Übergänge zwischen den Prozess- und den Sozialinnovationen oft fließend. Darüber hinaus kann auch eine Produktinnovation der Auslöser für eine soziale Innovation sein und umgekehrt.

B

Beispielsweise kann der Einsatz einer neuartigen Lackieranlage (Produktinnovation), die vollautomatisch und weit gehend emissionsfrei arbeitet, zu einer wesentlichen Verbesserung der Arbeitsbedingungen in der Fertigung führen (Sozialinnovation). Durch die Integration des Lackier- und des Trocknungsvorgangs kann es darüber hinaus zu einer Verkürzung der Durchlaufzeiten kommen (Prozessinnovation).

Thom weist zu Recht auf die besondere Problematik hin, die mit der Messung der Verbesserungswirkung von Sozialinnovationen verbunden ist. Innovationsziele wie die stärkere Identifikation der Mitarbeiter mit den Unternehmenswerten und -zielen oder die Bereitschaft zur Übernahme von sozialer Verantwortung lassen sich nicht so einfach messen wie die Durchlaufzeit oder die Herstellkosten pro Einheit. Insofern ist nach geeigneten Kenngrößen zur Bewertung der Innovationswirkung von sozialen Veränderungen zu suchen. Ein Indikator für die positive Wirkung von Innovationen im Humanbereich ist beispielsweise die Erhöhung der Mitarbeiterzufriedenheit, wobei sich diese wiederum direkt durch schriftliche oder mündliche Befragungen oder indirekt durch die Interpretation bestimmter Kennziffern wie Fehlerrate, Produktivität, Absentismusquote usw. ermitteln lässt (vgl. *Thom, N.* 1980 S. 38).

Strukturinnovation

Organisatorische Innovationen (Strukturinnovationen) sollen zu einer Verbesserung der Aufbau- und Ablauforganisation führen. Sie stehen zumeist in einem engen Zusammenhang mit den Prozess-, Produkt- und Sozialinnovationen, da sie sich sowohl auf die Unternehmensprozesse als auch auf die Aufgabenträger, d.h. die handelnden Personen, und die Objekte der Leistungserstellung beziehen. Mit organisatorischen Innovationen können sowohl »harte« Ziele (z.B. Kostensenkung, Qualitätsverbesserung, Produktivitätssteigerung) als auch »weiche« Ziele (z. B. höhere Arbeitszufriedenheit, besseres Betriebsklima) verfolgt werden, wodurch ihr enger Bezug vor allem zu den Prozess- und Sozialinnovationen deutlich wird.

B

Wie in dem Abschnitt 2.4.2.4 erwähnt wurde, stellt die Gruppenarbeit nicht nur eine Sozialinnovation, sondern auch eine organisatorische Innovation dar. Während die »traditionelle« tayloristische Arbeitsweise, wie sie u.a. in der Fließfertigung praktiziert wird, auf einer hochgradigen Funktionsdifferenzierung beruht, integriert die Gruppenarbeit verschiedene Arbeitsgänge. Für die Ausführung dieser Arbeitsgänge sind mehrere Personen verantwortlich, die sich im Idealfall selbstständig über die Aufgabenverteilung und die Gestaltung der einzelnen Arbeitsschritte verständigen und gemeinsam für die Qualität der Arbeitsausführung verantwortlich sind. Strukturell kann die Einführung der Gruppenarbeit beispielsweise zum Übergang von der Fließ- zur Fließinselfertigung führen.

In dem Kapitel 5 werden die Zusammenhänge zwischen Innovation und Organisation ausführlich dargestellt.

2.5.3 Differenzierung nach dem Auslöser

Pull-Innovation

Neuerungen können verschiedene Ursachen haben. **Zweckinduzierte Innovationen** kommen »vom Markt her« (market-pull) und werden deshalb auch als **Pull-Innovationen** bezeichnet. Sie werden durch die Bedürfnisse oder die konkrete Nachfrage der Kunden initiiert und besitzen dadurch eine vergleichsweise hohe Erfolgswahrscheinlichkeit.

B

Ein Beispiel für eine »Market-pull«-Innovation ist der Walkman von *Sony*. Er setzte das Kundenbedürfnis, an jedem Ort die gewünschte Musik hören zu können, in ein marktfähiges Produkt um (übrigens gegen den Widerstand der eigenen Techniker). Als ein weiteres Beispiel nennt *Meffert* die Verwendung der ursprünglich für den Einsatz im Weltall entwickelten Teflon-Beschichtung im Haushalt (vgl. *Meffert, H.* 1998 S. 369).

Push-Innovation

Im Gegensatz dazu werden die **mittelinduzierten Innovationen (Push-Innovationen)** in erster Linie durch neu entwickelte Technologien ausgelöst (technology-push), für die erst noch entsprechende Anwendungsgebiete zu finden sind. Der Auslöser dieser Art von Innovationen sind die F+E-Bereiche der Unternehmen. Dadurch, dass die Push-Innovationen nicht von Anfang an auf einen aufnahmebereiten Markt stoßen, sind ihre Erfolgsaussichten vergleichsweise geringer als diejenigen von Pull-Innovationen.

B

Der Computertomograph, das Glasfaserkabel, der Videorekorder oder das Mobiltelefon sind solche mittelinduzierten Innovationen. Ihre Entstehungsgeschichte weist viele Probleme, Hindernisse und Rückschläge auf. Nachdem ihr hoher Nutzen aber schließlich vom Markt erkannt wurde, entwickelten sie sich zu erfolgreichen Produkten (vgl. *Lynn, G. S./Morone, J. G./Paulson, A. S.* 1996 S. 80 ff.).

Um zu erfolgreichen Innovationen zu kommen, müssen die Markt- und die Technologiegesichtspunkte bei Innovationsentscheidungen gleichermaßen berücksichtigt werden. Hierzu liefern sowohl die Grundlagen- als auch die Marktforschung wesentliche Anhaltspunkte. Generell ist festzustellen, dass Basisinnovationen mehrheitlich mittelinduziert sind, während Verbesserungsinnovationen in der Regel vom Markt her angeregt werden (vgl. *Macharzina, K.* 1995 S. 593 ff.).

Im Zusammenhang mit den Innovationsstrategien im Kapitel 3 werden die so genannten »Push-« und »Pull-Effekte« ausführlicher erläutert.

2.5.4 Differenzierung nach dem Neuheitsgrad

D

Allen Definitionen des Innovationsbegriffs gemeinsam ist das Merkmal der Neuheit (vgl. Abschnitt 2.3.1). Als **neu** ist eine Problemlösung dann zu bezeichnen, wenn sie jenseits des bisherigen Erkenntnis- und Erfahrungsstandes liegt. Ist der Neuheitsgrad der eingesetzten Technologien die Grundlage für die Differenzierung, so unterscheidet man die folgenden Innovationsarten (vgl. *Pleschak, F./Sabisch, H.* 1996 S. 4):

- **Basisinnovation**

Eine Basisinnovation markiert einen Durchbruch in Bezug auf neue Technologien oder Organisationsprinzipien und zieht meist eine Vielzahl von Folgeinnovationen in Form von Verbesserungen und neuen Anwendungen nach sich (vgl. *Trommsdorff, V./Schneider, P.* 1990 S. 4).

B

Beispiele für Basisinnovationen sind die Dampfmaschine, das Strahltriebwerk, die Bildplatte, die Kernspaltung und der Mikroprozessor.

- **Verbesserungsinnovation**

Bei Verbesserungsinnovationen erfolgt eine Verbesserung einzelner oder mehrerer Nutzenparameter. Die grundlegenden Funktionen und Eigenschaften bleiben erhalten.

B

Als Beispiel für eine Verbesserungsinnovation lässt sich die Leistungssteigerung von Personalcomputern durch die Weiterentwicklung der Prozessoren und anderer Baukomponenten wie Hard- und Floppy-Disks nennen.

- **Anpassungsinnovation**
Werden vorhandene Leistungen oder Erzeugnisse speziell an die Wünsche des Kunden angepasst, so spricht man von einer Anpassungsinnovation.

B

Bringt ein Automobilhersteller eine neue Fahrzeuggeneration auf den Markt, so entwickeln die Zulieferer beispielsweise Scheinwerfer, die speziell auf das Design der neuen Modellgeneration zugeschnitten sind.

- **Imitation**
Als Imitation bezeichnet man das Nachahmen von Lösungen, die in anderen Unternehmen bereits vorhanden sind und erfolgreich eingesetzt werden. Der Begriff der Imitation ist grundsätzlich negativ besetzt, weil ihr keine eigenständige kreative Leistung zugrunde liegt. Allerdings bemerkt *Hauschildt* zutreffend, dass es kaum eine große Erfindung gibt, »... die nicht nachgeahmt wurde, kaum aber auch eine Erfindung, von der nicht behauptet wurde, sie sei nur eine Nachahmung« (*Hauschildt, J.* 2004 S. 69).

B

Ein Beispiel für eine Nachahmung im Konsumgüterbereich war die Präsentation der »Schoko-Wunderkugel« durch *Nestlé* im Jahr 1996, mit der das Unternehmen das bereits 1974 im deutschen Markt eingeführte »Überraschungsei« seines Wettbewerbers *Ferrero* kopierte (vgl. *Hoffritz, J.* 1996 S. 128).

- **Scheininnovationen**
Bei Scheininnovationen handelt es ich um so genannte »Pseudoverbesserungen«, die keinen wirklich neuen oder zusätzlichen Nutzen für den Kunden darstellen.

Dies ist z. B. dann der Fall, wenn das Design eines Produkts, wie etwa das einer Handbohrmaschine, neu gestaltet wird, ohne dass damit für den Kunden eine bessere Handhabung, eine bessere Leistung o. Ä. verbunden ist.

Einschätzung von Innovationen

Innovative Produkte und Prozesse erfordern eine besondere Aufmerksamkeit und Behandlung durch das Unternehmen. Um Innovationen richtig einschätzen zu können, empfiehlt sich der Einsatz von **Checklisten**. In ihnen sind zumeist in tabellarischer Form verschiedene Anhaltspunkte zusammengestellt, anhand deren der Grad der Neuheit bewertet werden kann. Die Abbildung 2.12 zeigt ein allgemeines Beispiel einer solchen Checkliste zur Innovationsbeurteilung.

Checklisten dieser Art können an die jeweiligen unternehmensinternen Gegebenheiten angepasst und die Einzelaspekte mit Hilfe von Punkteskalen (Scores) entsprechend gewichtet werden. Wird eine bestimmte, vorher festgelegte Anzahl von Fragen mit »ja« beantwortet bzw. erhält das zu bewertende Projekt eine zuvor bestimmte Anzahl von Punkten, so erfolgt eine Einstufung als »innovatives« Projekt im Gegensatz zu den Vorhaben, die innerhalb des normalen Geschäftsbetriebes abgewickelt werden können (vgl. *Hauschildt, J.* 2004 S. 20 f.).

1. Verlangt das neue Produkt oder Verfahren • andere bzw. neue Rohstoffe? • andere bzw. zusätzliche Bezugsquellen? • neue Bezugspartner? • neue Bezugsländer? • weitere Änderungen der Beschaffung?
2. Verlangt das neue Produkt oder Verfahren • eine neuartige Fertigungstechnik? • neue Produktionsanlagen? • zusätzliche oder anders qualifizierte Mitarbeiter? • eine andere Software? • eine neuartige Messtechnik? • eine veränderte Fertigungsorganisation? • weitere Änderungen in der Produktion?
3. Bewirkt das neue Produkt oder Verfahren • eine höhere Produktionsgeschwindigkeit bzw. kürzere Durchlaufzeiten? • eine geringere Umweltbelastung? • veränderte Raumanforderungen? • eine höhere Montage-Flexibilität? • eine bessere Kapazitätsauslastung? • eine erhebliche Leistungssteigerung? • weitere Veränderungen?
4. Erfordert der Absatz des neuen Produkts • die Ansprache neuer Kundengruppen? • die Wahl neuer Distributionswege? • die Auseinandersetzung mit neuen Wettbewerbern? • eine Neugestaltung der Preispolitik? • weitere Änderungen der Absatzpolitik?

SCHÄFFER POESCHEL

Abb. 2.12: Checkliste zur Innovationsbeurteilung
(vgl. *Hauschildt, J.* 2004 S. 21)

2.5.5 Differenzierung nach dem Veränderungsumfang

Nach dem Aufwand, der im Unternehmen notwendig ist, um eine Innovation zu realisieren, unterscheidet man Radikal- und Inkrementalinnovationen (vgl. *Pleschak, F./Sabisch, H.* 1996 S. 3):

Inkremental- und Radikalinnovationen

- **Inkrementalinnovationen** erfolgen in bereits bestehenden oder verwandten Märkten und auf bekannten Anwendungsgebieten (Basis- und Schlüsseltechnologien). Sie lassen sich demzufolge relativ risikolos durchführen und verbessern im Wesentlichen die Ziel-Mittel-Relation.
- Demgegenüber weisen **Radikalinnovationen** einen hohen Neuheitsgrad (Schrittmachertechnologien, neue Märkte) auf und bewirken einschneidende und komplex-interdependente Ver-

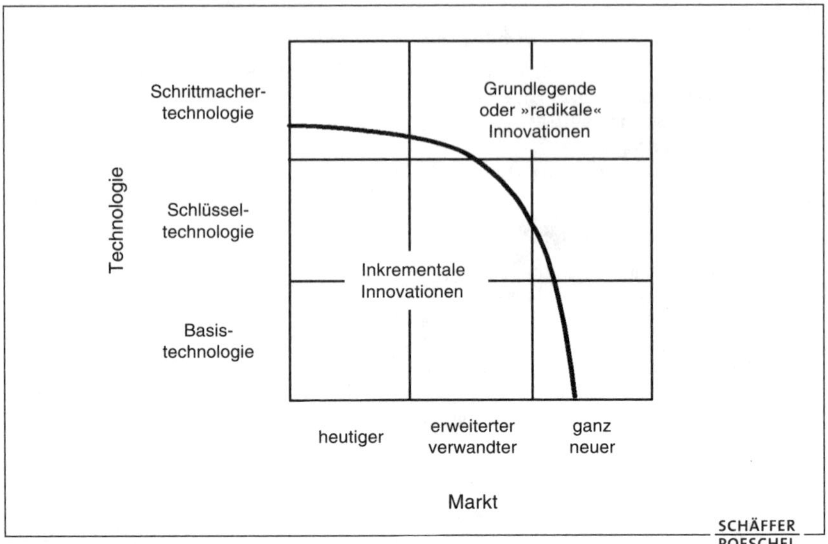

Abb. 2.13: Differenzierung von inkrementalen und radikalen Innovationen (*Kroy, W.* 1995 S. 59)

änderungen im Unternehmen. Entsprechend hoch ist im Allgemeinen das mit ihnen verbundene wirtschaftliche Risiko. Ihre Marktchancen sind dabei umso größer, je stärker sie sowohl bedürfnis- als auch technologieinduziert sind.

Die Abbildung 2.13 unterscheidet die beiden Innovationsarten nach der zugrunde liegenden Technologie und nach der Art des relevanten Markts.

Vorteile radikaler Innovationen

Grundsätzlich ist das Risiko zwar höher, das mit radikalen Innovationen verbunden ist; gleichzeitig stellen solche Neuerungen aber auch eine außerordentliche Chance für ein Unternehmen dar. Wird beispielsweise ein Produkt, das aus einer radikalen Innovation entstanden ist, erfolgreich im Markt eingeführt, so besitzt das Unternehmen für einen gewissen Zeitraum eine Monopolstellung sowie einen Wissens- und Erfahrungsvorsprung gegenüber der Konkurrenz. Dadurch ist es möglich, den Markt abzuschöpfen und neben hohen Umsätzen und Gewinnen auch einen Imagezuwachs zu erreichen.

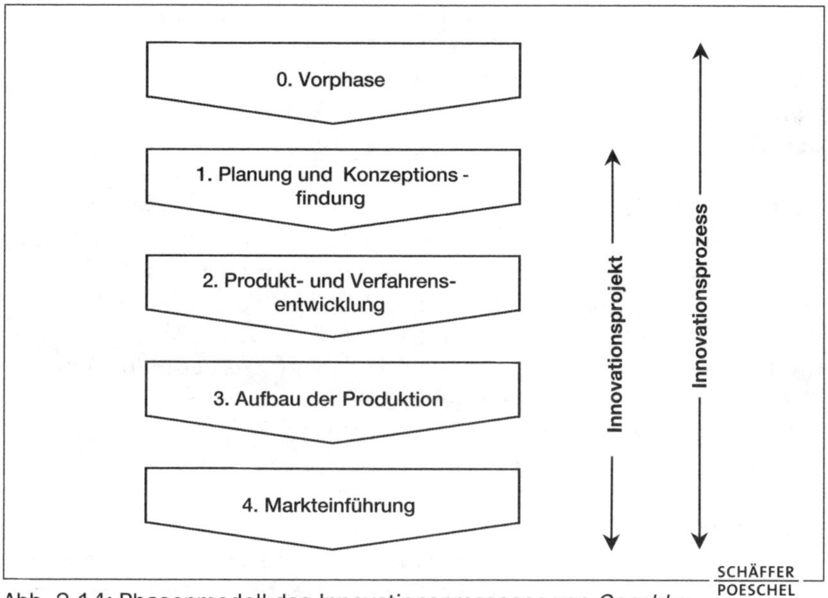

Abb. 2.14: Phasenmodell des Innovationsprozesses von *Geschka* (*Geschka, H.* 1993 S. 160)

2.6 Der Innovationsprozess

2.6.1 Modelle des Innovationsprozesses in Literatur und Praxis

Die Innovationen grenzen sich von den Inventionen dadurch ab, dass sie nicht zeitpunktbezogen, sondern prozessbezogen sind. Die Zeitspanne, die ein Innovationsprozess umfasst, lässt sich in unterschiedliche Phasen einteilen und enthält alle Aktivitäten, die nötig sind, um von einer Idee zu ihrer praktischen Umsetzung zu gelangen (vgl. *Tsifidaris, M.* 1994 S. 12).

In der Literatur und in der betrieblichen Praxis finden sich vielfältige Ansätze zur Untergliederung des Innovationsprozesses in Einzelphasen, Stufen oder Schritte. Dadurch sollen der Gesamtprozess überschau- und steuerbar sowie die typischen Aufgaben und Methoden jeder Phase sichtbar gemacht werden. Die einzelnen Konzepte differieren mehr oder weniger stark voneinander. Zum einen zeichnen sich die jeweiligen Schemata durch unterschiedlich hohe Abstraktionsniveaus aus, zum anderen betonen sie oft verschiedenartige Aspekte des Innovationsgeschehens.

Je **allgemeiner** ein Innovationsprozess dargestellt wird, desto eher ist er auf die realen Gegebenheiten des konkreten »Innovationsfalls« übertragbar; allerdings besitzt eine abstrakte Beschreibung auch nur eine relativ geringe Aussagekraft für ganz bestimmte Innovationsprozesse. **Detailliert dargestellte Abläufe** sind demgegenüber zwar sehr aussagekräftig, bauen aber auf unternehmensspezifischen Gegebenheiten auf, die beispielsweise von der jeweiligen Branche, der Unternehmensgröße, der Unternehmenskultur und der Organisationsform abhängen und je nach Unternehmen ganz unterschiedliche Ausprägungen besitzen können. Insofern sind sie nur schwer auf das Innovationsgeschehen in anderen Unternehmen übertragbar. *Thom* wies deshalb schon früh darauf hin, dass für jedes Unternehmen im Detail sehr unterschiedliche Phasenmodelle Anwendung finden können (vgl. *Thom, N.* 1980 S. 391 ff.).

Ein weiterer Grund für die Existenz einer Vielzahl von Phasenmodellen ist die Tatsache, dass jeweils **unterschiedliche Aspekte des Innovationsgeschehens** beleuchtet werden und dadurch verschiedene Schwerpunkte der Betrachtung gesetzt werden. So verwendet beispielsweise *Geschka* im Zusammenhang mit der Unterscheidung von Innovations**prozess** und Innovations**projekt** das in der Abbildung 2.14 dargestellte Ablaufschema.

Modell von *Geschka*

An *Geschkas* Phasenmodell fällt auf, dass die Aktivitäten von der Initiierung des Innovationsprozesses bis zur Aufnahme der Projektarbeit in einer so genannten »Vorphase« zusammengefasst werden. Eine tiefer gehende Unterteilung der einzelnen Phasen wird von ihm bewusst nicht vorgenommen, da dies »... den Prinzipien der Innovationszeitverkürzung – insbesondere den Prinzipien der Aktivitätenverschachtelung – zuwiderläuft« (*Geschka, H.* 1993 S. 160). Allerdings weist *Geschka* darauf hin, dass in einem Fall eine detailliertere Untergliederung zu wählen ist: »Stellt man die Planung von Innovationen in den Mittelpunkt der Betrachtung, dann kommt der »Vorphase« zentrale Bedeutung zu. Sie ist dann in die Phasen ›Strategische Orientierung‹, ›Ideenfindung‹ und ›Bewertung und Auswahl‹ aufzulösen« (*Geschka, H.* 1993 S. 182). Damit folgt er im Wesentlichen den typischen Phasen betriebswirtschaftlicher Planungsprozesse im Unternehmen.

Allen Konzepten zur Darstellung des Innovationsprozesses gemeinsam ist dabei, dass der Prozess zumindest die Phase der Markteinführung des neuen Produkts im Fall einer Produktinnovation oder der Einführung des neuen Verfahrens im Unternehmen im Fall einer Prozessinnovation mit einschließt. Weit gehende Einigkeit besteht auch bezüglich der Hauptphasen eines Innovationsprozesses.

Modell von *Thom*

Thom hat hier bereits Anfang der achtziger Jahre ein richtungsweisendes Dreiphasenschema entwickelt, in dem die Hauptphasen der Ideengenerierung, der Ideenakzeptierung und der Ideenrealisierung näher beschrieben werden (vgl. Abb. 2.15).

Um einen Überblick über die Vielfalt der möglichen und in praxi angewandten Prozessmodelle zu geben, werden nachfolgend noch einige weitere gängige Modelle dargestellt und in ihren jeweiligen Besonderheiten kurz erläutert.

Phasen von Innovationsprozessen		
Hauptphasen		
1 Ideen-generierung	2 Ideen-akzeptierung	3 Ideen-realisierung
Spezifizierung der Hauptphasen		
1.1 Suchfeldbestimmung	2.1 Prüfung der Ideen	3.1 Konkrete Verwirklichung der neuen Idee
1.2 Ideenfindung	2.2 Erstellen von Realisierungsplänen	3.2 Absatz der neuen Idee an Adressat
1.3 Ideenvorschlag	2.3 Entscheidung für einen zu realisierenden Plan	3.3 Akzeptanzkontrolle

SCHÄFFER POESCHEL

Abb. 2.15: Dreiphasenmodell des Innovationsprozesses von *Thom* (*Thom, N.* 1980 S. 53)

Modell von *Brockhoff*

Im Gegensatz zu den bereits vorgestellten Ablaufschemata zeigt *Brockhoff* in seinem Phasenmodell die Möglichkeit eines Abbruchs des Innovationsprozesses aufgrund eines technischen oder eines ökonomischen Misserfolgs oder aufgrund der Verwerfung einer Idee explizit auf. Nur wenn die vorhergehende Stufe des Prozesses erfolgreich verlaufen ist, wird der nächste Prozessschritt in Angriff genommen. Unter einer geplanten Invention versteht *Brockhoff* eine Erfindung, welche die ursprünglich festgelegten Projektziele erfüllt, wohingegen eine ungeplante Invention beispielsweise aufgrund von Zufällen entsteht, wie dies von der Entdeckung der *Roentgen*-Strahlen berichtet wird (vgl. *Brockhoff, K.* 1994 S. 27 f.).

Bei der Darstellung von *Brockhoff* handelt es sich nicht um ein exaktes Ablaufschema; vielmehr werden sowohl die Vorgänge und die Tätigkeiten (Forschung und Entwicklung, Einführung eines neuen Produkts im Markt) als auch deren Resultate (Projektidee, Invention usw.) dargestellt. Der Innovationsprozess ist bewusst grob strukturiert und allgemein gehalten. In seinen weiteren Überlegungen ergänzt *Brockhoff* die »Innovation im engeren Sinn«, wie sie in der Abbildung 2.16 dargestellt ist, um die Phasen der Marktdurchsetzung und der Konkurrenz durch Imitation (»Innovationsprozess im weiteren Sinn«). Damit macht er deutlich, dass der Innovationsprozess mit der Einführung des Produkts im Markt oder eines neuen Prozesses in der Fertigung noch keineswegs beendet ist, sondern erst die Diffusion eine Innovation letztendlich erfolgreich macht,

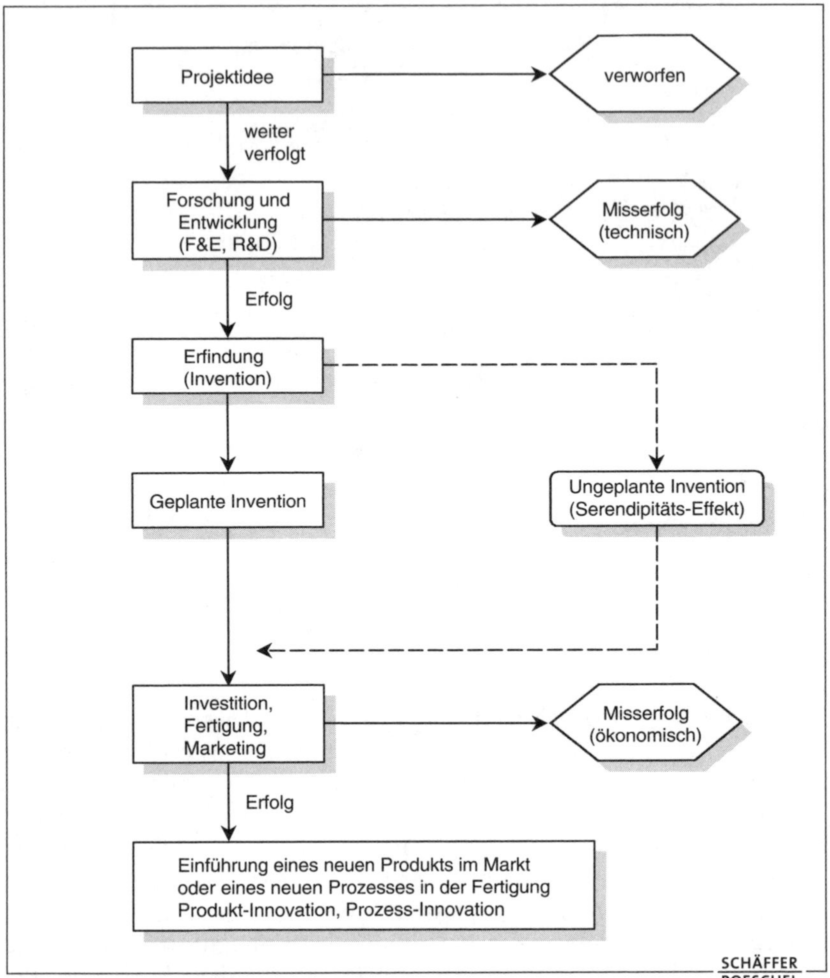

Abb. 2.16: Phasenmodell von *Brockhoff*
(*Brockhoff, K.* 1994 S. 29)

was aus betriebswirtschaftlicher Sicht ohne weiteres nachzuvollziehen ist (vgl. *Brockhoff, K.* 1994 S. 29 ff.).

Modell von *Witt*

Ein weiteres, praxisnahes Phasenmodell ist dasjenige von *Witt*, der die Phasen von der Festlegung des Suchfeldes bis zur Markteinführung darstellt. Diese Phasen des Innovationsprozesses werden vergleichsweise stark differenziert. So unterscheidet *Witt* von der Festlegung des Suchfeldes bis zur Feinauswahl mit Rentabilitätsanalyse bereits fünf Stufen. Interessant an seinem Modell ist die Parallelisierung der Phase der technischen Entwicklung und der Phase der Entwicklung des Marketing-Konzepts, die beide in Markttests und schließlich in die Markteinführung der Innovation münden. *Witt* weist darauf hin, dass keine der Phasen entbehrlich ist,

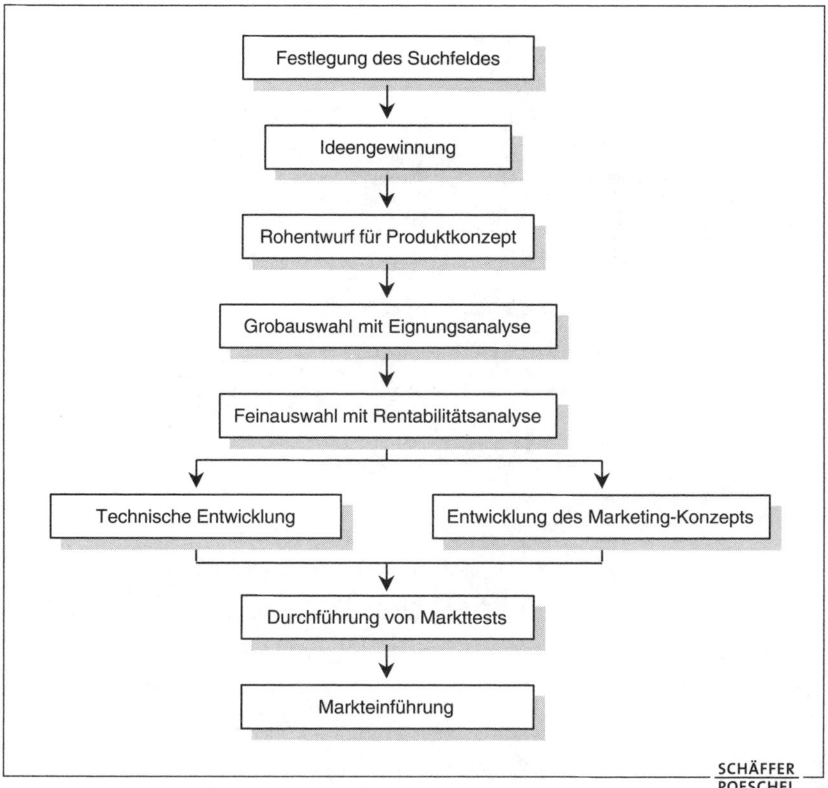

Abb. 2.17: Kernstufen des Innovationsprozesses nach *Witt* (vgl. *Witt, J.* 1996 S. 10)

dass jedoch nach jeder Phase eine Entscheidung darüber getroffen werden muss, ob der Prozess fortgesetzt werden soll oder nicht (vgl. *Witt, J.* 1996 S. 9). Die Darstellung in der Abbildung 2.17 zeigt nur den vereinfachten Ablauf unter der Voraussetzung, dass in jeder Kernstufe die festgesetzten Ziele erreicht werden. Rückkopplungen sind in diesem Phasenmodell nicht enthalten.

Modell von *Pleschak/Sabisch*

Als besonders umfassend und aussagekräftig kann das in der Abbildung 2.18 dargestellte Modell des Innovationsprozesses von *Pleschak/Sabisch* gelten. Dieses Schema des Innovationsprozesses zeigt innerhalb der einzelnen Stufen sowohl die sich darin vollziehenden Arbeitsprozesse als auch die daraus resultierenden Prozessergebnisse bei Erreichen oder Nicht-Erreichen der jeweiligen Zwischenziele. Darüber hinaus sind die wichtigsten Rückkopplungen zwischen den einzelnen Phasen des Gesamtprozesses berücksichtigt. *Pleschak/Sabisch* weisen darauf hin, dass es sich bei ihrer Darstellung um einen idealisierten Ablauf des Innovationsprozesses handelt, wohingegen reale Prozesse durch parallel ablaufende Teilprozesse, nichtlineare zeitliche Abläufe, vielfältige Rückkopplun-

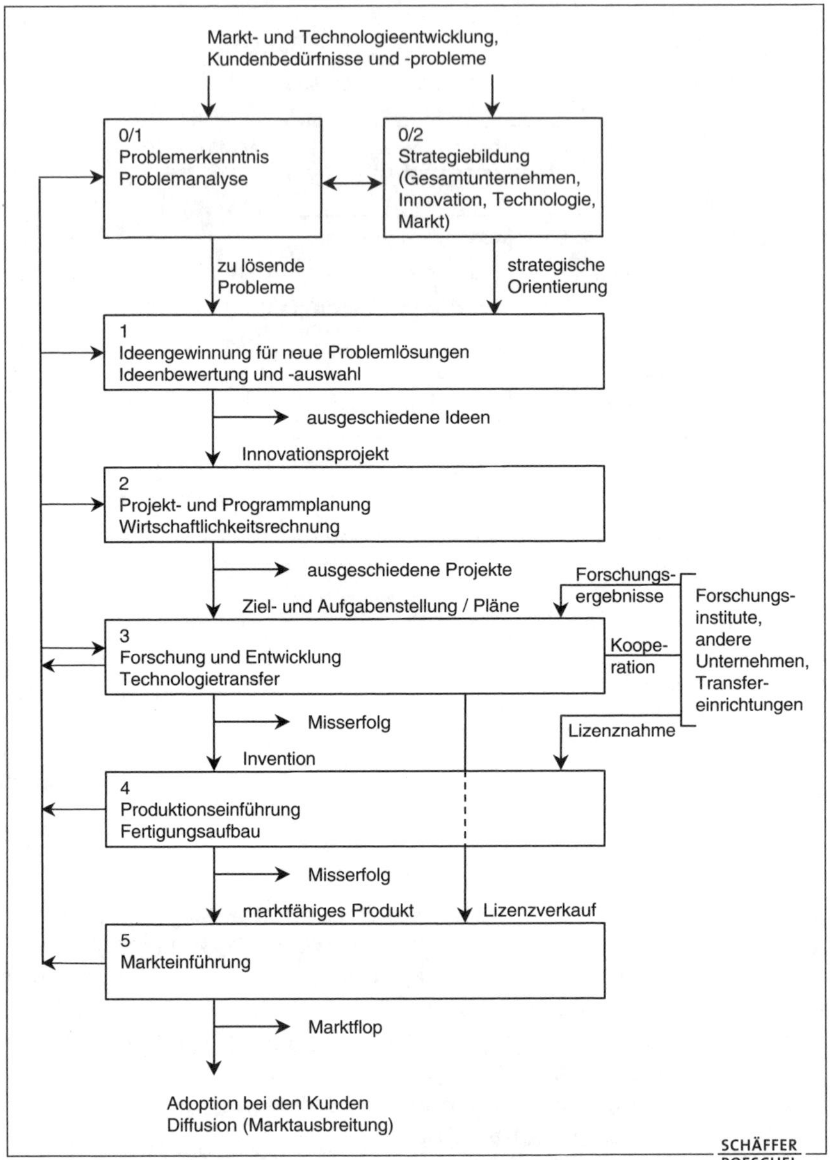

Abb. 2.18: Ablauf des Innovationsprozesses nach *Pleschak/ Sabisch* (*Pleschak, F./Sabisch, H.* 1996 S. 24)

gen und zahlreiche Vernetzungen mit den (Innovations-)Prozessen von Kunden und Zulieferern gekennzeichnet sind (vgl. *Pleschak, F./Sabisch, H.* 1996 S. 24 ff.).

Modell von *3M*

Ein Vorgehensschema, das sich am so genannten **Stage-Gate-Modell** orientiert, ist das Vier-Stufen-Standardschema für Innovationsprozesse des als hoch innovativ geltenden Unternehmens *3M* (ähnliche Modelle finden sich z.B. auch bei *Hewlett-Packard, DaimlerChrysler* und *Procter & Gamble*). Beginnend mit der Definitionsphase durchläuft der Innovationsprozess sequenziell vier Stufen (»stages«). Nach jeder dieser Phasen wird an einem »gate« (z.T. auch als »quality gate« bezeichnet) in Form von interdisziplinären Meetings, in denen alle beteiligten Stellen vertreten sind, über die Fortführung des Projekts entschieden (»go« oder »no go«). Überprüft werden dabei zum einen die bisher erzielten Ergebnisse und zum anderen, ob alles für die nachfolgende Phase bereit ist. Die Verantwortung für die einzelnen Phasen trägt zunächst der F+E-Manager bzw. der Marketing-Manager. Erst mit der Freigabe der Serie und der Markteinführung erfolgt die Übergabe an diejenige Business Unit, in deren Zuständigkeitsbereich die jeweilige Produktinnovation fällt.

Kritisch an den Stage-Gate-Modellen ist deren sequenzielle Gestaltung zu sehen. Durch ihre strikte Orientierung an bestimmten Meilensteinen und Entscheidungsroutinen kann es beispielsweise durch fehlende Informationen zu einer zeitlichen Verzögerung der Weiterbearbeitung einer Projektidee kommen. *Verworn/Herstatt* schlagen deshalb vor, diese standardisierte Vorgehensweise nur für inkrementale Innovationen zu nutzen, »... bei denen die technische Unsicherheit und die Marktunsicherheit gering sind« (*Verworn, B./Herstatt*, C. 2003 S. 202 ff.).

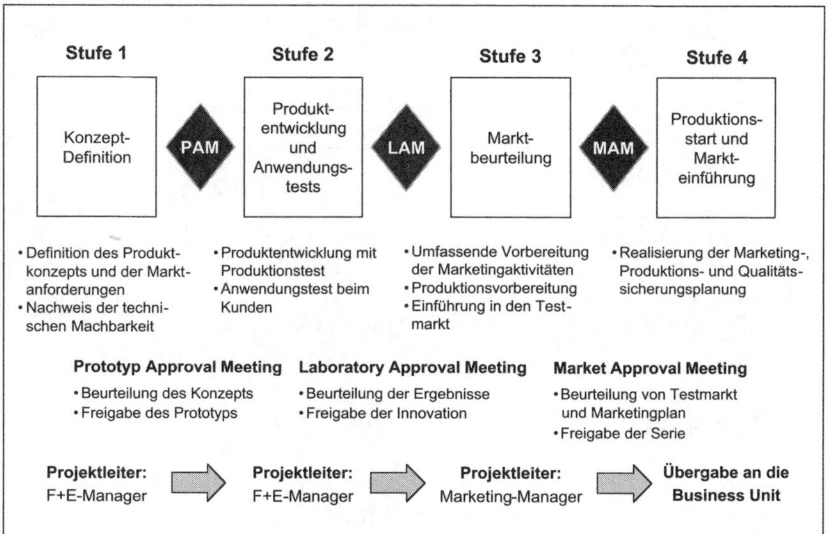

SCHÄFFER POESCHEL

Abb. 2.19: Stage-Gate-Prozess bei *3M*

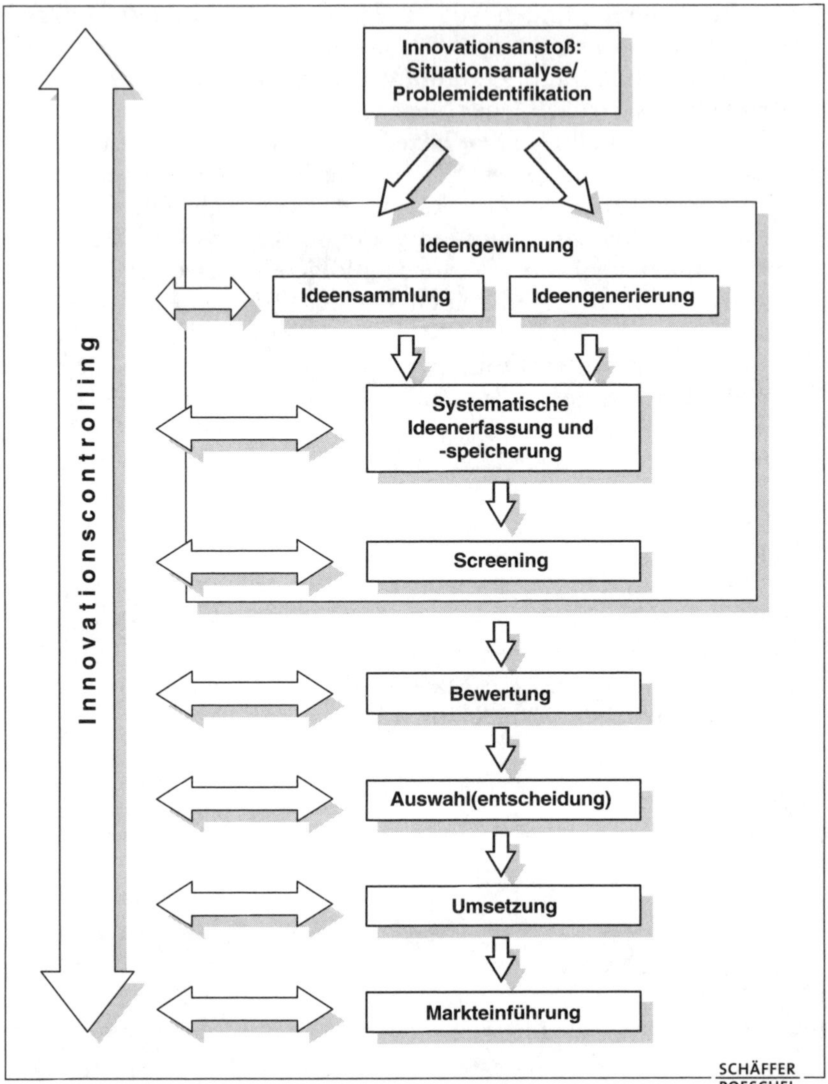

Abb. 2.20: Grundschema des Innovationsprozesses

2.6.2 Grundkonzept des Innovationsprozesses

Die dargestellten Modelle aus Theorie und Praxis differieren in ihrem Detaillierungsgrad und in ihrer Schwerpunktsetzung. Entsprechend gestalten sich ihre Aussagekraft und ihre Praktikabilität. Unter Berücksichtigung der verschiedenen Konzepte wird den weiteren Ausführungen das von den beiden Autoren dieses Buches entwickelte und in der Abbildung 2.20 dargestellte Schema des Innovationsprozesses zugrunde gelegt. Im weiteren Verlauf werden zunächst nur die einzelnen Kernphasen des Prozesses und ihre Zusammenhänge überblicksweise dargestellt. Die wesentlichen Methoden und Instrumente, die in den jeweiligen Phasen zum Einsatz kommen können, werden im Kapitel 4 erläutert.

Kernphasen des Innovationsprozesses

Zur Sicherstellung eines dauerhaften Markterfolgs muss ein Unternehmen sein Umfeld und die dort feststellbaren Entwicklungstendenzen laufend analysieren. Der Gegenstand von derartigen **Situationsanalysen** sind sowohl die Nachfrager als auch die Lieferanten und die Wettbewerber. Nur durch die konsequente Marktorientierung von Anfang an können die Chancen zur Erringung von strategischen Wettbewerbsvorteilen wahrgenommen und die Innovationsrisiken rechtzeitig erkannt werden. Die Situationsanalyse dient der **Identifikation von Problemen**, die sich aus den veränderten Kundenbedürfnissen, der allgemeinen Entwicklung von Markt und Technologie und dem Unternehmen selbst ergeben. Sie ist als Vorstufe des Innovationsprozesses unerlässlich.

Anstoß

Den eigentlichen **Anstoß** für die Suche nach einer Produkt- oder Verfahrensinnovation bildet demzufolge eine Diskrepanz zwischen dem in der Situationsanalyse ermittelten Ist-Zustand und dem angestrebten Soll-Zustand. Der Soll-Zustand ergibt sich aus den strategischen Unternehmenszielen (z.B. Anstreben der Technologie- oder/und Marktführerschaft) und den daraus abgeleiteten Strategien zur Zielerreichung (z.B. Durchführung von ganz bestimmten F+E-Vorhaben). Der Ausgangspunkt eines jeden zielgerichteten Innovationsprozesses ist damit ein **erkanntes Problem**, das aus einer Soll-Ist-Abweichung resultiert und einer Lösung zugeführt werden soll (vgl. Abschnitt 4.3).

Ideengewinnung

Ist ein Problem identifiziert, so sind gezielte Maßnahmen zur Gewinnung von Problemlösungsvorschlägen, die als **Ideen** bezeichnet werden, zu ergreifen. Prinzipiell kann dabei auf zweierlei Art und Weise vorgegangen werden: Zum einen können aus unterschiedlichen Quellen (Kunden, Lieferanten, Mitarbeiter, Wettbewerber usw.) bereits bestehende Ideen gesammelt werden, wobei keine unterstützenden Maßnahmen zum Hervorbringen weiterer Ideen ergriffen werden **(Ideensammlung)**. Zum anderen lässt sich die Entstehung neuer Lösungsansätze im Rahmen der **Ideengenerierung** aktiv fördern. Dies geschieht beispielsweise durch den Einsatz von Kreativitätstechniken, die im Abschnitt 4.4.3.2 erläutert werden.

Die gewonnenen Ideen müssen systematisch erfasst und gespeichert werden. Das Ziel der **Ideenerfassung und -speicherung** ist es, eine gute Übersicht, eine leichte Bearbeitbarkeit und die Vergleichbarkeit der unterschiedlichen Problemlösungsvorschläge sicherzustellen. Dazu bietet sich der Einsatz einer Ideendatenbank als Ideenspeicher an. Es ist abzuwägen, ob und inwieweit zu diesem Zeitpunkt bereits eine Vorbewertung der verschiedenen Ideen erfolgt. Bei einer überschaubaren Anzahl von Ideen ist dies durchaus zweckmäßig und machbar. Durch die systematische Ordnung und Bewertung der Problemlösungsvorschläge wird das weitere Vorgehen bei der Verfolgung einer Idee verkürzt. Bei vielen Ideen hingegen sollte aufgrund des großen zeitlichen Aufwands eine Bewertung jedoch erst erfolgen, wenn sich eine Idee als relevant für ein Problem erweist, das auch tatsächlich gelöst werden soll (vgl. Abschnitt 4.4.4).

Nicht alle gesammelten oder neu gewonnenen Ideen und Vorschläge stellen Lösungsmöglichkeiten für das konkrete Problem dar. Oft entstehen im Rahmen der Ideensammlung und -gewinnung auch Vorschläge für andere Problembereiche oder mit einem abweichenden Konkretisierungsgrad.

B

Ein Automobilhersteller sucht nach einem Konzept für ein komplett neues Fahrzeug. Im Zuge der Ideengewinnung werden auch Vorschläge gemacht, wie der Innenraum eines bereits bestehenden Fahrzeugtyps neu gestaltet werden könnte. Darüber hinaus entsteht die Idee, bestimmte Funktionen des Armaturenbretts in das Lenkrad zu integrieren.

Auch wenn die genannten Ideen nicht unmittelbar dem Problem entsprechen, ein Neuproduktkonzept zu erstellen, so sollten sie doch nicht ohne weiteres eliminiert werden. Vielmehr ist es sinnvoll, die gewonnenen Anregungen in der Ideendatenbank zu erfassen, um möglicherweise zu einem späteren Zeitpunkt auf sie zurückkommen zu können. Damit die ursprüngliche Problemstellung nicht aus den Augen verloren wird, schließt sich an die Ideenerfassung ein so genanntes **Screening** in Bezug auf das konkrete Suchfeld an. Diese Phase des Innovationsprozesses wird auch als suchfeldorientierte Selektion bezeichnet (vgl. Abschnitt 4.4.5).

Bewertung

Um Innovationsprozesse effizient zu gestalten, ist es wichtig, die Erfolg versprechenden Ideen möglichst frühzeitig herauszufiltern und weiterzuverfolgen und die weniger aussichtsreichen Ideen fallen zu lassen. Die im Anschluss an das Screening durchgeführte **Ideenbewertung** sollte sehr sorgfältig erfolgen, da die Fehleinschätzung von Ideen erhebliche wirtschaftliche Nachteile für ein Unternehmen zur Folge haben kann (vgl. *Trommsdorff, V./Schneider, P.* 1990 S. 9 f.). Deshalb muss der Bewertungsprozess eine Aufgabe des Managements sein, beispielsweise eines Gremiums aus Fach- und Führungskräften unterschiedlicher Bereiche. Dieses Gremium muss auf eine logische und nachvollziehbare Art und Weise eine Rangfolge der einzelnen Ideen bilden. Hierzu bedient man sich in der Praxis verschiedener Hilfsmittel, deren Bandbreite von der verbalen Einschätzung einer Idee bis zu der Durchführung einer dynamischen Wirtschaftlichkeitsrechnung reicht (vgl. Abschnitt 4.5).

Auswahl

Getrennt von der Ideenbewertung ist die **Auswahl** der umzusetzenden Alternative(n) zu sehen. Die Auswahlentscheidung kann durchaus die Aufgabe einer anderen Instanz sein als derjenigen, die mit der Bewertung der Vorschläge beauftragt wurde. Häufig ist es in der Praxis so, dass die Vorbereitung der Ideenauswahl einem interdisziplinären Gremium aus Managern und Fachverantwortlichen verschiedener Bereiche übertragen wird (bestehend v. a. aus Mitgliedern der Bereiche F+E, Controlling, Produktion, Marketing). Die eigentliche Entscheidung, ob eine neuartige Idee auch tatsächlich realisiert wird, obliegt dann der Unternehmensführung, also dem Top-Management, das schließlich für den wirtschaftlichen Erfolg oder Misserfolg verantwortlich ist. Damit wird die systematische Produktinnovationspolitik zu einer zentralen Führungsaufgabe (vgl. Abschnitt 4.6).

Umsetzung

Nach der Entscheidung wird die ausgewählte Alternative in die Praxis umgesetzt. Ist die **Realisierung** mit einem relativ großen Ressourcenaufwand verbunden und liegt ein hoher Neuheitsgrad vor, so bietet es sich an, die Lösung im Rahmen eines Projekts zu verwirklichen. In den übrigen Fällen lässt sich die Umsetzung in die Routineprozesse integrieren, ohne eine eigenständige Innovationsstruktur aufzubauen (vgl. Abschnitt 4.7).

Markteinführung

Mit der **Markteinführung**, also der Verfügbarkeit des Produkts für den Kunden, beginnt der Marktzyklus. Die Invention wird zur Innovation. In dieser Phase des Innovationsprozesses kommen die Instrumente des Marketing-Mix (v. a. Preis- und Konditionenpolitik, Kommunikationpolitik, Distributionspolitik) zum Einsatz, die bereits weit im Vorfeld der Markteinführung untereinander und auf die verfolgte Unternehmensstrategie abgestimmt werden müssen (vgl. Abschnitt 4.8).

Controlling

Als phasenübergreifender Querschnittsprozess sollte über alle Prozessschritte hinweg ein funktionierendes **Controlling-System** aufgebaut werden. Dadurch wird eine zentrale Planung, Steuerung, Koordination und Kontrolle der Aktivitäten im Hinblick auf die systematische und zielorientierte Durchführung des Innovationsprozesses gewährleistet (vgl. Abschnitt 4.9).

Problematik von Prozessmodellen

Aufgrund der Komplexität, Variabilität und Unsicherheit von Innovationsprozessen weist deren abstrakte Darstellung mit Hilfe von Phasenmodellen durchaus problematische Aspekte auf. Ein Innovationsmodell beschreibt einen idealtypischen Zustand, der jedoch die unternehmensindividuellen Gegebenheiten nicht berücksichtigt. So lassen sich die einzelnen Phasen in der Praxis nicht immer exakt trennen, da unter Umständen bestimmte Stufen übersprungen werden oder mehrere Phasen iterativ aneinander gekoppelt sind. Während im theoretischen Modell eine neue Phase erst beginnt, wenn die vorherige abgeschlossen ist, laufen in der Realität oft verschiedene Aktivitäten parallel ab, was zu zeitlichen und inhaltlichen Interdependenzen führt (vgl. *Tsifidaris, M.* 1994 S. 12 ff., *Pleschak, F./Sabisch, H.* 1996 S. 26). Gerade dieser Sachverhalt wird allerdings durch bestimmte Methoden, wie z. B. Simultaneous Engineering, bewusst gefördert, um den Gesamtprozess durch die

Parallelisierung von Teilprozessen effizienter zu gestalten und dadurch Zeit- und Kostenvorteile zu erzielen. Die Einteilung des Innovationsprozesses in unterschiedliche Phasen ist damit als ein Hilfsmittel zu verstehen, das zu einem besseren Verständnis und zu einer effektiveren und effizienteren Handhabung von Innovationen führt.

2.6.3 Produktinnovation und Produktlebenszyklus

Die Lebensdauer der meisten Produkte ist begrenzt. Während sich der Zeitraum von der Entstehung einer Produktidee bis zur Einführung eines neuen Produkts tendenziell verlängert, wird die Produktlebensdauer durch den internationalen Innovationswettbewerb immer kürzer. Im Laufe ihres »Lebens« von der Idee bis zur Elimination durchlaufen die Produkte verschiedene Phasen, die jeweils durch ganz bestimmte Merkmale gekennzeichnet sind. Der Lebenszyklus eines Produkts besteht aus der **Entwicklungsperiode** und der **Marktperiode**. Periodenübergreifend lässt sich der so genannte **»Innovationszyklus«** abgrenzen, der neben der Entwicklungsperiode noch die Markteinführungsphase umschließt.

Produktlebenszyklus-Konzept

Die Abbildung 2.21 zeigt ein gängiges Schema des Produktlebenszyklus-Modells mit seinen verschiedenen Phasen. Das **Modell des Produktlebenszyklus** ist ein deterministisches, zeitraumbezogenes Marktreaktionsmodell. Auf der Ordinate werden die Absatzmenge, der Produktdeckungsbeitrag, der Umsatz oder der Gewinn pro Zeiteinheit und auf der Abzisse wird die Zeit abgetragen. Es sind unterschiedliche Kurvenverläufe denkbar, wobei in der Marketingliteratur zumeist von einem ertragsgesetzförmigen Kurvenverlauf (S-Kurve) ausgegangen wird. Die Einteilung der einzelnen Phasen erfolgt dabei relativ willkürlich und orientiert sich an den mathematischen Charakteristika des Kurvenverlaufs (eine eingehende Erläuterung der einzelnen Phasen findet sich beispielsweise bei *Meffert, H.* 1998 S. 329 ff.).

Innovationen im Produktlebenszyklus

In Abhängigkeit davon, in welcher Lebenszyklusphase sich ein Produkt befindet, sind unterschiedliche Innovationsmaßnahmen erforderlich. Da ein Unternehmen möglichst frühzeitig nach der Markteinführung eines Produkts positive Deckungsbeiträge und Gewinne erzielen möchte, sollten **marktfähige** Produktinnovationen das Ergebnis der **Entwicklungsperiode** sein. In der Entwicklungsperiode selber fallen Kosten an, denen keine Erlöse gegenüberstehen. Insofern ergeben sich in dieser Phase negative Produktdeckungsbeiträge, die in den späteren Lebenszyklusphasen ausgeglichen werden müssen. Produkte, die bereits kurz nach ihrer Einführung eliminiert werden müssen, werden als »Flop« bezeichnet. Der **Innova-**

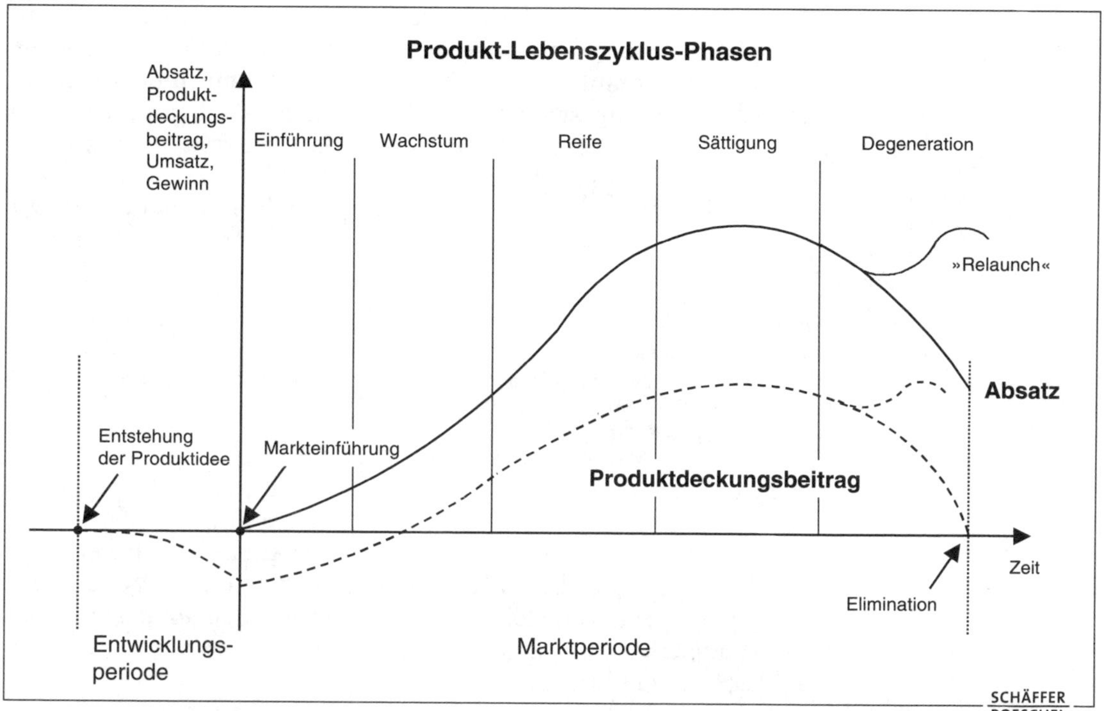

Abb. 2.21: Lebenszyklus von Produkten (*Vahs, D./Schäfer-Kunz, J.* 2005 S. 205 ff.)

tionszyklus schließt insofern auch die Markteinführungsphase mit ein, weil es sich in diesem Zeitraum entscheidet, ob sich ein Produkt im Markt etabliert oder ob es keine oder zu wenige Nachfrager findet. In der **Einführungs-** und der **Wachstumsphase** gilt es dann, die speziellen Kundenwünsche zu berücksichtigen und das Produkt durch Verbesserungsinnovationen zu variieren oder zu differenzieren; dies geschieht auch, um sich im Kampf um Marktanteile gegenüber den Wettbewerbern behaupten zu können.

Prozessinnovationen kommen vor allem in der **Reifephase** zum Einsatz. Mit ihrer Hilfe sollen angesichts sinkender Zuwachsraten die Kosten reduziert und so die Deckungsbeiträge verbessert werden. Neigt sich der Produktlebenszyklus seinem Ende entgegen und sinken in der **Sättigungs-** und in der **Degenerationsphase** die Absatzmenge und der Produktdeckungsbeitrag schließlich auch absolut, so kann mit Hilfe von weiteren Verbesserungsinnovationen versucht werden, den Absatz und damit auch den Deckungsbeitrag des Produkts noch einmal zu steigern (**Relaunch**), bevor es endgültig vom Markt genommen und durch ein innovatives Nachfolgeprodukt ersetzt werden muss (**Elimination**).

Entwicklungs- und Marktperiode

Bei der Analyse des Produktlebenszyklus ist dem zeitlichen Umfang von **Entwicklungs- und Marktperiode** besondere Beachtung zu schenken, denn das Verhältnis dieser Zeiträume kann als ein Maß für die Effizienz angesehen werden, mit der ein Unternehmen seine Innovationen vorantreibt. Je kürzer die Zeitspanne von der Idee bis zu ihrer Umsetzung ist, desto geringer sind grundsätzlich der zeitliche und damit auch der monetäre Aufwand. So sollten insbesondere solche Neuprodukte, die eine relativ kurze Marktphase haben, auch eine entsprechend kurze Entwicklungszeit beanspruchen, damit die Aufwands- und die Ertragsgrößen in einem angemessenen Verhältnis zueinander stehen.

B

Nach Schätzungen des Beratungsunternehmens *Arthur D. Little* führt eine Überschreitung der Entwicklungsdauer um rund sechs Monate zu einer Ergebniseinbuße über die gesamte Lebenszeit einer neuen Produktgeneration von mindestens 25 % bis 30 % (vgl. Abb. 1.4).

Dem Faktor »**time-to-market**« kommt damit eine immer größere Bedeutung zu, denn wie bereits im Abschnitt 2.4.2.2.3 erläutert wurde, können kurze Entwicklungszeiten zu einem bedeutenden Wettbewerbsvorteil gegenüber den Konkurrenzunternehmen werden. Die Erreichung dieses »competitive advantage« ist für ein Unternehmen die zentrale Zielsetzung des Innovationsmanagements, das damit auch für ein angemessenes zeitliches Verhältnis von Entwicklungs- und Marktphase zu sorgen hat.

2.7 Wiederholungsfragen

1. Grenzen Sie die beiden Begriffe Invention und Innovation voneinander ab.
2. Wodurch unterscheidet sich eine Betriebsneuheit von einer Marktneuheit?
3. Durch welche Merkmale lässt sich das heutige Verständnis von Innovationen charakterisieren?
4. Beschreiben Sie die typischen Aufgaben des Forschungs- und Entwicklungsmanagements.
5. Worin sehen Sie die Unterschiede zwischen dem F+E-Management und dem Technologiemanagement?
6. Welche wesentlichen Aufgaben hat das Innovationsmanagement zu erfüllen?
7. Erläutern Sie ausführlich die Merkmale von Innovationen.
8. Inwiefern besitzen Innovationen den Charakter einer so genannten »Querschnittsfunktion«?
9. Diskutieren Sie die Zusammenhänge zwischen den einzelnen Merkmalen einer Innovation.
10. Welche Zieldimensionen haben für Innovationen eine besondere Bedeutung?
11. Was ist unter dem »Magischen Zieldreieck« zu verstehen?

12. Welche Bedeutung messen Sie der Qualität, den Kosten und der Zeit im Zusammenhang mit Innovationen zu?
13. Erläutern Sie anhand selbst gewählter Beispiele, warum das Zeitfenster zur Erzielung von Innovationsgewinnen immer enger wird.
14. Inwiefern spielen die technischen Innovationsziele eine Rolle bei der Realisierung von Produkt- und Verfahrensinnovationen?
15. Anhand welcher Merkmale lassen sich die unterschiedlichen Arten von Innovationen differenzieren?
16. Unterscheiden Sie die Begriffe Produktinnovation, Produktdifferenzierung, Produktvariation und Produktvereinheitlichung voneinander, und nennen Sie jeweils ein Beispiel.
17. Was sind die besonderen Merkmale von Prozessinnovationen?
18. Welche Rolle spielen Produkt- bzw. Prozessinnovationen im Lebenszyklus einer Industrie?
19. Wodurch sind Sozialinnovationen gekennzeichnet?
20. Was ist unter einer Strukturinnovation zu verstehen?
21. Erläutern Sie die Unterschiede zwischen Pull- und Push-Innovationen.
22. Welche Innovationsarten lassen sich nach dem Merkmal »Neuheitsgrad« unterscheiden? Nennen Sie Beispiele.
23. Worauf ist bei der Beurteilung von Innovationen zu achten?
24. Warum sind Radikalinnovationen zwar risikoreiche aber auch besonders erfolgversprechende Neuerungen?
25. Welches sind die allgemeinen Merkmale eines Innovationsprozesses?
26. Welche Schritte kann ein Grundschema eines Innovationsprozesses aufweisen? Nennen Sie die wichtigsten Phasen.
27. Worin unterscheiden sich die verschiedenen Modelle des Innovationsprozesses?
28. Erörtern Sie die Zusammenhänge zwischen einer Produktinnovation und einem Produktlebenszyklus.

3 Innovationsstrategien

3.1 Lernziele

Im dritten Kapitel soll der Leser

- Näheres über den Strategiebegriff und die besonderen Merkmale von Strategien erfahren,
- sich mit den verschiedenen Strategietypen und hier insbesondere mit den Innovationsstrategien auseinander setzen,
- die Phasen, Methoden und Instrumente zur Formulierung von Innovationsstrategien kennen lernen und
- anhand einer Checkliste ein grundsätzliches Verständnis dafür entwickeln, wo und vor allem wie sich mögliche Anhaltspunkte für eine effiziente Gestaltung des strategischen Innovationsmanagements identifizieren lassen.

3.2 Strategie und Vision

3.2.1 Merkmale einer Unternehmensstrategie

Die Ausführungen in den beiden vorangegangenen Kapitel haben deutlich gemacht, dass Innovationen nicht aus dem »Nichts« heraus entstehen. Sie beruhen vielmehr auf dem zielgerichteten Handeln der Entscheidungsträger in den Unternehmen, die sich der Chancen und der Risiken von neuen Produktideen sehr wohl bewusst sind. Um eine Invention zu einer erfolgreichen Innovation zu machen, ist eine optimale Ressourcenallokation erforderlich. Deshalb müssen sämtliche Innovationsaktivitäten auf die strategischen Ziele hin ausgerichtet werden und mit der Unternehmensstrategie in Einklang stehen. Die Unternehmensstrategie im Allgemeinen und die Innovationsstrategie im Besonderen werden damit zum Ausgangspunkt für erfolgreiche Produktinnovationsprozesse und sollen deshalb näher betrachtet werden.

Begriff der »Strategie«

Der **Strategiebegriff** ist in den letzten beiden Jahrzehnten zu einem Modewort des modernen Managements geworden, das in der Literatur und in der Wirtschaftspraxis sehr unterschiedlich verwendet wird. Sein sprachlicher Ursprung liegt im Griechischen und geht auf die beiden Worte »stratós« (Heer) und »ágein« (führen) zurück. Strategie bedeutet demnach die Kunst der Heerführung oder die Feldherrnkunst. Der Strategiebegriff wurde vor etwa fünfzig Jahren von *John von Neumann* und *Oskar Morgenstern*, den beiden Erfindern der so genannten »Spieltheorie«, aus dem militärischen Bereich auf die Wirtschaftswissenschaften übertragen. Strategie bedeutet in der Spieltheorie eine Folge von Einzelschritten, die auf ein bestimmtes Ziel hin ausgerichtet ist. Der amerikanische »Strategiepapst« *Igor Ansoff* hat den Strategiebegriff 1965 im Management eingeführt und die **Strategie** als **Maßnahmen zur Sicherung des langfristigen Unternehmenserfolgs** definiert.

D

Obwohl oder gerade weil sich in der Literatur eine Vielzahl von Definitionsversuchen des Strategiebegriffs findet, fällt eine allgemeine Charakterisierung der Unternehmensstrategie nicht leicht. **Wesentliche Strategiemerkmale** sind (vgl. z. B. *Frese, E.* 1987 S. 117, *Macharzina, K.* 2003 S. 235 ff., *Mintzberg, H.* 1995 S. 29 ff., *Pümpin, C./Gälweiler, A./Neubauer, F.-F.* et al. 1981 S. 45 ff., *Ulrich, P./Fluri, E.* 1995 S. 114 f.):

Merkmale einer Strategie

- **Hohe Komplexität**
  Die Unternehmensstrategie beinhaltet eine Vielzahl von Einzelentscheidungen, die alle auf ein strategisches Ziel hin ausgerichtet sind und sämtliche Teilbereiche des Unternehmens mit einschließen. Dadurch ergeben sich vielfältige Wechselwirkungen beispielsweise zwischen einzelnen Funktionsbereichen oder Sparten, die hinsichtlich ihrer Auswirkungen auf die Gesamtzielerreichung und ihre Strategiekonformität zu überprüfen sind.
- **Langfristcharakter und Kontinuität**
  Strategien sind langfristig orientiert. Als strategischer Planungszeitraum werden im Allgemeinen acht bis zehn Jahre genannt. Innerhalb dieses Zeitraums verfolgen Strategien kontinuierlich bestimmte Langfristziele. Dies führt zu einer Beständigkeit des unternehmerischen Verhaltens über einen längeren Zeitraum hinweg.
- **Bewusste Planung und Gestaltung der angestrebten Ziele**
  Strategische Ziele sind langfristige Ziele, die sich auf das gesamte Unternehmen beziehen. Derartige Ziele müssen grundsätzlich unternehmensübergreifend abgestimmt und verabschiedet werden, damit im Zeitablauf nicht schon von vornherein Zielkonflikte vorprogrammiert sind. Dies ist auch eine wesentliche Voraussetzung für die Stimmigkeit der zur Umsetzung der Strategie zu treffenden Einzelentscheidungen, den so genannten »strategischen Fit«.
- **Top-Management-Aufgabe**
  Die Strategieformulierung ist wegen ihrer Bedeutung für die langfristige Unternehmensentwicklung grundsätzlich eine Aufgabe der obersten Führung. Sie gibt die grundsätzliche Ausrichtung des Unternehmens im Hinblick auf die fundamentalen Zielsetzungen vor. Deshalb ist es für den Erfolg der Strategie wesentlich, dass sich die Mitglieder des Vorstandes bzw. der

Geschäftsführung über die Unternehmensstrategie so weit wie möglich einig sind, um Zielkonflikte zu vermeiden, die sich auf den nachgelagerten Hierarchieebenen im Allgemeinen noch verstärken würden.

- **Strikte Zielorientierung**
  Strategien werden aus den grundlegenden Unternehmenszielen abgeleitet, die wiederum der Unternehmensvision folgen. Sie stellen somit nach der Auffassung der meisten Fachvertreter eher den Weg als das eigentliche Ziel dar. Damit wird unterstellt, dass die Unternehmensziele den Strategien vorgelagert sind, die als langfristig wirksame Maßnahmen zur Zielerreichung verstanden werden.
- **Anpassungsfähigkeit**
  Strategien müssen den möglicherweise auftretenden Veränderungen im Unternehmen und in dessen Umfeld laufend angepasst werden können. Dies ist insbesondere wegen der langfristigen Ausrichtung von Strategien erforderlich, die es kaum ermöglicht, exakte und stabile Prognosen über die Unternehmens- und Umfeldentwicklung zu machen. Strategien bedürfen deshalb einer kontinuierlichen Überwachung und Fortschreibung, um flexibel auf veränderte Rahmenbedingungen reagieren zu können (»openendness of planning«).

D

Im weiteren Verlauf dieser Arbeit wird unter einer **Innovationsstrategie** das Entscheidungs-, Maßnahmen- und Verhaltensbündel verstanden, das ein Unternehmen und sein Leistungsprogramm im Hinblick auf die Suche, die Auswahl und die Realisation von Neuerungen und grundlegenden Veränderungen aktiv auf die zukünftigen Markt- und Wettbewerbsbedingungen hin ausrichtet (vgl. *Weidler, A.* 1997 S. 31).

B

Auf die große Bedeutung einer klar formulierten Innovationsstrategie weist eine 1997 vom *BDI* und *Droege & Comp.* durchgeführte Studie zum Thema »Innovationsmanagement« hin, in der 1.879 Unternehmen verschiedener Branchen aus Europa, Amerika und Asien befragt wurden. Dabei zeigte sich, dass vier von fünf erfolgreichen Unternehmen (79 %) über eine definierte Innovationsstrategie verfügen. Bei den weniger erfolgreichen Unternehmen waren dies jedoch nur 51 % (vgl. *Droege/BDI* [Hrsg.] 1998 S. 22).

Damit wird deutlich, dass sich ein strategisches Innovationsmanagement immer an der grundsätzlichen Ausrichtung des Unternehmens zu orientieren hat. Das Innovationsmanagement ist ein wichtiges Instrument zur Zielerreichung. Die möglichen Typen von Innovationsstrategien, die sich aus einem solchen Verständnis ableiten lassen, werden in Kapitel 3.3 dargestellt.

3.2.2 Visionen als Ausgangspunkt der Strategieformulierung

Roman Herzog hat Visionen als »Strategien des Handelns« bezeichnet und damit ihren wesentlichen Unterschied zu einer Utopie markiert (vgl. *Herzog, R.* 1997 S. 5). *Albert Einstein* charakterisierte Visionen als den grundsätzlichen Nährboden der Eingebung und als den Ursprung jeder wissenschaftlichen Forschung (vgl. *Bayer AG* [Hrsg.] 1997 S. 14).

D

Im betriebswirtschaftlichen Sinn ist unter einer **Vision** eine generelle unternehmerische Leitidee zu verstehen, die zwar szenarische aber dennoch realistische und glaubwürdige Aussagen hinsichtlich einer anzustrebenden und im Prinzip auch erreichbaren Zukunft formuliert. Eine Vision vermag ein attraktives Bild der zukünftigen Unternehmensentwicklung aufzuzeigen. Sie gibt eine Antwort auf die Frage, wohin sich ein Unternehmen langfristig entwickeln will. Visionen sollen die Leistungsbereitschaft der Menschen fördern und ihrer Arbeit einen Sinn geben. Sie besitzen eine erhebliche Motivationswirkung, wenn sie akzeptiert und als erstrebenswert angesehen werden (vgl. *Späth, W./Neumann, R. O.* 1996 S. 42, *Vahs, D.* 2005 S. 127 f.).

Merkmale einer Vision

Als **konstitutive Elemente einer Vision** können demnach

- der Zukunfts- und Realitätsbezug,
- die bildhaft-szenarische Darstellung und
- der enge Personenbezug und die damit verbundenen Wirkungen

genannt werden (vgl. hierzu auch *Bonsen, M. zur* 1992 S. 138 ff., *Henzler, H. A.* 1997 S. 291 f.).

Die Art und Weise, wie ein Unternehmen mit seinen Leistungen einen langfristigen Nutzen für die Nachfrager stiften kann, ist ein wesentliches Element für die Formulierung einer Vision als Ausgangspunkt der zu verfolgenden Innovationsstrategie.

B

Dies zeigt beispielsweise die Vision des bereits im ersten Kapitel erwähnten, hochinnovativen Unternehmens *3M*: »Wir möchten für unsere Kunden das innovativste Unternehmen und bevorzugter Lieferant sein« (http://cms.3m.com).

B

Auch viele der herausragenden Unternehmerpersönlichkeiten der Wirtschaftsgeschichte haben mit den von ihnen formulierten Visionen dafür gesorgt, dass sich ihr Unternehmen trotz vielfältiger Veränderungen dauerhaft auf eine Leitidee konzentrierte:

- So sah beispielsweise *Gottlieb Daimler* den Hauptzweck seines Unternehmens nicht in der Herstellung und dem Vertrieb von Automobilen, sondern in der Erreichung des Ziels, dass sich die Menschheit schneller und bequemer fortbewegen kann (vgl. *Küttenbaum, V.* 1992 S. 93).
- *Heinz Nixdorf* vermittelte seinem Unternehmen die Vision, dass die elektronische Datenverarbeitung durch Dezentralisierung an den Menschen anzupassen

sei, anstatt den Menschen in das abstrakte und komplizierte System zentraler Rechner zu zwingen. Obwohl *Nixdorf* für diese Leitidee am Anfang von der Konkurrenz belächelt wurde, entwickelte sich aus seinem kleinen Labor für Impulstechnik im Verlauf von zwanzig Jahren ein Unternehmen, das Mitte der achtziger Jahre mit konsequent anwenderorientiert konzipierten Problemlösungen und dem unternehmerischen Gespür für kommende Märkte mehr als fünf Milliarden DM umsetzte (vgl. *Henzler, H. A.* 1997 S. 289).

- Dass eine Vision nicht vieler Worte bedarf und dennoch (oder gerade deshalb) eine große Aussage- und Anziehungskraft besitzen und weitreichende Auswirkungen haben kann, macht die Leitidee von *Henry Ford* deutlich. Dessen prägnante Vision »Autos für jedermann« verhalf nicht nur dem Erfolgsmodell *Tin Lizzy (»Model T«)* Anfang dieses Jahrhunderts zu seiner Geburtsstunde, sondern dient noch heute dem zweitgrößten Automobilkonzern der Welt als Orientierungshilfe (vgl. *Henzler, H. A.* 1997 S. 291).

Merkmale von Leitbildern

Während eine Vision die generelle unternehmerische Leitidee ausdrückt, stellt die Strategie den Weg dar, auf dem das Unternehmen seine selbst gesetzten Ziele erreichen will. Das **Unternehmensleitbild** (Unternehmensgrundsätze, Unternehmensleitsätze) überträgt die Vision in allgemeingültige und damit relativ abstrakte Aussagen über die anzustrebenden Ziele, Werte, Normen und Aktivitäten eines Unternehmens. Hierzu gehören beispielsweise Aussagen über die Einstellung zum Kunden, die Gestaltung der zwischenmenschlichen Beziehungen im Unternehmen, den Umgang mit Lieferanten und Wettbewerbern usw. Im Unterschied zu einer Vision weisen Leitbilder einen deutlichen Gegenwartsbezug auf. Sie beantworten die Frage, wie sich die Mitarbeiter verhalten sollen,

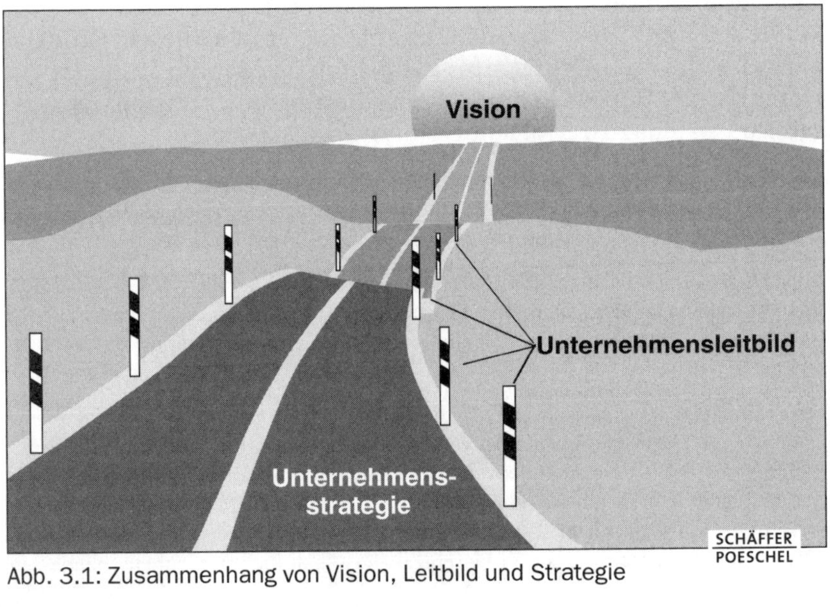

Abb. 3.1: Zusammenhang von Vision, Leitbild und Strategie

um die langfristigen Ziele zu erreichen. Als Handlungsrahmen und Verhaltenskodex besitzen sie damit eine integrierende und steuernde Funktion. In der Regel machen Unternehmen in ihren Leitbildern auch richtungweisende Aussagen über die Ziele ihrer Innovationstätigkeit (vgl. hierzu das folgende Beispiel der *Siemens AG*):

»Wir wollen auf dem Gebiet der Elektrotechnik und der Elektronik zu den **wettbewerbsstärksten Unternehmen** der Welt gehören und **Schrittmacher des technischen Fortschritts** sein. Unser Ziel ist es, unseren Kunden in aller Welt Produkte und Leistungen von **höchstem Nutzen** zu bieten. ...« (*Siemens AG* [Hrsg.] 1990; Hervorhebungen durch die Verfasser).

B

Der Zusammenhang zwischen der unternehmerischen Vision, dem Unternehmensleitbild und der Strategie ist in der Abbildung 3.1 in einem bildhaften Sinne dargestellt.

3.3 Strategietypen

3.3.1 Klassifikation von Strategien

Angesichts einer großen Zahl von Ansätzen zur Klassifikation von Unternehmensstrategien in der wissenschaftlichen Literatur fällt es schwer, die verschiedenen Strategietypen anhand allgemein akzeptierter Kriterien voneinander abzugrenzen. Die folgenden Ausführungen beschränken sich auf **zwei typische Differenzierungsmerkmale**, die übergreifende Akzeptanz finden (einen guten Überblick über die verschiedenen Arten von Strategien gibt *Kreikebaum, H.* 1993 S. 52):

- Grad der Realisation und
- organisatorischer Geltungsbereich.

3.3.1.1 Differenzierung nach dem Realisationsgrad

Die Frage nach dem Grad der Strategieverwirklichung ist eng mit den generellen Fragen der Anpassungsfähigkeit und vor allem der Planbarkeit von Strategien verbunden. Danach können beabsichtigte und realisierte Strategien unterschieden werden, die dann in weitere Strategiemuster zu differenzieren sind (vgl. Abb. 3.2).

Die jeweiligen Strategieausprägungen sind wie folgt zu charakterisieren (vgl. *Macharzina, K.* 2003 S. 240f., *Mintzberg, H.* 1995 S. 30f.):

- Die **beabsichtigten Strategien** (intended strategies) zeigen die grundlegenden (Handlungs-)Absichten auf, die vom Unterneh-

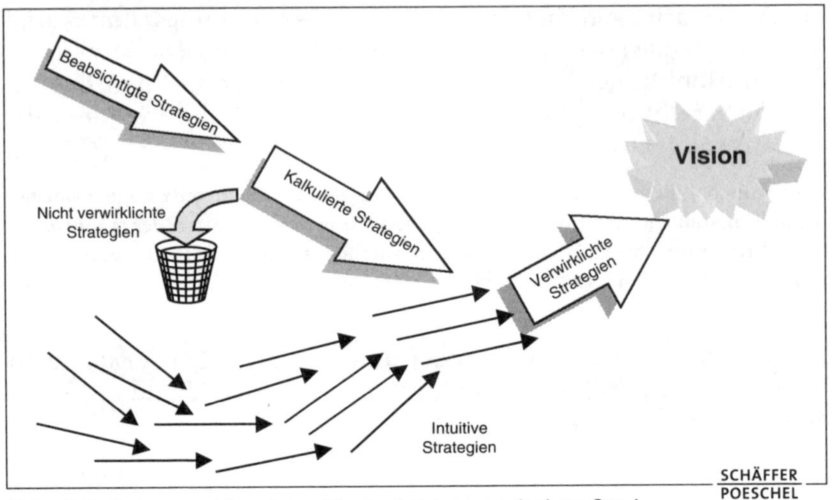

Abb. 3.2: Unterscheidung von Strategietypen nach dem Grad ihrer Realisation (vgl. *Mintzberg, H.* 1995 S. 32)

men ex ante aufgestellt worden sind. Sie führen zu den jeweiligen Maßnahmen zur Zielerreichung.

B

Hat sich ein Unternehmen beispielsweise dazu entschieden, eine so genannte High-End-Strategie zu verfolgen, dann müssen aus dieser Strategie zwangsläufig solche Aktivitäten resultieren, die eine hohe qualitative und preisliche Positionierung gewährleisten, um das jeweilige Premiumsegment abdecken zu können. So äußert sich die strategische Premiumausrichtung der *Hugo Boss AG* in einer konsequenten Qualitätsorientierung, einer auf hochpreisige Fachgeschäfte ausgelegten Distribution der Waren sowie einer Kommunikationspolitik, mit der die Exklusivität der Produkte besonders betont wird.

- Die (beabsichtigten) Strategiekomponenten, die tatsächlich verwirklicht werden, heißen **kalkulierte** (bewusst geplante, beabsichtigte) **Strategien** (deliberated strategies). Nur diese Art von Strategien entspricht der Sichtweise, nach der eine Strategie als ein bewusstes Bündel von langfristig wirksamen Maßnahmen aufzufassen ist.
- **Unrealisierte Strategien** (unrealized strategies) ergeben sich, wenn ehemals beabsichtigte Strategien nicht realisiert werden sollen oder können. Die Gründe für eine fehlende Strategieumsetzung können dabei sowohl unternehmensinterner (z. B. unrealistische Erwartungen, Fehleinschätzung der Umwelt) als auch unternehmensexterner Natur sein (z. B. eine grundlegende Veränderung der Wettbewerbs- oder der Marktsituation).

B

Unternehmensinterne Gründe in Form eines personellen Wechsels innerhalb des Konzernvorstands führten beispielsweise in der ehemaligen *Daimler-Benz AG* dazu, dass die über Jahre hinweg verfolgte Diversifikationsstrategie *Edzard Reuters* nicht weiter verwirklicht wurde. Die bis dahin vorherrschende strategische Zielrichtung, durch Unternehmensakquisitionen *(AEG, MTU, Dornier, Fokker)* einen global agierenden, »integrierten Technologiekonzern« zu schaffen, wurde von seinem Nachfolger im Vorstandsvorsitz, *Jürgen Schrempp*, grundlegend geändert. Aus Rentabilitätsüberlegungen (Stichwort: »shareholder value«) heraus erfolgte eine konsequente Ausrichtung auf die existierenden Kernkompetenzen im Automobilbereich. Als neues strategisches Ziel wurde »Innovation Leadership« in allen Konzerngeschäftsfeldern proklamiert und damit ein gänzlich anderer strategischer Ansatzpunkt gewählt (vgl. *Zetsche, D.* 1996 S. 35).

- Strategien, die zum eigentlichen Planungszeitpunkt überhaupt nicht intendiert waren, letztlich aber doch zur Anwendung kommen, werden als **intuitive** oder unbeabsichtigte **Strategien** (emergent strategies) bezeichnet. Ausschlaggebend für derartige Strategien ist die Tatsache, dass eine ungeplante Situationsentwicklung zu einer Anpassung oder zu einer vollständigen Neuorientierung der bisherigen Strategieentscheidung führen kann.

So verträgt sich der von der *Hugo Boss AG* eingeschlagene Weg einer hochpreisigen Premium- und exklusiven Distributionsstrategie im Grunde genommen nicht mit den Aktivitäten, die das Unternehmen seit Jahren erfolgreich im Bereich des Lager- und Werkverkaufs (factory outlet) unternimmt. Obwohl der verbilligte Verkauf von Waren eine Verletzung der ursprünglich konzipierten Produkt-Markt-Positionierung bedeutet, wird die Maßnahme genutzt, um auch weniger liquide Kunden mit der Marke *Boss* in Verbindung zu bringen. Die Marke selber, deren Artikel gewöhnlich zu deutlich höheren Preisen im Textileinzelhandel veräußert werden, hat dadurch offenbar keinen Schaden genommen.

B

- Im Gegensatz zu den beabsichtigten Strategien stellen die **verwirklichten Strategien** (realized strategies) den Ex-post-Zustand dar, also die Umsetzung der strategischen Grundmuster in entsprechende Maßnahmen. Die tatsächlich realisierten Strategien setzen sich demnach sowohl aus den planmäßig bewussten als auch aus den intuitiven Handlungsorientierungen zusammen.

Flexibilität von Strategien

In der Praxis des strategischen Managements ist es eher unwahrscheinlich, dass sich in den realisierten Strategien exakt diejenigen Überlegungen widerspiegeln, deren Umsetzung bereits zu Beginn des Strategieentwicklungsprozesses auch beabsichtigt war. Das kann eigentlich auch nicht so sein, wenn man bedenkt, dass sich in der Zeit zwischen der Strategieformulierung und der Realisierung insbesondere in dynamischen Märkten vielfältige Veränderungen vollziehen, die ihrerseits wiederum Auswirkungen auf die Umsetzung der Strategie und die strategische Ausrichtung selbst haben können. Gerade deshalb müssen Strategien flexibel genug sein, um auch fundamentale Veränderungen der strategischen Ausgangsposition berücksichtigen zu können.

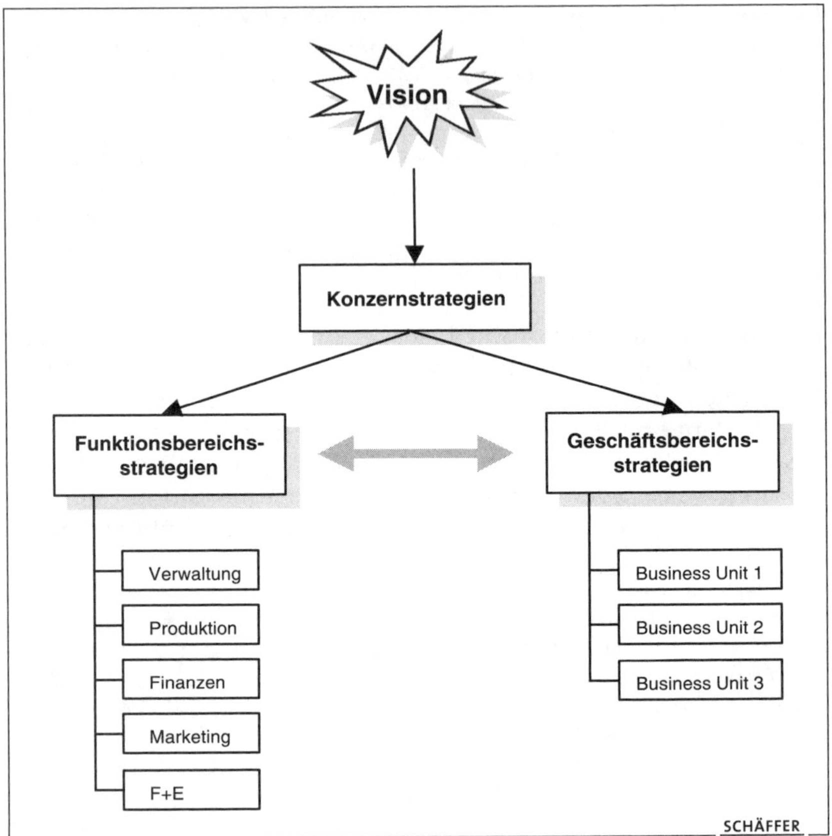

Abb. 3.3: Unterscheidung von Strategietypen nach dem organisatorischen Geltungsbereich

3.3.1.2 Differenzierung nach dem Geltungsbereich

Erfolgt die Klassifizierung der möglichen Strategietypen anhand der Unternehmenseinheiten und -bereiche, die von der Strategieformulierung betroffen sind, so führt dies zu einer Unterscheidung von

- Konzern- oder Unternehmensstrategien (corporate strategies),
- Geschäftsbereichsstrategien (business [area/unit] strategies) und
- Funktionsbereichsstrategien (functional [area/unit] strategies).

Die Zusammenhänge werden in der Abbildung 3.3 verdeutlicht und im Weiteren näher erläutert (vgl. *Braun, C. C.* 1995 S. 17 f., *Hahn, D.* 1997 S. 152, *Kreikebaum, H.* 1993 S. 52 ff., *Macharzina, K.* 2003 S. 241 ff., *Pümpin, C./Gälweiler, A./Neubauer, F.-F.* et al. 1981 S. 20).

Unternehmensebene

Auf **Konzern-** bzw. **Gesamtunternehmensebene** richtet sich der strategische Fokus vor allem auf solche Fragestellungen, die sich aus den Grundsatzproblemen der Unternehmenstätigkeit ableiten lassen. Hier stellt sich also weniger die Frage, wie etwas getan werden soll als vielmehr, was überhaupt getan werden soll. Im Mittelpunkt steht demnach die **Effektivität** (effectiveness: »to do the right things«). Die Kernfragen einer effektiven strategischen Unternehmensführung sind beispielsweise:

- Auf welchen Märkten wollen wir zukünftig präsent sein?
- Welche Produkte und/oder Dienstleistungen wollen wir auf den jeweiligen Märkten anbieten (Wie sieht unsere Wettbewerbsstrategie aus)?
- Wo liegen unsere zukünftigen Kernkompetenzen?

Die Fragen verdeutlichen, dass es bei der Formulierung der Unternehmensstrategie um Produkt-Markt-Strategien geht, die festlegen, welche langfristigen Wachstums- und Ertragsziele verfolgt werden und welche grundlegenden Handlungsprogramme hierzu eingesetzt werden sollen. Im Rahmen der strategischen Umsetzung erfolgt dann die Allokation der zur Verfügung stehenden Ressourcen auf der Gesamtunternehmensebene.

Funktions- und Geschäftsbereichs-ebene

Demgegenüber zeichnen sich die Funktionsbereichs- und die Geschäftsbereichsstrategien durch eine stärkere Effizienzorientierung aus. Dieses Streben nach **Effizienz** (efficiency: »to do the things right«) ergibt sich aus ihrer deduktiven Ableitung aus der Unternehmensstrategie:

- Im Rahmen der **Geschäftsbereichsstrategie** wird die strategische Ausrichtung eines einzelnen Geschäftsbereichs (Division, Sparte, Center, Business Area, Business Unit) festgelegt, wobei sich ein Geschäftsbereich (organisatorische Einheit) in der Praxis häufig auf ein Geschäftsfeld konzentriert, d. h. für die Bearbeitung eines spezifischen Marktes oder Marktsegments verantwortlich ist.
- Die **Funktionsbereichsstrategien** legen die grundsätzlichen Zielsetzungen und Aktivitäten der Funktionsbereiche eines Unternehmens fest (z. B. Personalstrategie, F+E-Strategie, Marketing-Strategie, DV-Strategie usw.).

Durch ihre Stellung als untergeordnete Strategieebenen sind die Funktionsbereichs- und die Geschäftsbereichsstrategien, zwischen denen enge Beziehungen sowohl hinsichtlich der Ressourcenbindung als auch in Bezug auf die Zielerreichung bestehen, eng mit der Unternehmensstrategie verknüpft. Damit bleibt auf beiden Ebenen nur ein begrenzter Entscheidungsspielraum, der sich im Rahmen der gesamtstrategischen Vorgaben zu bewegen hat.

3.3.2 Spezielle Typen von Innovationsstrategien

3.3.2.1 Innovationsstrategien als Funktional- oder Metastrategien

Die Innovationsstrategie ist ein wesentlicher Bestandteil der Unternehmensstrategie. Sie beinhaltet die strategischen Ziele und Aktivitäten für die angestrebten Produkt- und Verfahrensinnovationen und ist damit für die zukünftige Positionierung eines Unternehmens im Markt und im Wettbewerb von entscheidender Bedeutung. Letztendlich geht es hinsichtlich der Produktpolitik um die Frage der strategischen Wahl von geeigneten Produkt-Markt-Kombinationen, die einen dauerhaften Fortbestand des Unternehmens sicherstellen. Die Prozess- und Sozialinnovationen können zu der Erreichung oder dem Erhalt der strategischen Markt- und Wettbewerbsposition beitragen, indem sie beispielsweise zu Kostenreduzierungen, zu einer Verkürzung der Durchlaufzeiten und zu einer höheren Leistungsmotivation der Belegschaft führen.

In dem oben dargestellten Sinne können Innovationsstrategien, die sehr eng mit der Entwicklungsstrategie, der Marketingstrategie, der Produktions- und Logistikstrategie und anderen Funktionalstrategien verknüpft sind, grundsätzlich entweder als eine übergeordnete Metastrategie oder ebenfalls als eine Funktionalstrategie aufgefasst werden (vgl. Abb. 3.4):

Innovationsstrategie als Funktionalstrategie

- Wird die Innovationsstrategie als **Funktionalstrategie** verstanden, so bedeutet dies eine ziel- und aufgabenorientierte Abgrenzung gegenüber den anderen funktionalen Strategien. Die Innovations-

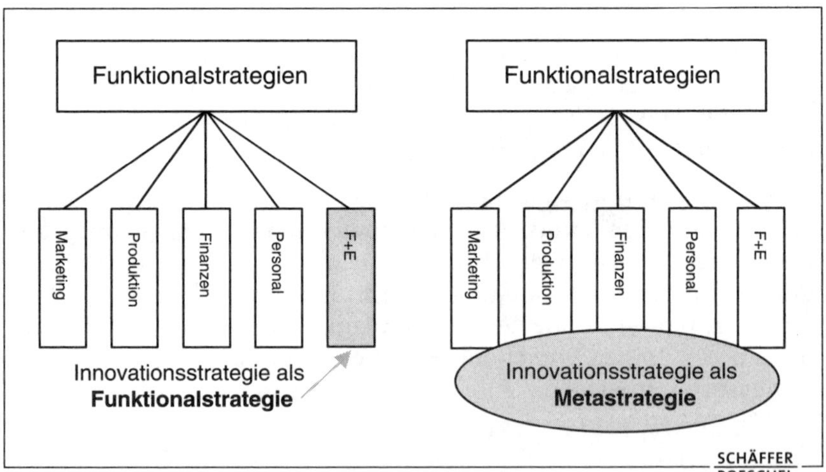

Abb. 3.4: Alternative Sichtweisen der Innovationsstrategie (in Anlehnung an *Braun, C. C.* 1995 S. 19)

strategie entspricht dann eher einer Entwicklungs- oder F+E-Strategie, unter der die strategische Orientierung des F+E-Bereichs eines Unternehmens zu verstehen ist. Dabei wird beispielsweise Fragen nach zukünftigen Technologiefeldern, der F+E-Intensität in diesen Feldern und dem Make-or-Buy von F+E-Leistungen nachgegangen. Es ist in diesem Fall schwierig, synergetische Effekte zwischen den einzelnen Ressorts zu erreichen. Vielmehr besteht die Gefahr, dass ein geringes Integrationspotenzial im »Kampf um Ressourcen« zu einer verstärkten funktionalen Abschottung führt. Wie im Abschnitt 2.5 dargestellt wurde, greift der Innovationsbegriff jedoch weiter, indem er sich nicht nur auf den Entwicklungs- und Marktaspekt, sondern auch auf die Verfahrens- und die Sozialinnovationen erstreckt.

Innovationsstrategie als Metastrategie

- Insofern wird hier in der Innovationsstrategie eine **Metastrategie** gesehen, die alle Funktionen des Unternehmens umfasst und diese zielgerichtet in den Strategieprozess mit einbezieht. Auf diese Weise lassen sich Synergien entdecken und nutzen. Das verfügbare Wissen sämtlicher Funktionsbereiche kann als Grundlage für die Innovationstätigkeit dienen. Allerdings ist der erforderliche Kommunikations- und Koordinationsaufwand vergleichsweise hoch, weil es einer laufenden und möglichst reibungslosen Abstimmung zwischen den Funktionalressorts bedarf. Hierzu sind in der Praxis häufig anzutreffende Ressortegoismen aufzudecken und dauerhaft zu beseitigen. Eine wesentliche Aufgabe der Innovationsstrategie ist es damit einerseits, die verfügbaren Ressourcen im Hinblick auf die Gestaltung von Innovationen zu integrieren; andererseits soll die Innovationsstrategie ein »Innovationsbewusstsein« in allen Funktionsbereichen fördern und so die Innovationsfähigkeit des Unternehmens insgesamt vorantreiben.

Die Vor- und Nachteile der beiden unterschiedlichen Sichtweisen sind in der Abbildung 3.5 zusammengefasst.

3.3.2.2 Innovationsstrategien als Markteintritts-Strategien

Während es im vorhergehenden Abschnitt darum ging, welche Ausprägungen eine Innovationsstrategie im Hinblick auf die verschiedenen Unternehmensfunktionen haben kann, stellt sich hinsichtlich des externen Markts die Frage nach der Wahl der richtigen **Markteintritts-** oder **Timing-Strategie**. Sie gibt die Antwort darauf, zu welchem Zeitpunkt ein Unternehmen mit seinen Produkten auf dem relevanten Markt präsent (Markteinführung) oder nicht mehr präsent (Marktaustritt) sein möchte, um die Marktchancen optimal

	Metastrategie	Funktionalstrategie
Nutzung von Synergien zwischen den einzelnen Funktionen	+ +	–
Umfang des Ressourceneinsatzes (Personal, Sachmittel, ...)	–	+
Kommunikations-/Koordinationsaufwand	– –	+
Integrationspotenzial	+ +	– –

++ : stark positiver Zusammenhang – – : stark negativer Zusammenhang
+ : positiver Zusammenhang – : negativer Zusammenhang

Abb. 3.5: Vor- und Nachteile verschiedener Strategieverständnisse

zu nutzen und die Marktrisiken zu minimieren. Drei mögliche Verhaltensweisen lassen sich unterscheiden:

Pionierstrategie

- Die »**Pionierstrategie**« (»leader-« oder »first-to-market-strategy«) setzt grundsätzlich auf eine innovative Vorreiterposition, obwohl für ein Unternehmen damit eine große Unsicherheit bezüglich der Kosten- und der Nachfragesituation verbunden ist. Die technologische Monopolstellung ermöglicht es dem Unternehmen jedoch, einen Großteil der Konsumentenrente vor allem bei der innovationsfreudigen Käufergruppe der »first-buyer« bzw. »lead-user« abzuschöpfen, Massenproduktionsvorteile auszunutzen und damit einen Erfahrungsvorsprung gegenüber den Wettbewerbern zu erlangen (vgl. *Pleschak, F./Sabisch, H./Wupperfeld, U.* 1994 S. 135). Zudem fällt es dem Pionier aufgrund des frühen Markteintritts und der damit verbundenen exponierten Stellung als alleiniger Anbieter leichter, sein Image zu verbessern. Dies gestaltet sich später zunehmend schwierig, wenn zahlreiche Konkurrenten mit einem meist homogenen Angebot in dem Markt agieren. Die Pionierstrategie erfordert jedoch in der Regel eine intensive (Grundlagen-)Forschung und damit verbunden hohe Aufwendungen für Forschung und Entwicklung, um erfolgversprechend eingesetzt werden zu können (vgl. *Hörschgen, H./Kirsch, J./Käßer-Pawelka, G.* et al. 1993 S. 93).

Strategie der frühen Folger

- Demgegenüber mindert die »**Strategie der frühen Folger**« (»second-to-market-« oder »early follower-strategy«) durch einen Markteintritt mit vergleichbaren Leistungen kurze Zeit nach dem Pionier zwar die Risiken der Markteinführung; die Umsetzung der

Frühe-Folger-Strategie wird aber durch den Umstand erschwert, dass die individuellen Präferenzen zumindest der frühen Käufer bereits durch den Pionier befriedigt worden sind. Zudem wird sich das Pionierunternehmen gegenüber dem neuen Konkurrenten vehement zu verteidigen versuchen. Trotzdem bietet der Markt zu einem frühen Zeitpunkt noch deutliche Wettbewerbsvorteile gegenüber den später nachfolgenden Konkurrenten, den so genannten »späten Folgern«. Es ist demnach abzuwägen, über welchen Zeitraum sich die abwartende Haltung erstrecken soll und welche Auswirkungen sie voraussichtlich auf die angestrebten Erlöse hat.

Strategie der späten Folger

- **»Späte Folger«** (»late follower-« oder »later-to-market-strategy«) treten erst im Markt auf, wenn sich die Marktentwicklung und das Käuferverhalten stabilisiert haben und die weitere Entwicklung relativ sicher eingeschätzt werden kann. Die Erfolgsrisiken eines frühen Markteintritts werden damit vermieden. Häufig setzen die späten Folger auf eine **Imitationsstrategie**, die es ihnen ermöglicht, ihre Leistungen zu niedrigen und damit wettbewerbsfähigen Preisen anzubieten. Außerdem können Produktmängel (»Kinderkrankheiten«) weit gehend vermieden werden, wie sie bei innovativen Produkten immer wieder auftreten. Als **»Me-too-Anbieter«** stehen derartig operierende Unternehmen jedoch häufig vor Markteintrittsbarrieren und haben keine Aussicht auf hohe Marktanteile und einen Imagegewinn. Wirksame Marketinginstrumente der späten Folger sind somit eine leistungsfähige Werbung und eine konsequente Niedrigpreispolitik (vgl. *Hörschgen, H./Kirsch, J./Käßer-Pawelka, G.* et al. 1993 S. 93, *Pleschak, F./Sabisch, H./Wupperfeld, U.* 1994 S. 135 f., *Schewe, G.* 1994 S. 999).

Für die **Gestaltung von Innovationsstrategien** als Markteintrittsstrategien können damit die folgenden Rückschlüsse gezogen werden (vgl. *Benkenstein, M.* 1993b S. 105, *Vidal, M.* 1995 S. 43 ff.):

Ansatzpunkte für die Strategieformulierung

- Trotz der Unzulänglichkeiten und Risiken scheint es generell am erfolgversprechendsten für ein Unternehmen zu sein, wenn es die Position als innovativer Pionier anstrebt. Die **Pionierstrategie** wird sich vor allem dann als zweckmäßige Option erweisen, wenn ein Unternehmen tatsächlich innovative Produkte anzubieten hat, die gegenüber vergleichbaren Leistungen oder Vorgängerprodukten einen technologischen Sprung markieren und ihm damit eine Einzigartigkeitsposition (**unique selling proposition [USP]**) verschaffen.
- Es existieren jedoch auch zahlreiche Fälle, in denen ein **früher Folger** den eigentlichen Pionier schnell aus dem Markt drängen konnte. Die Ursachen hierfür sind eine ungenügende Kundenori-

entierung des Pionierunternehmens, der unzureichende Einsatz des Marketinginstrumentariums und die Tatsache, dass es dem Pionier in einem dynamischen Markt nicht gelungen ist, sein Produkt durch die Verbesserung einzelner Produkteigenschaften attraktiver zu gestalten.

B

Eine typische Erfolgsgeschichte für frühe Folger schrieb zum Beispiel das Unternehmen *JVC (Victor Company of Japan, Ltd.)* in der Mitte der siebziger Jahre in dem damals hochinnovativen Segment der Videorekorder. Obwohl *Philips* als Leader-Unternehmen schon 1972 mit dem *»N 1500«* die ersten Geräte im Markt eingeführt hatte, konnte diese Pionierposition mangels Nachfrage, oder überspitzt formuliert aufgrund deren mangelnder Generierung, nicht gehalten werden. Erst *JVC* gelang es mit Hilfe eines intensiv betriebenen Marketing und der vergleichsweise niedrigen preislichen Positionierung, das VHS-System als Marktstandard zu etablieren. Auch der zweite Versuch von *Philips* misslang, *JVC* die Marktposition streitig zu machen. Zwar konnte mit dem in Zusammenarbeit mit *Grundig* entwickelten Standard *Video 2000* ein technisch überlegenes System präsentiert werden; die einseitig zugunsten von *JVC* geprägten Marktverhältnisse verhinderten aber die Durchsetzung von *Video 2000* im Markt (vgl. *Perillieux, R.* 1989 S. 24).

B

Ein weiteres Beispiel dafür, dass auch in dynamischen Märkten frühe Folger erfolgreich sein können, stellte der Konkurrenzkampf zwischen *Microsoft* und *Apple Macintosh* im Bereich der Anwendungssoftware und hier speziell der grafischen Benutzeroberflächen dar. Obwohl sich *Apple* als der eigentliche Pionier frühzeitig im Markt profiliert hatte, gelang es *Microsoft* durch intensiv geführte Marketingkampagnen und groß angelegte Kooperationen mit den Hardwareherstellern, die eigenen *Windows*-Produkte auf dem PC-Markt zu etablieren und *Apple Macintosh* nach und nach Marktanteile abzunehmen.

- Bei homogenen Produkten und einem starken Marktwachstum kann eine **»Späte-Folger-Strategie«** unter dem Blickwinkel der Risikominimierung durchaus zweckmäßig sein. Sie muss aber insbesondere dann als eine fragwürdige strategische Ausrichtung angesehen werden, wenn das Unternehmen auf dynamischen Märkten agiert, die sich durch ein heterogenes und sich ständig wandelndes Produktangebot auszeichnen.

3.3.2.3 Innovationsstrategien als Antwort auf die technologischen, marktlichen und ökologischen Herausforderungen

Mit Hilfe von Innovationsstrategien sollen Neuerungen zielgerichtet entdeckt und verwirklicht werden. Die zugrunde liegenden Prozesse können grundsätzlich durch **drei verschiedene Impulse** in Gang gesetzt werden (vgl. *Hauptmann, G./Hohmann, R.* 1989 S. 388, *Leder, M.* 1989 S. 30, *Rothwell, R.* 1995 S. 10):

Innovationsauslöser

- **Technologische Auslöser** (technology-push, knowledge-push), d. h. die Innovationen entstehen aufgrund eines innovativen technologischen Angebots (Angebotsdruck).
- **Marktliche Auslöser** (market-pull, need-pull, demand-pull), d. h. die Neuheiten werden aufgrund eines im Markt identifizierten Bedürfnisses der Nachfrager entwickelt (Nachfragesog).
- **Ökologische Auslöser**, d. h. die Innovationstätigkeit richtet sich auf die Bewältigung von ökologischen Problemstellungen (Ökologieorientierung).

Die Frage, welche der strategischen Optionen mehr Erfolg verspricht, hat zu einer heftigen Diskussion innerhalb der Innovationsforschung geführt. In der über Jahrzehnte hinweg kontrovers geführten Auseinandersetzung haben sich die Schwerpunkte mehrfach in die eine oder in die andere Richtung verlagert. Dabei hat der Aspekt der Ökologieorientierung erst in den letzten Jahren neben den beiden traditionellen Induktionsalternativen Markt und Technik vermehrt Eingang in die Diskussion gefunden. Dies kann u. a. auf die Einflüsse des **Stakeholder-Ansatzes** zurückgeführt werden, der die Zufriedenstellung aller Anspruchsgruppen eines Unternehmens (und nicht nur der Anteilseigner [shareholder]) in den Mittelpunkt stellt (vgl. *Hinterhuber, H. H.* 1997 S. 16, *Schultz-Wild, L./ Lutz, B.* 1997 S. 165 f., *Steinle, C.* 1995 S. 914 ff.).

Eine eindeutige Abgrenzung zwischen den technologischen, den marktlichen und den ökologischen Auslösern von Innovationen lässt sich in der betrieblichen Praxis heute aufgrund ihrer engen Verflechtung kaum durchführen. Aus der historischen Perspektive lassen sich jedoch drei **grundlegende Phasen der Strategiegestaltung** unterscheiden:

Ausrichtung von Innovationsstrategien

- **Phase des Technology-push**
  Bis Mitte der sechziger Jahre bestand in Wissenschaft und Praxis eine weit gehende Einigkeit darüber, dass der Technologieschub **das** entscheidende Kriterium des Innovationserfolgs sei. Im Rahmen der Push-Strategien sollten erfolgreiche Neuerungen von den Forschern und Entwicklern initiiert werden. Für diese Neuerungen mussten dann entsprechende Anwendungsbereiche auf den Märkten gesucht oder erst geschaffen werden. Die Beziehungen zwischen den Herstellern und ihren Kunden entsprachen damit dem klassischen Verkäufermarkt.
- **Phase des Market-pull**
  Angesichts der sich wandelnden Märkte änderte sich diese technologische Fixierung gegen Ende der sechziger Jahre radikal. Als Hauptinitiatoren erfolgreicher Innovationen, die der Befriedigung von Marktbedürfnissen dienen sollten, wurden nunmehr die Kunden angesehen. Die neue Situation führte zu einem Para-

digmenwechsel, der den Wechsel vom Verkäufer- zum Käufermarkt postulierte. Innovationen mussten nun regelrecht »vermarktet« werden, was zu dem Entstehen des **Innovationsmarketing** führte. Dessen Ziel ist die konsequente Marktausrichtung der Innovationstätigkeit beispielsweise durch eine gezielte Marktforschung, eine zweckmäßige Marktsegmentierung und ein geeignetes Marketing-Mix.

- **Phase der Ökologieorientierung und der Konsolidierung aller drei Induktionsalternativen**
  Mit dem infolge der ersten großen Energiekrise 1973/74 zunehmenden ökologischen Bewusstsein in der Bevölkerung und der Forderung nach »clean technologies« hat sich in neuerer Zeit die Erkenntnis durchgesetzt, dass erfolgreiche Innovationsstrategien nur durch ein ausgewogenes Verhältnis aller drei Innovationsauslöser entstehen können. Weder die Beschränkung auf die technologischen Herausforderungen noch die Konzentration auf die Anforderungen des Markts konnte dem komplexen Phänomen »Innovation« gerecht werden. So besteht heute weit gehende Einigkeit darüber, dass sich nur durch die Kombination von technologischen, marktlichen und ökologischen Aspekten erfolgreiche Innovationen verwirklichen lassen (vgl. Abb. 3.6 und *Wolfrum, B.* 1994 S. 1016).

Dass es sich bei einer solchen Kombination der innovationsauslösenden Impulse immer um eine **gleichgewichtige** Markt-, Techno-

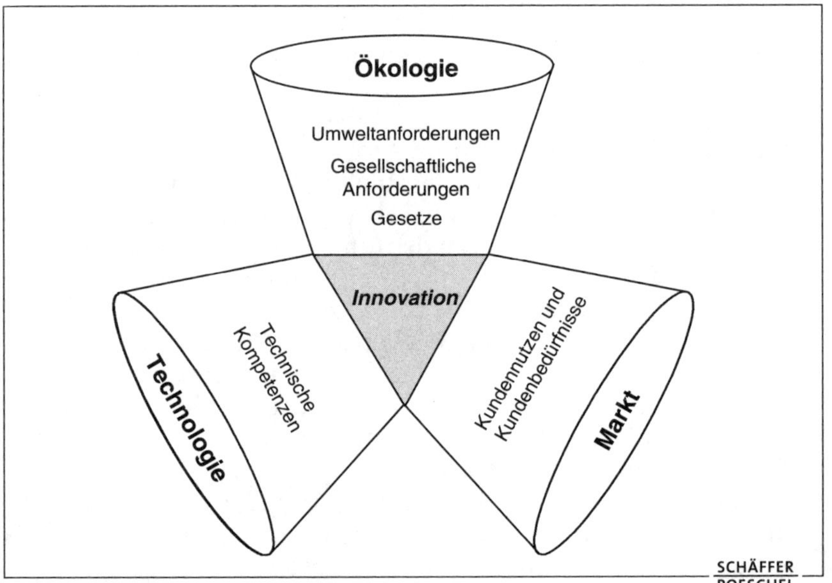

Abb. 3.6: Innovationen als Ergebnis des Zusammenspiels von Technologie, Markt und Ökologie

logie- und Ökologieorientierung in Form einer »**Balanced Strategy**« handeln muss, ist allerdings umstritten. Vielmehr erscheint es notwendig, in Abhängigkeit von den Gegebenheiten der Branche, des Markts und des Unternehmens die strategischen Grundorientierungen angemessen zu berücksichtigen, um eine einseitige Ausrichtung zu vermeiden. So bietet sich beispielsweise bei Basisinnovationen eine verstärkte mittelinduzierte Push-Strategie an, während Verbesserungsinnovationen eher aufgrund einer zweckinduzierten Pull-Strategie zustande kommen (vgl. *Cooper, R.G.* 1984 S. 151 ff., *Leder, M.* 1989 S. 38 f., *Macharzina, K.* 1995 S. 594).

Das **Zusammenwirken von Push- und Pull-Strategien** soll das folgende Beispiel aus der Lasertechnologie verdeutlichen:

B

Zu den neueren, hauptsächlich aufgrund eines Technologieschubes entstandenen (Basis-)Innovationen kann das gesamte Gebiet der Lasertechnologie gezählt werden. Eine Pull-Strategie war in diesem Bereich schon deshalb ausgeschlossen, weil die Komplexität des Innovationsgegenstandes und das daraus resultierende Unverständnis der Kunden keinen Nachfrageimpuls ausgelöst hätten.

Nach der technologischen Umsetzung der Basisinnovation konnte dann allerdings eine zunehmende Ausrichtung auf den Kunden erfolgen. Sie führte zu vielfältigen Verbesserungsinnovationen vor allem im Bereich der Unterhaltungselektronik. Die Entwicklung von Laserdruckern und CD-Playern sind nur zwei Beispiele hierfür.

Wirkung des Planungshorizonts

Auch der **Planungshorizont** eines Innovationsvorhabens kann dafür verantwortlich sein, dass sich die Orientierungsschwerpunkte verschieben (vgl. Abb. 3.7). So scheint eine verstärkte **Marktorientierung** insbesondere bei solchen Projekten sinnvoll zu sein, deren Planungshorizont eher kürzer ist. Bei langfristig angelegten Innovationsprojekten gewinnt der **technologische Aspekt** dagegen an Be-

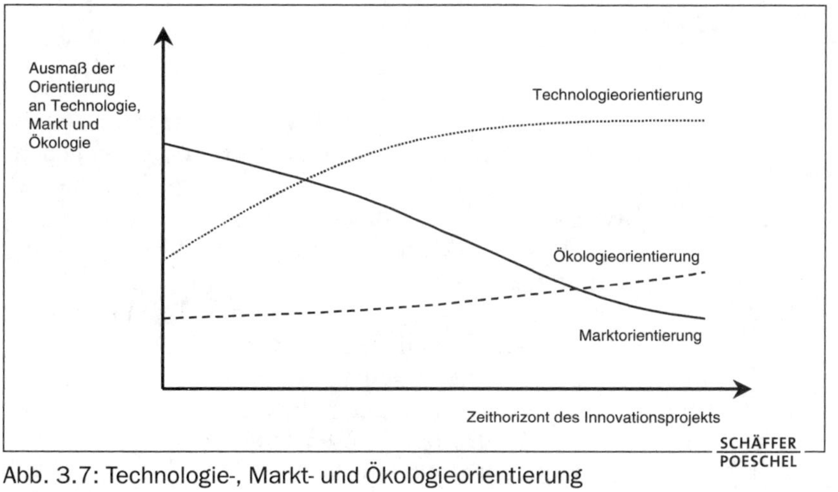

Abb. 3.7: Technologie-, Markt- und Ökologieorientierung in Abhängigkeit vom Zeithorizont des Innovationsprojekts

deutung. Eine derartige Umorientierung lässt sich damit begründen, dass der Kunde seine eigenen Zukunftswünsche im Allgemeinen nur innerhalb eines beschränkten Zeithorizonts erkennen und kommunizieren kann. Langfristig ist eine Orientierung an den technischen Potenzialen erforderlich, die dann den Kundenwünschen angepasst werden müssen bzw. für die Nachfrage generiert werden muss (vgl. das obige Beispiel der Lasertechnologie). Die **Ökologieorientierung** spielt über den gesamten Zeithorizont eher eine untergeordnete Rolle. Sie darf aber angesichts der zunehmenden ökologischen Restriktionen keinesfalls vernachlässigt werden.

3.4 Phasen der Strategieentwicklung

Am Beginn dieses Kapitels wurden Strategien als Maßnahmen zur Sicherung des langfristigen Unternehmenserfolgs bezeichnet und durch eine Reihe von Merkmalen charakterisiert, wie beispielsweise eine hohe Komplexität und die bewusste Planung der Ziele (vgl. Abschnitt 3.2.1). Allein die beiden genannten Merkmale machen es bereits erforderlich, eine Strategie systematisch und zielgerichtet zu entwickeln und im Unternehmen zu implementieren.

Generell lassen sich mehrere Schritte unterscheiden, die zur Formulierung einer Strategie im Allgemeinen und einer Innovationsstrategie im Besonderen vollzogen werden müssen. Dabei ist es durchaus möglich und sinnvoll, die einzelnen Phasen nicht streng sequenziell, sondern zumindest teilweise parallel durchzuführen.

Im Folgenden werden drei **Phasen der Strategieentwicklung** unterschieden (vgl. *Buck, M.* 1992 S. 54, *Hinterhuber, H. H.* 1996 S. 113 ff., *Kneerich, O.* 1995 S. 27 ff., *Macharzina, K.* 2003 S. 251 ff., *Ulrich, H./ Fluri, E.* 1995 S. 116 ff.):

Phasen der Strategieentwicklung

- **Strategische Exploration**
  Darunter sind die Analyse der strategischen Ausgangsposition eines Unternehmens (Potenzialanalyse: Verfügbarkeit der gegenwärtig und der zukünftig vorhandenen personellen, finanziellen und materiellen Ressourcen) und seiner näheren und weiteren Umwelt (Umfeldanalyse: Markt, Wettbewerb, Gesetzgebung, Politik usw.) sowie die Prognose der Entwicklung der internen und externen Rahmenbedingungen zu verstehen. Die Ergebnisse der Potenzial- und Umfeldanalysen können in einer Stärken-Schwächen-Analyse und/oder in einer Chancen-Risiken-Analyse zusammengeführt werden. Diese Analysen ermöglichen Aussagen über die Position des bewerteten Unternehmens im Vergleich zu seinen wichtigsten Wettbewerbern.

- **Strategische Planung**
  Im Rahmen der strategischen Planung werden die langfristigen Zielsetzungen festgelegt, ohne dabei bereits konkrete Vorgehensweisen zu entwickeln. Beispielsweise geht es in dieser Phase um die Frage, in welchen Märkten die angestrebten Innovationen umgesetzt und welche Positionen dabei gegenüber dem Wettbewerb eingenommen werden sollen (Auswahl der strategischen Geschäfts- und Technologiefelder).
- **Strategische Steuerung**
  In dieser Phase erfolgt die Ressourcenfestlegung und -verteilung, um die formulierten Ziele unter Einhaltung von bestimmten Zeit- und Kostengrößen erreichen zu können. Es werden die finanziellen Mittel für die Forschungs- und Entwicklungsprojekte bereitgestellt, die Investitionen in neue Labore und Fertigungseinrichtungen getätigt, die Markteinführung der Innovationen vorbereitet usw. Zu dieser Phase sind auch die strategische Duchsetzung der Aktivitäten und ihre Kontrolle zu zählen, wobei im Rahmen der strategischen Kontrolle eine laufende Überprüfung der strategischen Pläne auf ihre Tragfähigkeit und Realisierbarkeit erfolgt und erforderlichenfalls rechtzeitig Maßnahmen zur Gegensteuerung eingeleitet werden.

Strategiephase	**Instrumente**		
Strategisch orientierte Gegenwarts- und Zukunftsbeurteilung (= **Strategische Exploration**)	- **Umweltanalyse** - Unternehmensanalyse - Analyse der Wertschöpfungskette - Branchenstruktur- und Wettbewerbsanalyse - Chancen-Gefahren-Analyse - Benchmarking - Strategische Frühaufklärung - Gap-Analyse		
Entwicklung der strategischen Stoßrichtung(en) (= **Strategische Planung**)		- Space-Analyse - Produkt-Markt-Matrix - **TOWS-Analyse** - Misfit-Analyse - Strategisches Spielbrett	
Ressourcenfestlegung (= **Strategische Steuerung**)			- Produkt-MarktPortfolio - **Technologie-Portfolio** - Anfälligkeitsanalyse

Abb. 3.8: Phasen und Instrumente der Strategieformulierung (in Anlehnung an *Macharzina, K.* 2003 S. 253)

In den drei Phasen der Strategieentwicklung können verschiedene Instrumente zur Unterstützung der strategischen Planungs-, Realisierungs- und Kontrollaktivitäten eingesetzt werden, die in der Abbildung 3.8 im Überblick dargestellt werden.

B

Eine nähere Betrachtung der Instrumente und der ihnen zugrunde liegenden Systematik zeigt, dass nur die wenigsten von ihnen ohne eine Anpassung an die besonderen Anforderungen des Innovationsmanagements unmittelbar für die Formulierung einer Innovationsstrategie eingesetzt werden können.

Beispielsweise ist das klassische Vier-Felder-Portfolio der *Boston Consulting Group (BCG)* in seiner ursprünglichen Form für die Formulierung von Innovationsstrategien nicht praktikabel, weil die zu positionierenden strategischen Geschäftseinheiten bzw. -felder als gedankliche Produkt-Markt-Kombinationen des Unternehmens noch gar nicht existent sind. Zudem sind die den Achsen des Portfolios zugrunde gelegten Konzepte der Erfahrungskurve (Abszisse: relativer Marktanteil) und des Produktlebenszyklus (Ordinate: durchschnittliches Marktwachstum) für ein Neuprodukt nicht ermittelbar.

Im folgenden Abschnitt 3.5 werden drei Strategieinstrumente dargestellt, die speziell an die Anforderungen von Innovationsstrategien angepasst wurden: die Umweltanalyse, die TOWS-Analyse und das Technologie-Portfolio.

3.5 Ausgewählte Instrumente zur Formulierung von Innovationsstrategien

3.5.1 Umweltanalyse

Eine viel zitierte Feststellung in der Literatur zum strategischen Management und zum Management von Innovationen ist diejenige, dass die Umwelt »komplexer und dynamischer« (oder in der Summe »turbulenter«) geworden sei. Angesichts der zunehmenden Vielfalt von Innovationsfeldern und der in vielen Bereichen festzustellenden Verkürzung der Innovationszyklen ist dem durchaus zuzustimmen. Insofern kommt der Umweltanalyse in der Phase der strategischen Exploration eine große Bedeutung bei der Formulierung von Innovationsstrategien zu.

Für die Beurteilung der gegenwärtigen und der zukünftigen Situation eines Unternehmens und seiner Umwelt sind eine Vielzahl von theoretischen Ansätzen und konkreten Instrumenten entwickelt worden, wie beispielsweise der Umwelt-Strategie-Struktur-Ansatz, der Stakeholder-Ansatz, die Indikatorenanalyse, die Marktanalyse oder die Branchenstrukturanalyse nach *Porter* (vgl. *Kreikebaum, H.* 1993 S. 62 ff.). Gerade zu Beginn der Formulierung einer Innovationsstrategie sollte eine hinreichend differenzierte und detaillierte Analyse der gegenwärtigen und der zukünftigen wirtschaftlichen, sozialen, technologischen und ökologischen Stellung des Unternehmens in seinem Umfeld erfolgen. Derartige Analysen verfolgen im Wesentlichen drei Zielsetzungen (vgl. *Bea, F. X./ Haas, J.* 1997 S. 74):

Ziele der Umweltanalyse

- Die Unternehmensführung wird für die Umweltproblematik und die Wirkungen der Unternehmensumwelt auf die strategischen Entscheidungen **sensibilisiert**.
- Die für das Unternehmen relevante nähere (task environment) und weitere (general environment) Umwelt werden **identifiziert**.
- Als Ergebnis der Umweltanalyse lassen sich die derzeitigen und die zukünftigen Chancen und Bedrohungen erkennen und **bewerten**.

B

Die *DaimlerChrysler AG* sieht in der systematischen Umweltanalyse ein derart großes Potenzial, dass im Unternehmen eine eigenständige Abteilung zur gezielten Erkennung, Interpretation und Nutzbarmachung der exogenen Informationen eingerichtet wurde. Die seit 1979 existierende Forschungsgruppe »Gesellschaft und Technik« betreibt in interdisziplinär zusammengesetzten Teams eine marktorientierte Umfeldforschung für Auftraggeber innerhalb und außerhalb des Konzerns. Dabei arbeitet die Abteilung als »Frühwarnsystem« in weltweiter Vernetzung mit verschiedenen anderen Forschungseinrichtungen und Universitäten wie beispielsweise dem *Institut für Zukunftsstudien und Technologiebewertung Berlin* und der *Stanford University* zusammen. Die Hauptaufgabe der zum Vorstandsressort Forschung und Technologie der *DCAG* gehörenden Abteilung besteht darin, aufgrund der aktuellen Umweltentwicklungen möglichst treffsichere Zukunftsszenarien zu entwickeln, die bei der Formulierung von Innovationsstrategien eingesetzt werden können. Dabei kommen mit Methoden wie der Szenariotechnik, der Produktfolgenabschätzung, der Trendgalerie, dem Experten-Panel und dem Future-Quality-Function-Deployment verschiedene Instrumente zur Anwendung, die in der Zusammenarbeit von Wissenschaft und Praxis (weiter-)entwickelt und optimiert worden sind.

»Schwache Signale« und »Diskontinuitäten«

Eine umfassende Untersuchung der näheren und der weiteren Unternehmensumwelt erscheint auch hinsichtlich der Erfassung von so genannten **»schwachen Signalen«** (weak signals) sinnvoll und notwendig. Häufig kündigen sich durchgreifende Veränderungen (Diskontinuitäten, Trendbrüche) nämlich bereits lange vor ihrem eigentlichen Eintritt durch bestimmte Ereignisse an, die zumeist weniger quantitativer als vielmehr qualitativer Natur sind. Diskontinuitäten treten also nicht plötzlich auf, sondern sie sind das Ergebnis einer Entwicklung, die sich bereits in ihrem Vorfeld abgezeichnet hatte. Bei derartigen schwachen Signalen kann es sich beispielsweise um die Aussagen von Experten, ein sich langsam wandelndes Konsumentenverhalten oder um bestimmte gesellschaftliche oder marktliche Trends handeln. Je umfassender und je besser es gelingt, diese schwachen Signale aufzunehmen und im Unternehmen zu verarbeiten, desto eher sind angepasste strategische Reaktionen möglich. Zudem wird Zeit für ein zielgerichtetes und angemessenes Handeln gewonnen.

Mit seinem Konzept will *Ansoff* ein »**Management-of-Discontinuities**« und damit eine zielgerichtete strategische Unternehmensführung ermöglichen. Bezüglich der Initiierung und der Gestaltung von Innovationsprozessen lassen sich vor allem durch das so genannte »Scanning« und das »Monitoring« im Rahmen der Umweltanalyse wichtige Hinweise gewinnen. Während das **Scanning** durch ein breit angelegtes und ungezieltes Sondieren des Unternehmensumfelds strategisch relevante Veränderungen herauszufiltern versucht, dient das **Monitoring** der Prüfung, ob bestimmte externe Signale für das Unternehmen relevant sind und welche Auswirkungen sie haben könnten (vgl. *Ansoff H. I.* 1976 S. 129 ff., *Krystek, U./Müller-Stewens, G.* 1997 S. 917 ff.).

Eine Umweltanalyse, die auch Elemente eines Frühwarnsystems beinhaltet, wird in der Abbildung 3.9 beispielhaft für ein Unternehmen der Automobilindustrie vorgenommen. Dabei stehen die automobilspezifischen Sachverhalte im Vordergrund, was allerdings nicht bedeutet, dass nicht auch globale und scheinbar branchenfremde Umweltentwicklungen mit in die Analyse einbezogen werden.

Die Umweltanalyse ermöglicht es einem Unternehmen, weiterführende Aussagen über die möglichen Chancen und Risiken zu machen. Erkennbare Trends in den Bereichen Wirtschaft, Demographie, Politik, Recht, Technologie und Ökologie können in die strategischen Produkt- und Innovationsüberlegungen mit einfließen und schaffen so Handlungsspielräume für die Unternehmensführung.

B

Mit dem *Toyota RAV4*, dem *Honda CR-V*, dem *Suzuki Vitara*, dem *BMW Z3*, dem *Ford Puma*, dem *Opel Tigra*, dem *Mercedes SLK* u. a. kamen seit dem Beginn der neunziger Jahre eine ganze Reihe von neuen PKW-Modellen auf den Markt, die allesamt den veränderten Umweltbedingungen vor allem im sozio-demographischen Bereich Rechnung trugen. Der gesellschaftliche Wertewandel, der unter anderem an einem Trend zur Kleinfamilie bzw. zum Singledasein, an einer stärkeren Freizeit- und Genussorientierung (Hedonismus) und an dem Hang zu mehr Individualität festgemacht werden kann, führte dabei herstellerübergreifend zu neuen Automobilkonzepten. Die Fahrzeuge rückten zumeist in Form von Zweisitzern oder Cabrios den »Spaßaspekt« des Autofahrens in den Vordergrund und waren preispolitisch so positioniert, dass die entsprechenden Käuferschichten (u. a. die so genannten »dinks« = »double income, no kids«) ausreichend aktiviert wurden.

Wirtschaft	• Entwicklung volkswirtschaftlicher Größen als Indikatoren zukünftiger Absatzpotenziale (Volkseinkommen, Inflationsrate, Sparquote, Tarifverträge usw.) • Entwicklung der Wechselkurse (vor allem hinsichtlich eines Global-Sourcing und der internationalen Absatzmärkte von Bedeutung) • Entwicklung relevanter Wirtschaftssektoren (v. a. Automobilzulieferer) • Dynamik innerhalb der Absatzmärkte (z. B. die Entwicklung traditioneller Fuhrunternehmen zu Anbietern umfassender Logistikleistungen) • Zunehmende regionale Disparitäten erfordern unterschiedliche Fahrzeugkonzepte für die jeweiligen Regionen (z. B. Stadt-Land-Unterschiede)
Demographische und soziale Entwicklungen	• Regionale Bevölkerungsentwicklung (sie gibt Aufschluss darüber, inwieweit sich Urbanisierungstendenzen auf die Art und den Umfang der Automobilnachfrage auswirken können) • Automobilproblematik in Ballungsräumen • Neue Formen der Automobilnutzung (z. B. Car-Sharing) • Soziopsychologische Veränderungen (Freizeitverhalten, Hedonismus, Arbeitsmentalität und Einstellung der Bevölkerung gegenüber dem automobilen Verkehr) • Trend zur Individualisierung erfordert Konzepte einer zielgruppenadäquaten Produktdifferenzierung
Politik und Recht	• Entwicklungstendenzen im ÖPNV • Zunehmende Belastung der Kfz-Halter durch Steuern und Kraftstoffpreise • Politische Förderung des Schienenverkehrs • Zunehmende Abriegelung der Innenstädte gegenüber dem Individualverkehr • Verschärfung der Abgasnormen • Mögliche Verschärfung der Produkthaftungsgesetze • Einführung einschneidender rechtlicher Normen (z. B. Tempolimits, Fahrverbote)
Technologie	• Zunehmender Einsatz neuer, natürlicher Werkstoffe (Hochleistungskeramiken, Faserverbundwerkstoffe) • Steigende Ansprüche der Kunden an die Sicherheit und die Wartungsintensität der Fahrzeuge • Zunehmende Überlastung der Infrastruktur erfordert neue Verkehrskonzepte • Forderung nach neuen Antriebskonzepten (Rapsmethylester als »Biodiesel«, Erdgas-, Solar-, Elektro-, Brennstoffzellen-, Wasserstoff-Antrieb) • Nutzbarmachung der IKT im Automobil durch Telematik, Navigationssysteme, Selbstdiagnosesysteme, Telemetrie
Ökologie	• Zunehmendes Umweltbewusstsein fast aller Käuferschichten • Einführung verursachungsgerechter Umweltsteuern • Forderungen der Umweltpolitik (»3-Liter-Auto«) • Neue Vorschriften im Recyclingwesen (Rücknahmeverpflichtung der Hersteller)

Abb. 3.9: Beispiel für die Umweltanalyse eines Automobilherstellers

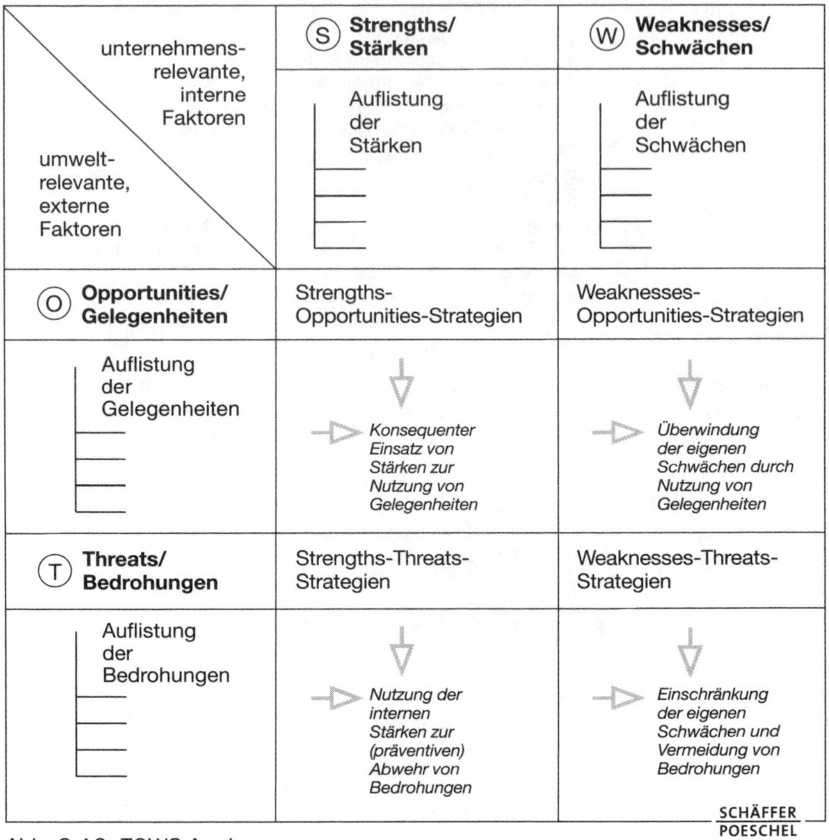

Abb. 3.10: TOWS-Analyse
(ähnlich *Macharzina, K.* 2003 S. 299)

3.5.2 TOWS-Analyse

In der Phase der strategischen Planung wird die Stoßrichtung eines Unternehmens festgelegt. In der neueren Literatur ist in diesem Zusammenhang auch von der **strategischen Suchfeldanalyse** die Rede, mit deren Hilfe neue Geschäfts- und Innovationsfelder identifiziert, analysiert, bewertet und ausgewählt werden sollen. Um diese Suche zielgerichtet durchführen zu können, stehen verschiedene Instrumente zur Verfügung (z.B. Space-Analyse, Produkt-Markt-Matrix, Misfit-Analyse, TOWS-Analyse).

Die **TOWS**-Analyse (**T**hreats – **O**pportunities – **W**eaknesses – **S**trengths; unter Voranstellung der Stärken auch als »SWOT-Analyse« bezeichnet) stellt eine Weiterentwicklung der rein deskriptiven Stärken-Schwächen-Analyse dar. Dabei werden den **internen** Stärken und Schwächen eines Unternehmens die **externen** Chancen und Risiken der Unternehmensumwelt gegenübergestellt (vgl.

Abb. 3.10). Die Ergebnisse dieses Vergleichs sind dann einer Analyse zu unterziehen, deren Ziel die Ermittlung mindestens einer geeigneten strategischen Handlungsoption für jede interne und externe Entwicklung darstellt. Diese Stoßrichtung muss sich zwingend auf die gegebenen Umfeldparameter zurückführen lassen und darf nicht nur das Ergebnis der globalen Betrachtung aller TOWS sein.

Durch den Aufbau der TOWS-Analyse und ihren Checklistencharakter wird so weit als möglich sichergestellt, dass sämtliche Veränderungen der unternehmensinternen und -externen Umwelt berücksichtigt werden. *Macharzina* bemängelt allerdings, dass dieses Instrument keinerlei Hinweise gibt, wie seine Anwender von der Umweltbeurteilung zu einer geeigneten strategischen Stoßrichtung kommen können (vgl. *Macharzina, K.* 2003 S. 298 f.).

Die Abbildung 3.11 zeigt als Beispiel eine in den neunziger Jahren durchgeführte TOWS-Analyse der *BMW AG*, die deutlich macht, welche konkreten Auswirkungen bestimmte Gelegenheiten/Bedrohungen und Stärken/Schwächen auf die Gestaltung der Unternehmensstrategie bzw. von Teilstrategien haben können. Sie zeigt anhand der Bewertung der Übernahme der *Rover Group PLC* rückblickend auch, wie schnell sich strategische Einschätzungen als falsch erweisen können.

B

3.5.3 Technologie-Portfolios

Als ein Instrument an der Schnittstelle von strategischer Planung und strategischer Steuerung können Technologie-Portfolios zur Formulierung von Innovationsstrategien zum Einsatz kommen.

Der **Ursprung des Portfolio-Konzepts** liegt im Bereich der Finanzwirtschaft und hier in der Bestimmung des optimalen »Portefeuilles« von Wertpapieranlagen. Seit der Umsetzung dieses Konzepts in Form des Marktwachstum-Marktanteil-Portfolios durch die *Boston Consulting Group (BCG)* Anfang der siebziger Jahre hat die Portfoliotechnik eine umfassende Verbreitung auf allen Gebieten der Unternehmensführung erfahren.

Vorgehen der Portfolioanalyse

Die **strategische Portfolioanalyse** versucht, eine aus der Sicht des Unternehmens möglichst vorteilhafte Gestaltung der verschiedenen Investitionsalternativen herbeizuführen. Dazu bedarf es zunächst einer Abgrenzung der Planungseinheiten, die als so genannte **strategische Geschäftseinheiten** (SGE) bezeichnet werden und einzelne Produkte, Produktgruppen oder Technologiefelder repräsentieren. Danach werden die wesentlichen Einflussgrößen auf die Chancen und die Risiken jeder SGE eines Unternehmens in einer zumeist zweidimensionalen Matrix mit vier (so genannte *BCG*-Matrix) oder neun Feldern (so genannte *McKinsey*-Matrix) dargestellt und hinsichtlich ihrer Wirkungen auf

	Stärken/Strengths (S)	Schwächen/Weaknesses (W)
	1. Produktqualität wurde seit 1989 um ca. 25 % erhöht 2. BMW verfügt in der Fertigung über hohe Flexibilitätspotenziale 3. BMW verfügt mit der Forschungs- und Ingenieurzentrum GmbH über einen kompetenten »Think-tank« 4. BMW ist in den vergangenen Jahren stärker gewachsen als die Gesamtbranche 5. BMW hat seine Kompetenzen auf den Automobilbereich fokussiert	1. Überdurchschnittliches Lohnniveau im Vergleich zu ausländischen Herstellern 2. BMW ist an relativ wenigen strategischen Allianzen beteiligt 3. Konkurrent Mercedes-Benz setzt in den USA und Japan wesentlich mehr Komfortlimousinen ab 4. BMW verfügt zu Beginn der neunziger Jahre lediglich über eine Marke
Gelegenheiten/ Opportunities (O)	***SO-Strategie(n)***	***WO-Strategie(n)***
1. Dichter werdender Stadtverkehr erfordert neue, kompakte Fahrzeugkonzepte 2. Immer mehr junge Menschen können sich einen (3er) BMW leisten 3. Wiedervereinigung ermöglicht den Aufbau von Werken in Ostdeutschland	*Markteinführung des BMW 316 i compact (S2+S3/O1+O2)* *Aufbau und Erweiterung des BMW-Werkes in Eisenach/Thüringen (S5/O3)* *Entwicklung eines Kleinwagens für den Stadtverkehr (S1+S2+S3/O1)*	*Aufbau und Erweiterung des BMW-Werkes in Eisenach/Thüringen (W1/O3)*
Bedrohungen/ Threats (T)	***ST-Strategie(n)***	***WT-Strategie(n)***
1. Niedrige Notierung des US-Dollars 2. Japanische Konkurrenz erweitert Angebot im Bereich der Komfortlimousinen 3. Steigende Benzinkosten 4. Erhöhte Sensibilität der Gesellschaft ggü. Ökologieproblemen 5. Starke Auslastungsschwankungen in der Automobilbranche 6. Begrenztes Wachstum des Welt-Automobilmarktes	*Aufnahme der Roadster-Fertigung in den USA (S5/T1+T5)* *Angebot einer hohen Ausstattungsvielfalt in der Kompaktklasse (S2+S3/T6)* *Übernahme der Rover Group PLC und damit:* *- Konzernwachstum* *- Gewinnung einer 2. Marke* *- Diversifikation* *(S4+S5/T2+T5+T6)*	*Aufnahme der Roadster-Fertigung in den USA (W1+W3/T1+T5)* *Übernahme der Rover Group PLC und damit:* *- Konzernwachstum* *- Gewinnung einer 2. Marke* *- Diversifikation* *(W4/T2+T5+T6)* *Entwicklung eines Kleinwagens für den Stadtverkehr (W2+W4/T3+T4)*

SCHÄFFER POESCHEL

Abb. 3.11: TOWS-Analyse der *BMW AG*
(vgl. *Macharzina, K.* 1995 S. 278 f.)

die zukünftige Entwicklung der SGE beurteilt. Am Ende können fundierte Aussagen über die derzeitige und die angestrebte strategische Positionierung der SGE gemacht werden, die letztendlich über die Ressourcenallokation entscheiden. Diese Aussagen lassen sich in Form von so genannten **Normstrategien** formulieren, die angesichts der jeweils gegebenen Bedingungen typische strategische Stoßrichtungen aufzeigen (z.B. Investitions-, Desinvestitions- oder Selektionsstrategien; vgl. *Kreikebaum, H.* 1993 S. 87 ff.).

Allerdings ist auf zwei Unterschiede zwischen den »klassischen« Produkt-Markt-Portfolios und den noch näher zu erläuternden Technologie-Portfolios hinzuweisen (vgl. *Pfeiffer, W./Dögl, R.* 1997 S. 411):

Besonderheiten von Technologie-Portfolios

- Anders als bei den Produkt-Markt-Portfolios zielen Technologie-Portfolios nicht auf die bereits vorhandenen Produkte und deren Absatzmärkte, sondern auf die bereits zugrunde liegenden und die noch zu entwickelnden Technologien.
- Während traditionell entwickelte Portfolios lediglich ein Abbild des Marktzyklus sind, geht der Darstellungsbereich von Technologie-Portfolios über den eigentlichen Marktzyklus hinaus. Indikatoren wie die Technologiebeherrschung oder das zukünftige Ausschöpfungspotenzial stellen langfristige Aspekte dar, die neben dem Marktzyklus auch die vorgelagerten Beobachtungs- und Entstehungszyklen betreffen.

In den vorhergehenden Abschnitten ist deutlich geworden, dass den Innovationen eine besondere Bedeutung für die dauerhafte Existenzsicherung eines Unternehmens zukommt. Da aus den herkömmlichen Produkt-Markt-Konzepten kaum entsprechende Innovationsempfehlungen abzuleiten sind, können die »Technologie-Portfolios« als ein **konzeptionelles Instrument** zu der Vermeidung oder der Überwindung von Problemen beitragen. Angesichts einer Vielzahl von Technologie-Portfolio-Konzepten beschränken sich die folgenden Ausführungen auf das Technologie-Portfolio von *Pfeiffer* et al., das trotz einer gewissen Komplexität aussagekräftig und praktikabel ist.

Technologie-Portfolio von *Pfeiffer* et al.

Analog zu den klassischen Produkt-Markt-Konzepten erfolgt bei diesem Technologie-Portfolio eine Einteilung in **zwei Bewertungsebenen**. Diese Ebenen sind zum einen die Ressourcenstärke als unternehmensinterne Größe und zum anderen die Technologieattraktivität als überwiegend extern bestimmte Determinante. Die Positionierung der beiden Dimensionen erfolgt zur besseren Differenzierung der Strategieoptionen in einer 9-Felder-Matrix (vgl. *Pfeiffer, W./Amler, R./Schäffner, G. J.* et al. 1983 S. 253, *Pfeiffer, W./Dögl, R.* 1997 S. 412 f.):

Bewertungsebenen

- Unter der (relativen) **Ressourcenstärke** wird allgemein das Maß der gegenwärtigen und der zukünftigen Beherrschung einer Technologie im Vergleich zur Konkurrenz verstanden. Als konkrete Merkmalsausprägungen können dabei Indikatoren wie die Höhe der F+E-Ausgaben, das personelle und sachliche Potenzial sowie das verfügbare Know-how (z. B. Anzahl der angemeldeten Patente) herangezogen werden.
- Die **Technologieattraktivität** verkörpert dagegen im Wesentlichen die Entwicklungsfähigkeit und das zukünftige Ausschöp-

fungspotenzial einer Technologie (Anwendungsbreite und -tiefe, Akzeptanz, Kompatibilität) und lässt sich in Größen wie dem zukünftigen Zeitbedarf zur Weiterentwicklung oder dem Diffusionsverlauf operationalisieren. Besonders hoch zu bewerten sind hierbei die so genannten **Schlüsseltechnologien** (key technologies), die als Träger und Schrittmacher der Entwicklung mehrerer Branchen ein hohes Anwendungspotenzial versprechen.

B

Ein typisches Beispiel für eine Schlüsseltechnologie ist der gesamte Bereich der Informations- und Kommunikationstechnologie, die sowohl im privaten als auch im gewerblichen Bereich zu einschneidenden Veränderungen des Arbeits- und Privatlebens führt. Zudem kann das zukünftige Anwendungspotenzial der IKT nach wie vor kaum abgeschätzt werden (vgl. *Weyrich, C.* 1995 S. 73 ff.).

Nach der Operationalisierung, der Bewertung und der Gewichtung der entsprechenden Indikatoren kann ein Technologie-Portfolio erstellt werden, das als Ausgangsbasis für die Ableitung möglicher Innovationsstrategien dient. In der Abbildung 3.12 werden drei Normstrategien für die Innovationstätigkeit in Abhängigkeit von der Ausprägung der beiden Dimensionen Technologieattraktivität und Ressourcenstärke dargestellt.

Bewertung von Technologie-Portfolios

Der wesentliche Vorteil der in der Abbildung 3.12 dargestellten Technologie-Portfolios von *Pfeiffer* et al. ist die damit verbundene Systematik zur Ableitung von Gestaltungsempfehlungen für die Innovationstätigkeit. Sie bezieht sich nicht auf bestimmte Produkte oder Produktgruppen, wie in den klassischen Modellen, sondern setzt an den ihnen zugrunde liegenden Technologien an und erfasst einen beträchtlich längeren Zeitraum. Die systematische Analyse ist allerdings mit einer hohen Komplexität der beiden Dimensionen Technologieattraktivität und Ressourcenstärke verbunden, die eine aufwändige Identifizierung und Betrachtung aller relevanten Einflußgrößen erforderlich macht.

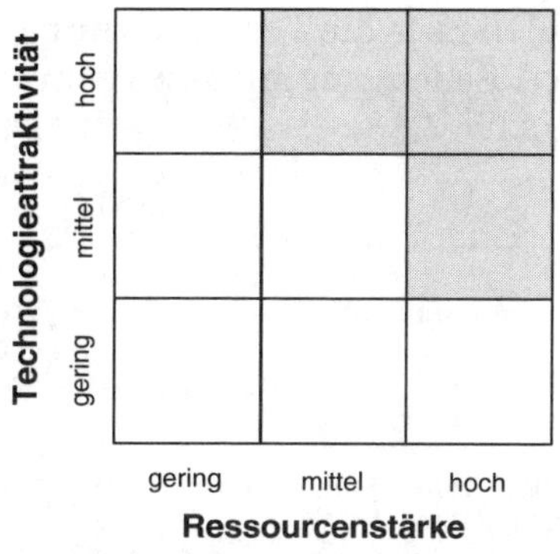

Strategiempfehlung:

Investitionsstrategie,
d. h. Investition in die Innovationsprojekte, da aufgrund des hohen Ausschöpfungspotenzials und der eigenen Ressourcenstärke dauerhafte Erfolge möglich sind. Hier handelt es sich in der Regel um neue Technologiefelder, die hohe Wachstumsraten versprechen, zugleich aber einen umfangreichen Ressourceneinsatz verlangen.

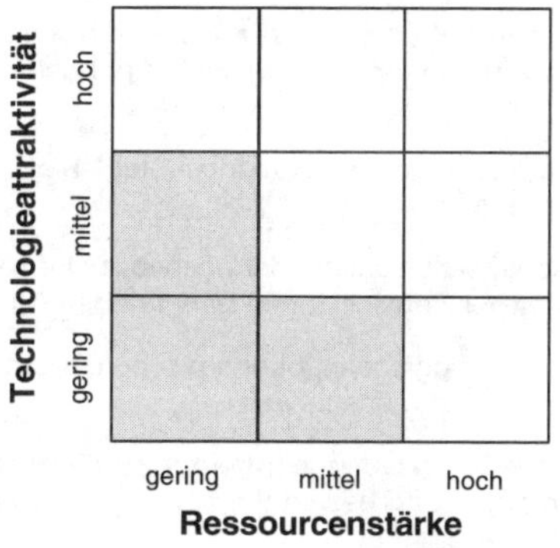

Strategieempfehlung:

Desinvestitionsstrategie,
d. h. Rückzug bzw. Einstellung der Innovationsprojekte, da weder die zukünftige Ausschöpfbarkeit der mit der neuen Technologie verbundenen Erfolgspotenziale noch die Handhabbarkeit im eigenen Unternehmen gewährleistet sind.

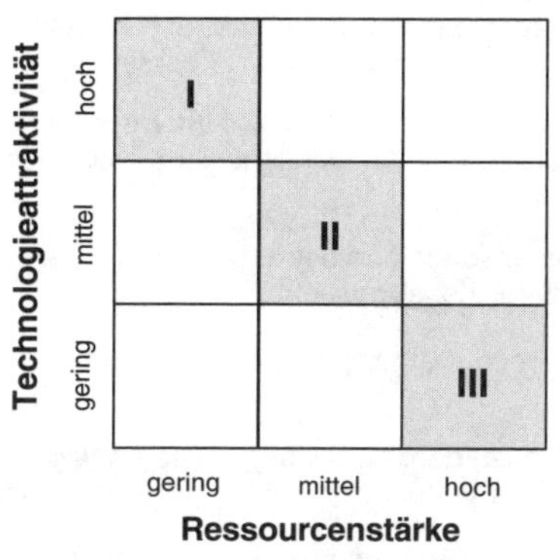

Strategieempfehlung:

Strategische Einzelfallentscheidung,
d. h. hier sind keine pauschalen Empfehlungen möglich. So können (I) der Ressourcenrückstand verringert, (II) durch Investitionen das Ziel einer hohen Ressourcenstärke verfolgt oder (III) eine hohe Ressourcenstärke angesichts einer geringen Technologieattraktivität nicht weiter ausgebaut werden. Generell ist in dieser Übergangszone sehr differenziert zu beurteilen, ob sich ein Innovationsprojekt voraussichtlich eher nach rechts oben oder nach links unten entwickeln wird und welcher Ressourceneinsatz hierzu erforderlich und wirtschaftlich vertretbar ist.

SCHÄFFER POESCHEL

Abb. 3.12: Ableitung von Normstrategien für das Innovationsmanagement aus Technologie-Portfolios
(vgl. *Pfeiffer, W./Amler, R./Schäffner, G. J.* et al. 1983 S. 259 f.)

3.6 Checkliste Innovationsstrategien

Abschließend werden die Aspekte, die für die Formulierung einer Innovationsstrategie von besonderer Bedeutung sind, in Form einer Checkliste zusammengefasst (vgl. Abb. 3.13).

Checkliste für die Formulierung von Innovationsstrategien

- Gibt es im Unternehmen eine Vision und inwieweit erfährt diese Vision Anerkennung und Zustimmung durch die Organisationsmitglieder?
- Bestehen Aussagen darüber, wie das Unternehmen sich und seine Aufgaben, seine Kunden und seine Lieferanten in zehn Jahren sieht?
- Existiert eine Innovationsstrategie (gesamtunternehmens-, geschäftsbereichs-, funktionsbereichsbezogen)?
- Ist diese Innovationsstrategie in der globalen Unternehmensstrategie verankert und bildet sie mit ihr eine schlüssige und widerspruchsfreie Einheit, d.h. besteht ein »strategischer Fit«?
- Sieht die Unternehmensleitung die Formulierung von Innovationsstrategien als eine originäre und nicht delegierbare Aufgabe an?
- Existieren Szenarien, mit denen die Geschäftsentwicklung der nächsten fünf bis zehn Jahre unter Berücksichtigung alternativer Entwicklungen beschrieben wird?
- Erfolgt eine ständige Analyse der sozialen, ökologischen, ökonomischen, rechtlichen, politischen und technologischen Unternehmensumwelt?
- Werden Wachstumspotenziale sowohl im eigenen Unternehmen als auch in der Unternehmensumwelt systematisch identifiziert und bewertet?
- Existieren Methoden zur Analyse von technologischen Veränderungen und zur Bewertung ihrer zukünftigen Bedeutung?
- Erfolgen integrative Analysen bezüglich der eigenen Stärken und Schwächen bzw. der Chancen und Risiken, die sich aus der Umweltentwicklung ergeben?
- Werden alle im Unternehmen und in seiner Umwelt verfügbaren Informationen und Erfahrungen für die Analyse der strategischen Ausgangsposition erschlossen und zielgerichtet miteinander verknüpft?
- Sind die strategischen Innovationspläne zwischen den betreffenden organisatorischen Einheiten (Funktions-, Geschäftsbereiche) abgestimmt?
- Richtet sich der technologische Ressourceneinsatz auf die als wesentlich identifizierten Kundenbedürfnisse?
- Existiert eine definierte Schnittstelle zwischen dem Forschungs- und Entwicklungsbereich und den marktnahen Aktivitäten des Vertriebs?
- Erfolgt eine systematische Bewertung der ökologischen Folgewirkungen von Innovationen?
- Werden Produktinnovationen systematisch in das strategische Produktprogramm integriert?

SCHÄFFER POESCHEL

Abb. 3.13: Checkliste für die Formulierung von Innovationsstrategien

3.7 Wiederholungsfragen

1. Durch welche generellen Merkmale lässt sich eine Strategie kennzeichnen?
2. Was genau ist unter einer Innovationsstrategie zu verstehen?
3. Erläutern Sie die Zusammenhänge zwischen der Vision, dem Leitbild und der Strategie eines Unternehmens.
4. Anhand welcher Kriterien lassen sich Strategien differenzieren?
5. Wie hängen Konzern-, Geschäftsbereichs- und Funktionsbereichsstrategien miteinander zusammen?
6. Innovationsstrategien können als Funktional- oder als Metastrategien formuliert werden. Für welche Ausprägung würden Sie sich entscheiden? Begründen Sie Ihre Entscheidung.
7. Wie unterscheiden sich die Pionierstrategie, die Strategie der frühen Folger und die Strategie der späten Folger voneinander?
8. Welche der in Frage 7 genannten Innovationsstrategien würden Sie grundsätzlich bevorzugen? Begründen Sie Ihre Meinung.
9. Erläutern Sie, was unter einer »Balanced Strategy« zu verstehen ist und ob Unternehmen diese Strategieoption heutzutage zwingend wählen müssen.
10. Grundsätzlich lassen sich drei Phasen der Strategieentwicklung unterscheiden. Stellen Sie die Besonderheiten dieser Phasen dar und nennen Sie typische Instrumente, die jeweils zum Einsatz kommen können.
11. Welche Zielsetzungen werden mit der Umweltanalyse verfolgt?
12. Wann würden Sie im Rahmen der Strategieformulierung die TOWS-Analyse einsetzen?
13. Wie unterscheiden sich Technologie-Portfolios von den »klassischen« Produkt-Markt-Portfolios?
14. Welche Normstrategien für das Innovationsmanagement lassen sich aus einem Technologie-Portfolio ableiten?
15. Worauf ist bei der Formulierung einer Innovationsstrategie grundsätzlich zu achten?

4 Der Produktinnovationsprozess

4.1 Lernziele

Im vierten Kapitel soll der Leser

- einen Überblick über die verschiedenen Phasen von Produktinnovationsprozessen bekommen,
- sich mit der Frage auseinander setzen, durch welche Ereignisse auf der Markt- und Technologieseite Innovationen ausgelöst werden können,
- die verschiedenen Informations- und Ideenquellen sowie die gängigen Verfahren der kreativen Ideenfindung kennen lernen und hinsichtlich ihres praktischen Nutzens bewerten können,
- sich mit der Frage auseinander setzen, wie eine Vielzahl von Ideen systematisch erfasst und so gespeichert werden kann, dass jederzeit ein schneller Zugriff möglich ist,
- die Anwendungsprinzipien von geeigneten Verfahren der qualitativen und quantitativen Ideenbewertung und ihre Einsatzbandbreite verstehen,
- die verschiedenen Möglichkeiten der Ideenauswahl und der Ideenumsetzung kennen lernen,
- sich mit dem Simultaneous Engineering und dem Projektmanagement als Verfahren zur Ideenumsetzung befassen,
- die wesentlichen Elemente des Innovationsmarketing und die Voraussetzungen für eine erfolgreiche Produkteinführung kennen lernen und
- das Innovationscontrolling als eine phasenübergreifende Steuerungs- und Querschnittsfunktion sehen.

4.2 Produktinnovation und Innovationsprozess

Produktinnovationen gehören zu den wichtigsten Einflussgrößen des Unternehmenserfolgs. Nur die Bereitstellung von innovativen Produkten, für die sich auch in den hart umkämpften Käufermärkten der Gegenwart eine ausreichende Anzahl von Abnehmern findet, gewährleistet eine langfristige Unternehmenssicherung. Die Neuprodukte bilden damit die Grundlage für eine fortlaufende Steigerung des Unternehmenswertes, ein positives Betriebsergebnis und eine ausreichende Verzinsung des von den Anlegern bereitgestellten Kapitals. Erfolgreiche Produktinnovationen sichern darüber hinaus eine positive Lohn- und Gehaltsentwicklung der Beschäftigten.

Bedeutung von Produktinnovationen

Um den Einfluss von Produktinnovationen auf den Betriebserfolg aufzuzeigen, ist eine Differenzierung des Betriebsergebnisses in eine Erlöskomponente und in eine Kostenkomponente sinnvoll. Beide Seiten werden maßgeblich durch das Ergebnis der betrieblichen Innovationstätigkeit beeinflusst. Die Erlösseite wird durch den Markterfolg eines Produkts bestimmt und äußert sich in den Absatzstückzahlen und in der Höhe der im Markt erzielten Preise. Auf der anderen Seite werden durch die Produktinnovationen sowohl die Einmalaufwendungen als auch die dauerhaft wirksamen Fixkosten (z. B. Betriebsmittelkosten) und die laufenden Produktkosten (z. B. Materialkosten, Personalkosten usw.) festgelegt.

Zunehmender Wettbewerbsdruck

Nun zeichnen sich viele Märkte heutzutage durch eine weit gehende Sättigung und eine hohe Wettbewerbsintensität aus, d. h. das Marktvolumen weitet sich, wenn überhaupt, nur sehr langsam aus und es herrscht ein Überangebot an Absatzleistungen. Diese Situation führt in der Regel zu harten Auseinandersetzungen zwischen den Anbietern, die ihre Marktanteile erweitern oder zumindest verteidigen wollen. Angesichts dieser Marktbedingungen sind langfristig nur diejenigen Unternehmen erfolgreich, die durch ihre Geschäftstätigkeit ein positives Betriebsergebnis erwirtschaften, das wiederum die Grundlage für zukunftsträchtige Reinvestitionen bildet.

In der Vergangenheit gab es immer wieder Ansätze, mit denen die Unternehmen versucht haben, ihr Betriebsergebnis zu optimieren. Ein besonderes Gewicht hatten dabei die Maßnahmen zur Kostenreduzierung, wie z. B. Gemeinkostenwertanalysen oder Effizienzsteigerungs- und Rationalisierungsprogramme. Kennzeichnend für diese Vorgehensweisen war ihre einseitige Ausrichtung auf die **Kostenseite**. Die Wirkungen der Kostensenkungsprogramme waren zudem in vielen Fällen eher von kurzfristiger Natur und beschränkten sich auf den Abbau von Stellen und der damit verbundenen Personal- und Sachkosten.

Integriertes Beziehungsmanagement

Erst in der letzten Zeit wird vielen Führungskräften wieder bewusst, dass ein unternehmerisches Denken und Handeln die optimale Integration aller erfolgsbestimmenden Faktoren sowohl auf der Seite der Leistungsentstehung als auch auf der Absatzseite erfordert. In diesem Zusammenhang sind insbesondere die Maßnahmen zur systematischen Optimierung sowohl der Aufbau- als auch der Ablaufstrukturen, die konsequente Kundenorientierung, ein umfassendes Qualitätsmanagement, die Einbindung der Lieferanten bereits in der Phase der Produktentwicklung und die Mobilisierung der vorhandenen Mitarbeiterpotenziale zu nennen. Letztendlich geht es darum, ein **integriertes Beziehungsmanagement** zwischen den Lieferanten, den Kunden und dem Unternehmen

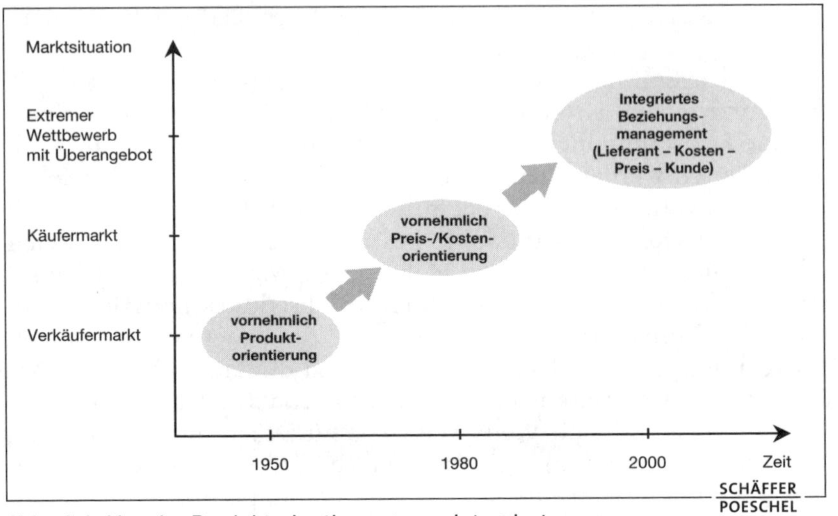

Abb. 4.1: Von der Produktorientierung zum integrierten Beziehungsmanagement

selbst aufzubauen, das die Nutzung von Synergien und Rationalisierungspotenzialen ermöglicht und dadurch wesentliche Vorteile gegenüber der herkömmlichen Orientierung vieler Unternehmen verspricht (vgl. Abb. 4.1).

Wirkung von Produktinnovationen

Versteht man unter einer Produktinnovation eine Problemlösung, die von den Kunden als neu aufgefasst wird und einen höheren Nutzen als die bisher verfügbaren Produkte oder Leistungen bietet, dann besitzen Produktinnovationen eine hohe Attraktivität. Die mit ihnen einhergehenden Vorteile wecken die Aufmerksamkeit der Konsumenten, führen zu einem verstärkten Interesse und bewirken letztendlich eine positive Kaufentscheidung. Somit können sich die Unternehmen durch geeignete Produktinnovationen in dem härter werdenden Wettbewerb differenzieren und sich zumindest für einen gewissen Zeitraum eine monopolähnliche Stellung verschaffen.

Trotz der häufig mit ihnen verbundenen hohen Entwicklungskosten zeichnen sich erfolgreiche Produktinnovationen über ihren gesamten Lebenszyklus hinweg durch erhebliche Zahlungsüberschüsse aus. Die folgenden Beispiele verdeutlichen den finanziellen Aufwand, der zunächst erforderlich war, um neue Produkte zu entwickeln und erfolgreich im Markt zu platzieren:

B

So benötigte die Firma *Motorola* fast 15 Jahre und rund 150 Millionen Dollar, um das mobile »Handy« im Markt durchzusetzen. Die Entwicklung des Glasfaserkabels der *Corning Glas* dauerte rund zehn Jahre und erforderte die Summe von 100 Millionen Dollar. Für die Entwicklung einer neuen Hinterachse im PKW-Bereich müssen sogar bis zu einer halben Milliarde € veranschlagt werden, während für ein neues pharma-

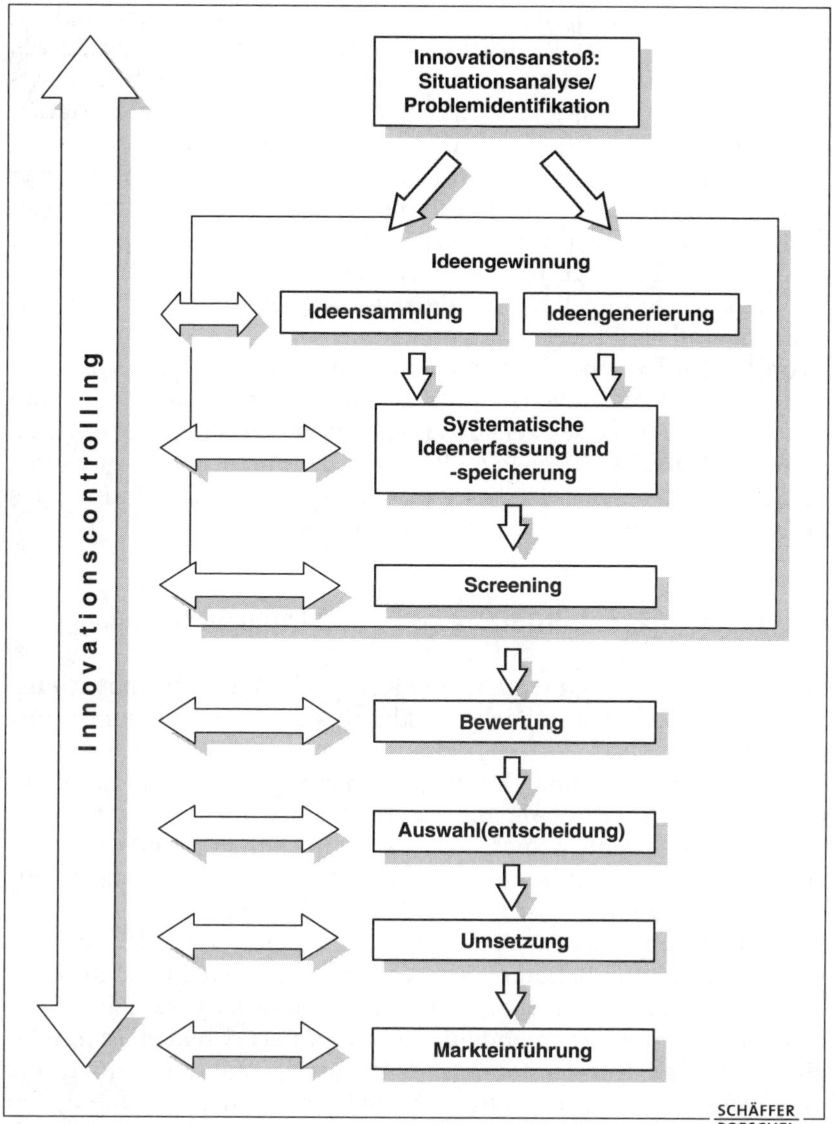

Abb. 4.2: Phasen des Innovationsprozesses

zeutisches Präparat dreistellige Millionensummen keine Seltenheit sind. Selbst die Entwicklung eines scheinbar banalen Alltagsgutes kann hohe Kosten verursachen. So betrieb die Firma *Gilette* einen Entwicklungsaufwand von fast 75 Millionen Dollar, um einen neuen Nassrasierer zu entwickeln, der danach für knapp vier Dollar pro Stück angeboten wurde (vgl. *Brockhoff, K.* 1994 S. 14, *Hammonds, K.H.* 1990 S. 39 f., *Lynn, G. S./Morone, J. G./Paulson, A. S.* 1996 S. 80).

Anforderungen an den Innovationsprozess

Der **Produktinnovationsprozess** hat die Aufgabe, eine Produktidee mit den verfügbaren Ressourcen zeitgerecht in ein marktfähiges Produkt umzusetzen. Er muss durchgängig alle erforderlichen Schritte von der Initiierung der Produktinnovation bis hin zu ihrer Markteinführung sicherstellen. Angesichts der hochgradigen Ungewissheit über die Verhältnisse des Markts und des Wettbewerbs muss er dabei genügend Flexibilität besitzen, um eine gestufte und angemessene Reaktion auf plötzlich auftretende Veränderungen zu ermöglichen. Darüber hinaus erfordert seine strukturierte Abwicklung eine klare Regelung der Prozessaufgaben, der Prozessverantwortung und der Prozesskompetenzen.

Im Folgenden wird der bereits in dem Abschnitt 2.6.2 kurz vorgestellte Produktinnovationprozess mit seinen sechs Phasen und den in ihnen eingesetzten Methoden und Verfahren ausführlich erläutert. Dabei wird ein enger Bezug zu der Praxis des Innovationsmanagements hergestellt. Die Abbildung 4.2 zeigt noch einmal das Ablaufschema des Innovationsprozesses.

4.3 Erste Phase: Initiierung von Produktinnovationen

Die Kernfrage zu Beginn einer Darstellung des Produktinnovationsprozesses lautet zwangsläufig: Wodurch werden Innovationen ausgelöst?

Externe Auslöser

Grundsätzlich können Innovationen zum einen durch die Wahrnehmung eines Problems auf der **Marktseite** angestoßen werden, das zu entsprechenden Suchaktivitäten führt, um schnellstmöglich zu einer ökonomisch sinnvollen und den Kundenwünschen entsprechenden Problemlösung zu gelangen. Diese probleminduzierte Suche nach innovativen Verfahren oder Produkten erfolgt zumeist unter einem erheblichen Zeitdruck und geschieht in der Regel in einem direkten Wettbewerb mit den Anbietern vergleichbarer Problemlösungen. Zum anderen können in einer neuen **Technologie** bestimmte Kundennutzenpotenziale identifiziert werden, die zu der »Entdeckung« einer Innovation führen. Durch den fehlenden Marktdruck ist es in diesem Fall möglich, die Innovation »in Ruhe« zur Marktreife zu entwickeln und ihre Markteinführung sorgfältig vorzubereiten.

Welche Einflüsse fördern das Entstehen von Innovationen? Innovationsauslösende Faktoren in der **Unternehmensumwelt** können beispielsweise

- die erhöhte Änderungshäufigkeit und -geschwindigkeit der relevanten Umweltfaktoren (gesetzliche Anforderungen, Qualitätsansprüche der Kunden, Einführung substitutiver Produkte durch die Wettbewerber usw.),

- eine generell steigende Wettbewerbsintensität durch das Vordringen von neuen und agressiven Konkurrenten auf dem relevanten Markt,
- bestimmte Nachfragetrends (Entstehen von Trendprodukten, Veränderungen in den Lebens- und Konsumgewohnheiten der Käufer) und
- epochale Erfindungen sein, die gemäß der *Kondratieff*'schen Zyklentheorie eine starke Innovationstätigkeit nach sich ziehen (vgl. *Lange, J. H.* 1994 S. 67).

Interne Auslöser

Demgegenüber sind unter den endogenen Innovationsauslösern solche Einflussgrößen zu verstehen, die sich direkt aus der **Unternehmenstätigkeit** ergeben und spezifische Innovationsvorhaben anstoßen. Zum einen liegt es im Wesen des Unternehmers als Homo oeconomicus nur dann von sich aus innovativ tätig zu werden und die damit verbundenen Risiken auf sich zu nehmen, wenn aus diesem Schritt angemessen hohe Erlöse zu erwarten sind. Zum anderen wird die Konfrontation eines Unternehmens mit einem Problem, das sich mit den herkömmlichen Methoden nicht sinnvoll lösen lässt, die konkrete Um- oder Neuentwicklung des problemverursachenden Sachverhaltes vorantreiben – wiederum vorausgesetzt, die Problemlösung verspricht auch ökonomischen Erfolg. Innovationen finden demnach statt, um (zukünftige) Vorteile auszuschöpfen oder um größere Nachteile zu vermeiden, die sich bei einer unterlassenen Innovationstätigkeit einstellen würden (vgl. *Uhlmann, L.* 1989 S. 30 f.). Spezifische **endogene innovationsfördernde Faktoren** sind zum Beispiel

- das Innovationspotenzial einer neuartigen Idee,
- ein erkanntes Problem, das aus der Sicht des Unternehmens einer Lösung zugeführt werden muss,
- die voraussichtlichen Erfolgschancen einer bereits bestehenden Problemlösung im Markt und die damit verbundenen Gewinnaussichten und
- eine auf die Hervorbringung von Innovationen ausgerichtete Unternehmensphilosophie und -kultur.

Krisen als Auslöser

Als ein weiterer endogener Innovationsimpuls sind **Krisensituationen** zu nennen, die den Extremfall eines festgestellten Problems verkörpern. Während in Zeiten wirtschaftlicher Prosperität die Haltung vieler Unternehmen als zufrieden-passiv und damit risikoavers und innovationsscheu bezeichnet werden kann, weisen die Unternehmen in Krisensituationen eine höhere Risikobereitschaft auf. Erkannte Probleme werden konsequenter analysiert und die verfügbaren Ressourcen werden auf die Lösung der möglicherweise existenzgefährdenden Probleme konzentriert. Die Unternehmensführung und die Mitarbeiter sind eher dazu bereit, nach völlig neuen

Wegen zu suchen. Dies wirkt sich fördernd auf die Innovationstätigkeit aus (vgl. *Perlitz, M.* 1985 S. 94). Zwei bekannte Beispiele aus der Unternehmenspraxis sollen diesen Sachverhalt verdeutlichen:

B

Die Firma *IBM* als eines der Gründerunternehmen der IT-Branche wuchs bis in die siebziger Jahre zu einem Unternehmen mit rund 50 Milliarden US-$ Jahresumsatz heran. Obwohl seine Organisation zu diesem Zeitpunkt durch eine zunehmende Bürokratisierung schon etwas schwerfällig geworden war, wies *IBM* zu diesem Zeitpunkt noch immer jährliche Umsatzsteigerungen von ca. 13 % auf. Trotz seiner Dominanz im Bereich der Großrechneranlagen wuchsen aber die Probleme, sich in dem schnell wandelnden und wachstumsstarken Marktsegment gegenüber den kleineren und flexibleren Wettbewerbern zu behaupten. So sank der Marktanteil von 60 % im IT-Segment bis zum Jahre 1980 auf nur noch 40 %. Bei *IBM* bemerkte man, dass mit den Personal-Computern und deren Vernetzung ein wichtiges Handlungsfeld vernachlässigt worden war. Durch die Bildung einer eigenen Geschäftseinheit für Personal-Computer, der *Entry Systems*, brachte es *IBM* jedoch bereits nach zweieinhalb Jahren bei den PC's auf einen Marktanteil von 35 %.

B

Zu Beginn der 1980er Jahre verschlechterte sich die Situation der Schweizer Uhrenhersteller auf dem Weltmarkt zusehends, obwohl dieser ein drei- bis fünfprozentiges jährliches Wachstum aufwies. Der Marktanteil der Schweizer Uhrenindustrie von ursprünglich 50 % fiel bis 1985 auf 12 %. Die Hersteller aus Japan und Hongkong drangen in die besonders wachstumsstarken Niedrigpreissegmente vor und erweiterten dort in einem starken Maße ihre Marktanteile. Die Schweizer Uhrenhersteller zogen sich auf die Hochpreissegmente zurück, um durch Preiserhöhungen die Umsatzwirkungen der Marktanteilsverluste zu kompensieren. Nachdem der größte Schweizer Uhrwerk- und Teilelieferant, die *Ebauches S.A.*, trotz dieser Strategie und begleitender Kostensenkungsmaßnahmen hohe Verluste hinnehmen musste, beschloss das Management, das Problem durch eine neue Produktidee zu lösen. Im Rahmen der Ideensuche stieß man bei *Ebauches S.A.* auf die Idee, eine preisgünstige Präzisionsuhr Schweizer Herkunft zu entwickeln und zu vermarkten. Diese Uhr namens *Swatch* konnte sich auf dem Massenmarkt durch ein revolutionäres Produkt- und Prozesskonzept vom Wettbewerb differenzieren und begründete dadurch eine weltweit spektakuläre und bis heute anhaltende Erfolgsgeschichte.

Situations- und Problemanalysen

Unabhängig davon, ob der Innovationsprozess durch exogene oder endogene Impulse ausgelöst wird, müssen an seinem Anfang systematisch durchgeführte **Situations-** und **Problemanalysen** stehen. Deren Ziel ist eine möglichst exakte Beschreibung und Beurteilung der Ausgangssituation und der ihr zugrunde liegenden internen und externen Bestimmungsgrößen. Dadurch gewinnt das Unternehmen Klarheit über die Ursachen für eine Abweichung des Ist-Zustandes vom angestrebten Soll-Zustand und über die Ressourcen, die zu einer Problemlösung zur Verfügung stehen. Derartige Analysen sollten grundsätzlich systematisch und strukturiert erfolgen um sicherzustellen, dass alle problemrelevanten Handlungsfelder einbezogen und in ihren Wirkungszusammenhängen dargestellt werden. Sie sollten zudem sowohl die Markt- als auch die Technologieseite berücksichtigen.

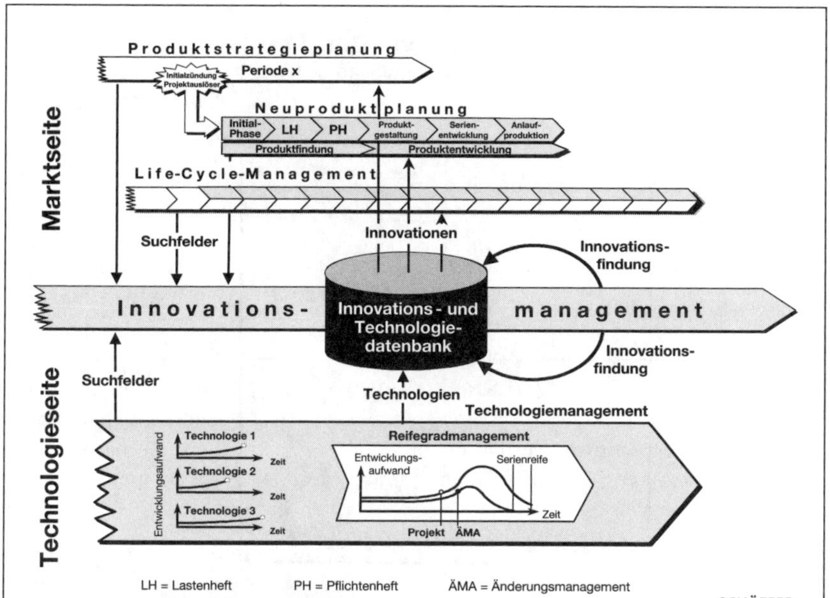

SCHÄFFER POESCHEL

Abb. 4.3: Innovationsmanagement zwischen Markt und Technologie

Im Geschäftsbereich Transporter der *DaimlerChrysler AG* wird das Innovationsmanagement als ein systematischer und kontinuierlicher Prozess aufgefasst, der sich in erster Linie an den Marktbedürfnissen orientiert. Der Innovationsprozess steht mit den drei Kernprozessen der Produktgestaltung (Produktstrategieplanung, Neuproduktplanung und Life-Cycle-Management) und mit dem Technologiemanagement in einem engen Zusammenhang und bildet gewissermaßen die Integrationsebene für die Markt- und die Technologieseite, wie die Abbildung 4.3 zeigt.

Die wichtigste Planungsdeterminante aller drei Kernprozesse ist die Positionierung der Produkte im Markt. Die Produktpositionierung beinhaltet zum einen den Erfüllungsgrad von Kundenanforderungen und zum anderen die relative Wettbewerbsposition. Im Grundsatz gilt, dass sich die Produkte in ihrer Funktionalität an den Kundenwünschen orientieren müssen, wobei das Maß der Eigenschaftserfüllung in Relation zum Wettbewerb definiert wird. Ein Handlungsbedarf für Produktmaßnahmen und damit auch für Produktinnovationen ergibt sich dann, wenn es zu Abweichungen zwischen den Soll- und den Ist-Profilen der Produkte kommt. Dieser Fall tritt ein, wenn diejenigen Produkteigenschaften nicht ausreichend erfüllt sind, die von den Kunden gefordert werden (z. B. Ladekapazität bei Fahrzeugen; vgl. hierzu die beiden Abb. 4.4 und 4.5).

Die Abbildung 4.4 zeigt den Erfüllungsgrad der Kundenanforderungen, der in diesem Beispiel bei dem Marktführer (MF) deutlich höher als bei den drei Wettbewerbern (WB 1-3) ist, die ebenfalls in dem Portfolio positioniert sind. Entscheidend dabei ist die Positionierung oberhalb der Iso-Preis/Nutzen-Gerade, weil die Kunden grundsätzlich nur in diesem Fall bereit sind, den vom Hersteller geforderten Preis zu bezahlen.

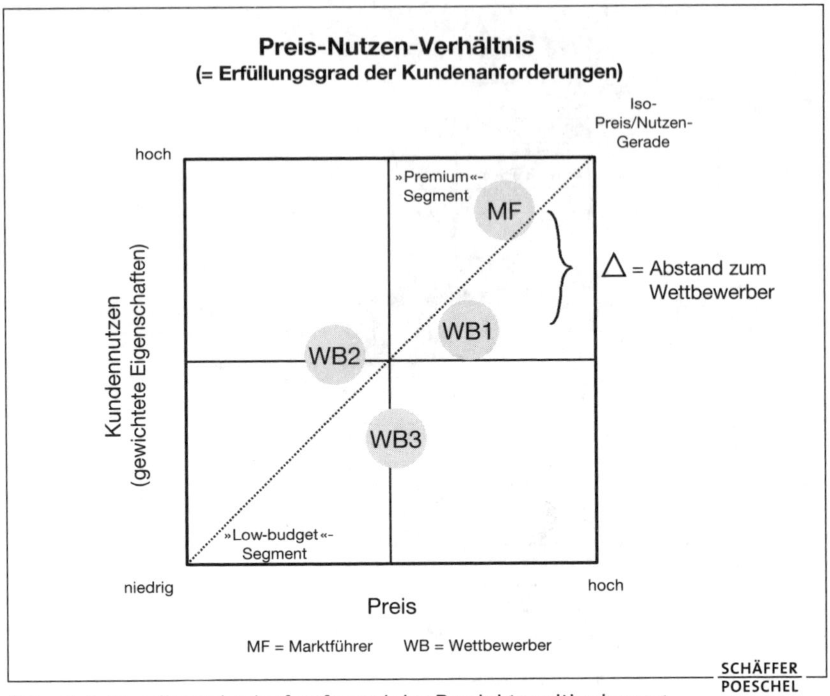

Abb. 4.4: Handlungsbedarf aufgrund der Produktpositionierung

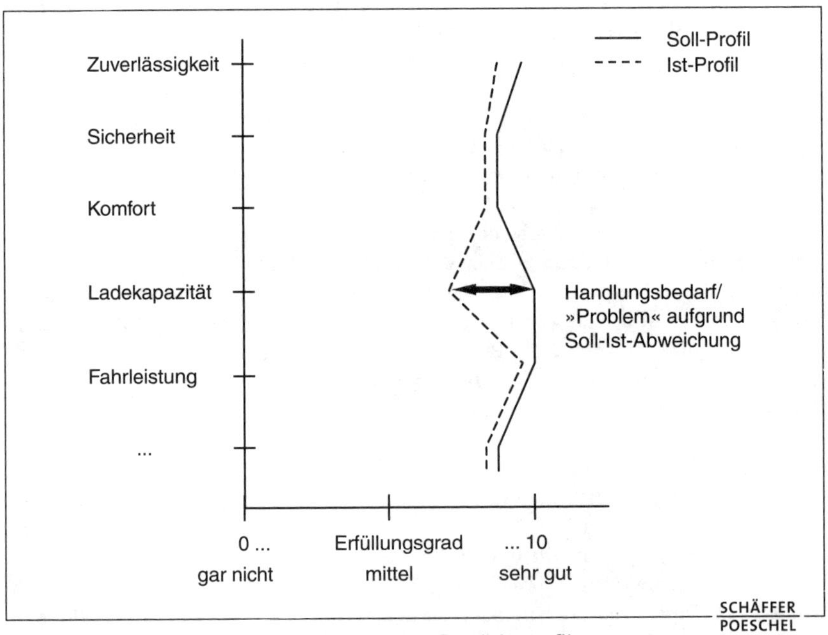

Abb. 4.5: Handlungsbedarf aufgrund des Produktprofils

Die Abbildung 4.5 zeigt den Handlungsbedarf, der sich aus der Abweichung zwischen dem Soll-Produktprofil und dem Ist-Produktprofil ergibt. In dem Beispiel entspricht die tatsächliche Ladekapazität nicht den vom Kunden formulierten Ansprüchen. Insofern ergibt sich für die Verbesserung dieser Produkteigenschaft ein unmittelbarer Handlungsbedarf für den Fahrzeughersteller.

Auf der Grundlage der identifizierten markt- und produktbezogenen Handlungsbedarfe ist gezielt nach Ideen zu suchen, deren Umsetzung die Kundenanforderungen befriedigt (z. B. Maßnahmen zur Steigerung/Optimierung der Ladekapazität des Fahrzeugs). Die Problemorientierung ist damit der Ausgangspunkt für die effektive und effiziente Ausrichtung der Folgephasen des Innovationsprozesses.

4.4 Zweite Phase: Gewinnung von Ideen

4.4.1 Ideensammlung und Ideengenerierung als komplementäre Vorgehensweisen zur Ideengewinnung

Produktinnovationen entstehen aus Ideen. Deshalb ist die Implementierung einer systematischen und den Unternehmensgegebenheiten angepassten Vorgehensweise zur Gewinnung von Ideen die Basis für die Innovationsfähigkeit eines Unternehmens. Generell lässt sich sagen, dass die Erfolgswahrscheinlichkeit des Innovationsprozesses mit der Anzahl an Neuproduktideen steigt.

Unter **Ideen** sind Einfälle, Gedanken und Vorstellungen von Menschen zu verstehen, die auf der Suche nach einer anzustrebenden Problemlösung gedankliches »Neuland« betreten. Hierzu ist in einem hohen Maße **Kreativität** erforderlich, die als die Fähigkeit bezeichnet werden kann, neue und nützliche Ideen zur praxiswirksamen Lösung von Problemen hervorzubringen (vgl. *Heyde, W./Laudel, G./Pleschak, F.* et al. 1991 S. 167). Demnach ist die Kreativität eines Menschen der entscheidende Erfolgsfaktor für die Ideengewinnung im Innovationsprozess. Aus diesem Grund werden neben den möglichen Informations- und Ideenquellen für Innova-

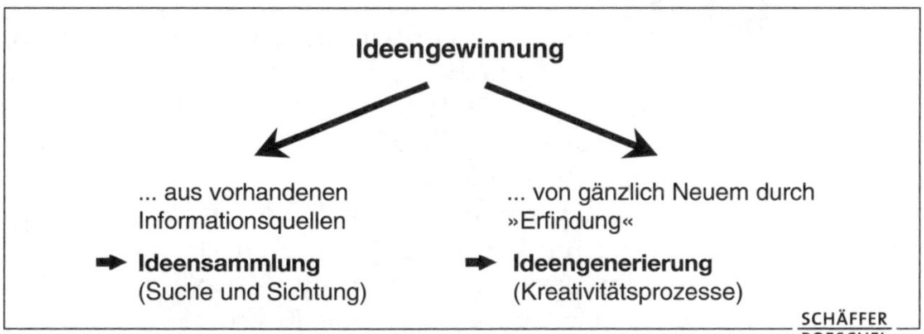

Abb. 4.6: Ideensammlung und Ideengenerierung

tionen die Methoden zur kreativen Ideenfindung in diesem Abschnitt ausführlicher dargestellt (vgl. Abb. 4.6).

Ideensammlung

Die **Ideensammlung** trägt dabei dem Sachverhalt Rechnung, dass für die meisten Problemstellungen bereits in zahlreichen Quellen mögliche Lösungsansätze vorliegen, die es »nur« systematisch zu suchen und zu finden gilt. Es geht also darum, das vorhandene und verfügbare Informations- und Ideenmaterial problemorientiert und möglichst umfassend aufzubereiten. Dadurch werden die knappen Ressourcen des innovativen Unternehmens geschont und die Verantwortlichen laufen nicht Gefahr, »das Rad zum zweiten Mal zu erfinden«.

Ideengenerierung

Die **Ideengenerierung** setzt dagegen auf völlig neue Ideen, die in dieser Form bisher nicht verfügbar sind. Dabei kann es sich sowohl um das »Erfinden« von Neuheiten als auch um die »Weiterentwicklung« von vorhandenen Problemlösungen zu problemadäquaten Lösungsansätzen handeln.

Beide Vorgehensweisen sind grundsätzlich komplementär und werden in der Praxis in der Regel parallel oder ergänzend angewendet. Eine Schwerpunktsetzung hinsichtlich der einen oder der anderen Vorgehensweise sollte von den betrieblichen Zielsetzungen und den Rahmenbedingungen abhängig gemacht werden. Häufig wird es allerdings so sein, dass sich aus der aktiven Ideengenerierung das größere Zukunftspotenzial ergibt. Erst durch die gezielte Aktivierung und Stimulierung der Ideenquellen lassen sich neue Dimensionen von Problemlösungen erarbeiten.

Struktur versus Kreativität

Insbesondere für das in diesem Abschnitt erörterte frühe Stadium des Innovationsprozesses kann eine **Grundregel** formuliert werden: Je strukturierter und zielgerichteter der gesamte Prozess der Ideengewinnung im Hinblick auf die betrachteten Problemstellungen verläuft, umso freier und unreglementierter sollten die kreativen Vorgänge sein, die letztlich zu den gewünschten Ideen führen. Die Verfügbarkeit und die Weitergabe von Informationen und eine offene und vertrauensvolle zwischenmenschliche Kommunikation sind die entscheidenden Erfolgsfaktoren nicht nur in dieser Phase des Innovationsprozesses. Sie ermöglichen ein Klima der produktiven Kreativität.

»Organisatorisches Dilemma«

In diesem Zusammenhang wird teilweise der Begriff des **»organisatorischen Dilemmas«** verwendet, in dem sich das innovativ tätige Unternehmen befindet. Einerseits erfordert die große Bedeutung der Innovationsproblematik klare Regeln und stabile Strukturen zu ihrer Bewältigung; andererseits widerspricht eine weit gehende Standardisierung aber der grundlegenden Forderung nach Kreativität, informaler Kommunikation und Handlungsfreiheit, die in der Phase der Ideenfindung unabdingbar sind. Insofern muss ein Unternehmen versuchen, einen optimalen Regelungsgrad zu finden, der die Innovationsprozesse ausreichend standardisiert und trotzdem flexibel genug ist, um die hohe Variabilität und Komplexität von Innovationsvorhaben ausreichend zu berücksichtigen (vgl. *Thom, N.* 1980 S. 305, *Trommsdorff, V./Reeb, M./Riedel, F.* 1991 S. 570).

Wie bereits in der überblickartigen Darstellung des Innovationsprozesses im Abschnitt 2.6.2 aufgezeigt wurde, kommt der Suchfeldbestimmung für eine effektive Ausrichtung der Aktivitäten in der Phase der Ideengewinnung eine besondere Bedeutung zu.

4.4.2 Suchfeldbestimmung

Das Suchfeld wird in der ersten Phase des Innovationsprozesses aufgrund der Ergebnisse der Situationsanalyse und der Beschreibung des identifizierten Problems definiert. Dadurch wird die Aufmerksamkeit bereits in der Phase der Ideenfindung auf die problemrelevanten Sachverhalte konzentriert und eine Fehlallokation von Ressourcen vermieden. **Suchfelder** stellen das Bindeglied zwischen dem Innovationsanstoß und der Ideengewinnung dar. Sie bilden den Rahmen für die Aktivitäten, die sich auf die konkrete Problemlösung richten und sollen vor allem in der Phase der Ideengewinnung als Orientierungshilfe dienen, um die Vielzahl der ermittelten Ideen einordnen und damit die Ideenfindung effizienter gestalten zu können.

D

Die **Suchfeldbestimmung** kann sich zum einen an den **marktseitig identifizierten Innovationsauslösern** orientieren. Besitzt beispielsweise ein anderes Unternehmen bei einem vergleichbaren Produkt einen Wettbewerbsvorsprung hinsichtlich bestimmter Produktmerkmale, dann wird gezielt nach merkmalsbezogenen Verbesserungen gesucht, die das eigene Produkt im Vergleich zum Konkurrenzprodukt wieder attraktiv für die Kunden machen. Zum anderen kann die Bestimmung des Suchfelds das Ergebnis von **unternehmensinternen produktpolitischen Überlegungen** sein, die das eigene Produkt beispielsweise hinsichtlich des Kundennutzens und des Preises neu positionieren wollen. In beiden Fällen wird nicht von vornherein unstrukturiert und ziellos mit der Ideensuche begonnen. Dadurch wird vermieden, dass im späteren Ideenfindungsprozess zwar eine Lösung präsentiert werden kann, die dann aber keinen oder einen nicht ausreichenden Problembezug besitzt, was einen häufig auftretenden Innovationsfehler darstellt (vgl. *Trommsdorff, V./Reeb, M./Riedel, F.* 1991 S. 568).

Kundenorientierung

Grundsätzlich sollte der Schwerpunkt bei der Definition von Suchfeldern für Produktinnovationen auf der Lösung von **Kundenproblemen** liegen, weil nur sie letztendlich über den Preis des Produkts honoriert werden. Die Suchfelder können sich dabei auf die Probleme bestimmter Kunden oder Kundengruppen beschränken

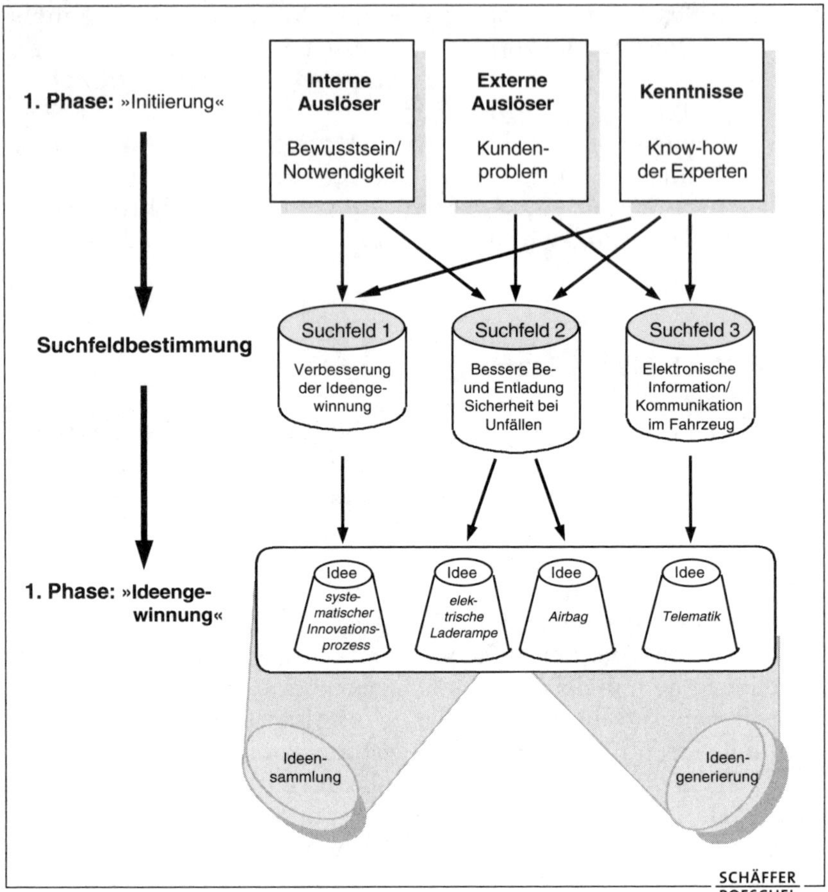

Abb. 4.7: Innovationsauslöser und Suchfeldgenerierung

oder sie können sich auf bestimmte Problemstellungen konzentrieren, die für alle Kunden gleichermaßen von Interesse sind.

Der Geschäftsbereich Transporter der *DaimlerChrysler AG* wendet deshalb zur Ideenfindung für ein neues Produkt zwei unterschiedliche Suchfeldkategorien an: Dabei hat ein Suchfeld beispielsweise das »ganzheitliche Transportproblem« unterschiedlicher Anwender zum Inhalt, wie z. B. des Bauhauptgewerbes und des Einzelhandels. Das andere Suchfeld ist dagegen zielgruppenübergreifend ausgerichtet. Beispielsweise werden hier die »Effizienz beim Ein- und Ausstieg« und die »variablen Nutzungsmöglichkeiten« betrachtet. Beide Suchfelder führen durch ihre zielgruppenspezifische bzw. zielgruppenübergreifende Konkretisierung des »Kundenproblems« zu einem zielgerichteten Ideenfindungsprozess.

In der Abbildung 4.7 wird der grundsätzliche Zusammenhang von Innovationsauslösern, Suchfeldern und Ideenfindung veranschaulicht und im Folgenden an einem Beispiel verdeutlicht.

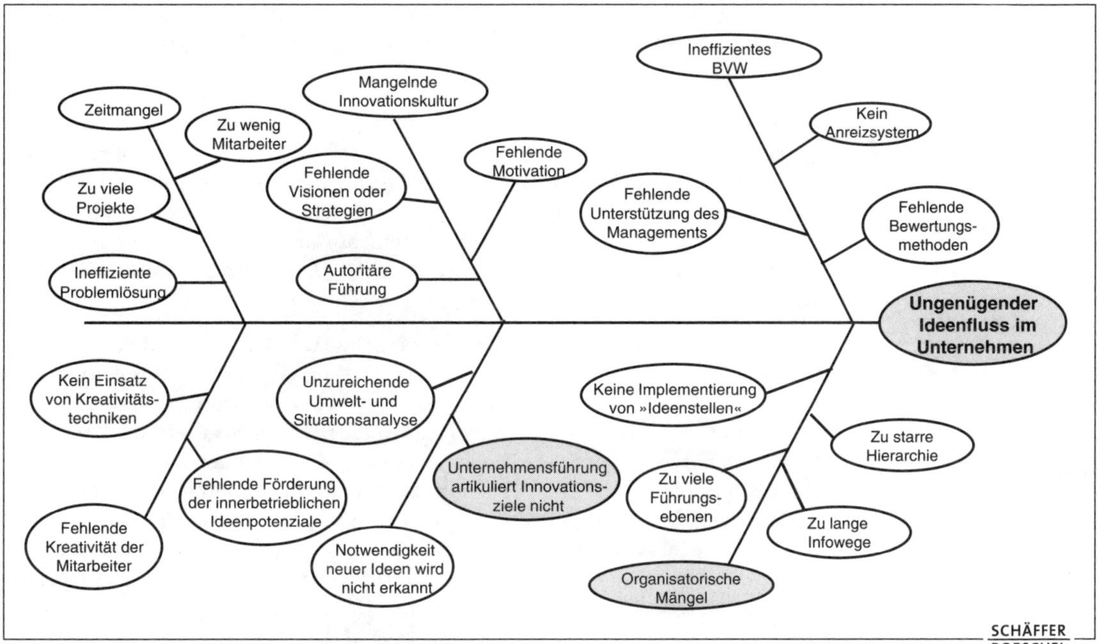

SCHÄFFER POESCHEL

Abb. 4.8: Fischgräten- oder *Ishikawa*-Diagramm

B

Aufgrund einer Kundenbefragung ergibt sich, dass viele Kunden ein grundsätzliches Bedürfnis nach mehr Sicherheit in ihrem Fahrzeug äußern (= Kundenproblem). Dieser externe Innovationsauslöser muss nun im Unternehmen konkretisiert und in geeignete Suchfelder transformiert werden, um eine gezielte Ideensuche zu ermöglichen. Mögliche Suchfelder sind beispielsweise die grundlegenden Aspekte »Unfallprävention« bzw. »aktive Sicherheit« und »Unfallfolgenvermeidung« bzw. »passive Sicherheit«. Nachdem die Suchfelder bestimmt sind, müssen geeignete Informations- und Ideenquellen genutzt werden, um solche Ideen zu generieren, die eine möglichst optimale Problemlösung gewährleisten. Ein typisches Beispiel für eine Idee, die sich aus dem Suchfeld »passive Sicherheit« ergeben kann, ist der Einsatz eines Rückhaltesystems wie des Sicherheitsgurtes oder des Airbags.

***Ishikawa*-Diagramm**

Eine Möglichkeit zur Konkretisierung und Visualisierung von Suchfeldern stellen die so genannten **»Fischgräten-«** oder **»*Ishikawa*-Diagramme«** dar. Sie sind das Ergebnis einer von dem japanischen Professor *Kaoru Ishikawa* entwickelten Methode, die entweder im Rahmen der kreativen Ideenfindung oder bei der Problemidentifikation zur Anwendung kommen kann. Mit ihrer Hilfe lassen sich alle problemrelevanten Faktoren und ihre Ursache-Wirkungs-Zusammenhänge systematisch und übersichtlich darstellen. Die besondere Stärke dieser Methode liegt vor allem in der ganzheitlichen Problembetrachtung, die eine eindimensionale und damit einschränkende Sichtweise vermeidet, und in der Möglichkeit, mehrere Personen oder Gruppen an der Problemanalyse zu beteiligen.

Am Beispiel eines ungenügenden Ideenflusses innerhalb eines Unternehmens soll die Vorgehensweise bei der Erstellung von Fischgrätendiagrammen dargestellt werden (vgl. Abb. 4.8).

B

Zur Erstellung des Diagramms werden mittels Prozessanalysen, Beobachtungen und Befragungen die vorhandenen Schwachstellen identifiziert und alle problemrelevanten Einflussgrößen der Soll-Ist-Abweichungen erfasst (Schwachstellen-Identifikation). Danach wird nach den Ursachen der jeweiligen Schwachstellen gefragt, und diese Problemursachen werden den einzelnen »Gräten« des Diagramms zugeordnet. Dabei ist die möglichst exakte und verständliche Beschreibung der Problemursachen besonders wichtig.

B

Aus den im Diagramm dargestellten Sachverhalten werden nun Suchfelder gebildet, d.h. es werden diejenigen Parameter priorisiert, von denen der größte Einfluss auf das übergeordnete Ziel »Verbesserung des ungenügenden Ideenflusses im Unternehmen« erwartet wird (Schwachstellen-Priorisierung). Dabei wird beispielsweise nach der so genannten »*Pareto*-Regel« oder »80:20-Regel« verfahren, die davon ausgeht, dass 20 % der Ursachen eines Problems 80 % des Problemumfangs bewirken. Beispielsweise könnten dies im vorliegenden Fall die organisatorischen Mängel und die Tatsache sein, dass die Unternehmensführung ihre Innovationsziele nicht mitteilt. Damit wären zwei wichtige Handlungsfelder identifiziert, auf denen nun die gezielte Suche nach Problemlösungen beginnen kann.

Die »kanalisierende« Wirkung von Suchfeldern erleichtert aber nicht nur die Gewinnung, sondern auch die Weiterverarbeitung (Sammlung, Aufbereitung und Bewertung) der erzeugten Ideen, indem sie die Aufmerksamkeit auf die als problemrelevant identifizierten Handlungsbereiche lenkt.

4.4.3 Quellen und Methoden der Ideengewinnung

Die in der Theorie und in der Praxis zu findenden Quellen und Methoden der Ideengewinnung sind ausgesprochen vielfältig. Aufgrund der Tatsache, dass in den Prozessphasen, die der Ideengewinnung folgen, durch die Bewertung und die Selektion ein großer Teil der Ideen wieder ausgeschieden wird, sollten zunächst möglichst viele Ideen generiert und gesammelt werden. Dazu sind grundsätzlich alle zur Verfügung stehenden Informations- und Ideenquellen konsequent zu nutzen.

Vorauswahl von Quellen

Unter Effizienzgesichtspunkten ist es jedoch sinnvoll, eine **Vorauswahl** vorzunehmen, die Aufschluss darüber gibt, ob der zu erwartende Nutzen einer Informations- oder Ideenquelle zu dem für ihre Erschließung erforderlichen Aufwand in einem ökonomisch sinnvollen Verhältnis steht. Eine solche Ex-ante-Prüfung ermöglicht einen zweckmäßigen Einsatz der knappen Ressourcen.

Wie der Abbildung 4.9 zu entnehmen ist, liegt der Schwerpunkt der Ideensammlung auf der gezielten Nutzung von Informations-

✚✚ : hohe Relevanz vorhanden
✚ : Relevanz vorhanden
0 : keine Relevanz vorhanden

			Ideengewinnung	
			Ideensammlung	Ideengenerierung
Informationsquellen	externe	- Veröffentlichungen	✚✚	0
		- Patente und Schutzrechte	✚✚	✚
		- Konkurrenzanalysen (Benchmarks)	✚✚	✚
		- Lieferanten	✚✚	✚✚
		- Kunden	✚✚	✚
	interne	- Mitarbeiter	✚	✚✚
		- Unternehmensunterlagen (Strategie-/Positionspapiere)	✚✚	0
Kreativitätsmethoden		- Brainstorming	0	✚✚
		- Brainwriting	0	✚✚
		- Morphologie	✚	✚✚
		- Synektik	✚	✚✚
Weitere Methoden		- Marktforschung	✚✚	✚
		- Experten-Workshops	✚✚	✚✚
		- Explorative Gespräche	✚✚	✚
		- Vorschlagswesen/Ideenwettbewerbe	✚	✚
		- Dokumentenrecherche	✚✚	0

Abb. 4.9: Quellen und Methoden der Ideengewinnung

quellen, während die Kreativitätsmethoden im Wesentlichen zur Generierung neuer Ideen beitragen. Die beispielhaft aufgeführten weiteren Methoden finden im Großen und Ganzen sowohl bei der Ideensammlung als auch bei der Ideengenerierung Anwendung. Sie werden in den folgenden Abschnitten eingehend erörtert.

4.4.3.1 Informations- und Ideenquellen

4.4.3.1.1 Externe Informations- und Ideenquellen

4.4.3.1.1.1 Veröffentlichungen

Ein breites, aber nur in einem geringen Maße spezifisches Informationsangebot stellen die Veröffentlichungen aller Art dar. Typische Beispiele für derartige Quellen sind:

Arten von Veröffentlichungen

- Veröffentlichungen und Statistiken von öffentlichen Stellen,
- Veröffentlichungen von Kammern und Verbänden,
- Veröffentlichungen von wissenschaftlichen Instituten, z. B. von Wirtschafts-, Marktforschungs- und Technologieforschungsinstituten,
- Veröffentlichungen von Hochschulen in Form von Studien-, Diplom- und Doktorarbeiten sowie Habilitationsschriften,
- Fachzeitschriften und Fachbücher sowie
- allgemeine Veröffentlichungen von Unternehmen, z. B. Produkt- und Firmenprospekte oder Messe- und Ausstellungskataloge.

Vor- und Nachteile

Diese in schriftlicher oder audio-visueller Form vorliegenden Medien zeichnen sich durch eine einfache Verfügbarkeit und durch geringe Kosten für ihre Beschaffung aus. Allerdings wirkt sich der eher allgemeine und abstrakte Informationscharakter oft negativ auf die tatsächliche Nutzbarmachung aus. Die Gewinnung von spezifischen Informationen durch eine systematische Auswertung ist in der Regel mit einem nicht unerheblichen zeitlichen und personellen Aufwand verbunden. Da es sich bei Veröffentlichungen um eine der Allgemeinheit zugängliche Informationsquelle handelt, sind wettbewerbsdifferenzierende Informationsvorsprünge damit nicht zu erzielen. Die Veröffentlichungen haben zudem im Wesentlichen retrospektiven Charakter und geben deshalb nur einen eingeschränkten Aufschluss über neue Innovationsfelder (vgl. Abb. 4.10).

	Vorteile	Nachteile
Veröffentlichungen	+ Kostengünstig + Einfache Verfügbarkeit + Gute Ergänzung als Planungsgrundlage	– Hoher Abstraktionsgrad – Spezifische Auswertung sehr zeitintensiv – Hohe Streuverluste – Verfügbarkeit für »jedermann«
⇨ *Fazit: Zur Konzipierung von Suchfeldern besser geeignet als zur Generierung konkreter Ideen/Innovationen*		

SCHÄFFER POESCHEL

Abb. 4.10: Vor- und Nachteile von Veröffentlichungen

Fazit

Trotzdem können Veröffentlichungen eine wichtige Grundlage für die Beschreibung der Ist-Situation und der derzeitigen Rahmenbedingungen als Ausgangspunkt für eine Zukunftsbetrachtung sein. Damit sind die aus Veröffentlichungen gewonnenen Anregungen oftmals die Basis für eine innovative Weiterentwicklung von Ideen.

4.4.3.1.1.2 Patente und Schutzrechte

Eine in dem Zusammenhang mit Innovationen besonders interessante externe Informationsquelle sind Patente und Schutzrechte (eine ausführliche Darstellung der verschiedenen Arten gewerblicher Schutzrechte findet sich beispielsweise bei *Specht, G./Beckmann, C./Amelingmeyer, J.* 2002 S. 241 ff.). Durch die gründliche Durchsicht der in den Veröffentlichungen der Patent- und Markenämter aufgeführten Patenterteilungen lassen sich vielfältige Erkenntnisse über neue Produkte und Verfahren gewinnen. Die besonderen **Vorteile von Patentanalysen** sind (vgl. Abb. 4.12 und *Bürgel, H. D./Haller, C./Binder, M.* 1996 S. 87):

Vorteile von Patentanalysen

- Vermeidung von unnötigen Doppelentwicklungen und daraus resultierenden urheberrechtlichen Problemen,
- Aufspüren von Chancen für Marktneuheiten und Gewinnung von Anstößen für eigene Neuentwicklungen,
- Erkenntnisse über nationale und internationale Wettbewerber und deren kommerzielles Interesse an bestimmten Marktsegmenten,
- Informationen über die Adaptions- und Akquisitionsmöglichkeiten von dem bereits entwickelten und patentierten Know-how.

B

Die Möglichkeiten der EDV-gestützten Patentrecherche werden empirischen Untersuchungen zufolge bisher allerdings nur unzureichend wahrgenommen. Nach Angaben des Deutschen Patent- und Markenamts werden rund ein Drittel aller Patentanmeldungen abgelehnt, weil die angebliche Neuerung bereits existierte. Von den 58 Mrd. DM, die 1994 von der deutschen Industrie für F+E investiert wurden, waren demzufolge fast 20 Mrd. DM fehlgeleitet (vgl. *Meffert, H.* 1998 S. 377).

B

Dass es auch anders geht, zeigt das Beispiel der *DaimlerChrysler AG*, die zur systematischen Patentrecherche und -analyse ein elektronisches Patentinformationssystem eingerichtet hat. Innerhalb der Abteilung »Intellectual Property Management« gewährleistet das System, dass das Unternehmen zu jedem Zeitpunkt den Stand der (patentierten) Technik kennt. Die Sammlung der Patentinformationen (Stand Juni 2004 etwa 14 Millionen Volltextdokumente [Patentschriften] und ca. 18 Millionen Abstracts von Patenten) wird wöchentlich aktualisiert. Alle Forscher und Entwickler des Unternehmens können direkt auf die Daten zugreifen. Die Zielsetzung der Systembetreiber ist es, trotz der großen Anzahl von weltweit mehr als zwei Millionen neuen Patenten pro Jahr, die Beobachtung fremder sowie die Absicherung eigener Patente sicherzustellen und dadurch immer zeitnah über die Aktivitäten auf den relevanten Innovationsfeldern informiert zu sein und Parallelentwicklungen zu vermeiden.

Aus den Informationen solcher Patentdatenbanken lassen sich unter anderem auch Statistiken erstellen, die eine Positionierung des eigenen Unternehmens erlauben. Die Abbildung 4.11 zeigt beispielsweise ein Ranking von Unternehmen entsprechend der Anzahl ihrer **Patentanmeldungen** beim *Deutschen Patent- und Mar-*

Patentanmelder			Patentanmeldungen		
				davon	
Rang	Name	Sitz	Gesamt	*DPMA*	*EPA*
1	*Siemens AG*	D	3644	2290	1354
2	*Robert Bosch GmbH*	D	2522	1650	872
3	*DaimlerChrysler AG*	D	1588	1139	449
4	*BASF AG*	D	1247	683	564
5	*Volkswagen AG*	D	1079	778	301
6	*Matsushita Electric Industrial Co. Ltd.*	J	1072	25	1047
7	*Koninklijke Philips Electronics N.V.*	NL	999	5	994
8	*Bayer AG*	D	916	504	412
9	*The Procter & Gamble Co.*	US	897	0	897
10	*Lucent Technologies Inc.*	US	797	0	797
11	*Sony Corp.*	J	772	25	747
12	*Alcatel*	F	737	158	579
13	*Bayerische Motorenwerke AG*	D	705	492	213
14	*Canon K. K.*	J	695	12	683
15	*NEC Corp.*	J	598	85	513
16	*Mitsubishi Denki K. K.*	J	589	201	388
17	*Telefonaktiebolaget L. M. Ericsson*	SE	557	20	537
18	*Eastman Kodak Co.*	US	538	86	452
19	*Hewlett Packard Co.*	US	536	62	474
20	*Fraunhofer Gesellschaft e. V.*	D	513	361	162

SCHÄFFER POESCHEL

Abb. 4.11: Die Top 20 der Patentanmelder (ohne Berücksichtigung von eventuell vorhandenen Konzernverbundenheiten; vgl. *DPMA* [Hrsg.] 2001 S. 17)

kenamt (DPMA) und beim *Europäischen Patentamt (EPA)*. Die Reihenfolge ist unter Berücksichtigung der Innovationsdynamik der einzelnen Branchen zu sehen. Die große Zahl von Patentanmeldungen zeigt aber die Weite des Handlungsfelds »Patentanalyse« und des damit verbundenen Ideenpotenzials.

Grenzen von Patentanalysen

Allerdings ist in letzter Zeit eine Entwicklung festzustellen, welche die Nutzung der Patentanalyse wesentlich einschränken könnte, denn immer mehr Unternehmen gehen aus Wettbewerbsgründen dazu über, keine Patente mehr anzumelden. Sie erhoffen sich davon einen besseren Schutz vor Imitationsprodukten der Konkurrenz. Diese Sichtweise erscheint durchaus berechtigt zu sein, denn wenn ein Patent, wie im Allgemeinen üblich, bereits Monate vor der Markteinführung des neuen Produkts angemeldet und veröffentlicht wird, bietet sich der Konkurrenz die Möglichkeit, durch eine gezielte Imitation, Adaption oder Variation die

	Vorteile	Nachteile
Patentanalyse	+ Quelle für spezifische Daten + Kaum Streuverluste + Vermeidung von Doppelentwicklungen	− Hoher Aufwand − Gefahr eines »information overload« − Eventuell Informationsverzerrung durch Nichtanmeldung
⇨ *Fazit: Ergiebige und spezifische Ideen-/Informationsquelle, deren umfassende Nutzung allerdings einen großen Aufwand erfordert*		

SCHÄFFER POESCHEL

Abb. 4.12: Vor- und Nachteile der Patentanalyse

patentrechtlichen Schranken zu umgehen. Gelingt es dem innovativen Unternehmen allerdings, die Neuentwicklung ohne Anmeldung bis zur Marktreife »geheim« zu halten und die Wissensdiffusion damit zu unterbinden, kann der Vorteil des First-to-market uneingeschränkt genutzt werden. Trotzdem ist die Zahl der Patentanmeldungen beim *DPMA* von 38.377 im Jahr 1995 auf 53.521 im Jahr 2000 gestiegen (vgl. *DPMA* [Hrsg.] 2001 S. 16).

Auch empirische Untersuchungen zeigen, dass Patente aufgrund des rasanten technischen Fortschritts und der Möglichkeiten, um die patentierten Ideen »herum« zu erfinden, nur noch in wenigen Branchen von Bedeutung sind, wie beispielsweise in der pharmazeutischen Industrie. In einer Studie, die 48 Produktinnovationen aus verschiedenen Branchen umfasste, zeigte sich, dass rund 60 % der patentierten Innovationen innerhalb von vier Jahren imitiert wurden. Die Kosten der Imitation betrugen dabei lediglich 65 % der Innovationskosten (vgl. *Vidal, M.* 1995 S. 45). B

4.4.3.1.1.3 Konkurrenzanalysen

Die Durchführung von Konkurrenz- oder Wettbewerbsanalysen hat in marktwirtschaftlichen Systemen schon immer eine wichtige Rolle bei der Gewinnung von neuen Ideen gespielt. Mit derartigen Analysen sollen die aktuellen und die potenziellen Wettbewerbsunternehmen identifiziert und hinsichtlich ihrer Bedeutung für das Marktgeschehen beurteilt werden. Konkurrenzanalysen geben Auskunft über die Strategien, die Produkte und die Innovationskraft der Wettbewerber. Im Zusammenhang mit Produktinnovationen ist insbesondere die Kenntnis der Positionierung der aktuellen Produkte, der zukünftigen Produktplanung und der Kostensituation der Wettbewerber von größtem Interesse.

Kreikebaum unterscheidet einen engen und einen weiten Begriff der **Wettbewerbsanalyse** (vgl. *Kreikebaum, H.* 1993 S. 132): D

- Unter Wettbewerbsanalyse im **engeren Sinn** versteht er das Verhältnis eines Unternehmens zu seinen gegenwärtigen Konkurrenten (Konkurrenzanalyse).
- Die Wettbewerbsanalysen im **weiteren Sinn** beziehen darüber hinaus auch die potenziellen Konkurrenten sowie die Abnehmer und die Lieferanten mit in die Betrachtung ein.

D

Wie oben bereits erwähnt wurde, wird hier unter der **Konkurrenzanalyse** die Untersuchung der derzeitigen und der zukünftigen Konkurrenten verstanden. Der Gegenstand, der Umfang und die Tiefe der Konkurrenzanalyse werden insbesondere durch die Verfügbarkeit der gewünschten Informationen und durch die mit der Informationsbeschaffung verbundenen Kosten bestimmt (vgl. *Kreikebaum, H.* 1993 S. 134). Problematisch an Konkurrenzanalysen ist allerdings die Tatsache, dass sich zumeist nur Informationen allgemeiner Art problemlos gewinnen lassen, wie sie beispielsweise in den Veröffentlichungen der Wettbewerber enthalten sind (Geschäftsberichte, Prospektmaterial, Produktbeschreibungen, Preislisten, Kataloge usw.). In die Zukunft gerichtete Planungsinformationen von Konkurrenten z. B. über das Produktprogramm, die Preispositionierung oder die Marketingstrategie sind dagegen kaum zu erhalten. Ein Austausch von derartigen Daten ist nur bei einem gegenseitigen Einvernehmen möglich und stellt damit eher die Ausnahme als die Regel dar.

Retrospektive Sicht

Bei den Konkurrenzanalysen handelt es sich damit zwangsläufig fast immer um eine **Analyse der Ist-Situation**. Damit haben sie den Mangel, dass die Innovationsvorhaben der Wettbewerber nur in den seltensten Fällen vor ihrer Markteinführung identifiziert werden können. Für die Abschätzung der zukünftigen Entwicklung bleibt somit im Allgemeinen nur eine szenarische Prognose über das Wettbewerbsverhalten, die von der Ist-Situation ausgeht und die voraussichtlichen Umfeldeinflüsse und Fähigkeiten des Unternehmens so gut wie möglich berücksichtigt (vgl. auch Abb. 4.14).

B

Beispielsweise führen Fahrzeughersteller regelmäßig so genannte Vergleichsfahrten mit Produkten des eigenen Hauses und denen des Wettbewerbs durch. Das Ziel ist es, die Erfüllung von kundenrelevanten Fahrzeugeigenschaften zu messen und daraus die relative Wettbewerbsposition zu ermitteln. Die auf diesem Weg gewonnenen Erkenntnisse dienen zum einen der Ableitung des kurzfristigen Handlungsbedarfs hinsichtlich der Optimierung der eigenen Produkte und zum anderen als Planungsgrundlage für die langfristige Positionierung der eigenen Zukunftsprojekte.

In einer Vergleichsfahrt, an der 60 Mitarbeiter teilnahmen, wurde die Transporterbaureihe *Sprinter* der *DaimlerChrysler AG* mit den fünf wichtigsten Konkurrenzprodukten verglichen. Um die Vergleichbarkeit sicherzustellen, wurden hinsichtlich Motorisierung, Ausstattung und Aufbau äquivalente Fahrzeuge ausgewählt und mit gleicher Last beladen. Die Fahrzeuge wurden dann von den Teilnehmern auf einer festgelegten Strecke getestet. Anhand von zuvor festgelegten Kriterien fand danach eine Bewertung der Fahrzeuge statt, deren Ergebnisse in Stärken-/Schwächen-Profile eingingen (vgl. Abb. 4.13).

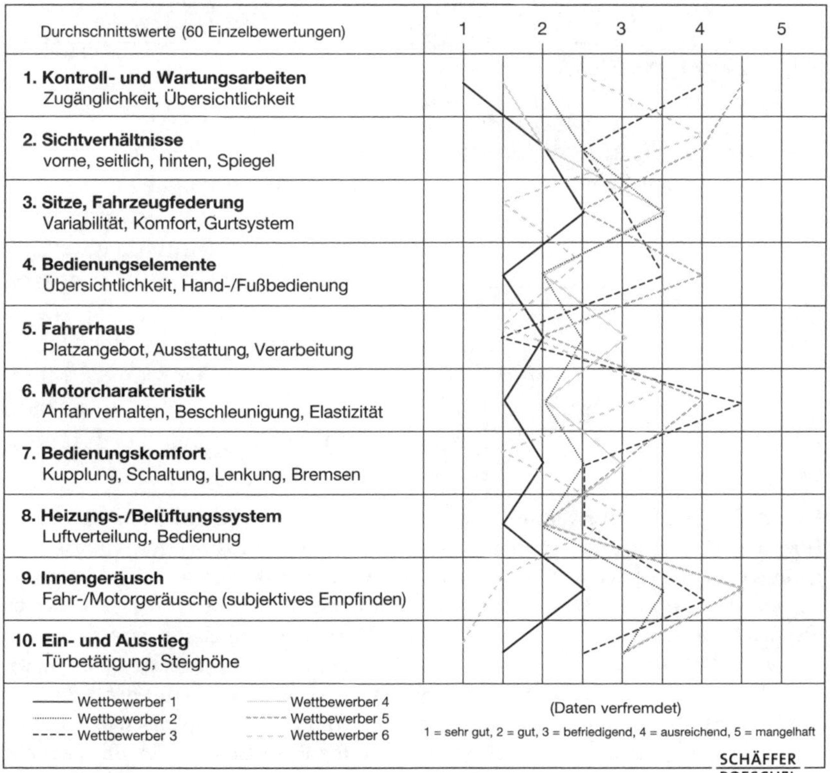

Abb. 4.13: Produktprofil von Wettbewerbsprodukten

Reverse-Engineering

Ähnlich verhält es sich mit der Aussagekraft des **Reverse-Engineering**, also der konstruktiven Zerlegung von Konkurrenzprodukten, um die ihnen zugrunde liegenden Funktions-, Design- und Fertigungsprinzipien zu identifizieren (vgl. *Sommerlatte, T./Laying, B. J./Frederik, O. v.* 1987 S. 62). Zwar liefert ein derartiges Vorgehen, wie es in vielen Branchen der Fertigungsindustrie üblich ist, unbestreitbar wettbewerbsrelevante und damit nützliche Ideenanstöße

	Vorteile	Nachteile
Konkurrenzanalyse	+ Quelle für spezifische Daten + Hilfsmittel zur eigenen Positionierung	− Schwere Ermittelbarkeit − Rechtliche Grenzen bzw. Grauzonen − Nur Aussagen über Ergebnisse, aber nicht über Potenziale
⇨ *Fazit: Geeignetes Instrument zur Überprüfung des Status quo mit einem eher reaktiven Charakter (Ideenadaption)*		

SCHÄFFER POESCHEL

Abb. 4.14: Vor- und Nachteile der Konkurrenzanalyse

und ermöglicht eine differenzierte Beurteilung der Stärken und der Schwächen von Konkurrenzprodukten. Wenn sich das Konkurrenzprodukt jedoch durch zahlreiche Stärken auszeichnet, droht bei diesem Vorgehen die Gefahr, dass die eigene Innovationstätigkeit zu einem ausschließlich reaktiven Instrument degeneriert, mit dessen Hilfe die technologische Lücke zum Wettbewerb geschlossen werden soll oder anders ausgedrückt: Es besteht die Gefahr, dass lediglich die Stärken des Konkurrenzprodukts imitiert werden, ohne eigene Ideen zur Produktverbesserung zu entwickeln. Das dem allerdings nicht (ausschließlich) so sein muss, zeigt das folgende Beispiel aus der Automobilindustrie.

B

Ende der 1980er Jahre erkannten japanische Fahrzeughersteller die Attraktivität des Hochpreissegments und begannen deshalb mit der Entwicklung von Luxus-Automobilen. *Toyota* entwickelte zum Beispiel den *Lexus*, *Nissan* den *Infinity* und *Honda* den *NSX*. Aufgrund der mangelnden Erfahrung in diesem Marktsegment wurden von den japanischen Herstellern die Produkte der etablierten Luxusmarken gekauft, zerlegt und hinsichtlich ihrer Funktions-, Design- und Fertigungsprinzipien analysiert. Durch Kombination der daraus gewonnenen Erkenntnisse mit den Erfahrungen aus der Entwicklung von Massenprodukten erreichten die japanischen Automobilhersteller im Rahmen von **Reverse-Engineering-Prozessen** bei der Entwicklung ihrer Luxus-Automobile Kostenreduktionen um bis zu 30 %, Teilezahlsenkungen auf bis zu 70 % und dadurch eine Verringerung der Komplexität gegenüber den klassischen Hochpreisanbietern.

4.4.3.1.1.4 Lieferanteninformationen

In weiten Teilen der Industrie ist ein Trend zu reduzierten Entwicklungs- und Fertigungstiefen zu erkennen. Getrieben wird dieser Prozess hauptsächlich durch die erwarteten Kostenvorteile, die sich zum einen aus Degressionseffekten beim Lieferanten ergeben und zum anderen durch die erhöhte Anpassungsflexibilität der Hersteller an Absatzschwankungen.

Hersteller-Lieferanten-Beziehungen

Die Lieferanten sind dabei in einem zunehmenden Maße für geschlossene Produktfunktionalitäten verantwortlich, die als »**Systeme**« bezeichnet werden. Daraus ergeben sich hohe Anforderungen an die Verlässlichkeit und an die Integrationskompetenz des Systemanbieters. Die Folge ist eine enge Verzahnung von Herstellern und Lieferanten mit den entsprechenden gegenseitigen Abhängigkeiten. Der (System-)Lieferant erhält eine zunehmende Bedeutung für die Erfüllung der Kundenanforderungen und wird dadurch zu einem wichtigen Partner bei der Entwicklung von kundenorientierten Problemlösungen, in die er möglichst frühzeitig eingebunden werden muss.

B

Auch in der *DaimlerChrysler AG* wird die Kooperation mit externen Entwicklungspartnern immer wichtiger. So werden bereits heute einige der Innovationsleistungen »außer Haus« erbracht. Zum Beispiel wurde die Grundkonzeption des neuartigen Lamellendaches der *A-Klasse* in Zusammenarbeit mit der *Webasto AG* und die Fahrdynamikregelung *»Electronic-Stability-Program (ESP)«* mit der *Robert Bosch GmbH* gemeinsam entwickelt. Bei der Betrachtung der immer intensiver werdenden Verflechtungen zwischen den Gesamtsystemherstellern und den Lieferanten der Teilsysteme wird deutlich, wie zweckmäßig die frühe Einbindung der lieferantenseitigen Experten ist.

Aus dieser Entwicklung ergibt sich die Notwendigkeit, dass die jeweiligen Unternehmen bereits in der Phase der Ideengewinnung enger als bisher mit ihren Lieferanten zusammenarbeiten, um deren Know-how bei der Produktentwicklung zu nutzen. Zudem verfügen die Lieferanten häufig auch über nähere Informationen

	Vorteile	Nachteile
Lieferanten-einbindung	Quelle für spezifische Daten Einfache Ermittlung der relevanten Know-how-Träger	Skepsis bzgl. späterer Wertschöpfung Auswahl innovativer Lieferanten ist schwierig Ausschließlich angebotsseitige (technologische) Orientierung Know-how ist auch für die Konkurrenz verfügbar
⇨ *Fazit: Hohes Potenzial an konkreten Produktideen, wobei die marktseitige Absicherung zu kurz kommt*		

SCHÄFFER POESCHEL

Abb. 4.15: Vor- und Nachteile der Lieferanteneinbindung

über die Produktinnovationen von Wettbewerbern. Dieses Wissen fließt, zumindest indirekt, damit auch dem eigenen Unternehmen zu, was allerdings auch umgekehrt der Fall ist.

Die Betrachtung von Lieferanten als Ideenquelle darf aber nicht so verstanden werden, dass der Innovationsdruck auf die Zulieferer abgewälzt wird. Vielmehr sollen die Lieferanten aufgrund ihrer Erfahrungen konkrete Verbesserungspotenziale aufzeigen, die im Bereich ihrer Kernkompetenzen liegen und die dann in Zusammenarbeit mit dem produzierenden Unternehmen und unter einer Beteiligung an der erzielten Wertschöpfung umgesetzt werden (vgl. auch die Vor- und Nachteile in der Abb. 4.15).

4.4.3.1.1.5 Kundeninformationen

Kundeninformationen beruhen im Wesentlichen auf mündlichen und schriftlichen Befragungen von Kunden und auf der Auswertung von statistischen Daten, die das Kundenverhalten beschreiben (z. B. Kundendateien und Kaufverhaltensanalysen). In diesem Zusammenhang sind die Durchführung von explorativen Kundengesprächen und Workshops und zunehmend auch von so genannten »Produkt-Kliniken« von besonderer Bedeutung. Sie dienen der Ermittlung von produktrelevanten Kundeninformationen.

Da die neuen Produkte eines Unternehmens den Anforderungen seiner Kunden entsprechen müssen, ist es nur folgerichtig und konsequent, die Kunden bereits zu Beginn des Innovationsprozesses einzubinden. Sie sind für die Identifikation von möglichen Problemfeldern die wichtigste Quelle. Insbesondere bei komplexeren Produkten mit entsprechend langen Planungs- und Realisierungszeiträumen stellt die »richtige« Prognose der potenziellen Kundenprobleme die größte Herausforderung für ein Unternehmen dar.

Um zu verwertbaren Kundenaussagen zu kommen, sind einige Voraussetzungen zu beachten:

Voraussetzungen

- Die Erhebung bzw. die Extrahierung der Daten muss in weit gehend homogenen Clustern erfolgen, d.h. die Kundenzielgruppen müssen anhand einheitlicher Kriterien abgrenzbar sein.
- Die Qualität der Einzelaussagen wird im Wesentlichen durch die Auswahl der Kunden und durch die eingesetzte Methodik bestimmt.
- Es muss eine ausreichend große Stichprobe vorhanden sein, um zu statistisch repräsentativen Aussagen zu kommen.

Als grundlegende Methoden zur Gewinnung von Kundeninformationen dienen Gesprächsrunden, Produkt-Kliniken und die traditionellen Marktforschungsinstrumente:

Methoden

- **Kundengesprächsrunden** können in der Phase der Ideenfindung zwei zentrale Funktionen erfüllen: Zum einen ermöglichen sie den unmittelbaren Kontakt mit den zuvor identifizierten Lead-Usern, deren Erfahrungen zur Suchfeldgenerierung herangezogen werden können. Zum anderen können Kunden beispielsweise in Workshops und Kreativitätssitzungen Aussagen über den Nutzen von bereits vorhandenen neuartigen Produktideen machen (vgl. *Boutellier, R./Völker, R.* 1997 S. 48).
- Eine relativ neue Form der Kundenbefragung ist die Einrichtung von so genannten »**Produkt-Kliniken**«. Dabei handelt es sich um zumeist eintägige Veranstaltungen, in deren Verlauf ausgewählte Mitglieder der relevanten Zielgruppe die Möglichkeit haben, ein neues Produkt zu testen und mit den bereits im Markt etablierten Produkten zu vergleichen. Die anschließende Befragung hat zum Ziel, die Akzeptanz von Neuentwicklungen zu prüfen und die Probanden dazu zu bewegen, weiter gehende Anregungen und Ideen zu geben.

B

Die direkte Einbindung von Kundeninformationen praktizierte die *Hoechst AG* (heute: *Sanofi-Aventis*) in Form einer Patientendatenbank schon in den neunziger Jahren. Während die Ärzte als primäre Ansprechpartner und Mittler zwischen dem Unternehmen und den Kunden in der Vergangenheit erst nach Abschluss einer häufig monatelang dauernden Behandlung ihrer Patienten Unterlagen an die Forscher der *Hoechst AG* schickten, wurden die Daten direkt an das *Hoechst*-Studienzentrum weitergeleitet. Dort wurden sie umgehend zur weiteren Auswertung in eine Datenbank eingegeben (vgl. *Deutsch, C.* 1996 S. 71).

- Neben diesen Maßnahmen stellt das gängige Instrumentarium der **(Innovations-)Marktforschung** weitere Alternativen der Informationsgewinnung zur Verfügung. In Form von Befragungen oder Produkttests können Suchfelder, Kundenbedürfnisse und Hinweise auf die Anforderungen der Kunden an die Neuprodukte ermittelt werden.

Allerdings sind im Allgemeinen nur wenige Kunden dazu in der Lage, ihre in die Zukunft gerichteten Produktanforderungen fundiert und nachvollziehbar zu beschreiben. Um dennoch zu ausreichend genauen Aussagen zu kommen, wird im Folgenden anhand eines Beispiels ein mögliches **Vorgehen zur Generierung von Kundeninformationen** aufgezeigt:

B

Zur Ermittlung der zukünftigen Anforderungen bzw. Probleme der relevanten Zielgruppen wird im Geschäftsbereich Transporter der *DaimlerChrysler AG* zwischen einem direkten und einem indirekten Ansatz unterschieden (vgl. Abb. 4.16). Beiden Ansätzen liegt eine Systematisierung der heutigen Kundenprobleme als Ausgangsbasis zugrunde. Für den Transporterbereich beinhaltet diese Systematik vier Kriterien, die jeweils nach den Kundenzielgruppen (Branchen) differenziert werden:

(1) Die geschäftliche Tätigkeit der Kunden und deren wesentliche Erfolgsfaktoren.
(2) Das Transportproblem der Kunden.
(3) Die relevanten Einsatzbedingungen der Fahrzeuge bei den Kunden.
(4) Die kundenspezifischen Anforderungen an die Fahrzeugeigenschaften.

Für eine **direkte** Befragung zu den zukünftigen Transportproblemen können diejenigen Kunden herangezogen werden, die sich selbst strukturiert mit ihrer langfristigen Geschäftsentwicklung auseinander setzen. Hierbei handelt es sich im Regelfall um Kunden, die zum einen eine hohe Professionalität bei der Planung ihrer Geschäftstätigkeit aufweisen und deren Geschäftsfeld zum anderen eine vorausschauende Unternehmenssteuerung erfordert und ermöglicht. Derartige Kunden können aus ihrem langfristigen Problemverständnis heraus direkte Aussagen zu den zukünftigen Produktanforderungen machen. Beispiele für solche Kundengruppen sind die professionellen Kurier-, Express- und Paketdienste, bei denen der Transport von Waren das Kerngeschäft darstellt.

Dagegen können Aussagen anderer Kundengruppen, deren Geschäftstätigkeit keine ausgeprägt langfristige Orientierung erfordert, nur eingeschränkt zur Gestaltung von neuen Produkten herangezogen werden. Beispiele hierfür sind kleine Handwerksbetriebe, Dienstleistungs- und Einzelhandelsunternehmen, für die der Transport von Waren eher eine Randbedingung ihrer Tätigkeit ist. Zur Ermittlung von zukünftigen Transportproblemen und Fahrzeuganforderungen für diese Art von Zielgruppe bietet sich der **indirekte** Ansatz an. Der indirekte Ansatz erfordert die

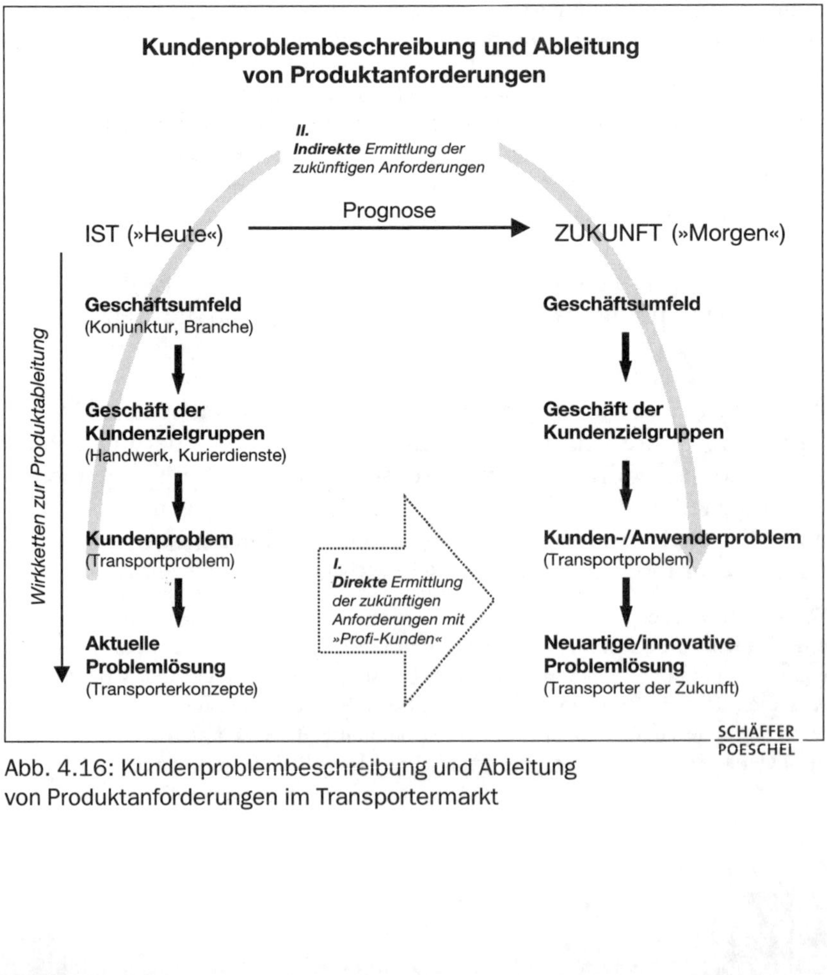

Abb. 4.16: Kundenproblembeschreibung und Ableitung von Produktanforderungen im Transportermarkt

intensive Auseinandersetzung des entwickelnden Unternehmens mit dem originären Geschäft der Zielgruppen, um aus den gewonnenen Erkenntnissen, gewissermaßen anstelle der betreffenden Kunden, die zukünftigen Produktanforderungen abzuleiten. Der indirekte Ansatz führt zu einem detaillierten Wissen über den Kunden und dessen zukünftiges »Geschäftssystem«, das in dieser Form bei dem Kunden selber nicht vorliegt. Er ist damit eine gute Grundlage für die problemlösungsorientierte Ableitung von innovativen Produkten.

Grenzen von Kundenbefragungen

Dennoch müssen bei jeder Kundenbefragung, unabhängig von der Art ihrer Durchführung, drei **einschränkende Faktoren** beachtet werden:

- Die Kunden wissen oftmals nicht oder können dies zumindest nicht kommunizieren, inwieweit sich zukünftige Entwicklungen auf ihre Bedürfnisse auswirken werden.
- Alle in Befragungen oder Tests ermittelten Ergebnisse unterliegen subjektiven Verzerrungen. So ist es möglich, dass ein Kunde im Rahmen einer Produkt-Klinik rational argumentiert, die tatsächliche Kaufentscheidung aber regelmäßig eher emotional trifft.
- Zudem haben Konsumentenbefragungen in der Vergangenheit gezeigt, dass Verbraucher in Tests vielfach dazu neigen, Neuartiges und Unbekanntes abzulehnen (vgl. *Salcher, E. F.* 1991 S. 57).

Resümee

Insofern beinhaltet die Beschaffung und die Auswertung von Kundeninformationen zwar gewisse Risiken und ist häufig mit einem hohen zeitlichen und finanziellen Aufwand verbunden; sie sichert aber auch die konsequente Ausrichtung des Innovationsprozesses auf den Kundennutzen und reduziert damit das Fehlschlagrisiko bei der Einführung des neuen Produkts im Markt (vgl. Abb. 4.17).

	Vorteile	Nachteile
Kundeninformationen	+ Konsequente Orientierung am Kundennutzen + Absicherung der Technologieseite und Verringerung des Fehlschlagrisikos	− Hoher zeitlicher und finanzieller Aufwand − Auswahl der Lead-User − Verlässlichkeit der Aussagen nicht immer gegeben
⇨ *Fazit: Kunden als primäre Innovations- und Ideenquelle unerlässlich; eine konkretere Detaillierung durch andere Erkenntnisse bleibt aber notwendig*		

SCHÄFFER POESCHEL

Abb. 4.17: Vor- und Nachteile von Kundeninformationen

B

Eine 1990 in der schweizerischen Maschinen- und Fahrzeugindustrie durchgeführte empirische Untersuchung zeigt, dass Kundeninformationen (Vorschläge, Beschwerden) in einem erheblichen Umfang als Ideenquelle genutzt werden. Etwa 35 % aller innovativen Anregungen entstammen dieser Quelle. Als wichtige Instrumente zur Einbeziehung der Kunden dienen dabei der Außen- und der Kundendienst. Kundenbefragungen werden dagegen nur von jedem zehnten, Kunden-Workshops sogar nur von jedem hundertsten Unternehmen durchgeführt (vgl. *Geschka, H./Herstatt, C.* 1991 S. 207 ff.).

4.4.3.1.2 Interne Informations- und Ideenquellen

4.4.3.1.2.1 Mitarbeiter

Grundsätzlich kann jeder Mitarbeiter einen Beitrag zur Gewinnung von innovativen Produktideen leisten. Hier ist ein erhebliches kreatives Potenzial vorhanden, das es im Rahmen des Innovationsmanagements zu aktivieren und zu nutzen gilt. Eine gezielte und systematische Förderung von neuen Ideen im Unternehmen wird aber offenbar dadurch erschwert, dass sich das kreative Potenzial vieler Mitarbeiter außerhalb der üblichen Arbeitszeiten sehr

Ort	absolut	relativ
Am Arbeitsplatz (Büro, Werkbank, Labor)	4	
In Meetings, in denen ich gefordert bin	6	
In Meetings, in denen ich mich langweile	10	
Bei der Fahrt ins Büro	8	
In Pausen während der Arbeit	3	
Bei Kreativsitzungen im Büro	1	
im Unternehmen		*24 %*
Auf Geschäftsreisen	11	
Zuhause	20	
In der Natur	29	
Ferien/Reisen	13	
Sonstige	14	
außerhalb des Unternehmens		*76 %*
Total		*100 %*

Anm.: Doppelnennungen möglich

SCHÄFFER POESCHEL

Abb. 4.18: Wo innovative Ideen entstehen (vgl. *Berth, R.* 1992 S. 74)

viel stärker zu entfalten scheint als während ihrer betrieblichen Tätigkeit. Ein möglicher Grund hierfür kann die Tatsache sein, dass neben dem operativen Tagesgeschäft kaum Zeit und Muße für die Entfaltung von Kreativität bleiben. Empirische Untersuchungen bestätigen dies zu einem großen Teil, denn rund 70 % der innovativen Ideen entstehen außerhalb des Unternehmens (vgl. Abb. 4.18).

B

Der amerikanische Mischkonzern *3M* begegnet diesem Umstand mit der Anwendung der so genannten **»15/85-Regel«** und trägt damit zu einer kreativen Entfaltung des vorhandenen Wissens- und Ideenpotenzials seiner Mitarbeiter bei. Die unternehmensinterne Regel besagt, dass jeder der Mitarbeiter das Recht hat, 15 % seiner Arbeitszeit für eigene Projekte zu verwenden, ohne dass er sich dafür rechtfertigen muss. Dadurch sollen vorhandene Ideen außerhalb des definierten Innovationsprozesses von den Mitarbeiter eigenverantwortlich weiterentwickelt werden und so für das Unternehmen nicht verloren gehen. Die heutzutage kaum mehr wegzudenkenden *Post-it* Haftzettel von *3M* sind ein sehr erfolgreiches Ergebnis der Anwendung dieser 15/85-Regel (vgl. *Deutsch, C.* 1996 S. 70).

Fragt man nach Unternehmensbereichen, die besonders gute Voraussetzungen für die Entstehung von kreativen Produktideen bieten, dann sind insbesondere der **Verkauf** bzw. der **Service** und der **Entwicklungsbereich** zu nennen.

Verkauf als Ideenquelle

In der **Verkaufsorganisation** bestehen regelmäßige Kundenkontakte. Durch die damit verbundene ständige Auseinandersetzung mit den Abnehmern der produzierten Leistungen ist sichergestellt, dass stets aktuelle Informationen über die relevanten Bedürfnisse der Nachfrager im Unternehmen vorliegen, vorausgesetzt die Anregungen der Konsumenten werden von den Verkäufern systematisch erfasst und ausgewertet. Der Vertrieb übernimmt damit die Funktion eines »Übersetzers«, der die im Markt diagnostizierten Anforderungen, Wünsche und Kritikpunkte der Kunden als mögliche Innovationsanstöße in die Unternehmensorganisation trägt.

Service als Ideenquelle

Neben der Verkaufsorganisation kann vor allem auch die **Serviceorganisation** Erkenntnisse für die Generierung innovativer Produktideen liefern, die dem Charakter nach aber eher Verbesserungsvorschläge sind. So verstanden ist der Service weit mehr als nur die Sicherstellung der technischen Leistungsfähigkeit der verkauften Produkte. Vielmehr steht die aktive Betreuung der Nutzer im Vordergrund, deren Anregungen, Wünsche und Forderungen unbedingt den Weg in den betrieblichen Innovationsprozess finden sollten (vgl. *Sommerlatte, T.* 1988 S. 163).

Die Vertriebs- und die Serviceorganisation mit ihrem aggregierten Kunden- und Markt-Know-how können demzufolge insbesondere zu der zielgerichteten Formulierung von Suchfeldern für Innovationen beitragen. Damit liefern sie wichtige Anstöße für eine **marktorientierte** Produktentwicklung, die sich primär an den Kundenbedürfnissen zu orientieren hat.

	Vorteile	Nachteile
Mitarbeiterideen	+ Großes Ideenpotenzial + Förderung der Identifikation mit dem Unternehmen + Ideen entstehen meist aufgrund direkter Problemkenntnis	− Hoher Aufwand zur Erfassung − Aufwendige Verarbeitung der Ideenflut − Implementierung effizienter Anreizsysteme erforderlich
⇨ *Fazit: Trotz des hohen Aufwands, der für eine systematische Nutzung der Ideen erforderlich ist, kann auf diese Informations- und Ideenquelle nicht verzichtet werden*		

SCHÄFFER POESCHEL

Abb. 4.19: Vor- und Nachteile von Mitarbeiterideen

F+E als Ideenquelle

Dagegen obliegt den Mitarbeitern des **Forschungs- und Entwicklungsbereichs** eher die Ideenfindung aus technologischer Sicht. Durch die laufende Auseinandersetzung mit der technischen Neu- und Weiterentwicklung des Produktprogramms, der Kenntnis der technologischen Grundlagen und der Entwicklungsaktivitäten wichtiger Wettbewerber ist in diesem Bereich schon »qua Funktion« ein umfassendes Innovationspotenzial vorhanden. Zur effektiven Ausrichtung der Entwicklungsaktivitäten ist allerdings eine starke Marktorientierung bei der Definition der Suchfelder sicherzustellen. Dies kann durch ein effizientes Schnittstellen- bzw. Innovationsmanagement geschehen, in das vor allem auch der Vertrieb eingebunden ist. Darüber hinaus ist es sinnvoll, wenn die Entwickler den direkten Kontakt zu den Kunden des Unternehmens suchen, um so unverfälschte und direkte Eindrücke von der Einschätzung ihrer Entwicklungsleistungen durch den Markt zu bekommen. Durch einen ausreichenden Kunden- und Marktkontakt wird eine bedürfnisgerechte Produktgestaltung sichergestellt und ein **»Over-Engineering«** vermieden, das Produktmerkmale entwickelt oder optimiert, deren Nutzen von den Kunden nicht gesehen oder als sehr gering bezeichnet wird (vgl. *Hanser, P./Schlutter, R./Schmidbauer, R.* et al. 1996 S. 46).

B

Einer Marktferne ihrer Forscher begegnet die Firma *Sony* dadurch, dass jeder in dem Unternehmen tätige Forschungs- und Entwicklungsingenieur für einige Monate im Verkauf eingesetzt wird und so einen direkten Kundenkontakt bekommt. Das Forschungspersonal wird auf diese Weise für eine marktorientierte Forschung sensibilisiert. Es lernt, die ökonomische Verwertbarkeit von neuen Forschungsergebnissen besser einzuschätzen und kann auf dieser Grundlage die verfügbaren Ressourcen effektiver einsetzen (vgl. *Staudt, E.* 1989 S. 366 f.).

Bei der Erschließung des Ideen- und Kreativitätspotenzials sämtlicher Mitarbeiter eines Unternehmen kann ein gut organisiertes betriebliches Vorschlagswesen einen wichtigen Beitrag leisten (vgl. hierzu Abschnitt 4.4.3.2.3). Die Vor- und Nachteile von Mitarbeiterideen sind einander in der Abbildung 4.19 gegenübergestellt.

4.4.3.1.2.2 Unternehmenseigene Unterlagen

Die in jedem Unternehmen vorhandenen Unterlagen können sich ebenfalls als eine Quelle innovativer Ideen erweisen. Die Erschließung von relevanten Daten ist allerdings nur durch eine **systematische Recherche** möglich. Der Aufwand für die Nutzbarmachung der existierenden Informationen hängt dabei stark von der Art der Datenverwaltung ab. Die Bandbreite reicht von einem geringen Zeiteinsatz bei einem strukturierten »Data-warehousing« mit schnellen Abfrage- und Selektionsmechanismen bis hin zu einem erheblichen Kostenaufwand bei einer »chaotischen« Papierspeicherung.

Beispiele für interne Quellen

Für die Ideengewinnung relevante Informationen finden sich beispielsweise in Unternehmens- und Innovationsplanungen, Entwicklungs- und Forschungsberichten, Lasten- und Pflichtenheften,

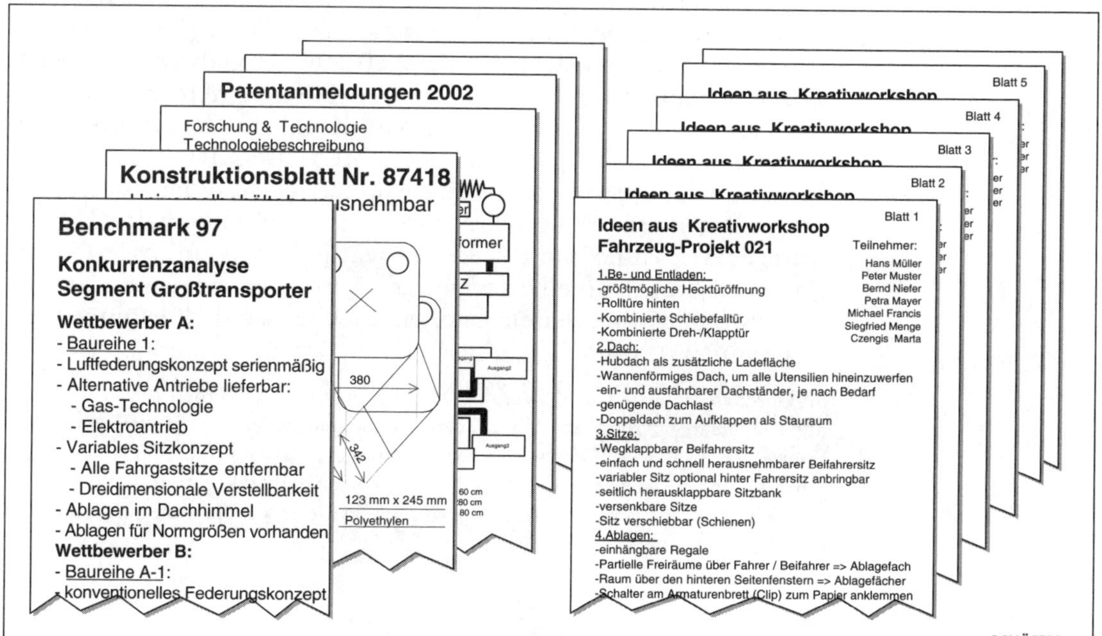

Abb. 4.20: Beispiele für unternehmensinterne Ideenquellen

	Vorteile	Nachteile
Unternehmens-unterlagen	+ Einfache Zugänglichkeit + Sicherstellung der Planungs-konsistenz (Vermeidung von Redundanzen) + Berücksichtigung von Unternehmens-unterlagen als Quelle fördert eine Auseinander-setzung der planenden Bereiche mit dem Thema Innovation	− Erschließungs-aufwand (abhängig von der Art der Daten-verwaltung) − Eher Sekundär-material zur Unterstützung von Ideengewinnungs-prozessen (z. B. Vorbereitung von Kreativitäts-sitzungen) − Oft unzureichend innovationsorien-tierte Datenstruktur
⇨ *Fazit:* *Unternehmensunterlagen sollten in jedem Fall bei der Ideengewinnung berücksichtigt werden, da sie zum einen die notwendige Durchgängigkeit zu den bisherigen Planungen sicherstellen und zum anderen zumeist mit wenig Aufwand erschließbar sind*		

SCHÄFFER POESCHEL

Abb. 4.21: Vor- und Nachteile von unternehmenseigenen Unterlagen

Vertriebs- und Marketingplänen, Wettbewerbsanalysen, Verkaufs- und Marktberichten, Produktdokumentationen, Marktforschungsberichten, After-Sales-Berichten mit Kundenreklamationen und Kundenbeschwerden, Qualitätsberichten usw. Die Vielfalt der Quellen zeigt, wie wichtig eine systematische und laufende Erfassung aller internen innovationsrelevanten Sachverhalte für ein Unternehmen ist. Eine auf die Innovationstätigkeit ausgerichtete Datenstruktur kann einen wichtigen Beitrag dazu leisten, dass die grundsätzlich verfügbaren Quellen auch tatsächlich genutzt werden können.

B

Im Geschäftsbereich Transporter der *DaimlerChrysler AG* werden zur Ideengewinnung einerseits vorhandene Unterlagen wie beispielsweise Wettbewerbsanalysen, Konstruktionsblätter, Technologiebeschreibungen, Patentanmeldungen usw. gesammelt und ausgewertet; andererseits werden aber auch in Kreativitäts-Workshops gezielt neue Ideen generiert. Die so gewonnenen Ideen werden systematisch dokumentiert und gesammelt (vgl. Abbildung 4.20).

4.4.3.2 Methoden der Ideengenerierung

4.4.3.2.1 Kreativität als Ausgangsbasis der Ideengenerierung

In diesem Buch wurde schon mehrfach darauf hingewiesen, dass Innovationen auf kreativen Prozessen beruhen, die neuartige Problemlösungen anstreben. Insofern stellt sich die Frage, wie die Kreativität als schöpferisches Potenzial für den Innovationsprozess nutzbar gemacht werden kann.

Voraussetzungen von Kreativität

Kreativität erfordert **kognitive Fähigkeiten** und insbesondere **Assoziationsvermögen**. So stellt die Suche nach innovativen Problemlösungen einen »normalen« kognitiven Prozess mit vielen Schleifen dar, bei dem es um Suchen, Fragen, Wahrnehmen, Erkennen, Verstehen, Analysieren, Vergleichen, Ordnen, Schlussfolgern, Entscheiden und Lernen geht. Von wesentlicher Bedeutung für die Generierung von neuartigen Zweck-Mittel-Verknüpfungen ist das Assoziationsvermögen, also die Fähigkeit bisher getrennte Verfahren, Funktionen, Ideen, Erklärungs- und Gestaltungsmuster usw. so miteinander zu verbinden, dass etwas Neuartiges entsteht (vgl. *Hauschildt, J.* 1997 S. 301 ff.).

Phänomen »Kreativität«

Nun stellt sich die Frage, ob es sich bei der **Kreativität** um eine angeborene oder um eine erworbene menschliche Eigenschaft handelt. Sicherlich bestehen individuelle Grenzen der Lernfähigkeit, die auch die Entfaltung von Kreativität einschränken. Nicht jeder Mensch kann ein begnadeter Erfinder sein. Es ist aber durchaus so, dass die Kreativität durch den Einsatz geeigneter Kreativitäts-»Methoden« einzeln oder in der Gruppe trainiert und weiterentwickelt werden kann. Die Kreativität bleibt damit ein personengebundenes Phänomen, dessen Ergiebigkeit sehr stark von den objektiven und subjektiven Bedingungen abhängt. Neben den konkreten Arbeitsbedingungen und den Einflüssen durch die Unternehmenskultur kommt den individuellen Faktoren, wie beispielsweise der Motivation, der Risikobereitschaft und der Qualifikation, eine entscheidende Rolle für die Entfaltung von Kreativität zu.

Einsatz von Kreativitätstechniken

An der Entwicklungsfähigkeit der menschlichen Kreativität setzen die **Kreativitätsmethoden** oder **-techniken** an. Ihre Vielfalt ist derart groß, dass die Auswahl der besten Methode für die Lösung einer konkreten Problemstellung schwer fällt. Die mittlerweile wohl über einhundert verschiedenen Kreativitätstechniken wollen entweder die Intuition verstärken oder sie wollen die Kreativität durch ein systematisch-analytisches Vorgehen fördern. Allerdings werden in der betrieblichen Praxis nur einige wenige dieser Methoden bewusst eingesetzt und als erfolgreich beurteilt. Zu den bekanntesten und am meisten angewandten Techniken gehören

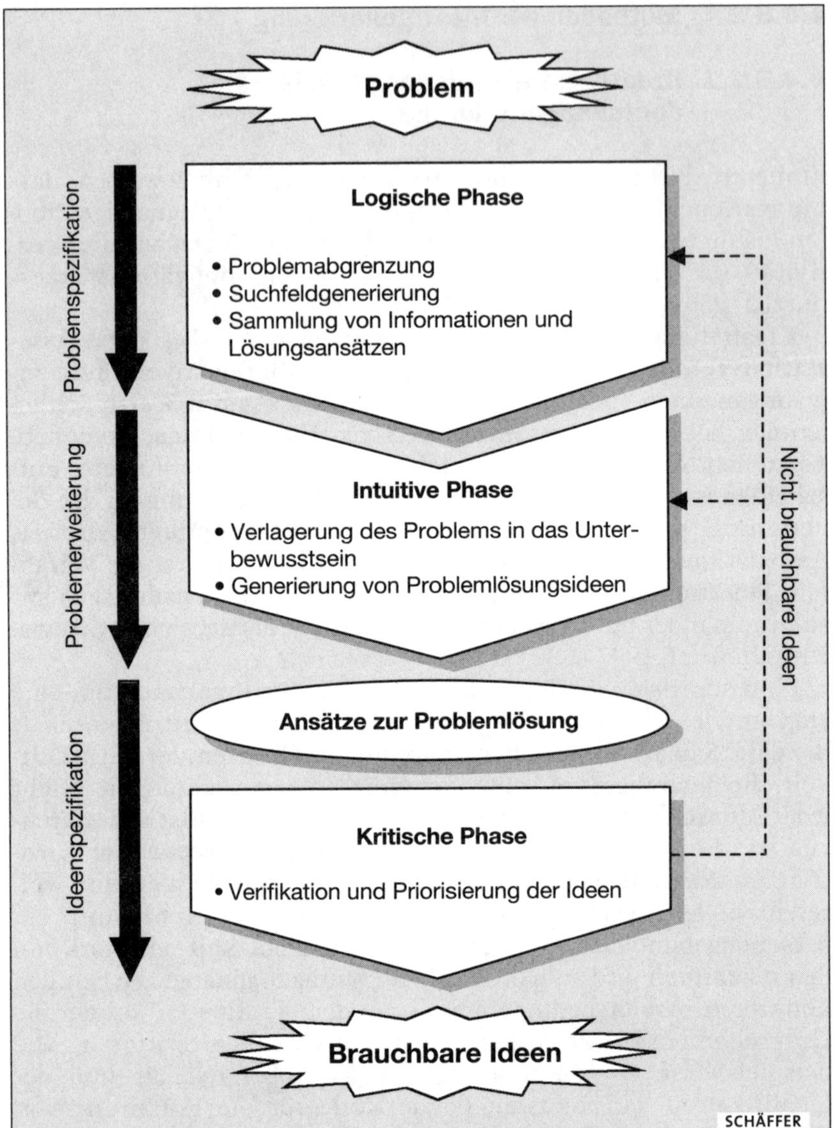

Abb. 4.22: Grundschema des Ablaufs von kreativen Prozessen

das Brainstorming und das Brainwriting, die Morphologische Analyse und die Synektik. Diese Methoden werden im Weiteren näher erörtert.

Den Kreativitätsmethoden gemeinsam sind einige **typische Vorgehensmuster zur Entwicklung von Kreativität**. Hierzu gehören (vgl. *Schlicksupp, H.* 1988 S. 174 f.):

- die Variation der vorhandenen Elemente,
- die Übertragung der Problemstellung von einem Gebiet auf eines oder mehrere andere Gebiete (Bildung so genannter »Analogien«),
- die Zerlegung der Gesamtstruktur des Problems,
- die Verfremdung des Problems durch eine Kombination mit artfremden Elementen und
- eine veränderte Betrachtungsweise der Problemstellung.

Außerdem liegt den verschiedenen Kreativitätstechniken fast durchweg ein **Grundschema des kreativen Prozesses** zugrunde, das sich als Ablauf von drei typischen Phasen präsentiert (vgl. Abb. 4.22 und *Macharzina, K.* 2003 S. 751 f.):

Kreativitätsprozess

- Der kreative Prozess wird mit einem **logischen Abschnitt** eingeleitet, in dem die Auseinandersetzung mit dem zu lösenden Problem vorwiegend rational erfolgt. Diese rationale Analyse soll einerseits gewährleisten, dass das vorliegende Problem und die möglichen Lösungsansätze von allen denkbaren Seiten her betrachtet werden und andererseits sicherstellen, dass die am kreativen Prozess beteiligten Personen ihre bisherigen Problemlösungs- und Verhaltensroutinen ablegen und so gedanklich frei für neuartige Lösungsansätze werden.
- In der zweiten Phase, dem **kreativen Prozess** im engeren Sinne, findet der Übergang von der sachrationalen zur intuitiv-kreativen Ebene statt, in dessen Verlauf das Problem verinnerlicht wird. Durch dieses In-sich-Gehen soll eine intuitive Weiterverarbeitung auf der unbewussten Ebene erfolgen. Der zweite Prozessabschnitt endet mit der Kreation einer oder mehrerer Problemlösungsideen, deren nähere Prüfung lohnenswert erscheint.

Grundregeln des Kreativitätsprozesses

- Suche ständig neue Informationen.
- Denke in Alternativen.
- Ändere deine Betrachtungsweise.
- Suche Abstand vom Problem zu gewinnen.
- Sei risikobereit.
- Arbeite interdisziplinär.
- Sorge für ein günstiges Kreativitätsumfeld.
- Setze Termine und halte sie ein.
- Schiebe dein Urteil zunächst auf.

Abb. 4.23: Grundregeln für die Gestaltung von Kreativitätsprozessen (in Anlehnung an *Witt, J.* 1996 S. 23)

- Diese **Verifikation der Ideen** erfolgt schließlich in der dritten Phase des kreativen Prozesses. Die einzelnen Ideen werden anhand bestimmter wirtschaftlicher, technischer, sozialer und ökologischer Kriterien hinsichtlich ihrer Problemwirksamkeit und ihrer Realisierbarkeit beurteilt und gegebenenfalls in eine Rangfolge gebracht.

Unabhängig von der Art oder dem Umfang der eingesetzten Kreativitätstechniken sollten generell einige Grundregeln berücksichtigt werden, um verwertbare Ergebnisse zu erzielen (vgl. Abb. 4.23).

4.4.3.2.2 Kreativitätsmethoden

4.4.3.2.2.1 Brainstorming

Das Brainstorming ist eine der bekanntesten und am weitesten verbreiteten Methoden zur Förderung von Kreativität. Sie wurde von *A. E. Osborn* entwickelt und verfolgt das Ziel, in kurzer Zeit (etwa 30 bis 60 Minuten) möglichst viele Ideen und Lösungsvorschläge zu generieren. Das Brainstorming findet in interdisziplinär zusammengesetzten Gruppen von etwa fünf bis zwölf Personen statt und folgt unter Einhaltung bestimmter Verhaltensregeln dem Prinzip der freien Assoziation (vgl. *King, N./Anderson, N.* 1995 S. 20 ff.).

Vorgehen

In dieser »**Ideenkonferenz**« ist Kritik strikt verboten, um die schöpferische Atmosphäre nicht zu stören und den Gedankenfluss der Teilnehmer nicht zu hemmen. Dadurch soll die Generierung von solchen Ideen erleichtert werden, die über die gängigen Lösungsansätze hinausgehen. Grundsätzlich gilt, dass Quantität vor Qualität geht. Sofern es möglich ist, wird eine Weiterverarbeitung der Vorschläge in Form von Assoziationsketten durch die anderen Teilnehmer angestrebt. Sämtliche Vorschläge werden protokolliert (i. d. R. mit Tonband- oder Videoaufzeichnungen), um zu verhindern, dass sie im Laufe der Brainstorming-Sitzung verloren gehen. Ein unabhängiger Moderator übernimmt die Leitung der Runde. Er hat vor allem die Aufgabe, einen kontinuierlichen Ideenfluss sicherzustellen.

Voraussetzungen

Von entscheidender Bedeutung für die Ergebnisse ist es, dass das Brainstorming völlig losgelöst von der Ideenbewertung erfolgt, die erst nach dem Abschluss der Sitzung vorgenommen wird. Dadurch haben die Kriterien der Machbarkeit oder der Durchsetzbarkeit von Lösungsideen in der Phase der intuitiven Assoziation keinen negativen Einfluss auf die Ideengenerierung. Die Teilnehmer können sich auf die Problemstellung und ihre Rahmenbedingungen konzentrieren.

Mögliche Fehlerquellen des Brainstormings sind vor allem in den begleitenden Prozessen zu sehen. Durch falsche oder gar nicht vorgegebene Suchfelder, durch eine mangelhafte Protokollierung oder Visualisierung der Vorschläge und durch eine unsachgemäße Moderation kann der Ideenfluss entscheidend gehemmt oder für eine spätere Verwendung weit gehend unbrauchbar gemacht werden. Der reibungslose Ablauf muss demzufolge bereits im Vorfeld der Brainstorming-Sitzung durch Moderatorenschulungen und die detaillierte Bestimmung von Suchfeldern sichergestellt werden.

Problemfelder

Der große Vorteil des Brainstormings ist neben dem vergleichsweise geringen zeitlichen Aufwand vor allem die Vielzahl von Ideen, die in einer Sitzung durch Assoziationen und Kombinationen gewonnen werden können. Als Nachteile können die Subjektivität der Vorschläge und die Tatsache gesehen werden, dass keine Beratung und Bewertung der Ideen durch die Gruppe stattfindet.

Vor- und Nachteile

Bei zwei Fahrzeugprojekten der *DaimlerChrysler AG* wurden zwei parallel verlaufende Kreativitäts-Workshops zur Ideenfindung veranstaltet, bei denen das **Brainstorming** zum Einsatz kam. In beiden Workshops umfasste das Suchfeld das jeweilige Gesamtfahrzeug. Entsprechend den Belangen des jeweils verantwortlichen Unternehmensbereiches (Vertrieb einerseits, Entwicklung andererseits) wurde der eine Workshop nach dem Prinzip des Market-pull, der andere Workshop hingegen unter dem Gesichtspunkt des Technology-push durchgeführt. Mit dieser Vorgehensweise wurden mit dem marktgesteuerten Workshop ca. 800 und mit dem technologiegesteuerten Workshop ca. 600 neue Ideen erzeugt. Entsprechend dem Brainstorming-Grundsatz »quantity breeds quality« wurde durch das Verbot von Kritik diese sehr hohe Anzahl an Ideen generiert, die erst bei den sich anschließenden Strukturierungs- und Bewertungsprozessen reduziert wurde.

B

4.4.3.2.2.2 Brainwriting

Das Brainwriting ist eine Weiterentwicklung der Methode des Brainstormings. Hierbei steht nicht die mündliche Mitteilung, sondern die **spontane Niederschrift** von möglichst vielen Ideen im Vordergrund. Dieses Vorgehen unterliegt strengeren Vorschriften und hat zudem den Vorteil, dass die sofortige schriftliche Fixierung durch die Teilnehmer selbst erfolgt. Dadurch werden Einflüsse des Moderators vermieden, die zu einer Verzerrung der Ergebnisse führen könnten (vgl. *Hauschildt, J.* 1997 S. 318, *Klötzl, G. L.* 1989 S. 396).

Im Rahmen des Brainwritings werden häufig so genannte »Metaplankarten« eingesetzt. Bei dieser Vorgehensweise werden nach der Problemformulierung Metaplankarten an die Teilnehmer verteilt, auf denen die spontanen Problemlösungsideen festzuhalten sind. Die Karten werden anschließend eingesammelt und auf einer Metaplanwand präsentiert. Um weitere Ideen zu generieren, kann das Problem nochmals um- oder neuformuliert und der Prozess wiederholt werden.

B

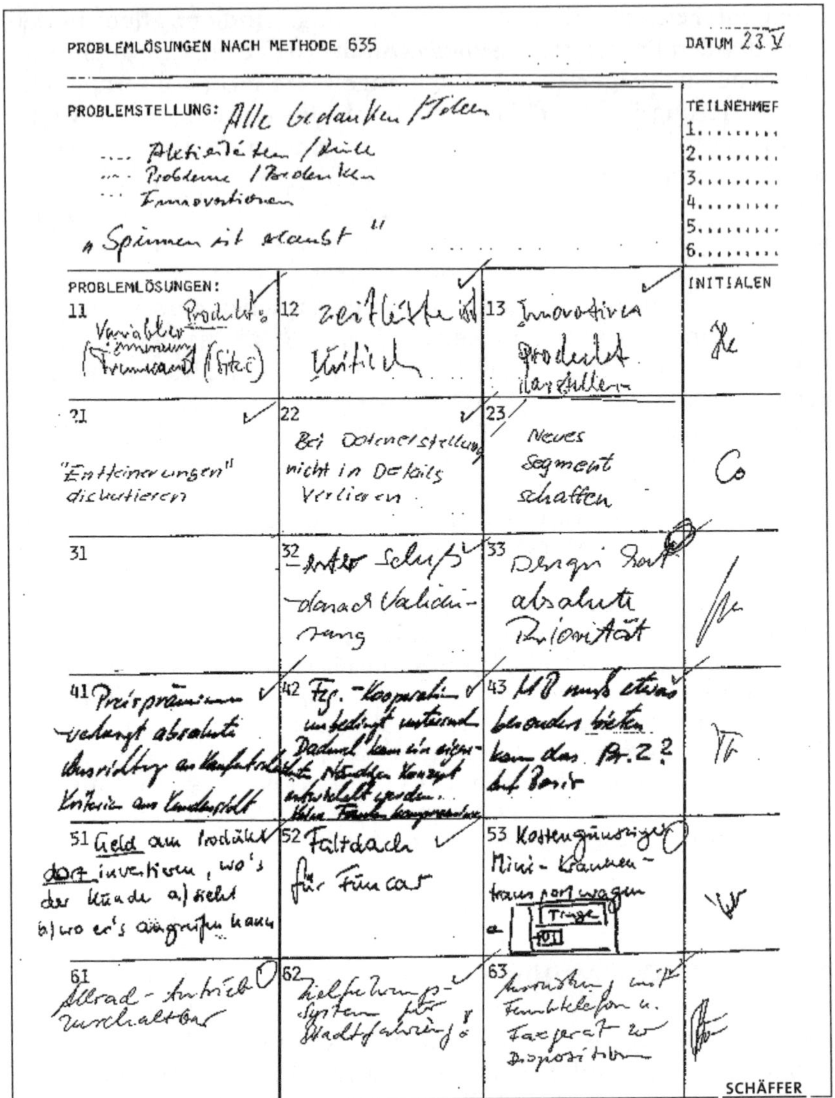

PROBLEMLÖSUNGEN NACH METHODE 635 DATUM 23.V

PROBLEMSTELLUNG: Alle Gedanken/Ideen
.... Aktivitäten/Ziele
.... Probleme/Bedenken
.... Innovationen
„Spinnen ist erlaubt"

PROBLEMLÖSUNGEN:			TEILNEHMER 1. 2. 3. 4. 5. 6. / INITIALEN
11	12 zeitliche ist kritisch	13 Innovatives Produkt darstellen	
21 „Entkeimerungen" diskutieren	22 Bei Datenerstellung nicht in Details verlieren	23 Neues Segment schaffen	
31	32	33 Design hat absolute Priorität	
41	42	43	
51 Geld am Produkt dort investieren, wo's der Kunde a) sieht b) wo er's angreifen kann	52 Faltdach für Funcar	53 Kostengünstiger Mini-Krankentransportwagen	
61 Allrad-Antrieb zuschaltbar	62	63	

Abb. 4.24: Beispiel eines ausgefüllten Formblatts der Methode 635

Methode 635

Die bekannteste Form des Brainwritings ist die von *B. Rohrbach* entwickelte **Methode 635**. Ihren Namen erhält diese Methode durch den ihr eigenen Ablauf: Sechs Personen generieren innerhalb einer festgelegten Zeit (fünf Minuten) jeweils drei Ideen, schreiben diese auf ein vorbereitetes Formular und reichen es an die anderen Teilnehmer weiter. In einem fünffachen Durchlauf werden die Vorschläge dann kommentiert, weiterentwickelt oder durch völlig neue Ideen ergänzt. Nach Abschluss einer klassischen dreißigminütigen 635-Gruppensitzung ergeben sich somit bis zu 108 verschiedene

Ideen, die anschließend noch um Doppelnennungen und Ungereimtheiten zu bereinigen sind (vgl. *Higgins, J. M./Wiese, G. G.* 1996 S. 133).

B

Im Geschäftsbereich Transporter der *DaimlerChrysler AG* wurde die Methode 635 im Rahmen eines Workshops zur Positionierung des Geschäftsbereichs und seiner Produkte angewandt. Die in der Kreativitätssitzung generierten Ideen wurden auf speziellen Formblättern festgehalten. In Abbildung 4.24 ist ein solches Formblatt beispielhaft wiedergegeben, auf dem die globale Problemstellung und mögliche Problemlösungen festgehalten wurden.

Weitere Formen

Je nach Gruppengröße und der kreativen Kapazität der Teilnehmer kann das Brainwriting auch als **734-** oder **553-Methode** zur Anwendung kommen. Sämtlichen Alternativen gemeinsam ist es, dass diese Vorgehensweise die Vorteile des Brainstormings mit den Vorteilen der konzentrierten Einzelarbeit verbindet und damit alle Teilnehmer gleichermaßen fordert und integriert. Eine Moderation der Brainwriting-Sitzung ist nicht zwingend erforderlich. Allerdings sind auch keine Rückfragen möglich, um missverständliche schriftliche Äußerungen zu klären. In Sonderfällen kann das Verfahren auch zu einer Ideenbewertung herangezogen werden, indem jeder Teilnehmer das Für und Wider der ihm vorgelegten Ideen darstellt und seinerseits die Bewertungen der anderen Teilnehmer kommentiert.

4.4.3.2.2.3 Morphologische Analyse

Während das Brainstorming und das Brainwriting als intuitiv-kreative Methoden bezeichnet werden können, wird die Morphologische Analyse zu den systematisch-analytischen Methoden gezählt (Morphologie ist die Lehre von den Formen, Strukturen, ... und deren Ordnungsprinzipien). Ihre Vorgehensweise besteht darin, einen zuvor festgelegten Suchbereich systematisch, vollständig und überschneidungsfrei nach allen erdenklichen Kriterien zu gliedern und durch die Neukombination der verschiedenen Merkmalsausprägungen neuartige Problemlösungen zu generieren.

Vorgehen

Die Morphologische Analyse, die auf Arbeiten *Zwickys* in den fünfziger Jahren zurückgeht, beansprucht für sich selbst, eine **rationale Totalitätsmethode** zu sein. Durch die Abgrenzung des Suchbegriffs, die vollständige Ermittlung der Analysekriterien und die inhaltliche Beschreibung sämtlicher Felder der Matrix soll die Kombination aller denkbaren Parameteralternativen dargestellt werden. Deshalb eignet sich die Morphologische Analyse insbesondere für (technisch) hochkomplizierte Produkte. Um spätere Redundanzen zu vermeiden, ist bei der Festlegung der einzelnen Parameter jedoch darauf zu achten, dass keine inhaltlichen Überschneidungen

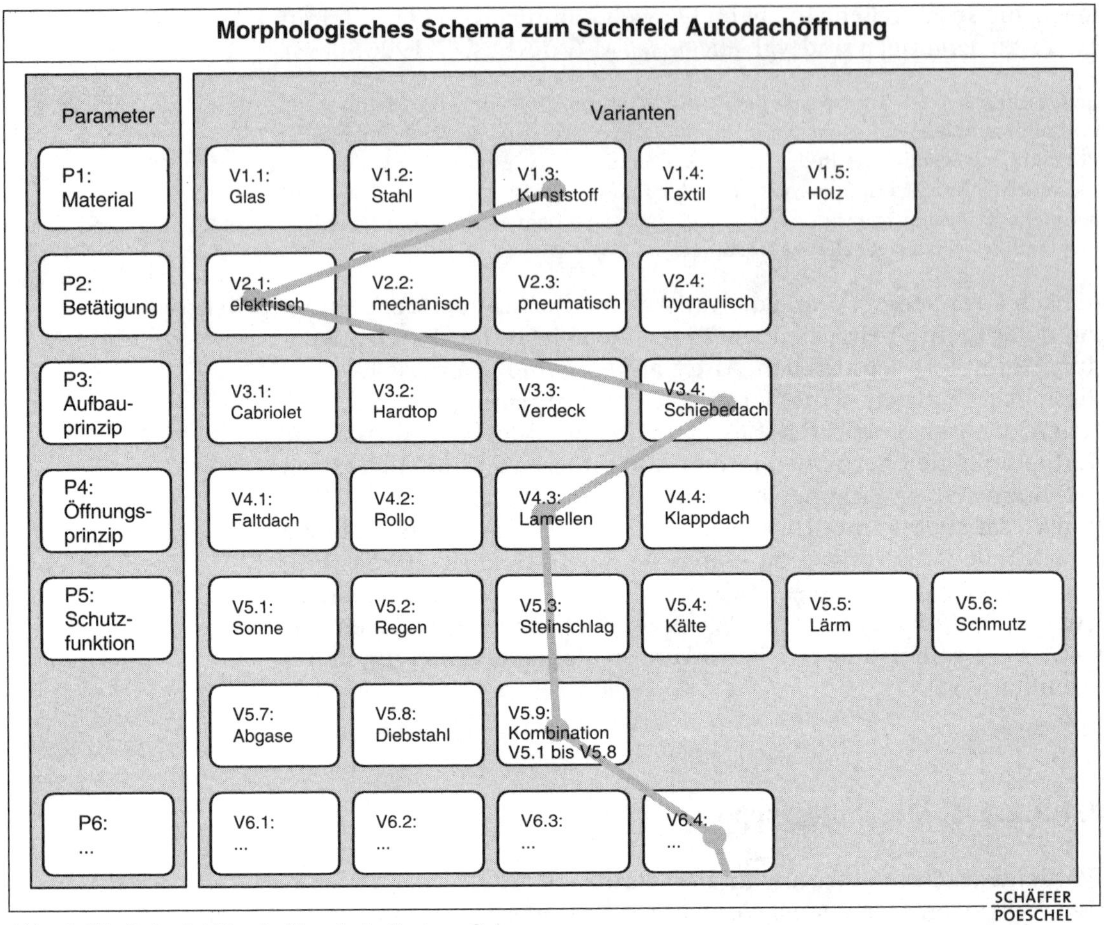

Abb. 4.25: Beispiel für ein Morphologisches Schema

zwischen ihnen auftreten (vgl. *Hauschildt, J.* 1997 S. 325 ff., *Schmitt-Grohé, J.* 1972 S. 63 ff., *Zwicky, F.* 1966 S. 114 ff.).

Zur Verdeutlichung wird im Folgenden exemplarisch der Ausschnitt eines **Morphologischen Kastens** aus dem Automobilbereich aufgezeigt (vgl. Abb. 4.25).

In diesem Beispiel wird als Suchfeld die Gestaltung der Autodachöffnung gewählt. Zunächst wird dieses Suchfeld anhand von allen denkbaren Parametern (Kriterien, Elementen oder Dimensionen) möglichst exakt und überschneidungsfrei beschrieben (Material, Betätigung, Aufbauprinzip usw.). Danach werden die Lösungsvarianten ermittelt und dem jeweiligen Parameter in Form einer Matrix zugeordnet (Aufstellung des so genannten »Morpologischen Kastens«). In einem weiteren Arbeitsschritt wird eine Problemlösung je Parameter gesucht und zu einer sinnvollen Gesamtlösung in Gestalt eines Lösungsprofils kombiniert. Schließlich sind die unterschiedlichen Löungsprofile einer Bewertung zu unterziehen und die optimale Problemlösung zu wählen und zu realisieren. Sie ist in der Abbildung 4.25 beispielhaft als Profilkurve dargestellt.

Vor- und Nachteile

Die Vorteile der Morphologischen Analyse sind insbesondere in der übersichtlichen Darstellung der Problemstruktur und in den Kombinationsmöglichkeiten der einzelnen Lösungsvarianten zu sehen. Dies erfordert eine umfassende kognitive Auseinandersetzung mit dem zu lösenden Problem. Nachteilig sind vor allem der relativ hohe Aufwand, der mit einer vollständigen Problemanalyse verbunden ist und das Erfordernis eines umfassenden, problembezogenen Expertenwissens.

4.4.3.2.2.4 Synektik

Als Beispiel für eine **Methode der intuitiven Konfrontation** macht sich die Synektik (von griech. synechein = in Verbindung bringen, verknüpfen) den Umstand zunutze, dass originelle und neue Ideen oft angesichts problemfremder Objekte und Prozesse gefunden werden, die sich aber analog verhalten. Die Synektik geht auf *W. Gordon* zurück, der in den vierziger und fünfziger Jahren Problemlösegruppen dabei beobachtete, wie sie durch Analogien zwischen einzelnen Problembestandteilen und ähnlichen Problemen in völlig anderen Zusammenhängen kreative Lösungen fanden (vgl. *Hauschildt, J.* 1997 S. 320 ff., *King, N./Anderson, N.* 1995 S. 25).

B

Das Beispiel eines heute weltweit milliardenfach genutzten Produkts verdeutlicht diesen Sachverhalt: Dem Erfinder des Kugelschreibers soll die Idee für das Schreibgerät gekommen sein, als ein Ball, mit dem Kinder im nassen Gras spielten, vor ihm über einen Kiesweg rollte und eine deutliche Spur hinterließ (vgl. *Geschka, H.* 1986 S. 152).

Vorgehen

Das Vorgehen erfolgt auch bei der Synektik in mehreren Schritten: Zuerst wird das zu bearbeitende Problem ausreichend charakterisiert und abstrahiert. Danach werden Analogien gesucht und das Problem wird »bis zur Unkenntlichkeit« verfremdet (*Pleschak, F./Sabisch, H.* 1996 S. 35). Dieser Schritt stellt den eigentlichen Kern der Synektik dar. Nacheinander werden Analogien aus der Natur, der Technik, der Geschichte oder der persönlichen Erfahrungswelt der Sitzungsteilnehmer gebildet. Schließlich werden aus der Verknüpfung dieser Analogien mit dem gestellten Problem neue Lösungsideen abgeleitet und weiterentwickelt.

Vor- und Nachteile

Die Synektik beruht somit auf dem Verfremden eines Problems durch die Bildung von Analogien mit scheinbar zusammenhanglosen Objekten und Erscheinungen. Durch die Technik des Verfremdens von vertrauten Sachverhalten und das Vertrautmachen mit dem Fremden eignet sich die Synektik auch für technisch hochkomplexe Fragestellungen. Problematisch an dieser Methode ist es, dass es den Teilnehmern der ausschließlich in Gruppen ablaufenden Synektik-Sitzungen nicht immer gelingt, sich von den bekann-

Kriterien / Verfahren	Mechanismus der Ideengenerierung	Reifegrad der produzierten Ideen	Komplexität der möglichen Ideen/ Problemlösungen	Anwendungszeit und -kosten
Brainstorming	freie Assoziation durch Kritikverbot	erste Anregungen/ Suchfelder/ Ideen mit hohem Abstraktionsgrad	gering	gering
Brainwriting	freie Assoziation bzw. Bildung von Assoziations-ketten	erste Anregungen/ konkretisiertere Ideenketten	relativ gering	gering
Morphologische Analyse	totale Kombination aller Merkmalsaus-prägungen	relativ voll-ständiges gedankliches Modell	auch für technisch hochkomplizierte Probleme geeignet	mittel bis hoch
Synektik	Anwendung von Analogie und Verfremdung	vollständige, z.T. physisch-konstruk-tive Problemlösung	auch für technisch hochkomplizierte Probleme geeignet	hoch

SCHÄFFER POESCHEL

Abb. 4.26: Gegenüberstellung von häufig angewandten Kreativitätstechniken

ten Prozessen und Objekten zu lösen. Zudem erfordert die Synektik im Vergleich mit den anderen Methoden den höchsten Aufwand und erfährt in der Regel erst bei ihrer wiederholten Anwendung die erforderliche Akzeptanz (vgl. *Hauschildt, J.* 1997 S. 324 f.).

4.4.3.2.2.5 Zusammenfassende Gegenüberstellung der Kreativitätsmethoden

Abschließend werden die wesentlichen Merkmale sowie die Vor- und Nachteile der dargestellten Kreativitätstechniken zusammengefasst (vgl. auch Abb. 4.26):

- Zur erfolgreichen Durchführung erfordert das **Brainstorming** gut organisierte, den Prozess begleitende Aktivitäten. Die Methode achtet insbesondere am Beginn der Ideengenerierung weniger auf die Qualität als vielmehr auf die Quantität der Ideen.
- Das **Brainwriting** verbindet die Stärken des Brainstormings mit der effizienten Arbeit kleiner Gruppen. Das Brainwriting kann als sinnvolle Weiterentwicklung und Verbesserung des klassischen Brainstormings angesehen werden.

- Die grundlegende Stärke der **Morphologischen Analyse** liegt in der Darstellung aller möglichen Merkmalsausprägungen eines Problems. Sie erhebt den Anspruch eines ganzheitlichen Ansatzes, was weder für das Brainstorming noch für das Brainwriting geltend gemacht werden kann.
- Im Vergleich zu den drei anderen Methoden ist die **Synektik** relativ wenig verbreitet. Dies ist vor allem dadurch begründet, dass es sich bei ihr um die mit Abstand aufwendigste und komplizierteste Kreativitätstechnik handelt. Sie kann allerdings zu überraschenden Ergebnissen führen, wenn die Beteiligten genügend Erfahrungen im Umgang mit der synektischen Methode gesammelt haben.

4.4.3.2.3 Weitere Methoden der Ideengewinnung

Im Folgenden werden als weitere Methoden der Ideenfindung die Dokumentenrecherche, die Marktforschung, die Durchführung von Experten-Workshops und explorativen Gesprächen sowie das betriebliche Vorschlagswesen kurz beschrieben.

Dokumentenrecherche

Die **Dokumentenrecherche** ist ein oft vernachlässigtes Instrument der Ideengewinnung. Das Ziel dieser Methode ist es, das vorhandene Wissen zu erschließen und zielgerichtet zu verwerten. Entscheidend für die erfolgreiche Suche nach Informationen ist die systematische Erschließung und Auswertung der relevanten schriftlichen oder DV-technisch verfügbaren Quellen. Als Beispiele für Dokumentenanalysen sind Literaturrecherchen, On-Line-Recherchen, Datenbank-Recherchen, Internet-Recherchen usw. zu nennen. Aufgrund der Tatsache, dass die Dokumentenrecherche auf bereits verfügbare Ergebnisse von Untersuchungen zurückgreift, wird sie im Bereich von Marktanalysen auch als **»Sekundär-Marktforschung«** bezeichnet.

Die Erschließung dieser Quellen kann sowohl innerhalb als auch außerhalb des eigenen Unternehmens erfolgen. Dabei ist grundsätzlich ein **strukturiertes Vorgehen** zweckmäßig:

Vorgehen der Dokumentenrecherche

1. Das Thema ist möglichst exakt zu definieren und durch geeignete Suchbegriffe zu beschreiben. Dabei ist darauf zu achten, dass die zu suchenden Schlagworte die Problemstellung möglichst umfassend abdecken und erforderlichenfalls auch nahe liegende Randbereiche berühren.
2. Um zu brauchbaren Ergebnissen zu gelangen, sind alle relevanten Datenquellen, Datenvermittler und Suchhilfen zu berücksichtigen.
3. Die alternativen Suchansätze sind unter Abwägung des jeweiligen Nutzens und des erforderlichen Aufwands zu sichten, zu bewerten und auszuwählen.

4. Die Durchführung der Suche sollte mit Hilfe von professionellen Suchinstrumenten und Experten erfolgen, um den zeitlichen, personellen und finanziellen Aufwand so gering wie möglich zu halten (Datenbankrecherchen, »Suchmaschinen«).

Die Dokumentenrecherche beruht auf dem bereits vorhandenen Ideenmaterial. Dadurch werden Doppelarbeiten und Redundanzen vermieden; jedoch sind neuartige Ideen nicht direkt zu gewinnen. Vielmehr können die Ergebnisse der Dokumentenrecherche in die Vorbereitung und die Durchführung von Kreativitätsveranstaltungen einfließen und so eine Grundlage für die Entwicklung innovativer Problemlösungen sein.

Marktforschung

Die **Marktforschung** ist eine der gebräuchlichsten Methoden für die Erhebung von relevanten Daten über die Kunden, den Wettbewerb und andere interessierende Bereiche des Unternehmensumfelds. Auf der Basis von zumeist stichprobenartigen Befragungen, Beobachtungen und Experimenten (so genannte **»Primär-Marktforschung«**) lassen sich im Allgemeinen repräsentative Aussagen über die Grundgesamtheit der relevanten Zielgruppe machen. Die Ergebnisse der Marktforschung sind in allen Phasen des Innovationsprozesses von Bedeutung.

Die Marktforschungsaktivitäten sollten grundsätzlich in **fünf Stufen** geplant und realisiert werden:

Vorgehen der Marktforschung

1. Der Untersuchungsgegenstand und das Untersuchungsziel sind möglichst exakt festzulegen und zu beschreiben. Die Marktforschung für Innovationen erfordert insbesondere in diesem ersten Schritt ein ausgeprägtes Problemverständnis hinsichtlich der technischen Entwicklungstendenzen, der wirtschaftlichen Zusammenhänge, der rechtlichen Rahmenbedingungen, der gesellschaftlichen Auswirkungen usw. Insofern ist bereits hier die Einbindung von Experten verschiedener Fachrichtungen geradezu zwingend erforderlich.
2. Die relevante Zielgruppe ist zu definieren und geeignete Stichproben bzw. »Probanden« sind auszuwählen. Der Gesprächsleitfaden (Interview), der Fragenbogen (schriftliche Befragung) oder der Beobachtungsbogen sind unter inhaltlichen und psychologischen Gesichtspunkten zu konzipieren und auf ihre Aussagekraft und Brauchbarkeit hin zu testen. Die Kriterien für die Datenauswertung sind festzulegen.
3. Danach ist das eigentliche Durchführungskonzept hinsichtlich der Interviewtechnik, der Interviewer, der Datenerfassung und der Datenauswertung festzulegen und es sind Vereinbarungen über die Zeitleiste, das Budget und den Abschlussbericht zu treffen.
4. In der Phase der Datenerhebung sind die gewonnenen Informa-

tionen sorgfältig zu dokumentieren und zu ordnen. Widersprüche oder Unklarheiten sind so weit wie möglich zu klären.
5. Schließlich ist der Datenbestand anhand der vorgegebenen Kriterien auszuwerten, und es sind Aussagen über die erwarteten zukünftigen Entwicklungen im Untersuchungsbereich zu machen.

Insbesondere bei umfangreichen Analysen ist die Beauftragung von spezialisierten externen Marktforschungsinstituten für die Erhebung der originären Daten von Vorteil, weil diese Einrichtungen über das für die Planung, die Durchführung und die Auswertung der Befragung erforderliche Expertenwissen verfügen.

Experten-Workshops

Die **Experten-Workshops** dienen dazu, sowohl Problemanalysen und Bewertungen der Ist-Situation durchzuführen als auch die zukünftige Entwicklung zu prognostizieren. **»Experten«** sind dabei generell solche Personen, die über umfassende Kenntnisse und Erfahrungen in dem betreffenden Innovationsbereich verfügen. Das Ergebnis der strukturierten Expertendiskussionen sind präzise Aussagen über den Untersuchungsgegenstand, die durch die Austausch- und Abstimmungsprozesse in der Gruppe objektiviert wurden. Einen maßgeblichen Einfluss auf die Resultate haben die Auswahl der »richtigen« Experten und eine zielgerichtete Moderation.

Bei der Durchführung von Experten-Workshops sind regelmäßig die folgenden Schritte zu durchlaufen:

Vorgehen in Experten-Workshops

1. Der Diskussionsgegenstand und das Ziel des Workshops sind exakt festzulegen.
2. Es sind kompetente Fachleute auszuwählen, die von den Entscheidungsträgern akzeptiert werden; nur so ist sichergestellt, dass die Workshop-Ergebnisse auf der obersten Führungsebene zur Kenntnis genommen und bei den Entscheidungen berücksichtigt werden.
3. Neben der Entwicklung eines zeitlich und inhaltlich strukturierten Ablaufs des Workshops sind erfahrene Moderatoren auszuwählen, und der Medieneinsatz ist festzulegen.
4. Im Workshop sind der Diskussionsverlauf und die Ergebnisse sorgfältig und vollständig zu dokumentieren. Es empfiehlt sich, den Experten die fertige Dokumentation zur Abstimmung zu geben, um Missverständnisse und Fehlinterpretationen zu vermeiden.

Bei einer strukturierten Durchführung können mit Experten-Workshops sehr gute Ergebnisse bei der Ideenfindung erzielt werden. Der Aufwand für die Experten ist dabei vergleichsweise gering, während die Vorbereitung und die Auswertung der Veranstaltung wesentlich mehr Zeit in Anspruch nehmen als der Workshop selbst.

Explorative Gespräche

Explorative Gespräche zeichnen sich durch einen intensiven Dialog mit einigen ausgewählten Vertretern der interessierenden Zielgruppe aus. Bei diesen Personen handelt es sich um die »Meinungsbildner« oder »Trendsetter«, deren Verhalten einen entsprechenden Einfluss auf das Verhalten der übrigen Mitglieder der Zielgruppe hat. Bei größeren Grundgesamtheiten führen explorative Gespräche allerdings nicht unbedingt zu repräsentativen Aussagen. Sie sind stattdessen eher dazu geeignet, das Innovationsmanagement für die Besonderheiten und die spezifischen Probleme der Zielgruppe zu sensibilisieren. Damit bilden explorative Gespräche eine Grundlage für die Formulierung von Ursache-Wirkungs-Zusammenhängen (Hypothesen), die dann in einem zweiten Schritt statistisch repräsentativ abgesichert werden müssen (z. B. durch umfangreiche mündliche oder schriftliche Befragungen). Unter der Voraussetzung einer ausgeprägten »Sensibilität« des Interviewers für die Vertreter der von ihm befragten Zielgruppe können explorative Gespräche eine wichtige Ideenquelle sein.

Eine neuere Form der explorativen Ideengewinnung sind die so genannten »**Trend-Scouts**«, die im Auftrag von Meinungsforschungsinstituten oder der Marktforschungsabteilungen großer Unternehmen den Markt erkunden. Ihre Aufgabe ist es, beispielsweise über Gespräche mit Trendsettern in »Szene-Kneipen«, zu Aussagen über die zukünftige Entwicklung von Werten und Einstellungen der Konsumenten zu kommen und gesellschaftliche Trends zu identifizieren, die für das Innovationsmanagement der Auftraggeber relevant sein könnten.

Betriebliches Vorschlagswesen

Das **betriebliche Vorschlagswesen** (BVW) dient der systematischen Erschließung des vorhandenen Erfahrungswissens und der Kreativitätspotenziale der Mitarbeiter durch geeignete Anreize. Ein funktionierendes BVW kann als »... Einrichtung zur Förderung und Nutzbarmachung der Kreativität aller Arbeitnehmer eines Unternehmens« verstanden werden (*Thom, N.* 1987 S. 365) und wesentliche Anregungen für die Verbesserung oder die Neugestaltung der Produkte und für die Optimierung der Organisationsstrukturen und -abläufe geben.

Obwohl das BVW ein fester Bestandteil der Unternehmensorganisation ist, soll es Verbesserungsvorschläge und neue Ideen liefern, ohne dabei die herkömmlichen Informationsbeziehungen der Unternehmenshierarchie zu berühren. Durch die Einrichtung einer direkten Anlaufstelle erfolgt eine Verkürzung der langen Informations- und Entscheidungswege, die eine von den Mitarbeitern gefundene Idee üblicherweise zu durchlaufen hätte. Damit erhöht sich die Chance, dass die Idee nicht innerhalb der Organisationsstrukturen »versandet« oder dass dem Ideengeber durch lange Bearbeitungszeiten suggeriert wird, die eingereichte Idee sei uninteressant.

Allerdings gewährleistet die organisatorische Implementierung eines BVW noch keinen Ideen- und Innovationsschub im Unternehmen. Bei einer unsachgemäßen Handhabung dieses Instruments kann sogar das Gegenteil der Fall sein. Den möglichen **Schwachpunkten des BVW** sollte deshalb von Beginn an entgegengewirkt werden. Zu ihnen gehören vor allem die

- mangelnde Förderung des Vorschlagswesens durch die Unternehmensleitung,
- eine verzögerte oder gänzlich fehlende Rückmeldung über einen Vorschlag durch die bewertende Stelle und
- ein nicht nachvollziehbares, unflexibles und undurchsichtiges Überprüfungs- und Bewertungssystem (vgl. *Majaro, S.* 1993 S. 257).

Um die nachteiligen Auswirkungen eines ungenügend funktionierenden BVW bereits im Vorfeld zu verringern, sind die in der Checkliste in der Abbildung 4.27 genannten Punkte bei der Konzeption eines BVW zu beachten.

Checkliste zur Entwicklung eines effizienten BVW

- Wurden die Rolle, die Funktion und die Ziele des BVW klar definiert und formuliert?
- Wurden die Mitarbeiter über diese Aspekte informiert?
- Existiert ein ausgearbeitetes Motivationsprogramm, und ist dieses im Unternehmen bekannt gegeben worden?
- Wurden entsprechende Prüfungs- und Bewertungsverfahren entwickelt?
- Sind die für die Sammlung, die Prüfung und das Feedback verantwortlichen Stellen installiert und besitzen diese die erforderlichen Entscheidungskompetenzen?
- Ist das Top-Management in alle Aktivitäten integriert?

Abb. 4.27: Checkliste zur Entwicklung eines effizienten BVW (in Anlehnung an *Majaro, S.* 1993 S. 274)

B

Weit über das BVW hinaus geht das Konzept des »**Ideenhauses**«. In ihm werden alle Mitarbeiter in den Prozess der Entwicklung von innovativen Ideen eingebunden. Das Ideenhaus soll sowohl der Ansprechpartner im Unternehmen für die Ideenlieferanten und die Ideenkunden als auch die zentrale Clearing- und Koordinationsstelle für das Innovationsmanagement sein (vgl. *Haller, C.* 1997 S. 22 ff., *Zetsche, D.* 1996 S. 34).

Anreizsystem

Eine wesentliche Voraussetzung für ein funktionierendes BVW ist das Vorhandensein eines attraktiven und transparenten **Anreizsystems**. Nur wenn laufend erkennbare Anreize gegeben werden, kann auf Seiten der Belegschaft von einer nachhaltigen Bereitschaft

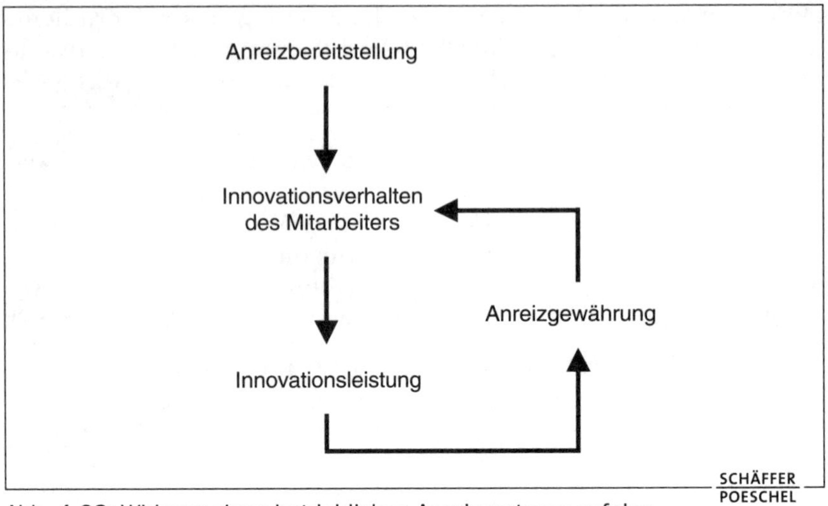

Abb. 4.28: Wirkung eines betrieblichen Anreizsystems auf das Innovationsverhalten (in Anlehnung an *Staudt, E./Bock, J./ Mühlemeyer, P.* et al. 1990 S. 1184)

zur Initiative ausgegangen werden. Das Grundschema eines innovationsunterstützenden Anreizsystems wird in der Abbildung 4.28 dargestellt.

Ein derartiges Anreizsystem kann **verschiedene Arten von Stimuli** beinhalten. Dabei müssen materielle Anreize in Form von Geldzahlungen, Geschenken, Sonderurlaub usw. nicht im Mittelpunkt stehen. Gerade im Hinblick auf die kreativen Prozesse und die dahinter stehenden Personen und deren Bedürfnisstruktur kommen auch sozialstatusbezogene (Anerkennung, horizontale und vertikale Aufgabenerweiterung), personalentwicklungsbezogene (Weiterbildungsmaßnahmen, Messebesuche) und flexibilitätsbezogene Anreize (freie[re] Arbeitszeit, Spielräume für eigene Forschungsaktivitäten) in Betracht (vgl. *Staudt, E./Bock, J./Mühlemeyer, P.* et al. 1990 S. 1188).

Die Anzahl der beim BVW der *DaimlerChrysler AG* eingereichten innovativen Ideen hat sich von 40.000 im Jahr 1995 auf 69.000 im Jahr 2001 erhöht. Von diesen Ideen wurden 2001 ca. 38 % realisiert und mit insgesamt rund 16 Millionen € prämiert. Durch die Umsetzung der Mitarbeiter-Ideen konnte die *DaimlerChrysler AG* in diesem Geschäftsjahr insgesamt ca. 62 Millionen € an Kosten einsparen.

Ähnlich erfolgreich ist das Vorschlagswesen der *Bayer AG*, dessen *Bayer-Ideen-Pool* im Jahr 2003 sein einhundertjähriges Bestehen feierte. Hier gehen im Durchschnitt jährlich rund 23.000 Ideen mit einem hohen Einsparpotenzial ein. Allein in den vergangenen fünf Jahren wurden so über 60.000 Verbesserungsvorschläge realisiert, die auf die gesamte Dauer ihrer Nutzung gerechnet ein Einsparpotenzial von ca. 500 Mio. € erbringen werden. Die Einzelprämien für die realisierten Ideen lagen dabei bei bis zu 66.000 € (vgl. http://www.bayer.de/geschaeftsbericht_2003).

4.4.4 Systematische Ideenerfassung und -speicherung

Wenn die Ideensammlung und -generierung erfolgreich war, liegt als Ergebnis eine Vielzahl neuartiger Problemlösungen vor, die in einer geeigneten Art und Weise erfasst und gespeichert werden müssen. Während es in kleinen und mittleren Unternehmen noch ausreichen mag, die Ideen und Vorschläge in einer Kartei abzulegen und diese bei Bedarf nach passenden Problemlösungen zu durchsuchen, kommt ein derartiges Vorgehen für Großunternehmen, die integrierte Innovationsprozesse anstreben, nicht in Betracht. Hier ist der Einsatz geeigneter DV-Instrumente zur Datenerfassung und -speicherung geradezu zwingend erforderlich.

Ideenerfassung

Der **Ideenerfassung** kommt eine entscheidende Bedeutung zu. Die aus den verschiedenen Quellen gewonnenen Ideen müssen zunächst systematisch und vollständig dokumentiert werden. Hierzu sind geeignete Instrumente einzusetzen, die eine einheitliche Darstellung aller Ideen ermöglichen. Je höher der Standardisierungsgrad bereits in der Erfassungsphase der Ideen ist, desto einfacher und vollständiger sind später die Ideenrecherchen durchzuführen.

Ein geeignetes Instrument zur Ideenerfassung sind **Formulare**, die als »hard-copy« oder als Bildschirmmaske vorliegen können. Die Formulare sollten medienübergreifend vereinheitlicht sein. Sinnvolle **Strukturmerkmale zur Erfassung von Ideen** mittels eines Formulars sind beispielsweise:

Merkmale zur Ideenerfassung

- Der Titel oder das Thema der Idee,
- die Registrier-Nummer,
- die einreichende Person oder Stelle und das Datum der Ideeneinreichung,
- eine standardisierte Beschreibung der Idee (Funktionsprinzip, Anwendungsbereich, Nutzen und Aufwand, Vor- und Nachteile, Termine und Meilensteine),
- die Kategorisierung nach technischen Funktionen und
- eine Kategorisierung hinsichtlich der Art und des Umfangs des Kundennutzens.

B

Im Geschäftsbereich Transporter der *DaimlerChrysler AG* werden zum Beispiel so genannte **»Steckbriefe«** erstellt, mit denen die wesentlichen Gesichtspunkte einer innovativen Idee formal einheitlich erfasst werden. Die registrierten Ideen werden dann in einer Ideen- und Innovationsdatenbank gespeichert (vgl. Abb. 4.29).

Neben dem Gesichtspunkt der strukturierten Erfassung und Speicherung sind die Formblätter im weiteren Verlauf des Innovationsprozesses auch die Grundlage für eine transparente und einheitliche Dokumentation der realisierten Phasen. So werden die in der Ersterfassung der Idee gespeicherten Grunddaten schrittweise um

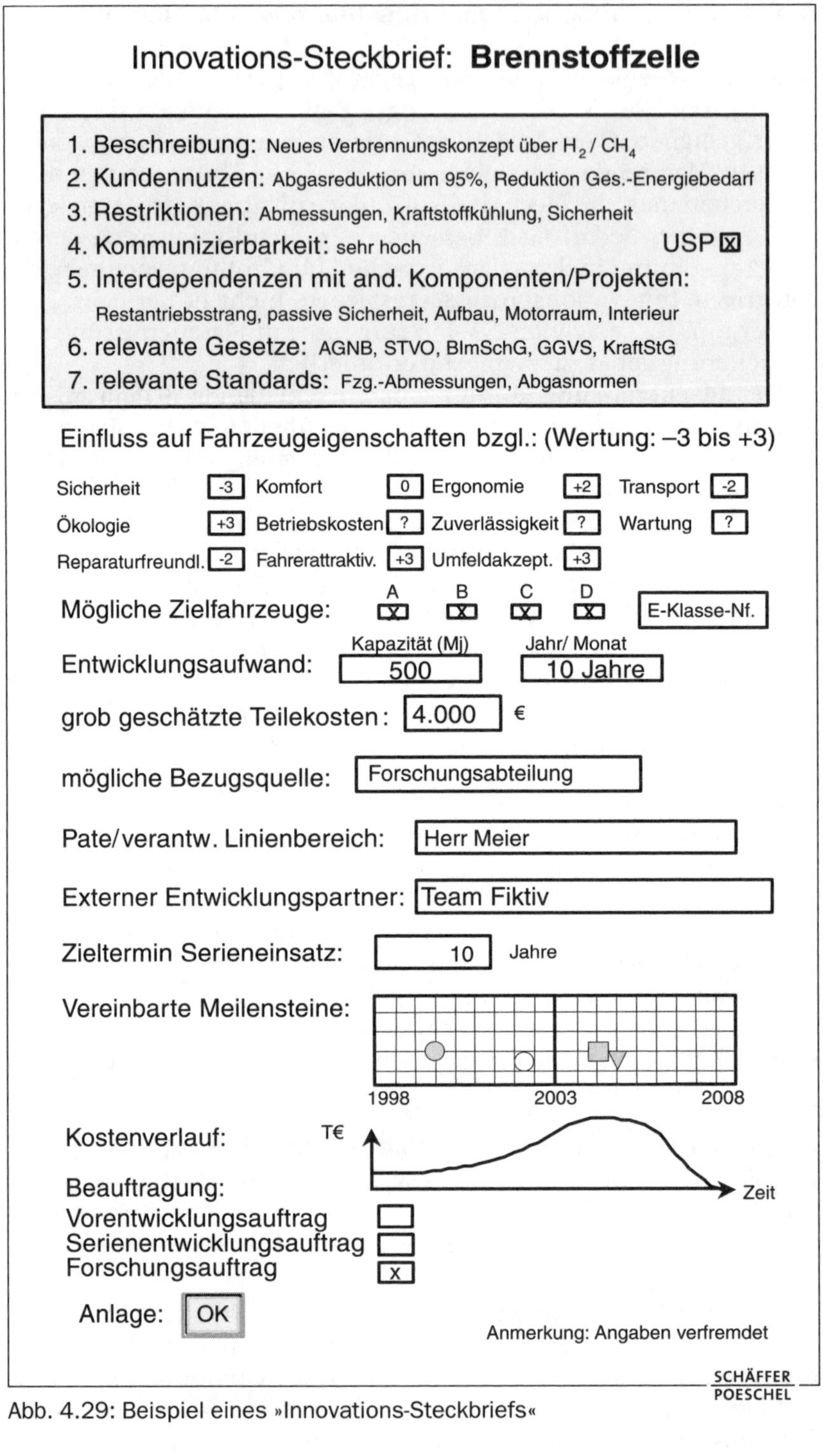

Abb. 4.29: Beispiel eines »Innovations-Steckbriefs«

die relevanten Bearbeitungsinformationen ergänzt. Am Ende jeder Phase erfolgt eine Statusbeschreibung der Innovation anhand einheitlicher Kriterien, die jederzeit einen Überblick über den Stand der einzelnen Ideen gibt.

Ideenspeicherung

Für die **Ideenspeicherung** kommt in der Regel allein schon aufgrund der umfangreichen Datenbestände nur eine EDV-Lösung in Betracht. Diese Ideen- bzw. Innovationsdatenbank (»Ideenpool«) ist die Grundlage für die Weiterverarbeitung der erfassten Ideen. Ihre DV-technische Umsetzung sollte auf der Basis einer fundierten Systemanalyse erfolgen, in der die »technischen« Spezifikationen

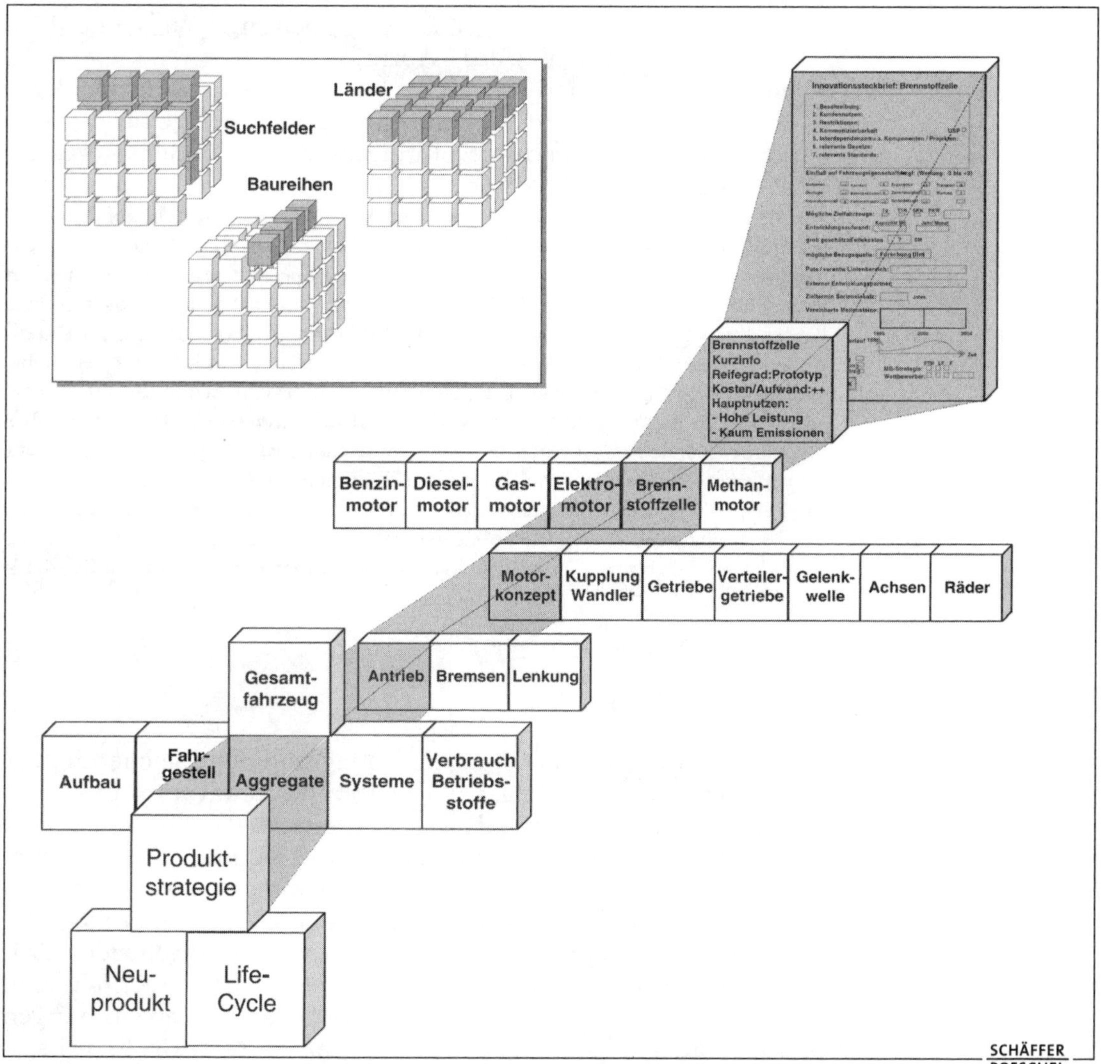

Abb. 4.30: Mehrdimensionale Datenbank und hierarchischer Datenzugriff

definiert und die Anforderungen des Innovationsmanagements berücksichtigt werden. Der Ideenpool ist Ablageplattform für alle Ideen, Vorschläge und Anregungen, die innerhalb oder außerhalb des Unternehmens gewonnen werden (vgl. *Wagner, M./Thieler, W.* 1994 S. 8). Die Speicherung der Ideen in dem Ideenpool erfolgt nach den gleichen Strukturmerkmalen wie die Ideenerfassung.

Die folgenden grundlegenden **Anforderungen** sind an eine Innovationsdatenbank zu stellen:

Anforderungen an Innovationsdatenbanken

- übersichtliche, einfache Struktur und Darstellungsform;
- Auswertbarkeit nach unterschiedlichen entscheidungs- und problemrelevanten Kriterien;
- transparente Dokumentation des Bearbeitungsstands einer Idee bzw. Innovation analog des »Workflows«;
- einfacher Datenzugriff durch die Bearbeiter der jeweiligen Idee;
- Controllingfunktionen als Entscheidungsgrundlage für die Ressourcenallokation und die Optimierung des Innovationsprozesses.

B

Für die Implementierung und die Verwaltung von Datenbanken steht auf dem Softwaremarkt eine Vielzahl von Programmen zur Verfügung. Kernprobleme der Datenbankverwaltung sind zum einen die redundanzfreie Speicherung der Ideen und zum anderen der schnelle und sichere Zugriff auf die relevanten Daten. Die Lösung dieser beiden Probleme ist die Voraussetzung für eine effiziente Handhabung der Datenmengen. Hinsichtlich einer redundanzfreien Speicherung ist es hilfreich, den mehrdimensionalen Charakter von Datenstrukturen zu erkennen und die Daten entsprechend zu archivieren. Bei dem Zugriff auf die interessierenden Daten sollte eine zunehmende Konkretisierung in hierarchischer Form möglich sein, damit der Informationssuchende trotz der großen Datenmengen die Orientierung behält. Ein Beispiel für eine mehrdimensionale Datenbank (mit den Ebenen Suchfeld, Land und Baureihe) und einen hierarchischen Datenzugriff (von der übergeordneten Produktstrategie bis zum Innovations-Steckbrief »Brennstoffzelle«) zeigt die Abbildung 4.30.

4.4.5 Screening

Das Screening stellt nach der Erfassung und der Speicherung der Ideen sicher, dass die folgenden Phasen des Innovationsprozesses effektiv und effizient durchlaufen werden können. Hierzu sind die neuen Ideen auf Redundanzfreiheit zu prüfen und solche Ideen auszusondern, die keinen konkreten Problembezug aufweisen. Das Screening gewährleistet damit als **suchfeldorientierte Selektion**, dass in der Bewertungsphase nur solche Ideen einer eingehenden Prüfung und Beurteilung unterzogen werden, die grundsätzlich auch Erfolgschancen aufweisen. Dadurch wird die in den vorherigen Phasen durchaus gewollte »Ideenflut« unter Zweckmäßigkeitsaspekten verringert.

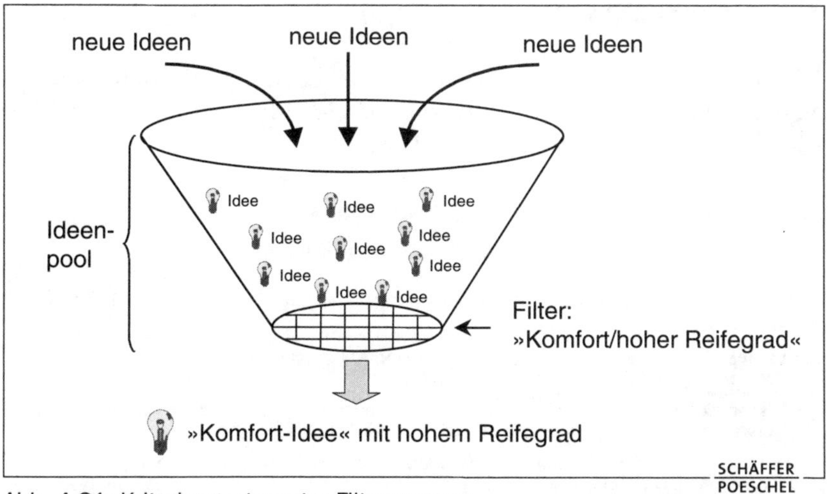

Abb. 4.31: Kriteriengesteuerter Filterprozess

Das Screening des Ideenbestands dient damit insbesondere der optimalen Allokation der zur Verfügung stehenden und zumeist knappen personellen, finanziellen und materiellen Ressourcen. Zum einen kann eine am Handlungsbedarf oder an der angestrebten Marktposition ausgerichtete Priorisierung der Ideen zu einem positiven Ergebnis des Innovationsprozesses beitragen; zum anderen ist es insbesondere bei dem Vorliegen von zeitlichen Restriktionen sinnvoll, vorrangig solche Ideen zu berücksichtigen, die sich aufgrund ihres Reifegrads bis zu einem bestimmten Zeitpunkt umsetzen lassen. Der **Reifegrad** kennzeichnet dabei den Bearbeitungsstatus bzw. den geschätzten Zeitraum bis zu der Serienreife einer Idee. Er ist ein wichtiges Differenzierungsmerkmal von Ideen und sollte deshalb in der Ideendatenbank in Form von Schlüsseln dokumentiert werden.

Reifegrad

Die in der Form von Steckbriefen systematisch erfassten und dabei hinsichtlich ihres inhaltlichen Schwerpunkts kategorisierten Ideen lassen sich mittels einer Datenbankrecherche so filtern, dass nur diejenigen Ideen »ausgeworfen« werden, die auch tatsächlich einen Beitrag zu der Lösung der aktuellen Problemstellung leisten können. Zusätzlich werden die zeitlichen Restriktionen über einen entsprechenden Reifegradfilter berücksichtigt, sodass letztendlich nur solche Ideen betrachtet werden, die sich voraussichtlich innerhalb des zur Verfügung stehenden Zeitraums umsetzen lassen.

B

Dieses Vorgehen führt beispielsweise im Fall einer im nächsten Jahr geplanten Life-Cycle-Maßnahme mit dem Ziel einer verbesserten Positionierung des Komforts einer bestimmten Fahrzeugbaureihe zu einer suchfeldorientierten Abfrage des Ideenpools nach dem Kundennutzenkriterium »Komfort« unter Berücksichtigung des erforderlichen hohen Reifegrads (vgl. Abb. 4.31).

4.4.6 Checkliste Ideengewinnung

In der folgenden Checkliste sind die wesentlichen Gesichtspunkte zusammenfassend dargestellt, die bei der Ideengewinnung zu berücksichtigen sind (vgl. Abb. 4.32).

Checkliste für die Ideengewinnung

- Besteht im Unternehmen Klarheit über die externen und die internen Auslöser von Innovationen?
- Lässt sich ein Zusammenhang zwischen dem Innovationsauslöser und den im Unternehmen definierten Suchfeldern herstellen?
- Stehen die Anforderungen des Markts bzw. der Kunden bei der Ausrichtung des innovativen Denkens und Handelns im Vordergrund?
- Weiß die Unternehmensführung, wo die derzeitige Problemlösungskompetenz des Unternehmens liegt und welcher Problemlösungsbedarf zukünftig relevant sein wird?
- Werden die verfügbaren internen und externen Informations- und Ideenquellen genutzt und hinsichtlich ihrer Aussagekraft kritisch hinterfragt?
- Inwiefern kommen bei der systematischen Ideensuche und -generierung Suchfelder zum Einsatz, um eine ineffiziente Ideensuche (idea mining) zu vermeiden?
- Gibt es Mechanismen oder Rahmenbedingungen im Unternehmen, die eine umfangreiche Ideengenerierung blockieren?
- Hat jeder Mitarbeiter die Möglichkeit, seine Vorschläge und Ideen einzubringen?
- Wird dem Ideengeber das Gefühl vermittelt, dass der von ihm eingebrachte Vorschlag schnell und kompetent weiterverarbeitet wird?
- Wird der Ideengeber über die Umsetzung seiner Idee informiert, und wird er aktiv in den weiteren Prozess eingebunden?
- Gibt es im Unternehmen eine zentrale Stelle, die sich ausschließlich mit der Bearbeitung von Ideen beschäftigt?
- Existiert ein Instrumentarium, um die gesammelten Ideen konsequent und systematisch zu erfassen und für die weiteren Bearbeitungsschritte aufzubereiten?
- Ist ein betriebliches Vorschlagswesen (BVW) im Unternehmen institutionalisiert?
- Wird das Vorhandensein eines BVW im Unternehmen angemessen kommuniziert und sowohl von Seiten der Unternehmensführung als auch von den Mitarbeitern als wichtig angesehen?
- Erfolgt eine systematische Anwendung der verschiedenen Kreativitätstechniken zur Ideenfindung?
- Werden Experten und Moderatoren zu den Kreativitäts-Workshops hinzugezogen?
- Finden im Unternehmen Maßnahmen statt (z. B. in Form von Schulungen), um die Kreativität der Mitarbeiter dauerhaft zu fördern und zu trainieren?
- Inwiefern werden Anreizsysteme eingesetzt, um die Ideengeber zu würdigen und sie und die anderen Organisationsmitglieder für weitere Innovationsleistungen zu motivieren?
- Werden standardisierte Formulare zur Ideenerfassung eingesetzt?
- Erfolgt die Ideenspeicherung mit Hilfe eines zweckmäßigen EDV-Systems, das auch eine flexible und zielgerichtete Ideensuche erlaubt?
- Wird vor der Ideenbewertung ein suchfeldbestimmtes Screening durchgeführt, um den späteren Bearbeitungsaufwand zu reduzieren?
- Ist das Formular- und Berichtswesen auf den unternehmensspezifischen Innovationsprozess abgestimmt, um eine einheitliche Ideensammlung und -bearbeitung von Anfang an zu gewährleisten?

SCHÄFFER POESCHEL

Abb. 4.32: Checkliste Ideengewinnung

4.5 Dritte Phase: Bewertung der neuen Ideen

4.5.1 Ziele der Ideenbewertung

Die Bewertung einer Produktidee bedeutet, dass diese Idee hinsichtlich ihrer technischen Umsetzbarkeit, ihres voraussichtlichen Markterfolgs, ihres Beitrags zu den angestrebten Zielsetzungen und ihres »strategischen Fits« mit der verfolgten Innovationsstrategie beurteilt wird. Dazu sind die einzelnen Parameter des Bewertungsobjekts zu messen oder zu schätzen und entsprechende Annahmen zu treffen, mit denen insbesondere die erwartete Marktsituation realitätsnah beschrieben werden kann (Annahmen beispielsweise über das Absatzvolumen, den zu erzielenden Preis, das Verhalten der Wettbewerber usw.). Dies setzt möglichst objektive Bewertungsmaßstäbe und konkrete Erfahrungswerte voraus, die bei vergleichbaren früheren Ideenbewertungen gewonnen werden konnten. Dringend erforderlich ist zudem eine systematisch-methodische Vorgehensweise, durch die sichergestellt wird, dass alle relevanten Beurteilungskriterien vollständig und umfassend berücksichtigt werden.

B

Wie empirische Untersuchungen zeigen, bestehen gerade in Bezug auf den Einsatz formaler Methoden oder spezifischer Techniken noch erhebliche Handlungsdefizite bei der Ideenbewertung. Die Auswahlentscheidungen erfolgen eher intuitiv als formal begründet und in der Regel ohne die Durchführung von systematischen Marktstudien. *Meffert* stellt demgegenüber fest, dass sich die Misserfolgswahrscheinlichkeit eines neuen Produkts durch den Einsatz von Entscheidungsmodellen deutlich verringern lässt (vgl. *Meffert, H.* 1998 S. 417).

Zielbeitrag von Produktideen

Die Umsetzung von Ideen in innovative Problemlösungen ist in der Regel mit einem erheblichen Mitteleinsatz und entsprechenden unternehmerischen Risiken verbunden. Da die Produktideen, die in der vorangegangenen Phase gewonnen wurden, zunächst nur in relativ abstrakter Form vorliegen, müssen sie in der Bewertungsphase konkretisiert werden. Während dies bei Produktideen mit einem hohen Reifegrad vergleichsweise einfach möglich ist, sind Ideen in einem frühen Entwicklungsstadium häufig nur schwer zu beschreiben. Trotzdem müssen auch sie im Verlauf des Bewertungsprozesses ausreichend quantitativ und qualitativ dargestellt und hinsichtlich ihres Zielbeitrags charakterisiert werden. Zu den quantitativen Kriterien gehören in erster Linie monetäre, kapazitäts- und zeitraumbezogene Größen, während die qualitativen Parameter sich einer unmittelbaren zahlenmäßigen Erfassung entziehen. Am Ende steht eine konkrete Entscheidungsempfehlung darüber, welche Ideen in innovative Produkte umgesetzt werden sollen.

Letztendlich heißt »bewerten« damit auch »entscheiden«; denn im Rahmen der Bewertung werden die zur Verfügung stehenden alternativen Ideen priorisiert und in eine Rangfolge gebracht. Diese Entscheidungen sind immer an Personen geknüpft, die zwischen den Chancen und den Risiken abzuwägen haben, die mit der Umsetzung einer Idee verbunden sein können. Damit subjektive Fehleinschätzungen und die damit verbundenen finanziellen Risiken für das Unternehmen so weit wie möglich vermieden werden, sind zuverlässige Entscheidungsgrundlagen und -methoden von großer Bedeutung (vgl. *Schlicksupp, H.* 1988 S. 197). Um aussagekräftige Bewertungsergebnisse zu erhalten, wird in diesem Zusammenhang insbesondere auf die Notwendigkeit hingewiesen,

Bewertungsanforderungen

- die einzelnen Entscheidungsalternativen eindeutig und überschneidungsfrei zu charakterisieren,
- die anzuwendenden Bewertungskriterien **vor** der eigentlichen Bewertung genau festzulegen und
- die mit der Ideenrealisierung verbundenen Ziele exakt zu bestimmen.

Die Erfüllung der oben genannten Anforderungen ist gerade im Innovationsprozess von besonderer Bedeutung, weil die Bewertungsobjekte und ihr inner- und außerbetriebliches Umfeld durch spezifische Merkmale gekennzeichnet sind. Hierzu gehören die Komplexität der zu bewertenden Ideen, die langfristige Orientierung von Produktinnovationen, die damit verbundene Unbestimmtheit der Voraussagen über die Entwicklung von Markt und Wettbewerb und das Erfordernis einer ständigen Präzisierung und Aktualisierung der relevanten Parameter im Verlauf des Innovationsprozesses (vgl. *Pleschak, F./Sabisch, H.* 1996 S. 170).

Die Bewertung der gesammelten Ideen ist demzufolge ein wichtiges Instrument des Innovationsmanagements. Sie verfolgt insbesondere **vier Zielsetzungen** (vgl. *Sabisch, H.* 1991 S. 161, *Kramer, F.* 1987 S. 314):

Zielsetzungen der Bewertung

- Sie dient dazu, aus einer Vielzahl von alternativen Ideen die erfolgversprechendsten Innovationsansätze auszuwählen.
- Sie ermöglicht es, die einzelnen Ideen hinsichtlich ihrer Wirtschaftlichkeit und ihrer Marktfähigkeit zu beurteilen und in eine Rangfolge zu bringen, die eine zielgerichtete Zuweisung der knappen Ressourcen erlaubt.
- Sie filtert diejenigen Ideen heraus, die nicht oder wenig erfolgversprechend sind und eliminiert sie, um keine weiteren Mittel zu verschwenden.
- Zusammenfassend ist es das Ziel der Bewertung, den größtmöglichen Innovationserfolg sicherzustellen.

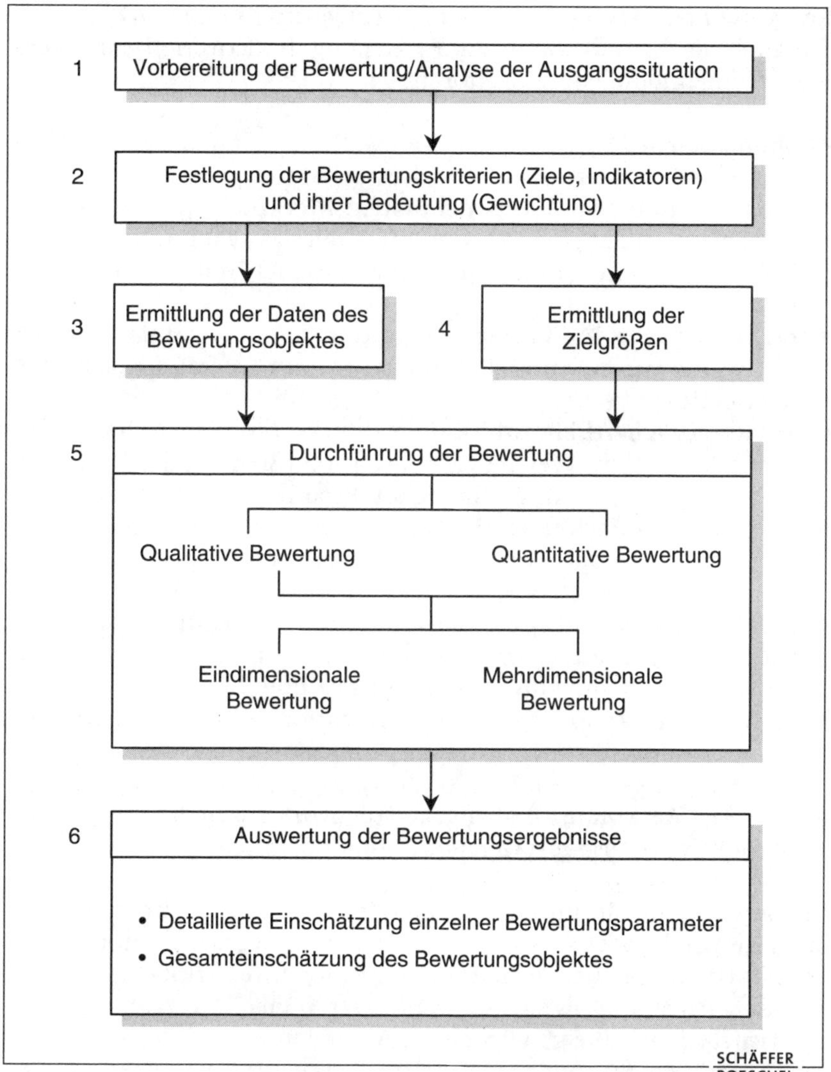

Abb. 4.33: Grundschema eines Bewertungsprozesses
(in Anlehnung an *Pleschak, F./Sabisch, H.* 1996 S. 175)

4.5.2 Ablauf der Ideenbewertung

Der Bewertungsablauf wird in der Abbildung 4.33 schematisch dargestellt, um einen Überblick über die einzelnen Aktivitäten zu geben, die mit der Bewertung von Produktideen verbunden sind.

Eine ausgewogene Bewertung macht es erforderlich, unterschiedliche Perspektiven bei der Betrachtung zu berücksichtigen. In den Arbeitsschritten eins bis vier sind deshalb verschiedene **Merkmals-**

kategorien zur Beschreibung der Ausgangssituation heranzuziehen, die auch die Grundlage für die Festlegung der Kriterien zur Ideenbewertung bilden. Hierzu gehören:

Bewertungskriterien

- **ökonomische Merkmale** (Cash-Flow, Return-on-Investment, Umsatz, Gewinn, Kosten, Kapitaleinsatz usw.),
- **produkt- und verfahrenstechnische Merkmale** (Produktqualität, Leistungsfähigkeit, Flexibilität, Zuverlässigkeit, erforderliche Sachinvestitionen, Vertrautheit mit dem Produktionsprozess usw.),
- **technologische Merkmale** (Integrationsfähigkeit in das vorhandene Innovations- und Produktprogramm, technologische Synergieeffekte usw.),
- **absatzwirtschaftliche Merkmale** (Marktvolumen, Marktanteil, Marktwachstum, Wettbewerbssituation, Eignung der Vertriebsorganisation, Fit zum vorhandenen Produktprogramm usw.),
- **strukturelle Merkmale** (Fertigungstiefe, Organisationstyp der Fertigung, zeitliche, personelle und räumliche Kapazitäten, Grad der Arbeitsteilung usw.),
- **arbeitswissenschaftliche Merkmale** (Beanspruchung und Belastung der Mitarbeiter, Arbeitssicherheit, Motivation, Qualifikation, Vorhandensein von Entwicklungs-Know-how usw.),
- **zeitliche Merkmale** (Dauer des Innovationsprozesses, Zeitpunkt der Markteinführung, Amortisationszeit, Länge des Produktlebenszyklus usw.) und
- **sonstige Merkmale** (ökologische Folgewirkungen der Innovation, Berücksichtigung gesetzlicher Rahmenbedingungen usw.).

Die aus diesen Merkmalen abgeleiteten Bewertungskriterien, die auch als Ziele oder Indikatoren bezeichnet werden können, sind hinsichtlich ihrer Bedeutung für den Innovationserfolg zu gewichten (Schritt 2). Erst danach sind die Daten des Bewertungsobjekts zu ermitteln und die gewünschten Ausprägungen in Form konkreter Zielgrößen festzulegen (Schritte 3 und 4). Im fünften Schritt erfolgt die Durchführung der Bewertung in Form eines Soll-Ist-Vergleichs zwischen den ermittelten Daten und den festgelegten Zielgrößen. Aufgrund der hohen Komplexität und der Interdependenzen von Produktinnovationen sind in der Regel mehrdimensionale Bewertungen erforderlich, die sowohl quantitative (z. B. Höhe des erwarteten Cash-Flows, voraussichtliche Rentabilität) als auch qualitative Merkmalsausprägungen betrachten (z. B. erwartete Wirkungen auf das Produkt- und Unternehmensimage oder auf die zukünftige Innovationsfähigkeit des Unternehmens). Schließlich sind die Bewertungsergebnisse der einzelnen Parameter in einer Gesamteinschätzung des Bewertungsobjekts zusammenzufassen. Der Vergleich der Gesamteinschätzungen der verschiedenen Bewertungsobjekte erlaubt es, unzweckmäßige Ideen rechtzeitig zu erkennen, die keinen oder keinen ausreichenden Beitrag zur Zielerfüllung leisten (Schritt 6).

Dieses Grundschema des Bewertungsablaufs wird im Folgenden anhand eines Beispiels beschrieben:

B

- Im Zuge einer **Situationsanalyse** stellt ein Unternehmen fest, dass erhebliche Defizite bei der Produktqualität bestehen. Die eigenen Produkte entsprechen zumindest hinsichtlich bestimmter Merkmale weder den Anforderungen der Kunden noch weisen sie ausreichende Vorzüge gegenüber den Konkurrenzprodukten auf. Dies beeinflusst die Höhe des Umsatzes, der in den letzten Monaten kontinuierlich zurückgegangen ist. Darüber hinaus ist die Kostensituation im Vergleich zu den Hauptwettbewerbern wesentlich ungünstiger, was sich negativ auf den Gewinn auswirkt. In einer Kreativitätssitzung, an der die Leiter aller wichtigen Funktionsbereiche des Unternehmens teilnehmen, werden 135 Ideen zur Verbesserung der derzeitigen Situation generiert.
- Um diese Ideen hinsichtlich ihres erwarteten Zielbeitrags bewerten zu können, wird ein **gewichteter Kriterienkatalog** aufgestellt, der alle relevanten Bewertungskriterien enthält. Hierzu gehören beispielsweise der Beitrag der Idee zur Verbesserung der Qualitäts-, der Umsatz- und der Kostensituation, ihre Wirkung auf die Motivation der Mitarbeiter und ihr Einfluss auf das Unternehmensimage. Zu den weiteren Bewertungskriterien gehört aber beispielsweise auch der Aufwand, der mit einer Verbesserung der Fertigungsverfahren oder mit der Weiterbildung der Mitarbeiter verbunden ist.
- Die verschiedenen **Ideen** werden nun hinsichtlich dieser Kriterien beschrieben. Außerdem wird die jeweils gewünschte Ausprägung der **Zielgrößen** festgelegt (beispielsweise eine Umsatzsteigerung um 7 %, die Senkung der Ausschussquote um 12 %), wobei die Beschreibung der qualitativen Ziele (z. B. Unternehmensimage, Mitarbeitermotivation) erhebliche Probleme bereitet und deshalb anhand geeigneter weiterer Kriterien so weit wie möglich operationalisiert wird (Mitarbeitermotivation z. B. durch die Fluktuationsrate, die Absentismusquote, den Krankenstand, die Ausschuss- und Nacharbeitsquote, die Anzahl von Verbesserungsvorschlägen usw.).
- In der nun folgenden **Ideenbewertung** wird der Zielerreichungsgrad jeder Idee ermittelt. Dies ist deshalb eine sehr komplizierte Aufgabe, weil neben den »harten« quantitativen Größen auch »weiche« qualitative Überlegungen und Argumente mit in die Bewertung einfließen, die nicht vollständig operationalisierbar sind und die sich einer objektiven Überprüfung entziehen. In dieser Phase entscheidet demzufolge auch das unternehmerische »Fingerspitzengefühl« über die Einschätzung einer Idee. Die Vielzahl der Ideen und der mit ihrer Bewertung verbundene Aufwand führt darüber hinaus zu zeitlichen und kapazitativen Schwierigkeiten. Dadurch können »gute« Ideen verloren gehen. Deshalb werden mehrere »Filter« zur Bewertung hintereinander geschaltet (vgl. Abb. 4.34): Mit Hilfe eines ersten Grobfilters und einem möglichst geringen Bewertungsaufwand wird zunächst eine Vorauswahl von Alternativen getroffen, bei der solche Vorschläge eliminiert werden, die eindeutig als nicht brauchbar oder nicht durchführbar identifiziert werden können. Darunter fallen beispielsweise Ideen, deren Umsetzung angesichts der kritischen Situation, in der sich das Unternehmen befindet, zu viel Zeit in Anspruch nehmen würde oder die aufgrund der angespannten Ertragslage nicht finanzierbar sind. In unserem Beispiel bleiben nach der ersten Ideenfilterung 45

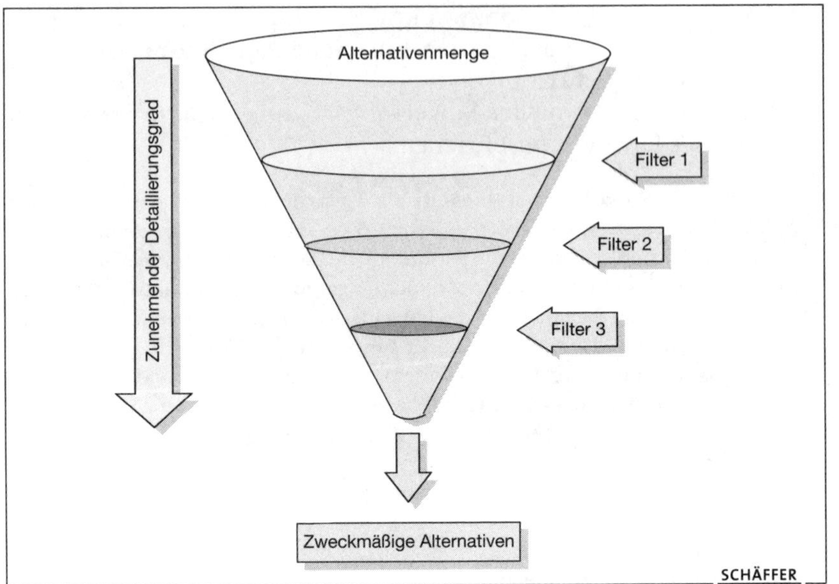

Abb. 4.34: Filterkonzept zur Bewältigung einer großen Zahl von Alternativen (in Anlehnung an *Schlicksupp, H.* 1988 S. 204)

als grundsätzlich brauchbar identifizierte Ideen übrig. In den weiteren Schritten erfolgen dann detailliertere Analysen, die schließlich zu acht zweckmäßigen Ideen führen, die im Rahmen der **Auswertung der Bewertungsergebnisse** in eine Rangfolge gebracht werden.

In der Abbildung 4.35 ist der Zusammenhang zwischen der Ideenbearbeitung und der Ideenbewertung dargestellt. Er zeigt eine enge Verknüpfung des Detaillierungsgrads der innovativen Ideen (grob, mittel, fein) mit den entsprechenden Bewertungsverfahren auf.

4.5.3 Bewertungsverfahren

4.5.3.1 Anforderungen an die Bewertungsverfahren

Mit Hilfe von Bewertungsverfahren soll sichergestellt werden, dass die vorausschauende Bewertung der alternativen Ideen möglichst systematisch, nachvollziehbar und zuverlässig erfolgt und realistische Einschätzungen hinsichtlich ihrer potenziellen Beiträge zur Zielerreichung möglich sind. Aufgrund der Besonderheiten des Innovationsprozesses müssen die angewandten Bewertungsverfahren bestimmten Anforderungen gerecht werden (vgl. *Brockhoff, K.* 1994 S. 252):

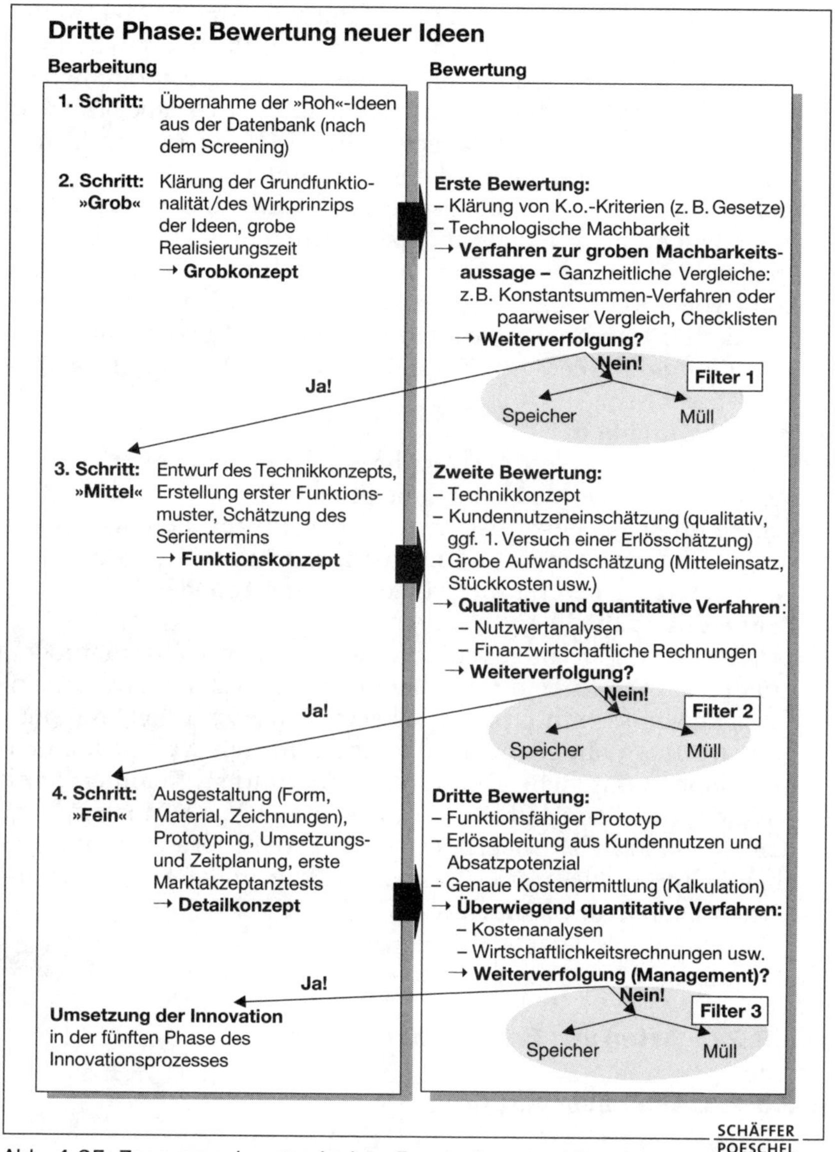

Abb. 4.35: Zusammenhang zwischen Bearbeitung und Bewertung auf der Grundlage des Filterkonzepts

- **Realitätsnähe**
  Grundsätzlich sind solche Bewertungsmodelle anzustreben, die eine möglichst realitätsnahe Abbildung der Wirklichkeit erlauben. Im Idealfall geben die Modelle die Realität exakt in allen ihren Elementen und Wirkungszusammenhängen wieder (so genannte »homomorphe Modelle«). Da die Homomorphie auf-

grund der vielfältigen und sich laufend wandelnden Merkmalsausprägungen und ihrer Interdependenzen nicht zu erreichen ist, gibt man sich mit isomorphen, das heißt strukturähnlichen Modellen zufrieden, die eine ausreichende Realitätsnähe besitzen. In jedem Fall müssen die angewandten Methoden dazu in der Lage sein, die unterschiedlichen Zielinhalte (ökomonische, technische, soziale, ökologische Ziele) und die bestehenden finanziellen, materiellen und personellen Restriktionen ausreichend zu berücksichtigen. Aufgrund der langfristigen Wirkung von Produktinnovationen sind mehrperiodige Verfahren erforderlich, mit denen die Chancen und die Risiken einer neuartigen Produktidee im Zeitablauf dargestellt und bewertet werden können.

- **Wirtschaftlichkeit**
  Der Einsatz der Bewertungsverfahren sollte außerdem mit einem möglichst geringen zeitlichen und finanziellen Aufwand verbunden sein oder anders ausgedrückt: Die Kosten für die Bewertungsverfahren sollten in einer vernünftigen Relation zu dem Nutzen stehen, der mit ihren Ergebnissen verbunden ist.
- **Benutzerfreundlichkeit**
  Trotz der angestrebten Isomorphie der Bewertungsmethodik müssen die Verfahren für ihre Benutzer noch verständlich und in ihren Ergebnissen interpretierbar sein. Die erforderlichen Inputgrößen sollten ohne großen Aufwand ermittelt werden können und keiner zusätzlichen Interpretation bedürfen. Gefordert wird außerdem eine möglichst kleine Datenmenge als Modellinput, damit erforderliche Änderungen oder Aktualisierungen im Zeitablauf ohne Probleme und ohne einen allzu großen Aufwand vorgenommen werden können.

4.5.3.2 Arten von Bewertungsverfahren

4.5.3.2.1 Übersicht

Für die Bewertung von Ideen gibt es zahlreiche Verfahren, die grundsätzlich für eine Vorauswahl geeignet sind. In der Abbildung 4.36 werden wichtige Bewertungsverfahren in Abhängigkeit von dem Reifegrad der Produktidee dargestellt. Während bei Produktideen mit einem geringen Reifegrad eher qualitative Bewertungskriterien im Vordergrund stehen, sind bei einem hohen Reifegrad eher quantitative Bewertungsverfahren angemessen.

Den Ausgangspunkt einer Bewertung bilden fast immer **qualitative** Beschreibungen der jeweiligen Ideen. Darauf aufbauend wird versucht, **quantitativ** messbare Größen zu finden. Die Voraus-

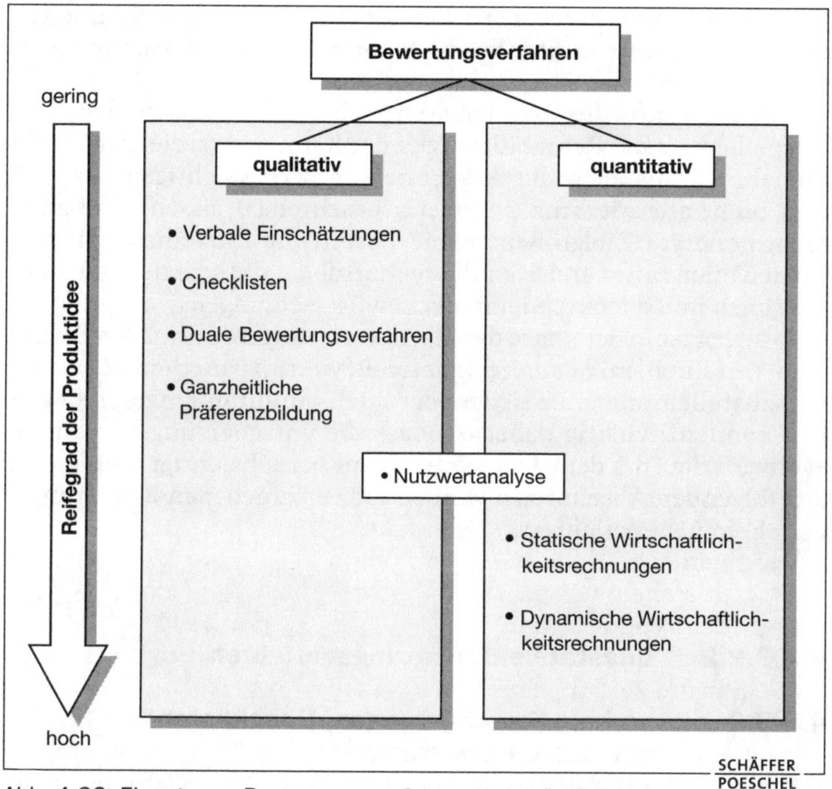

Abb. 4.36: Einsatz von Bewertungsverfahren in Abhängigkeit von dem Reifegrad der Produktidee

setzung hierfür sind Messvorschriften, mit deren Hilfe sich die einzelnen Merkmalsausprägungen quantitativ messen oder zumindest schätzen lassen. Durch die Quantifizierung der Kriterien werden die erforderlichen Alternativenvergleiche wesentlich vereinfacht.

Verhältnismäßig einfach gestaltet sich die Bewertung, wenn nur ein Ziel vorgegeben ist (z. B. Minimierung der Produktkosten). Im Gegensatz zu dieser **eindimensionalen** Bewertung weisen die meisten Innovationsvorhaben jedoch mehrere Ziele auf, die gleichzeitig zu erreichen sind und die teilweise auch noch miteinander konkurrieren. In diesen Fällen kommen regelmäßig **mehrdimensionale** Bewertungsmethoden zum Einsatz. Sie sollen sicherstellen, dass die Zielkonflikte entschärft werden und eine umfassende Gesamteinschätzung der zu bewertenden Idee möglich ist. Allerdings verlieren mehrdimensionale Bewertungen bei einer großen Anzahl von Zielen und den daraus abzuleitenden Bewertungskriterien wegen ihrer zunehmenden Komplexität an Übersichtlichkeit und Aussagekraft. Daher ist es sinnvoll, mit einer begrenzten Anzahl von entscheidungsrelevanten Bewertungsmerkmalen zu arbeiten oder die einzelnen Kriterien zu Merkmalsgruppen zusammenzufassen.

Am aussagekräftigsten sind wirtschaftliche Kennzahlen, wie beispielsweise die Rentabilität oder der Kapitalwert, die sowohl die Einnahmen- als auch die Ausgabenseite berücksichtigen. Da sich aber nicht alle Merkmale monetär beschreiben lassen, sind auch nichtmonetäre Zielgrößen in die Bewertung mit einzubeziehen. Dazu zählen unter anderem die technischen, die sozialen, die ökologischen und die psychographischen Zielsetzungen.

Insofern ist in der Phase der Ideenbewertung zweckmäßigerweise ein »**Verfahrensmix**« aus geeigneten Bewertungsmethoden zusammenzustellen, die sukzessive oder auch simultan eingesetzt werden können. Wichtig dabei ist, dass die entscheidungsrelevanten Sachverhalte in jedem Fall ausreichend berücksichtigt werden. In den folgenden Abschnitten werden die verschiedenen Bewertungsverfahren näher erläutert.

4.5.3.2.2 Qualitative Bewertungsverfahren

4.5.3.2.2.1 Verbale Einschätzungen, Checklisten und duale Bewertung

Obwohl qualitative Kriterien nicht direkt messbar sind, ist es häufig unbedingt erforderlich, sie in die Bewertung einer Idee mit einzubeziehen. Beispielsweise ist es bei einem Neuprodukt notwendig, neben den technischen und den ökonomischen Zielgrößen auch das Design, die Farbgebung und die Handhabbarkeit zu beurteilen. Nur so ist eine ganzheitliche Bewertung möglich, und nur so können fundierte Aussagen über den voraussichtlichen Markterfolg gemacht werden.

Verbale Einschätzungen

Als erstes und einfachstes Verfahren zur qualitativen Bewertung kann auf **verbale Einschätzungen** zurückgegriffen werden. Hierbei werden die zu bewertenden Merkmalsausprägungen jeweils in Worten beschrieben. Diese Beschreibung kann sowohl von Einzelpersonen als auch von repräsentativen Gruppen (Kunden, Experten) vorgenommen werden. Zu beachten ist dabei, dass die Beschreibungen verständlich und aussagekräftig sind. Unpräzise oder sogar zweideutige Aussagen sind unbedingt zu vermeiden.

Um das Vorgehen bei der Merkmalsbewertung von Anfang an zu systematisieren, kann auf Checklisten zurückgegriffen werden. Unter einer **Checkliste**, die auch als »Prüfliste« bezeichnet wird, ist die Zusammenstellung verschiedener Bewertungskriterien zu verstehen, die für die Beurteilung eines Sachverhaltes von grundlegen-

D

	Ja	Nein
1. Marktfähigkeit:		
Bedürfnisbefriedigung	☐	☐
Kundennutzensteigerung	☐	☐
Einfluss auf die Kaufentscheidung	☐	☐
Kommunizierbarkeit	☐	☐
Unique-Selling-Proposition	☐	☐
2. Technische Realisierbarkeit:		
Zugänglichkeit der Technologien	☐	☐
Eigenentwicklung	☐	☐
Fremdvergabe	☐	☐
Lizenzkauf	☐	☐
3. Gesetzgebung:		
Gesetzliche Restriktionen	☐	☐
Zukünftige Entwicklung:		
Aufhebung	☐	☐
Lockerung	☐	☐
Verschärfung	☐	☐
4. Schutzrechtsituation:		
Patent	☐	☐
Gebrauchsmuster	☐	☐
Marken	☐	☐
National	☐	☐
International	☐	☐
Geschmacksmuster	☐	☐
Erwerb der Rechte möglich	☐	☐
5. Strategiekonformität:		
Imagestrategie:		
Sozialverträglichkeit	☐	☐
Umweltverträglichkeit	☐	☐
Markenverträglichkeit	☐	☐
Innovationsstrategie	☐	☐

SCHÄFFER POESCHEL

Abb. 4.37: Beispiel einer Innovationscheckliste

der Bedeutung sind. Diese Zusammenstellung kann in Form von Fragen oder als eine tabellarische Auflistung der relevanten Beurteilungskriterien erfolgen (vgl. Abb. 4.37). Checklisten beruhen auf Erfahrungen, die in der Vergangenheit bei der Bewertung von vergleichbaren Objekten gemacht wurden. Sie sollten den sich verändernden Rahmenbedingungen laufend angepasst werden, um möglichst alle relevanten Kriterien abzudecken.

Muss- und Kannkriterien

Eine Checkliste zur ersten Einschätzung von innovativen Ideen sollte dabei insbesondere so genannte **Musskriterien** enthalten. Dabei handelt es sich um solche Faktoren, die eine Idee zwingend erfüllen muss, um überhaupt näher analysiert zu werden. Genügt eine Idee diesen Grundanforderungen nicht, wird sie bereits innerhalb der ersten Filterstufe eliminiert. Erst wenn alle Musskriterien erfüllt sind, wird für die Priorisierung der Ideen auf **Kannkriterien** zurückgegriffen, deren Erfüllung zwar nicht zwingend erforderlich ist, die aber die Attraktivität einer Idee erhöhen.

Mit Hilfe von Checklisten sollen mit einem möglichst geringen Aufwand möglichst eindeutige Aussagen über die Erfolgschancen einer Idee gemacht werden. Hierfür eignen sich besonders solche Musskriterien, deren Erfüllung oder Nicht-Erfüllung mit einem eindeutigen »Ja« oder »Nein« (»Eins« oder »Null«) zu beantworten ist. Die Idee mit den meisten erfüllten Kriterien ist die günstigste. Wegen dieser auf zwei Alternativen beschränkten Antwortmöglichkeiten wird dieses Vorgehen auch als **duale Bewertung** bezeichnet. Die Methode ist einfach zu handhaben und führt zu klaren Entscheidungen.

Duale Bewertung

Während sich die Kriterien, die im weiteren Verlauf einer Bewertung herangezogen werden unternehmensabhängig voneinander unterscheiden, gibt es einige Grundanforderungen an Innovationen, die unabhängig vom Unternehmen und Innovationsobjekt gültig sind. Nachfolgend werden vier **»K.o.-Kriterien«** erläutert, die in jede Checkliste Eingang finden sollten:

»K.o.-Kriterien«

- **Realisierbarkeit der Idee**
  Ob eine Idee prinzipiell umsetzbar ist, hängt von verschiedenen Faktoren ab. Während in späteren Bewertungsstadien geprüft wird, ob und wie sich eine Idee in Bezug auf die finanziellen und die organisatorischen Gegebenheiten realisieren lässt, steht im Rahmen der Vorauswahl von Ideen hauptsächlich deren technische Machbarkeit im Vordergrund. Als Beurteilungsmaßstab hierfür sind die konkreten technologischen Möglichkeiten des jeweiligen Unternehmens heranzuziehen. So ist es zwar durchaus möglich, dass eine bestimmte Technologie bereits bekannt ist und von anderen Unternehmen angewandt wird; in dem betreffenden Unternehmen lassen aber die spezifischen Gegebenheiten eine Anwendung nicht zu. Ein Grund hierfür kann beispielsweise sein, dass sich der Einsatz der jeweiligen Technologie und die Anschaffung der dafür benötigten Technik erst ab einem entsprechend großen Produktionsvolumen lohnt, das aber in dem konkreten Fall nicht zu erreichen ist.
- **Komplementarität mit den Unternehmensgrundsätzen**
  Ideen müssen mit den jeweiligen Unternehmensgrundsätzen in Einklang stehen. Hat es sich ein Unternehmen beispielsweise zum Ziel gesetzt, den Umweltschutz vorrangig zu berücksichtigen, so würde die Idee eines neuartigen Produktionsverfahrens nicht weiterverfolgt werden, das zwar sehr kostengünstig ist aber hochgiftige und nicht wiederverwertbare Abfälle hinterlässt. Als relativ unwahrscheinlich ist dabei die Situation einzustufen,

dass ein Unternehmen seine Grundsätze zugunsten einer innovativen Lösung aufgibt.

- **Übereinstimmung mit den gesetzlichen Rahmenbedingungen**
  Im Allgemeinen lohnt es sich für ein Unternehmen nicht, solche Ideen weiterzuverfolgen, deren Anwendung durch gesetzliche Regelungen verhindert wird. Über die bestehende Rechtslage hinaus sind aber auch die zu erwartenden gesetzlichen Änderungen in die Erwägungen mit einzubeziehen. So kann einerseits die Aufhebung oder Lockerung einer bestehenden Regelung absehbar sein; andererseits muss das Unternehmen aber auch mit neuen Vorschriften rechnen, die einen nachhaltigen Einfluss auf die Unternehmensstrategie und das Produktionsprogramm haben können (man denke beispielsweise an eine mögliche Geschwindigkeitsbeschränkung auf den Autobahnen oder an eine drastische Erhöhung der Mineralölsteuer und deren Auswirkungen auf die Kraftfahrzeughersteller).
- **Sicherung von Schutzrechten**
  Soll eine Idee weiterverfolgt werden, so muss ein Unternehmen zuerst klären, ob diese bereits von anderen Personen oder Unternehmen rechtlich geschützt ist. Liegt beispielsweise ein Patent oder ein Gebrauchsmuster vor, so muss geprüft werden, inwieweit dieser Schutz umgangen oder Rechte daran erworben werden können. Ist dies nicht möglich, so muss die Idee verworfen oder zurückgestellt werden. Da allerdings die Schutzdauer zum Beispiel für ein Patent zwanzig Jahre beträgt, stellt sich die Frage, inwieweit eine Idee nach Ablauf dieser Zeitspanne noch aktuell ist. Derartige Ideen scheiden deshalb in der Regel aus dem weiteren Bewertungsprozess aus.

	Vorteile	**Nachteile**
Verbale Einschätzungen, Checklisten, duale Bewertungen	⊕ Einfache Anwendung und Handhabung ⊕ Relativ geringer Zeitaufwand ⊕ Zwang zu klaren Aussagen (ja/nein) ⊕ Vielfältige Anwendungsmöglichkeiten	⊖ Bewertungsergebnisse hängen von subjektiven Einschätzungen ab ⊖ Relativ grobe und pauschale Ergebnisse ⊖ Nur qualitative Aussagen möglich ⊖ Nur in einem relativ frühen Stadium der Bewertung sinnvoll

Abb. 4.38: Vor- und Nachteile von verbalen Einschätzungen, Checklisten und dualen Bewertungen

Prinzipiell bringt der Einsatz der oben dargestellten Bewertungsverfahren die in der Abbildung 4.38 zusammengefassten Vor- und Nachteile mit sich.

4.5.3.2.2.2 Ganzheitliche Präferenzbildung

Einen weiteren mehrdimensionalen Ansatz, um Produktideen mit einem geringen Reifegrad oder Ideen aus dem Bereich der Grundlagenforschung zu bewerten, stellen die Verfahren der ganzheitlichen Präferenzbildung dar. Anstelle einer nach bestimmten Eigenschaften und Kriterien differenzierten Bewertung wird mit Hilfe des paarweisen Vergleichs und des Konstantsummenverfahrens eine summarische, ganzheitliche Beurteilung der Produktideen durchgeführt, die sowohl von Einzelpersonen als auch von Gruppen vorgenommen werden kann und zu einer Präferenz-Rangordnung führt (vgl. *Brockhoff, K.* 1994 S. 254 ff.). Die Ergebnisse dieser Bewertung können mit Darstellungsmethoden wie dem semantischen Differenzial oder der Polarkoordinatendarstellung veranschaulicht werden.

Paarweiser Vergleich

Paarweiser Vergleich

Bei dem paarweisen Vergleich werden die zu bewertenden Produktideen systematisch jeweils paarweise miteinander verglichen. Das Ergebnis dieser Vorgehensweise sind Aussagen über die Vorziehenswürdigkeit jeder Idee gegenüber den anderen Ideen. Es wird in vier Schritten vorgegangen (vgl. Abb. 4.39):

		Produktideen				
		1	2	3	4	5
Produktideen	1	–	1	1	0	0
	2	0	–	1	1	0
	3	0	0	–	0	0
	4	1	0	1	–	1
	5	1	1	1	0	–
Summe		2	2	4	1	1
		2. Rang		1. Rang	3. Rang	

Abb. 4.39: Beispiel für einen paarweisen Vergleich
(vgl. *Brockhoff, K.* 1994 S. 255)

1. Bildung einer Matrix mit beliebiger zeilenweiser und spaltenweiser Anordnung aller Produktideen.
2. Spaltenweiser Vergleich der Produktideen. Ist die in der Kopfzeile angegebene Produktidee gegenüber der in der Kopfspalte genannten Produktidee vorteilhaft, so erfolgt eine Bewertung mit Eins, andernfalls mit Null (z. B. ist in der Abb. 4.39 die Produktidee 1 schlechter als die Produktideen 2 und 3 aber besser als die Produktideen 4 und 5).
3. Spaltenweise Addition der Bewertungsziffern.
4. Bildung einer Rangordnung durch Vergleich der Spaltensummen.

In dem obigen Beispiel hat die Produktidee 3 die höchste Präferenz, während die Ideen 1 und 2 gleichermaßen mittlere Priorität besitzen. Die Ideen 4 und 5 weisen dagegen nur eine nachrangige Bedeutung auf.

Bei dem paarweisen Vergleich handelt es sich um eine summarische Betrachtung von Eigenschaften alternativer Ideen. Durch die direkte Gegenüberstellung von jeweils zwei Ideen werden eine intensive Auseinandersetzung und damit eine fundierte Bewertung der Ideen sichergestellt. Das Verfahren ist einfach und schnell anzuwenden und reduziert die Komplexität der Bewertung. Nachteilig ist die aus dem paarweisen Vergleich resultierende Gefahr von Fehleinschätzungen und die Tatsache, dass die Methode bei einer Vielzahl von Ideen schnell unübersichtlich und nicht mehr nachvollziehbar wird. Wie in dem obigen Beispiel sind auch Indifferenzen zwischen Ideen möglich (z. B. Ideen 1 und 2 bzw. 4 und 5), die dann gegebenenfalls einer weiter gehenden Analyse unterzogen werden müssen.

Konstantsummen-Verfahren

Konstantsummen-Verfahren

Bei diesem Bewertungsverfahren wird eine fest vorgegebene Anzahl von Nutzeneinheiten oder Punkten (beispielsweise 100 Punkte) auf die zu bewertende Anzahl von Ideen entsprechend ihrer Bedeutung verteilt. Aus den zugeordneten Punkten lässt sich die Rangordnung der Ideen dann unmittelbar ablesen (vgl. Abb. 4.40).

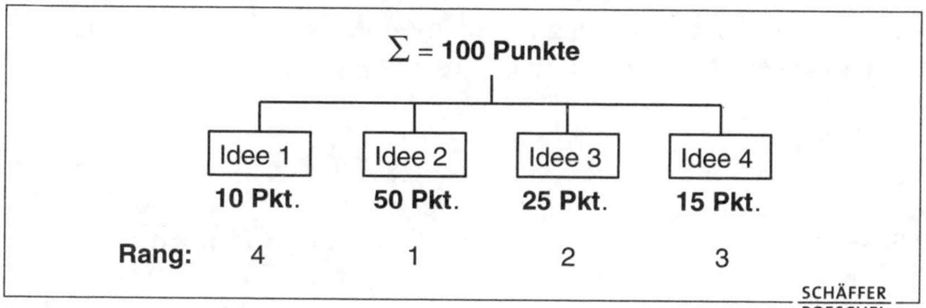

SCHÄFFER POESCHEL

Abb. 4.40: Beispiel für das Konstantsummen-Verfahren

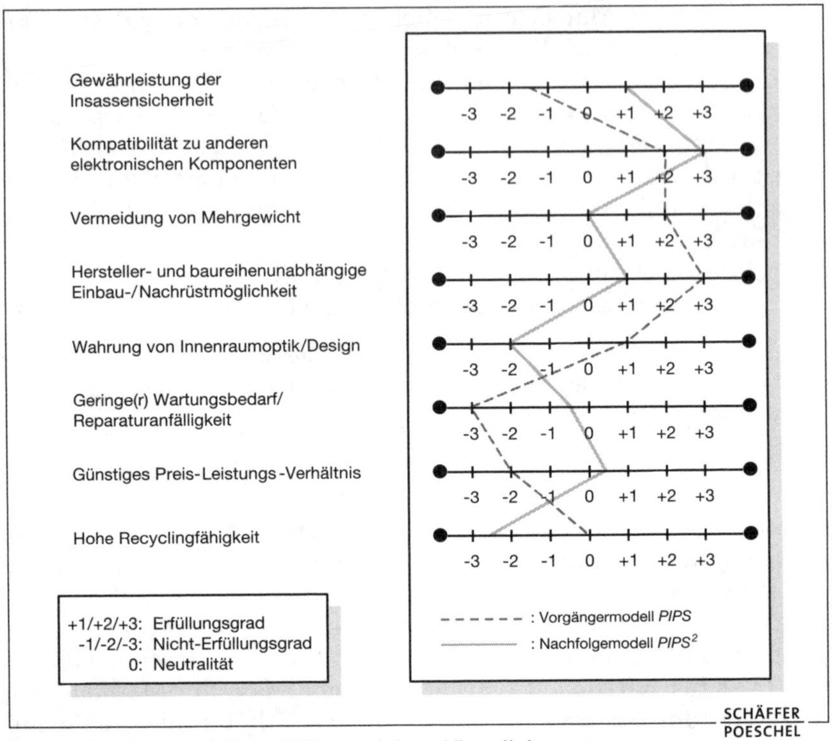

Abb. 4.41: Semantisches Differenzial zur Visualisierung von Neuheitsaspekten am Produktbeispiel Airbag

Das Konstantsummen-Verfahren ist gleichfalls einfach und schnell anzuwenden. Der mit ihm verbundene Aufwand ist vergleichsweise gering. Aufgrund seiner Subjektivität besteht allerdings auch hier die Gefahr von Fehleinschätzungen. Trotzdem ist die Methode für eine erste Einschätzung und Priorisierung der Ideen häufig ausreichend.

Semantisches Differenzial und Polarkoordinatendarstellung

Visualisierungsmethoden

Das semantische Differenzial und die Polarkoordinatendarstellung sind Visualisierungsmethoden, mit denen die relative Vorteilhaftigkeit einer Produktidee gegenüber einer anderen Produktidee sehr anschaulich und übersichtlich dargestellt werden kann (vgl. die beiden Abb. 4.41 und 4.42). Als kardinale Skalenwerte werden dabei in der Regel absolute Parameterwerte gewählt, bei denen sich die Unterschiede zwischen den zu vergleichenden Innovationsobjekten gut nachvollziehen lassen. Die Form der Darstellung eignet sich damit insbesondere für die Diskussion von verschiedenen Produktideen in Gruppen.

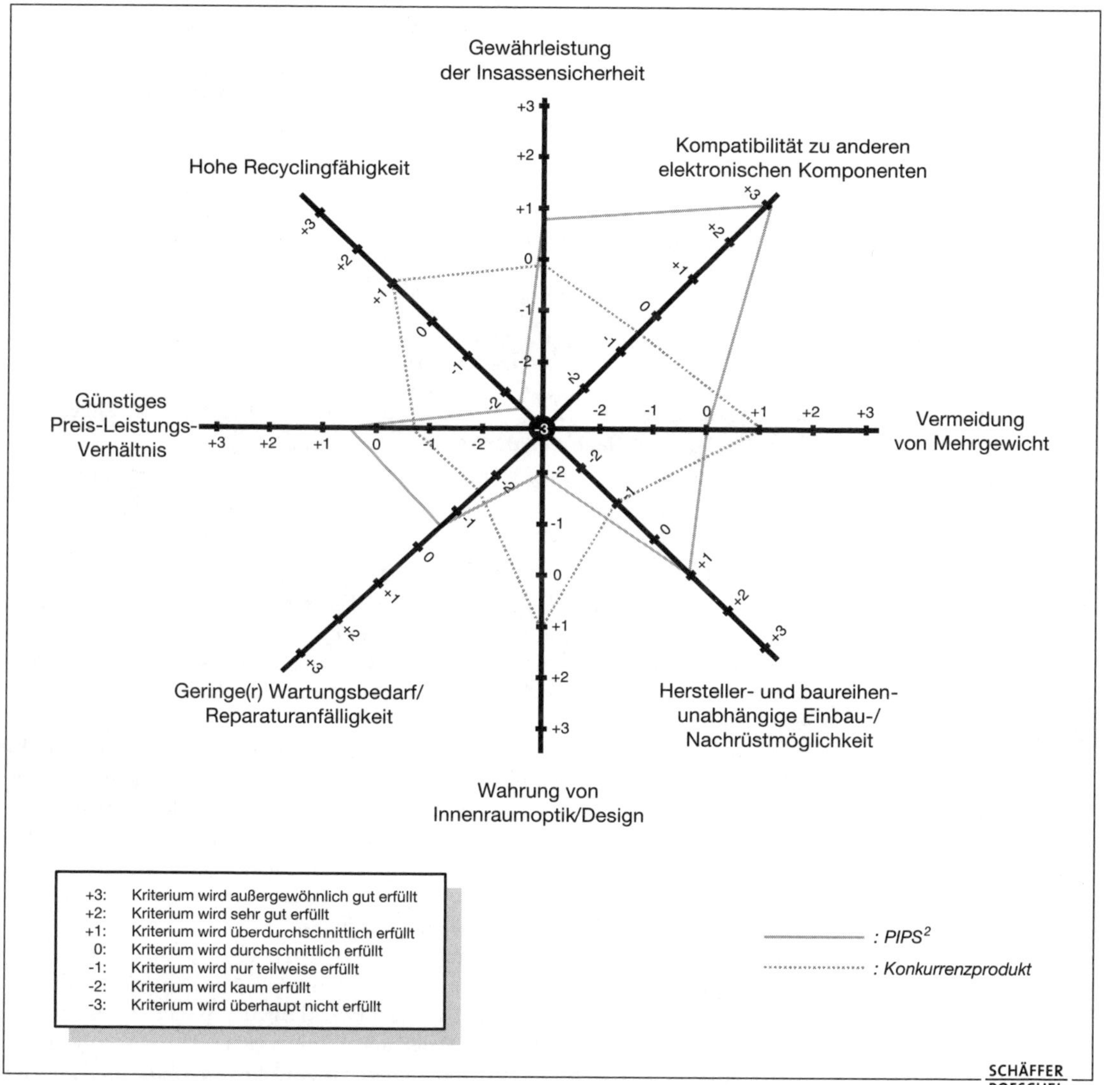

Abb. 4.42: Polarkoordinatendarstellung zur Visualisierung von Neuheitsaspekten am Produktbeispiel Airbag

Als ein fiktives Beispiel wird im Folgenden eine szenarische Fallstudie präsentiert, die sich mit einer Weiterentwicklung des Airbags beschäftigt.

Nachdem die *Safety First AG* mit der Einführung des teuren und extrem wartungsintensiven Sicherheitssystems *PIPS* (Passenger Impact Protection System) einen Misserfolg erlitten hat, versucht sie nun mit einem weiterentwickelten Nachfolgeprodukt den Markt der Airbagsysteme zu revolutionieren. Die Produktidee *PIPS²*

B

	Vorteile	Nachteile
Ganzheitliche Präferenzbildung	⊕ Einfache Anwendung ⊕ Schnelle Umsetzung ⊕ Übersichtliche Darstellung ⊕ Geringer Aufwand ⊕ Komplexitätsreduzierung ⊕ Ausreichend für erste Priorisierungen	⊖ Nur für den Vergleich von wenigen Ideen geeignet ⊖ Gefahr von Fehleinschätzungen ⊖ Nachvollziehbarkeit ist eingeschränkt

SCHÄFFER POESCHEL

Abb. 4.43: Vor- und Nachteile der Verfahren der ganzheitlichen Präferenzbildung

soll in der nächsten Zeit realisiert und in den Markt eingeführt werden. Hinter *PIPS²* verbirgt sich ein innovatives Luftsacksystem, das in der Mittelkonsole der Rückbank untergebracht ist und bei einem Unfall den Insassen im Fond einen verbesserten Schutz bietet. Als besonderes technisches Problem hat sich das Erfordernis erwiesen, dass die Elektronik des Systems optimal mit den anderen im Fahrzeug eingebauten Airbags harmonieren muss. Zudem darf eine Auslösung zum Unfallzeitpunkt nur erfolgen, wenn die Mittelkonsole nicht durch Fahrzeuginsassen, mitfahrende Haustiere oder Gepäck verstellt ist. Um die Produktidee hinsichtlich ihres gewünschten Mehrnutzens beschreiben zu können und einen Vergleich mit den herkömmlichen Sicherheitssystemen der Konkurrenz zu ermöglichen, definierte das Entwicklungsteam acht Bewertungskriterien. Nach einer Einschätzung von *PIPS²* hinsichtlich dieser Kriterien und einer Bewertung des Vorgängersystems ergaben sich die in der Abbildung 4.41 dargestellten Ergebnisse.

Die Analyse der relativen Vorteilhaftigkeit (als dem nachweisbaren Mehrnutzen des neuen Produkts gegenüber seinem direkten Vorgänger) offenbart einige interessante Aspekte: Zwar kann durch die Weiterentwicklung der Steuerungselektronik die Kompatibilität zu den anderen elektronischen Komponenten verbessert werden, die herstellerunabhängigen Nachrüstmöglichkeiten und die Recyclingfähigkeit sind dagegen bei der neuartigen Produktidee merklich eingeschränkt. Auch hinsichtlich der Innenraumoptik und der Mehrgewichtsvermeidung müssen starke Abstriche hingenommen werden. Demgegenüber lassen sich die entscheidenden Gesichtspunkte Insassensicherheit, Reparaturanfälligkeit und Preis-Leistungs-Verhältnis offensichtlich deutlich verbessern.

Auch aus dem Vergleich der Produktidee mit einem bereits verfügbaren direkten Konkurrenzprodukt lassen sich wichtige Rückschlüsse für die Neuentwicklung ziehen (vgl. hierzu die Abb. 4.42): Das neue System *PIPS²* ist nur hinsichtlich der Recyclingfähigkeit, des Designs und des Mehrgewichts schlechter zu bewerten als das attraktivste Konkurrenzprodukt. Alle anderen Bewertungskriterien werden dagegen übertroffen. Die in der Idee enthaltenen relevanten Verbesserungen sowohl gegenüber dem Vorgänger als auch gegenüber dem Konkurrenzprodukt sind so offensichtlich, dass eine relative Vorteilhaftigkeit von *PIPS²* bejaht werden kann. Damit bieten sich der *Safety First AG* sehr gute Möglichkeiten, bei einer raschen Ideenrealisierung die komparativen Vorteile zur Erzielung einer USP (Unique-Selling-Proposition) im Markt zu nutzen.

Die Vor- und Nachteile der Verfahren der ganzheitlichen Präferenzbildung sind in der Abbildung 4.43 zusammengefasst.

Abschließend ist festzustellen, dass die Verfahren der ganzheitlichen Präferenzbildung einen wichtigen Beitrag zu der Ideenselektion in einer frühen Phase des Innovationsprozesses leisten können. Sie ermöglichen es, nur solche Ideen weiterzuentwickeln, die insgesamt die höchste Attraktivität besitzen.

4.5.3.2.2.3 Nutzwertanalyse

Die Nutzwertanalyse, die auch als »Scoring-« oder »Punktbewertungs-Modell« bezeichnet wird, verfolgt den Zweck, eine größere Anzahl von Entscheidungsalternativen anhand von mehreren miteinander verbundenen Kriterien zu bewerten und entsprechend den Präferenzen des Entscheidungsträgers zu ordnen. Die Präferenzordnung erfolgt mit Hilfe der für jede Alternative ermittelten so genannten »Nutzwerte«. Der wesentliche Vorteil der Nutzwertanalyse ist es, dass mit dieser Methode ein **mehrdimensionales Zielsystem** berücksichtigt werden kann, das aus **qualitativen** und **quantitativen Zielkriterien** mit unterschiedlicher Gewichtung besteht. Durch die Transformation der verschiedenen Merkmalsausprägungen in einen einheitlichen, dimensionslosen Maßstab (Nutzwerte, Punktwerte, Scores) werden die einzelnen Zielkriterien miteinander vergleichbar gemacht. Damit ist die Nutzwertanalyse für die Bewertung von Produktideen mit einem mittleren oder hohen Reifegrad besonders gut geeignet, bei denen regelmäßig monetäre und nicht-monetäre Mehrfachziele verfolgt werden.

Die Nutzwertanalyse erfolgt in **fünf aufeinander aufbauenden Schritten**, die im Folgenden anhand eines Beispiels erläutert werden:

Schritte der Nutzwertanalyse

1. Einengung des Entscheidungsfelds

In einem ersten Schritt wird die möglicherweise sehr große Anzahl an Ideen reduziert. Ideen, die eines der festgelegten K.o.-Kriterien nicht erfüllen, scheiden von vornherein aus der weiteren Betrachtung aus. Dadurch wird vermieden, dass auch solche Ideen einer näheren Analyse unterzogen werden, die ohnehin keine Realisierungschancen besitzen. Auf diese Weise lassen sich der zeitliche und der personelle Bewertungsaufwand wesentlich verringern. Als Instrumente zur Vorauswahl bieten sich die zuvor dargestellten qualitativen Bewertungsverfahren an.

B

Ein Automobilhersteller will verschiedene Ideen zur Gestaltung der Autodachöffnung einer näheren Bewertung unterziehen. Aufgrund einer verbalen Einschätzung von Experten scheiden die Alternativen »mechanisches Schiebedach« und »mechanisch versenkbares Dach« aufgrund ihrer fehlenden Benutzerfreundlichkeit von vornherein aus. Als näher zu untersuchende alternative Ideen verbleiben das elektrische Schiebedach, das mechanische Faltdach und das automatisch versenkbare Dach (vgl. Abb. 4.44).

2. Auswahl der Zielkriterien und Festlegung der Zielgewichte

Die Zielkriterien können technischer, wirtschaftlicher, sozialer oder ökologischer Natur sein. Außerdem kann es sich bei ihnen um quantitative oder um qualitative Ziele handeln. Ihre Anzahl sollte nicht zu groß sein, da die Bewertung sonst zunehmend komplex und unübersichtlich wird. Andererseits müssen aber alle relevanten Ziele berücksichtigt werden. Durch die Vergabe von Zielgewichten wird eine Präferenzordnung zwischen den Zielen hergestellt. Während die Hauptziele mit hohen Zielgewichten versehen werden, erhalten die Nebenziele niedrige Zielgewichte. Die Höhe der Gewichtungsfaktoren liegt dabei grundsätzlich zwischen null und eins, wobei ihre Summe immer eins ergeben muss.

B

In dem Beispiel werden sieben Zielkriterien (geringe Herstellkosten, gute Bedienbarkeit, ...) als wesentlich für die Auswahlentscheidung angesehen. Sie bilden das Zielsystem der Nutzwertanalyse. Die einzelnen Zielkriterien werden nun einer Gewichtung unterzogen, mit deren Hilfe die Entscheidungsträger ihre Zielpräferenzen zum Ausdruck bringen. Als wichtige Ziele werden dabei offenbar die Herstellkosten, die Bedienbarkeit und die Fahrzeugsicherheit gesehen (Gewicht jeweils 0,2). Als nachrangig gelten dagegen vor allem die Zuverlässigkeit/Reparaturanfälligkeit und der niedrige Geräuschpegel im Fahrzeuginnenraum (Gewicht jeweils 0,05).

3. Ermittlung der Zielbeiträge

Nachdem die Zielkriterien und die alternativen Ideen in einer Matrix dargestellt worden sind, können die Zielbeiträge jeder Idee ermittelt werden. Dabei kann es sich sowohl um quantitative Zielbeiträge (z. B. Herstellkosten) als auch um qualitative Zielbeiträge (z. B. Bedienbarkeit) handeln. Insbesondere bei der qualitativen Bewertung ist es zweckmäßig, subjektive Einschätzungen so weit wie möglich zu vermeiden. Die Einbindung von Experten oder Kunden in den Bewertungsprozess kann hier einen Beitrag zu einer größeren Objektivität der Bewertungsergebnisse leisten.

B

Bei der Bewertung der alternativen Autodachöffnungen erfolgt beispielsweise die Bewertung des Zielkriteriums »Herstellkosten« in €. Sie ist relativ einfach durchzuführen und objektiv nachvollziehbar. Die Bewertung des Zielkriteriums »Bedienbarkeit« entzieht sich dagegen einer direkten quantitativen Beschreibung. Die verschiedenen Alternativen müssen stattdessen verbal gekennzeichnet werden, z. B. durch Aussagen wie »einfach zu bedienen« oder »schwierige Handhabung«. Derartige Aussagen sind allerdings nicht ohne weiteres intersubjektiv nachvollziehbar und sollten deshalb durch mehrere Personen objektiviert werden.

Zielkriterien	Gewichtungsfaktor	Alternativen: Elektrisches Schiebedach		Alternativen: Mechanisches Faltdach		Alternativen: Automatisch versenkbares Dach	
	g	x_1	$x_1 \cdot g$	x_2	$x_2 \cdot g$	x_3	$x_3 \cdot g$
Geringe Herstellkosten	0,2	4	0,8	8	1,6	2	0,4
Gute Bedienbarkeit	0,2	8	1,6	2	0,4	8	1,6
Hohe Zuverlässigkeit/ geringe Reparaturanfälligkeit	0,05	6	0,3	10	0,5	6	0,3
Niedriger Geräuschpegel im Innenraum	0,05	8	0,4	8	0,4	6	0,3
Hohe Fahrzeugsicherheit	0,2	10	2	4	0,8	8	1,6
Niedriger Kraftstoffverbrauch	0,15	10	1,5	8	1,2	10	1,5
Ansprechendes Design	0,15	10	1,5	4	0,6	10	1,5
Σ	1		**8,1**		**5,5**		**7,2**

↑ **Vorteilhafteste Alternative** (Elektrisches Schiebedach)

Abb. 4.44: Beispiel einer Nutzwertanalyse

	Vorteile	Nachteile
Nutzwertanalyse	+ Notwendigkeit einer streng systematischen Vorgehensweise + Berücksichtigung einer Vielzahl von qualitativen und quantitativen bzw. monetären und nicht-monetären Größen möglich + Gute »Objektivierung« durch Expertengruppen-Urteile + Hohe Transparenz über die Entscheidungsgrundlagen, auch bei großer Komplexität + Hohe Akzeptanz durch intersubjektive Überprüfbarkeit	− Relativ hoher Aufwand − Bewertung ist von einer Vielzahl subjektiver Einflüsse abhängig

Abb. 4.45: Vor- und Nachteile der Nutzwertanalyse

4. Transformation der Zielbeiträge in einheitliche Zielwerte

Es ist offensichtlich, dass die im dritten Schritt ermittelten Zielbeiträge nicht ohne weiteres miteinander verglichen werden können. Deshalb müssen die Zielbeiträge jeder Alternative mittels einer Nutzenfunktion in so genannte »Zielwerte« transformiert werden, die einer einheitlichen, kardinalen Skalierung unterliegen. Als Grundlage für diese Umwandlung dient in der Regel eine dimensionslose Punkteskala, deren Skalenenden die Extrempositionen kennzeichnen. Die Zuordnung des jeweiligen Zielbeitrags zu einem bestimmten Zielwert erfolgt aufgrund der subjektiven Einschätzung des Bewerters oder der Bewertergruppe.

B

Wählt der Automobilhersteller für die Bewertung der alternativen Autodachöffnungen zum Beispiel eine Punkteskala von 0 bis 10 (denkbar sind z. B. auch Skalen von 0 bis 100 o. Ä.), so ist jedem Merkmal im Hinblick auf seine Zielerreichung ein Punktwert zuzuordnen. Bei dem Kriterium »ansprechendes Design« erhalten die Problemlösungen »elektrisches Schiebedach« und »automatisch versenkbares Dach« aufgrund ihrer optimalen Integration in die Fahrzeugsilhouette jeweils die höchste Punktzahl von 10. Der Alternative »mechanisches Faltdach« werden dagegen nur 4 Punkte gegeben, weil sie den optischen Eindruck des Fahrzeugs negativ beeinträchtigt.

5. Ermittlung der Nutzwerte für jede Alternative und Wahl derjenigen Alternative mit dem höchsten Gesamtnutzwert

In dem letzten Schritt der Nutzwertanalyse werden die Zielwerte mit den jeweiligen Zielgewichten multipliziert und dadurch in Nutzwerte transformiert. Durch die spaltenweise Addition der Nutzwerte jedes Matrixfelds wird für jede Alternative ihr Gesamtnutzwert errechnet. Am vorteilhaftesten ist die Alternative mit dem höchsten Gesamtnutzwert.

B

In dem in der Abbildung 4.44 dargestellten Beispiel ist demnach die Alternative »elektrisches Schiebedach« mit einem Gesamtnutzwert von 8,1 den beiden anderen alternativen Problemlösungen zur Gestaltung der Autodachöffnung eindeutig vorzuziehen. Dabei fällt insbesondere der Abstand zu der Faltdach-Lösung auf, die vor allem aufgrund der schlechten Bedienbarkeit, der geringen Fahrzeugsicherheit und des wenig ansprechenden Designs keine Realisierungschance hat.

Die Nutzwertanalyse zeichnet sich durch ein analytisch-systematisches und trotzdem einfaches Vorgehen aus. Sie ist für die Lösung von komplexen Entscheidungsproblemen gut geeignet. Ihre große Stärke liegt in der Berücksichtigung sowohl quantitativer als auch qualitativer Zielkriterien und in der nachvollziehbaren Durchführung und Dokumentation des Entscheidungsprozesses. Durch die Möglichkeit, mehrere Personen oder Personengruppen in den Bewertungsprozess einzubeziehen, lässt sich die Objektivität der Ergebnisse deutlich verbessern. Dadurch besitzt die Nutzwertanalyse eine hohe Akzeptanz bei den Entscheidungsträgern. Trotz die-

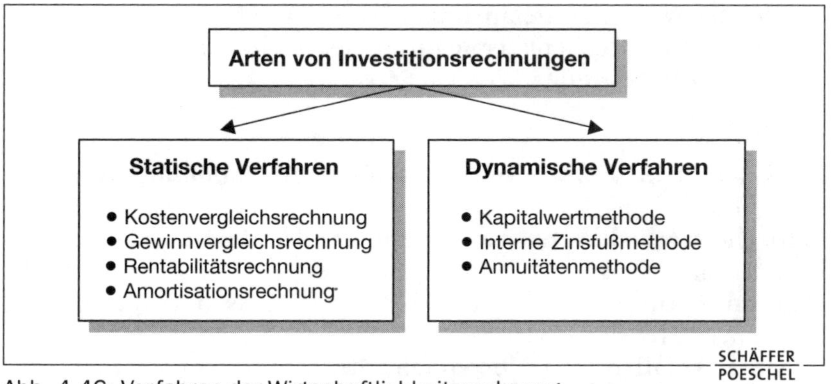

Abb. 4.46: Verfahren der Wirtschaftlichkeitsrechnung

ser Vorzüge sind die in den einzelnen Schritten vorhandenen subjektiven Bewertungsspielräume aber ebenso kritisch zu sehen wie der vergleichsweise große Aufwand, der mit einer sorgfältigen Durchführung verbunden ist (vgl. auch Abb. 4.45).

4.5.3.2.3 Quantitative Bewertungsverfahren

Um sicherzustellen, dass tatsächlich diejenige Idee ausgewählt wird, deren Umsetzung den größtmöglichen Beitrag zum Unternehmenserfolg leistet, müssen die einzelnen Vorschläge auch hinsichtlich ihrer möglichen Wirkungen auf die Kosten- und die Erlössituation des Unternehmens bewertet werden. Ein wichtiges Instrument hierzu sind die Wirtschaftlichkeits- oder Investitionsrechnungen, deren Grundprinzip darin besteht, die voraussichtlichen Einzahlungs- und Auszahlungsvorgänge der verschiedenen Investitionsalternativen miteinander zu vergleichen (vgl. *Vahs, D./ Schäfer-Kunz, J.* 2005 S. 563 ff.).

Die quantitativen Bewertungsverfahren werden vor allem bei Produktideen mit einem hohen Reifegrad eingesetzt, weil hier relativ konkrete Aussagen über die erwarteten Zahlungsströme und -zeitpunkte möglich sind. Sie lassen sich in zwei Hauptgruppen unterteilen: die **statischen** (kalkulatorischen) Verfahren und die **dynamischen** (finanzmathematischen) Verfahren (vgl. Abb. 4.46). Der wesentliche Unterschied zwischen diesen beiden Verfahrensarten besteht darin, dass die dynamischen Verfahren die tatsächlichen Zahlungszeitpunkte über die gesamte Nutzungsdauer einer Investition berücksichtigen (mehrperiodige Investitionsrechnungen), während die statischen Verfahren von Durchschnittswerten ausgehen und deshalb auch als einperiodige Durchschnittsrechnungen bezeichnet werden (eine ausführliche Beschreibung der einzelnen Verfahren mit Rechenbeispielen findet sich beispielsweise bei *Vahs, D./Schäfer-Kunz, J.* 2005 S. 563 ff.).

4.5.3.2.3.1 Statische Wirtschaftlichkeitsrechnungen

Statische Methoden erfassen nur ein Jahr der Nutzungsdauer einer Investition rechnerisch (in der Regel das erste Jahr nach der Einführung) und betrachten dieses Jahr als charakteristisch für die gesamte Nutzungsdauer der Investition. Zeitliche Unterschiede hinsichtlich des Anfallens der Kosten und der Erlöse werden nicht berücksichtigt. Eine Ausnahme von diesen einperiodigen Durchschnittsrechnungen ist die mehrperiodige Amortisationsrechnung.

Kostenvergleichsrechnung

Kostenvergleich

Bei der Kostenvergleichsrechnung werden die Gesamtkosten pro Jahr oder die durchschnittlichen Stückkosten (Forschungs- und Entwicklungskosten, Projektierungskosten, Anlaufkosten usw.) zweier oder mehrerer Produktinnovationen einander gegenübergestellt. Die kostengünstigste Alternative stellt die optimale Problemlösung dar.

Die Nachteile sind offensichtlich: Zum einen wird unterstellt, dass sich die Kosten in allen Jahren der Investitionslaufzeit gleich verhalten und die Kostenstrukturen der zu vergleichenden Produktinnovationen identisch sind. Zum anderen wird die Erlösseite völlig außer Acht gelassen, deren Optimierung ein Hauptziel von Produktinnovationen ist. Dieses Vorgehen kann unter Umständen dazu führen, dass trotz der Wahl der kostengünstigsten Alternative kein Gewinn erwirtschaftet wird. Damit kommt die Kostenvergleichsrechnung für Produktinnovationen nicht in Betracht.

Gewinnvergleichsrechnung

Gewinnvergleich

Die Gewinnvergleichsrechnung berücksichtigt neben den voraussichtlichen Kosten einer Produktinnovation auch die mit ihr verbundenen voraussichtlichen Erlöse. Gewählt wird diejenige Investitionsalternative, die den höchsten durchschnittlichen Gewinn pro Periode erwirtschaftet.

Die Gewinnvergleichsrechnung ist damit eine logische Weiterentwicklung der Kostenvergleichsrechnung. Sie führt allerdings nur dann zu entscheidungsrelevanten Ergebnissen, wenn die alternativen Produktideen die gleiche Laufzeit haben und identische Umsetzungskosten verursachen. Da diese Prämissen nur in den seltensten Fällen erfüllt sind, ist auch die Gewinnvergleichsrechnung für die Ideenbewertung nur beschränkt tauglich.

Rentabilitätsrechnung

Die Rentabilitätsrechnung bewertet die Entscheidungsalternative mit der höchsten Rentabilität als optimal, wenn diese über der geforderten Mindestrentabilität liegt. Die Mindestrentabilität orientiert sich zumeist an den alternativen Anlagemöglichkeiten auf dem Kapitalmarkt und berücksichtigt die mit der Produktinnovation verbundenen Risiken gegebenenfalls in Form eines »Risikozuschlags«. Die Kapitalrentabilität ist definiert als: **Rentabilität**

$$\text{Rentabilität} = \frac{\text{Gewinn}}{\text{Kapitaleinsatz}} \cdot 100\ (\%)$$

Bei diesem Bewertungsverfahren wird der erwartete durchnittliche Jahresgewinn für jede Produktinnovation in Bezug zu dem von ihr durchschnittlich gebundenen Kapital gesetzt. Auf diese Weise wird die Durchschnittsverzinsung des eingesetzten Kapitals ermittelt. Durch die Berücksichtigung des geplanten Umsatzes kann das Verfahren als **ROI-Methode** (**R**eturn-**o**n-**I**nvestment) aufschlussreicher werden. Der Quotient aus dem Gewinn und dem Umsatz wird dabei als Umsatzrentabilität bezeichnet, der Quotient aus dem Umsatz und dem investierten Kapital als Kapitalumschlag:

$$\text{ROI} = \frac{\text{Gewinn}}{\text{Umsatz}} \cdot \frac{\text{Umsatz}}{\text{investiertes Kapital}} \cdot 100\ (\%)$$

Der Rentabilitätsansatz wird zwar dem Anspruch der Investoren gerecht, die eine Aussage über die voraussichtliche Kapitalverzinsung erwarten; trotzdem können auch bei dieser Methode die allgemeinen Mängel der statischen Verfahren zu Fehlentscheidungen führen.

Statische Amortisationsrechnung

Die statische Amortisationsrechnung beantwortet die Frage, nach wie vielen Jahren sich eine Investition durch die mit ihr erwirtschafteten Erlöse selbst bezahlt hat oder anders formuliert: Nach wie vielen Jahren ist die Summe der Einnahmen größer als die Summe der Ausgaben? Sie wird deshalb auch als Pay-back-, Pay-off-, Kapitalfluss- oder Cash-flow-Rechnung bezeichnet. Das Investitionsvorhaben, das die kürzeste Amortisationsdauer aufweist (und gegebenenfalls eine maximal zulässige Amortisationszeit nicht überschreitet), gilt als optimal. In sehr dynamischen Branchen, wie beispielsweise der Elektronikindustrie, kann die angestrebte Amortisationszeit heute ohne weiteres unter einem Jahr liegen. **Cash-Flow**

$$\text{Amortisationsdauer} = \frac{\text{Kapitaleinsatz}}{\varnothing\ \text{laufende Einnahmen} - \varnothing\ \text{laufende Ausgaben}}$$

Die wesentlichen Unterschiede zu den bisher betrachteten statischen Verfahren bestehen zum einen in der Berücksichtigung von liquiditätswirksamen Größen (Einnahmen und Ausgaben) und zum anderen in der Berücksichtigung mehrerer Nutzungsperioden. Trotzdem ist auch die Anwendung der Amortisationsrechnung problematisch, weil sie nicht sicherstellt, dass die Alternative mit der kürzesten Amortisationszeit auch den höchsten Gesamtgewinn erwirtschaftet. Sie kann aber dazu dienen, die kritische Nutzungsdauer zu bestimmen, das heißt eine Aussage darüber zu machen, welchen Zeitraum die Marktperiode eines neuen Produkts mindestens umfassen muss, damit die Umsetzung der entsprechenden Produktidee ausgabenneutral wird. Dieses Verfahren ist damit weniger an Erfolgsgrößen als vielmehr an der Risikoeinschätzung einer Innovation durch das Management orientiert.

Beurteilung der statischen Verfahren

Beurteilung

Statische Verfahren sind einperiodige Durchschnittsrechnungen. Hierin liegt ihre entscheidende Schwäche, da Neuproduktprojekte und deren Umsetzung im Markt häufig länger als ein Jahr dauern und die einzelnen Perioden zudem unterschiedliche Charakteristika aufweisen. Des Weiteren gehen diese Verfahren von realitätsfernen Voraussetzungen aus (gleiche zeitliche Nutzungsdauer und gleiche Höhe des Kapitaleinsatzes aller Alternativen).

Der Vorteil ist allerdings in ihrer einfachen Anwendbarkeit und dem vergleichsweise geringen Informationsstand zu sehen, der für ihren Einsatz erforderlich ist. Bei kurzfristigen Innovationsvorhaben oder unsicheren Vorhersagemöglichkeiten liefern sie durchaus brauchbare Ergebnisse, die durch die kombinierte Anwendung von unterschiedlichen Wirtschaftlichkeitsrechnungen (z. B. der Rentabilitäts- und der Amortisationsrechnung) noch fundiert werden können.

4.5.3.2.3.2 Dynamische Wirtschaftlichkeitsrechnungen

Die dynamischen Verfahren der Wirtschaftlichkeitsrechnung bilden die tatsächliche Situation besser ab als es die statischen Verfahren tun, indem sie die Unterschiede im zeitlichen Anfall und in der Höhe der Zahlungen über den gesamten »Lebenszyklus« einer Produktinnovation berücksichtigen. Um die verschiedenen Produktideen mit ihren möglicherweise unterschiedlichen Zahlungsströmen, Zahlungszeitpunkten und Laufzeiten vergleichbar zu machen, werden sie durch Diskontierung (Abzinsung) auf den Investitionszeitpunkt normiert. Die Abzinsung der Zahlungsreihe mit einem festzulegenden Zinssatz ergibt den so genannten Barwert oder Ge-

genwartswert einer Investition und beantwortet die Frage, welche Geldsumme einzusetzen wäre, wenn alle Zahlungen zu einem einheitlichen Bezugszeitpunkt und in bar fließen würden (vgl. *Vahs, D./Schäfer-Kunz, J.* 2005 S. 577 ff.).

Allerdings liegen den dynamischen Rechnungen einige Prämissen zugrunde, die ihre Aussagekraft einschränken. Dazu gehören vor allem die Annahme eines vollkommenen Kapitalmarkts (keine Kapitalrestriktionen, Soll- und Habenzinsen sind gleich hoch, freier Zugang zum Kapitalmarkt), die exakte Festlegung des Kalkulationszinsfußes, die eindeutige Zurechenbarkeit der Zahlungsreihen auf die alternativen Ideen und die Möglichkeit, den Zeitpunkt und die Höhe der Zahlungen genau vorauszusehen.

Kapitalwertmethode

Kapitalwert

Die Kapitalwertmethode, die auch als Barwertmethode bezeichnet wird, berechnet den Kapitalwert C_0 einer Investition als die Summe aller auf den Entscheidungszeitpunkt t_0 abgezinsten Einnahmen E_t und Ausgaben A_t der Perioden t sowie der Anfangsinvestition $-I_0$. Dadurch wird die Vergleichbarkeit der alternativen Innovationsvorhaben gewährleistet. Der Kapitalwert stellt damit die zu erwartende Steigerung oder Verzinsung des eingesetzten Kapitals bei einem definierten Zinssatz r und bezogen auf den Investitionszeitpunkt dar. Das bedeutet, dass alle Investitionsalternativen vorteilhaft sind, die einen Kapitalwert erwirtschaften, der größer oder gleich null ist. Die allgemeine Formel zur Berechnung des Kapitalwertes einer Investition lautet:

$$C_0 = \sum_{t=1}^{n} \frac{E_t - A_t}{(1+r)^t} \quad \text{bzw.} \quad C_0 = -I_0 + \sum_{t=1}^{n} \frac{E_t - A_t}{(1+r)^t}$$

Wie aus der Kapitalwertformel deutlich wird, ist die Höhe des Kapitalwerts sowohl von der Höhe und der zeitlichen Verteilung der Periodenrückflüsse als auch von dem Kalkulationszinsfuß abhängig. Der Kalkulationszinsfuß ist ein subjektiv vom Entscheidungsträger festzulegender Wert, der sich insbesondere an den Fremdkapitalkosten und an den Investitionsrisiken orientiert.

Interne Zinsfußmethode

Interner Zinsfuß

Die interne Zinsfußmethode ermittelt denjenigen Zinsfuß r, der bei den erwarteten Ein- und Auszahlungen eines Innovationsvorhabens zu einem Kapitalwert von null führt. Eine Produktinnovation ist dann sinnvoll, wenn der berechnete interne Zinsfuß über dem Kalkulationszinsfuß liegt. Der interne Zinsfuß als Verzinsung des eingesetzten Kapitals ist demnach eine Rentabilitätskennziffer. Bei dem Vergleich von mehreren Produktinnovationen ist die Alternative mit dem höchsten internen Zinsfuß vorzuziehen, vorausgesetzt sie liegt über dem Kalkulationszinssatz. Die Formel für den internen Zinsfuß lautet:

$$-I_0 = \sum_{t=1}^{n} \frac{E_t - A_t}{(1 + r)^t}$$

Annuitätenmethode

Annuität

Die Annuitätenmethode ist eine Variante der Kapitalwertmethode. Sie rechnet den Kapitalwert in gleich hohe jährliche Zahlungen um. Auf diese Weise wird unter Berücksichtigung von Zinseszinsen der Jahresgewinn ermittelt, sofern die Amortisation positiv ist. Die Berechnung der Annuität A_n erfolgt mit Hilfe von so genannten »Kapitalwiedergewinnungsfaktoren«. Eine Investition ist dann vorteilhaft, wenn ihre Annuität positiv ist. Bei mehreren Produktideen ist diejenige Alternative mit der höchsten Annuität den anderen vorzuziehen. Die Formel für die Berechnung der Annuität einer Investition lautet:

$$A_n = C_0 \cdot \frac{r \cdot (1 + r)^t}{(1 + r)^t - 1}$$

	Vorteile	Nachteile
Wirtschaftlichkeitsrechnungen	+ Berücksichtigung monetärer Größen + Informationsbedarf erfordert fundierte Analysen + Wenig Interpretationsspielraum aufgrund quantitativer Aussagen	− Relativ hoher Aufwand (v. a. bei den dynamischen Verfahren) − Keine Berücksichtigung qualitativer Aspekte − Subjektive Einflussmöglichkeiten − Unsicherheit bei der Schätzung monetärer Größen

SCHÄFFER POESCHEL

Abb. 4.47: Vor- und Nachteile von Wirtschaftlichkeitsrechnungen

Beurteilung der dynamischen Verfahren

Beurteilung

Insgesamt gesehen sind die dynamischen Verfahren der Wirtschaftlichkeitsrechnung günstiger zu beurteilen als die statischen Verfahren. Sie bilden die Situation eines Investitionsvorhabens realistischer ab und berücksichtigen mehr Parameter. Dadurch lassen sich die alternativen Produktideen hinsichtlich ihrer erwarteten kosten- und ertragsseitigen Wirkungen besser beurteilen.

Trotzdem weisen auch die dynamischen Methoden einige Schwächen auf, zu denen insbesondere ihre realitätsfernen Prämissen und die Annahme einer vollkommenen Voraussicht gehören. Kritisch ist auch die Wahl des Kalkulationszinsfußes zu sehen, die auf der subjektiven Einschätzung des Entscheidungsträgers beruht und einen erheblichen Einfluss auf das Bewertungsergebnis hat. Ein weiterer Problembereich ist die Prognose der zukünftigen Einzahlungen und Auszahlungen. Schließlich ist es bei allen quantitativen Methoden nachteilig, dass die qualitativen Aspekte der Produktideen gänzlich außerhalb der Betrachtung bleiben. Insofern ist es sinnvoll, ergänzend beispielsweise eine Nutzwertanalyse durchzuführen.

Die Vor- und Nachteile der Wirtschaftlichkeitsrechnungen werden in der Abbildung 4.47 zusammengefasst.

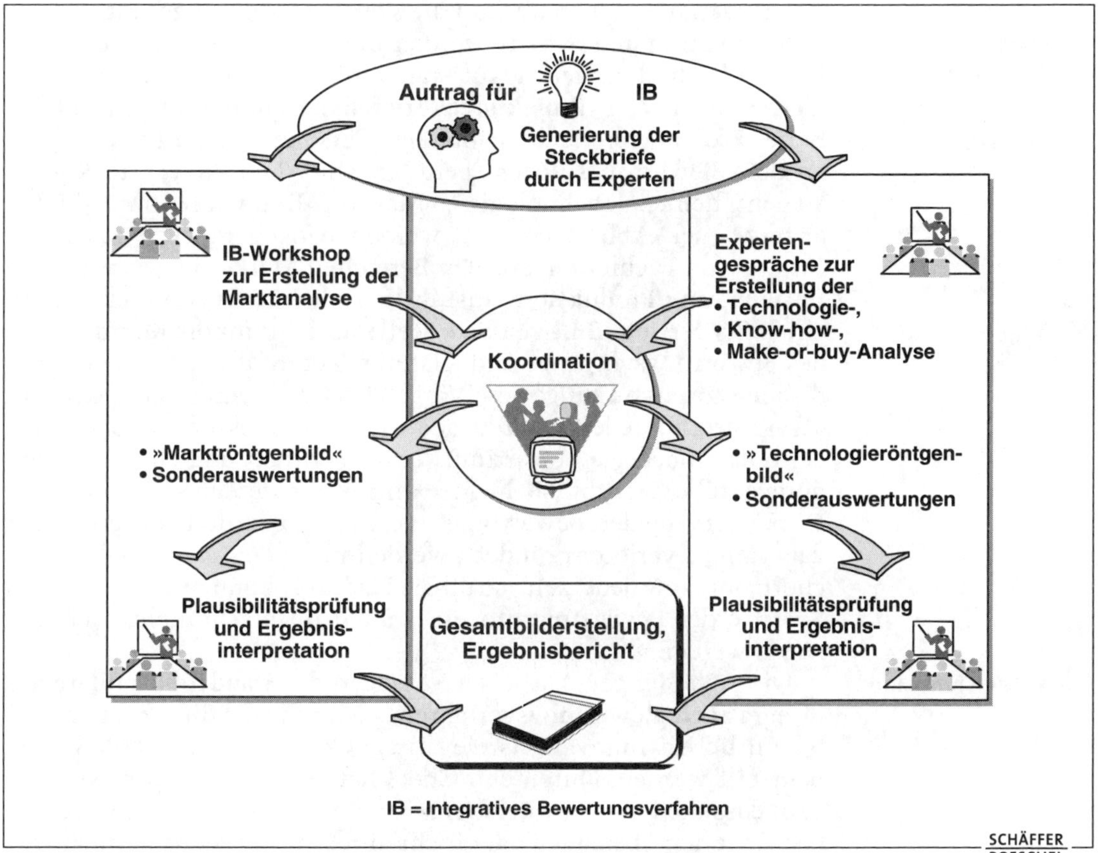

Abb. 4.48: Vorgehensweise des integrativen Bewertungsverfahrens

4.5.3.2.4 Praxisbeispiel: Integratives Bewertungsverfahren

In der Unternehmenspraxis bestehen zahlreiche weitere Ansätze, um der Bewertungsproblematik von Innovationen zu begegnen. Im Folgenden wird eine integrative Methode vorgestellt, mit der sowohl qualitative als auch quantitative Bewertungskriterien simultan berücksichtigt werden können.

Verbindung von Markt und Technologie

Im Rahmen des integrativen Bewertungsverfahrens (IB) werden in mehreren Schritten die **Technologie-** und die **Marktseite** einer Innovation anhand von vorgegebenen Fragestellungen systematisch beurteilt (vgl. Abb. 4.48). Die Ergebnisse dieser Analyse werden nicht in einer einzigen Kennziffer präsentiert, sondern differenziert und übersichtlich nach verschiedenen Themengebieten dargestellt. Dabei wird beispielsweise umfassend auf die potenziellen Anwendergruppen und auf die Wettbewerber eingegangen.

Vorgehen

In einem ersten Schritt werden die verschiedenen Ideen möglichst klar und eindeutig auf standardisierten Formularen erfasst (den so genannten »**Projektsteckbriefen**«). Dadurch soll ein einheitliches Problemverständnis von allen Personen erreicht werden, die an dem Bewertungsprozess beteiligt sind. Die Projektsteckbriefe zu den Themen »Technologie«, »Markt«, »Know-how« und »Make-or-buy« (vgl. Abb. 4.49–4.52) werden danach in zwei Expertenrunden von Fachleuten aus den Bereichen Marketing/Vertrieb und Entwicklung/Produktion ausführlich diskutiert und erforderlichenfalls vertieft. Eine zentrale Stelle übernimmt die Koordination des Bewertungsvorgangs und leistet, falls erforderlich, eine methodische Unterstützung des Vorgehens. Am Ende entsteht ein »**Gesamtbild**« jeder Produktidee in Form eines Ergebnisberichts, der eine eindeutige Bewertung der Idee enthält und eine Entscheidung darüber erlaubt, ob die Idee umgesetzt werden soll oder nicht. Die Daten, die den Bewertungsergebnissen zugrunde liegen, gehen dabei nicht verloren, sondern werden in einem Datenpool gespeichert und sind jederzeit abrufbar. Dadurch können die einzelnen Schritte des Bewertungsprozesses auch im Nachhinein nachvollzogen werden.

Bewertungsformulare

Die Abbildungen 4.49 bis 4.52 zeigen die **Standardformulare** des integrativen Bewertungsverfahrens. Mit ihrer Hilfe können alle wesentlichen innovationsrelevanten Gesichtspunkte erfasst und beurteilt werden. Durch den Checklisten-Charakter wird vermieden, dass die befragten Personen für die Ideenbewertung wesentliche Kriterien übersehen oder nicht differenziert genug betrachten.

Technologieanalyse	Projekt-Nr.:
	Projektbezeichnung:

1. Entwicklungspotenzial des Systems

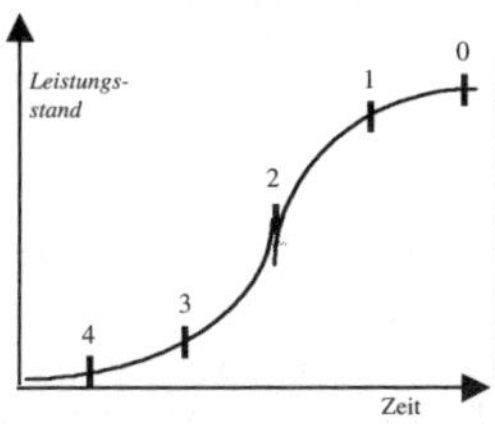

- 0 = *Technologieentwicklung praktisch abgeschlossen*
- 1
- 2 = *Technologieentwicklung »halb« beendet*
- 3
- 4 = *Technologieentwicklung steht ganz am Anfang*

2. Systemkomponenten

Komponente	Entwicklungs-potenzial*)	Engpass**)
	0 1 2 3 4	☐
	0 1 2 3 4	☐
	0 1 2 3 4	☐
	0 1 2 3 4	☐
	0 1 2 3 4	☐

) Bewertung analog zu Frage 1* *) Bitte nur maximal zwei Engpässe ankreuzen*

3. Entwicklungsdynamik der Technologie

0 1 2 3 4

- *0 = Technol.-gebiet mit wenigen, sehr langsamen Innovationen*
- *1 = Technologiegebiet mit niedriger Dynamik*
- *2 = Technologiegebiet mit mittlerer Dynamik*
- *3 = Technologiegebiet mit hoher Dynamik*
- *4 = Technologiegebiet mit sehr hoher Dynamik*

4. Verbesserungs-/Verschlechterungsfaktor gegenüber bisheriger Lösung

in ***technischer*** Hinsicht:	0 1 2 3 4
in ***wirtschaftlicher*** Hinsicht:	0 1 2 3 4
in ***ökologischer*** Hinsicht:	0 1 2 3 4
in ***sicherheitstechnischer*** Hinsicht:	0 1 2 3 4

- *0 = Verschlechterung*
- *1 = löst das Problem genauso gut*
- *2 = führt zu einer graduellen Verbesserung*
- *3 = führt zu einer wesentlichen Verbesserung*
- *4 = führt zu einem Technologiesprung*

5. Anwendungsumfang

Produktklassen (bitte ankreuzen):

- ☐ Produkt A ☐ Produkt D
- ☐ Produkt B ☐ Produkt E
- ☐ Produkt C ☐ Produkt F

0 1 2 3 4

- *0 = für eine einzige Produktklasse relevant*
- *1 = für weniger als die Hälfte der Produktklassen relevant*
- *2 = für die Hälfte der Produktklassen relevant*
- *3 = für mehr als die Hälfte der Produktklassen relevant*
- *4 = für alle Produktklassen relevant*

6. Technologieergänzungsgrad

begünstigende Technologien: ____________________

im Einbauumfeld: ____________________

behindernde Technologien: ____________________

im Einbauumfeld: ____________________

0 1 2 3 4

- *0 = extreme Behinderung von oder durch andere Technologien*
- *1 = Behinderung von oder durch andere Technologien*
- *2 = indifferent*
- *3 = Begünstigung von oder durch andere Technologien*
- *4 = extreme Begünstigung von oder durch andere Technologien*

7. Konkurrenztechnologien (bzw. alternative Lösungen)

Technologie	Reifegrad (1)	wann am Markt (2)	Vergleich mit Systemen bzgl. Funktionalität (3)	Vergleich mit Systemen bzgl. Stückkosten (4)	bereits am Markt bzw. zu erwarten seitens welchem Lieferanten?	bereits am Markt bzw. zu erwarten seitens welchem Wettbewerber?
	0 1 2 3 4		0 1 2 3 4	0 1 2 3 4		
	0 1 2 3 4		0 1 2 3 4	0 1 2 3 4		
	0 1 2 3 4		0 1 2 3 4	0 1 2 3 4		

(1) Bewertung analog zu Frage 1

(2) Jahreszahl, seit wann oder ab wann diese Technologie am Markt ist oder sein wird

(3) 0 = wesentlich geringere Funktionalität gegenüber o.g. System
1 = etwas geringere Funktionalität gegenüber o.g. System
2 = etwa gleiche Funktionalität wie o.g. System
3 = etwas höhere Funktionalität wie o.g. System
4 = wesentlich höhere Funktionalität gegenüber o.g. System

(4) 0 = mehr als 150 % der Stückkosten gegenüber o.g. System
1 = 110 % bis 150 % der Stückkosten gegenüber o.g. System
2 = etwa gleiche Stückkosten
3 = 50 % bis 90 % der Stückkosten gegenüber o.g. System
4 = weniger als 50 % der Stückkosten gegenüber o.g. System

8. (Stück-)Kostenwirkungen gegenüber bisheriger Lösung

Was gibt es bereits an Kosteninformationen?
(Basis für Ihre Kostenabschätzung)

- ❑ Offerte eines Lieferanten
- ❑ Kosten eines analogen Systems
- ❑ Kosten aus anderen Anwendungen bekannt
- ❑ Detaillierte Kostenstudie (Wirtschaftlichkeitsrechnung)
- ❑ Weitere Quellen ____________________
- ❑ Keine Kosteninformationen vorhanden

Kostenabschätzung:	Serie	SA
Mengenbasis:		
Stückkosten **entfallender** Komponenten:		
Stückkosten **hinzukommender** Komponenten:		
❑ Verbilligung / ❑ Verteuerung der **Systemumgebung um:**		
Stückkosten und Integrationsaufwand Σ		

9. Zusätzliche Bemerkungen

Interviewpartner:	Interviewer:
Abteilung:	Datum:

SCHÄFFER POESCHEL

Abb. 4.49: Formular zur Technologieanalyse im Rahmen des integrativen Bewertungsverfahrens

Marktanalyse *Seite 1 von 2*	Projekt-Nr.: Land:
	Produktmaßnahme:

1. Für welche Produktgruppen und für welche Anwendergruppen kommt die Innovation prinzipiell in Frage?

Produkte	Anwendergruppen	entspricht ... % der Kunden
Produkt A		%
Produkt B		%
Produkt C		%

Bemerkungen:

Bezugsgröße für Fragen 2 bis 8 ist der in Frage 1 abgegrenzte Interessentenkreis

2. Wie schätzen Sie die Wirkung der Innovation auf einzelne Kundennutzenkriterien ein?

Produkte	geschätzte Wirkung auf ... Wirtschaftlichkeit	Umweltverträglichkeit	Sicherheit	Image	Komfort
Produkt A	0 1 2 3 4	0 1 2 3 4	0 1 2 3 4	0 1 2 3 4	0 1 2 3 4
Produkt B	0 1 2 3 4	0 1 2 3 4	0 1 2 3 4	0 1 2 3 4	0 1 2 3 4
Produkt C	0 1 2 3 4	0 1 2 3 4	0 1 2 3 4	0 1 2 3 4	0 1 2 3 4

Bemerkungen:

0 = Verschlechterung *3 = deutliche Verbesserung*
1 = keine Veränderung *4 = extreme Verbesserung*
2 = leichte Verbesserung

3. Wie schätzen Sie die Wirkung der Innovation auf den Kundennutzen ***insgesamt*** ein?

Produkte					
Produkt A	0	1	2	3	4
Produkt B	0	1	2	3	4
Produkt C	0	1	2	3	4

Bemerkungen:

0 = Verschlechterung *3 = deutliche Verbesserung*
1 = keine Veränderung *4 = extreme Verbesserung*
2 = leichte Verbesserung

4. Wie gut ist der Kundennutzen kommunizierbar?

Produkte					
Produkt A	0	1	2	3	4
Produkt B	0	1	2	3	4
Produkt C	0	1	2	3	4

Bemerkungen:

0 = kaum oder gar nicht *3 = zum großen Teil gut*
1 = nur zum Teil *4 = sehr gut und wirksam*
2 = Wesentliches kommunizierbar

5. Wie wirkt die Innovation emotional auf den Kunden?

Produkte					
Produkt A	0	1	2	3	4
Produkt B	0	1	2	3	4
Produkt C	0	1	2	3	4

Bemerkungen:

0 = negativ *3 = deutlich positiv*
1 = neutral *4 = Kunde ist begeistert*
2 = eher positiv

6. Inwieweit ist die Innovation ein Kaufentscheidungskriterium?

Produkte					
Produkt A	0	1	2	3	4
Produkt B	0	1	2	3	4
Produkt C	0	1	2	3	4

Bemerkungen:

0 = negativen Einfluss *3 = positiven Einfluss*
1 = neutral *4 = stark positiven Einfluss*
2 = leicht positiven Einfluss

Abb. 4.50: Formular zur Marktanalyse im Rahmen des integrativen Bewertungsverfahrens

Marktanalyse

Seite 2 von 2

Projekt-Nr.: Land:

Produktmaßnahme:

7. Wären die Kunden bereit, für diese Innovation einen Mehrpreis zu akzeptieren? Wenn ja, in welcher Höhe?

8. Welchen zeitlichen Vermarktungsvorsprung/-rückstand werden wir voraussichtlich gegenüber dem Hauptwettbewerber mit dieser Innovation erreichen?

Produkte	100 % der Kunden wären bereit, ... € Mehrpreis zu bezahlen	50 % der Kunden wären bereit, ... € Mehrpreis zu bezahlen	20 % der Kunden wären bereit, ... € Mehrpreis zu bezahlen	5 % der Kunden wären bereit, ... € Mehrpreis zu bezahlen	Hauptwettbewerber	Bewertung
Produkt A	€	€	€	€		0 1 2 3 4
Produkt B	€	€	€	€		0 1 2 3 4
Produkt C	€	€	€	€		0 1 2 3 4

Bemerkungen: *0 = 3 oder mehr Jahre Rückst.*
1 = 1–2 Jahre Rückstand
2 = ca. Gleichstand
3 = 1–2 Jahre Vorsprung
4 = 3 oder mehr Jahre Vorsprung

9. Stückzahlchance/-risiko (Bezugsmenge hierzu ist jetzt die **gesamte Planstückzahl** der betreffenden Produktgruppe für Ihr Land)

10. Sollte diese Innovation eher in Serie oder als Sonderausstattung (SA) angeboten werden?

Produkte	Wie viel % der geplanten Stückzahl könnten wir *zusätzlich gewinnen*, wenn wir mit der Innovation *früher* als der Wettbewerb am Markt sind?		Wie viel % der geplanten Stückzahl würden wir *verlieren*, wenn wir mit der Innovation *später* als der Wettbewerb am Markt sind?		Serie	Sonderausstattung
	3 oder mehr Jahre früher	1–2 Jahre früher	1–2 Jahre später	3 oder mehr Jahre später		
Produkt A	%	%	%	%	☐	☐
Produkt B	%	%	%	%	☐	☐
Produkt C	%	%	%	%	☐	☐

Bemerkungen:

11. Zusätzliche Kommentare (z. B. spezifische Probleme, Chancen, Anregungen)

Rückantwort an Fax. ________________

Interviewpartner: [ ]

SCHÄFFER POESCHEL

Abb. 4.50 (Fortsetzung)

Know-how-Analyse	Projekt-Nr.:
	Projektbezeichnung:

1. Welches und wo sind die Know-how-kritischen Technologie- bzw. Systemelemente?

Elemente / Subsysteme	Gewicht in %	Entwicklungs-Know-how
	%	0 1 2 3 4
	%	0 1 2 3 4
	%	0 1 2 3 4
	%	0 1 2 3 4
	%	0 1 2 3 4
System-Know-how	%	0 1 2 3 4
Integrations-Know-how	%	0 1 2 3 4
Σ	%	

Legende:
Entwicklungs-Know-how ...
0 = ... ausschließlich beim Lieferanten
1 = ... vorwiegend beim Lieferanten
2 = ... beiderseitig vorhanden
3 = ... vorwiegend im Unternehmen
4 = ... ausschließlich im Unternehmen

2. Faktischer zeitlicher Entwicklungsrückstand/-vorsprung
(aktueller Entwicklungsvergleich, korrigiert um die Möglichkeit kurzfristigen Aufholens)

... gegenüber Hauptwettbewerber	Vorsprungs-/Rückstandsposition
____________	0 1 2 3 4

Worauf gründet diese Einschätzung?

- ☐ wurde direkt vom Mitbewerber angekündigt
- ☐ in Veröffentlichung beschrieben
- ☐ passt »konsequent« zur Firmenstrategie
- ☐ Sonstiges: ____________
- ☐ Prototyp/Modell bei Ausstellung gezeigt
- ☐ Kenntnis aus persönlichem Kontakt
- ☐ wurde im Gespräch mit Lieferanten berichtet

... gegenüber Lieferant	Vorsprungs-/Rückstandsposition
____________	0 1 2 3 4
... gegenüber technologisch führendem Mitwettbewerber	**Vorsprungs-/Rückstandsposition**
____________	0 1 2 3 4

Legende:
0 = 3 Jahre oder mehr Rückst.
1 = 1–2 Jahr(e) Rückstand
2 = etwa gleich
3 = 1–2 Jahr(e) Vorsprung
4 = 3 oder mehr Jahre Vorspr.

3. Entwicklungsstand/-historie

Status (bitte ankreuzen)	Jahresangaben	Budget in Mannjahren
Idee/Start ☐	Projektbeginn im Jahr: ☐	
Konzept ☐		bisher aufgewendetes Budget: ☐ MJ
A-Muster ☐		
B-Muster ☐		
C-Muster ☐		
Serienfreigabe ☐	Serienfreigabe erfolgt voraussichtl. im Jahr: ☐	Gesamtbudget von Idee bis Serienfreigabe: ☐ MJ

4. Zusätzliche Bemerkungen

Interviewpartner:	Interviewer:
Abteilung:	Datum:

Abb. 4.51: Formular zur Know-how-Analyse im Rahmen des integrativen Bewertungsverfahrens

Make-or-buy-Analyse	Projekt-Nr.:
	Projektbezeichnung:

1. Entwicklungspartner

Hauptentwicklungspartner: ____________________

Weitere Entwicklungspartner: ____________________

Fragen 2 bis 8 beziehen sich nur auf den Hauptentwicklungspartner

2. Aufteilung der Entwicklungsarbeiten ***(realisiert und/oder geplant)***

ausschließlich beim Entwicklungspartner ⟷ ausschließlich intern

Idee: 0 1 2 3 4

Konzept: 0 1 2 3 4

A-Muster: 0 1 2 3 4

B-Muster: 0 1 2 3 4

C-Muster: 0 1 2 3 4

Serienfreigabe: 0 1 2 3 4

3. Relative Machtposition des Hauptentwicklungspartners

viele »Kleine« mit geringem Einfluss 0 1 2 3 4 ein »Großer« mit hoher Durchsetzungsfähigkeit

4. Patentsituation

Unternehmen ist durch Patentlage extrem behindert 0 1 2 3 4 Unternehmen ist durch Patentlage extrem begünstigt

5. Schutzwürdigkeit des entwickelten Know-hows

nicht schutzwürdig 0 1 2 3 4 extrem schutzwürdig

6. Systemcharakter des Entwicklungsobjekts

kaum Zusammenhang mit anderen Komponenten 0 1 2 3 4 extrem hoher Zusammenhang mit anderen Komponenten

7. Typologische Bewertung des Entwicklungspartners ...

... als Entwickler:
- reiner Komponentenentwickler: ☐
- System- und Komponentenentwickler: ☐
- reiner Systementwickler: ☐
- Integrationsentwickler: ☐
- Sonstiges: ____________________

... als Fertiger:
- Entwickler und Systemproduzent: ☐
- Entwickler und Teileproduzent: ☐
- Entwickler ohne Fertigungskapazität: ☐
- Sonstiges: ____________________

8. Bemerkungen

Interviewpartner:	Interviewer:
Abteilung:	Datum:

SCHÄFFER POESCHEL

Abb. 4.52: Formular zur Make-or-buy-Analyse im Rahmen des integrativen Bewertungsverfahrens

4.5.4 Grundlegende Probleme bei der Bewertung innovativer Ideen

In diesem Abschnitt wurde gezeigt, dass es sich bei der Ideenbewertung um einen für den weiteren Verlauf des Innovationsprozesses außerordentlich wichtigen Schritt handelt. Deshalb ist abschließend auf einige Problembereiche hinzuweisen, denen bei der Durchführung der Ideenbewertung besondere Beachtung gewidmet werden sollte (vgl. hierzu auch *Schlicksupp, H.* 1988 S. 200 f.):

Problembereiche

- Die **Innovationsziele** werden oftmals nur unvollständig und ungenau formuliert. Die große Unsicherheit in den frühen Phasen des Innovationsprozesses verhindert darüber hinaus eine exakte Bestimmung der für die Umsetzung einer Idee erforderlichen Investitionen und der zu erwartenden wirtschaftlichen Ergebnisse. Die mangelhafte Zielbeschreibung kann zu einem unzweckmäßigen Einsatz der zur Verfügung stehenden knappen Mittel und damit zu einer Verschwendung von Ressourcen führen.
- Der **Markt** und seine Wirkungsmechanismen stellen ein hochkomplexes System dar, das nur mit Hilfe von Modellen abgebildet werden kann, die die Realität vereinfachen. Durch die Reduzierung der Komplexität werden aber bestimmte Parameter und Wirkungszusammenhänge nicht oder nicht ausreichend berücksichtigt. Auch dieser Sachverhalt birgt das Risiko von Fehleinschätzungen in sich.
- **Zukünftige Entwicklungen** lassen sich vielfach nur schwer oder überhaupt nicht vorhersehen. Allgemeingültige »Formeln« und Ursache-Wirkungs-Zusammenhänge gibt es nicht, weil das Verhalten der beteiligten Personen und Institutionen oft nicht berechenbar ist, sondern spontan und irrational erfolgt. Darüber hinaus muss mit Ereignissen und Entwicklungen im weiteren Unternehmensumfeld gerechnet werden, die nicht vorhersehbar sind und vom Innovator zudem nicht beeinflusst werden können. Die Folge können gegenüber dem Entscheidungszeitpunkt völlig veränderte Rahmenbedingungen in der Umsetzungsphase einer Innovation sein.
- Einen weiteren Unsicherheitsfaktor stellt schließlich die Anzahl der zu analysierenden Alternativen dar. Ist die **Ideenzahl** sehr groß, so können als Folge des Mengenproblems Fehler bei der Bewertung auftreten, weil eine umfassende Betrachtung jeder einzelnen Alternative aus zeitlichen Gründen nicht mehr möglich ist. Dadurch werden möglicherweise wichtige erfolgsrelevante Aspekte übersehen.

Diese grundlegenden Probleme machen es erforderlich, dass sich diejenigen Personen, die eine neue Idee zu »begutachten« haben, sehr intensiv Gedanken über ihre Vorgehensweise, die anzuwendenden Methoden und Instrumente und die Interpretation der Bewertungsergebnisse machen. Nur so lassen sich (vermeidbare) Fehlentscheidungen mit schwerwiegenden Folgewirkungen für den Innovationsprozess weit gehend ausschließen.

Zwei Beispiele sollen die Tragweite von Fehlentscheidungen in der Phase der Ideenbewertung verdeutlichen (vgl. *Meffert, H.* 1998 S. 384):

- Während *IBM* und *Eastman Kodak* das Erfolgspotenzial des Kopiergerätes falsch einschätzten und die neuartige Idee zur Vervielfältigung nicht weiter verfolgten, übernahm *Xerox* das Konzept und setzte es in ein außerordentlich erfolgreiches Produkt um. Derartige Fehler bei der Prüfung von Neuproduktideen werden auch als **Ablehnungsfehler** (α-Fehler) bezeichnet.
- Demgegenüber bestehen **Annahmefehler** (β-Fehler) darin, eine Produktidee nicht auszusondern, die sich später als Misserfolg erweist. Als ein Beispiel nennt *Meffert* die vom Verlag *Gruner+Jahr* umgesetzte Idee einer Publikumszeitschrift (»*Tango*«), die sowohl informieren als auch unterhalten sollte. Nach neun Monaten im Markt stellte sich die Produktidee als »Flop« heraus und wurde eliminiert. In dieser Zeit war bereits ein Verlust in Höhe von rund 29 Mio. € entstanden.

4.5.5 Checkliste Ideenbewertung

In der Abbildung 4.53 sind die wesentlichen Gesichtspunkte zusammengefasst, die bei der Bewertung von innovativen Produktideen zu beachten sind.

4.6 Vierte Phase: Ideenauswahl

Nach der Ideenbewertung erfolgt die Auswahl von einer oder mehreren als vorteilhaft erscheinenden Ideen, die in den nächsten Schritten des Innovationsprozesses umgesetzt und später als neuartige Problemlösungen auf dem Absatzmarkt eingeführt werden sollen.

In diesem Zusammenhang stellt sich die Frage, inwieweit die Bewertung und die Auswahl der Ideen überhaupt voneinander zu trennen sind. In der Literatur werden Ideengewinnung, -bewertung und -auswahl oft zu einer Phase des Innovationsprozesses zusammengefasst (vgl. z. B. *Pleschak, F./Sabisch, H.* 1996 S. 24, *Lange, J.* 1994 S. 20). Dabei wird jedoch übersehen, dass jeder dieser Schritte eine Vielzahl von Aktivitäten und Optionen umfasst. Aufgrund der damit verbundenen Komplexität und der vielfältigen Interdependenzen ist es deshalb sinnvoll, ihnen jeweils besondere Beachtung zu schenken. Darüber hinaus ist der Tatsache Rechnung zu tragen,

Checkliste für die Ideenbewertung

- Hat die Unternehmensführung erkannt, wie wichtig eine systematische Ideenbewertung ist?
- Erfolgt die Bewertung nach einem standardisierten Ablaufschema mit festgelegten Schritten?
- Ist das Grundprinzip des Bewertungsvorgangs bekannt?
- Sind die Ziel- und Messgrößen für die Bewertung der Produktideen eindeutig definiert und mit allen an dem Innovationsprozess beteiligten Unternehmensbereichen abgestimmt?
- Wird bei der Bewertung zwischen quantitativen und qualitativen Kriterien differenziert?
- Liegen der Ideenbewertung realistische Annahmen zugrunde?
- Werden Bewertungsverfahren eingesetzt, die eine möglichst große Realitätsnähe mit einer hohen Wirtschaftlichkeit und Benutzerfreundlichkeit verbinden?
- Werden Kunden und Lieferanten in die Ideenbewertung mit eingebunden?
- In welchem Umfang werden qualitative Bewertungsverfahren im Unternehmen eingesetzt, und welche konkreten Zielsetzungen werden mit dem Einsatz dieser Verfahren verfolgt?
- Wird bei der Ideenbewertung auf die Nutzwertanalyse als ein Verfahren zurückgegriffen, das quantitative und qualitative Bewertungskriterien miteinander verbindet?
- Sind die Vorteile und die Nachteile der Wirtschaftlichkeitsrechnungen hinreichend bekannt, und werden diese Verfahren in einer Kombination mit den qualitativen Bewertungsverfahren eingesetzt?
- Kommt das »Filterkonzept« zum Einsatz, um die Ideenbewertung möglichst effizient zu gestalten?
- Gibt es im Unternehmen eigene Bewertungsverfahren, die im Sinne einer integrativen Betrachtung sowohl ökonomische als auch technische Sachverhalte möglichst umfassend berücksichtigen?
- Können integrative Bewertungsverfahren mit einem überschaubaren Aufwand entwickelt oder von dem eigenen Unternehmen adaptiert werden?
- Sind sich die Entscheidungsträger der grundlegenden Probleme bei der Ideenbewertung bewusst, und werden diese Probleme auch ausreichend berücksichtigt?
- Wie und in welchem Umfang wird die Unternehmensführung in das Bewertungsverfahren eingebunden, und wird auf diese Weise eine ausreichend große Akzeptanz der eingesetzten Verfahren erzielt?
- Werden der Bewertungsvorgang als solcher und die sich anschließende Auswahlentscheidung bzw. Freigabe der Produktinnovation voneinander getrennt?

SCHÄFFER POESCHEL

Abb. 4.53: Checkliste Ideenbewertung

dass die Gewinnung, die Bewertung und die Auswahl von geeigneten innovativen Ideen der Kernbereich eines funktionierenden Innovationsmanagements ist; denn hier wird die entscheidende Grundlage für den Erfolg oder auch den Misserfolg einer Innovation gelegt.

Ein weiterer Grund dafür, warum die Bewertung und die Auswahl der Ideen jeweils gesondert erfolgen sollten, ist in der Tatsache zu sehen, dass in diesen Phasen normalerweise unterschiedliche Stellen beteiligt sind. Während die Bewertung häufig dem unteren und mittleren Management überlassen bleibt, entscheidet das Top-Management darüber, welche Ideen tatsächlich weiterentwickelt und in marktreife Produkte umgesetzt werden sollen. Die Auswahl der geeignetsten Alternative kann dabei allerdings auch bedeuten, dass lediglich der Entscheidungsempfehlung gefolgt wird, da die Bewertungsergebnisse eindeutig eine bestimmte Alternative als besonders vorteilhaft ausweisen und die Entscheidung damit bereits vorwegnehmen. Wichtig ist sowohl in dem einen wie in dem anderen Fall ein deutliches Bekenntnis der Unternehmenführung zu der (den) ausgewählten Idee(n), weil nur so sichergestellt ist, dass diese Idee(n) ausreichend akzeptiert und die erforderlichen Ressourcen in der Umsetzungsphase zielgerichtet gebündelt werden.

Allerdings ist auch das Gegenteil einer eindeutig als optimal zu identifizierenden Alternative denkbar: Mehrere Ideenalternativen schneiden bei der Bewertung ähnlich ab. Beispielsweise werden im Rahmen einer Nutzwertanalyse die gleichen Nutzwerte erreicht und auch eine Wirtschaftlichkeitsrechnung führt zu vergleichbaren Ergebnissen. Insbesondere in solchen Fällen ist es die Aufgabe der obersten Führungsebene, die Alternativen zu priorisieren und eine Entscheidung zu treffen. Bei diesen Entscheidungen handelt es sich sozusagen um »Grundsatzentscheidungen«, das heißt es werden diejenigen Alternativen ausgewählt, die schlussendlich und definitiv umgesetzt werden oder die mit einem höheren Detaillierungsgrad in Form eines Lasten- und Pflichtenhefts weiterbearbeitet werden sollen.

Die Lösungsvorschläge, die nicht für eine Umsetzung ausgewählt werden, sind jedoch nicht automatisch unbrauchbar.

So wäre es beispielsweise weder technisch noch ökonomisch sinnvoll, ein Fahrzeug serienmäßig mit einer Brennstoffzelle auszurüsten, dessen Markteinführung in zwei Jahren vorgesehen ist. Daher würde diese Alternative bei einer Auswahlentscheidung momentan nicht berücksichtigt. Allerdings wird der Einsatz von Brennstoffzellen zu einem späteren Zeitpunkt durchaus vorteilhaft sein, nämlich dann, wenn die entsprechende Technologie weiter ausgereift ist und der Druck des Markts und des Wettbewerbs ihre serienmäßige Umsetzung erfordert.

B

Das Beispiel zeigt, dass sich die bei der Auswahlentscheidung zunächst nicht berücksichtigten Lösungsalternativen zu einem späteren Zeitpunkt durchaus als sinnvoll erweisen können. Diese Alternativen werden daher nicht aus der Ideen-Datenbank eliminiert, sondern sie stehen weiterhin als Ideen für potenzielle Neuprodukte zur Verfügung.

4.7 Fünfte Phase: Ideenumsetzung

4.7.1 Besonderheiten bei der Umsetzung von innovativen Ideen

In der Phase der Ideenumsetzung sollen die zuvor ausgewählten Produktideen zu marktfähigen und wirtschaftlich erfolgreichen Produkten entwickelt werden. Dazu bedarf es einer präzisen sach-, termin- und kostengerechten Planung und Realisierung des Innovationsvorhabens, die jedoch durch die besonderen Charakteristika des Planungsobjekts erschwert wird: Im Gegensatz zu den betrieblichen Routineprozessen, die aufgrund ihres Wiederholcharakters relativ problemlos zu steuern sind, weisen innovative Prozesse einige Eigenschaften auf, die sich unmittelbar auf die Art und Weise ihrer Durchführung auswirken (vgl. *Hauschildt, J.* 1997 S. 344 f., *Sabisch, H.* 1991 S. 10 f., *Thom, N.* 1980 S. 23 ff.):

Merkmale innovativer Prozesse

- Aus dem konstitutiven Merkmal der Neuartigkeit einer Innovation folgt implizit, dass der mit ihr verbundene Planungs- und Umsetzungsprozess grundsätzlich sowohl **erstmalig** als auch **einmalig** durchlaufen wird. Somit kann zwar auf Erfahrungen zurückgegriffen werden, die mit ähnlichen Abläufen in der Vergangenheit gemacht wurden; es besteht jedoch ex ante kein genaues Wissen über die Art, den Umfang, die Auswirkungen und die Verknüpfungen der einzelnen Arbeitsschritte des aktuell durchzuführenden Innovationsprozesses. Deshalb ist es erforderlich, die Umsetzung jeder Innovation als ein eigenständiges Vorhaben zu betrachten und auch entsprechend zu planen und zu steuern.
- Die **Planungsunsicherheit,** die ebenfalls kennzeichnend für Innovationen ist, nimmt zwar mit dem Fortschritt des Innovationsprozesses ab; trotzdem sind auch in der Umsetzungsphase immer noch viele technische und wirtschaftliche Einflussgrößen und ihre Wirkungen ungewiss. Dies gilt insbesondere für die Zeitdauer bis zur Marktreife des Produkts, die nicht nur aufgrund der eigenen Innovationsaktivitäten eine kritische Rolle spielt, sondern auch wegen der produktpolitischen Anstrengungen von Wettbewerbern zu einem kritischen Faktor werden kann. Daraus ergibt sich, dass Innovationen häufig unter einem erheblichen **Zeitdruck** umgesetzt werden müssen, um die Vorteile des first-to-market nutzen zu können.
- Innovationsprozesse zeichnen sich durch eine hohe **Arbeitsteiligkeit** und eine ausgeprägte Interdisziplinarität aus. Ein großer Teil der Prozessschritte ist zeitlich parallel oder überlappend und unter der Einbindung der verschiedensten unternehmensinternen und -externen Prozessbeteiligten durchzuführen. Daraus resultieren vielfache und vielfältige **Interdependenzen** zwischen den

beteiligten Unternehmenseinheiten, die einer umfassenden **Koordination** bedürfen, damit keine Schnittstellenprobleme, Redundanzen und zeitlichen Verzögerungen auftreten.

B

Die Interdisziplinarität von Innovationsprojekten führte bei *Mettler-Toledo*, einem Hersteller von Industriewaagen, zu einer umfassenden Neugestaltung des Produktinnovationsprozesses: Die Abteilungen Entwicklung und Marketing wurden aufgelöst und durch Innovationsteams ersetzt, die jeweils aus vier bis sieben Mitarbeitern bestehen und weit gehend eigenverantwortlich tätig sind. Diese Teams decken sämtliche Arbeitsgebiete wie Entwicklung, Konstruktion, Produktionstechnik, Qualitätssicherung und Marketing ab. Sie analysieren und bewerten die Marktchancen neuer Produkte und begleiten deren Umsetzung bis zur Markteinführung. Als Folge der Reorganisation haben sich die Innovationszeiten von zwei bis drei Jahren auf sechs bis neun Monate verkürzt (vgl. *Kleinschmidt, E. J./Geschka, H./Cooper, R. G.* 1996 S. 105 f.).

Die Anzahl der Konzepte, mit denen innovative Ideen in der Unternehmenspraxis zur Marktreife entwickelt werden, ist letztendlich so groß wie die Zahl der innovativen Ideen selbst. Vor allem solche Unternehmen, die in der Vergangenheit bereits eine Vielzahl von Innovationen realisiert haben, besitzen ein umfassendes Potenzial an umsetzungsorientiertem Wissen. Durch diesen »Erfahrungsschatz« lässt sich die grundlegende Problematik von Innovationsprozessen reduzieren. Allerdings sollte das innovativ tätige Unternehmen dabei nicht ohne weitere Prüfung auf »bewährte Konzepte« zurückgreifen, denn trotz des »Lernens aus Erfahrung« gilt: Je höher der Neuheitsgrad einer Idee ist, desto weniger standardisiert sollten die Abläufe zu ihrer Umsetzung sein und umgekehrt (vgl. *Hauschildt, J.* 1997 S. 365).

Grundsätzlich lassen sich **zwei Kategorien von Ideen** differenzieren, die einer unterschiedlichen Behandlung in der Phase ihrer Umsetzung bedürfen:

Arten von innovativen Ideen

- Ideen, die zwar als solche neu sind, deren Art, Bezugsbereich und Umfeld allerdings schon im Unternehmen bekannt sind, lassen sich häufig in Routineprozessen mit relativ geringfügigen Anpassungen an die Besonderheiten der jeweiligen Idee realisieren. Mit einer gewissen Berechtigung, und obwohl es eigentlich ein Widerspruch in sich ist, könnte hier von einer **»Innovationsroutine«** gesprochen werden. Als Arbeitsformen bieten sich die vorhandenen Linienstrukturen und die Institutionalisierung von entsprechenden Gremien an (vgl. hierzu auch den Abschnitt 5.3.3).
- Handelt es sich dagegen um eine völlig neuartige Idee, der bisher keine vergleichbare Problemlösung gegenübersteht und bezüglich deren Umsetzung auch keine konkreten Erfahrungen vorliegen, erfolgt eine besondere Behandlung des Innovationsgegenstands, bei der üblicherweise auf das **Projektmanagement** zurückge-

griffen wird (vgl. *Vahs, D.* 2005 S. 185 ff.). Diese Arbeitsform empfiehlt sich auch dann, wenn mit der Idee zwar kein völlig neues Handlungsfeld beschritten wird, wohl aber mit einer erheblichen Ressourcenbindung zu rechnen ist. Das Projektmanagement ist damit das wichtigste Instrument für die Realisierung von Produktinnovationen.

Unabhängig von der Arbeitsform bedarf die Umsetzung von Innovationen einer integrativen Zusammenarbeit von allen beteiligten Unternehmensbereichen. Im Folgenden wird deshalb zunächst auf das Simultaneous Engineering eingegangen, mit dessen Hilfe die im Zeitablauf erforderlichen Koordinationsleistungen besonders gut erbracht werden können (vgl. Abschnitt 4.7.2). Danach werden die verschiedenen Arbeitsformen zur Ideenumsetzung erläutert, wobei der Schwerpunkt auf dem Projektmanagement liegt (vgl. Abschnitt 4.7.3). Abschließend wird dargestellt, wie die Umsetzung von innovativen Ideen in die vorhandenen Produktentstehungs- und Produktveränderungsprozesse integriert werden kann (vgl. Abschnitt 4.7.4).

4.7.2 Simultaneous Engineering als Grundkonzept zur Ideenumsetzung

An der Umsetzung einer Produktinnovation sind in der Regel viele Organisationseinheiten eines Unternehmens beteiligt. Aufgrund ihrer arbeitsbezogenen Interdependenzen im Innovationsprozess bestehen zahlreiche Abstimmungsnotwendigkeiten, deren effiziente Bewältigung eine entscheidende Voraussetzung für den Innovationserfolg ist.

Sequenzielle Vorgehensweise

Früher (und teilweise auch noch heute) wurde bei der Umsetzung einer Innovation in der Regel **sequenziell** vorgegangen (vgl. Abb. 4.54): Nach der Ideenauswahl erarbeitete die Entwicklungsabteilung ein konstruktives Konzept, das in Form eines Musters oder eines Prototypen technisch umgesetzt wurde. Daran schloss sich die Erprobung im Versuch an. Erst nach einer erfolgreichen Erprobungsphase führte die Arbeitsvorbereitung eine Fertigungsplanung durch und leitete die erforderlichen Schritte in den Bereichen Logistik, Materialwirtschaft und Anlagenwirtschaft zur Vorbereitung des Produktionsanlaufs in die Wege. Danach begann die Produktionsabteilung mit der Fertigung des Produkts in größeren Stückzahlen. Häufig waren erst in dieser Phase konkrete Aussagen über die vorliegenden (Ist-)Kosten möglich, das heißt das »Controlling« beschränkte sich auf eine reine Nachkalkulation. Diese sequenzielle Abarbeitung der Einzelaktivitäten und der Teilprozesse

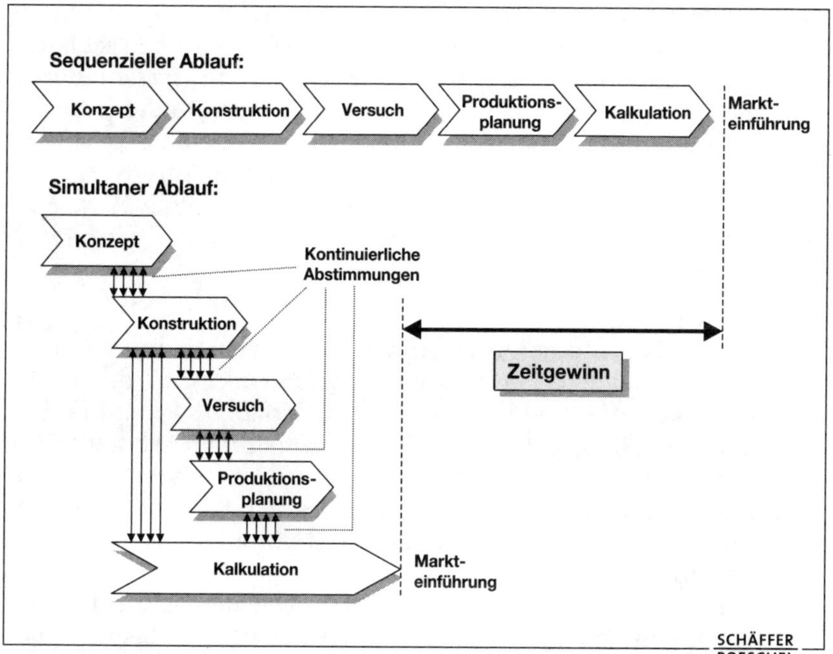

Abb. 4.54: Vergleich von sequenzieller und simultaner Vorgehensweise

führte einerseits zu vergleichsweise langen Durchlaufzeiten und andererseits durch die fehlende Integration der einzelnen Prozessschritte zu einem ineffizienten Einsatz der verfügbaren Ressourcen. Im Extremfall konnte es passieren, dass das »Controlling« (oder in diesem Fall richtiger: die Kostenkontrolle) erst nach dem Einsatz von umfangreichen Finanz- und Sachmitteln feststellte, dass die durchgeführte Neuproduktmaßnahme eigentlich unwirtschaftlich war.

SE-Vorgehensweise

Als ein umfassendes Konzept zur Vermeidung dieser ablauforganisatorischen Mängel wurde das **Simultaneous** oder **Concurrent Engineering (SE)** entwickelt, das die Parallelisierung aller Teilprozesse mit einer laufenden Abstimmung und Integration der zu treffenden Maßnahmen verbindet. Die sequenzielle Arbeitsweise und die Weitergabe der Teilleistungen nach dem Motto »throw it over the wall« wird dabei durch ein simultan-integratives Vorgehen abgelöst (vgl. Abb. 4.54). Die Zielsetzung des SE ist es vor allem, das »Magische Zieldreieck« zu optimieren. Im Einzelnen heißt das,

SE-Ziele

- die Produktentwicklungs**zeiten** zu verkürzen,
- die Entwicklungs**kosten** zu senken und
- die **Produktqualität** konsequent an den Kundenbedürfnissen auszurichten.

Diese Zielsetzungen können durch die **Parallelisierung**, die **Standardisierung** und die **Integration** von Teilprozessen und Einzelaktivitäten erreicht werden. Die Voraussetzung hierfür ist allerdings, dass der mit diesen drei Maßnahmen zweifellos verbundene zusätzliche Koordinationsaufwand die durch den Einsatz von SE zu erzielenden Zeit- und Kostenersparnisse nicht übersteigt (vgl. *Bürgel, H. D./Haller, C./Binder, M.* 1996 S. 192, *Boutellier, R.* 1996 S. 29 ff., *Bullinger, H.-J.* 1994 S. 222 f., *Eversheim, W.* 1989 S. 1 ff., *Warschat, J.* 1996a S. 550):

SE-Prinzipien

- **Parallelisierung**
  Durch die simultane Abwicklung der einzelnen Innovationsschritte lässt sich die Zeitspanne deutlich verkürzen, die für die Umsetzung einer Produktidee in ein marktfähiges Produkt erforderlich ist. Hinsichtlich der Einzelmaßnahmen ist zwischen voneinander unabhängigen und voneinander abhängigen Teilprozessen und Aktivitäten zu unterscheiden: Die **unabhängigen** Maßnahmen können von vorneherein problemlos zeitgleich durchgeführt werden – vorausgesetzt es stehen ausreichende Bearbeitungskapazitäten zur Verfügung. Die **abhängigen** Innovationsmaßnahmen sind dagegen hinsichtlich ihrer Aufgabeninhalte und ihres Aufgabenumfangs so zu gestalten, dass sie so weit wie möglich voneinander entkoppelt werden können, in sich aber einen möglichst starken Zusammenhang aufweisen. Durch diese **Modularisierung** der einzelnen Prozessschritte wird ihre Koordination erleichtert, wenn fortlaufend alle abstimmungsrelevanten Informationen zwischen den Modulen ausgetauscht werden.

- **Standardisierung**
  Durch die Standardisierung von Produkt- und Verfahrenskomponenten entsteht ein »**Baukasten**«, der den zunächst »unsicheren« Innovationsinhalten eine gewisse Stabilität und damit eine bessere Planbarkeit gibt. Als Gegenstand für Standardisierungsmaßnahmen kommen beispielsweise die Produktstruktur (Standardisierung von bestimmten Teilen, Funktionsgruppen und Systemen), der Innovationsprozess (Standardisierung einzelner Ablaufschritte wie beispielsweise eines typischen Versuchsaufbaus) und die Aufbauorganisation in Frage (z. B. Regelung, welche Funktionsbereiche generell einzubinden sind, Definition der Übergabeverantwortung an den Schnittstellen der Teilprozesse). Bei der Standardisierung ist darauf zu achten, dass ein **optimaler Regelungsgrad** nicht überschritten wird: Es sind nur solche Maßnahmen generell zu regeln, die sich nicht fallweise verändern. Ideenabhängige Aktivitäten sind dagegen im Einzelfall flexibel zu handhaben.

- **Integration**
  Durch die simultane Vorgehensweise des SE kommt der Integration von Teilaktivitäten ein besonderer Stellenwert zu. Ihr Ziel

ist die möglichst enge Verbindung der Einzelaktivitäten im Hinblick auf die Prozessziele. Die Handlungsfelder für eine Integration im Rahmen des SE-Prozesses sind vor allem die einzelnen **Produktkomponenten** (Integration in so genannten Funktionsgruppen, in denen geschlossene Teilsysteme zusammengefasst werden, wie beispielsweise Türen oder Sitze im Automobilbau), die beteiligten unternehmensinternen und -externen **Funktionsbereiche** (Integration der Aufgabenträger in Form interdisziplinärer SE-Teams) und die technischen und betriebswirtschaftlichen **Daten**, die der Produktidee zugrunde liegen (Datenintegration in einem für alle beteiligten Stellen zugänglichen Datenpool). Entscheidend für eine integrative Vorgehensweise sind leistungsfähige und funktionierende Informations- und Kommunikationswege, die einen zeitnahen und umfassenden Datenaustausch zwischen den beteiligten Stellen gewährleisten.

SE-Risiken

Allerdings bergen diese drei Maßnahmen auch gewisse **Risiken**, die sich aus der Tatsache ergeben, dass die Aktivitäten zur Umsetzung der Produktidee auf unsicheren Plandaten beruhen. Diese Risiken steigen mit einer zunehmenden Parallelisierung und Integration an, da sich Fehlplanungen in einem Modul zwangsläufig auch auf

	Vorteile	Nachteile
Simultaneous Engineering	+ Funktionsübergreifende Integration steigert die Arbeitsqualität + Erhebliche Zeiteinsparungen möglich (bis zu 50 %) + Gemeinsames Verständnis von Zielen und Zusammenarbeit verstärkt unternehmerisches Handeln + Starke Problemorientierung + Hohe Flexibilität	– Arbeiten unter »Untersicherheit« erfordert hohe Flexibilität der Beteiligten – Relativ hoher Koordinationsaufwand – Fehlplanungen wirken sich u.U. auf den gesamten Innovationsprozess aus

⇨ *Fazit: Das Simultaneous Engineering ist die aus heutiger Sicht optimale Arbeitsform für die Umsetzung von Innovationen; es können qualitativ hochwertige Ergebnisse bei kurzen Innovationszeiten (»time-to-market«) realisiert werden*

SCHÄFFER POESCHEL

Abb. 4.55: Vor- und Nachteile des Simultaneous Engineering

die anderen Prozessmodule auswirken. Insofern hat *Wildemann* Recht, wenn er ausführt, dass die Parallelisierung von Innovationsschritten zwangsläufig auch die Inkaufnahme von Risiken mit sich bringt (vgl. Abb. 4.55 und *Wildemann, H.* 1992 S. 21).

Um das Konzept des Simultaneous Engineering im Unternehmen organisatorisch umzusetzen, ist die Bildung **funktionsübergreifender SE-(Projekt-)Teams** empfehlenswert. Typischerweise setzt sich die SE-Organisation aus einem Kernteam, das die Produktidee eigenverantwortlich umzusetzen hat, und einem SE-Pool zur fallweisen Unterstützung des Kernteams zusammen (vgl. *Ehrlenspiel, K.* 1992 S. 300 ff., *Eversheim, W./Laufenberg, L./Marczinski, G.* 1993 S. 6):

SE-Organisation

- Das **SE-Kernteam** besteht in der Regel aus Mitarbeitern der Bereiche Forschung und Entwicklung, Konstruktion, Arbeitsvorbereitung, Produktion, Qualitätssicherung und Marketing. Ein Mitglied der obersten Hierarchieebene übernimmt die Koordinationsfunktion innerhalb des Teams und repräsentiert es gegenüber den anderen Entscheidungsträgern. Die Mitglieder des SE-Kernteams bringen ihr spezifisches Wissen und ihre Erfahrungen von Anfang an und über alle Umsetzungsphasen hinweg in den Produktinnovationsprozess ein. Dadurch werden die Aufgabenintegration und -parallelisierung sowie der hierzu erforderliche Informationsfluss sichergestellt.
- Der **SE-Pool** besteht aus Mitarbeitern des Kundendienstes, des Controlling, des Einkaufs und sonstiger Servicefunktionen, die bedarfsweise in den Innovationsprozess eingebunden werden. Dem SE-Pool können in besonderen Fällen auch Zulieferer, Kunden und externe Berater angehören, die dem Kernteam ihr spezifisches Know-how und ihre Erfahrungen zur Verfügung stellen. Insoweit ist der SE-Pool ein Wissenspool, auf den das SE-Kernteam zur Klärung offener Fragen zurückgreifen kann.

Als **Beispiele für typische SE-Maßnahmen** im Innovationsprozess, die zu einer verbesserten Zielerreichung und hier insbesondere zu einer Verkürzung der Innovationszeit (time-to-market) beitragen, sind die folgenden Aktivitäten zu nennen (vgl. *Heyde, W./Laudel, G./Pleschak, F.* et al. 1991 S. 77):

SE-Maßnahmen

- Zeitlich parallele Entwicklung des Produkts und der für die Herstellung erforderlichen Fertigungseinrichtungen und Werkzeuge;
- Kontinuierliche bereichsübergreifende Zusammenarbeit zwischen den beteiligten Funktionsbereichen im Prozessablauf;
- Minimierung von Änderungen nach der Produktfreigabe durch die rechtzeitige Berücksichtigung aller Anforderungen, die von den anderen betrieblichen Bereichen gestellt werden;

- Einbindung der Lieferanten und Nutzung ihres Entwicklungs-Know-hows.

Die zusammenfassende Darstellung in der Abbildung 4.55 zeigt, dass das SE eine ganze Reihe von Vorteilen gegenüber der sequenziellen Abarbeitung von Innovationsaufgaben aufweist. Deshalb sollte es insbesondere bei umfangreicheren Innovationsvorhaben unbedingt zum Einsatz kommen.

4.7.3 Arbeitsformen zur Umsetzung von Innovationen

4.7.3.1 Wahl der geeigneten Arbeitsform

Nachdem im vorhergehenden Abschnitt das Simultaneous Engineering als das geeignete Vorgehensprinzip in dieser Phase des Innovationsprozesses erläutert wurde, werden im Folgenden die verschiedenen Arbeitsformen für die Umsetzung von Produktinnovationen dargestellt (vgl. die Übersicht in Abb. 4.56):

Arbeitsformen

- Die **Linienarbeit** integriert dauerhaft alle für die Umsetzung von Produktinnovationen erforderlichen Funktionen mit ihren innovationsspezifischen Spezialkenntnissen. Sie erfordert es daher, ein umfangreiches Know-how hauptamtlich in einer Linienstelle vorzuhalten. Dadurch ist die Linienarbeit sehr personalintensiv und scheidet damit als alternative Arbeitsform für die meisten Unternehmen aus.

Abb. 4.56: Arbeitsformen zur Umsetzung von Innovationen

- Bei der **befristeten Gremienarbeit** (beispielsweise in Form von Kollegien oder Ausschüssen) werden mehrere Aufgabenträger zeitlich begrenzt zusammengefasst. Sie sind nebenamtlich tätig und wenden in der Regel nur wenige Stunden in der Woche für ihre Zusatzaufgabe auf, die zumeist in der Arbeitsform der Konferenz abgewickelt wird (vgl. *Vahs, D.* 2005 S. 80 ff.). Aufgrund ihrer Struktur sind derartige Gremien lediglich für die fallweise Abwicklung von wenig anspruchsvollen Innovationsvorhaben geeignet, die keines allzu großen Ressourceneinsatzes bedürfen. Für ein systematisches und institutionalisiertes Innovationsmanagement ist diese Art der Umsetzung von Produktinnovationen dagegen nicht geeignet.
- Die **institutionalisierte Gremienarbeit** ist eine Arbeitsform, in der die aus verschiedenen Funktionsbereichen stammenden Gremienmitglieder ihr fachliches und methodisches Know-how dauerhaft für die Umsetzung von Innovationen zur Verfügung stellen. Darüber hinaus veranlassen sie, dass die im Gremium beschlossenen Aktivitäten in den Funktionsbereichen realisiert werden. Derartige Gremien werden unbefristet eingerichtet und treffen regelmäßig zum Austausch von Informationen und zur Beschlussfassung zusammen. Die institutionalisierte Gremienarbeit bietet sich bei einer regelmäßigen Innovationstätigkeit an, deren Komplexität und Interdependenzen noch überschaubar sind (vgl. Abschnitt 4.7.3.2).
- Die **Projektarbeit** befasst sich mit der Durchführung von komplexen und umfangreichen Vorhaben, die sich auch durch ein hohes Maß an Interdisziplinarität und durch eine umfassende Ressourcenbindung auszeichnen. Sie ist zeitlich befristet und fasst die für die Ideenumsetzung notwendigen Arbeitsumfänge der verschiedenen Funktionsbereiche in einem »Innovationsprojekt« zusammen, das zielgerichtet umgesetzt wird (vgl. Abschnitt 4.7.3.3 und *Vahs, D.* 2005 S. 92 ff.).

Es wird deutlich, dass die institutionalisierte Gremienarbeit und die Projektarbeit diejenigen Arbeitsformen sind, die sich für die Umsetzung von Innovationen am besten eignen. Während die institutionalisierte Gremienarbeit eher für solche Vorhaben mit geringerer Komplexität und einem überschaubaren Umsetzungsaufwand in Frage kommt, ist die Projektarbeit eher bei Produktinnovationen mit einer hohen Komplexität und einem hohen Erfolgsrisiko sinnvoll.

Als eine grobe **Entscheidungshilfe** für die Auswahl der geeigneten Arbeitsform anhand der Kriterien Komplexität/Interdependenz, Ressourcenbedarf, Neuartigkeit, Umfang und Chancen/Risiken kann die Darstellung in der Abbildung 4.57 herangezogen werden.

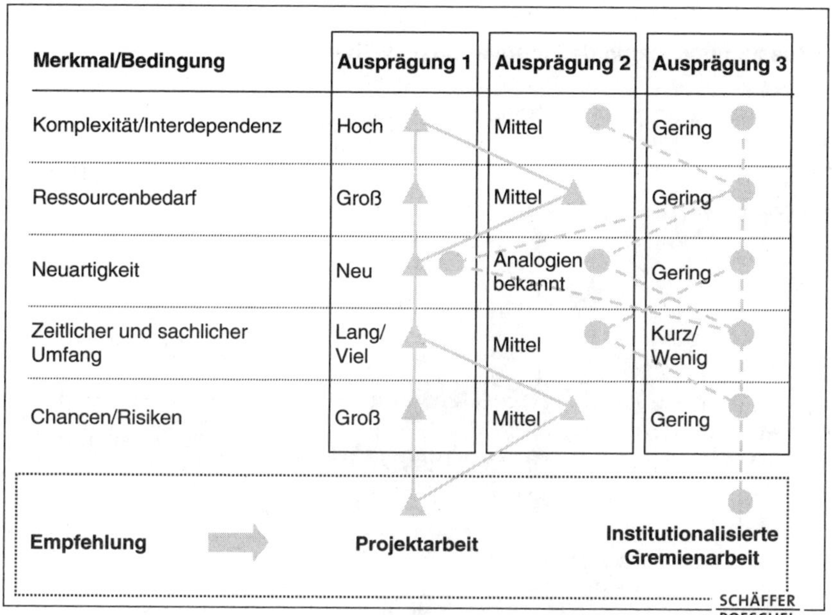

Abb. 4.57: Entscheidungshilfe für die Auswahl der geeigneten Arbeitsform zur Ideenumsetzung

Kombination der beiden Arbeitsformen

Die Projektarbeit und die institutionalisierte Gremienarbeit sollten allerdings nicht nur als alternative Arbeitsformen, sondern vielmehr als sich gegenseitig ergänzende Ansätze für die Ideenumsetzung gesehen werden. Für die Einrichtung eines systematischen Innovationsmanagements ist sogar die zeitgleiche und vernetzte Anwendung der beiden Arbeitsformen zu empfehlen. In einer derartigen »Idealkonstellation« hat die institutionalisierte Gremienarbeit neben der Abwicklung von »kleineren« Innovationen auch die Aufgabe, den dauerhaften Rahmen für den gesamten Innovationsprozess zu bilden. Umfangreichere Innovationsprojekte werden dagegen durch das Projektmanagement bewältigt.

4.7.3.2 Institutionalisierte Gremienarbeit

Die Kernaufgabe der institutionalisierten Gremienarbeit (IGA) ist die effektive und effiziente Realisierung der Produktinnovationen. Das Gremium, das aufgrund seiner Zusammensetzung und seiner Vorgehensweise auch als **Innovations-SE-Team** bezeichnet werden kann, besteht aus den Vertretern aller Unternehmensbereiche, die für eine erfolgreiche Abwicklung der Innovationsvorhaben wichtig

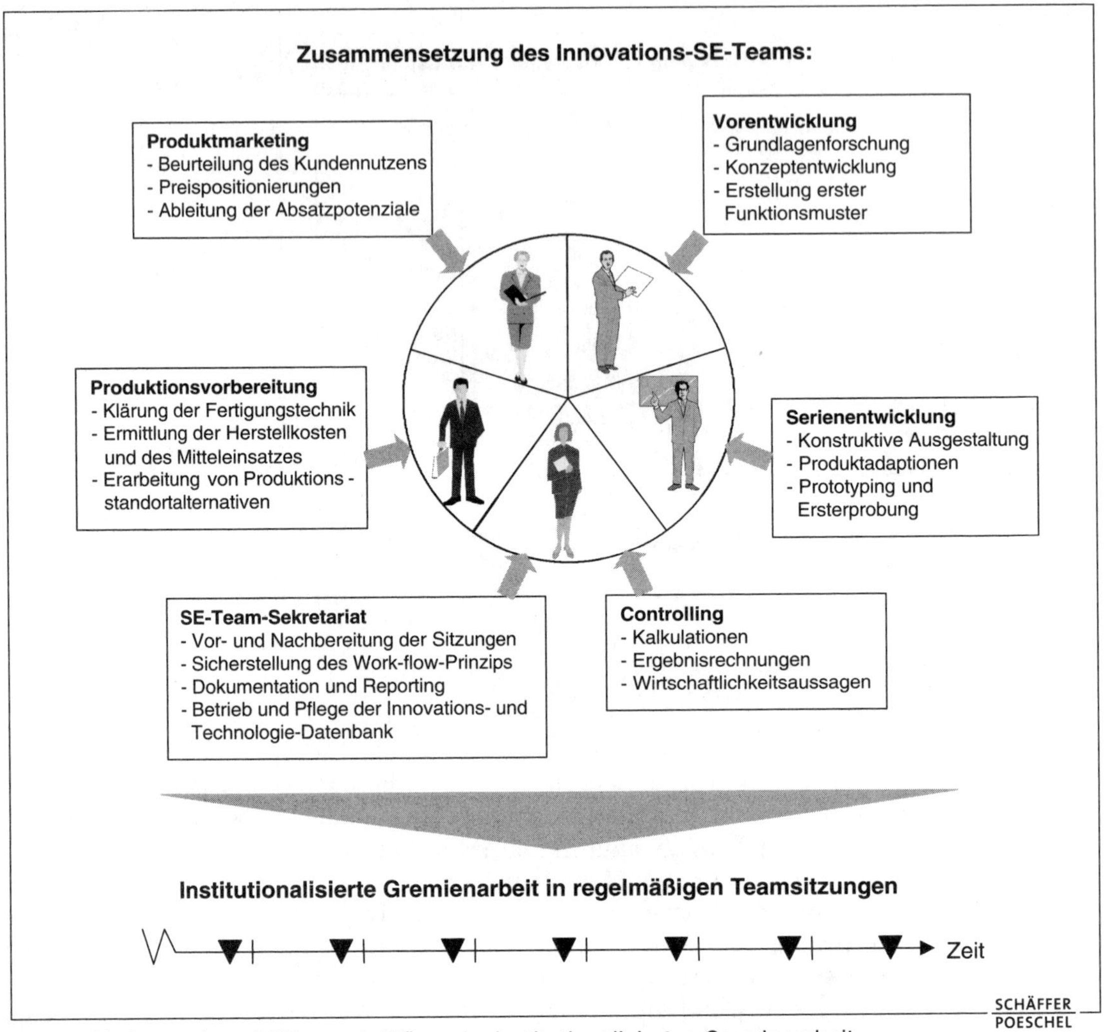

Abb. 4.58: Innovations-SE-Team als Träger der institutionalisierten Gremienarbeit

sind. Hierzu gehören vor allem das Produktmarketing, die Vorentwicklung, die Serienentwicklung, die Produktionsvorbereitung und das Controlling, die in regelmäßigen Zusammenkünften (etwa alle vier bis sechs Wochen) über den Fortgang der einzelnen Innovationen entscheiden. Unterstützt werden diese Funktionsbereiche in ihrer Gremienarbeit durch das so genannte »SE-Team-Sekretariat« (vgl. Abb. 4.58).

SE-Innovations-Team

Die Organisation der IGA umfasst damit Prozess- und Strukturgesichtspunkte. Zu den **Aufgaben des SE-Innovations-Teams** gehören

- im engeren Sinne die Sicherstellung eines standardisierten Arbeitsablaufes (Work-flow), der der sachlogischen Reihenfolge der erforderlichen Umsetzungsschritte entspricht, und im weiteren Sinne die Durchführung des gesamten Innovationsprozesses von der Ideenfindung bis zur Markteinführung des Neuprodukts;
- die Analyse der Arbeitsinhalte und die Zuordnung der verschiedenen Arbeitsinhalte (»Arbeitspakete«) nach Funktionsbereichen sowie die kontinuierliche Verfolgung des Arbeitsfortschritts;
- die systematische Erfassung und Dokumentation des Umsetzungsstandes bzw. des Reifegrads der Innovation;
- die Vorbereitung, die Durchführung und die Nachbereitung der Gremiensitzungen und -veranstaltungen und
- die laufende und zeitnahe Berichterstattung über den Stand der Innovationsvorhaben an die Unternehmensführung (Management-Reporting), die damit in die Lage versetzt wird, ihre Entscheidungen über die Ressourcenzuweisung auf einer gesicherten und nachvollziehbaren Informationsbasis zu treffen.

Der **Erfolg der IGA** hängt maßgeblich von den folgenden Faktoren ab:

Erfolgsfaktoren

- Einrichtung eines mit einer ausreichenden Personalkapazität versehenen »Sekretariats«. Es hat die Aufgabe, die Arbeit der Gremien inhaltlich, räumlich und zeitlich zu koordinieren und so die Experten von organisatorischen Aufgaben zu entlasten. Diese Koordinationsfunktion kann in Abhängigkeit von der gewünschten Markt- und/oder Technikorientierung sowohl bei der Unternehmensleitung als auch bei dem Produktmarketing oder bei der Entwicklung angeordnet werden;
- Implementierung eines Work-flow-Prinzips mit standardisierten Bearbeitungsschritten und -inhalten sowie einer entsprechenden Dokumentation der Bearbeitungsstände der einzelnen Innovationen. Durch die Vorgehensstandards lassen sich Meilensteinkontrollen besser durchführen. Zudem wird die Realisierung von Lerneffekten im Hinblick auf eine kontinuierliche Verbesserung der Innovationsprozesse erleichtert;
- Aufbau und laufende Aktualisierung einer Innovations- und Technologiedatenbank, in der alle relevanten Daten der Innovationsvorhaben erfasst und über definierte Routinen abgefragt werden können. Diese »Informationsdrehscheibe« bildet als eine strukturierte Wissensbasis den Ausgangspunkt für alle neuen Innovationsvorhaben, weil hier nicht nur die harten Zahlen und Fakten, sondern idealerweise auch die Erfahrungen mit den Erfolgs- und Misserfolgsfaktoren von vergangenen Innovationen gespeichert sind. Die Datenbank ermöglicht somit auch ein »Lernen aus Erfahrung« und trägt zur Vermeidung von Fehlern bei;

- Einrichtung eines Innovationscontrolling zur systematischen Analyse und Bewertung der Wirtschaftlichkeit der Innovationsvorhaben.

Die IGA kann zusammenfassend als ein »**integriertes Umsetzungsmanagement**« bezeichnet werden. Sie soll dazu beitragen, dass eine schnelle Umsetzung der innovativen Ideen in erfolgreiche Produkte nicht an der mangelnden Zielgerichtetheit und Konsequenz der erforderlichen Prozesse scheitert. Dabei strebt die IGA einen **optimalen Regelungsgrad** der Abläufe an, der einerseits das erforderliche Maß an Stabilität und Disziplin und andererseits die notwendige Anpassungsfähigkeit an kurzfristig auftretende Veränderungen der Rahmenbedingungen gewährleistet.

4.7.3.3 Projektmanagement

4.7.3.3.1 Gegenstand von Innovationsprojekten

D

Grundsätzlich ist ein **Projekt** nach DIN 69 901 ein einmaliges, zeitlich befristetes, zielorientiertes, neuartiges und komplexes Vorhaben, dem nur begrenzte Ressourcen zur Verfügung stehen und das eine interdisziplinäre Zusammenarbeit erfordert. Dementsprechend ist unter **Projektmanagement** die zielgerichtete Planung, Steuerung und Kontrolle von Projekten zu verstehen (vgl. *Vahs, D.* 2005 S. 185 ff.).

Diese Definition gilt selbstverständlich auch für Innovationsvorhaben. Auch sie weisen die typischen Merkmale eines Projekts auf, wobei deren konkrete Ausprägung von der Art des jeweiligen Innovationsgegenstandes abhängig ist. Die besondere Problematik von Innovationsprojekten ergibt sich aus ihrer schlechten Planbarkeit, die wiederum aus dem Neuheitsgrad und den damit verbundenen Unwägbarkeiten resultiert. Trotzdem sollten gerade Innovationsprojekte mit einem hohen wirtschaftlichen Risiko sinnvoll geplant und zielorientiert gesteuert werden (vgl. *Maddaus, B.-J.* 1995 S. 682). Hierzu gibt es zwei grundlegende Möglichkeiten:

Projektsicht

- Der Innovationsprozess wird als ein **Gesamtprojekt** verstanden. Die einzelnen Prozessphasen werden als Teilprojekte oder im Sinne des SE als Module angesehen. Die umzusetzende Produktinnovation erhält damit eine organisatorische »Sonderstellung« im Unternehmen, das heißt das Innovationsprojekt ergänzt die vorhandene Primärorganisation. Ein derartiges Vorgehen widerspricht zwar der Auffassung, das Management von Innovationen sei eine kontinuierlich verlaufende Unternehmenstätigkeit; diese

Sichtweise ist jedoch gerade bei umfangreichen und für das Unternehmen bedeutenden Innovationsvorhaben zweckmäßig.

- Im Gegensatz dazu kann sich die Anwendung des Projektmanagements auch auf **einzelne Phasen** des Innovationsprozesses beschränken, die als besonders wichtig für den Innovationserfolg angesehen werden. So können beispielsweise nur die Phasen der Ideengewinnung, der Ideenumsetzung oder der Markteinführung in Projektform abgewickelt werden.

Die Abbildung 4.59 verdeutlicht den Unterschied zwischen dem phasenspezifischen und dem prozessübergreifenden Management von Innovationsprojekten anhand des Phasenmodells, dass diesem Kapitel zugrunde liegt.

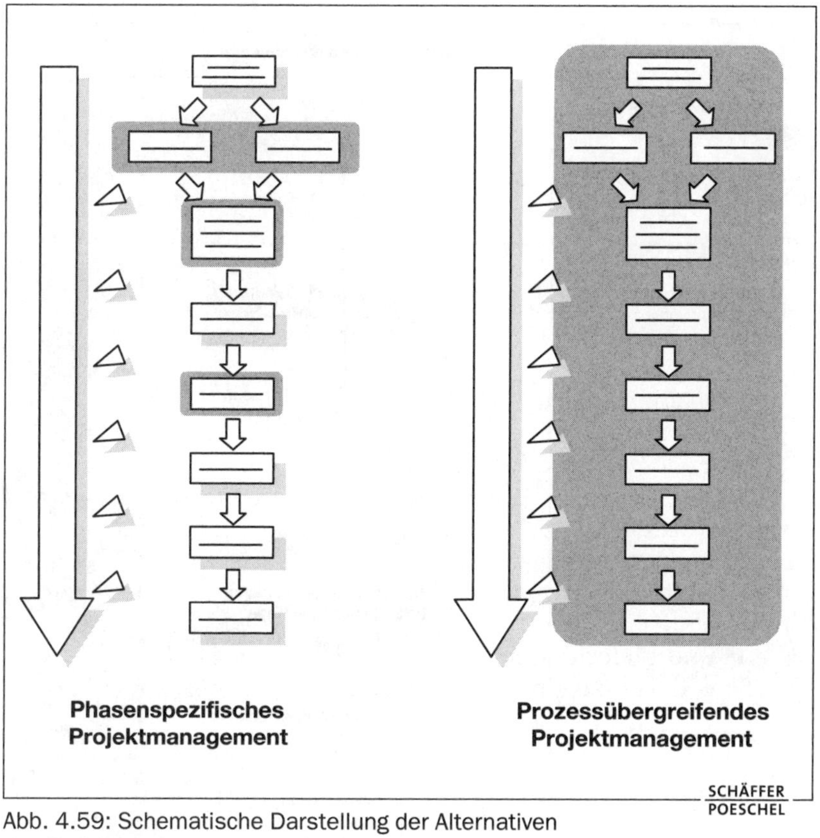

Abb. 4.59: Schematische Darstellung der Alternativen des Projektmanagements im Produktinnovationsprozess

4.7.3.3.2 Phasen des Managements von Innovationsprojekten

4.7.3.3.2.1 Übersicht

Unabhängig davon, ob es sich um ein phasenspezifisches oder um ein prozessübergreifendes Projektmanagement handelt, beinhaltet jedes Innovationsprojekt mit der Projektvorbereitung, der Projektplanung und der Projektrealisierung drei Phasen, die von einem begleitenden Projektcontrolling koordiniert, überwacht und gesteuert werden. Dabei wird die Phase der Projektvorbereitung als »Vorphase« definiert, während die beiden darauf folgenden Phasen die Entwicklungsphase im engeren Sinn bilden (vgl. *Boutellier, R./Völker, R.* 1997 S. 85). Das Projektcontrolling erstreckt sich als Querschnittsfunktion über alle Abschnitte des Projektablaufs (vgl. Abb. 4.60).

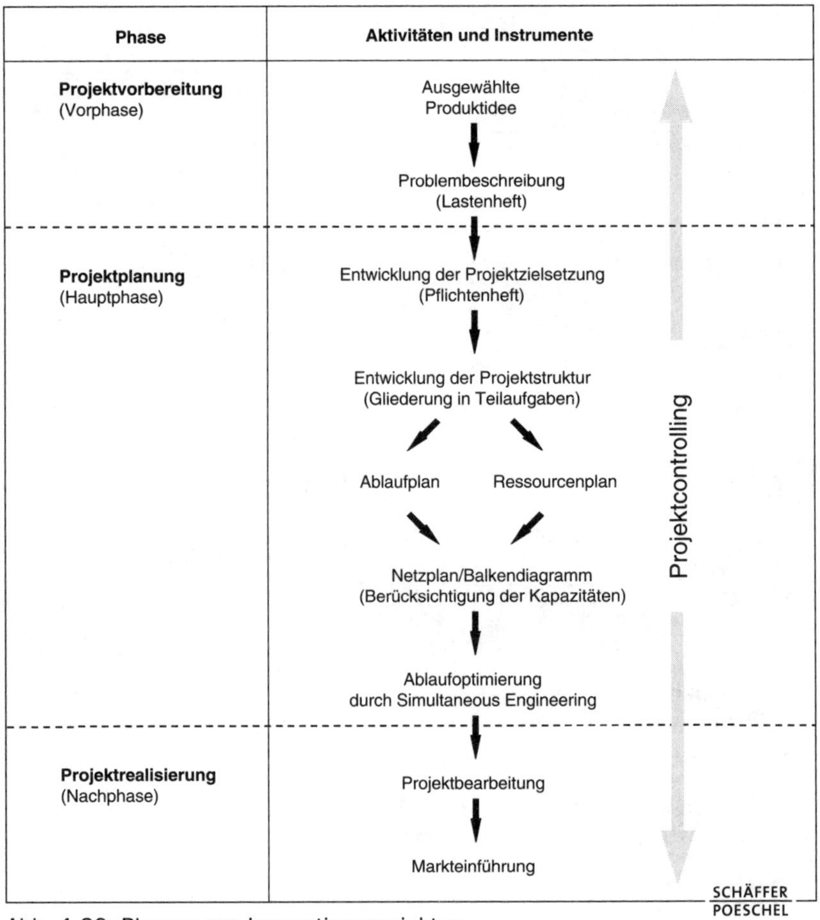

Abb. 4.60: Phasen von Innovationsprojekten
(vgl. *Brockhoff, K.* 1994 S. 282)

4.7.3.3.2.2 Projektvorbereitung

In der Phase »Projektvorbereitung« wird die von den Entscheidungsträgern ausgewählte Produktidee so umfassend wie möglich beschrieben. Am Beginn dieses Abschnitts besteht nämlich trotz der im Rahmen des Innovationsprozesses bereits durchlaufenen Konkretisierung immer noch keine endgültige Klarheit darüber, wie sich die Idee schließlich als marktfähiges Produkt in allen ihren Einzelheiten darstellen wird.

Inhalte des Lastenhefts

Das **Lastenheft** dient in dieser Phase dazu, die Kundenanforderungen an das neue Produkt, die wesentlichen Leistungsdaten, die marktlichen und die unternehmensinternen Rahmenbedingungen sowie die voraussichtlichen Kosten zu beschreiben. Häufig sind im Lastenheft die Projektziele bereits in grobe Teilziele zerlegt, die als so genannte »Meilensteine« (milestones) den voraussichtlichen Zeitpunkt kennzeichnen, zu dem die Hauptaufgaben abgearbeitet sein müssen. Das Lastenheft ist damit in erster Linie eine Problembeschreibung, weil es noch keine detaillierten Schritte zur Lösung des Problems beinhaltet (vgl. Abb. 4.61 und *Wagner, M./Thieler, W.* 1994 S. 28).

B

In der Automobilindustrie liegt beispielsweise spätestens fünf Jahre vor Serienanlauf ein Lastenheft vor, das die grundlegenden technischen und wirtschaftlichen Vorgaben für das Produkt, eine Beschreibung des zu erwartenden Produktumfelds, erste Aussagen über die voraussichtliche Produktpositionierung im Markt (Marktsegment, Absatzmenge, Preisprämissen) und einen Meilensteinplan mit einer groben Terminierung der Hauptaufgaben für die Entwicklung und die Produktionsvorbereitung enthält.

Abb. 4.61: Inhalte des Lastenhefts

4.7.3.3.2.3 Projektplanung

In der Phase der Projektplanung sind die Ziele, die Aufgabeninhalte, die Aufgabenstruktur und der Projektablauf zeitlich und kapazitativ zu planen. Um den Projektablauf zu optimieren und die Zeit bis zur Marktreife der Produktidee so kurz wie möglich zu halten, sind geeignete Hilfsmittel einzusetzen, wie beispielsweise das zuvor beschriebene Simultaneous Engineering. Am Ende dieser Phase soll ein überzeugendes Produktkonzept stehen, das sich auf dem Absatzmarkt erfolgreich einführen lässt.

Ziel- und Aufgabenplanung

Eine wesentliche Voraussetzung für eine erfolgreiche Projektdurchführung ist die Klarheit über die zu erreichenden Zielsetzungen. Deshalb sind die technischen und wirtschaftlichen **Projektziele** und der **Weg zu ihrer Realisierung** so umfassend und so detailliert wie nötig zu beschreiben. Dabei gilt der Planungsgrundsatz, der eine Vorgehensweise vom Groben zum Detail vorsieht. Die Ergebnisse dieser Überlegungen werden in Form eines Projektantrags oder Pflichtenhefts schriftlich festgehalten, das die Aussagen des Lastenhefts weiter konkretisiert und ergänzt.

Inhalte des Pflichtenhefts

Im **Pflichtenheft** wird das Produktkonzept bis auf die Ebene der Baugruppen und gegebenenfalls der Einzelteile technisch beschrieben (z. B. hinsichtlich der Abmessungen, des Gewichts, der Funktionalität, des Designs, der verschiedenen Produktausführungen und der qualitativen Anforderungen). Die Aussagen über die Absatzziele werden präzisiert (v. a. in Bezug auf die Preispositionierung, die Absatzmengenerwartung, die voraussichtlichen Marktanteile) und durch konkrete Zielkosten- und Wirtschaftlichkeitsaussagen ergänzt. Das Fertigungskonzept wird hinsichtlich der Anlagentechnik, des Maschineneinsatzes und der Lieferanten festgelegt. Als Grundlage für die Lieferantengespräche können Modulpflichtenhefte dienen, in denen einzelne Baugruppen und Komponenten ausführlich beschrieben werden. Ergänzt werden diese technisch-wirtschaftlichen Inhalte durch konkrete Terminvorgaben und die endgültige Definition von Meilensteinen, bis zu denen bestimmte Arbeitsergebnisse zwingend vorliegen müssen, um nicht den gesamten Ablauf des Innovationsprozesses zu gefährden (vgl. auch Abb. 4.62).

Dilemma bei der Pflichtenhefterstellung

Bei der Erstellung des Pflichtenhefts für ein Neuprodukt befindet sich der beteiligte Personenkreis häufig in einem **Dilemma**: Eine nur grobe Festlegung der verschiedenen Aspekte kann spätestens in der Durchführungsphase negative Auswirkungen haben, weil das Pflichtenheft dann nicht mehr als konkreter Leitfaden für die Realisierung taugt. Dagegen verursacht die Regelung selbst der kleinsten Details nicht nur einen erheblichen Aufwand, sondern schränkt möglicherweise auch die Änderungsflexibilität unnötig ein. Angestrebt werden sollte daher ein Pflichtenheft, in dem die relevanten technischen und marktseitigen Anforderungen so umfassend wie

Abb. 4.62: Inhalte des Pflichtenhefts

möglich und so detailliert wie nötig beschrieben werden. Dadurch verbleibt genügend Freiraum, um das Pflichtenheft bei Bedarf Schritt für Schritt zu präzisieren, ohne dass grundlegende Änderungen mit den entsprechenden Wirkungen auf sämtliche Folgeschritte vorgenommen werden müssen. Dieses **»dynamische Pflichtenheft«** wird dann zu einem unternehmensindividuell festgelegten Zeitpunkt endgültig »eingefroren«. Die abschließende Festlegung der Inhalte erfolgt in der Regel im Zusammenhang mit der Investitionsfreigabe für die erforderlichen Maschinen und Werkzeuge. Das macht vor allem dann Sinn, wenn die fertigungstechnische Umsetzung der Produktinnovation mit einem großen Investitionsaufwand verbunden ist (vgl. *Boutellier, R./Völker, R.* 1997 S. 95 ff.).

Dynamisches Pflichtenheft

Neben den Projektzielen und -inhalten sind die Projektstruktur, die Projekttermine und der Projektablauf systematisch und möglichst vollständig zu planen.

Strukturplan

Die Voraussetzung für eine exakte Terminplanung ist eine zweckmäßige Projektstruktur. Die Vorgangsanalyse im Rahmen einer meist funktionsorientierten Zerlegung des Innovationsobjekts führt im Ergebnis zu einer hierarchischen Aufbaustruktur mit konkreten Teilprojekten und Arbeitspaketen. Dieser **Projektstrukturplan** ist dann in der Phase der Projektrealisierung von den jeweils zuständigen Stellen abzuarbeiten (vgl. *Hauschildt, J.* 1997 S. 365 ff., *Hubka, V.* 1976 S. 84 ff., *Kern, W./Schröder, H.-H.* 1977 S. 277).

Terminplan

Zuvor muss allerdings ein **Terminplan** mit den geschätzten Start- und Endzeitpunkten der einzelnen Bearbeitungsschritte unter Berücksichtigung ihrer Abhängigkeiten erstellt werden. Angesichts immer kürzerer Innovationszyklen hat der Terminplan insbesondere zwei wichtige Aufgaben zu erfüllen (vgl. *Bürgel, H. D./Haller, C./Binder, M.* 1996 S. 129):

- Er dient der Festlegung der Anfangszeiten und der Ausführungsdauer jedes Teilprojekts und jedes Arbeitspakets.
- Im Rahmen der Zeitplanung können Engpässe und solche Arbeitsvorgänge ermittelt werden, deren terminliche Einhaltung im Hinblick auf die Wahrung des Endtermins von entscheidender Bedeutung ist (»kritische Vorgänge« oder »kritischer Pfad«).

Ablaufplan

Der Projektstrukturplan (hierarchische Projektstruktur) und der Terminplan (chronologische Projektstruktur) werden in einem **Ablaufplan** integriert, der die sachlogisch-chronologische Reihenfolge der einzelne Prozessschritte und ihre Arbeitsinhalte wiedergibt. Gerade in dieser Planungsphase spielen die Überlegungen zur Parallelisierung und Integration von einzelnen Bearbeitungsschritten im Sinne des Simultaneous Engineering eine wesentliche Rolle (vgl. Abschnitt 4.7.2).

Ressourcenplan

Der Ablaufplan ist schließlich durch einen **Ressourcenplan** zu ergänzen, der den Teilprojekten und den Arbeitspaketen die für ihre Abarbeitung erforderlichen sachlichen, finanziellen und personellen Ressourcen zuordnet. Durch die monetäre Bewertung des Ressourceneinsatzes kann eine Aussage über die voraussichtlichen Projektkosten gemacht werden.

Planungsinstrumente

Als häufig genutzte Instrumente zur Integration der Teilplanungen haben sich **Balkendiagramme** und **Netzpläne** bewährt, die in verschiedenen Varianten existieren (Abb. 4.63 zeigt jeweils ein Beispiel). Mit ihrer Hilfe lassen sich auch die komplexeren Abläufe systematisch planen und vergleichsweise übersichtlich und nachvollziehbar darstellen. Außerdem ist mit der Anwendung von derartigen Planungs- und Steuerungsinstrumenten das Erfordernis verbunden, sich gründlich mit dem voraussichtlichen Prozessablauf, seinen Inhalten und seinen Wechselwirkungen auseinander zu setzen.

Balkendiagramm

Die **Balkendiagramme** gehören zu den ältesten Instrumenten für die Planung von Tätigkeiten im Zeitablauf. Mit ihrer Hilfe können die zeitliche Struktur der Teilprojekte und der Arbeitspakete und die Beanspruchung der Kapazitäten wiedergegeben werden. So ist beispielsweise in der Abbildung 4.63 zu erkennen, welche Mitar-

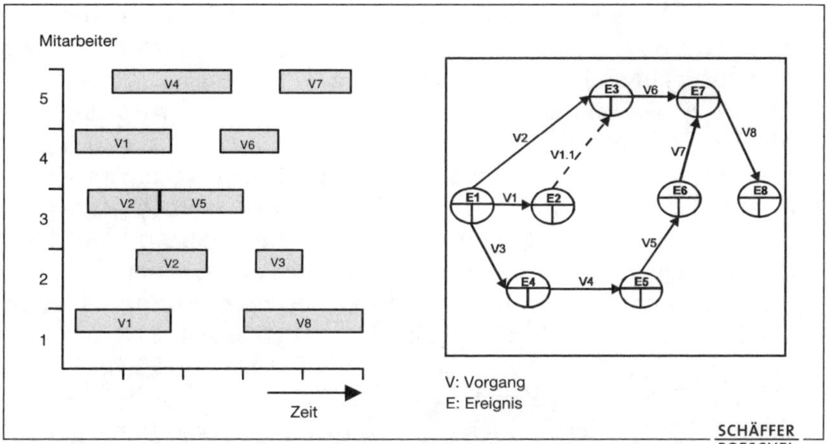

Abb. 4.63: Balkendiagramm und Netzplan als Planungsinstrumente

beiter in welchen Zeiträumen durch das Projekt gebunden sind. Allerdings wird diese Form der Darstellung bei einer Vielzahl von Vorgängen und beteiligten Mitarbeitern schnell unübersichtlich.

Netzplantechnik

Demgegenüber besitzt die in der DIN 69 900 beschriebene **Netzplantechnik** den Vorteil, dass aus einem Netzplan sowohl die Abhängigkeiten zwischen den einzelnen Teilvorgängen als auch deren chronologische Folge besser ersichtlich sind. Außerdem wird der kritische Pfad zwischen dem Start- und dem Endereignis ausgewiesen. Er lässt erkennen, bei welchen Vorgängen sich eine Überschreitung des geplanten Fertigstellungstermins negativ auf die Einhaltung des Endtermins auswirkt. In der betrieblichen Praxis kommen häufig so genannte »vorgangs(pfeil)orientierte Netzpläne« zum Einsatz, in denen die Ereignisse (= Teilprojekte, Arbeitspakete) als Knoten und die Vorgänge, die von einem Anfangsereignis zu einem Endereignis führen, als gerichtete Kanten oder Pfeile dargestellt werden (vgl. Abb. 4.63). Die Netzplantechnik ist damit ein Instrument, das sich vor allem für hochgradig komplexe und interdependente Projekte eignet, die arbeitsteilig und unter Beanspruchung umfangreicher Ressourcen durchgeführt werden. Der Einsatz geeigneter EDV-Programme (z. B. *MS*-Project) kann dabei die Planungs- und Änderungsarbeit wesentlich erleichtern.

4.7.3.3.2.4 Projektrealisierung

Nach dem Abschluss der Planungsphase stellt der zumeist handwerklich ausgeführte Bau eines Prototypen den nächsten Schritt innerhalb der Projektrealisierung dar. Unter einem **Prototypen** ist ein erstmals hergestelltes neues Produkt zu verstehen, das der praktischen Erprobung und Weiterentwicklung dient. Dabei verläuft der Prototypenbau in Form eines iterativen Prozesses.

Einsatz von Prototypen

Nach der Fertigstellung eines ersten Prototypen wird das Produkt entsprechenden Versuchen und Tests unterzogen, deren Ergebnisse umgehend an den verantwortlichen Bereich (z.B. Konstruktionsabteilung) oder an das veranwortliche Team (z.B. Projekt- oder SE-Team) weitergeleitet werden. Die Testergebnisse bilden dann die Grundlage für die Weiterentwicklung der technischen, funktionalen und ästhetischen Eigenschaften des Produkts und fließen in die Konstruktion und in die Umsetzung eines verbesserten Prototypen ein (vgl. *Clark, K. B./Fujimoto, T.* 1992 S. 122 f.). Dieser »Trial-and-Error«-Prozess ist zwar relativ zeit- und kostenintensiv; er bietet dem Unternehmen jedoch gute Möglichkeiten, zusätzliche Informationen für die Produktverbesserung zu gewinnen. Der Einsatz von Prototypen bringt insbesondere die folgenden Vorteile mit sich (vgl. *Boutellier, R./Völker, R.* 1997 S. 139):

Vorteile des Prototypen-Einsatzes

- **Risikominimierung**
  Aus den Problemen, die sich beim Bau eines Prototypen ergeben, kann unmittelbar auf mögliche Probleme in der späteren Serienfertigung geschlossen werden, die beispielweise aus einer zu hohen Komplexität des Produkts oder der Bearbeitungsschritte resultieren. Durch die schrittweise Weiterentwicklung des Prototypen lassen sich diese Risiken verringern.
- **Optimale Anpassung an die Kundenbedürfnisse**
  Die Fertigung eines voll funktionsfähigen Prototypen (z.B. als Designprototyp oder als technischer Prototyp; vgl. Abb. 4.64) bietet die Möglichkeit, die potenziellen Kunden zu einem frühen Zeitpunkt erstmals mit dem physisch-realen Objekt der Produktinnovation zu konfrontieren. Durch Befragungen und Kundentests können so weitere Informationen über die Kundenanforderungen an das Neuprodukt und konkrete Anregungen für dessen Optimierung gewonnen werden. Außerdem kann die Vielzahl von Produktmerkmalen im Rahmen von Conjoint-Analysen, mit denen verschiedene Kombinationen von Merkmalen geprüft werden, auf ihren jeweiligen Nutzenbeitrag für die Kunden hin analysiert werden.
- **Verbesserung der Kommunikation**
  Anhand von »greifbaren« Prototypen können auch Nicht-Techniker ihre Vorstellungen über das neue Produkt kommunizieren und gegebenenfalls konkrete Verbesserungsvorschläge machen. Theoretisch-abstrakte und damit meist fruchtlose Diskussionen lassen sich so vermeiden.

Die genannten Vorteile des Einsatzes von Prototypen schlagen sich letztendlich in einer höheren Produktqualität und in geringeren Entwicklungskosten nieder. Die Wahrscheinlichkeit von »Flops« kann wesentlich reduziert werden.

B

Die Automobilindustrie macht sich die Vorteile des **Prototyping** in Form von so genannten »**Car-Kliniken**« seit längerer Zeit zunutze, die als Produkttests zur Überprüfung der Anmutungs- und Verwendungseigenschaften von neuen Produkten vor ihrer Produktions- und Markteinführung dienen.

In den Unternehmen werden mehrmals im Jahr umfangreiche Befragungen von ausgewählten Schlüsselkunden durchgeführt, die aufgrund der strategischen Produktpositionierung als Mitglieder der Zielgruppe identifiziert werden konnten und ein gewisses Vorverständnis für das neue Produkt aufweisen. Trotz des erheblichen Aufwands, der mit einer mehrtägigen Car-Klinik verbunden ist, erhofft man sich wesentliche Erkenntnisse für die Produktentwicklung. Die Testpersonen sind nämlich durch den direkten physischen Kontakt mit dem Neuprodukt und die damit verbundene Vergleichbarkeit mit Konkurrenzprodukten viel eher zu konkreten Aussagen fähig als dies bei einer Auseinandersetzung mit abstrakten Leistungsmerkmalen und technischen Daten möglich ist. Deshalb kommen im Rahmen der Car-Klinik in der Regel voll funktionsfähige Prototypen zum Einsatz, deren typische Merkmale wie Erscheinungsbild, Fahrverhalten, Komfort, Design, Farbgebung, Innenraumvariabilität usw. durch die Probanden hinsichtlich ihres Kundennutzens beurteilt werden können. Im Rahmen von Conjoint-Analysen wird dabei nach denjenigen Kombinationen von Produktmerkmalen gefragt, die aus der Kundensicht den höchsten Nutzen stiften würden.

Neue Wege im Bereich des Prototypenbaus werden durch den verstärkten **Einsatz der Datenverarbeitung** beschritten: Mit Hilfe der entsprechenden CAD-Software können verschiedene Anforderungssituationen und technische Produktausprägungen simuliert werden. Dieses Vorgehen bietet sich vor allem dann an, wenn kleinere konstruktive Änderungen am Prototypen vorzunehmen sind, um mögliche oder tatsächlich vorhandene funktionelle Mängel zu beheben.

Rapid-Prototyping

Der Einsatz der EDV unterstützt zudem das so genannte »**Rapid-Prototyping**«, mit dem solche Fertigungsverfahren bezeichnet werden, die einen schnellen und kostengünstigen Prototypenbau ermöglichen. Dabei werden die industriellen Prototypen ohne Werkzeuge und Formen mit Hilfe von generativen Verfahren direkt aus den Geometrie- und Topologiedaten aufgebaut. *Bullinger* definiert sogar einen Rapid-Prototyping-Ansatz, der neben den technischen auch bestimmte organisatorische und soziale Voraussetzungen verlangt (vgl. *Bullinger, H.-J.* 1995 S. 185 ff.).

B

Ein typisches Beispiel ist die EDV-technische Simulation eines Windkanals zur Ermittlung des optimalen Luftwiderstandes (c_W-Wert-Optimierung). Auf diese Weise lassen sich Änderungen an der Fahrzeugkarosserie bedeutend einfacher, kostengünstiger und schneller vornehmen als dies an einem realen Objekt möglich wäre. Auch

Prototypenart	Kennzeichen	Verwendung
Designprototyp	- Stückzahl: 1 - I.d.R. Modellbauwerkstoff - Primär optische und haptische Anforderungen	- Designstudien - Ergonomiestudien - Marktanalysen
Geometrischer Prototyp	- Stückzahl: 1 - I.d.R. Modellbauwerkstoff - Primär geometrische Anforderungen	- Herstellbarkeitsprüfung - Montierbarkeitsprüfung - Fertigungsplanung
Funktionsprototyp	- Stückzahl: 2–5 - Seriennaher Werkstoff - Primär funktionale Anforderungen	- Funktionsprüfung/ -optimierung - Anlagenplanung - Fertigungsfolgeplanung
Technischer Prototyp	- Stückzahl: 3–30 - Seriennaher Werkstoff - Seriennahes Fertigungsverfahren - Vorserienwerkzeug	- Überprüfung von Dauerbelastung und Kundenakzeptanz
Vorserie	- Stückzahl: bis 500 - Serienwerkstoff - Serienfertigungsverfahren - Serienwerkzeug	- Markttests - Markteinführung - Prozessoptimierung

SCHÄFFER POESCHEL

Abb. 4.64: Ausprägungen von Prototypen und ihre Verwendungsformen (vgl. *König, W./Eversheim, W./Celi, I.* et al. 1993 S. 93)

der Einsatz virtueller Realitäten (»virtual reality«) wird zukünftig mit dazu beitragen, den potenziellen Kunden frühzeitig ein konkretes und »erlebbares« Bild des neuen Produkts in Gestalt virtueller Prototypen zu vermitteln.

Die Abbildung 4.64 zeigt die verschiedenen Arten von Prototypen und ihre konkreten Einsatzmöglichkeiten.

Produktionseinführung

Als letzte Phase vor der Markteinführung stellt die **Überleitung des Neuprodukts in die Produktion** einen wichtigen Schritt im Rahmen des Innovationsprozesses dar. Vor allem bei solchen Produkten, deren Herstellung aufgrund des umfassenden Einsatzes von vollautomatisierten Fertigungssystemen einen erheblichen Investitionsaufwand erfordert, ist eine termin- und sachgerechte Bereitstellung der erforderlichen Produktionsanlagen eine wesentliche Voraussetzung für den Markterfolg des Neuprodukts. Dabei erweitern neue Produktionstechniken und der zunehmende Anteil an Systemtechnologien die Handlungsalternativen und damit den Entscheidungsspielraum bei der Gestaltung der Fertigungseinrichtungen.

Daraus wird ersichtlich, dass es sich bei der Phase des Produktionsaufbaus um einen langfristigen und komplexen Prozess handelt, der maßgeblich durch die vorgeschalteten Phasen des Innovationsprozesses beeinflusst wird. In der betrieblichen Praxis ist außerdem im Allgemeinen davon auszugehen, dass bereits einsatz- und leistungsfähige Produktionseinrichtungen existieren, die gegebenenfalls modifiziert werden müssen.

In der Phase der Produktionseinführung sind insbesondere die folgenden Sachverhalte zu berücksichtigen:

Anforderungen in der Produktionseinführung

- Es muss sichergestellt werden, dass die Produktherstellung effizient und mit einer hohen Produktivität erfolgt, damit die im Planungsprozess ermittelten Zielkosten des Neuprodukts nicht überschritten werden.
- Die im Pflichtenheft festgeschriebene Produktqualität muss im Fertigungsprozess sichergestellt werden.
- Die Fertigungskapazität ist so auszulegen, dass sie den geplanten Absatzzahlen möglichst exakt entspricht, um Leer- oder Überkapazitäten und die damit verbundenen Fixkosten zu vermeiden.

CIM-Konzepte

In vielen Unternehmen wird die Produktionseinführung heute durch den Einsatz von **CIM-Konzepten** erleichtert. Der Vorteil einer computerintegrierten Fertigung ist dabei insbesondere darin zu sehen, dass die einzelnen Module datentechnisch miteinander vernetzt werden und eine integrierte Planung und Umsetzung der Produktinnovation ermöglichen. Dadurch können die Teilschritte der Ideenumsetzung von der Entwicklung bis zur Markteinführung im Idealfall optimal aufeinander abgestimmt werden (vgl. *Scheer, A.-W.* 1990, *Wildemann, H.* 1990). Einen Überblick über die verschiedenen CIM-Module gibt die Abbildung 4.65.

Computer-Integrated-Manufacturing (CIM)

- ★ **Computer-Aided-Design (CAD)**
  Entwicklung, Projektierung und Konstruktion
- ★ **Computer-Aided-Planning (CAP)**
  Produktionsvorbereitung und -steuerung
- ★ **Computer-Aided-Manufacturing (CAM)**
  Fertigung
- ★ **Computer-Aided-Assembly (CAA)**
  Montage
- ★ **Computer-Aided-Testing (CAT)/ Computer-Aided-Quality (CAQ)**
  Prüfung, Qualitätssicherung
- ★ **Produktions-Planung und -Steuerung (PPS)**
- ★ **Computer-Aided-Selling (CAS)**
  Verkauf

SCHÄFFER POESCHEL

Abb. 4.65: Module des Computer-Integrated-Manufacturing (CIM)

4.7.3.3.2.5 Projektcontrolling

Ein nicht näher belegbarer aber viel zitierter Grundsatz der Unternehmensplanung lautet: »Planung ohne Kontrolle ist sinnlos, Kontrolle ohne Planung ist unmöglich«. Insofern ist es geradezu zwingend erforderlich, den Planungs- und Realisierungsprozess des Innovationsprojekts durch entsprechende Überwachungsmaßnahmen zu begleiten. Nur so kann sichergestellt werden, dass die ursprünglich definierten und möglicherweise mehrfach geänderten Projektziele auch tatsächlich erreicht werden. »Kontrolle« bedeutet dabei weitaus mehr als nur die Durchführung von Soll-Ist-Vergleichen. Sie ist die Grundlage für Abweichungsanalysen und für die gezielte Einleitung von Maßnahmen zur Störungsbeseitigung. Insofern wird im Folgenden auch von »Controlling« die Rede sein.

D

Unter dem »**Projektcontrolling**« ist die Durchführung von Informations-, Planungs-, Kontroll- und Koordinationsaufgaben zur zielgerichteten Steuerung von Projekten zu verstehen. Dementsprechend ist das **Produktinnovationsprojekt-Controlling (PIPC)** keine Phase im engeren Sinn, sondern stellt den übergreifenden Prozess dar, der alle Vorgänge im Rahmen des Produktinnovationsprozesses unterstützend begleitet und deren systematische und zielorientierte Durchführung sicherstellt (vgl. *Lange, J. H.* 1994 S. 102).

Organisation des PIPC

Das PIPC ist grundsätzlich von dem jeweiligen Leiter des Innovationsprojekts im Rahmen seiner Führungsaufgaben wahrzunehmen. Es ist für ihn die Basis seiner Managementaktivitäten. Als Instrumente dienen beispielsweise Projektstruktur-, Termin-, Kapazitäts- und Kostenpläne, die laufend zu aktualisieren sind. Im Falle von Abweichungen sind unmittelbar Maßnahmen zur Sicherung des weiteren Projektverlaufs einzuleiten. In großen Unternehmen ist es allerdings üblich, dass die Projektleiter bei der Wahrnehmung ihrer Controllingaufgaben fachlich und methodisch durch eine zentrale Stelle unterstützt werden. Das zentrale Projektcontrolling übernimmt dabei Dienstleistungsfunktionen, wie die Erstellung von Kostenberichten oder die Vorbereitung der laufenden Projektberichterstattung an den oder an die Auftraggeber.

Das projektbezogene Controlling von Innovationsvorhaben kann ein Bestandteil eines umfassenderen Innovationscontrolling sein, das daneben die Analyse und die Kontrolle der Projekteffizienz, die Unterstützung bei der Auswahl von besonders erfolgversprechenden Innovationsvorhaben und die Vernetzung der beteiligten Fachbereiche zum Gegenstand hat (vgl. hierzu Abschnitt 4.9).

4.7.4 Integration der Innovationen in die vorhandenden Produktentstehungs- und Produktveränderungsprozesse

Im Zusammenhang mit der Initiierung von Produktinnovationen (vgl. Abschnitt 4.3) wurde aufgezeigt, dass der Innovationsprozess in einem engen Zusammenhang mit der Entstehung und der Veränderung von Produkten steht. In den meisten größeren Unternehmen sind derartige Prozesse als »Neuproduktplanung« und als »Life-Cycle-Management« systematisiert (vgl. Abb. 4.3). Daher ist es nicht nur sinnvoll, sondern geradezu zwingend erforderlich, die Umsetzung der innovativen Ideen über entsprechend gestaltete Schnittstellen an diese Abläufe anzubinden. Hinzu kommt, dass selbst neue Produkte im Regelfall nicht vollständig aus neuen Technologien bzw. Innovationen bestehen, sondern zu einem nicht unerheblichen Anteil auch auf »State-of-the-art«-Komponenten beruhen (vgl. die schematische Darstellung in der Abb. 4.66).

Für die Anbindung der Innovationsprozesse an die vorhandenen Produktentstehungs- und Produktveränderungsroutinen sind die im Folgenden näher erörterten **zeitlichen, organisatorischen und technischen Aspekte** von Bedeutung:

Zeitlicher Aspekt

Komplexe Innovationen benötigen in vielen Fällen einen erheblichen Zeitaufwand für die Grundlagenforschung und die Vorentwicklung bis der erforderliche Reifegrad erreicht ist, um sie in die bestehenden Produktkonzepte integrieren zu können. Diese Zeitspanne ist häufig länger als die geplante Gesamtdauer des Neuproduktprojekts. Daher besteht die Notwendigkeit, die unterschiedlichen Vorlauf- und Umsetzungszeiträume der Innovationen und der Neuproduktprojekte mit Hilfe einer retrograden Planung aufeinander abzustimmen. Zu diesem Zweck sind bereits vor dem Start

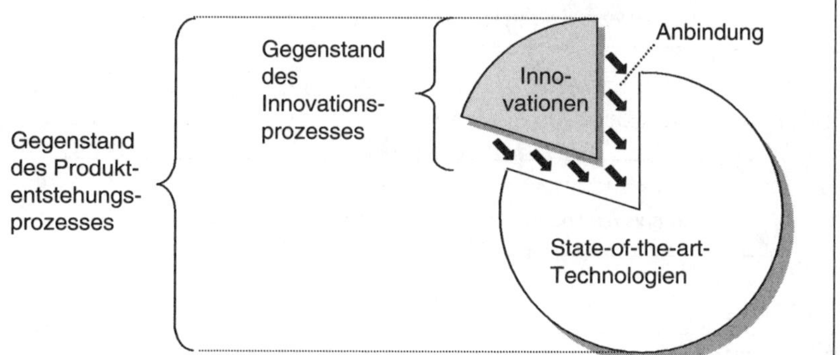

SCHÄFFER POESCHEL

Abb. 4.66: Innovationen als Bestandteile von Neuprodukten

eines Neuproduktprojekts (z. B. der Entwicklung eines neuen Automobils) über entsprechende Suchfelder (z. B. Komfort, Kraftstoffverbrauch, Insassensicherheit usw.) die erforderlichen Innovationsprozesse anzustoßen. Darüber hinaus sind die sich in der Bearbeitung befindlichen, produktunabhängigen Innovationen auf ihre Verwendungsmöglichkeiten in dem geplanten Neuprodukt zu prüfen. Entscheidend dafür, ob die Innovationen Eingang in das neue Produkt finden können, ist der erforderliche Reifegrad, der näherungsweise den verfügbaren »State-of-the-art«-Technologien entsprechen sollte (vgl. Abb. 4.67).

Organisatorischer Aspekt

Um synchronisiert vorgehen zu können und die potenziellen Zeitprobleme antizipativ zu lösen, bedarf es entsprechender strukturel-

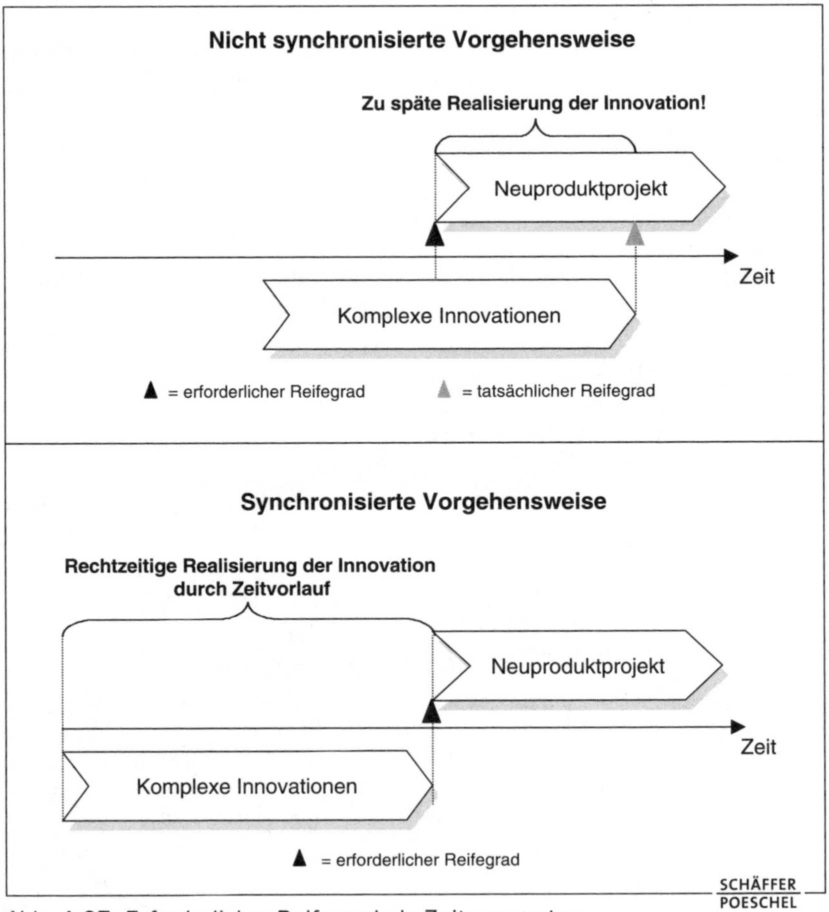

Abb. 4.67: Erforderlicher Reifegrad als Zeitparameter für die Integration von Innovationen in den Entstehungsprozess von Neuprodukten

ler Regelungen. Bei einer Mehrzahl von Neuproduktprojekten und komplexen Innovationsvorhaben ist deshalb die Einrichtung einer übergeordneten Planungsinstanz erforderlich. Als produktübergreifende Funktion bietet sich hierfür eine Stelle beispielsweise mit der Bezeichnung **»Produktstrategie«** an, die mit Hilfe von Life-Cycle-Analysen der vorhandenen Produkte und mit der Identifikation von neuen, attraktiven Marktsegmenten für eine inhaltliche und zeitliche Festlegung der Neuproduktprojekte und der hierfür erforderlichen Innovationen zu sorgen hat. Außerdem muss diese Funktion Meilensteine zur terminlichen und inhaltlichen »Übernahme« von Innovationen in das Neuproduktkonzept vorsehen. Dadurch lassen sich das Umsetzungsrisiko und die Gefahr einer fehlenden Akzeptanz vermindern, die mit der Ablösung von »State-of-the-art«-Technologien durch Innovationen verbunden sind (vgl. Abb. 4.68).

Technischer Aspekt

Damit die physische Integration der Innovationen technisch einwandfrei verläuft, sind in der Struktur des neuen Produkts entsprechende Bauräume und Schnittstellen zu definieren und vorzuhal-

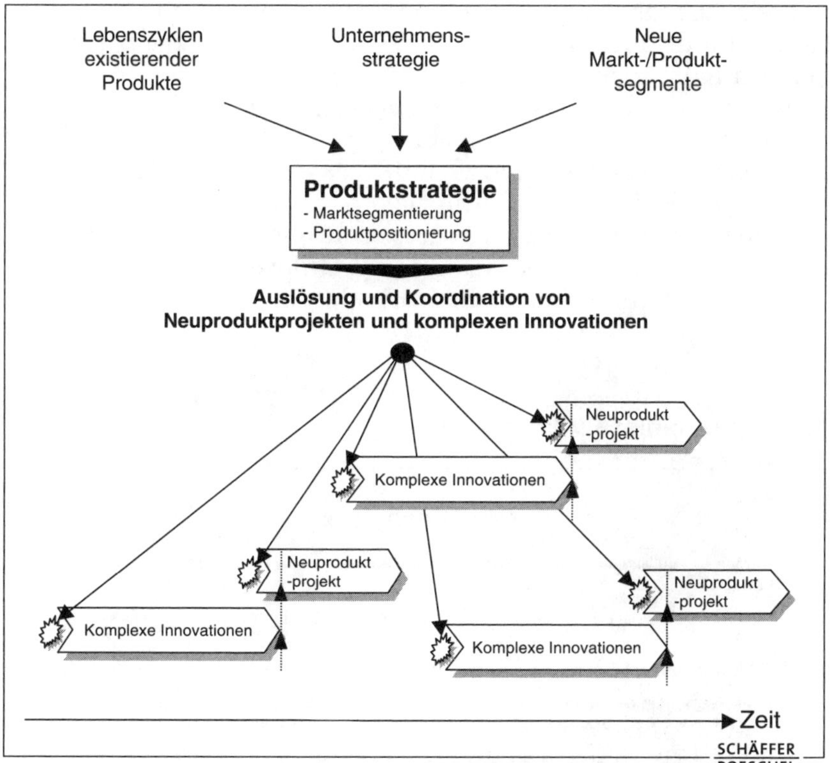

Abb. 4.68: Verknüpfung von Innovationen und Neuprodukt-projekten

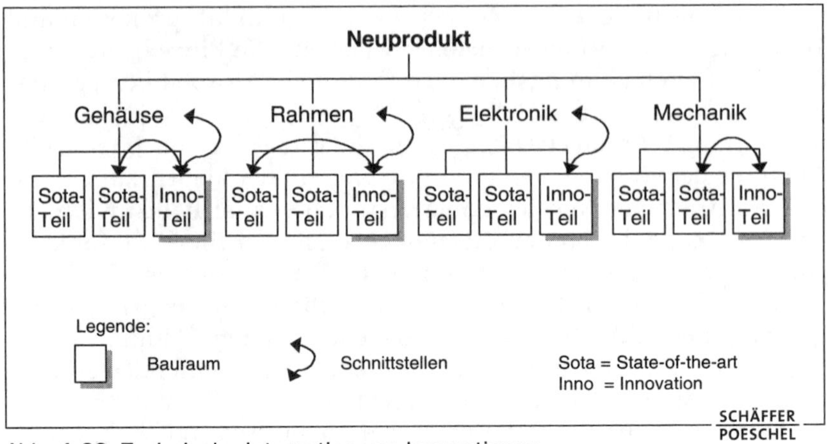

Abb. 4.69: Technische Integration von Innovationen in Neuproduktprojekte

ten (vgl. Abb. 4.69). Beispielsweise ist dafür Sorge zu tragen, dass ein neuartiges Navigationssystem (Innovation) mit der vorhandenen Fahrzeugelektronik (state-of-the-art) verbunden werden kann. Wichtig ist es in diesem Zusammenhang, dass die neue Technologie den für die Integration erforderlichen Reifegrad bereits erreicht hat, damit die Experten der Serienentwicklung die Innovation ohne größeren Adaptionsaufwand mit den bekannten »State-of-the-art«-Technologien verknüpfen können.

Zusammenfassend ist festzustellen, dass nur eine systematische Anbindung der Innovationen an die produktdeterminierenden Entstehungs- und Veränderungsprozesse eine hohe Effizienz und Effektivität des Innovationsprozesses gewährleistet und damit die Grundlage für eine erfolgreiche Markteinführung legt.

4.7.5 Checkliste Ideenumsetzung

Checkliste Ideenumsetzung

- Ist man sich im Unternehmen der Besonderheiten bei der Umsetzung von Produktinnovationen bewusst?
- Sind die verschiedenen Arbeitsformen zur Abwicklung von Produktinnovationsprozessen bekannt?
- Findet das Konzept des Simultaneous Engineering (SE) Anwendung?
- Inwieweit werden die Möglichkeiten der Parallelisierung, der Standardisierung und der Integration von Teilprozessen und Einzelaktivitäten zielgerichtet genutzt?
- Sind sich die Beteiligten der Potenziale bewusst, die sich durch die konsequente Parallelisierung von Teilvorgängen im Produktentwicklungsprozess erzielen lassen?

- Ist das SE-Konzept auch organisatorisch im Unternehmen verankert, z. B. durch die Einrichtung von SE-Kernteams und eines SE-Pools?
- Erfolgt die Zusammensetzung der SE-Kernteams stets nach einem bestimmten Muster oder wird einzelfallspezifisch entschieden, welche Organisationseinheiten in ihnen vertreten sein sollen?
- Ist in die SE-Kernteams jeweils ein Mitglied der obersten Hierarchiestufe aktiv eingebunden?
- Hat sich die Unternehmensführung bewusst für eine (oder mehrere) Arbeitsform(en) (z. B. institutionalisierte Gremienarbeit, Projektarbeit) zur Umsetzung von Innovationen entschieden?
- Gibt es SE-Innovations-Teams, die in regelmäßigen Zusammenkünften über die Ideenumsetzung entscheiden?
- Entsprechen die strukturellen Rahmenbedingungen den Anforderungen der integrierten Gremienarbeit (z. B. Einrichtung eines Sekretariats, Pflege einer Innovationsdatenbank, Einbindung aller am Innovationsprozess beteiligten Stellen)?
- Wird das Projektmanagement im Unternehmen als ein Instrument zur Abwicklung von Produktinnovationsprozessen eingesetzt?
- Handelt es sich bei der angewandten Form des Projektmanagements um ein phasenübergreifendes oder um ein prozessübergreifendes Management von Innovationsprojekten? Warum hat man sich für das eine oder für das andere Konzept entschieden?
- Wie sieht der Ablauf von Produktinnovationsprojekten im Unternehmen in der Regel aus? Gibt es bestimmte Charakteristika, die sich positiv oder negativ auf die Zielerreichung auswirken?
- Existiert eine klare Abgrenzung der einzelnen Phasen des Projektmanagements?
- Werden die wesentlichen Kundenanforderungen an das Neuprodukt sowie dessen technische und wirtschaftliche Grunddaten in Form eines Lastenhefts zusammengefasst?
- Gibt es ein konkretes Produktkonzept, das sich strikt an den im Lastenheft verankerten Kundenanforderungen orientiert und im weiteren Verlauf als verbindliche Grundlage (Pflichtenheft) angesehen werden kann?
- Berücksichtigt das Pflichtenheft die möglichen zukünftigen Entwicklungen im Unternehmen (Produktprogramm, Technologie, Struktur usw.) und in dessen Umfeld (Markt, Kunden, Staat usw.), sofern diese im Planungszeitpunkt schon absehbar sind?
- Werden die Instrumente zur Projektplanung im Unternehmen eingesetzt (z. B. Balkendiagramme, Netzplantechniken)?
- Gehört es zum »Innovationsalltag« im Unternehmen, die Ressortgrenzen durch die Bildung interdisziplinärer Arbeitsteams außer Kraft zu setzen?
- Werden im Unternehmen Prototypen eingesetzt? In welchem Umfang werden die Kunden in das Prototyping eingebunden?
- Inwieweit kann durch den Einsatz von spezieller Software zumindest teilweise auf die Herstellung von Prototypen verzichtet werden?
- Werden die in früheren Produktinnovationsprojekten gewonnenen Erkenntnisse aktiv für die Konzeption und die Umsetzung neuer Projekte genutzt, und findet ein systematisches Lernen aus Erfahrung statt?
- Werden Module einer computerintegrierten Fertigung (CIM) im Unternehmen eingesetzt?
- Sind die CIM-Module CAD (Computer-Aided-Design) und CAP (Computer-Aided-Planning) zur Unterstützung der Projektplanungsphase verfügbar?
- Werden die Produktprojekte durch ein systematisches Projektcontrolling begleitet?
- Ist das Projektcontrolling eine verbindliche Aufgabe eines jeden Projektleiters?
- Existiert im Unternehmen eine Stelle, der die Aufgaben des Produktinnovations-Controlling (PIPC) hauptamtlich zugeordnet sind?
- Ist die Controllingstelle mit den erforderlichen Kompetenzen ausgestattet (insbesondere Informationsrechte, fachliche und methodische Weisungsbefugnisse)?
- Ist das Projektcontrolling für den gesamten Produktinnovationsprozess zuständig?

SCHÄFFER POESCHEL

Abb. 4.70: Checkliste Ideenumsetzung

4.8 Sechste Phase: Markteinführung

4.8.1 Bedeutung der Einführungsphase für den Markterfolg neuer Produkte

Die Markteinführung eines neuen Produkts umfasst den Zeitraum vom Beginn der vorbereitenden Maßnahmen für den Markteintritt bis zu der erfolgreichen Behauptung der Problemlösung im Markt bzw. bis zum Erzielen eines stabilen Umsatzwachstums. Häufig wird auch das Erreichen der Gewinnschwelle als Endpunkt der Einführungsperiode definiert (vgl. *Meffert, H.* 1998 S. 330). Im Gegensatz zu bereits bekannten Problemlösungen sind die Vertriebskanäle bei Marktneuheiten noch offen und die Kommunikations- und die Konditionenpolitik können relativ frei gestaltet werden. Aufgrund des großen Handlungsspielraums müssen sich die Entscheidungsträger intensiv Gedanken über die Art und Weise machen, wie das neue Produkt im Markt eingeführt werden soll.

Bedeutung der Markteinführung

Mit der Präsentation des Neuprodukts beginnt der Lebenszyklus eines neuen Produkts. In dieser Phase kommen die potenziellen Käufer erstmals mit dem Produkt in Kontakt und können sich so ein eigenes Bild über dessen technische, funktionale, ästhetische und qualitative Eigenschaften machen. Dieser Erstkontakt mit den Kunden muss sorgfältig vorbereitet werden und möglichst problemlos verlaufen. In der Einführungsphase entscheidet sich schließlich, ob das neue Produkt wirtschaftlich erfolgreich wird oder ob mit seiner Entwicklung lediglich wertvolle Ressourcen verbraucht worden sind.

Erfolgsfaktoren

In empirischen Untersuchungen zeigte sich, dass die **Einzigartigkeit** (Uniqueness) und die **Überlegenheit** des Neuprodukts, eine systematisch geplante **Einführungsstrategie**, ein überdurchschnittlicher **Ressourceneinsatz** in der Phase der Markteinführung und die Entscheidung über den »richtigen« **Einführungszeitpunkt** erfolgsentscheidende Faktoren sind (vgl. *Meffert, H.* 1998 S. 419). Vor allem Marktneuheiten, denen keine vergleichbare Problemlösung gegenübersteht und für die erst ein Markt »geschaffen« werden muss, bedürfen eines geeigneten Marketing, damit sie nicht schon in der ersten Marktphase mangels einer ausreichenden Nachfrage zum »Flop« werden. Insbesondere in technikorientierten Unternehmen wird leicht übersehen, dass ein technisch interessantes Neuprodukt angesichts immer wettbewerbsintensiverer Käufermärkte allein nicht ausreicht, sondern durch ein an den Zielmarkt angepasstes Marketingkonzept ergänzt werden muss (vgl. *Witt, J.* 1996 S. 45).

Die kürzer werdenden Innovations- und Produktlebenszyklen, die zunehmende Angebotsausweitung und die steigende Komplexität der meisten technischen Produkte machen es auch erforderlich, dass die potenziellen Kunden möglichst frühzeitig in den Innovationsprozess eingebunden werden. Ihre spezifischen Anforderungen sind bei der Entwicklung des neuen Produkts zu berücksichtigen, soweit wie dies möglich und ökonomisch vertretbar ist. Ein erfolgsgefährdender Ansatz wäre es dagegen, wenn ein Unternehmen erst durch die Nachbesserung oder durch die Veränderung eines bereits eingeführten Produkts zu einer marktgerechten Lösung gelangen würde. Ein solcher »shot-in-the-dark« kann die Wettbewerbsvorteile des »first-to-market« unter Umständen zunichte machen (vgl. *Little, A. D.* [Hrsg.] 1994 S. 138).

»Vorstoßmarketing«

Allerdings existieren auch gegenteilige Meinungen: Beispielsweise sehen *Hamel/Prahalad* Vorteile in der Anwendung eines so genannten »Vorstoßmarketing«. Das Ziel ist es dabei nicht unbedingt, mit der Markteinführung eines neuen Produkts sofort »ins Schwarze« zu treffen. Vielmehr werden durch eine frühzeitige Markteinführung bewusst Rückschläge in Kauf genommen, um daraus zu lernen und das Produkt mit Hilfe der so gewonnenen Erfahrungen besser und kundengerechter zu gestalten (vgl. *Hamel, G./Prahalad C. K.* 1995 S. 357 ff.).

Nur wenn es gelingt, das neue Produkt nachhaltig auf dem Absatzmarkt zu platzieren, wird eine Produktidee zu einer erfolgreichen Produktinnovation. Da es sich bei den meisten Absatzmärkten heute um Käufermärkte handelt, in denen die Abnehmerseite das Marktgeschehen weit gehend dominiert wenn nicht sogar diktiert, stellt der Absatz der Produkte den eigentlichen Engpasssektor des betrieblichen Realgüterprozesses dar. Aus dieser Tatsache ergibt sich die Notwendigkeit von entsprechenden Maßnahmen zur Sicherstellung des Absatzerfolgs.

4.8.2 Erkenntnisse über die Markteinführung von Neuprodukten

Angesichts der Bedeutung der Markteinführungsphase für den Absatzerfolg und damit letztendlich für den Erfolg des gesamten Innovationsprozesses stellt sich die Frage, inwieweit bei der Gestaltung der erforderlichen Marketingmaßnahmen auf die Ergebnisse von theoretischen Überlegungen und empirischen Untersuchungen zu dieser Thematik zurückgegriffen werden kann. Sicherlich ist es sinnvoll, nicht nur die allgemeine Marketinglehre in Betracht zu ziehen, sondern auch die Erkenntnisse spezieller Forschungsfelder zu nutzen. Im Folgenden wird deshalb auf die Innovationsforschung, die Marktforschung und die Diffusionsforschung näher eingegangen. Diese Forschungszweige liefern wichtige Erkenntnisse sowohl für die Gestaltung des allgemeinen Marketing-Konzepts

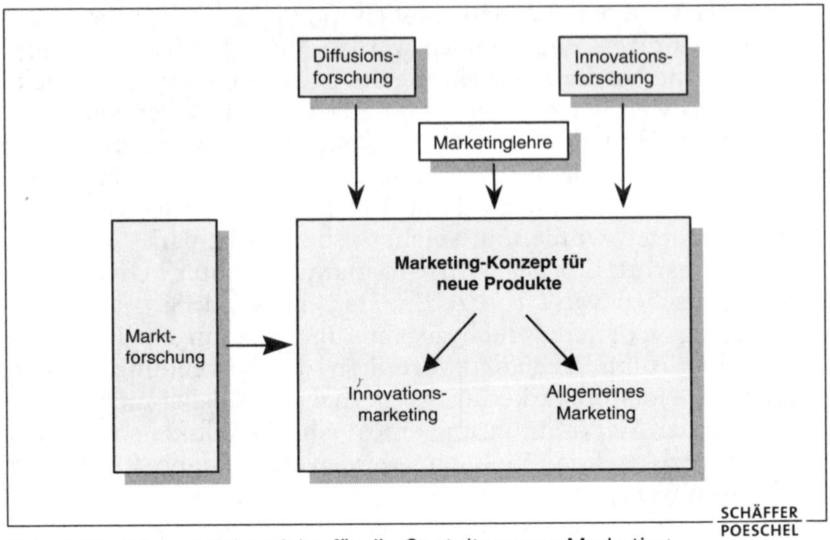

Abb. 4.71: Erkenntnisbereiche für die Gestaltung von Marketing-Konzepten für neue Produkte (in Anlehnung an *Kleinschmidt, E. J./Geschka, H./Cooper, R. G.* 1996 S. 176)

mit seinen langfristig wirksamen Bestandteilen (z. B. Produktname, Distributionsweg) als auch für die Ausführung der spezifischen Einführungsmaßnahmen des Innovationsmarketing (vgl. Abb. 4.71).

4.8.2.1 Ergebnisse der Innovationsforschung

Die Innovationsforschung will die Ursachen für den Erfolg oder den Misserfolg einer Innovation herausfinden. Mit Hilfe der dabei ermittelten und hinsichtlich ihrer Auswirkungen bewerteten Einflussgrößen sollen zukünftig Fehler in der Entwicklungs- und Vermarktungsphase vermieden und die Erfolgswahrscheinlichkeit von Neuprodukten im Markt erhöht werden.

Empirische Ergebnisse

Um zu einer brauchbaren Datenbasis zu gelangen, greift die Innovationsforschung in einem besonderen Maße auf **empirische Studien** zurück, in denen laufende und abgeschlossene Innovationsprozesse einer eingehenden Betrachtung und Analyse unterzogen werden. Im Folgenden werden die wesentlichen Ergebnisse der empirischen Untersuchung *»NewProd III«* vorgestellt, in der die verschiedenen Einflussgrößen des Innovationserfolgs analysiert wurden. Diese Faktoren betrafen sowohl den Absatzmarkt als auch das Produkt und den vorausgegangenen Innovationsprozess (vgl. *Kleinschmidt, E. J./Geschka, H./Cooper, R. G.* 1996 S. 6 ff.):

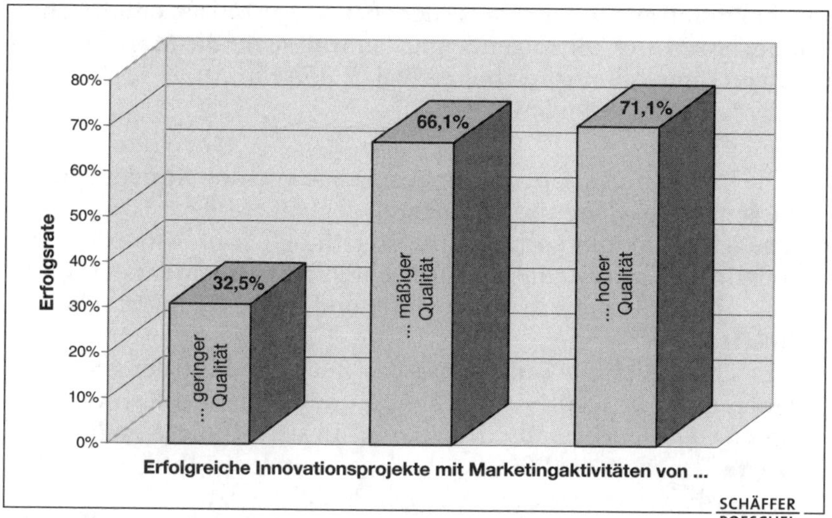

Abb. 4.72: Wirkung der Qualität der Marketingaktivitäten auf den Innovationserfolg (vgl. *Kleinschmidt, E. J./Geschka, H./ Cooper, R. G.* 1996 S. 22)

Das Ziel der Studie *NewProd III* war es, diejenigen Schlüsselfaktoren zu identifizieren, die über den Erfolg oder den Misserfolg eines neuen Produkts entscheiden. Zu diesem Zweck wurden 203 abgeschlossene Neuproduktprojekte analysiert, die in 125 Unternehmen verschiedener Branchen durchgeführt worden waren. Von den Projekten waren 123 wirtschaftlich erfolgreich. 80 erwiesen sich als finanzieller Fehlschlag. Als Ergebnis der Studie wurde festgestellt, dass die Marketingaktivitäten in der Markteinführungsphase der neuen Produkte neben weiteren Faktoren, wie beispielsweise der technischen Überlegenheit des Neuprodukts, der Marktattraktivität und der Produktqualität, einen wesentlichen Einfluss auf den Markterfolg hatten. Demgegenüber wiesen solche Innovationsprojekte eine hohe Misserfolgsquote auf, bei denen die Marketingaktivitäten unkoordiniert und unsystematisch erfolgten.

Im Rahmen der Studie wurden die 20 % der Neuproduktprojekte mit den besten Marketingaktivitäten mit den 20 % der Projekte mit den schlechtesten Marketingaktivitäten verglichen. Dabei zeigte sich, dass diejenigen Innovationsprojekte, die von einem fundierten Innovationsmarketing begleitet wurden

- mehr als doppelt so erfolgreich waren (71,1 %) als die Projekte mit einem unzulänglichen Marketing (32,5 %; vgl. Abb. 4.72),
- mit 42,1 % gegenüber 24,6 % einen deutlich höheren Marktanteil aufwiesen und
- in Bezug auf die erzielten Absatzmengen, den Gewinn und die Rentabilität wesentlich besser abschnitten als die Innovationsprojekte der anderen Gruppe.

Beachtlich an diesen Ergebnissen ist die Tatsache, dass die Erfolgswirkung der Marketingaktivitäten offenbar mit einer steigenden Qualität nachlässt: Wie der Abbildung 4.72 zu entnehmen ist, waren Projekte mit einer mäßigen Qualität des Marketing fast ebenso erfolgreich wie die Projekte mit einer hohen Marketingqualität.

In Anlehnung an die Ergebnisse der oben vorgestellten empirischen Studie, lassen sich die folgenden **Erkenntnisse für die Markteinführung von Innovationen** festhalten (vgl. *Kleinschmidt, E. J./Geschka, H./Cooper, R. G.* 1996 S. 177 f.):

Kriterien für eine erfolgreiche Markteinführung

- Eine Innovation sollte immer ausgehend von den Kundenbedürfnissen, -wünschen und -problemen geplant werden.
- Das neue Produkt sollte so früh wie möglich und so exakt wie möglich hinsichtlich des angestrebten Marktsegments, des Produktkonzepts, der Produktvorteile und -anforderungen usw. definiert werden.
- Um erfolgreich zu sein, muss das neue Produkt dem Kunden einen einzigartigen Nutzen bieten und damit den Konkurrenzprodukten deutlich überlegen sein. In der Studie *NewProd III* zeigte sich, dass die Produktüberlegenheit der wichtigste Schlüsselfaktor für den Erfolg von neuen Produkten ist.
- Innovationen sind insbesondere dann wirtschaftlich erfolgreich, wenn sie attraktive Märkte bzw. Marktsegmente bedienen, die sich durch ein großes Marktpotenzial, gute Wachstumschancen und den konkreten Bedarf der Zielgruppe auszeichnen.
- In der Regel haben Neuprodukte eine höhere Erfolgswahrscheinlichkeit, wenn sie in Märkten und über Vertriebskanäle angeboten werden, die dem Unternehmen bereits vertraut sind.
- Durch die Einbeziehung von externen Spezialisten können in der Phase der Markteinführung in vielen Fällen Zeit-, Qualitäts- und Kostenvorteile realisiert werden.

4.8.2.2 Ergebnisse der Marktforschung

D

Unter der **Marktforschung** (Market Research) versteht man die systematische Erforschung des Zusammentreffens von Angebot und Nachfrage auf den Märkten und der sich daraus ergebenden Konsequenzen für die beteiligten Wirtschaftssubjekte. Von besonderem Interesse ist dabei die Fähigkeit dieser Märkte, durch hohe Absatzzahlen ein entsprechendes Umsatzvolumen zu generieren (vgl. *Meffert, H.* 1998 S. 89).

Primär- und Sekundärforschung

Für ein konsequent auf den Markt ausgerichtetes Innovationsmanagement ist die Marktforschung demzufolge unerlässlich. Ihre Ergebnisse sind die Grundlage für Aussagen über die derzeitige Marktsituation, die Beschreibung der aktuellen und zukünftigen Markt- und Technologietrends, die Entwicklung von Marketing- und Innovationsstrategien und den Einsatz des Marketing-Instrumentariums. Die Datenerhebung erfolgt entweder mit den Mitteln der **Primärforschung** (Befragung, Beobachtung, Experiment) oder der

Sekundärforschung (Analyse von bereits vorhandenen Informationsquellen wie Werbestatistiken, Kataloge, Vertreterberichte usw.).

Analysefelder

Im Hinblick auf Innovationen ist es für die Marktforschung bedeutsam, dass es sich bei dem jeweiligen Untersuchungsgegenstand nicht um ein bereits in dem Markt eingeführtes Produkt, sondern um ein Neuprodukt handelt, für das noch keine Erkenntnisse über das Verhalten der Käufer und der Wettbewerber vorliegen und bei dem folglich nicht auf vorhandene Daten zurückgegriffen werden kann. Durch die frühzeitige Einbindung von Schlüsselkunden (Einzel-, Groß- und Firmenkunden) in den Innovationsprozess lässt sich dieses Informationsdefizit jedoch reduzieren, wie bereits in den vorhergehenden Abschnitten immer wieder erwähnt wurde. Deshalb kommt der **Kundenanalyse** eine entscheidende Bedeutung in der Innovationsmarktforschung zu. Außerdem sind die **Aktivitäten der (Haupt-)Wettbewerber** (Produktplanungen, Werbemaßnahmen usw.) und die **allgemeine Marktentwicklung** (Entwicklung des Marktvolumens, Veränderungen des Konsumentenverhaltens usw.) intensiv zu beobachten und hinsichtlich ihrer voraussichtlichen Auswirkungen auf die Marktchancen des eigenen Neuprodukts zu beurteilen.

B

Wie wichtig die Einbindung von Schlüsselkunden in das Innovationsgeschehen ist, zeigt das Ergebnis einer Befragung, die von der *Wissenschaftlichen Hochschule für Unternehmensführung (WHU)* in Koblenz unter rund 1.200 Entwicklungsleitern im Bereich des Maschinenbaus durchgeführt wurde: Die Untersuchung ergab, dass solche Produktinnovationen im Markt deutlich erfolgreicher waren, an deren Entwicklung die Kunden mitgewirkt hatten. Entscheidend für den Innovationserfolg war dabei insbesondere der Zeitpunkt zu dem die Kunden an der Produktentwicklung beteiligt wurden. Grundsätzlich waren diejenigen Innovationen am erfolgreichsten, bei denen die Einbindung bereits in einer sehr frühen Prozessphase stattfand (vgl. *Schwarz, P.* 1996 S. 6).

Allerdings sollte ein Unternehmen nicht davon ausgehen, dass sich auf der Basis von Marktforschungsergebnissen sichere Entscheidungen treffen lassen. Nach wie vor bleiben die Wirkungen der in die Zukunft gerichteten Wahlakte ungewiss. Zwar lassen sich die Risiken einer Fehlentscheidung durch eine systematische und fundierte Erforschung der Marktverhältnisse verringern – ausschließen lassen sie sich jedoch nicht.

B

Dies ist auch das Ergebnis einer Analyse, in der die Entstehungsgeschichte von vier bahnbrechenden Innovationen untersucht wurde: dem Glasfaserkabel, dem Computertomographen, dem Mobiltelefon und dem Süßstoff *NutraSweet*. In jedem der vier Fälle waren die gängigen Marktforschungstechniken wie Akzeptanztests, Kundenbefragungen, Conjoint-Analysen usw. angewandt worden. Trotzdem waren »... die Resultate wenig wert, fanden kaum Beachtung und erwiesen sich rückblickend als manchmal verblüffend ungenau« (*Lynn, G. S./Morone, J. G./Paulson, A. S.* 1996 S. 83). Der Grund hierfür war die Unsicherheit, mit der die Prognose der zukünftigen Marktentwicklung, der Wechselwirkungen zwischen Neuprodukt und Markt usw. verbunden ist. Erstaunlich ist es in diesem Zusammenhang, dass die erwähnten Produkte unter anderem deshalb erfolgreich im Markt eingeführt werden konnten, weil die Ergebnisse der Marktforschung nicht als Entscheidungsgrundlage für einen Abbruch oder eine Fortführung des Innovationsprojekts dienten (vgl. *Lynn, G. S./Morone, J. G./ Paulson, A. S.* 1996 S. 81 f.).

4.8.2.3 Ergebnisse der Diffusionsforschung

D

Eine weitere Quelle, aus der das Innovationsmarketing wichtige Erkenntnisse gewinnen kann, ist die Diffusionsforschung. Unter der **Diffusion** einer Innovation versteht man die Ausbreitung einer neuartigen Idee auf dem relevanten Markt. Die erstmalige Kaufentscheidung von Kunden wird in diesem Zusammenhang als »Adoption« bezeichnet. Um die Marketingaktivitäten für die Neuprodukte optimal gestalten zu können, muss herausgefunden werden, wie sich ein neues Produkt im Markt verbreitet und welche Faktoren die Kunden zur Adoption bewegen.

Die Entscheidung eines Kunden, erstmalig ein neues Produkt zu kaufen, vollzieht sich in mehreren Schritten. *Rogers* beschreibt fünf **Stufen des Adoptionsprozesses** (Knowledge, Persuasion, Decision, Implementation und Confirmation; vgl. *Rogers, E. M.* 1983 S. 163 ff.):

Adoptionsprozess

- Der Entscheidungsprozess des Kunden beginnt mit der bewussten Wahrnehmung der Innovation (Knowledge).
- Nach der erstmaligen Kenntnisnahme nimmt der Kunde eine bestimmte Haltung gegenüber dem neuen Produkt ein, die sowohl zustimmend als auch ablehnend sein kann und von den Wertvorstellungen, den Ansprüchen, dem aktuellen Bedarf und anderen Faktoren abhängt (Persuasion).
- In der nächsten Stufe trifft der Interessent eine Entscheidung bezüglich der Innovation, die sowohl positiv als auch negativ ausfallen kann (Decision).
- Hat sich der Kunde für den Kauf entschieden, so wendet er die Innovation an und sammelt erste Erfahrungen mit ihr (Implementation).
- In der Phase der Nutzung sucht der Kunde nach Gründen, die seinen Kauf rechtfertigen und damit nach einer Bestätigung der Richtigkeit seines Verhaltens (Confirmation). Sind die Erfahrungen in der Nutzungsphase negativ, so wird er seine Entscheidung wenn möglich revidieren oder sich in ähnlichen Situationen zukünftig anders verhalten.

Ein besonderes Augenmerk muss auf die Tatsache gerichtet werden, dass sich die am Diffusionsprozess beteiligten Adoptoren nicht homogen verhalten. Vielmehr lassen sich verschiedene (idealisierte) Adoptionsgruppen identifizieren, die unterschiedliche und für sich typische Verhaltensweisen zeigen (vgl. Abb. 4.73).

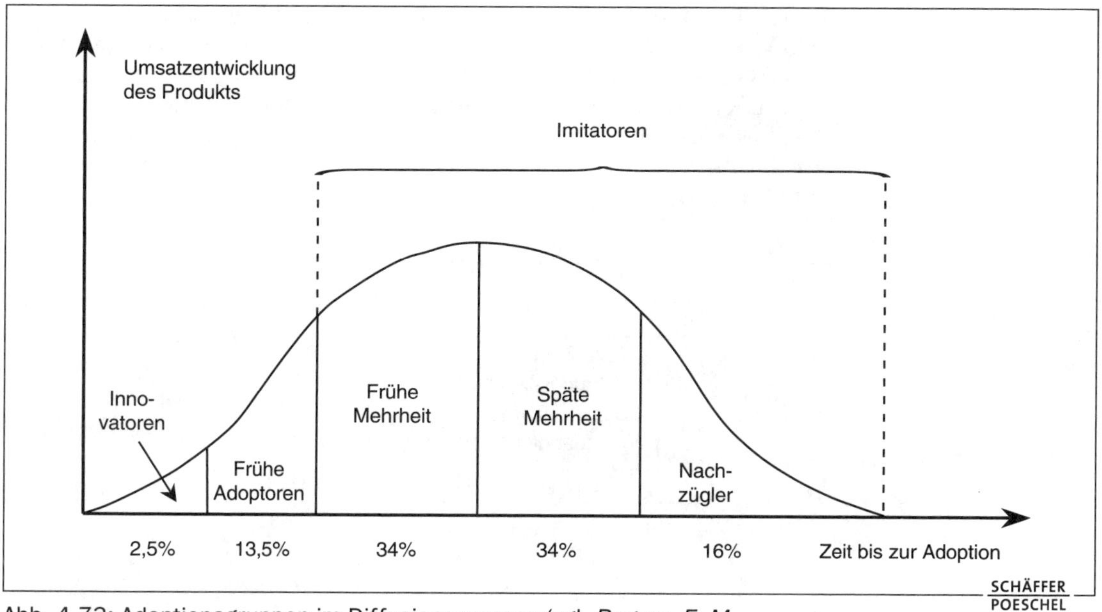

Abb. 4.73: Adoptionsgruppen im Diffusionsprozess (vgl. *Rogers, E. M.* 1983 S. 247)

Adoptionsgruppen

Um eine möglichst schnelle Adoption und Diffusion des neuen Produkts zu erreichen, sind die Meinungsführer zu identifizieren und gezielt anzusprechen. Sie sind als Innovatoren am ehesten dazu bereit, die mit dem Kauf einer (Markt-)Neuheit verbundenen Risiken zu tragen. Die **Innovatoren** bilden damit das »Tor zum Markt«. Als Gatekeeper geben sie die Informationen an ihr Umfeld weiter und beeinflussen es dadurch (vgl. *Rogers, E. M.* 1983 S. 248).

Neben den Meinungsführern spielen die **frühen Adoptoren** eine überaus wichtige Rolle innerhalb des Diffusionsprozesses. Ihre Position im Vergleich zu derjenigen der Innovatoren beschreibt Rogers mit den Worten: »Whereas innovators are cosmopolites, early adopters are localities« (*Rogers, E. M.* 1983 S. 248 f.). Da sie im Gegensatz zu den Innovatoren keine extremen Nonkonformisten sind und sich relativ gut in ihr Umfeld integrieren, ist ihr Verhalten für die Mehrheit der Konsumenten richtungweisend.

Alle späteren Käufer sind **Imitatoren**, die sich an den Meinungen und den Erfahrungen der Innovatoren und der frühen Adoptoren ausrichten. Wie schnell die späten Adoptoren als Käufer des neuen Produkts gewonnen werden können, hängt unter anderem davon ab, wie schnell die relevanten Meinungsführer und die frühen Adoptoren identifiziert und von der Innovation überzeugt werden können. Insofern muss es ein wesentliches Ziel des Innovationsmarketing sein, diese beiden Gruppen sobald wie möglich mit dem neuen Produkt in Kontakt zu bringen.

B

Dieser frühe Kontakt zu den Meinungsführern der Zielgruppe wird von vielen Unternehmen insbesondere im Investitionsgüterbereich durch exklusives Werbematerial oder durch exklusive Veranstaltungen hergestellt, auf denen die neuen Produkte bereits einige Zeit vor ihrer offiziellen Markteinführung präsentiert werden. Diese »Events« sind in der Regel von Rahmenprogrammen begleitet, die einerseits der Unterhaltung dienen und andererseits den Erinnerungswert besonders unterstreichen sollen.

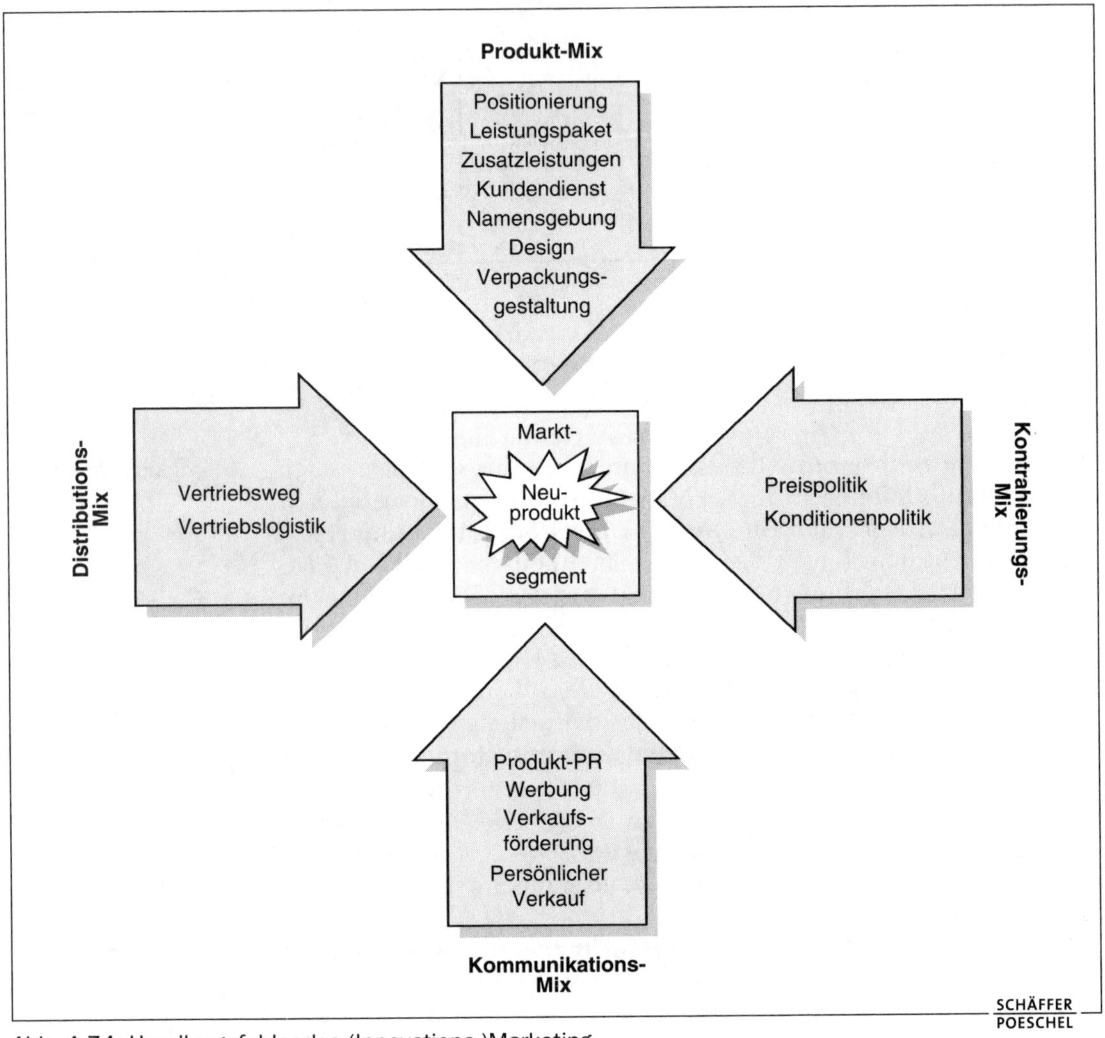

Abb. 4.74: Handlungsfelder des (Innovations-)Marketing
(vgl. *Kleinschmidt, E. J./Geschka, H./Cooper, R. G.* 1996 S. 193)

4.8.3 Innovationsmarketing zur Einführung neuer Produkte

4.8.3.1 Besonderheiten des Innovationsmarketing

Unter dem »**Marketing**« wird heute eine unternehmerische Denkhaltung verstanden, die eine konsequent kunden- und marktorientierte Führung des gesamten Unternehmens zur Folge hat. Sie richtet alle Aktivitäten auf die Absatzmärkte hin aus. Mit dem Begriff »**Innovationsmarketing**« werden sämtliche Maßnahmen bezeichnet, die zu einer konsequenten Marktorientierung des gesamten Innovationsprozesses führen. Somit ist es die Kernaufgabe des Innovationsmarketing, den Markt auf das neue Produkt und das neue Produkt auf den Markt vorzubereiten. In Anbetracht des erheblich ausgeweiteten Angebots und der zunehmenden Sättigungstendenzen auf vielen Märkten, gewinnt diese Aufgabe mehr und mehr an Bedeutung und erfordert ein enges Zusammenspiel zwischen dem innovativen Unternehmen und seinen potenziellen oder tatsächlichen Kunden.

»Vier P«

Um die angestrebten Absatzziele zu erreichen, kommen vor, während und nach der eigentlichen Markteinführung die »klassischen« Marketinginstrumente der so genannten **»Vier P«** zum Einsatz: Aus dem Produkt- (product), dem Kontrahierungs- (price), dem Kommunikations- (promotion) und dem Distributions-Mix (place) wird produktindividuell ein optimales Marketing-Mix gestaltet, das den besonderen Anforderungen des betreffenden Neuprodukts und des damit zu bedienenden Marktsegments Rechnung trägt (vgl. Abb. 4.74). Dabei ist insbesondere darauf zu achten, dass die im Abschnitt 4.8.4 dargestellten Handlungsfelder des Marketing konsequent genutzt und aufeinander abgestimmt werden.

4.8.3.2 Zielsetzungen des Innovationsmarketing

Das Kernziel der Marketingaktivitäten ist es, die erfolgreiche Einführung und die Durchsetzung des neuen Produkts im Markt zu ermöglichen, umso eindeutige Vorteile gegenüber den Wettbewerbern zu erreichen.

Dazu müssen einerseits die bei den Nachfragern möglicherweise bestehenden Unsicherheiten hinsichtlich des Produktnutzens, der Ausgewogenheit des Preis-Leistungs-Verhältnisses, der Zuverlässigkeit usw. abgebaut werden (vgl. *Backhaus, K./Voeth, M.* 1995 S. 397). Diese Unsicherheiten sind umso größer, je komplexer und dadurch »undurchsichtiger« das neue Produkt ist und je mehr es sich von den bisher bekannten Problemlösungen unterscheidet. Um die erfolgreiche Diffusion zu erreichen, muss einer Verunsicherung der Nachfrager möglichst frühzeitig entgegengewirkt und die

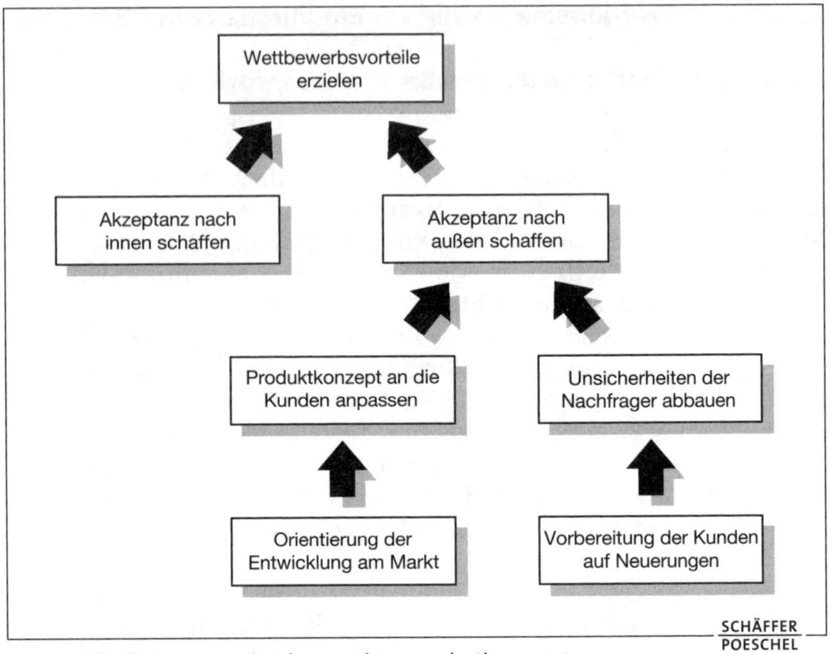

Abb. 4.75: Zielsystem des Innovationsmarketing

Akzeptanz der Produktinnovation durch vorbereitende Maßnahmen, beispielsweise aus dem Bereich der Kommunikationspolitik, sichergestellt werden. Einen wichtigen Beitrag zur Akzeptanzverbesserung leistet selbstverständlich auch die Orientierung der Entwicklung an den Erfordernissen des Markts.

Andererseits ist mit der Hilfe des Innovationsmarketing auch für eine ausreichende Akzeptanz im Unternehmen zu sorgen. Schließlich haben die Mitarbeiter an dem Markterfolg eines neuen Produkts einen wesentlichen Anteil. Wird ein neues Produkt im Unternehmen nicht angenommen, so kann dies zu einer nachlässigen Handhabung in der Fertigung und im Vertrieb führen. Handelt es sich dagegen um ein allgemein anerkanntes Neuprodukt, auf das alle »stolz« sind, so wirkt sich dies zweifelsohne fördernd auf die Leistungsmotivation und damit auf die Arbeitsleistung aus.

B

Beispielsweise wird in der *Porsche AG* gerne die (wahre) Geschichte erzählt, dass die unternehmensinterne Präsentation des *Boxster*-Designprototypen zu einer hochgradigen Identifikation mit dem Produkt führte und so einen regelrechten Motivationsschub in der Belegschaft auslöste.

In der Abbildung 4.75 werden die erwähnten Zielsetzungen und ihre Zusammenhänge grafisch dargestellt.

Wie sieht der typische Ablauf des Innovationsmarketing für ein neues Produkt aus?

4.8.3.3 Vorgehensweise des Innovationsmarketing

4.8.3.3.1 Stufenmodell für die Markteinführung von Innovationen

Bei der Einführung eines neuen Produkts in dem als relevant identifizierten Marktsegment stellt sich die Frage, welche Maßnahmen in welcher Reihenfolge durchzuführen sind, um das Ziel des Innovationsprozesses zu erreichen: Die erfolgreiche Einführung der Innovation auf dem Absatzmarkt.

Nun gibt es sicherlich eine ganze Reihe von Konzepten für die Marktimplementierung, und es ist ebenso sicher, dass die Unternehmen damit ganz unterschiedliche Erfahrungen gemacht haben. Hinzu kommt, dass sich die Rahmenbedingungen des Markts und des Wettbewerbs laufend ändern und sich darüber hinaus in Abhängigkeit von dem einzuführenden Produkt, der Branche, den Kunden usw. jeweils anders darstellen. Dieser Variabilität und Dynamik kann nicht mit einem starren Standardschema begegnet werden.

Stufenmodell für die Markteinführung

In diesem Abschnitt wird deshalb ein Stufen**modell** für die Markteinführung von Innovationen präsentiert, das flexibel an die jeweilige Situation angepasst werden kann. Modelle abstrahieren bekanntermaßen die realen Probleme auf die für die Problemerfassung und die Problemlösung wesentlichen Informationen und verringern dadurch die Komplexität der Wirklichkeit. Sie bilden damit eine Grundlage für die Entscheidungsfindung. Im Einzelfall ist dann festzustellen, inwieweit zusätzliche Informationen berücksichtigt werden müssen oder die einschränkenden Prämissen aufzuheben sind. Konkret heißt dies für das folgende Markteinführungsmodell, dass ein Unternehmen prüfen muss, welche der Schritte angesichts der Unternehmens- und der Marktsituation in welcher Form und in welchem Umfang umzusetzen sind.

Das Ziel der in der Abbildung 4.76 dargestellen Vorgehensweise ist es, den Kunden und natürlich auch das eigene Unternehmen auf den ersten Marktauftritt der Innovation vorzubereiten, die für einen erfolgreichen Start notwendige Akzeptanz nach innen und nach außen zu schaffen und die letzten Produktmängel zu beseitigen. Diese Phase der Einführungsvorbereitung reicht bis in die frühen Phasen des Innovationsprozesses zurück. Nach ihrem Abschluss erfolgt die Markteinführung des Neuprodukts im Zielmarkt und die Integration in das bereits bestehende Produktprogramm des Unternehmens. In den folgenden Abschnitten werden die einzelnen Phasen des Stufenmodells ausführlich erläutert.

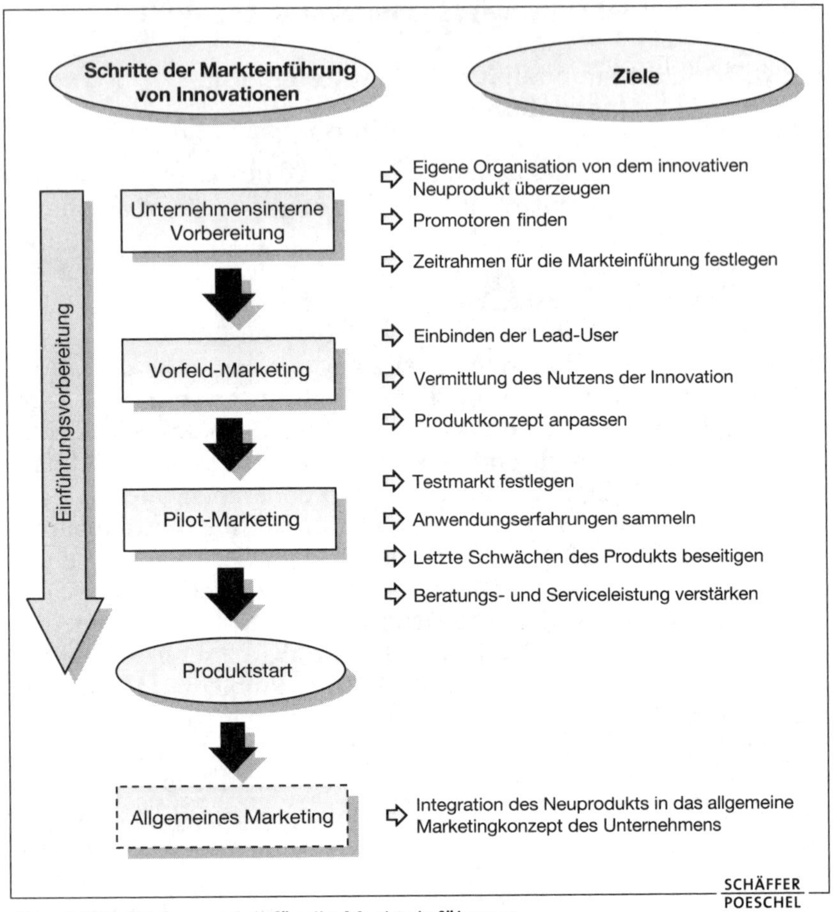

Abb. 4.76: Stufenmodell für die Markteinführung von Innovationen

4.8.3.3.2 Unternehmensinterne Vorbereitung

Bei der Erörterung der Ziele des Innovationsmarketing wurde bereits festgestellt, dass die Akzeptanz des neuen Produkts bei den Mitarbeitern ein wesentlicher Faktor für dessen erfolgreiche Entwicklung, Fertigung und Markteinführung ist. Deshalb muss ein Unternehmen vor der eigentlichen Markteinführung dafür sorgen, dass sich die Mitarbeiter ausreichend mit dem Neuproduktkonzept identifizieren und ihre diesbezügliche Meinung auch außerhalb des Unternehmens vertreten können und wollen.

Bedeutung der internen Vorbereitung

Mit dem »internen« Innovationsmarketing sollte bereits zu einem sehr frühen Zeitpunkt begonnen werden, denn der Erfolg des Vorhabens hängt sehr stark davon ab, dass möglichst alle Beteiligten »an einem Strang (in eine Richtung) ziehen« bzw. dass überhaupt »gezogen« wird, oder um es anders auszudrücken: Ein entscheidender Erfolgsfaktor von Innovationsprojekten ist das Vorhandensein von **Promotoren**, die den Innovationsprozess entschlossen vorantreiben und die anderen Organisationsmitglieder von der Sinnhaftigkeit des Projekts überzeugen. Dieser Aspekt wird im Zusammenhang mit der Organisation von Innovationsprozessen näher erörtert (vgl. Abschnitt 5.3.4.2.2).

Von grundlegender Bedeutung für die unternehmensinterne Vorbereitung ist es deshalb, dass bei großen Innovationsvorhaben die Mitarbeiter aller Funktionsbereiche in den Kommunikations- und Überzeugungsprozess eingebunden werden. Die intensive Auseinandersetzung mit dem Innovationsobjekt kann sehr wohl als ein allererster Schritt der Markteinführung gesehen werden, denn die Mitarbeiter des Unternehmens sind häufig auch zugleich dessen Kunden.

Da neue Produkte grundsätzlich möglichst schnell im Zielmarkt eingeführt werden sollen, sind die Festlegung des Eintrittszeitpunkts im Markt und der Dauer der Einführungsperiode ebenfalls wesentliche Gesichtspunkte. Möglicherweise sind die Entscheidungsspielräume für das Unternehmen diesbezüglich eingeengt, beispielsweise durch saisonale Rhythmen, die Dispositionszeiten des Handels oder die Termine von wichtigen Messen und Ausstellungen. Je nachdem, wie groß die Abhängigkeit von derartigen Rahmenbedingungen ist, sind im Unternehmen rechtzeitig entsprechende Vorkehrungen zu treffen, um den gewünschten Einführungszeitpunkt auch tatsächlich einhalten zu können.

4.8.3.3.3 Vorfeld-Marketing

Das so genannte »Vorfeld-Marketing« stellt den eigentlichen **Kern des Innovationsmarketing** dar (vgl. *Boutellier, R./Völker, R.* 1997 S. 55). Ebenso wie die unternehmensinterne Vorbereitung liegt auch dieser Schritt zeitlich noch weit vor der Markteinführung der Innovation. Allerdings beginnt nun bereits die »externe Phase« des Marketing, d. h. die Auseinandersetzung und die Zusammenarbeit mit den innovationsfreudigen Kunden, den so genannten **»Lead-Users«** (Leitkunden) oder **»Innovatoren«** (»Kunden der ersten Stunde«, »Launching Customer«). Dabei handelt es sich um solche Kunden, »... die in der Vergangenheit durch ihre Trendsetterrolle aufgefallen sind und ihre Bedürfnisse früher artikulieren als das breite Massenpublikum« (*Meffert, H.* 1998 S. 377). Durch die Einbindung dieser Kundengruppe sollen die Bedingungen für eine optimale Marktakzeptanz des Neuprodukts ermittelt werden.

Lead-Users

B

Ein Beispiel für die Wirkung eines unzureichenden Vorfeld-Marketing ist der Versuch der *Deutschen Bundespost* in den achtziger Jahren, Bildschirmtext im Markt einzuführen. Die potenziellen Nutzer sahen zum damaligen Zeitpunkt keine Vorteile dieses Mediums gegenüber den bestehenden Informationsquellen und wurden darüber auch nicht ausreichend und überzeugend aufgeklärt.

Dazu werden den Lead Users konkrete Produktkonzepte und deren Nutzen demonstriert. Aus den Reaktionen der Kunden können dann die marktseitigen Anforderungen an das Produkt und die Akzeptanzbedingungen abgeleitet werden. *Sommerlatte* nennt in diesem Zusammenhang zwei **Problemsituationen**, die auftreten können (vgl. *Sommerlatte, T.* 1988 S. 167 f.):

Problembereiche des Vorfeld-Marketing

- **Nutzen der Innovation wird von den Kunden nicht erkannt**
  Der objektive Nutzen einer Innovation muss nicht zwingend von den potenziellen Käufern als vorteilhaft angesehen werden. Um eine möglichst hohe Kaufbereitschaft unter den Zielkunden zu erreichen, ist deshalb dafür zu sorgen, dass der Produktnutzen von den Kunden auch wirklich erkannt und akzeptiert wird. Um dies zu erreichen, muss sich das Unternehmen auf die Werthaltungen und die Denkweise der Kunden einstellen, um für deren Wünsche und Bedürfnisse »maßgeschneiderte« Lösungen anbieten zu können. Gezielte Überzeugungsarbeit bei den Lead Users zu leisten, ist damit eine Hauptaufgabe des Vorfeld-Marketing.
- **Neuprodukt entspricht nicht den Anforderungen der Kunden**
  Dieser Fall tritt bei etwa 80 % aller Produktinnovationen auf. Deshalb ist es bereits in einer frühen Phase des Innovationsprozesses unbedingt notwendig, den genauen Bedarf der Kunden und die von ihnen gewünschten Nutzenaspekte zu analysieren. In diesem Sinne dient das Vorfeld-Marketing dazu, kostspielige Fehlentwicklungen und Nachbesserungen nach der Markteinführung des Produkts zu vermeiden.

Erfolgsfaktoren des Vorfeld-Marketing

Inwieweit das Vorfeld-Marketing erfolgreich ist, hängt insbesondere von der **Kommunikation** zwischen den Bereichen Marketing, Vertrieb, F+E und den Kunden ab (vgl. *Boutellier, R./Völker, R.* 1997 S. 55). Nur wenn der Informationsfluss zwischen den Kunden und dem Anbieter sowie innerhalb des anbietenden Unternehmens gewährleistet ist und die gewonnenen Informationen zielgerichtet umgesetzt werden, ist ein Erfolg des neuen Produkts wahrscheinlich. So genannte »Zufallstreffer«, also erfolgreiche Produktinnovationen, die völlig isoliert von Marktgesichtspunkten entwickelt wurden, bilden eine seltene Ausnahme. Sie dürfen nicht darüber hinwegtäuschen, dass der Großteil der so konzipierten Produkte zu Flops werden. Nach den Untersuchungen der US-Beratungsgesellschaft *Arthur D. Little* trifft Letzteres auf neun von zehn »chaotisch« entstandenen Neuprodukten zu (vgl. *Little, A. D.* [Hrsg.] 1994 S. 25 f.).

Damit das Vorfeld-Marketing sowohl die Erwartungen des Herstellers als auch diejenigen der Kunden erfüllt, ist ein gutes **Vertrauensverhältnis** zwischen den beiden Seiten erforderlich. Manche Unternehmen haben in diesem Zusammenhang die Befürchtung, dass die Wettbewerber zu früh von der Innovation erfahren könnten und der angestrebte Wettbewerbsvorsprung dadurch gefährdet wird oder sogar verloren geht. *Boutellier/Völker* sehen darin in der Tat eine heikle Angelegenheit und empfehlen, »... sorgfältig zwischen Geheimhaltung und Information abzuwägen« (*Boutellier, R./Völker, R.* 1997 S. 57). Dagegen bezeichnet *Arthur D. Little* diese Gefahr als verschwindend gering, da die Hauptleistung des Anbieters einer Innovation nicht die technische Idee selbst, sondern die Fähigkeit ist, die innovativen Gedanken durch die Zusammenarbeit von Entwicklung, Marketing und Kunden marktgerecht umzusetzen (vgl. *Little, A. D.* [Hrsg.] 1988 S. 153). Demzufolge ist nicht die Invention, sondern ein **funktionierendes Innovationsmanagement** der entscheidende Erfolgsfaktor. Einen Wettbewerbsvorsprung dieser Art kann ein Konkurrenzunternehmen nur durch eigene Erfahrungen aufholen – und das geschieht nicht von heute auf morgen.

4.8.3.3.4 Pilot-Marketing

Bevor für ein Produkt umfassende und damit in aller Regel kostenintensive Marketingmaßnahmen im gesamten Zielmarkt eingeleitet werden, ist es zweckmäßig zunächst auf einem (häufig geographisch) begrenzten **Testmarkt** praktische Erfahrungen mit dem neuen Produkt zu sammeln. Dieses so genannte Pilot-Marketing dient dazu, die (hoffentlich) letzten Schwächen des Produkts und des Vertriebs- und Servicebereichs zu identifizieren und zu beseitigen. Die Pilotkunden als Erstkäufer erhoffen sich im Gegenzug durch die Innovation einen Wettbewerbsvorsprung oder einen Prestigegewinn.

Spätestens in dieser Phase sollte auch mit der Verbreitung von Informationen über das Neuprodukt mittels geeigneter Kommunikationsinstrumente begonnen werden. Durch die Vorankündigung des neuen Produkts gegenüber der Zielgruppe wird dessen späterer Adoptions- und Diffusionsprozess im Markt beschleunigt.

4.8.3.3.5 Produktstart

Nach dem Pilot-Marketing wird das neue Produkt flächendeckend in den Zielmarkt eingeführt. Hierzu dienen insbesondere Messe- und Einführungsveranstaltungen, in denen das neue Produkt in einer angemessenen Weise der Öffentlichkeit vorgestellt wird (bei Kraftfahrzeugen z. B. auf Automobilsalons oder Nutzfahrzeugmessen). Im Vordergrund stehen dabei die Vermittlung des Produktnutzens für die Kunden und die Verdeutlichung der komparativen Wettbewerbsvorteile des Neuprodukts.

B

Eine empirische Untersuchung hat gezeigt, dass im Investitionsgüterbereich insbesondere Messevorstellungen und Veröffentlichungen in Fachzeitschriften als kommunikationspolitisches Instrument eingesetzt werden, während im Bereich der Konsumgüter die klassische Werbung und die Öffentlichkeitsarbeit dominieren (vgl. *Pleschak, F./Sabisch, H.* 1996 S. 255).

Mit dem Produktstart wird die Innovation zum Gegenstand des allgemeinen Marketing. Im Folgenden werden die »klassischen« Handlungsfelder des Marketing unter Bezugnahme auf die Vermarktung von Neuprodukten dargestellt.

4.8.4 Allgemeines Marketing für Innovationen

4.8.4.1 Produktpolitik

Grundsätzlich soll die Produktpolitik eines Unternehmens die marktgerechte Gestaltung von dessen Absatzleistungen sicherstellen. Insofern ist dieses Handlungsfeld bereits ein zentraler Gegenstand der vorhergehenden Phasen des Innovationsprozesses gewesen. Als produktpolitische Handlungsmöglichkeiten verbleiben in der Phase der Markteinführung die Namensgebung für das Neuprodukt, die Gestaltung der Verpackung, das Angebot von Zusatzleistungen und der Kundendienst – sofern hierüber nicht bereits im Vorfeld entschieden wurde.

Produktname

Ein wichtiger Aspekt, der spätestens in der Phase der Markteinführung zu klären ist, ist der **Name**, den das neue Produkt erhalten soll. Er dient zum einen der Identifikation des Produkts (und damit häufig auch des Herstellers) durch den Käufer und soll zum anderen Hinweise auf dessen Funktion und den Anwendungsbereich geben. Durch die Namenswahl können zudem seitens des Herstellers bestimmte Signale für die angestrebte Zielgruppe gegeben werden.

Verpackung

Die **Verpackungsgestaltung** ist auf das Produkt und dessen Form abzustimmen. Je nach der Art des Produkts erfüllt die Verpackung unterschiedliche Funktionen: In erster Linie dient sie dem Schutz des Produkts bei der Lagerung und bei dem Transport. Darüber hinaus kann sie den Zweck der Portionierung von Mengen für den Verkauf erfüllen. Bei Produkten mit besonderer Betonung des ästhetischen Aspekts kann die Verpackung schließlich einen entscheidenden Einfluss auf die Kaufentscheidung haben.

B

Der Kaufentscheidungsaspekt der Verpackung ist insbesondere bei Konsumgütern relevant. Beispielsweise werden diverse Parfums nicht nur wegen ihrer besonderen Duftnote, sondern auch, oder vielleicht sogar ausschließlich, wegen ihrer Flacons gekauft. Sie stellen vielfach ein begehrtes Sammler- und Liebhaberstück dar, dessen Wert den des Parfums unter Umständen übersteigt.

Zusatzleistungen

Ein Produkt kann zusammen mit so genannten **Zusatzleistungen** angeboten werden. Diese gehören nicht unmittelbar zu dem Produkt. Sie sind oftmals zeitlich begrenzt oder werden erst eine gewisse Zeit nach der Markteinführung des Produkts entwickelt und zumeist gesondert berechnet.

B

So bieten beispielsweise viele Automobilhersteller bestimmte Zusatzleistungen im Bereich der Fahrzeugwartung und des Services an (kostenlose Wartungsintervalle, Hotelaufenthalt und Mietwagen bei herstellerbedingten Fahrzeugausfällen, gebührenfreie Mitgliedschaft in einer Kreditkartenorganisation usw.).

Service

Einen besonders großen Einfluss auf die erfolgreiche Diffusion und Adoption hat insbesondere bei technischen Produkten die Gestaltung des **Kundendienstes**. Er muss dafür sorgen, dass das Produkt reibungslos funktioniert und einsatzbereit ist. Bedingt durch ihre technische Neuheit treten jedoch gerade bei Produktinnovationen bei den Kunden immer wieder Unklarheiten und Probleme auf, die es durch eine qualifizierte Unterstützung zu beseitigen gilt. Werden diese Schwierigkeiten seitens des Herstellers schnell und unbürokratisch gelöst, so bestehen gute Voraussetzungen für eine langfristige Kundenbindung. Ein ungenügender Service wird dagegen von vielen Kunden zum Anlass genommen, auf Wettbewerbsprodukte auszuweichen.

4.8.4.2 Kontrahierungspolitik

Im Rahmen der Kontrahierungspolitik wird festgelegt, zu welchen Bedingungen das neue Produkt auf dem Absatzmarkt angeboten werden soll. Das Ziel ist es hierbei, die Angebotsbedingungen so zu gestalten, dass die Leistungen des Unternehmens entsprechend den Marketingzielen abgesetzt werden können. Der Planungsgegenstand der Kontrahierungspolitik sind sowohl die **Preise** als auch die **Konditionen**.

Preise

Unter der **Preispolitik** sind alle Maßnahmen eines Anbieters zur Gestaltung, Festsetzung, Beeinflussung, Variation und Präsentation der Absatzpreise zu verstehen (vgl. *Vry, W.* 1990 S. 53). Der Faktor »Preis« beeinflusst den Erfolg eines Produkts in einem hohen Maße. Zum einen hat er Auswirkungen auf dessen Verkäuflichkeit, da im Allgemeinen ein zu hoher Preis die Nachfrage verringert oder sogar ganz zum Erliegen bringt, was bei einem so genannten »Prohibitivpreis« der Fall wäre. Deshalb wird die Bildung von **Zielpreisen** (Target-Pricing) als ein Instrument eingesetzt, um durch die Berücksichtigung der Markt- und der Wettbewerbsbedingungen eine derartige Entwicklung zu verhindern. Zum anderen wirkt sich der Preis auf die mit dem Verkauf des Produkts zu erzielende Gewinnspanne aus. Werden bei der Preisfestsetzung die Kosten nicht oder nicht ausreichend berücksichtigt und wird der Preis deshalb zu niedrig angesetzt, so entsteht unter Umständen trotz großer Nachfrage ein Verlust.

Folglich können bei innovativen Produkten die Nachfrage und die Kosten als wesentliche Einflussfaktoren der Preispolitik eines Unternehmens festgestellt werden. Darüber hinaus muss bei der Preisfestlegung der spezifische preispolitische Spielraum berücksichtigt werden. Besondere Beachtung ist in diesem Zusammenhang dem **Marktpreis** zu schenken, der insbesondere beim Target-Costing Ausgangspunkt der Preisplanung ist. Dies ist allerdings nur dann möglich, wenn bereits vergleichbare Wettbewerbsprodukte in dem Markt zur Verfügung stehen, was bei Marktneuheiten nicht der Fall ist.

Unter preispolitischen Gesichtspunkten sind bei Produktinnovationen drei Entscheidungen zu treffen.

Preisentscheidungen

- Erstens ist zu überlegen, in welche **Preiskategorie** das jeweilige Produkt einzuordnen ist. Die grundlegende Zuordnung zu einer Hoch-, Mittel- oder Niedrigpreisstrategie erfolgt allerdings bereits bei der Festlegung des Produktkonzepts und ihrer Fixierung im Lastenheft. Neben der potenziellen Nachfrage sind dabei das Qualitätsniveau und Imageüberlegungen zu berücksichtigen.

B

Mit einer **Hochpreis-** oder **Abschöpfungspreisstrategie** (Skimming-Pricing) will ein Unternehmen in der Einführungsphase eines neuen Produkts die Vorteile seiner monopolähnlichen Stellung nutzen und den Markt möglichst umfassend abschöpfen. Mit einer zunehmenden Markterschließung und dem Auftreten von Konkurrenzprodukten wird der relativ hohe Anfangspreis dann schrittweise reduziert. Eine derartige Strategie ist sinnvoll und durchsetzbar, wenn es (noch) keinen Vergleichsmaßstab für den Wert und den Nutzen eines Neuprodukts gibt und wenn genügend Kunden dazu bereit sind, einen hohen Preis zu bezahlen.

Mit niedrigen Preisen wird dagegen eine **Penetrationspreisstrategie** verfolgt, die eine schnelle Markterschließung ermöglichen und die Konkurrenten vom Markt fern halten soll. Dieser Vorgehensweise liegt die Annahme zugrunde, dass eine große Absatzmenge aufgrund der mit ihr verbundenen Economies-of-scale zu geringeren Stückkosten und damit langfristig zu einem höheren Gewinn führt.

Als dritte Strategieoption bietet sich eine **Mittelpreisstrategie** an, mit der eine Anpassung des Einführungspreises an das allgemeine Preisniveau im Zielmarkt verfolgt wird. Dieses Vorgehen ist dann sinnvoll, wenn sich das Neuprodukt nicht wesentlich von dem Leistungsangebot der Wettbewerber unterscheidet.

- Des Weiteren ist der so genannte **Zielpreis** von Interesse, also derjenige Preis, der innerhalb des festgelegten Preissegments langfristig angestrebt wird. Fehlen Erfahrungswerte, an denen sich das Unternehmen bei der Festsetzung des Zielpreises orientieren kann, so ist herauszufinden, welchen Preis die potenziellen Kunden zu zahlen bereit sind. Dies kann beispielsweise im Rahmen einer »Produkt-Klinik« geschehen. Auch die Zielpreisfestlegung erfolgt bereits in einer frühen Phase des Innovationsprozesses.
- Drittens ist der **Einführungspreis** des neuen Produkts festzulegen. Dieser kann entweder mit dem langfristig angestrebten Zielpreis übereinstimmen oder aber von diesem nach oben oder nach unten abweichen (vgl. *Witt, J.* 1996 S. 51 ff.). So können beispielsweise in der Einführungsperiode des Neuprodukts Sonderkonditionen gelten, die dessen Adoption und Diffusion beschleunigen sollen.

Konditionen

Neben der Preispolitik spielt die **Konditionenpolitik** eine nicht zu unterschätzende Rolle. Sie regelt insbesondere die Garantiebedingungen, die Umtausch- und Rückgaberechte, die Rabatte, die Skonti und die Boni sowie die Zahlungsbedingungen. Im Rahmen der Marketing-Grundkonzeption wird dabei entschieden, welche Konditionen grundsätzlich von dem Unternehmen gewährt werden. Darüber hinaus können die Konditionen im Rahmen der Produkteinführung sehr flexibel zum Einsatz kommen und auch kurzfristig an die aktuellen Marktbedingungen angepasst werden (z. B. in Form von Sonderkonditionen).

Eine besondere Rolle spielen die **Garantieleistungen** bei technischen Gebrauchsgütern und bei Investitionsgütern. Bedingt durch deren Größe, ihre Komplexität und den in der Regel hohen Preis ist die Gestaltung der Garantiebedingungen ein Handlungsfeld, dem die Kunden häufig ihre besondere Aufmerksamkeit widmen. Demgegenüber wird bei niedrigpreisigen Konsumgütern eher ein großzügiges Umtausch- und Rückgaberecht erwartet (vgl. *Kleinschmidt, E. J./Geschka, H./Cooper, R. G.* 1996 S. 207).

Durch die Gestaltung der Kontrahierungsbedingungen lässt sich das Kaufrisiko der Kunden verringern. Beispielsweise kann durch die Vereinbarung von Probenutzungen und Rückgaberechten die Schwelle der Kaufbereitschaft herabgesetzt werden, die bei Marktneuheiten aufgrund der fehlenden Vergleichsmöglichkeiten in der Regel besonders hoch ist. Insofern ist die Kontrahierungspolitik ein nicht zu vernachlässigendes Handlungsfeld im Rahmen der Einführung von Neuprodukten im Markt.

4.8.4.3 Kommunikationspolitik

Die Kommunikationspolitik zielt darauf ab, den potenziellen Kunden ein den Unternehmenszielen entsprechendes Bild von den Absatzleistungen oder von dem Unternehmen selbst zu vermitteln.

D

Unter der **Kommunikation** ist die Übermittlung von Informationen zum Zweck der Beeinflussung von Einstellungen, Meinungen und Verhaltensweisen der Konsumenten zu verstehen (*Vahs, D./ Schäfer-Kunz, J.* 2005 S. 455 f.). Um dieses Ziel zu erreichen, stehen verschiedene Kommunikationsinstrumente zur Verfügung.

Werbung

Mit Hilfe der **Werbung** soll das Leistungsprogramm eines Unternehmens bekannt gemacht werden, was selbstverständlich auch die Neuprodukte mit einschließt. Über ausgewählte Werbemittel (z. B. Anzeigen, Spots, Plakate) werden die Werbebotschaften (Slogans) an die Zielgruppen übermittelt. Als Werbeträger stehen die Printmedien (Zeitungen, Zeitschriften), die elektronischen Medien (Fernsehen, Hörfunk, Internet usw.) und weitere Werbeträger wie etwa Werbebriefe, Displays, Bandenwerbung oder Leuchtreklame zur Verfügung. Im Rahmen der Mediaselektion sind die für das jeweils zu bewerbende Produkt am besten geeigneten Werbeträger auszuwählen. Die Werbebotschaft sollte den potenziellen Kunden solche Produktmerkmale aufzeigen, die den Nutzen und die Vorteilhaftigkeit des Produkts verdeutlichen. Hervorgehoben werden können dabei beispielsweise die Eignung zur Lösung eines spezifischen Problems, die technische Kompetenz des Herstellers, die Zufriedenheit von Referenzkunden, die hohe Wirtschaftlichkeit oder die einfache Bedienbarkeit. Gerade bei Neuprodukten ist die Auswahl der Werbebotschaften, der Werbemittel und der Werbeträger von einer wesentlichen Bedeutung für den Werbeerfolg. Da es bei der Markteinführung insbesondere darum geht, die Meinungsführer der Zielgruppe anzusprechen, muss diese Entscheidung auf der Basis von fundierten Zielgruppenanalysen erfolgen.

Öffentlichkeitsarbeit

Im Gegensatz zu der Werbung, die auf Markteffekte in Bezug auf ein bestimmtes Produkt abzielt, soll mit der **Öffentlichkeitsarbeit** (Public-Relations) der Bekanntheitsgrad eines Unternehmens gesteigert und ihm gegenüber eine positive Grundstimmung erzeugt werden. Die Zielgruppen der PR sind zum einen die allgemeine Öffentlichkeit und zum anderen wiederum die Meinungsführer. Allerdings können sich PR-Aktivitäten auch auf ein konkretes Produkt beziehen. Insbesondere die Einführung von Produktinnovationen, für die eine besondere Aufmerksamkeit erreicht werden soll, kann beispielsweise durch Informationsveranstaltungen für die Presse oder durch Fachvorträge auf Tagungen und Messen begleitet werden (vgl. *Kleinschmidt, E. J./Geschka, H./Cooper, R. G.* 1996 S. 207 ff.).

Verkaufsförderung

Die **Verkaufsförderung** (Sales-Promotion) ist keine Alternative zur Werbung, sondern ergänzt vielmehr die Werbemaßnahmen. Sie dient in erster Linie dazu, die Absatzmittler und die eigenen Verkaufsorgane zu unterstützen. Im Hinblick auf die jeweilige Zielgruppe lassen sich verschiedene Ausprägungen der Verkaufsförderung unterscheiden: Bei einer konsumentenorientierten Verkaufsförderung werden beispielsweise kostenlose Proben verteilt oder Preisausschreiben durchgeführt (Verbraucherpromotions). Diese Aktionen finden in der Regel direkt am Verkaufsort (Point-of-Purchase) statt. Durch Händlerschulungen, Verkaufswettbewerbe, Prämien und Ähnliches soll der Handel angesprochen werden (handelsorientierte Verkaufsförderung, Außendienst-, Handelspromotions). Darüber hinaus kann auch das eigene Verkaufspersonal das Ziel von Verkaufsförderungsaktivitäten sein. Geeignete Maßnahmen hierfür sind beispielsweise Schulungen, die Gewährung von Boni und die Durchführung von Verkäufertreffen (»Treffen der Top-100« o. Ä.). Zu beachten ist allerdings, dass sich die Maßnahmen der Verkaufsförderung nicht dazu eignen, eine langfristige Markenbindung aufzubauen, wie es mit Hilfe der Werbung möglich ist. Die Verkaufsförderung wirkt eher spontan und gibt kurzfristige Impulse. Trotzdem ist sie gerade bei der Einführung eines neuen Produkts im Markt eine wichtige Absatzhilfe, die bei den Konsumenten zusätzliche Aufmerksamkeit erregt und die Vertriebskanäle besonders motiviert (vgl. *Meffert, H.* 1998 S. 664, 701 ff., *Witt, J.* 1996 S. 106).

Verkauf

Ein weiteres und häufig kaufentscheidendes Instrument der Kommunikationspolitik ist der **persönliche Verkauf**. Im Mittelpunkt steht dabei der direkte Kontakt zwischen dem Käufer und dem Verkäufer im Rahmen eines individuellen Verkaufsgesprächs. Dabei repräsentiert das Verkaufspersonal das anbietende Unternehmen und das neue Produkt unmittelbar. Der Erfolg des Verkaufsgesprächs hängt stark von den Fähigkeiten des Verkäufers ab, insbesondere von seiner Glaubwürdigkeit, seiner Überzeugungskraft und seiner fachlichen Kompetenz. Daher ist es von einer entscheidenden Bedeutung für eine qualifizierte Präsentation von neuen Produkten, das Verkaufspersonal ausreichend zu schulen und zu motivieren sowie eine geeignete Präsentationsausstattung zur Verfügung zu stellen (vgl. *Kleinschmidt, E. J./Geschka, H./Cooper, R. G.* 1996 S. 210 f.).

Neuere Formen

Neben den oben genannten kommunikationspolitischen Maßnahmen spielen in der neueren Zeit vor allem das Event-Marketing, das Product-Placement und die Kundenclubs eine Rolle. Das **Event-Marketing** versucht, die Konsumenten aktiv in bestimmte »besondere Ereignisse« einzubinden (z. B. *Marlboro Abenteuer Team, Adidas Streetball Challenge*). Durch den Erlebnischarakter dieser Veranstaltungen soll ein Kundenkontakt aufgebaut oder es sollen bereits bestehende Kundenbeziehungen verstärkt werden. Demgegenüber werden die Artikel des Herstelles beim **Product-Placement** als reale Requisiten direkt in die Handlung eines Spielfilms, einer Fernsehsendung oder eines Videoclips integriert (z. B. *BMW Z 3* in einem *James-Bond*-Film). Die dadurch vermittelte Werbebotschaft kann insbesondere bei neuen Produkten eine zusätzliche Verstärkung der Kaufbereitschaft in der Zielgruppe bewirken (im Sinne eines »Me-too-Effekts«). Schließlich dient die wachsende Anzahl von **Kundenclubs** dazu, die Konsumenten stärker und dauerhafter an das Unternehmen zu binden (z. B. über Kundenkarten, verbilligte Angebote, Club-Events usw.). Im Rahmen der Markteinführung von neuen Produkten kann es beispielsweise erfolgversprechend sein, die Clubmitglieder frühzeitig über neue Produkte zu informieren, um sie als Multiplikatoren zu nutzen.

4.8.4.4 Distributionspolitik

Der Gegenstand der Distributionspolitik ist die Übermittlung der materiellen und immateriellen Absatzleistungen vom Hersteller an den Endabnehmer. Hierzu sind die Distributionsziele zu formulieren, die Absatzkanäle und das logistische System festzulegen und alle Maßnahmen zur Umsetzung der Distributionspolitik zu planen, durchzuführen und zu kontrollieren (vgl. *Meffert, H.* 1998 S. 582).

Betritt das Unternehmen mit seiner Innovation einen neuen Markt, so ist in jedem Fall zu prüfen, wie der Vertrieb der Leistungen gestaltet werden soll und ob und inwieweit die bestehende Verkaufsorganisation für den Vertrieb des Neuprodukts genutzt werden kann. Auch eine hohe Erklärungsbedürftigkeit der Produktinnovation oder die spezifischen Einkaufsgewohnheiten der Kunden können den Anstoß für die Neugestaltung der Absatzwege geben. Es bestehen unterschiedliche Sichtweisen darüber, wie in diesen Fällen zu verfahren ist:

Gestaltungsmöglichkeiten der Distribution

- So schlägt beispielsweise *Witt* vor, in der Phase der Markteinführung auf einen Anbieter von Vertriebsdienstleistungen zurückzugreifen, um das Stammgeschäft nicht durch die mit dem neuen Produkt verbundenen zusätzlichen kapazitativen und zeitlichen Belastungen zu gefährden (**indirekter Vertrieb**; vgl. *Witt, J.*

1996 S. 55). Darüber hinaus wird darauf hingewiesen, dass ein Absatzweg umso kostenintensiver ist, je direkter die Verbindungen zwischen dem Hersteller und dem Endkunden und je breiter die Distribution sind (vgl. *Meffert, H.* 1991 S. 603).

- Im Gegensatz dazu weisen *Kleinschmidt/Geschka/Cooper* auf die Vorteile eines **direkten Vertriebswegs** in der Einführungsphase ohne die Einbeziehung von Handelsvertretern oder Händlern hin. Zum einen sei die Schulung des eigenen Personals sowie dessen Vorbereitung auf das Produkt, die Kunden und die jeweilige Verkaufssituation in der Regel problemloser möglich als bei einem unternehmensfremden Verkaufspersonal. Zum anderen identifizieren sich die eigenen Mitarbeiter stärker mit dem zu vertreibenden Produkt und vertreten das neue Konzept und die Unternehmensphilosophie überzeugender als die freien Handelsvertreter oder die Groß- und Einzelhändler (vgl. *Kleinschmidt, E. J./ Geschka, H./Cooper, R. G.* 1996 S. 201).

Nun lässt sich über die Wahl der einen oder der anderen Alternative sicherlich diskutieren. Ausschlaggebend für die Entscheidung im konkreten Fall sollte es sein, wie hoch die Bedeutung des unmittelbaren Kundenkontakts eingeschätzt wird. Gerade der direkte Absatzweg bietet die Möglichkeit, umfassend und zeitnah Informationen über die Kundenprobleme, Verbesserungsvorschläge oder weitere Anwendungswünsche zu bekommen. Derartige direkte Informationskanäle sind aber im Allgemeinen nur bei höherpreisigen Konsumgütern und bei Investitionsgütern relevant. Bei niedrigpreisigen Konsumgütern und bei Massengütern ist ein direkter Vertrieb aufgrund der damit verbundenen Kosten dagegen wenig zweckmäßig.

Die Abbildung 4.77 zeigt die möglichen Formen des direkten und des indirekten Vertriebs.

Neben der Frage, ob ein direkter oder ein indirekter Absatzweg gewählt werden soll, sind rechtzeitig vor der Einführung eines neuen Produkts im Markt auch die logistischen Fragen zu klären. Dabei geht es vor allem um die Lösung des Problems, wie das neue Produkt zum richtigen Zeitpunkt und in der richtigen Menge an den richtigen Verkaufsort zu bringen ist. Dadurch soll eine schnelle, lückenlose und termingerechte Versorgung des Handels und der Endkäufer gewährleistet werden. Eine **optimale Absatzlogistik** ist gerade bei Marktneuheiten besonders wichtig, weil die Konsumenten in vielen Fällen nicht bereit sind, (zu) lange auf die Lieferung des neuen Produkts zu warten (vgl. *Kleinschmidt, E. J./Geschka, H./ Cooper, R. G.* 1996 S. 201 f.).

Die teilweise festzustellenden langen Lieferzeiten von Automobilherstellern (v. a. bei Hochpreisprodukten) widersprechen dieser Erfahrung allerdings. Es zeigt sich,

B

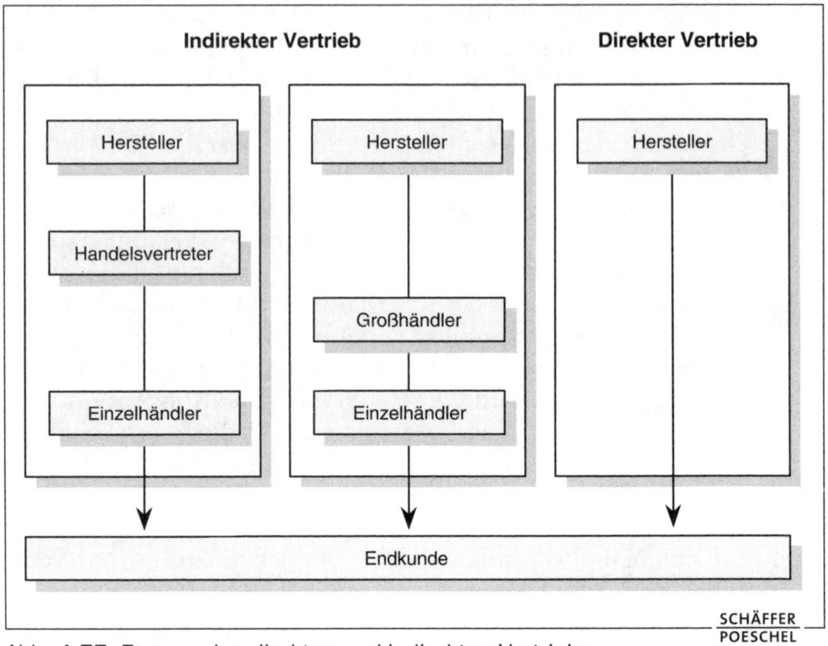

Abb. 4.77: Formen des direkten und indirekten Vertriebs

dass eine übergroße Nachfrage unter bestimmten Umständen (Einzigartigkeitsposition des Produkts, hoher Prestigewert, gutes Preis-Leistungs-Verhältnis) auch Lieferzeiten von bis zu zwei Jahren ermöglicht, ohne dass die Kunden den Anbieter wechseln oder ihre Kaufentscheidung revidieren.

4.8.5 Grenzen der Kundenorientierung

Die Ausrichtung eines neuen Produkts an den Wünschen der Kunden ist ein zentrales Ziel des Innovationsmanagements. Dennoch darf nicht vergessen werden, dass der Aussagefähigkeit der Kunden Grenzen gesetzt sind. Zumeist artikulieren die Kunden nur ihre gegenwärtigen Bedürfnisse und Probleme, also solche Sachverhalte, die im Bereich ihres unmittelbaren Erlebens und ihrer Vorstellungskraft liegen. Daher ist eine starke Kundenorientierung bei kurzfristig wirksamen Innovationen durchaus erfolgreich.

Fehlende Voraussicht

Die Anregungen für grundlegende Neuerungen, die sich durch bisher unbekannte Funktionen oder Wirkungsweisen auszeichnen, können jedoch nicht von den Kunden erwartet werden, sondern entstehen überwiegend technologieorientiert (vgl. *Boutellier, R./Völker, R.* 1997 S. 57 f.). *Hamel/Prahalad* gehen sogar so weit, den Kunden »... einen notorischen Mangel an Vorausblick ...« zu attestieren

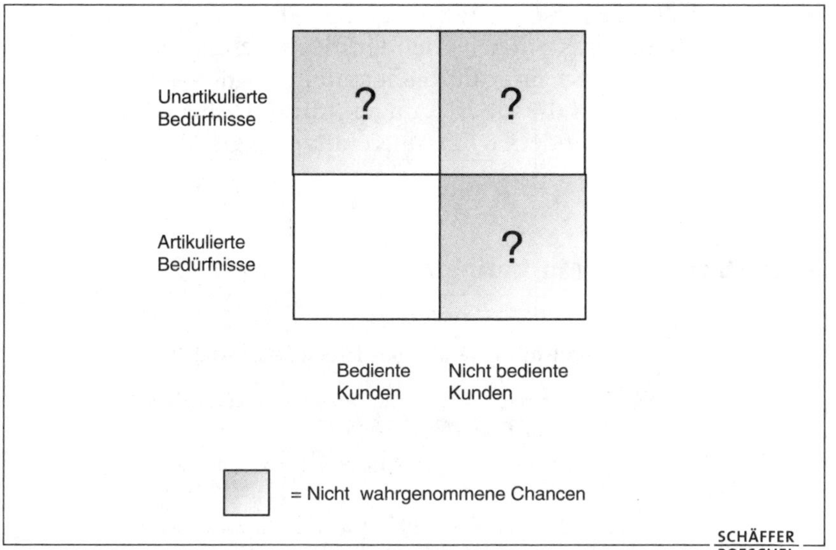

Abb. 4.78: Chancen jenseits der herkömmlichen Kundenorientierung (*Hamel, G./Prahalad C. K.* 1995 S. 167)

(*Hamel, G./Prahalad C. K.* 1995 S. 162) und verweisen auf Innovationen wie das Mobiltelefon, das Faxgerät, den CD-Player, die Navigationssysteme für Kraftfahrzeuge oder das Homeshopping, für die vor ihrer Markteinführung kein Bedarf geäußert wurde.

Identifikation neuer Kunden

Um die Wettbewerbsfähigkeit eines Unternehmens langfristig zu sichern, müssen neben den vom Kunden wahrgenommenen und artikulierten Bedürfnissen also latente und den Kunden gar nicht bewusste Bedürfnisse aufgespürt und befriedigt werden. Dazu muss ein Unternehmen herausfinden, wer eigentlich seine »typischen« Kunden sind. Bei der Suche nach Innovationen wird dabei oft der Fehler begangen, sich zu stark auf bereits vorhandene Kunden zu fixieren und nicht nach möglichen neuen Zielgruppen zu suchen. Doch gerade die Nichtkunden können oft zugleich die Quelle und das Ziel von Innovationen sein (vgl. *Hamel, G./Prahalad C. K.* 1995 S. 162 ff.).

B

Einige Automobilhersteller setzen sich seit einiger Zeit mit der Frage auseinander, ob sie in Zukunft nicht »nur« Autos, sondern Mobilität anbieten sollen. Für die Beantwortung dieser Problemstellung ist neben der Meinung der Autofahrer insbesondere auch die Sichtweise der Benutzer von öffentlichen Verkehrsmitteln wichtig. Nur durch die Berücksichtigung der Interessen von unterschiedlichen Zielgruppen können völlig neue »integrierte Verkehrskonzepte« erdacht und entwickelt werden (vgl. *Boutellier, R./Völker, R.* 1997 S. 59).

Wenn sich ein Unternehmen bei seinen Innovationsbemühungen lediglich auf die von ihm bedienten Kunden und deren erkennbar artikulierte Bedürfnisse stützt, entgehen ihm weitere Marktsegmente. Deshalb ist es wichtig, bei der Ideensuche auch die unartikulierten Bedürfnisse und die bisher nicht zu der Zielgruppe gehörenden Kunden in die Überlegungen mit einzubeziehen. Nur so lassen sich die vorhandenen Chancen nutzen (vgl. Abb. 4.78).

4.8.6 Checkliste Markteinführung

Checkliste für die Markteinführung neuer Produkte

- Sind sich alle am Innovationsprozess beteiligten Personen bewusst, dass die Markteinführung letztendlich über den Innovationserfolg entscheidet?
- Welche Bedeutung wird dem Marketing im Zusammenhang mit der Einführung von Produktinnovationen zugerechnet?
- Worin sehen Sie in Ihrem Unternehmen und in Ihrer Branche die kritischen Erfolgsfaktoren für die Markteinführung von Neuprodukten?
- Werden die Ergebnisse der Innovations-, der Markt- und der Diffusionsforschung gezielt ausgewertet, und fließen die so gewonnenen Erkenntnisse in der Gestaltung des eigenen Markteinführungskonzepts ein?
- Besteht im Unternehmen Klarheit über die Ziele, die mit dem Innovationsmarketing verfolgt werden sollen?
- Gibt es im Unternehmen eine definierte Marketing-Strategie für die Markteinführung von neuen Produkten?
- Wird bei der Markteinführung von neuen Produkten systematisch und in Abhängigkeit von den produktindividuellen Rahmenbedingungen vorgegangen oder erfolgt die Markteinführung eher chaotisch und zufallsgetrieben?
- In welcher Art und Weise und in welchem Umfang werden die eigenen Mitarbeiter auf die Markteinführung eines Neuprodukts vorbereitet? Gibt es gezielte Maßnahmen der internen Kommunikation?
- Können Sie Zielkundengruppen identifizieren, die für die Markteinführung von besonderer Bedeutung sind?
- Inwieweit werden die Lead-Users in der Phase des Vorfeld-Marketing in die Vorbereitung der Markteinführung eingebunden?
- Werden vor der flächendeckenden Markteinführung weitere Erfahrungen auf einem Testmarkt gesammelt, und werden die Erfahrungen der Pilotkunden gezielt ausgewertet?
- Wird der Produktstart im Markt rechtzeitig und ausreichend vorbereitet (insbesondere durch kommunikationspolitische Maßnahmen)?
- In welchem Umfang und zu welchem Zeitpunkt werden die Instrumente des klassischen Marketing bei der Markteinführung von neuen Produkten eingesetzt?
- Werden seitens des Unternehmens Maßnahmen ergriffen, um auch solche potenziellen Kunden zu erreichen, die bisher nicht bedient worden sind und/oder die ihre Vorstellungen, Erwartungen usw. nicht erkennbar artikuliert haben?

SCHÄFFER POESCHEL

Abb. 4.79: Checkliste Markteinführung

4.9 Innovationscontrolling als phasenübergreifender Querschnittsprozess

4.9.1 Gegenstand und Arten des Innovationscontrolling

D

Grundsätzlich ist unter **Controlling** die Durchführung von Informations-, Planungs-, Kontroll- und Koordinationsaufgaben zur zielgerichteten Unternehmenssteuerung zu verstehen. Diese Grundfunktion des Controlling hat im Laufe der Jahre in der Unternehmenspraxis eine weitgehende Spezialisierung und Dezentralisierung erfahren (vgl. beispielsweise *Horváth, P.* 1995 S. 706). So finden sich heute in vielen Unternehmen sowohl dezentrale Controllingeinheiten (z.B. Division- oder Regionalcontroller) als auch verrichtungsorientierte Controllingfunktionen, wie zum Beispiel das Beschaffungs-, das Produktions-, das Vertriebs- und das Forschungs- und Entwicklungscontrolling. Deren Aufgabe ist es, Dienstleistungen für die Leitungsstellen zu erbringen und diesen so eine effektivere und effizientere Steuerung der Unternehmensprozesse zu ermöglichen.

D

Wie bereits zuvor ausgeführt wurde, handelt es sich beim **Innovationscontrolling** um eine übergreifende Querschnittsfunktion, die alle Phasen des Innovationsprozesses unterstützt und die beteiligten Fach- und Produktbereiche entlang der gesamten Wertschöpfungskette miteinander vernetzt. Es greift damit also weiter als das auf einen Funktionsbereich ausgerichtete F+E-Controlling. Dadurch wird die markt- und ergebnisorientierte Steuerung von sämtlichen Innovationen im Unternehmen sichergestellt (vgl. Abschnitt 4.7.3.3.2.5; vgl. auch *Gentner, A.* 1993 S. 46 f., *Horváth, P.* 1995 S. 721 f.). Die zentrale Zielsetzung des Controlling im Allgemeinen und des Innovationscontrolling im Besonderen ist es, sämtliche für die Steuerung des Innovationsprozesses erforderlichen betriebswirtschaftlichen Informationen den Entscheidungsträgern rechtzeitig, empfängerorientiert, kostengünstig und in der richtigen Qualität und Quantität zur Verfügung zu stellen. Dabei umfasst das Innovationscontrolling sowohl **strategische** als auch **operative Steuerungsinformationen**. Deshalb werden auch ein strategisches und ein operatives Innovationscontrolling unterschieden, die in der betrieblichen Praxis allerdings nicht voneinander zu trennen sind bzw. zu trennen sein sollten (vgl. *Brockhoff, K.* 1992 S. 326, *Specht, G./Beckmann, C.* 1996 S. 332 f.):

Arten des Innovationscontrolling

- Das **strategische Innovationscontrolling** dient der langfristigen betriebswirtschaftlichen Steuerung der Erfolgspotenziale des Unternehmens, wie sie beispielsweise im Rahmen der Entwicklung und Umsetzung von Innovationsstrategien betrachtet werden. Seine vorrangige Aufgabe ist es, die Unternehmensführung mit allen strategisch relevanten Informationen über das Unternehmen und sein Umfeld zu versorgen.

- Dagegen bezieht sich das **operative Innovationscontrolling** auf die mittel- und kurzfristige ergebnisorientierte Steuerung der geplanten und laufenden Innovationsaktivitäten. Im Mittelpunkt steht demgemäß die Ausrichtung des Innovationsprozesses auf die festgelegten Meilensteine und Periodenziele und die flexible Koordination und laufende Überwachung des Einsatzes der finanziellen, personellen und materiellen Ressourcen.

4.9.2 Zielgrößen des Innovationscontrolling

Im Allgemeinen erfordern Innovationen einen hohen Kapitaleinsatz. Dies gilt insbesondere für Produktinnovationen. So übersteigt das Volumen der Forschungs- und Entwicklungsaufwendungen in vielen Unternehmen die Investitionen in Sachanlagen. Hinzu kommt, dass es sich bei den Investitionen in Innovationen in der Regel um hochgradig unsichere Investitionen handelt, deren Wirtschaftlichkeit in vielen Fällen zunächst einmal sehr fragwürdig ist.

Im Hinblick auf die verfolgten Innovationsziele stehen die **Controller** gewissermaßen zwischen den Investoren und den Innovatoren, wie *Hauschildt* es zutreffend formuliert hat (*Hauschildt, J.* 2004 S. 499): »Sie sind Planer, kritische Prüfer und zugleich Anwälte beider Seiten:

Aufgaben von Controllern

- In ihrer Eigenschaft als **Planer** erarbeiten sie mit dem Innovationsmanagement die finanziellen Anforderungen und ermitteln die Leistungs- sowie die Zeitziele. Hierbei vertreten sie den Innovator gegenüber dem Investor.
- Als **Prüfer** überwachen sie den sachgerechten Einsatz der finanziellen Ressourcen und kontrollieren die Einhaltung der Leistungs- und Zeitziele. Hierbei vertreten sie den Investor gegenüber dem Innovator«.

Controlling-Ziele

Das Innovationscontrolling muss damit sowohl die **technischen** (in der Rolle des Innovators) als auch die **betriebswirtschaftlichen Ziele** (in der Rolle des Investors) verfolgen. Typische Zielgrößen auf der technischen Seite sind die Einhaltung der Zeitziele und bestimmte technische Messgrößen (zum Beispiel Fehler- und Änderungsraten, Produkt- und Prozessqualität). Als ökonomische Größen kommen neben den Kosten solche Zielvariablen wie beispielsweise Umsatz, Gewinn, Deckungsbeitrag und Kapitalrentabilität in Frage. Allerdings bereitet bei den ökonomischen Zielgrößen die zeitliche Zurechnung der Investitionen und ihrer Rückflüsse häufig Probleme, insbesondere dann, wenn es sich um grundlegende Forschungsaktivitäten handelt, denen ein konkreter Produktbezug fehlt. Noch problematischer ist dies bei den Prozess- und Sozialinnovationen. Während der Erfolg von Prozessinnovationen in einem Rationalisierungsgewinn liegt, der allerdings häufig auch nicht eindeutig zurechenbar ist, fällt die Bewertung der Zielerreichung von Sozialinnovationen noch schwerer. Hier muss man sich mit Hilfsgrößen wie der Verbesserung der Arbeitsmotivation, einer höheren Produktionsqualität oder der Steigerung der Arbeitssicherheit begnügen.

Gerpott hat festgestellt, dass mit der **Messung des Innovationserfolgs** grundsätzlich drei Zielsetzungen verfolgt werden (vgl. *Gerpott, T. J.* 1999 S. 70 f.):

Gründe für die Zielverfolgung

- Erstens dient die Zielverfolgung der **Steuerung der Innovationsaktivitäten**. Durch die Planung und Überwachung der im Innovationsprozess eingesetzten Mitarbeiter, Finanz- und Sachmittel sollen mit Hilfe von Ergebniskontrollen Hinweise auf Innovationsfortschritte oder Umsetzungsmängel gewonnen werden. Hieraus lassen sich dann wiederum Steuerungsaktivitäten ableiten, wie die Fortsetzung oder der Abbruch von Innovationsprojekten, die Veränderung der Ressourcenzuweisung, die Korrektur der Planungsgrößen usw.
- Zweitens sollen Aussagen zu dem Leistungsverhalten und den Leistungsergebnissen der Mitarbeiter gemacht werden. Dieses Feedback dient der **Verhaltensbeeinflussung** der in den Innovationsprozess eingebundenen Mitarbeiter. Durch die Erkenntnis ihrer Stärken und Schwächen sollen sie zu einer Leistungsverbesserung motiviert werden. Außerdem kann an der Messung des Innovationserfolgs die Vergabe von materiellen und immateriellen Anreizen festgemacht werden, die wiederum der Steuerung des Prozessverhaltens dient. Als Beispiel nennt *Gerpott* die Messung und Belohnung der Termineinhaltung bei der Fertigstellung von Arbeitspaketen in F+E-Projekten. Hier kann das Arbeitsverhalten der Mitarbeiter beispielsweise so beeinflusst werden, dass sie sich unter Vernachlässigung der ökonomischen Ziele vorrangig um die Einhaltung der Zeitziele bemühen (vgl. *Gerpott, T. J.* 1999 S. 71).
- Schließlich soll mit Hilfe einer Erfolgsmessung der **»Wert« der Innovationsaktivitäten** dokumentiert werden. Dies ist im Hinblick auf diejenigen Entscheidungsträger von besonderer Bedeutung, die einen erheblichen Einfluss auf die Bereitstellung von Ressourcen haben. *Gerpott* stellt fest, dass durch die »... Verdeutlichung der direkten und indirekten wirtschaftlichen Vorteile von abgeschlossenen Innovationsprozessen ... frühere Ressourcenzuordnungsentscheidungen noch einmal legitimiert« werden sollen, um zukünftige Entscheidungen zugunsten der geplanten Innovationsvorhaben zu beeinflussen (*Gerpott, T. J.* 1999 S. 71).

4.9.3 Aufgaben des Innovationscontrolling

Die konkreten Aufgaben des Innovationscontrolling richten sich nach den jeweiligen Anforderungen und Rahmenbedingungen des betreffenden Unternehmens. Allerdings lassen sich einige typische Aufgabenfelder nennen:

Information und Koordination

- **Informations- und Koordinationsaufgaben**
  Eine wesentliche Aufgabe des Innovationscontrolling ist es, den Datenfluss zwischen den in den Innovationsprozess eingebundenen Bereichen sicherzustellen. Dazu sind den Entscheidungsträgern alle wichtigen Informationen in der richtigen Form, in einem angemessenen Umfang und zur richtigen Zeit zugänglich zu machen. Meist obliegt dem Innovationscontrolling damit auch die Einrichtung und Pflege eines entsprechenden Berichts- oder Management-Informations-Systems (MIS). Allein die richtige Adressierung und Aufbereitung der entscheidungsrelevanten Informationen trägt bereits wesentlich zu einem koordinierten Ablauf des Innovationsprozesses bei. Dabei ist zu beachten, dass die »Kunden« in erster Linie Forscher und Entwickler, Projektingenieure und technisch orientierte Mitarbeiter sind, denen die steuerungsrelevanten betriebswirtschaftlichen Größen näher gebracht werden müssen. Darüber hinaus hat das Innovationscontrolling dafür Sorge zu tragen, dass die Schnittstellen und Interdependenzen im Prozess optimal gehandhabt und so Doppelarbeiten, Verzögerungen sowie zeitliche, finanzielle und personelle Engpässe vermieden werden.

Planung und Kontrolle

- **Planungs- und Kontrollaufgaben**
  Eine weitere Aufgabe des Innovationscontrolling ist zum einen die Planung des Innovationsprozesses. Hierbei ist das Controlling in Zusammenarbeit mit den anderen betroffenen Bereichen (v.a. Forschung und Entwicklung, Produktion, Marketing und Vertrieb) an der Festlegung der technischen, zeitlichen und ökonomischen Ziele beteiligt, wobei der Schwerpunkt im Allgemeinen auf den wirtschaftlichen Zielgrößen liegt. Zum anderen gehört auch die ständige Überwachung des Prozessverlaufes hinsichtlich Terminen, Kosten und Qualität unter Zuhilfenahme von klassischen Kontrollinstrumenten, wie beispielweise von Soll-Ist-Vergleichen, zum Aufgabenbereich des Controlling. Im Falle von Abweichungen der Istwerte von den Sollwerten sind Abweichungsanalysen durchzuführen und erforderlichenfalls Maßnahmen zur Gegensteuerung vorzuschlagen oder selbstständig einzuleiten.

Fachliche und methodische Beratung

- **Beratungsaufgaben**
  Sowohl gegenüber den Entscheidungsträgern auf der Ebene der Unternehmensführung als auch gegenüber den Projektverant-

wortlichen besitzt das Innovationscontrolling eine beratende Funktion. Dabei ist es von besonderer Bedeutung, dass die Vertreter des Innovationscontrolling dem Management und den Mitarbeitern des Innovationprojektes ihre fachliche und methodische Unterstützung zukommen lassen. Bei den technisch ausgerichteten Produktinnovationsprojekten ist dies vor allem hinsichtlich der betriebswirtschaftlichen Kompetenz erforderlich, die auf der Forschungs- und Entwicklungsseite in vielen Fällen nicht in einem ausreichenden Maße vorhanden ist. Das Innovationscontrolling muss dafür sorgen, dass die richtigen strategischen und operativen Kostenrechnungs-, Planungs- und Steuerungsverfahren zum Einsatz kommen. Es leistet so einen wesentlichen Beitrag zur Erreichung der Prozessziele.

4.9.4 Ausgewählte Instrumente des Innovationscontrolling

Die Bandbreite der Controllinginstrumente reicht von den Verfahren der »klassischen« Kostenarten-, Kostenstellen- und Kostenträgerrechnung über den Einsatz der Nutzwertanalyse und von Budgetierungsmethoden bis zu den neueren Verfahren der Ziel-, Prozess- und Lebenszykluskostenrechnung (vgl. hierzu auch die Darstellung der Bewertungsverfahren in dem Abschnitt 4.5.3 sowie *Jórasz, W.* 2000 S. 298 ff., *Vahs, D./Schäfer-Kunz, J.* 2005 S. 159 ff., 550 ff.; eine übersichtliche Darstellung von verschiedenen anderen Instrumenten des F+E-Controlling findet sich bei *Specht, G./Beckmann, C.* 1996 S. 368 ff.). Im Folgenden werden die neueren Kostenrechnungsverfahren als Instrumente eines Innovationscontrolling kurz vorgestellt:

Zielkostenrechnung (Target-Costing)
Das von japanischen Unternehmen wie *NEC, Sony, Nissan* und *Toyota* entwickelte Konzept der Zielkostenrechnung (Target-Costing, Zielkostenmanagement) leitet die Kosten eines Produkts aus dem Markt ab (»Was darf ein Produkt kosten?«) und kann demzufolge als ein **strategisches Controllinginstrument** eingesetzt werden (vgl. zum Folgenden die ausführliche Darstellung bei *Jórasz, W.* 2000 S. 304 ff. sowie *Baus, J.* 1996 S. 51, *Horváth, P.* 1996 S. 941 f.). Es ist speziell auf die Kalkulation von Neu- und Nachfolgeprodukten zugeschnitten und ermöglicht ein zielgerichtetes Kostenmanagement im Sinne eines Design-to-Cost »von Anfang an«. Auf der Basis eines wettbewerbsfähigen Marktpreises und der angestrebten Gewinnspanne werden die maximal zulässigen Kosten ermittelt, die ein Produkt verursachen darf (allowable costs). Das Ziel ist ein Produktkonzept, das die von den Kunden gewünschten Leistungsmerkmale enthält und zu den Kosten hergestellt werden kann, die den Marktgegebenheiten entsprechen.

Der Einsatz des Target-Costing sollte bereits zu Beginn der Produktentwicklung erfolgen, um den Innovationsprozess von Anfang an auf den Zielmarkt hin auszurichten und so die Produktrentabilität auch bei einer steigenden Wettbewerbsintensität erhalten oder steigern zu können. Dabei bezieht es nicht nur die Entwicklungs-, sondern auch die Produktions- und die Servicekosten von vornherein in die Betrachtung mit ein. Die Zielkostenrechnung ist vor allem in wettbewerbsintensiven Märkten mit kurzen Produktlebenszyklen und einer dynamischen Preisentwicklung sinnvoll. Auch bei (Groß-)Serien- und Massenfertigung besitzt sie eine hohe Steuerungswirkung im Rahmen des Innovationscontrolling, da bei diesen Fertigungsprozesstypen in der Produktentstehungsphase die größten Möglichkeiten zur Beeinflussung der Kosten bestehen (vgl. Abb. 2.7).

Insbesondere im Rahmen einer Market-pull-Strategie ist das Target-Costing-Konzept ein Steuerungsinstrument, das die Produktentwicklung an den Markt- und Wettbewerbsverhältnissen ausrichtet und die zukünftigen Marktprioritäten in den Mittelpunkt stellt. Gerade die revolutionären Neuerungen sind jedoch zumeist technologieinduziert (technology-push). Da es bei dieser Art von Innovationen keine vergleichbaren Produkte und Technologien gibt und die potenziellen Kunden kaum Aussagen über deren künftigen Nutzen machen können, sind hier der Anwendung des Zielkostenmanagements Grenzen gesetzt.

Prozesskostenrechnung

Im Zusammenhang mit der Kostenbetrachtung von Innovationsprojekten ist insbesondere auch der zumeist hohe Anteil der nicht direkt zurechenbaren Gemeinkosten zu berücksichtigen, die von den indirekten Leistungsbereichen erbracht werden, wie beispielsweise der Forschung und Entwicklung, dem Einkauf, der Logistik, der Produktionsplanung und -steuerung, der Auftragsabwicklung oder der Verwaltung. Über die produkt- und entwicklungsprozessbezogenen Gemeinkosten informieren die klassischen Kostenrechnungssysteme allerdings nur unzureichend. Insbesondere die Kosten für Neuprodukte und Produktvarianten werden nicht ausreichend genau ermittelt.

Das Target-Costing sollte deshalb mit einer Prozesskostenrechnung (Activity-based-Costing) Hand in Hand gehen. Bei diesem **strategisch und operativ einsetzbaren Steuerungsinstrument** werden die Gemeinkosten aktivitätsorientiert auf die sie verursachenden Prozesse, Teilprozesse, Arbeitsschritte und Objekte zugerechnet. Das Hauptziel ist neben einer größeren Kostentransparenz und einer genauen und verursachungsgerechten Kalkulation die Identifikation der wichtigsten Einflussgrößen der (Gemein-)Kosten, der so genannten Kostentreiber (Cost-Driver). Im Hinblick auf die Zielkosten ist dann zu untersuchen, inwieweit Möglichkeiten zu einer Kostenreduzierung oder -vermeidung vorhanden sind. Das Innovationscontrolling kann somit konkrete Gestaltungsvorschläge zur Beeinflussung der Kostensituation machen, ohne dabei die Prozessdurchlaufzeit oder die Prozessqualität aus den Augen zu verlieren (vgl. *Horváth, P.* 1995 S. 715 ff., *Jórasz, W.* 2000 S. 298 ff., *Vahs, D./Schäfer-Kunz, J.* 2005 S. 538).

Lebenszykluskostenrechnung (Life-Cycle-Costing)
Angesichts der veränderten Markt- und Wettbewerbssituation (Käufermärkte, steigende Wettbewerbsintensität, Umweltschutzgesetzgebung usw.) ist es in einem steigendem Maße erforderlich, den gesamten Ressourcenverbrauch eines Produktes über alle Lebenszyklusphasen hinweg bereits in der Produktentstehungsphase zu planen und zu steuern. Beispielsweise können die Nutzungs-, Wartungs-, Reparatur-, Stilllegungs-, Entsorgungs- und Recyclingkosten einen erheblichen Einfluss auf das ökonomische Gesamtergebnis eines bestimmten Produktes über dessen Lebensdauer im Markt haben.

Aus der Sicht eines umfassenden Innovationscontrolling eignet sich die Lebenszykluskostenrechnung (im angloamerikanischen Sprachraum ist der Begriff »Life-Cycle-Costing« üblich) für die zahlenmäßige Abbildung des Ressourcenverbrauchs einerseits und der nach der Markteinführung erzielten Umsatzerlöse andererseits. Im Rahmen dieses Verfahrens wird also nicht nur der Produktentstehungsprozess erfasst, sondern auch der Marktzyklus eines neuen Produktes einbezogen (vgl. Abb. 2.20). Diese **ganzheitliche und mehrperiodige Sichtweise** erfordert eine möglichst genaue Schätzung und Bewertung des geplanten Produktlebenszyklus und der voraussichtlichen Ein- und Auszahlungsströme und -zeitpunkte. Nach *Bürgel* et al. bieten Lebenszyklusrechnungen damit Anhaltspunkte für den Einsatz von weiteren Methoden und Instrumenten, die eine antizipative Steuerung des Innovationsprozesses ermöglichen, wie beispielsweise das Quality-Function-Deployment oder das Simultaneous Engineering (vgl. Abschnitt 4.7.2 und *Bürgel, H. D./Haller, C./Binder, M.* 1996 S. 335, *Horváth, P.* 1995 S. 719 f.).

4.9.5 Resümee: Innovationscontrolling als Integrationsinstrument

Das Innovationscontrolling als den Innovationsprozess begleitendes Integrations- und Steuerungsinstrument befindet sich in einem besonderen Spannungsfeld im Unternehmen: Sein Bezugsrahmen ist einerseits sowohl technischer als auch wirtschaftlicher Natur. Hieraus ergeben sich häufig Konflikte, die aus den unterschiedlichen Sichtweisen der beteiligten Personen resultieren. Während die Ökonomen strikt auf wirtschaftliche Größen wie zum Beispiel Kosten, Umsatz und Rentabilität achten, haben die Ingenieure den technischen Erfolg im Auge – manchmal mit der Sichtweise: »Koste es, was es wolle«. Andererseits zeichnet sich der Bezugsrahmen von Innovationen durch ein hohes Maß an Ungewissheit hinsichtlich der zu erwartenden Erfolgswirkungen aus. Vor allem bei Produktinnovationen sind die anfallenden Kosten aufgrund der technischen Unsicherheiten häufig nur schwer planbar. Hinzu kommen die Risiken des Marktes und des Wettbewerbs, die auch technisch erfolgreiche Innovationen zu ökonomischen »Flops« machen können. Dieses Risiko ist bei weitem höher anzusetzen als die technischen Risiken. Zahlreichen Untersuchungen zufolge schwankt die Floprate bei Neuproduktprojekten zwischen 25 % und 95 %. Beispielsweise führen in der chemischen und petrochemischen Industrie in den USA zwar 57 % aller F+E-Projekte zu einem technischen Erfolg, aber nur rund 20 % sind auch wirtschaftlich erfolgreich (vgl. *Bürgel, H. D./Haller, C./Binder, M.* 1996 S. 280 f.).

Aus diesem Grund ist es für den Erfolg des Innovationscontrolling von entscheidender Bedeutung, ob es gelingt, die Sach- und die Wertdimensionen so miteinander zu verbinden, dass sie für die Forscher, Entwicklungsingenieure und Konstrukteure ebenso verständlich und nachvollziehbar sind wie für die Ökonomen. Nur wenn es gelingt, die unterschiedlichen Sichtweisen im Sinne der verfolgten Zielsetzungen miteinander zu verbinden, kann das Konfliktpotenzial verringert bzw. für die kreative Weiterentwicklung der innovativen Ideen genutzt werden. Innovationscontrolling bedeutet daher vor allem, »... über die Schnittstelle von Betriebswirtschaft und Technik eine Brücke zu schlagen«, das heißt die auf der technischen Seite erforderlichen kreativen Freiräume zu ermöglichen ohne die wirtschaftlichen Notwendigkeiten zu vernachlässigen (*Bürgel, H. D./Haller, C./Binder, M.* 1996 S. 285).

4.9.6 Checkliste Innovationscontrolling

Checkliste Innovationscontrolling

- Gibt es im Unternehmen eine allgemeine Controllingfunktion?
- Wie ist das Unternehmenscontrolling organisiert? Welche Aufgaben, Verantwortung und Kompetenzen besitzt die Controllingfunktion?
- Wurde im Unternehmen bereits ein Innovationscontrolling eingerichtet?
- Welche Ziele verfolgt das Innovationscontrolling? Wie sind diese Ziele in das Zielsystem des Unternehmens integriert?
- Wo ist das Innovationscontrolling aufbauorganisatorisch installiert (bei der Unternehmensführung oder im F+E-Bereich)?

- Welche strategischen und operativen Aufgaben nimmt das Innovationscontrolling wahr?
- Über welche Entscheidungs- und Weisungskompetenzen verfügt das Innovationscontrolling?
- Arbeitet das Innovationscontrolling aktiv bei der strategischen und operativen F+E-Programmplanung mit?
- Beurteilt das Innovationscontrolling alle F+E-Anträge hinsichtlich der ökonomischen Zielgrößen (z. B. Kosten und Wirtschaftlichkeit)?
- Beziehen sich die Controllingaufgaben ausschließlich auf Produktinnovationen oder umfassen sie auch Prozess-, Struktur- und Sozialinnovationen?
- Werden die geeigneten Controllinginstrumente zur Steuerung des Innovationsprozesses eingesetzt, das heißt, wurde bei ihrer Auswahl auf Praktikabilität, Aussagekraft, schnelle Verfügbarkeit der Informationen, Verständlichkeit usw. geachtet?

SCHÄFFER POESCHEL

Abb. 4.80: Checkliste Innovationscontrolling

4.10 Wiederholungsfragen

1. Erklären Sie, was unter einem Produktinnovationsprozess zu verstehen ist.
2. Warum ist der Innovationsprozess als ein ganzheitlicher Prozess zu sehen?
3. Stellen Sie die einzelnen Phasen des Produktinnovationsprozesses in einem Ablaufdiagramm dar.
4. Wodurch kann ein Innovationsprozess angestoßen werden?
5. Welche Aufgaben erfüllen die Situations- und Problemanalysen in der Anstoßphase?
6. Was ist eine »Idee«, und inwieweit spielt die menschliche Kreativität bei der Ideengewinnung eine Rolle?
7. Wodurch unterscheiden sich die Ideensammlung und die Ideengenerierung?
8. Erläutern Sie, was unter einem »Suchfeld« zu verstehen ist und wozu die Suchfeldbestimmung dient.
9. Welche generellen Auslöser von Innovationen gibt es?
10. Warum sind die so genannten »*Ishikawa*-Diagramme« zur Konkretisierung und Visualisierung von Suchfeldern besonders gut geeignet?
11. Welche Informationsquellen zur Ideengewinnung kennen Sie?
12. Welche Kreativitätsmethoden und welche sonstigen Methoden kennen Sie, um zu innovativen Ideen zu kommen?
13. Erläutern Sie die wichtigsten unternehmensinternen und -externen Informations- und Ideenquellen. Welche Vor- und Nachteile sehen Sie jeweils?
14. Erläutern Sie die besonderen Merkmale der Konkurrenzanalyse.

15. Sind Sie der Meinung, dass die Lieferanten und die Kunden heutzutage unbedingt an der Ideenfindung beteiligt werden müssen? Wenn ja, in welcher Form und in welchem Umfang sollte eine Beteiligung dieser beiden Gruppen erfolgen?
16. Worin bestehen die besonderen Probleme der Einbindung von Kunden in den Innovationsprozess?
17. Wie schätzen Sie die Beteiligung von Mitarbeitern bei der Generierung von neuen Ideen ein?
18. Welche Gemeinsamkeiten weisen die verschiedenen Kreativitätstechniken auf, und worin bestehen ihre wesentlichen Unterschiede?
19. Wie sieht der Ablauf eines kreativen Prozesses grundsätzlich aus?
20. Welche Grundregeln würden Sie für die Gestaltung von kreativen Prozessen formulieren?
21. Erläutern Sie die beiden Verfahren des Brainstormings und des Brainwritings. Was haben die Verfahren gemeinsam, und worin unterscheiden sie sich?
22. Was sind die besonderen Merkmale der morphologischen Analyse einerseits und der Synektik andererseits?
23. Welche weiteren Methoden der Ideengenerierung kennen Sie?
24. Wie würden Sie das betriebliche Vorschlagswesen im Vergleich mit den anderen Verfahren der Ideengewinnung sehen?
25. Worauf ist bei der Gestaltung eines betrieblichen Vorschlagswesens besonders zu achten?
26. Warum ist die systematische Erfassung und Speicherung von Ideen ein wichtiger Schritt des Innovationsprozesses?
27. Welche Möglichkeiten zur Ideenerfassung und -speicherung kennen Sie, und worin sehen Sie deren Vor- und Nachteile?
28. Warum ist das Screening für die Schritte nach der Ideengewinnung wichtig?
29. Welche Zielsetzungen werden in der Phase der Ideenbewertung verfolgt?
30. Wie sieht das Grundschema eines Bewertungsprozesses aus, und welche Merkmalsgruppen werden der Ideenbewertung grundsätzlich zugrunde gelegt?
31. Erläutern Sie, was unter dem »Filterkonzept« zur Ideenbewertung zu verstehen ist.
32. Welche Anforderungen sind an die Bewertungsverfahren zu stellen?
33. Welche Arten von Bewertungsverfahren kennen Sie, und wann würden Sie die einzelnen Verfahren einsetzen?
34. Welche Vorzüge bietet der Einsatz von verbalen Einschätzungen, Checklisten und dualen Verfahren bei der Ideenbewertung?
35. Würden Sie die Verfahren der ganzheitlichen Präferenzbildung in der Praxis einsetzen, und welche Vor- und Nachteile sehen Sie?

36. Warum ist die Nutzwertanalyse eine besonders gut geeignete Methode für die Bewertung von innovativen Ideen?
37. Erläutern Sie die einzelnen Schritte der Nutzwertanalyse ausführlich.
38. Warum sollten im Rahmen der Ideenbewertung unbedingt auch quantitative Verfahren zum Einsatz kommen?
39. Welche Vor- und Nachteile weisen die statischen Wirtschaftlichkeitsrechnungen auf?
40. Erläutern Sie, warum der Einsatz von dynamischen Verfahren zweckmäßig ist.
41. Welche Vorteile besitzt das integrative Bewertungsverfahren?
42. Welche grundlegenden Probleme können bei der Ideenbewertung auftreten?
43. Was sind die Charakteristika der Ideenauswahl?
44. Welche besonderen Merkmale sind bei der Umsetzung von innovativen Ideen zu beachten?
45. Was ist unter dem Konzept des »Simultaneous Engineering« zu verstehen?
46. Welche Zielsetzungen werden mit dem SE-Konzept verfolgt?
47. Wie kann das SE im Unternehmen organisatorisch umgesetzt werden?
48. Gibt es im Produktinnovationsprozess Alternativen zum Einsatz des Projektmanagements?
49. Welche Phasen durchläuft das Management von Innovationsprojekten? Erläutern Sie die einzelnen Phasen.
50. Was ist unter einem Projektstrukturplan zu verstehen?
51. Worin sehen Sie die Vorteile eines Einsatzes von Prototypen?
52. Worauf ist in der Phase der Produktionseinführung besonders zu achten?
53. Erläutern Sie die wesentlichen Aufgaben des Controlling von Innovationsprojekten.
54. Warum besitzt die Phase der Markteinführung von neuen Produkten eine außerordentlich große Bedeutung für den Innovationserfolg?
55. Welche Erkenntnisse aus empirischen Untersuchungen sind für die Einführung von neuen Produkten besonders wichtig?
56. Wie verläuft der Adoptionsprozess von neuen Produkten im Markt?
57. Welche Besonderheiten weist das Innovationsmarketing gegenüber dem allgemeinen Marketing auf?
58. Welche Zielsetzungen verfolgt das Innovationsmarketing?
59. Wie könnte ein mehrstufiges Modell für die Markeinführung von Innovationen aussehen?
60. Erläutern Sie die einzelnen Phasen eines derartigen Modells ausführlich.

61. Welche Gestaltungsmöglichkeiten bietet das »klassische« Marketing-Mix für die Neuprodukteinführung im Markt?
62. Gibt es für die Kundenorientierung Grenzen?
63. Was ist unter dem »Innovationscontrolling« zu verstehen?
64. Wodurch unterscheiden sich das Innovationscontrolling und das F+E-Controlling voneinander?
65. Welche Arten des Innovationscontrolling kennen Sie? Charakterisieren Sie kurz deren jeweilige Besonderheiten.
66. Welche Ziele verfolgt das Innovationscontrolling?
67. Warum ist es im Rahmen eines Innovationscontrolling sinnvoll, den Innovationserfolg zu messen?
68. Erläutern Sie die wesentlichen Aufgaben des Innovationscontrolling.
69. Welche Verfahren des Kostenmanagements würden Sie im Rahmen eines Innovationscontrolling einsetzen? Stellen Sie die Verfahren in groben Zügen dar.
70. Inwieweit ist das Innovationscontrolling ein wichtiges Integrationsinstrument?

5 Organisatorische Integration der Innovationsfunktion

5.1 Lernziele

Im diesem Kapitel soll der Leser

- einen Überblick über die grundlegenden Sachverhalte der Aufbau- und Ablauforganisation von Unternehmen erhalten,
- der Frage nachgehen, wie Innovationsvorhaben in die Unternehmensorganisation integriert werden können und
- sich mit den typischen Rollen im Innovationsprozess und ihrer strukturellen Einbindung auseinander setzen.

5.2 Grundfragen der Organisationsgestaltung

5.2.1 Was ist unter »Organisation« zu verstehen?

Der Begriff der »Organisation« weist in der Umgangssprache und in der Wissenschaft eine große Vielfalt auf. *Bleicher* führt dies darauf zurück, dass Probleme einer arbeitsteiligen und zugleich koordinierten Vorgehensweise zur Lösung von komplexen Probleme die Menschheit von Anfang an begleitet haben. Mit dem Entstehen von größeren gesellschaftlichen Einheiten, wie Kirche, Heer und Staat, wurde frühzeitig die Suche nach zweckmäßigen organisatorischen Lösungen angestoßen. Im Zuge der wirtschaftlichen Entwicklung und insbesondere der Industrialisierung im 18. und 19. Jahrhundert erfolgte eine Übernahme dieser Problemlösungen in den Bereich der Wirtschaft und eine zunehmende Differenzierung der verschiedenen Strukturvarianten (vgl. *Bleicher, K.* 1991 S. 34 sowie *Grochla, E.* 1983 S. 14, *Welge, M. K.* 1987 S. 8 f.). Was also ist unter »Organisation« zu verstehen?

Organisation versus Chaos

Jedes zielgerichtete Zusammenwirken von Teilen eines Ganzen beruht auf einer Ordnung. Ohne Ordnung herrscht **Chaos**, was in der Übersetzung nichts anderes als »totale Verwirrung« oder »Durcheinander« bedeutet. Im Durcheinander lassen sich aber komplexe Aufgaben nicht systematisch und zielgerichtet bewältigen. Deshalb bedarf es einer entsprechenden Organisation, wobei unter »Organisation« zunächst einmal der bewusste Entwurf von Regeln zu verstehen ist, die Gebilden, wie beispielsweise einem Unternehmen, eine Ordnung geben.

Organisation und Organisieren

Organisation ist demnach zum einen **Organisieren**, also eine Tätigkeit, die eine Gesamtaufgabe strukturiert und die entstandenen Teilaufgaben im Hinblick auf bestimmte Zielsetzungen ordnet. Zum anderen ist **Organisation** das Ergebnis des Organisierens. So wird beispielsweise von einer »funktionalen Organisation(sstruktur)« oder von der »Organisation des Produktinnovationsprozesses« gesprochen, wobei in dem einen Fall der verrichtungsorientierte Aufbau des Unternehmens (z. B. Beschaffung, Produktion, Vertrieb usw.) und in dem anderen Fall die Abfolge von bestimmten Tätigkeiten mit dem Ziel einer erfolgreichen Produktinnovation gemeint ist.

Die Differenzierung von Organisieren einerseits und Organisation andererseits ist allerdings noch nicht ausreichend, um die mit ihnen verbundenen Bedeutungsinhalte zufrieden stellend zu erfassen. Ein vertiefender Blick in die organisationswissenschaftliche Literatur zeigt, dass der Organisationsbegriff eine große **Definitionsvielfalt** aufweist. Vier ausgewählte Beispiele von namhaften Vertretern der Organisationslehre sollen dies deutlich machen:

Definitionsvielfalt der »Organisation«

- *Kosiol* versteht unter Organisation die zielorientierte »integrative Strukturierung von Ganzheiten oder Gefügesystemen«, wobei er die Dauerhaftigkeit besonders hervorhebt (vgl. *Kosiol, E.* 1976 S. 21 ff.).
- Nach *Grochla* ist Organisation »als Strukturierung von Systemen zur Erfüllung von Daueraufgaben zu kennzeichnen« (*Grochla, E.* 1983 S. 13).
- Folgt man *Welge*, dann ist unter einer Organisation »das System organisatorischer Regeln, d. h. der personenbezogenen Verhaltensregeln und der maschinenbezogenen Funktionsregeln ...« zu verstehen (*Welge, M. K.* 1987 S. 2)
- *Kieser/Kubicek* sehen in Organisationen »soziale Gebilde, die dauerhaft ein Ziel verfolgen und eine formale Struktur aufweisen, mit deren Hilfe Aktivitäten der Mitglieder auf das verfolgte Ziel ausgerichtet werden sollen« (*Kieser, A./Kubicek, H.* 1992 S. 4).

D

Um mögliche Unklarheiten zu vermeiden, bezeichnet »Organisation« im Folgenden das Ergebnis des Organisierens (**institutionaler** Aspekt), während für die Tätigkeit des Organisierens der Begriff der »organisatorischen Gestaltung« verwendet wird (**funktional-instrumentaler** Aspekt). Bezug nehmend auf den institutionalen Aspekt können Unternehmen demnach auch als Organisationen bezeichnet werden, »... in denen Menschen und technische Einrichtungen zur Erreichung wirtschaftlicher Ziele arbeitsteilig zusammenwirken ..« (*Bullinger, H.-J.* 1994 S. 187).

5.2.2 Merkmale von Organisationen

Organisationen lassen sich durch verschiedene Merkmale kennzeichnen (vgl. *Vahs, D.* 2005 S. 10 ff.):

- **Zielgerichtetheit von Organisationen**

  Zielausrichtung

  Die Eigenschaft der Zielgerichtetheit oder Zweckbezogenheit ist in fast allen Definitionen des Organisationsbegriffs ein zentrales Merkmal. Die Organisation ist einerseits ein Instrument, um die angestrebten und in einem formalen und legitimierten Zielfindungsprozess festgelegten **Unternehmensziele** zu erreichen (so genannte »Organisationsziele« oder »Ziele der Organisation«); andererseits bedeutet die Zielausrichtung, dass Organisationen oder vielmehr die in ihnen handelnden Individuen »eigene« Ziele verfolgen (so genannte **»Individualziele«**, wie beispielsweise ein hohes Einkommen, eine interessante Tätigkeit, Prestige, Macht usw.). Gerade in der Harmonisierung der Organisations- und der Individualziele liegt ein großes Erfolgspotenzial.

Wie wichtig die Ziele **der** Organisation aus Unternehmenssicht sind, zeigt die Präambel, die den »Grundsätzen der Organisation und Zusammenarbeit« der *Siemens AG* vorangestellt ist (*Siemens AG* [Hrsg.] 1990 S. 13):

> «Unsere Unternehmensziele werden nur erreicht, wenn alle Mitarbeiter an deren Verwirklichung mitarbeiten. ... Die Gesamtinteressen unseres Unternehmens haben Vorrang vor den Interessen einzelner Bereiche und Abteilungen.«

- **Organisationen sind soziale Systeme**

  Soziales System

  Die Kennzeichnung von Organisationen als soziale Systeme nimmt unmittelbaren Bezug auf die »menschlichen Elemente« von derartigen Systemen, also beispielsweise die Arbeiter und Angestellten eines Produktionsbetriebs, die Mitglieder eines Sportvereins oder die Angehörigen einer Hochschule.

  Gerade aufgrund der Tatsache, dass Organisationen keine »seelenlosen« Gebilde sind, sondern aus Menschen mit eigenständigen Zielen, Wertvorstellungen und Verhaltensweisen bestehen, ergeben sich die besonderen Anforderungen an diejenigen Personen, die sich mit organisatorischen Problemen auseinander setzen. Eine Kernfrage dabei lautet: Wie lassen sich die Individualziele und die Organisationsziele bestmöglich harmonisieren? Denn was nützt es, wenn als Organisationsziel beispielsweise die Marktführerschaft angestrebt wird, die Mitarbeiter aber nicht gewillt sind, dieses Ziel mitzutragen, weil es zwar mit erheblichen Anstrengungen und mit regelmäßigen Überstunden, nicht aber mit einem höheren Gehalt oder mit mehr Selbstverwirklichung verbunden ist? Derartige Zielkonflikte gehen im Zweifel zulasten der Organisation.
- **Organisationen besitzen eine formale Struktur**

  Formale Struktur

  Die Ordnung, d. h. ein festes und in Regeln formalisiertes Beziehungsgefüge, ist ein weiteres wesentliches Merkmal von Organisationen. Ohne **organisatorische Regeln** ist eine zielgerichtete Zusammenarbeit der Organisationsmitglieder nicht möglich. Organisationsstrukturen sind deshalb ein Instrument zur Steuerung des Verhaltens und der Leistung der Organisationsmitglieder im Hinblick auf die Organisationsziele. Dieses Instrument ist für die arbeitsteilige Bewältigung von Aufgaben zwingend erforderlich.

Überträgt man die drei Merkmale auf die Organisation von Innovationsprozessen, dann bedeutet dies, dass die strukturellen Voraussetzungen für Innovationen anhand von bestimmten organisatorischen Regeln zielgerichtet und unter Berücksichtigung der von ihnen betroffenen Personen zu gestalten sind. Dieses Erfordernis bezieht sich sowohl auf die Aufbau- als auch auf die Ablauforganisation.

5.2.3 Aufbau- und Ablauforganisation als Ergebnis der Unternehmensstrukturierung

Aufbau- und Ablauforganisation sind in der Unternehmenspraxis untrennbar miteinander verbunden. Während die **Aufbauorganisation** ein Unternehmen im Rahmen der Stellenbildung in organisatorische Einheiten (Stellen, Abteilungen, Bereiche usw.) untergliedert und diesen bestimmte Aufgaben und Kompetenzen zuordnet (statische Strukturkomponente), findet der **Ablauf** des betrieblichen Geschehens seinen Niederschlag in der Ablauf- oder Prozessorganisation, die primär die inhaltliche, zeitliche und räumliche Folge der Arbeitsprozesse regelt (dynamische Strukturkomponente; vgl. *Vahs, D.* 2005 S. 203 ff.).

Das in den letzten Jahren verstärkte Bemühen vieler Unternehmen um eine prozessorientierte Ausrichtung der Strukturen zeigt, wie problematisch die Trennung von Aufbau- und Ablauforganisation für die Effizienz der Unternehmensorganisation als Ganzes sein kann. Im Folgenden werden die grundlegenden Möglichkeiten der organisatorischen Gestaltung erörtert.

5.2.3.1 Gestaltung der Aufbauorganisation

Die Aufbauorganisation lässt sich durch ein Stellen-, Beziehungs- und Kommunikationssystem kennzeichnen, das den Rahmen für die betriebliche Aufgabenerfüllung darstellt (vgl. *Bullinger, H.-J.* 1994 S. 189, *Kosiol, E.* 1980 Sp. 180). Durch die Implementierung von Verteilungsbeziehungen, also die sachliche Zuordnung von

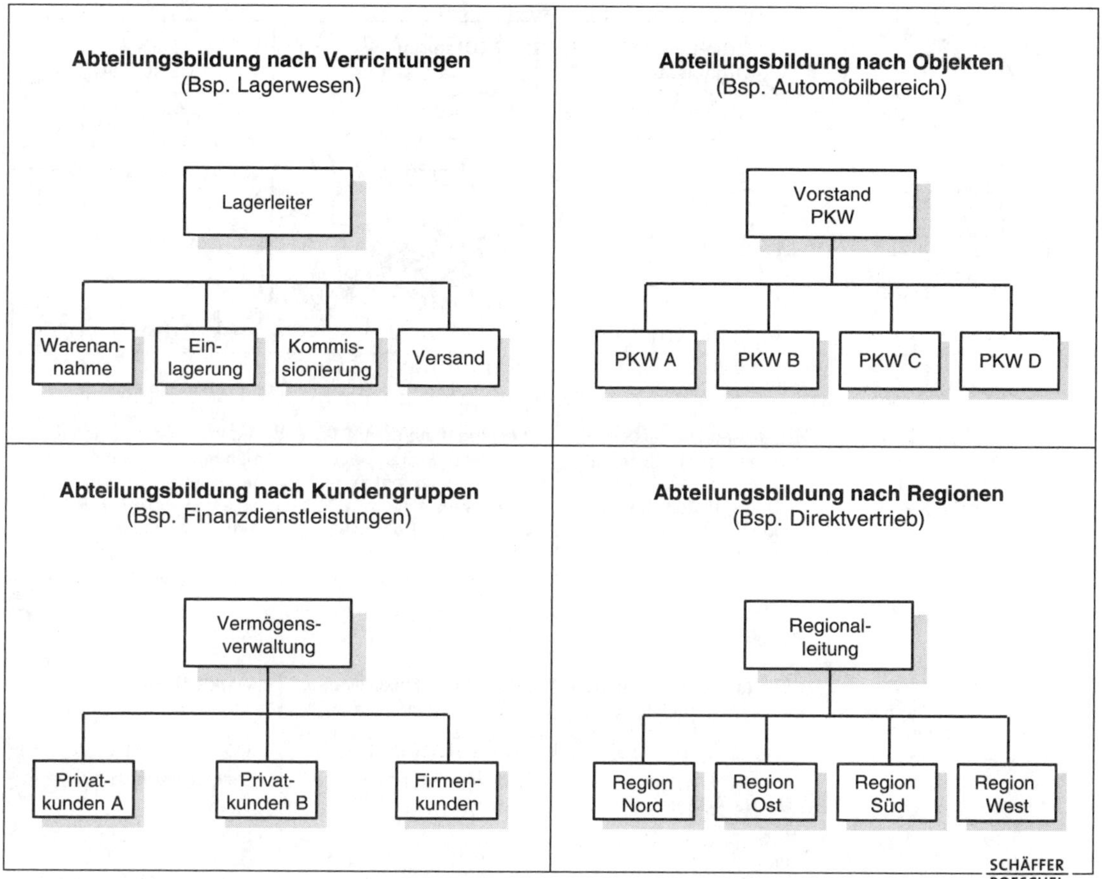

Abb. 5.1: Kriterien für die Zusammenfassung von Organisationseinheiten

Aufgaben, Personen und technischen Hilfsmitteln, entsteht ein Gefüge von neben-, über- und untergeordneten Organisationseinheiten, die bestimmte Aufgaben erfüllen und hierzu mit den entsprechenden Durchführungs- und Leitungskompetenzen ausgestattet sind. Diese Organisationseinheiten weisen außerdem bestimmte Arbeits- und Kommunikationsbeziehungen auf, die für die Erfüllung ihrer Aufgaben erforderlich sind (vgl. *Bleicher, K.* 1991 S. 39, *Vahs, D.* 2005 S. 59 ff.).

Je nach Ausprägung können dabei mehr oder weniger komplexe Organisationsgebilde entstehen. Wesentliche **Strukturalternativen**, die sich aufgrund verschiedener Kriterien der Abteilungsbildung ergeben, werden in der Abbildung 5.1 veranschaulicht.

Formale Strukturen

Um ein koordiniertes Handeln der einzelnen Organisationseinheiten im Hinblick auf die Unternehmensziele sicherzustellen,

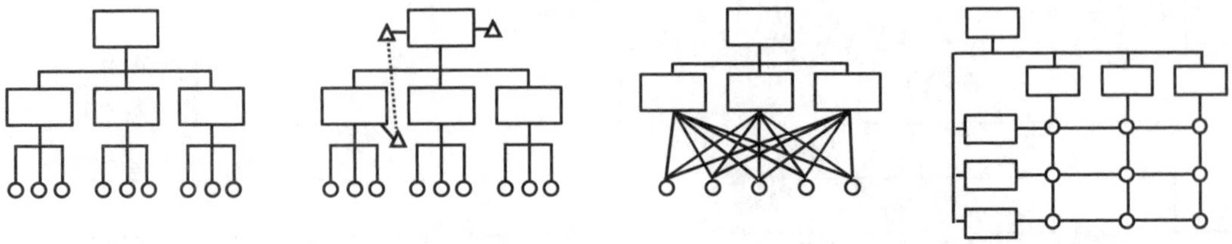

Linienorganisation	Stab-Linien-Organisation	Mehrlinien-Organisation	Matrix-Organisation
Kurzcharakteristik: Klassische Organisationspyramide, die auf dem Prinzip der Einheit der Auftragserteilung beruht. Kommunikation erfolgt i. d. R. nur vertikal.	Kurzcharakteristik: Ergänzung der Linienorganisation durch Stabsstellen ohne Weisungsbefugnis, die die jeweilige Linieninstanz unterstützen.	Kurzcharakteristik: Weisung nach dem Funktionsmeisterprinzip, also nur durch entsprechend spezialisierte Vorgesetzte. Es entsteht die Situation der Mehrfachunterstellung.	Kurzcharakteristik: Organisation wird anhand mehrerer Kriterien strukturiert (z. B. Verrichtungen, Objekte, Regionen, Projekte usw.). Dadurch entsteht eine mehrdimensionale Struktur.
Vorteile: - einfach/übersichtlich - eindeutige Festlegung der Kompetenzen, Kommunikationsbeziehungen und Unterstellungsverhältnisse Nachteile: - lange Instanzenwege - Überlastung der Leitung - mögliche Informationsfilterung - Überbetonung der Positionsmacht	Vorteile: - Entlastung der Leitungseinheiten durch Stäbe - eindeutige Festlegung der Kompetenzen, Kommunikationsbeziehungen und Unterstellungsverhältnisse Nachteile: - Frustration der Stäbe - Verlust der Transparenz des Entscheidungsprozesses - informationelle Abhängigkeit der Instanz vom Stab	Vorteile: - Abkürzung/Flexibilisierung der Anordnungswege - Entlastung der Leitungsspitze - Spezialisierung der Instanzen Nachteile: - komplexe Struktur - Überschneidung der Zuständigkeiten möglich - Koordinationsprobleme bei großen Unternehmen - mögliche Konkurrenz der Fachabteilungen	Vorteile: - direkte Wege - Verringerung von Stab-Linien-Konflikten - Vermeidung einseitiger Entscheidungen Nachteile: - Kompetenzüberschneidungen - hoher Kommunikations- und Führungskräftebedarf - Gefahr von zu vielen Kompromissen - Tendenz zur Bürokratie

SCHÄFFER POESCHEL

Abb. 5.2: Strukturtypen der Aufbauorganisation
(vgl. *Hill, W./Fehlbaum, R./Ulrich, P.* 1994 S. 212 ff.)

müssen zwischen den über- und untergeordneten Stellen dauerhafte Kommunikations- und Weisungsbeziehungen festgelegt werden. Das so entstehende Leitungssystem, das auch als **Leitungsorganisation** bezeichnet wird, umfasst die Struktur aller Leitungsbeziehungen in einem Unternehmen. Es verbindet die arbeitsteilig gebildeten Stellen mit den jeweils übergeordneten Leitungsstellen mittels so genannter **Linien**, die von oben nach unten den Anordnungsweg und von unten nach oben den Mitteilungs- oder Meldeweg bilden, oder anders ausgedrückt: Eine hierarchisch »höhere« Stelle kann einer hierarchisch »niedrigeren« Stelle Weisungen erteilen. Das Leitungssystem kann grundsätzlich als Einlinien-, Stablinien-, Mehrlinien- oder Matrixsystem gestaltet werden (vgl. Abb. 5.2). Diese Gestaltungsalternativen werden auch als **Struktur-** oder **Organisationstypen** bezeichnet (zu ihren Ausprägungen in der betrieblichen Praxis vgl. *Vahs, D.* 2005 S. 138 ff.).

Teamstrukturen

Die oben beschriebenen vier Strukturtypen gehen von formalen Leitungsbeziehungen zwischen den einzelnen Stellen aus. Nun können Entscheidungsbefugnisse nicht nur an Einzelpersonen, sondern auch an Gruppen delegiert werden, die durch formale Kommunikations- und Weisungswege miteinander verbunden sind. Durch diesen Wandel von Singular- zu Pluralinstanzen entstehen **teamorientierte Strukturen** (vgl. *Grochla, E.* 1983 S. 214 ff.). Das Ziel von Teamstrukturen ist zum einen die Abflachung der Hierarchie und zum anderen die Bildung von vertikalen und horizontalen Netzwerken. Auf diese Weise sollen die Kommunikationsbeziehungen in der Organisation intensiviert und eine effizientere Zusammenarbeit gewährleistet werden. Gerade in Innovationsprozessen, in denen Entscheidungen häufig nicht von einzelnen Personen, sondern von Gruppen getroffen werden, bieten sich Teamstrukturen als organisatorische Gestaltungsalternative zu den »klassischen« Strukturtypen an (Näheres hierzu im Abschnitt 5.3).

5.2.3.2 Gestaltung der Ablauforganisation

Bei der Darstellung der alternativen Formen der Aufbauorganisation wurde deutlich, dass die stellenübergreifenden Abläufe nicht ausreichend berücksichtigt werden. Die Prozesse werden sozusagen erst nachträglich in die bestehende Aufbaustruktur »hineinorganisiert«. Als Folge dieser fehlenden Ausrichtung der Aufbauorganisation auf die Belange von bereichsübergreifenden Abläufen, die zweckmäßigerweise ganzheitlich zu gestalten wären, ergeben sich verschiedene Mängel, die sich nachteilig auf die Effizienz der Unternehmensorganisation auswirken können:

Probleme der Aufbauorganisation

- Die funktions- und hierarchiebezogene Aufgabenzerlegung in eine Vielzahl von einzelnen Arbeitsschritten führt zu **Steuerungsproblemen** und zieht einen erheblichen **Koordinations- und Regelungsbedarf** nach sich.
- Bei Abstimmungsschwierigkeiten, beispielsweise durch die mangelhafte Weitergabe von Informationen oder durch die gegenseitige Abschottung der berührten Bereiche, entstehen **Dysfunktionalitäten**, die nicht wertschöpfend sind.

- Das **Ressortdenken** und die **Intransparenz** der betrieblichen Abläufe führen zu »operativen Inseln«. Sie verursachen unnötige Schnittstellen, Doppelarbeiten und Redundanzen und verringern so die Ressourceneffizienz sowie die Leistungs- und Führungsprozesseffizienz.

Prozessmanagement

Gaitanides et al. sprechen in diesem Zusammenhang von einer »**Strukturkrise**«, die dazu führt, dass strukturelle Kostenvorteile nicht zu realisieren sind und die angestrebte Kundenorientierung leidet (vgl. *Gaitanides, M./Scholz, R./Vrohlings, A.* 1994 S. 2). Die Wettbewerbs- und Überlebensfähigkeit von Unternehmen hängt heute aber mehr denn je von der schnellen und kostengünstigen Abwicklung der auf den externen Kunden gerichteten Geschäftsprozesse ab. Deshalb gewinnt die Prozessorientierung zunehmend an Bedeutung. Wird die Prozesssicht von den Entscheidungsträgern im Unternehmen in entsprechende organisatorische Maßnahmen umgesetzt, spricht man von »**Prozessmanagement**«, wobei daneben eine Vielzahl weiterer Begriffe existiert, wie zum Beispiel Process-Redesign, Business-Process-Reengineering, Process-Innovation, Geschäftsprozessmanagement, Wertkettenansatz. Ihnen allen gemeinsam ist die **prozess**orientierte Betrachtungsweise der Organisation.

Im Gegensatz zu dem traditionellen Gestaltungsansatz mit der von *Kosiol* geprägten Einteilung in Aufbau- und Ablauforganisation stellt die prozessorientierte Organisationsgestaltung bei der Stellen- und Abteilungsbildung die besonderen Erfordernisse des Ablaufs der betrieblichen Prozesse in den Vordergrund. Nach der Identifikation der erfolgsrelevanten Prozesse kommt die Analyse der vorhandenen Abläufe und gegebenenfalls ihre Neugestaltung. Erst dann erfolgt die Stellenbildung. Durch die Konzentration auf die wesentlichen Abläufe fördert dieses Vorgehen die Ausrichtung der Organisation auf die wertschöpfenden Aktivitäten und trägt so zu schnittstellenärmeren Strukturen bei (vgl. *Pfohl, H.-C./Krings, M./Betz, G.* 1996 S. 247).

Nimmt man den **Marktbezug** eines Prozesses als Differenzierungskriterium, so können nach *Porter* Primär-, Sekundär- und Innovationsprozesse unterschieden werden (vgl. *Porter, M. E.* 1996 S. 65 ff.):

Prozessarten

- Die **Primärprozesse** sind als Marktprozesse an der Wertschöpfung unmittelbar beteiligt und auf die Erstellung und den Vertrieb eines Produkts oder einer Dienstleistung gerichtet. Sie werden deshalb auch als »direkte Leistungsprozesse« bezeichnet (z. B. Fertigung, Qualitätssicherung, Transport, Lagerung, Marketing und Vertrieb, Kundendienst).
- Demgegenüber handelt es sich bei den **Sekundärprozessen** um indirekte Aktivitäten ohne einen unmittelbaren Marktbezug, die

für die Sicherstellung der Betriebsbereitschaft sorgen und die kontinuierliche Ausführung der Primärprozesse unterstützen (z. B. Finanz- und Rechnungswesen, Unternehmensplanung, Wartung und Instandhaltung, Beschaffung von Einsatzgütern und Personal).

- Die **Innovationsprozesse** dienen der Entwicklung und Einführung von neuen Produkten (Produktinnovationen), Verfahren (Prozessinnovationen) oder Strukturen (Strukturinnovationen). Damit können sie einen unmittelbaren Marktbezug besitzen, was insbesondere bei Produktinnovationen der Fall ist.

Gerade Innovationsprozesse, die sich durch eine Vielzahl von miteinander verbundenen Subprozessen und ein hohes Maß an Veränderlichkeit auszeichnen, erfordern flexible Strukturen mit eindeutig definierten Schnittstellen und einer umfassenden Berücksichtigung der vorhandenen Interdependenzen. Demgemäß müssen die organisatorischen Lösungen sowohl die erforderlichen Standardabläufe unterstützen als auch Strukturvarianten zulassen, die den situativen Veränderungen angemessen sind. Die folgenden **Vorteile** werden in diesem Zusammenhang von einer **prozessorientierten Organisationsgestaltung** erwartet:

Vorteile der Prozessorientierung

- Durch die Ausrichtung der Organisation auf die relevanten Unternehmensprozesse werden die gegenseitigen Abhängigkeiten der einzelnen Abläufe und damit auch die Schnittstellenproblematik verringert. Die Gefahr von schnittstellenbedingten Fehlern und Doppelarbeiten nimmt ab. Der erforderliche Koordinationsaufwand geht zurück. Den am Innovationsprozess beteiligten Organisationseinheiten verbleibt mehr Zeit für die eigentliche Problemlösung.
- Die Definition von bereichsübergreifenden Prozessen erlaubt die Delegation von Verantwortung und Kompetenzen für den gesamten Prozessablauf auf eine oder mehrere Personen. Durch die ganzheitliche Prozessverantwortung entstehen Freiräume für eine Selbstorganisation und Selbstkontrolle. Als Koordinationsmechanismus wirkt vor allem die Selbstabstimmung der Prozessbeteiligten. Durch die umfassenderen Aufgabenbereiche und die größere Eigenverantwortung der Mitarbeiter werden neue Kreativitäts- und Motivationspotenziale erschlossen, welche die Vorgabe von anspruchsvollen Zielsetzungen zulassen.
- Die interne und externe Kundenorientierung fördert das überbetriebliche Denken und erlaubt die Konzentration auf die wertschöpfenden Aktivitäten. Nicht irgendwelche Bereichsegoismen, sondern die Kunden stehen im Vordergrund des Bemühens um erfolgreiche Produktinnovationen. Diese Sichtweise unterstützt eine fortlaufende Optimierung der Abläufe im Unternehmen im Sinne eines kontinuierlichen Verbesserungsprozesses.

5.3 Integration der Innovationsfunktion in die Unternehmensorganisation

5.3.1 Gestaltung der Innovationsfunktion als Kernaufgabe des Innovationsmanagements

Unter strukturellen Gesichtspunkten kann die aufbau- und ablauforganisatorische Gestaltung der Innovationsfunktion als **die** Kernaufgabe des Innovationsmanagements gelten. Dabei geht es um die Integration der Unternehmensfunktionen mit dem Ziel, neuartige Problemlösungen hervorzubringen. Dieser Vorgang ist zum einen durch eine hochgradige Komplexität der Sachverhalte und zum anderen durch eine Vielzahl von zu berücksichtigenden Schnittstellen und Interdependenzen gekennzeichnet. Als Ergebnis wird eine optimale Durchführung des Innovationsprozesses angestrebt.

Aufgabe der Innovationsfunktion

Das Innovationsmanagement als **Funktion** hat dabei die Aufgabe, die zielgerichtete Kombination der für die Innovation erforderlichen finanziellen, materiellen und personellen Ressourcen sicherzustellen. Diese Aufgabe kann in der betrieblichen Praxis von verschiedenen Organisationseinheiten wahrgenommen werden. In Abhängigkeit von dem jeweiligen Innovationsauslöser erfolgt die organisatorische Eingliederung des Innovationsmanagements eher auf der Marktseite (market-pull) oder eher auf der Technologieseite (technology-push). Konkret bedeutet dies, dass das Innovationsmanagement als Institution sowohl im Marketing als auch in der Forschung und Entwicklung eingegliedert werden kann.

Im Folgenden werden die grundlegenden strukturellen Gestaltungsalternativen der Innovationsfunktion erläutert.

5.3.2 Grundlegende organisatorische Gestaltungsalternativen der Innovationsfunktion

Grundsätzlich stehen einem Unternehmen zwei Alternativen zur Verfügung, um seine Innovationsaktivitäten zu organisieren:

Organisationsalternativen

- **In-House-Innovationstätigkeit**, d. h. sämtliche mit der Planung, Durchführung und Kontrolle von Innovationen verbundenen Aufgaben werden im Unternehmen selbst durchgeführt. Hierzu werden zentrale und/oder dezentrale Organisationseinheiten eingerichtet, die diese Aufgaben dauerhaft oder befristet wahrnehmen.
- **Zusammenarbeit mit anderen Unternehmen**, d. h. die Innovationstätigkeit erstreckt sich auf den überbetrieblichen Bereich und bezieht andere Unternehmen oder wissenschaftliche Einrichtungen in die Innovationsprozesse mit ein.

In der Praxis findet sich häufig eine Kombination dieser beiden Gestaltungsmöglichkeiten. Für welche Alternative sich ein Unternehmen entscheidet, hängt von vielen Faktoren ab: Das Vorhandensein und die Verfügbarkeit von eigenen Ressourcen spielt dabei ebenso eine Rolle wie die Wettbewerbssituation, die verfolgte Innovationsstrategie oder die Kompetenz auf dem betreffenden Technologiefeld. Angesichts immer schnellerer Entwicklungsschübe, steigender F+E-Aufwendungen und immer komplexer werdender Technologien ist es für die heutigen Unternehmen allerdings wenig sinnvoll, auf die Nutzung extern verfügbaren innovativen Wissens gänzlich zu verzichten. Dementsprechend versuchen die meisten Unternehmen ihre eigene Innovationstätigkeit durch entsprechende externe Innovationsergebnisse zu ergänzen, beispielsweise durch arbeitsteilige Innovationsvorhaben oder durch den Zukauf von Innovationsergebnissen anderer Unternehmen oder wissenschaftlicher Institute (vgl. *Pleschak, F./Sabisch, H.* 1997 S. 270 f., *Wolfrum, B.* 1995 S. 258 f.).

Wie sich das Innovationsverständnis eines Unternehmens auf die strukturelle Gestaltung der Innovationsfunktion auswirkt, zeigt die Abbildung 5.3:

Strukturalternativen

- Ausgangspunkt für die Überlegungen zur strukturellen Einbindung der Innovationsfunktion ist die Frage, ob ein Unternehmen überhaupt eigene Innovationen anstreben möchte. Wird diese Frage verneint, so bleiben nur der Verzicht auf jegliche Innovationstätigkeit oder die Übernahme von neuen Ideen durch den Erwerb von Patenten und Lizenzen anderer Innovatoren bzw. die Imitation von erfolgreichen Produkten und Verfahren.
- Entschließt sich ein Unternehmen, Innovationen zwar anzustreben, dieses aber nicht In-house zu tun, so können entweder innovative Unternehmen akquiriert und in die Gesamtorganisation integriert werden oder es werden überbetriebliche Maßnahmen wie die Auftrags- und Gemeinschaftsforschung bzw. Innovationskooperationen durchgeführt.
- Soll die Innovationstätigkeit dagegen im Unternehmen selbst erfolgen, so kann sie entweder als eine unbefristete Daueraufgabe durch ein institutionalisiertes Innovationsmanagement wahrgenommen oder als befristete Sonderaufgabe in den verschiedenen Formen des Projektmanagements organisiert werden.
- Versteht ein Unternehmen die Innovationstätigkeit schließlich als Daueraufgabe eines jeden Stelleninhabers, dann entsteht eine Organisation, in der die Innovationsorientierung zumindest theoretisch keiner gesonderten strukturellen Verankerung mehr bedarf. Das heißt jedoch nicht, dass Innovationen nicht zu organisieren sind; vielmehr ist entweder eine zielgerichtete Organisation

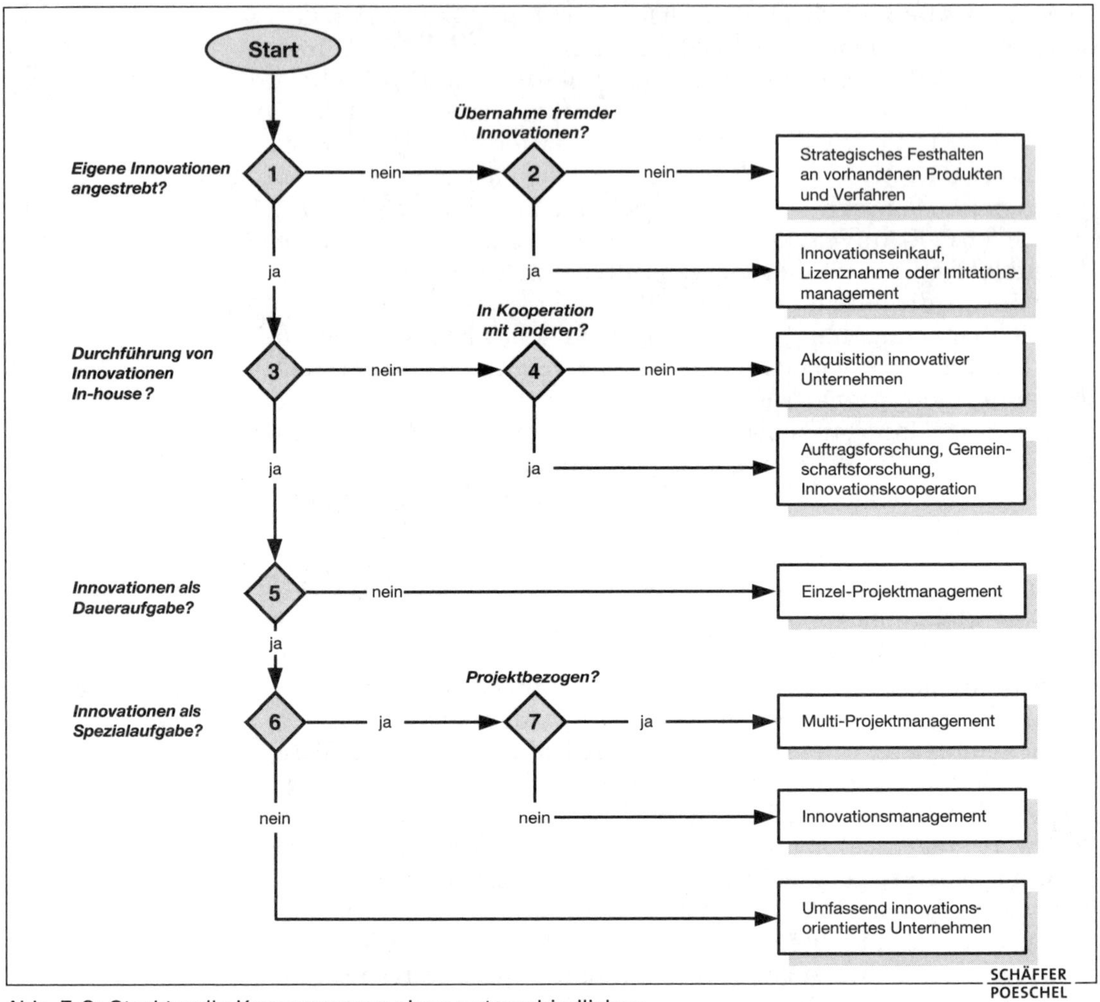

Abb. 5.3: Strukturelle Konsequenzen eines unterschiedlichen Innovationsverständnisses (vgl. *Hauschildt, J.* 2004 S. 62)

von Innovationsprozessen durch die Unternehmensführung erforderlich oder die Innovationen werden als selbstorganisierende Prozesse gehandhabt.

5.3.2.1 In-House-Innovationstätigkeit

Für die unternehmensinterne Innovationstätigkeit kann es in der Praxis verschiedene Gründe geben: Beispielsweise spielen der Schutz vor einer ungewollten und möglicherweise unkontrollierbaren Diffusion des innovativen Wissens, der Wunsch nach einer umfassen-

	Vorteile	Nachteile
In-House-Innovationstätigkeit	+ Exklusivität vermeidet ungewollte Wissensdiffusion + Umfassende Kontrolle über den gesamten Entwicklungsprozess + Technologische Unabhängigkeit von Dritten	− Ausgleich von Know-how-Defiziten ist kaum möglich − Möglicherweise eingeschränkte personelle und materielle Ressourcen − Erheblicher Finanzierungsaufwand
⇨ *Fazit: Es ist zwischen den (finanziellen) Risiken und den Chancen einer Eigenentwicklung abzuwägen; eine Beschränkung auf die Kernkompetenzen ist in jedem Fall zweckmäßig*		

SCHÄFFER POESCHEL

Abb. 5.4: Vor- und Nachteile von In-House-Innovationen

den Planungs- und Kontrollhoheit über den gesamten Innovationsprozess und die Unabhängigkeit von Kooperationspartnern oder externen Forschungseinrichtungen eine Rolle. Auch der **»Not-Invented-Here-Effekt«**, also der (Irr-)Glaube, der Innovationsprozess sei nur dann erfolgreich, wenn er von der Ideengenerierung bis zur Markteinführung im eigenen Hause durchgeführt wird, kann die Ursache für ausschließlich interne Innovationsaktivitäten sein.

Den tatsächlichen oder vermeintlichen Vorteilen stehen mögliche Nachteile gegenüber, die bei einer ausschließlich internen Wahrnehmung der Innovationsfunktion insbesondere in der eingeschränkten Fähigkeit liegen, Know-how- und Ressourcen-Defizite auszugleichen. Zudem entfällt die Möglichkeit, die finanzielle Last der Innovationstätigkeit auf einen oder mehrere Kooperationspartner zu verteilen und so die Risiken für das eigene Unternehmen einzugrenzen. Insofern ist eine Innovationstätigkeit im Unternehmen in erster Linie dann sinnvoll, wenn man sich auf die Kernkompetenzen beschränkt, auf denen bereits ein grundlegendes Entwicklungs- und Anwendungswissen zur Verfügung steht und genutzt werden kann.

Die Abbildung 5.4 fasst die Vor- und Nachteile der In-House-Innovationstätigkeit zusammen.

Für die **Organisation der Innovationsfunktion** im Unternehmen bestehen zwei Möglichkeiten, die im Abschnitt 5.3.3 näher erläutert werden:

In-House-Organisationsalternativen

- Zum einen kann die Innovationstätigkeit als **Daueraufgabe** an spezialisierte Organisationseinheiten übertragen werden. Hierfür kommen grundsätzlich Linienstellen, Stabsstellen, bestimmte Gremien oder, sofern im Unternehmen vorhanden, das Produktmanagement in Betracht. Beispielsweise können **Stäbe**, die direkt der Unternehmensführung oder den Leitungen der Unternehmensbereiche unterstehen, mit der Wahrnehmung der Innovationsfunktion beauftragt werden (z. B. als »Zentralstelle Produkt- und Verfahrensentwicklung« o. Ä.). In der Praxis häufig anzutreffen sind auch **Ausschüsse** oder **Problemlösegruppen**, die sich zum Beispiel als »Lenkungsausschuss Neuproduktentwicklung« mit den Fragen des Innovationsmanagements auseinander setzen. Viele Unternehmen richten eigene **Forschungs- und Entwicklungsbereiche** ein, die sich hauptamtlich und vollzeitlich mit der Planung und der Umsetzung vor allem von technischen Innovationen befassen. Hat sich ein Unternehmen für ein **Produktmanagement** entschieden, dann wird diesem als Kernaufgabe im Allgemeinen nicht nur die Entwicklung, Umsetzung und Kontrolle von produktspezifischen Marketingkonzepten, sondern auch die Unterstützung der technischen Bereiche bei der Produktentwicklung und die Koordination der zugehörigen F+E-Aktivitäten übertragen.
- Zum anderen ist die Wahrnehmung von Innovationsaufgaben in der Unternehmensorganisation in Form von **Projekten** möglich. Als zeitlich befristete, zielorientierte und komplexe Vorhaben erfordern Projekte eine interdisziplinäre Zusammenarbeit. Die Projektaufgabe ist grundsätzlich neuartig und liegt außerhalb der Routinetätigkeit. Insofern ist es nachvollziehbar, dass größere Innovationsvorhaben in der betrieblichen Praxis in der Form der Projektorganisation und mit Methoden des Projektmanagements abgewickelt werden. Da häufig mehrere Projekte gleichzeitig bearbeitet werden, entstehen daraus ein erheblicher Koordinationsaufwand und die Notwendigkeit, die Schnittstellen und Interdependenzen sowohl der Projekte untereinander als auch mit den übrigen Organisationseinheiten möglichst exakt abzustimmen (Multiprojektmanagement).

Um eine optimale Gestaltung der Innovationsfunktion zu erreichen, verfügen viele Unternehmen sowohl über ein institutionalisiertes Innovationsmanagement als auch über eine entsprechende Projektorganisation, in der die Innovationsvorhaben abgewickelt werden. Insofern handelt es sich hier in aller Regel nicht um eine »Entweder-oder«-, sondern um eine »Sowohl-als-auch«-Strukturlösung, die fallweise durch die Zusammenarbeit mit unternehmensexternen Einrichtungen ergänzt werden kann.

5.3.2.2 Übernahme externer Innovationen

Die Durchführung von Innovationsprojekten ist in der Regel sehr kapitalintensiv. Dies gilt insbesondere dann, wenn es sich um Neuproduktprojekte handelt. Selbst Großunternehmen sind zumeist nicht dazu in der Lage, alle für ein Produkt relevanten Technologiefelder vollständig mit eigenen Kapazitäten abzudecken. Der Zukauf von F+E-Leistungen ist gerade durch die in vielen Unternehmen zu verzeichnende Konzentration auf die Kernkompetenzen zu einer Selbstverständlichkeit geworden. Durch eine optimale »Make-or-Buy-Politik in der Forschung und Entwicklung sollen vor allem die Kapitalbindung in diesem Bereich reduziert, die (Fix-)Kostensituation und die Kapazitätsauslastung verbessert und eine stärkere Know-how-Spezialisierung ermöglicht werden (vgl. *Bürgel, H. D./ Haller, C./Binder, M.* 1996 S. 335 f.).

Auf eine weitere Möglichkeit des Erwerbs externen (Prozess-)Innovations-Know-hows soll hier nur hingewiesen werden: das »**Know-how-Trading**«. Bei dieser Form des Wissenserwerbs tauschen sich die Forscher und Entwickler verschiedener Firmen untereinander über die neuesten Verfahrensentwicklungen aus und übernehmen diese voneinander. Diesem Vorgehen liegt das Prinzip des »give and take« zugrunde, das heißt der Austausch erfolgt in etwa gleichgewichtig. Das Know-how-Trading funktioniert in einigen Industrien in den USA offenbar vorzüglich und wird in Japan vom *MITI* gezielt organisiert (vgl. *Albach, H.* 1991 S. 55).

B

Es steht deshalb außer Frage, dass auch Unternehmen mit einer internen organisatorischen Verankerung der Innovationsfunktion auf **externe Innovationsquellen** zugreifen, um sich so aktuelle Erkenntnisse und Erfahrungen zu sichern. Als mögliche Quellen kommen in erster Linie andere Unternehmen (Wettbewerber, Lieferanten) oder wissenschaftliche Einrichtungen (Universitäten, Forschungsinstitute) in Frage. Die Bandbreite der Aktivitäten ist dabei sehr groß und reicht von dem Lizenzerwerb für einzelne Problemlösungen bis zu der Übernahme einer kompletten Produktinnovation oder sogar des gesamten innovativen Fremdunternehmens (vgl. *Hauschildt, J.* 2004 S. 64 ff., *Pleschak, F./Sabisch, H.* 1997 S. 272 f., *Wolfrum, B.* 1995 S. 259):

Externe Innovationsquellen

- **Lizenznahme**
  Durch den Erwerb einer Lizenz sichert sich der Lizenznehmer (licensee) das Recht zur Nutzung eines gewerblichen Schutzrechts, das der Lizenzgeber (licensor) zuvor bei der zuständigen Patentbehörde angemeldet hat. Zumeist handelt es sich bei dem übertragenen Schutzrecht um ein Patent oder ein Gebrauchsmuster, das sich sowohl auf eine Gesamtinnovation (z. B. ein marktfähiges Produkt) als auch auf bestimmte Teilinnovationen (z. B. Komponenten oder Teilprozesse) beziehen kann.

	Vorteile	Nachteile
Lizenznahme	+ Verzicht auf eine eigene (fix-)kostenintensive Forschung und Entwicklung + Schnelle und gezielte Beschaffung von speziellen Kenntnissen	− Nicht jeder Wissenserwerb ist möglich − Nur begrenzte Nutzbarkeit der erworbenen Schutzrechte − Teilweise erheblicher Zeitaufwand bis zum Lizenzerhalt − Kaum wettbewerbliche Differenzierung durch Exklusivität möglich
⇨ *Fazit: Obwohl die Lizenznahme mit einigen Nachteilen behaftet ist, stellt sie eine viel genutzte Möglichkeit dar, um externe Innovationsresultate im eigenen Unternehmen zu etablieren*		

SCHÄFFER POESCHEL

Abb. 5.5: Vor- und Nachteile der Lizenznahme

Durch eine konsequent betriebene, aktive Lizenzpolitik können zwar Know-how-, Zeit- und Kapazitätsdefizite wettgemacht werden; einen vollwertigen Ersatz für die Entwicklung von eigenen technologischen Kompetenzen stellt die Lizenznahme jedoch nicht dar. Vor allem aufgrund der häufig auftretenden rechtlichen Probleme und des damit verbundenen Zeitverlusts bis zur vollständigen Übernahme der Schutzrechte, kann eine In-House-Entwicklung mit eigenen Ressourcen zweckmäßiger sein (vgl. *Zahn, E.* 1986 S. 40 und Abb. 5.5).

- **Externe Beauftragung von Forschung und Entwicklung**
  Im Rahmen der so genannten »Auftragsforschung« wird eine externe Organisation, bei der es sich zumeist um ein anderes Unternehmen, eine wissenschaftliche Forschungseinrichtung oder um einen Spezialisten handelt, mit genau definierten Forschungs- und Entwicklungstätigkeiten beauftragt. Neben dem Gegenstand der Tätigkeit sind deren Zeitdauer, der finanzielle Rahmen und die anderweitige Verwertung der Innovation vertraglich festgelegt.

B

Hier sind zwei prägnante Beispiele für eine erfolgreiche Auftragsforschung in der Industrie zu nennen:

- So ließ *DaimlerChrysler* den Airbag von *Messerschmitt-Bölkow-Blohm (MBB)* und das ABS-System von der *Robert Bosch GmbH* entwickeln.
- Das Cockpit des *Airbus A 320* wurde nicht von *Airbus Industries,* sondern vom *Porsche*-Entwicklungszentrum entworfen und designerisch gestaltet.

	Vorteile	Nachteile
Externe Beauftragung von Forschung und Entwicklung	+ Verzicht auf eine eigene (fix-)kostenintensive Forschung und Entwicklung + Möglichkeit, auch auf Spezialgebieten Skaleneffekte zu erzielen	− Gefahr der Wissensdiffusion − Entwicklungserfolg nicht direkt beeinflussbar − Eigene Kernkompetenzen werden zumindest partiell aufgegeben
⇨ *Fazit: Die Auftragsforschung eignet sich am ehesten für einzelne Teile und Komponenten, während eine komplette Neuproduktentwicklung außer Haus kaum zweckmäßig ist*		

SCHÄFFER POESCHEL

Abb. 5.6: Vor- und Nachteile der Auftragsforschung

Welche Vorteile ergeben sich für das beauftragende Unternehmen? Zwar führt auch die Auftragsforschung zu erheblichen finanziellen Belastungen des Auftraggebers und zu einer eingeschränkten Beeinflussbarkeit des Entwicklungserfolgs; da das beauftragte Unternehmen jedoch über die erforderlichen F+E-Kapazitäten und das notwendige Spezialwissen verfügt, kann das beauftragende Unternehmen zumindest auf einen Teil der Kosten für die Anschaffung von aufwendigen Apparaturen oder den Aufbau eines speziellen Know-hows verzichten und so eine Beschleunigung des Innovationsprozesses erreichen. Da der Innovationsgegenstand und seine Zweckbestimmung in der Regel gut beschreibbar sind, lassen sich die Arbeitsschritte relativ klar definieren und der Arbeitsfortschritt gut überwachen (vgl. Abb. 5.6).

- **Erwerb neuer Produkte und Verfahren**
  Die steigende Umweltdynamik in allen Bereichen führt dazu, dass auf den Zukauf einzelner Innovationen kaum mehr verzichtet werden kann. Ständig erscheinen verbesserte oder neue Produkte und Verfahren von hoch spezialisierten Herstellern, die auch bei der Leistungserstellung anderer Unternehmen hilfreiche Dienste leisten können.

  Der Erwerb von innovativen Produkten, Komponenten, Produktionsanlagen und speziellen technologischen und methodischen Erkenntnissen führt in dem zukaufenden Unternehmen zu einem Technologiesprung, der entscheidend zur Sicherung der eigenen Wettbewerbsfähigkeit beitragen kann. Dennoch darf nicht übersehen werden, dass bei dem Erwerb von neuen Produkten und Verfahren wertschöpfende und damit wettbewerbs-

	Vorteile	Nachteile
Erwerb neuer Produkte und Verfahren	+ Verzicht auf eine eigene (fix-)kostenintensive Forschung und Entwicklung + Möglichkeit zum Ausgleich von internen Wissensdefiziten	– Gefahr der Wissensdiffusion – Abhängigkeit vom Wissensmonopol des anbietenden Innovators – Aufgabe wertschöpfender Aktivitäten
⇨ *Fazit: Beim Zukauf innovativer (Teil-)Leistungen sollte sich das erwerbende Unternehmen auf einzelne Komponenten oder Teilprozesse beschränken, mit denen die vorhandenen Wissenslücken kompensiert werden können*		

SCHÄFFER POESCHEL

Abb. 5.7: Vor- und Nachteile des Erwerbs neuer Produkte und Verfahren

differenzierende Aktivitäten ausgelagert werden. Demzufolge sollten durch den Zukauf von innovativem Wissen im Allgemeinen und von bestimmten Technologien im Besonderen nur solche Wissenslücken geschlossen werden, die aller Voraussicht nach nicht erfolgsentscheidend für das Unternehmen sind oder in Zukunft sein werden (vgl. Abb. 5.7 und *Wolfrum, B.* 1995 S. 259).

- **Akquisition innovativer Unternehmen**
  Die am weitesten gehende Form der Aneignung von externen Innovationen stellt der Aufkauf solcher Unternehmen dar, die sich mit ihren innovativen Produkten und Verfahren im Markt profiliert haben. Dabei verzichtet das akquirierende Unternehmen darauf, einzelne Produkte oder Produktlinien zu erwerben. Stattdessen erwirbt es das fremde Unternehmen mit allen zugehörigen Aktiva und Passiva. Aufgrund des erheblichen Finanzbedarfs kommt diese Form des Innovationserwerbs allerdings im Allgemeinen nur für kapitalkräftige Großunternehmen in Frage. Die Unternehmensübernahme birgt sowohl Chancen als auch Risiken: Während der Know-how-Zufluss erwünscht ist, kann es sein, dass für einzelne Bereiche des akquirierten Unternehmens kein Bedarf besteht (z. B. für die Verwaltung). Häufig verbieten bestimmte Übernahmeklauseln aber den Abbau von Personal. Problematisch ist in vielen Fällen auch der fehlende »Fit« zwischen den Unternehmenskulturen, insbesondere wenn kleinere von großen Unternehmen übernommen werden. Inwieweit demnach beim Kauf eines Unternehmens finanzielle Wagnisse eingegangen werden, muss eine im Vorfeld der Akquisition

	Vorteile	**Nachteile**
Akquisition innovativer Unternehmen	+ Schnelle Erzielung eines Innovationsvorsprungs + Image-spinoff des innovativen auf das erwerbende Unternehmen möglich + Im Misserfolgsfall kann das erworbene Unternehmen weiterveräußert werden + Innovation bleibt eigenständig und stört laufende Betriebsprozesse nicht	– Hoher finanzieller Aufwand – Problem der Bewertung des zu übernehmenden Unternehmens – Mögliche Imageschäden durch eine zu extensive Akquisitionspolitik
⇨ *Fazit: Sofern die finanziellen Mittel ausreichen, stellt der Unternehmenserwerb die sicherste und umfassendste Methode dar, um dem eigenen Unternehmen externe Innovationskenntnisse zuzuführen*		

SCHÄFFER POESCHEL

Abb. 5.8: Vor- und Nachteile der Akquisition innovativer Unternehmen

durchgeführte Unternehmensbewertung zeigen. In jedem Fall ist es möglich, das innovative Unternehmen in einer rechtlichen und wirtschaftlichen Sonderstellung zu belassen, um den laufenden Betrieb des Akquisiteurs nicht zu stören und im Misserfolgsfall eine relativ problemlose Weiterveräußerung zu ermöglichen (vgl. Abb. 5.8).

Vor allem in der Softwarebranche scheint sich die radikale Variante der Unternehmensakquisition einer zunehmenden Beliebtheit zu erfreuen. So ist es keine Seltenheit, dass insbesondere kleine Softwarehersteller, die sich mit ausgereiften Produkten in einer Marktnische etabliert haben, kurzerhand von einem großen Softwarehaus übernommen werden. Die Vorteile für das große Unternehmen liegen dabei vor allem in der Tatsache, dass ein bestimmter Entwicklungs- und Programmierrückstand kurzerhand kompensiert und das Nischenprodukt in das eigene Produktprogramm integriert werden kann.

5.3.2.3 Zusammenarbeit mehrerer Unternehmen bei Innovationen

Neben der Aneignung externen Innovations-Know-hows durch ein Unternehmen können mehrere Unternehmen gemeinsam innovativ tätig sein. Hierzu bedarf es einer arbeitsteiligen Organisation und einer gemeinsamen Zielsetzung. Als mögliche Formen der Zusammenarbeit, die eine unterschiedlich hohe Bindungsintensität aufweisen, kommen Innovationskooperationen, gemeinsame Forschungsanstrengungen sowie die gemeinschaftliche Unternehmensgründung in Betracht. In allen Fällen sollen die in den beteiligten Unternehmen bestehenden Innovationslücken geschlossen und durch die bewusste Aufgaben- und Verantwortungsteilung ein Höchstmaß an Effektivität und Effizienz sichergestellt werden (vgl. *Hauschildt, J.* 2004 S. 75 ff., *Pleschak, F./Sabisch, H.* 1997 S. 273 ff.):

Formen der Zusammenarbeit

- In einer **Innovationskooperation** verfolgen mehrere Partner ein gemeinsames Innovationsziel. Häufig handelt es sich dabei um eine Zusammenarbeit im Forschungs- und Entwicklungsbereich. Allerdings sind auch Zusammenschlüsse denkbar, bei denen eine strikt funktionsorientierte Trennung vorgenommen wird: Während sich ein Unternehmen ausschließlich um die Entwicklungsaufgaben zu kümmern hat, obliegt dem Kooperationspartner die Vermarktung des neuen Produkts (vertikale Kooperationsform). Die Verwertung der Innovation ist in jedem Fall auf die Kooperationspartner beschränkt.
- Die **Gemeinschaftsforschung** als Kooperationsform wird üblicherweise von speziellen Einrichtungen durchgeführt, die von den beteiligten Unternehmen gegründet und finanziell getragen werden. Diese Form der Zusammenarbeit hat eher Verfahrens- als Produktinnovationen zum Ziel. Ihre Ergebnisse sind allen Auftraggebern und ausnahmsweise auch Dritten zugänglich. Typische Gemeinschaftsforschungsinstitute finden sich beispielsweise an den Hochschulen. Sie bilden eine Brücke zwischen der theoretischen Forschung und der angewandten Entwicklung. Obwohl die Gemeinschaftsforschungseinrichtungen ursprünglich eher für kleine und mittlere Unternehmen gedacht waren, werden ihre Dienste immer mehr auch von großen Unternehmen in Anspruch genommen.
- Mit der Bildung eines **Gemeinschaftsunternehmens** (Joint-Venture, Venture-Management) wird zwischen den beteiligten Unternehmen die größtmögliche Bindungsintensität erzielt. Durch eine gemeinsame Gründung der Kooperationspartner oder den gemeinsamen Erwerb einer bereits bestehenden Einheit entsteht ein neues Unternehmen, an dessen Kapital die Partner beteiligt sind. Die neuen Organisationseinheiten übernehmen vor allem innovative, risikoreiche Aufgaben und haben damit den Charakter von »Wagniseinheiten«. Die Geschäftsführung des Gemeinschaftsunternehmens erfolgt in der Regel kollegial. Der zumeist hohe finanzielle Aufwand, der mit der Bildung eines Joint-Ventures verbunden ist, lässt sich vor allem dann rechtfertigen, wenn das Innovationsvorhaben spezielle Anforderungen

Chancen	Risiken
+ Know-how- und Kompetenzgewinn bei gleichzeitiger Nutzung von Synergiepotenzialen	– Abhängigkeit von den Kooperationspartnern und Verlust an Eigenständigkeit und Flexibilität
+ Kostenreduzierung durch Verkürzung der Entwicklungszeit, Risikoteilung und Vermeidung von Doppelarbeit	– Hohe Transaktionskosten durch Informationsaustausch und laufende Koordination
+ Ausschöpfung von Größen- und Spezialisierungsvorteilen	– Schwierigkeiten bei der Zurechnung von Beiträgen und Ergebnissen
+ Besserer Einstieg in neue Technologien	– Geheimhaltungsprobleme und Gefahr des Know-how-Abflusses
+ Gestaltung gemeinsamer Normen und Standards	– Verlust des eigenen Wissensvorsprungs
+ Erleichterung des Marktzugangs durch größere Marktmacht	– Falsche Partnerwahl kann zu Imageverlusten führen

SCHÄFFER POESCHEL

Abb. 5.9: Chancen und Risiken der Zusammenarbeit von Unternehmen bei Innovationen

an die Partner stellt, die diese für sich alleine nicht erfüllen können oder wollen. Allerdings besteht auch hier die Gefahr des Know-how-Abflusses und des Entstehens von ungewollten Abhängigkeiten zwischen den Partnern, die zu einem Verlust an Eigenständigkeit und Flexibilität führen können.

Die Vor- und Nachteile von gemeinschaftlich durchgeführten Innovationsaktivitäten werden einander in der Abbildung 5.9 gegenübergestellt (vgl. *Pleschak, F./Sabisch, H.* 1997 S. 274 f.).

Insgesamt ist die Vorteilhaftigkeit einer funktionierenden Zusammenarbeit bei Innovationen unbestritten. Dennoch kann sie von vornherein zum Scheitern verurteilt sein, wenn die Beteiligten lediglich versuchen, die jeweiligen Schwächen der einzelnen Partner zu kompensieren (vgl. *Gerybadze, A.* 1993 S. 43). Solche Zusammenschlüsse, denen es gelingt, die in den Unternehmen vorhandenen Stärken zu einem konkurrenzlosen Bündel von Kernkompetenzen zu verknüpfen, sind dagegen eindeutig im Vorteil. Da Kernkompetenzen eine wesentliche Voraussetzung für die Erreichung einer dauerhaften Erfolgs- und Einzigartigkeitsposition sind, können sie von möglichen Konkurrenten nur schwer imitiert werden. Sie unterscheiden das eigene Unternehmen deutlich von seinen Wettbewerbern und sichern so einen Vorsprung im Markt (vgl. *Zahn, E.* 1996b Sp. 883 ff.).

5.3.3 Organisation der Innovationsfunktion im Unternehmen

5.3.3.1 Grundfragen der Organisation der Innovationsfunktion

Versteht ein Unternehmen die Innovationsfunktion als eine interne Aufgabenstellung, so kann sie entweder in Form eines zentralen und/oder eines dezentralen Innovationsmanagements in die Unternehmensorganisation eingegliedert werden. Neben dem Ausmaß der Zentralisierung ist über den Umfang der Kompetenzen zu entscheiden, die einer mit Innovationsaufgaben betrauten Stelle zuzuordnen sind: Soll die Innovationsfunktion als Stabsfunktion mit beschränkten Befugnissen oder als gleichberechtigte Linienfunktion in die Unternehmensorganisation integriert werden?

Um das Innovationsmanagement **zentral** im Unternehmen zu institutionalisieren wird eine eigens darauf spezialisierte Organisationseinheit mit der Umsetzung aller im Unternehmen ablaufenden Innovationsvorhaben beauftragt. Grundsätzlich kommen die folgenden Alternativen in Frage:

Zentralisierung

- Einrichtung eines zentralen Innovationsmanagements, das organisatorisch als **Linienfunktion** gleichberechtigt neben Funktionen wie der Forschung und Entwicklung, der Produktion, der Beschaffung oder dem Vertrieb verankert ist.
- Schaffung einer zentralen **Stabsstelle** für Innovationen, die der Unternehmensführung unmittelbar unterstellt ist. Hier ergeben sich die mit Stabsstellen regelmäßig verbundenen Probleme, die sich vor allem mit Begriffen wie »Kompetenzdefizit«, »Motivationsmangel« und »informationelle Macht« beschreiben lassen (vgl. *Vahs, D.* 2005 S. 76).
- Bildung von zentralen **Gremien** für die Innovationstätigkeit, die ressortneutral sind und als Lenkungsausschuss (steering committee) oder als Beratungsgremium fungieren.

Im Fall einer **dezentralen** Gestaltung der Innovationsfunktion werden den einzelnen Funktions- oder Produktbereichen eigene Stellen organisatorisch zugeordnet, die mit den Aufgaben des Innovationsmanagements betraut sind. Hier bieten sich grundsätzlich die folgenden Möglichkeiten an, wobei in der Praxis neben den dezentralen Organisationseinheiten häufig zusätzlich noch eine zentrale Innovationsfunktion besteht, deren Aufgabe primär die gesamtzielbezogene Koordination aller im Unternehmen wahrgenommenen Innovationsaufgaben ist:

Dezentralisierung

- Dezentralisation der Innovationsfunktion in den **funktionalen** Bereichen Forschung und Entwicklung, Beschaffung, Produktion und Vertrieb.

- Bildung von eigenständigen Innovationsmanagement-Einheiten in den **produktorientierten** (regionalen, kundenorientierten) Divisions, die damit zu weitgehend selbstständigen Untereinheiten der Unternehmensorganisation werden.

Die produktorientierten Divisions werden in der *Siemens AG* als »Bereiche« bezeichnet und wie folgt beschrieben (*Siemens AG* [Hrsg.] 1990 S. 15):

»Die Bereiche – einschließlich Bereiche mit eigener Rechtsform und selbstständige Geschäftsgebiete – sind auf ihren jeweiligen Arbeitsgebieten Träger des weltweiten Geschäftes und verantwortlich für die Entwicklungs-, Fertigungs- und Vertriebsaktivitäten sowie für den Ertrag. Sie bilden unternehmerische Einheiten mit einem klaren Profil im Markt und im Wettbewerb und verfügen über die zur Führung des Geschäftes notwendigen Ressourcen. Jeder Bereich ist damit so beweglich und schlagkräftig wie ein leistungsfähiges eigenständiges Unternehmen.«

Grundsätzlich ist festzustellen, dass mit der Unternehmensgröße generell auch das Ausmaß der Dezentralisierung zunimmt, was nicht weiter erstaunlich ist, wenn man die mit einer zunehmenden Größe wachsenden Planungs-, Koordinations- und Kontrollprobleme betrachtet. So kann es in einem größeren Unternehmen nicht nur zweckmäßig, sondern geradezu zwingend erforderlich sein, neben einem zentralen Innovationsmanagement, das sich mit Koordinationsaufgaben und der innovationsfeldübergreifenden Forschung und Entwicklung befasst, auch mehrere dezentrale Innovationsmanagement-Einheiten zu bilden, die näher am Produkt, an der Region oder am Kunden sind. Derartige Strukturentscheidungen besitzen für ein Unternehmen **strategische Bedeutung**. Sie legen fest, welche Stelle über die durchzuführenden Innovationsprojekte und über die dahinter stehenden Budgets zu entscheiden hat. Im folgenden Abschnitt 5.3.3.2 wird auf die verschiedenen Formen der organisatorischen Eingliederung des Innovationsmanagements ausführlich eingegangen.

5.3.3.2 Alternativen der organisatorischen Eingliederung des Innovationsmanagements

5.3.3.2.1 Zentralisation des Innovationsmanagements in der Unternehmensorganisation

Für die Zentralisation der Innovationsfunktion bieten sich die im Folgenden ausführlich beschriebenen Alternativen an:

- **Innovationsmanagement als zentrale Stabsstelle** (vgl. Abb. 5.10) Stabsstellen oder Stabsabteilungen werden auch als spezialisierte Leitungshilfsstellen bezeichnet. Sie nehmen fachspezifische Aufgaben wahr und besitzen im Allgemeinen keine Entschei-

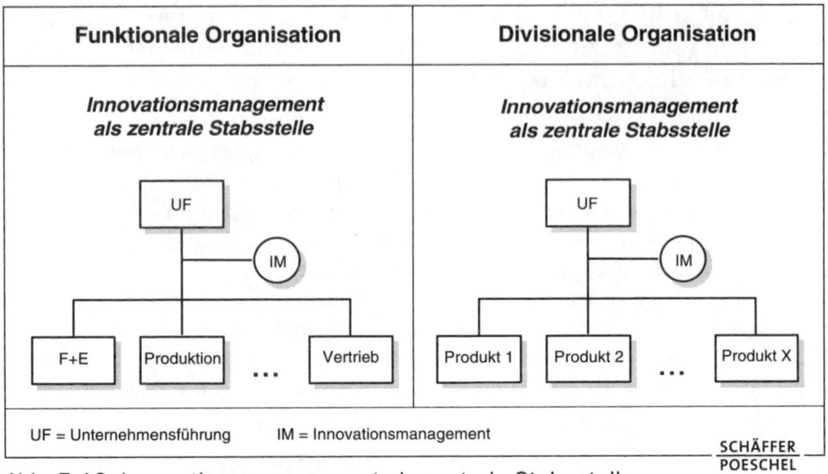

Abb. 5.10: Innovationsmanagement als zentrale Stabsstelle

dungs- und Weisungsbefugnisse. Stabsstellen sind immer an eine Leitungsstelle gebunden und sollen diese quantitativ und qualitativ bei der Vorbereitung, Durchsetzung und Kontrolle von Entscheidungen entlasten. Die eigentliche Entscheidung bleibt jedoch der vorgesetzten Instanz, deren Umsetzung den Linienstellen überlassen (vgl. *Kieser, A./Kubicek, H.* 1992 S. 136 ff.). Insofern stellt sich die Frage, ob und in welchem Umfang ein Stab die komplexen und vielfältig interdependenten Aufgaben des Innovationsmanagements zielgerichtet erfüllen kann.

Dies ist am ehesten in solchen Unternehmen der Fall, die **funktional** gegliedert sind. Hier kann eine zentrale Stabsstelle »Innovationsmanagement« die Planung und die Koordination von sämtlichen Innovationsaktivitäten übernehmen. Das ist allerdings zumeist nur in kleinen oder mittleren Unternehmen möglich, die überschaubar sind und in denen eine Zentralstelle einen direkten Zugriff auf alle relevanten Informationen und Personen hat.

In größeren **divisional** oder **regional** organisierten Unternehmen finden sich ausschließlich zentrale Innovationsmanagement-Stäbe dagegen nur selten. Aufgrund der unternehmerischen Eigenständigkeit der Divisions (Sparten, Geschäftsbereiche) oder Regionen hätten sie auch kaum ausreichende Möglichkeiten, um eine umfassende Steuerung der Innovationen zu gewährleisten. Zudem dürfte die Markt- und Produktferne bei der Generierung von neuen Produkten und Verfahren nicht gerade hilfreich sein.

- **Innovationsmanagement als Bereich der oberen Leitungsebene** (vgl. Abb. 5.11)
  Anders als im Fall der Stabsorganisation verfügt ein Innovationsmanagement, das auf der oberen Leitungsebene angeordnet ist,

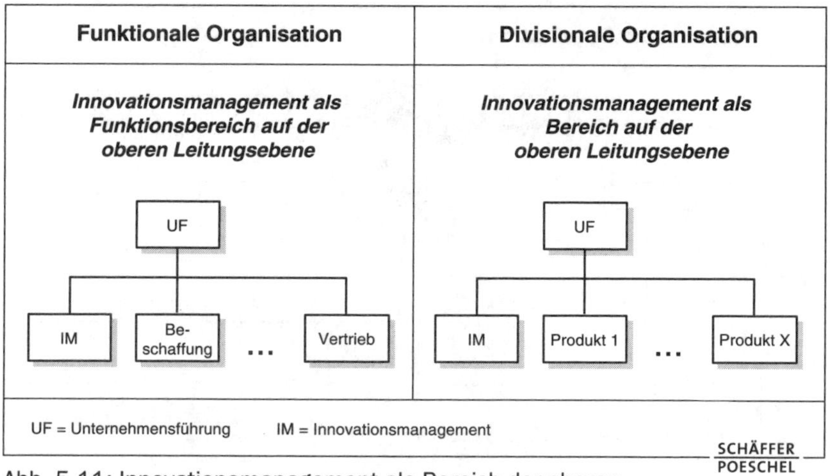

Abb. 5.11: Innovationsmanagement als Bereich der oberen Leitungsebene

über dieselben Rechte und Pflichten wie alle anderen auf dieser Ebene befindlichen Organisationseinheiten. Durch die Ausstattung mit Leitungskompetenzen wird die Durchsetzung der spezifischen Innovationsziele wesentlich erleichtert.

In **funktional** organisierten Unternehmen stellt diese Variante die »klassische« Form zur Integration der Innovationsfunktion in die Unternehmensorganisation dar (vgl. *Kern, W./Schröder, H.-H.* 1977 S. 362, *Gerpott, T. J.* 1995 S. 29). Der wesentliche Vorteil dieser Strukturlösung ist darin zu sehen, dass die Innovationsziele gleichberechtigt neben den anderen Funktionalzielen (Beschaffungs-, Produktions-, Vertriebsziele usw.) stehen. Die mit einer hochgradigen Spezialisierung verbundenen Effizienzpotenziale können so optimal genutzt werden. Allerdings besteht auch hier die in verrichtungsorientierten Strukturen latent vorhandene Gefahr, dass sich die Funktionsbereiche gegeneinander abschotten und Ressortegoismen entstehen, die gerade für die bereichsübergreifenden Innovationsprozesse sehr hinderlich sind.

Als noch kritischer kann sich die hierarchische Gleichstellung des Innovationsmanagements mit den Divisions oder Regionen im Rahmen einer **Divisional-** oder **Regionalorganisation** erweisen. Je heterogener das Leistungsprogramm der einzelnen Divisions oder je differenzierter die geographischen Regionen sind, desto schwerer ist es für ein zentrales Innovationsmanagement, gleichgültig ob in Linien- oder in Stabsfunktion, dem zielgruppenspezifischen und flexiblen Wesen einer divisionalen Organisation gerecht zu werden (vgl. *Kern, W./Schröder, H.-H.* 1977 S. 359 ff., *Zweipfennig, H.* 1991 S. 77 ff.).

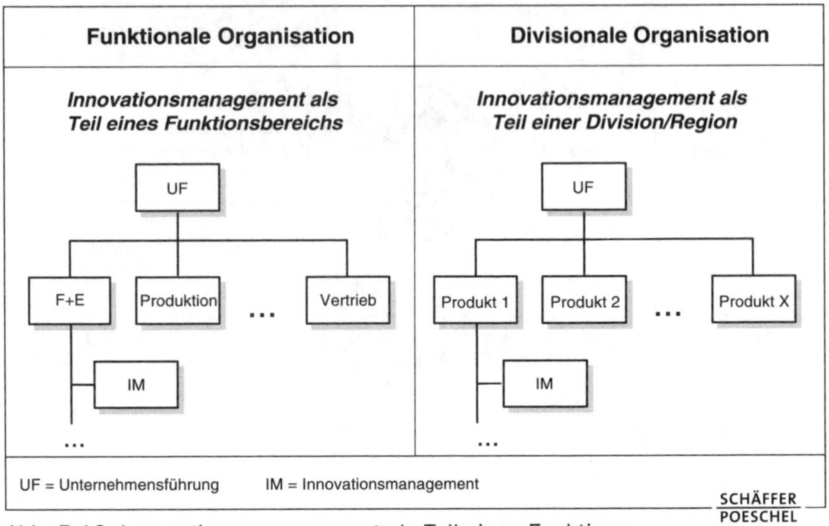

Abb. 5.12: Innovationsmanagement als Teil eines Funktionsbereichs oder einer Division/Region

- **Innovationsmanagement als Teil eines Funktionsbereichs oder einer Division/Region** (vgl. Abb. 5.12)
  Die Eingliederung des Innovationsmanagements in einen **Funktionsbereich** ist nur dann sinnvoll, wenn dieser Bereich einen eindeutig dominierenden Einfluss auf die Wahrnehmung der Innovationsfunktion hat (vgl. *Kern, W./Schröder, H.-H.* 1977 S. 360). Diese Feststellung lässt sich auch auf den Fall der Integration des Innovationsmanagements ausschließlich in **eine Division** oder in **eine Region** übertragen.

  Es ist wenig verwunderlich, dass auf diese Art eine funktions- oder geschäftsbereichsübergreifende Innovationstätigkeit kaum sichergestellt werden kann, was jedoch gerade für Neuproduktentwicklungen äußerst wichtig ist. Außerdem ist es schwierig, geeignete Kriterien festzulegen, die ein bestimmtes Funktionalressort oder eine bestimmte Division dafür prädestinieren, die Innovationsaktivitäten des gesamten Unternehmens in sich zu konzentrieren. Deshalb besitzt diese Strukturvariante kaum praktische Bedeutung.

Zusammenfassend kann festgestellt werden, dass die Zentralisation des Innovationsmanagements nur dann sinnvoll ist, wenn es zum einen eine unmittelbare Nähe zur obersten Leistungsebene besitzt. Die Zentralisation innerhalb eines Funktionsbereichs oder innerhalb einer Division schwächt die zentrale Bedeutung dagegen merklich ab, welche die Innovationsfunktion für das gesamte Unternehmen besitzt. Zum anderen eignet sich die zentrale Ein-

	Vorteile	Nachteile
Zentrales Innovations-management	+ Vermeidung von Doppelarbeit fördert eine effiziente Ressourcennutzung + Analog zur Konzentration auf Kernkompetenzen liegt der Innovations-schwerpunkt auf strategisch wichtigen Projekten + Nutzung von Spezialisierungsvorteilen + Geringer Koordinationsaufwand	− Isolation und Verselbst-ständigung des Innovationsmanage-ments sind möglich − Fehlende Marktnähe und Flexibilität durch lange Informations- und Kom-munikationswege zwischen den Fachbereichen und dem zentralen Innovations-management
⇨ *Fazit: Ein zentrales Innovationsmanagement ist grundsätzlich v. a. in funktional organisierten Unternehmen zweckmäßig; in divisionalen Strukturen überwiegen dagegen die Nachteile*		

SCHÄFFER POESCHEL

Abb. 5.13: Vor- und Nachteile eines zentralen Innovationsmanagements (vgl. *Bürgel, H. D./ Haller, C./Binder, M.* 1996 S. 159)

gliederung der Innovationsfunktion vor allem bei einer funktionalen Struktur und einem relativ homogenen Leistungsprogramm. Sind die angebotenen Leistungen hingegen heterogen, so werden die Flexibilität und die Reaktionsfähigkeit auf die Markt- und Wettbewerbsentwicklungen durch die Zentralisierung des Innovationsmanagements eingeschränkt (vgl. auch Abb. 5.13).

5.3.3.2.2 Dezentralisation des Innovationsmanagements in der Unternehmensorganisation

Sind die Aufgaben des Innovationsmanagements auf mehrere Organisationseinheiten verteilt und sind zudem die einzelnen Innovationsmanagement-Bereiche einer eigenen Leitungsinstanz unterstellt, so liegt eine dezentrale Gliederung des Innovationsmanagements vor. Hierfür bieten sich die in den Abbildungen 5.14 und 5.15 dargestellten Strukturalternativen an.

- **Innovationsmanagement als Teil aller Funktionsbereiche oder aller Divisions/Regionen** (vgl. Abb. 5.14)
  Ein Innovationsmanagement in Form von Linienstellen, die in allen Funktionen und Divisions/Regionen vorhanden sind, sichert

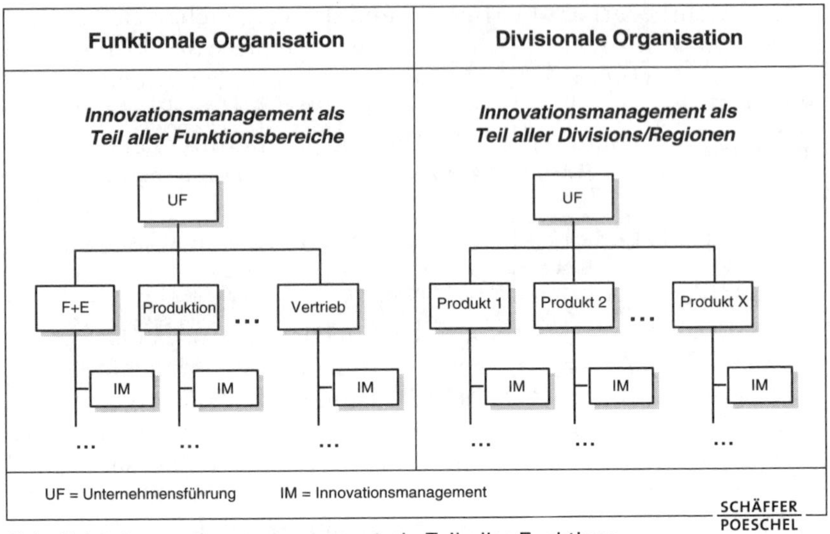

Abb. 5.14: Innovationsmanagement als Teil aller Funktionsbereiche oder aller Divisions/Regionen

einerseits einen unmittelbaren Marktbezug und andererseits eine große Flexibilität, um selbst auf kleine Veränderungen im Innovationsumfeld reagieren zu können. Diese Vorteile sind allerdings mit einem höheren Koordinationsaufwand und der latenten Gefahr von Doppelarbeiten verbunden. Dadurch kann es zu einer ineffektiven und ineffizienten Nutzung der verfügbaren finanziellen, personellen und materiellen Ressourcen kommen.

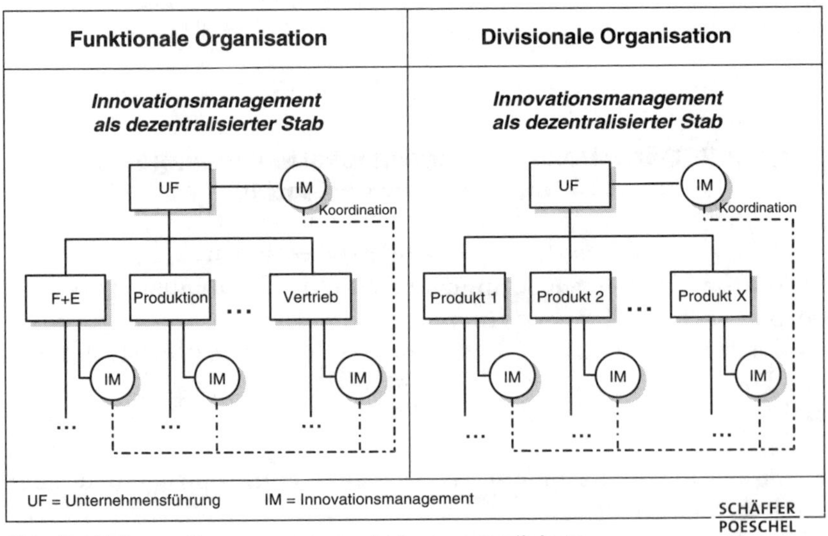

Abb. 5.15: Innovationsmanagement als dezentralisierte Stabsstelle

Der Mehrbedarf an Ressourcen und der vergleichsweise geringe Mehrnutzen sind auch der Grund, warum diese Strukturalternative in einer **funktionalen** Organisation kaum von Bedeutung ist. In **divisionalen** Strukturen ist sie dagegen mit einem zunehmenden Diversifizierungsgrad des Produktprogramms oder der regionalen Aktivitäten häufiger anzutreffen.

- **Innovationsmanagement als dezentralisierte Stabsstellen** (vgl. Abb. 5.15)
  Die Eingliederung des Innovationsmanagements in Form von dezentralisierten Stäben auf der funktionalen oder der divisionalen bzw. regionalen Ebene ist eine weitere Möglichkeit zur Dezentralisierung der Innovationsfunktion. Hier ergeben sich prinzipiell die gleichen Vor- und Nachteile wie bei einem dezentralen Innovationsmanagement, wobei noch die stabsspezifische Problematik zu beachten ist. Um eine unternehmensweite Koordination der Innovationsvorhaben zu gewährleisten, können die dezentralen Innovationsmanagement-Stäbe um einen Zentralstab ergänzt werden, der im Wesentlichen Koordinationsaufgaben übernimmt. Auf die besonderen Merkmale einer solchen zentral-dezentralen Lösung wird im Folgenden Abschnitt eingegangen.

In der Unternehmenspraxis korreliert die zunehmende Dezentralisierung der Innovationsfunktion positiv mit dem **Diversifikationsgrad** und damit indirekt mit der **Unternehmensgröße**. Damit die Vorteile eines dezentralen Innovationsmanagements optimal genutzt werden können, hat *Gerpott* einige wesentliche Voraussetzungen identifiziert (vgl. *Gerpott, T. J.* 1995 S. 30 f.):

Voraussetzungen erfolgreicher Dezentralisierung

- Die von den einzelnen Divisions bedienten Geschäftsfelder sind überschneidungsfrei voneinander abzugrenzen. Diese Forderung gilt grundsätzlich für die Geschäftsfeldsegmentierung.
- Divisionübergreifende Technologien werden nicht benötigt, d. h. bei den Innovationsvorhaben bestehen keine gegenseitigen Abhängigkeiten zwischen den Geschäftsbereichen.
- Wettbewerbsvorteile können durch reife Technologien erhalten oder ausgebaut werden.
- Zur Vermeidung von Doppelarbeiten findet eine entsprechende Koordination statt, bei der einzelne dezentrale Innovationsmanagement-Bereiche die Koordinationsfunktion für bestimmte Technologiefelder übernehmen.

Die wichtigsten Vor- und Nachteile dezentral organisierter Innovationsmanagement-Einheiten sind abschließend in Abbildung 5.16 zusammengefasst.

	Vorteile	Nachteile
Dezentrales Innovations-management	+ Hohe Reaktionsgeschwindigkeit und Marktnähe + Geringe Bürokratisierungstendenzen durch den Aufbau schlagkräftiger Teams + Verringerung der Komplexität durch eine klare Abgrenzung der einzelnen Bereiche + Etablierung erfolgsträchtiger Kunden-Lieferanten-Beziehungen zwischen dem Innovationsmanagement und den anderen Unternehmensbereichen möglich	− Unzureichende Ausschöpfung von Spezialisierungsmöglichkeiten − Beeinträchtigung von Losgrößeneffekten (Economies-of-scale), da der einzelne Forschungsumfang zu gering ist − Hoher Aufwand für die Koordination der verschiedenen Einheiten − Informationsverluste durch lange Kommunikationswege zu den zentralen Stellen

⇨ *Fazit: Ein dezentrales Innovationsmanagement ist grundsätzlich nur in divisional oder regional organisierten Unternehmen zweckmäßig*

SCHÄFFER POESCHEL

Abb. 5.16: Vor- und Nachteile dezentraler Strukturen des Innovationsmanagements (vgl. *Bürgel, H. D./Haller, C./Binder, M.* 1996 S. 160)

5.3.3.2.3 Kombiniert zentral-dezentrales Innovationsmanagement in der Unternehmensorganisation

Zwischen den beiden Eingliederungsvarianten der Zentralisierung und der Dezentralisierung gibt es eine Bandbreite von kombinierten Strukturlösungen, in denen es sowohl ein zentrales als auch ein dezentrales Innovationsmanagement gibt. Die Abbildung 5.17 zeigt zwei Möglichkeiten der Kombination von zentralen und dezentralen Einheiten in einer funktionalen und in einer divisionalen Unternehmensorganisation.

Der finanzielle, materielle und personelle Aufwand ist vergleichsweise hoch, der mit der Einrichtung eines zentral-dezentralen Innovationsmanagements verbunden ist. Dies führt in der Regel dazu, dass nur große Unternehmen mit ausreichenden Ressourcen einen derartigen organisatorischen Weg einschlagen können. Den zentralen und den dezentralen Einheiten werden dabei bestimmte Aufgaben, Verantwortung und Kompetenzen arbeitsteilig zugeordnet, um mögliche Überschneidungen und Unklarheiten zu vermeiden. Während die **zentrale** Organisationseinheit die grundlegenden und bereichsübergreifenden Querschnittsaufgaben übernimmt, werden die produkt- und marktnahen Entwicklungsaufgaben von dem **dezentralen** Innovationsmanagement erfüllt (vgl. *Zweipfennig, H.* 1991 S. 78).

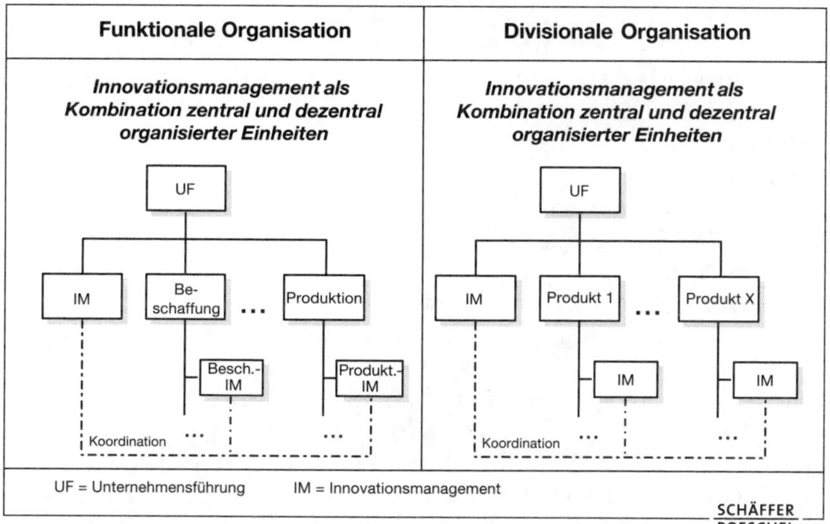

Abb. 5.17: Möglichkeiten der kombiniert zentral-dezentralen Eingliederung des Innovationsmanagements

Auch die *Badische Anilin- & Soda-Fabrik AG (BASF)* sieht in der kombiniert zentral-dezentralen Organisation des Innovationsmanagements eine geeignete strukturelle Lösung. In ihre Matrixorganisation sind sowohl zentrale als auch dezentrale Forschungseinheiten integriert, die das Innovationsmanagement des Unternehmens repräsentieren. Die vier zentralen F+E-Einheiten der *BASF AG*, die als Zentralabteilungen organisiert sind, befinden sich am Stammsitz des Unternehmens im badischen Ludwigshafen. Während die zentrale Forschung eher Grundlagencharakter besitzt und u. a. die Aufgabe der konzernweiten Forschungsplanung wahrnimmt, bearbeiten die dezentralen F+E-Einheiten der verschiedenen Tochterunternehmen und Unternehmensbereiche die produkt- und marktnahen Aufgaben »vor Ort«. Die Abbildung 5.18 zeigt die weltweite Dislozierung von Forschung und Entwicklung der *BASF AG* (vgl. *BASF AG* [Hrsg.] 1996a S. 37).

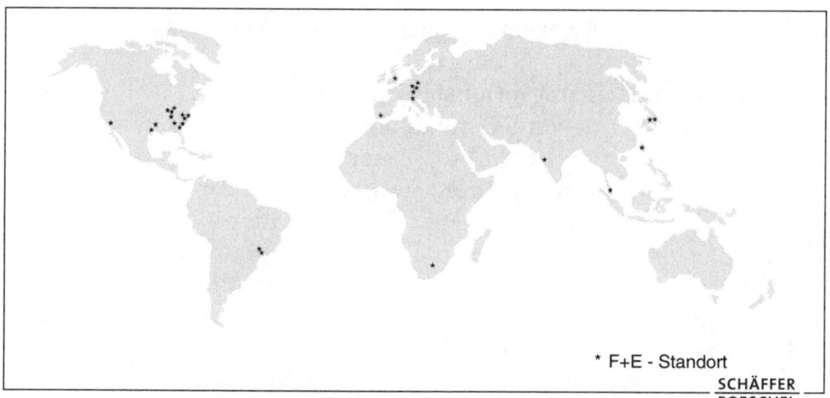

Abb. 5.18: Weltweite Forschungs- und Entwicklungsstandorte der *BASF AG* (vgl. *BASF AG* 1996b S. 4, *BASF AG* [Hrsg.] 1997)

Dotted-Line

Ein grundsätzliches Problem der kombinierten Strukturlösung besteht in der Zu- und Unterordnung des dezentralen Innovationsmanagements. Als Teil der Linie unterstehen die dezentralen Einheiten grundsätzlich der entsprechenden Funktions-, Division- oder Regionalleitung und sind auch unmittelbar für diese tätig. Um den Einfluss des zentralen Innovationsmanagements jedoch nicht vollkommen zu eliminieren, wird in der Praxis mit dem so genannten **Dotted-Line-Prinzip** häufig eine organisatorische Zweitverbindung aufgebaut (vgl. die gestrichelten Linien in den Abb. 5.15 und 5.17). Dadurch erhält die Zentralstelle die für eine erfolgreiche Wahrnehmung ihrer Koordinationsaufgaben zwingend erforderliche Richtlinienkompetenz und ein Informationsrecht gegenüber dem dezentralen Innovationsmanagement. Das Ausmaß ihres Einflusses beschränkt sich aber zumeist auf die Mitwirkung bei der Entwicklung von grundlegend neuen Produkten und Verfahren, die Herausgabe von Leitlinien oder die Ausrichtung von Kommunikationsforen für einen gegenseitigen Gedankenaustausch. Über die einzelnen Innovationsmaßnahmen wird hingegen innerhalb der dezentralen Bereiche entschieden (vgl. *Bürgel, H. D./Haller, C./Binder, M.* 1996 S. 159).

5.3.3.3 Interne Strukturierung des Innovationsmanagements

Neben der organisatorischen Eingliederung des Innovationsmanagements in die Unternehmensorganisation stellt sich die Frage, wie diese Organisationseinheiten intern strukturiert werden können. Grundsätzlich kommt eine Untergliederung nach

- Verrichtungen (Phasen, Teilfunktionen),
- Objekten (Produkte, Produktgruppen, naturwissenschaftlich-technische Disziplinen, Projekte) und
- Regionen

in Betracht. Diese Alternativen werden im Folgenden erörtert:

Verrichtungsorientierung

- Bei einer **verrichtungsorientierten** Strukturierung des Innovationsmanagements werden diejenigen Aufgaben in verschiedenen Organisationseinheiten unter einer Instanz zusammengefasst, die ähnliche Inhalte haben. So kann es zu der für Großunternehmen typischen strukturellen Unterscheidung von Forschung und Entwicklung oder beispielsweise zu der in der Abbildung 5.19 dargestellten Organisation des Innovationsmanagements mit den Abteilungen Forschung, Entwicklung, Erprobung und Dokumentation kommen. Eine derartige Gliederung ist allerdings nur bei einem relativ homogenen und über einen längeren Zeitraum hinweg stabilen Produktprogramm zweckmäßig. Es besteht die Gefahr, dass die für verrichtungsorientierte Struktu-

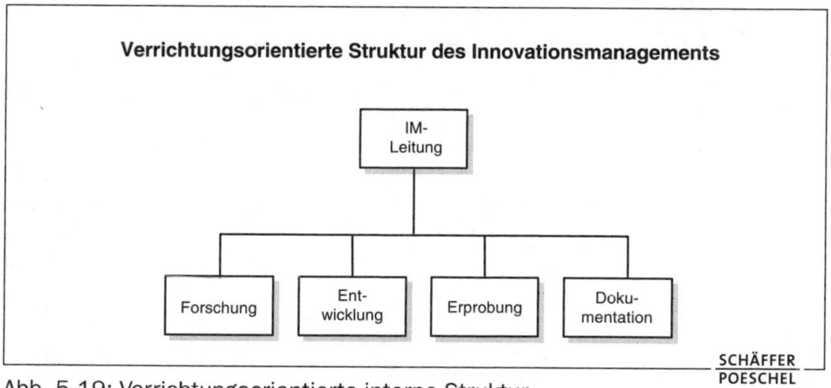

Abb. 5.19: Verrichtungsorientierte interne Struktur des Innovationsmanagements

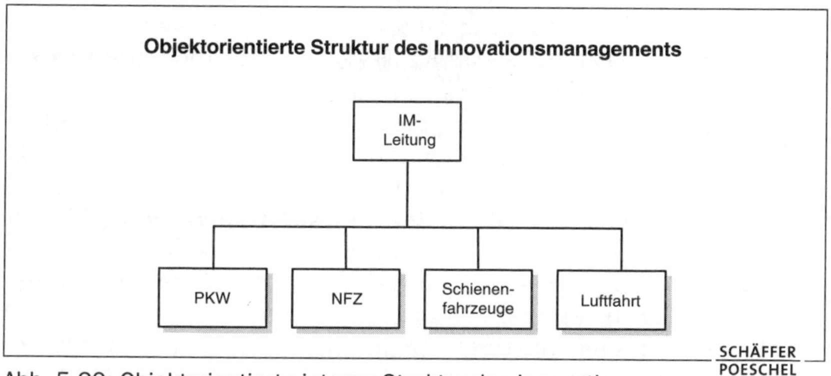

Abb. 5.20: Objektorientierte interne Struktur des Innovationsmanagements

ren typischen Kommunikationsprobleme zwischen den einzelnen organisatorischen Einheiten auftreten und den Informationsfluss behindern.

- Die **objektorientierte** Gliederung orientiert sich am Leistungsprogramm des Unternehmens oder der betreffenden Division (vgl. Abb. 5.20). Die einer gemeinsamen Leitung unterstellten Organisationseinheiten handeln relativ autonom. Eine derartige Organisation des Innovationsmanagements macht insbesondere bei einem sehr heterogenen Leistungsprogramm mit eindeutig voneinander zu differenzierenden Produkten Sinn, wie es in divisional organisierten Unternehmen vorliegt.

Objektorientierung

In der *BASF AG* wurde beispielsweise der Weg einer objektorientierten Struktur des F+E-Bereichs eingeschlagen. So ist die zentrale Forschung nach den vier Schwerpunkten Chemikalien, Kunststoffe, Wirkstoffe für Pharma und Pflanzenschutz sowie Effektstoffe (Farbstoffe, Prozess- und Spezialchemikalien) organisiert (vgl. *BASF AG* [Hrsg.] 1996 S. 37).

B

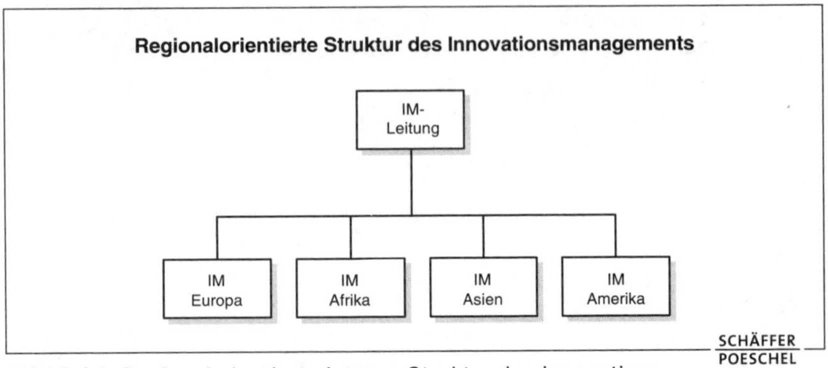

Abb. 5.21: Regionalorientierte interne Struktur des Innovationsmanagements

Neben der Ausrichtung an Produkten oder Produktgruppen können der internen Strukturierung auch naturwissenschaftlich-technische Disziplinen oder Projekte zugrunde gelegt werden. Die Gliederung nach verschiedenen Disziplinen, wie beispielsweise der Verfahrenstechnik oder der Thermodynamik, findet vor allem in den zentralen Forschungsbereichen großer Unternehmen Anwendung. Auf die projektorientierte Gliederung von Forschung und Entwicklung wird im folgenden Abschnitt 5.3.3.4 eingegangen.

- Schließlich ist eine interne Gliederung des Innovationsmanagements nach **regionalen** Gesichtspunkten möglich (vgl. Abb. 5.21). In diesem Fall übernimmt die zentrale Forschung und Entwicklung am Firmensitz die Aufgabe der grundlegenden Planung und Koordination des Innovationsgeschehens, während das marktnahe Innovationsmanagement »vor Ort« in den Regionen erfolgt.

5.3.3.4 Eingliederung von Innovationsprojekten in die Unternehmensorganisation

5.3.3.4.1 Grundformen des Projektmanagements

Insbesondere wegen ihres befristeten und interdisziplinären Charakters lassen sich Projekte als überlagernde Strukturen (so genannte »Sekundärstrukturen«) einerseits nur schwer in die bestehende funktionale oder divisionale Aufbaustruktur (die so genannte »Primärorganisation«) integrieren. Andererseits erfordert gerade die Projektdurchführung eine ständige Abstimmung zwischen den betroffenen Organisationseinheiten. Diese Abstimmungsprozesse sind in vielen Unternehmen durch die nach wie vor funktions- und abteilungsorientierte Arbeitsweise schwierig und zeitintensiv.

Projektgruppe

Das Projektmanagement bietet die Lösung dieses Problems: Zur Koordination der Projektaufgaben wird mit der **Projektgruppe** (Projektteam) eine besondere Organisationseinheit eingerichtet, mit der die bestehende Arbeitsteilung überwunden werden kann. In der Projektgruppe arbeiten diejenigen Fachleute aus unterschiedlichen Funktionsbereichen mit, die konkrete Beiträge zur Durchführung des Innovationsvorhabens leisten können. Sie wird von einem Projektmanager geleitet. Nach dem Abschluss des Projekts wird die Projektgruppe wieder aufgelöst. Eine spezielle Form von Projektgruppen sind die **»All-Star-Teams«**, in denen die fähigsten Mitarbeiter der beteiligten Bereiche vertreten sind (vgl. *Schrader, J.* 1991 S. 33).

B

Gerpott/Wittkemper sprechen in diesem Zusammenhang von »integrierten Teams« und sehen in derartigen Strukturen eine Organisationsvariante, die erhebliche Zeiteinsparungen in Innovationsprozessen ermöglicht. Als Beispiel nennen sie das ehemals selbstständige amerikanische Computerunternehmen *Compaq*, das bei einem Branchendurchschnitt für die Produktentwicklung von 12–18 Monaten aufgrund seiner Teamorganisation mit 6–9 Monaten nur rund die Hälfte der Entwicklungszeit benötigt (vgl. *Gerpott, T. J./Wittkemper, G.* 1991 S. 139 f.).

Projektmanager

Der **Projektmanager** (Projektleiter) ist für die zielgerichtete und ordnungsgemäße Abwicklung des Projekts und für die laufende Berichterstattung gegenüber dem Auftraggeber verantwortlich. Grundsätzlich sollte er im Rahmen seines Projekts über den Einsatz der finanziellen Projektmittel frei entscheiden können. Er sollte darüber hinaus mindestens projektbezogen fachliche Weisungsbefugnisse gegenüber den anderen Stellen und ein umfassendes Informationsrecht in allen Belangen seines Projekts besitzen. In Abhängigkeit von der Art und dem Umfang des Projekts können die Kompetenzen des Projektmanagers erweitert oder Aufgaben, Verantwortung und Kompetenzen an die Projektmitarbeiter delegiert werden. Auf diese Weise entsteht eine **Projekthierarchie**, bestehend aus dem Projektmanager, den Teilprojektmanagern (Teilaufgabenleitern) und den für die Arbeitspakete verantwortlichen Projektmitarbeitern (vgl. *Vahs, D.* 2005 S. 187).

Projekthierarchie

Projektmanagementformen

Die Organisationsformen des Projektmanagements sind in der Praxis vielfältig und uneinheitlich. Neben den funktions- und spartenübergreifenden Projekten gibt es in vielen Unternehmen auch bereichsspezifische Projekte wie beispielsweise reine F+E-, Vertriebs- oder Fertigungsvorhaben. In Innovationsprojekten lassen sich drei organisatorische **Ausprägungen des bereichsübergreifenden Projektmanagements** unterscheiden (vgl. *Antoni, C./Hofmann, K./Bungard, W.* 1996 S. 492 f., *Bleicher, K.* 1991 S. 142, *Frese, E.* 1993 S. 454 ff., *Litke, H. D.* 1995 S. 69 ff., *Maddaus, B. J.* 1994 S. 107 ff.):

- Stabs-Projektmanagement,
- Matrix-Projektmanagement,
- Reines Projektmanagement.

Teilweise wird mit dem **Fachabteilungs-** oder **Federführungsmodell** noch ein viertes Konzept genannt (vgl. *Grün, O.* 1992 Sp. 2110). Hierbei übernimmt diejenige Fachabteilung die Projektsteuerung, die am stärksten von dem Projekt berührt wird. Als Projektmanager fungiert der Leiter der Fachabteilung oder ein von ihm beauftragter Vertreter. Treten im Verlauf des Projekts Konflikte mit anderen Unternehmensbereichen auf, die sich nicht kollegial lösen lassen, so wird das Problem auf die nächsthöhere Ebene bis hin zur Geschäftsführung verlagert und dort entschieden (vgl. *Hauschildt, J.* 2004 S. 122).

Auswahlkriterien

Die **Auswahl der geeigneten Organisationsform** des Projektmanagements hängt von verschiedenen Faktoren ab, wie beispielsweise der strategischen Bedeutung, der Größe, dem Risiko und der Dauer des Projekts. Die Abbildung 5.22 gibt einen Überblick über verschiedene Kriterien für die Eingliederung von Projekten in die Primärorganisation eines Unternehmens und über die Eignung der drei Formen des Projektmanagements. In der Projektmanagement-Praxis wird die geeignete Organisationsform im Allgemeinen von dem Auftraggeber und dem Projektmanager gemeinsam festgelegt.

Kriterium	Einfluss-Projektmanagement	Matrix-Projektmanagement	Reines Projektmanagement
Strategische Bedeutung des Projekts für das Unternehmen	gering	groß	sehr groß
Projektgröße	klein	groß	sehr groß
Projektrisiko	gering	mittel/groß	sehr groß
Technologie	Standard	anspruchsvoll	innovativ
Termindruck	gering	mittel	groß
Projektlaufzeit	kurz	mittel	lang
Kapazitätsauslastung	sehr gut	gut	befriedigend
Zahl der gleichzeitig bearbeitbaren Projekte	groß	mittel	gering
Projektkomplexität	gering	mittel/hoch	hoch
Bedarf an zentraler Steuerung	mittel	groß	sehr groß
Notwendigkeit der interdisziplinären Zusammensetzung des Projektteams	gering	mittel/hoch	hoch
Mitarbeitereinsatz	Nebentätigkeit	variabel	Haupttätigkeit
Projektleiter-Persönlichkeit	qualifiziert	qualifiziert	hochqualifiziert

Abb. 5.22: Eignungsprofil der drei Formen des Projektmanagements (vgl. *Platz, J./Schmelzer, H. J.* 1986 S. 73 f.)

5.3.3.4.2 Stabs-Projektmanagement von Innovationsprojekten

Bei dem Stabs- oder Einfluss-Projektmanagement wird die Aufgabe der Projektkoordination einer eigens dafür geschaffenen **Stabsstelle** übertragen (vgl. Abb. 5.23). Die Projektmitarbeiter verbleiben organisatorisch auf ihren Stellen in der Primärorganisation. Die Projektstelle besitzt ihnen gegenüber weder Entscheidungs- noch Weisungskompetenzen. Die Projektverantwortung liegt bei der übergeordneten Instanz, während der Projektmanager im Wesentlichen für die Terminüberwachung, die Kostenkontrolle und die sonstigen projektverfolgenden Maßnahmen zuständig ist. Seine Rechte beschränken sich auf die projektbezogenen Informations- und Beratungsbefugnisse. Durch die eingeschränkten formalen Befugnisse ist eine erfolgreiche Durchführung von bereichsübergreifenden Innovationsprojekten nur sehr schwer zu gewährleisten. Insofern sollte der Projektmanager aufgrund seiner fachlichen Kompetenz, seiner Persönlichkeit, seiner Projektübersicht und der erkennbaren Unterstützung durch die Unternehmensführung zumindest einen informalen Einfluss auf den Projektverlauf nehmen können (weshalb diese Organisationsform auch als »Einfluss«-Projektmanagement bezeichnet wird).

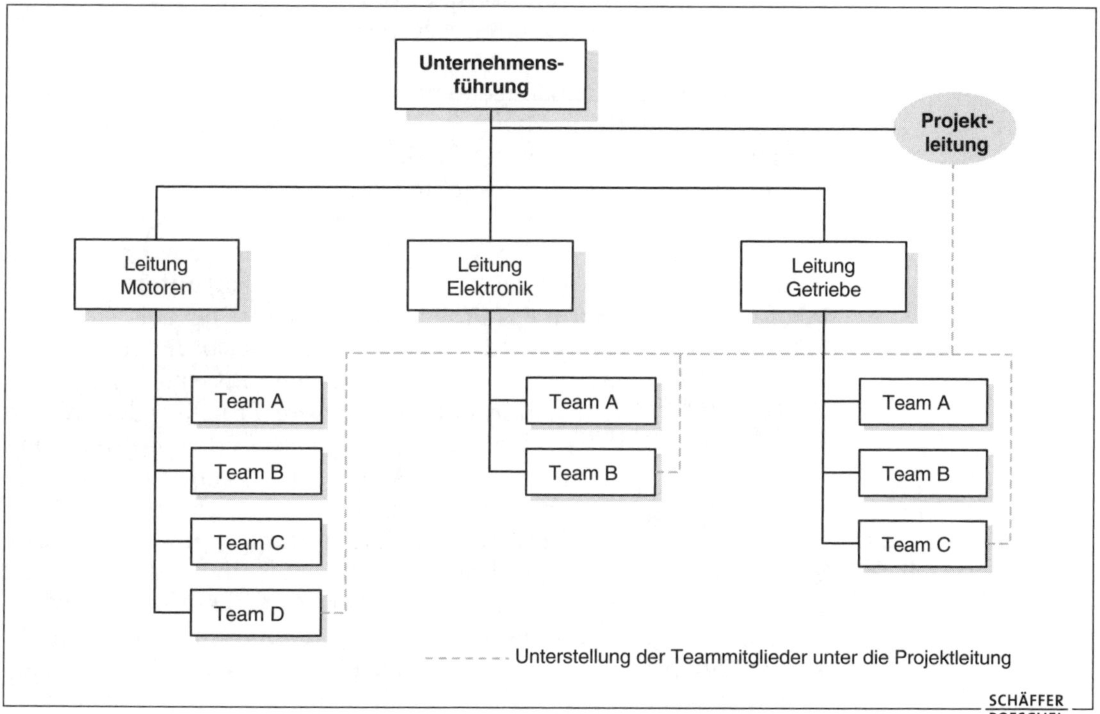

Abb. 5.23: Stabs-Projektmanagement

Vor- und Nachteile

Der **Vorteil** der Stabs-Projektorganisation ist vor allem darin zu sehen, dass die Primärorganisation unverändert bleibt. Die Stelle des Projektmanagers kann sowohl voll- als auch nebenamtlich besetzt werden. **Nachteilig** wirken sich die fehlenden formalen Kompetenzen des Stelleninhabers aus. Er ist letztendlich auf den guten Willen der am Projekt beteiligten Bereiche und auf die Unterstützung durch die Unternehmensleitung angewiesen. Bereichsübergreifende Probleme lassen sich damit nur schwer lösen. Die Reaktion auf Projektstörungen erfolgt dementsprechend langsam. Um diesen Nachteilen entgegenwirken zu können, sollte die Stabsstelle direkt der Unternehmensführung oder der Bereichsleitung Forschung und Entwicklung unterstellt werden.

Trotz der mit dieser Organisationsform verbundenen Probleme wird das Stabs-Projektmanagement in der Praxis häufig eingesetzt. Dies geschieht vor allem bei solchen Projekten, die relativ klein sind und nur geringe strukturelle Verflechtungen mit anderen Organisationseinheiten erfordern. Der Grund für den hohen Verbreitungsgrad ist der vergleichsweise problemlose Einsatz, der ohne größere organisatorische Veränderungen möglich ist.

5.3.3.4.3 Matrix-Projektmanagement von Innovationsprojekten

Beim **Matrix-Projektmanagement** werden die vertikalen funktions- oder objektorientierten Bereiche der Primärorganisation durch die horizontale Projektstruktur überlagert (vgl. Abb. 5.24). Die Projektmanager sind für ihre Projekte verantwortlich. Sie können sich in der Regel auf Mitarbeiter aus den Funktions- oder Geschäftsbereichen stützen, die ihnen voll- oder teilzeitlich zugeordnet und zumindest fachlich (teilweise auch disziplinarisch) unterstellt sind. Insofern ist diese Form des Projektmanagements bei solchen Innovationsprojekten sinnvoll, die in einer engen Zusammenarbeit mit mehreren Linienstellen durchgeführt werden müssen.

Werden in einem Unternehmen mehrere Projekte gleichzeitig abgewickelt (im Rahmen eines so genannten »Multiprojektmanagements«), kann es sinnvoll sein, eine zentrale **Projektadministration** einzurichten, deren Aufgabe die Unterstützung und die Entlastung der Projektmanager in allen administrativen Angelegenheiten ist (z. B. bei der Projektberichterstattung und -dokumentation). Außerdem wird häufig ein **Lenkungsausschuss** (steering committee) installiert, der für die Gesamtsteuerung aller Projekte verantwortlich ist. In ihm sind neben dem Auftraggeber alle Entscheidungs- und Verantwortungsträger für das Innovationsprojekt zusammengefasst. Im Lenkungsausschuss werden die wesentli-

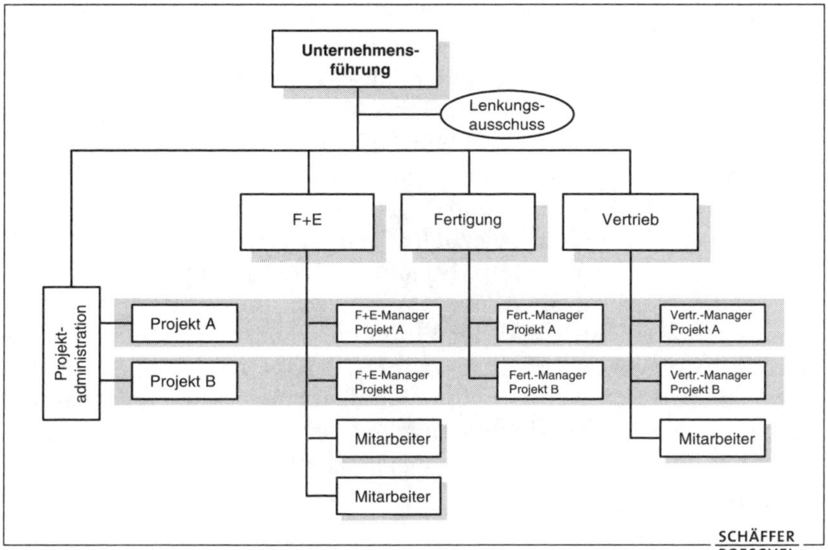

Abb. 5.24: Matrix-Projektmanagement

chen, für die Projektdurchführung notwendigen Entscheidungen getroffen und solche Konflikte gelöst, die auf den nachgeordneten Hierarchieebenen nicht zu lösen waren. Da im Lenkungsausschuss von wichtigen Innovationsprojekten die oberen Führungsebenen bis hin zum Vorstand oder zur Geschäftsführung vertreten sind, hat er auch die Funktion eines Organs der **Machtpromotion**, d. h. hier werden zuvor kontrovers diskutierte Entscheidungssachverhalte gegebenenfalls »qua Hierarchie« entschieden.

Vor- und Nachteile

Die eindeutige Zuweisung der Projektverantwortung an den Projektmanager ist ein wesentlicher **Vorteil** des Matrix-Projektmanagements. Die Projektmitarbeiter sind zwar dem Projekt zugeordnet, werden jedoch nicht vollständig aus ihrer Organisationseinheit herausgelöst. Sie können also sowohl in ihrer »normalen« Funktion verbleiben als auch ihr Spezialwissen und ihre Erfahrung bei Bedarf in eines oder in mehrere Projekte einbringen. Dadurch ist der Personaleinsatz flexibler zu gestalten als bei dem reinen Projektmanagement. Das Mehrliniensystem soll zudem die Kreativität der Beteiligten fördern und zu der Entwicklung einer konstruktiven Streitkultur beitragen, die gerade bei innovativen Projekten ein wichtiger Erfolgsfaktor ist. In der Teilung der Weisungsbefugnisse liegt aber auch ein entscheidender **Nachteil** des Matrix-Projektmanagements. Die Schnittpunkte der horizontalen Linien des Projektmanagers und der vertikalen Linien der Fachinstanzen oder der Geschäftsbereiche beinhalten ein beträchtliches Konfliktpotenzial. Kritisch ist zum Beispiel der Einsatz von Mitarbeitern in einem

Projekt, wenn deren vorgesetzte Linieninstanz zeitgleich einen vermehrten Personalbedarf hat. Die Tatsache, dass die Projektmitarbeiter »Diener zweier Herren« sind, kann zu einer erheblichen Verunsicherung führen. Einen weiteren Konfliktherd bildet die Frage, wer im Rahmen der Projektabwicklung was zu entscheiden hat.

Um diesen Problemen zu begegnen, ist eine **klare Aufgaben- und Kompetenzregelung** zwischen dem Projekt- und dem Linienmanagement zwingend erforderlich. Sinnvollerweise sollte der Projektmanager die Kompetenz für die Festlegung der quantitativen und qualitativen Aufgabeninhalte (Was) sowie die Terminfestsetzung (Wann) erhalten, während der Linienvorgesetzte für die fachliche Durchführung (Wie) und die Qualität der Arbeitsergebnisse verantwortlich ist. Auch wenn entsprechende formale Regeln vorhanden sind, stellt das Matrix-Projektmanagement jedoch höchste Anforderungen an die Kommunikationsfähigkeit und -bereitschaft aller Projektbeteiligten. Obwohl man dem Matrixgedanken in der Praxis aufgrund seines Konfliktpotenzials skeptisch gegenübersteht, ist das Matrix-Projektmanagement besonders bei großen und anspruchsvollen Technologieprojekten häufig anzutreffen.

5.3.3.4.4 Reines Projektmanagement von Innovationsprojekten

Kennzeichnend für das **reine Projektmanagement** ist die fachliche und disziplinarische Unterstellung der Projektmitarbeiter unter den Projektmanager als »Vorgesetzten auf Zeit«. Alle Projektbeteiligten sind vollamtlich und vollzeitlich in dem Projekt tätig. Der Projektmanager hat auf sämtliche Ressourcen Zugriff, die für die Projektdurchführung erforderlich sind. Er trägt die volle Verantwortung für die Erreichung der materiellen Projektziele und die Einhaltung der Termine und Kosten. Die reine Projektorganisation führt zu einer vollständigen Ausgliederung aller projektbezogenen Aufgaben und Kompetenzen aus der Primärorganisation und eignet sich damit für sehr umfangreiche und innovative Vorhaben mit hoher Komplexität, die nur wenige Berührungspunkte mit den Routineaufgaben haben (vgl. Abb. 5.25).

Vor- und Nachteile

Der wesentliche **Vorteil** des reinen Projektmanagements ist die ungeteilte Linienautorität des Projektmanagers, der damit im Rahmen seiner Projektverantwortung weitgehend autonom entscheiden kann. Dadurch kann er schnell auf Störungen im Projektablauf reagieren. Die eindeutige Weisungsbefugnis trägt zur Vermeidung von Kompetenzkonflikten bei. Als **nachteilig** kann sich diese Form des Projektmanagements jedoch erweisen, wenn im Rahmen eines Multiprojektmanagements gleichzeitig mehrere Projekte abgewickelt

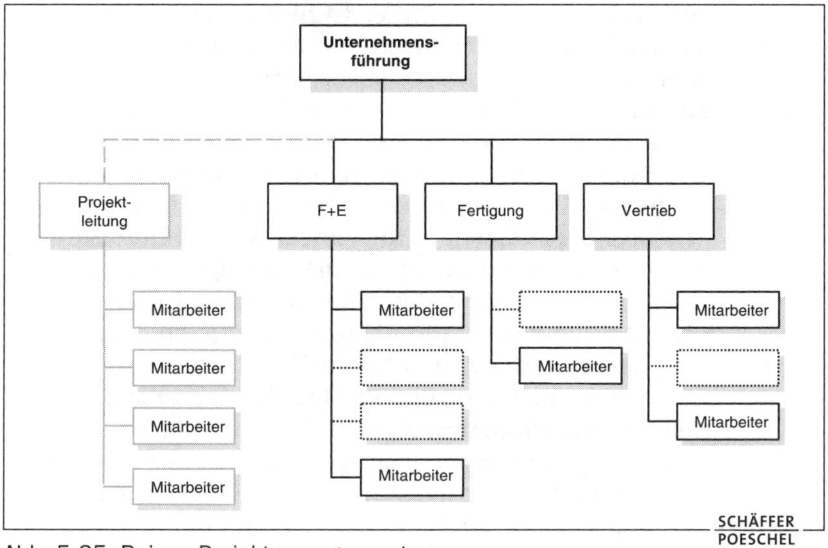

Abb. 5.25: Reines Projektmanagement

werden, die alle die gleichen Ressourcen benötigen; dann kommt es zu Abgrenzungs- und Koordinationsproblemen. Kritisch ist auch der Personaleinsatz zu sehen, weil Spezialisten unter Umständen auch dann ständig zum Projektteam gehören, wenn sie eigentlich nur sporadisch benötigt werden. Durch die hohe Autonomie der Projekte besteht die Gefahr, dass die Kommunikation mit den Linienstellen leidet. Gerade bei Innovationsprojekten ist es jedoch sehr wichtig, dass zwischen dem Linien- und dem Projektmanagement ein ständiger Informations- und Gedankenaustausch stattfindet. Nur so können marktferne Entwicklungen vermieden werden, die sich später als Flop erweisen. Außerdem lassen sich die Projektmitarbeiter in der Praxis nur selten übergangslos in ein anderes Projekt integrieren, wenn ein Projekt beendet ist oder abgebrochen wird. Daraus resultieren oft eine erhebliche Unsicherheit und Orientierungslosigkeit, die der Motivation zur Projektmitarbeit entgegenwirken.

In der betrieblichen Praxis des Innovationsmanagements kann die reine Projektorganisation in **zwei Varianten** auftreten (vgl. *Hauschildt, J.* 2004 S. 123):

Formen des reinen Projektmanagements

- Das gesamte Unternehmen kann in Projektform organisiert sein (»**projektorientierte Linienorganisation**«). Die einzelnen Projekte werden neben- und nacheinander von Projektteams bearbeitet. Eine derartige Struktur findet sich beispielsweise in Einrichtungen, die Auftragsforschung betreiben und jeden einzelnen Forschungsauftrag projektbezogen »abarbeiten«. Durch die in der Praxis häufig anzutreffende Vielzahl von parallel laufenden Projekten ergibt sich bei einer projektorientierten Ausrichtung der Linienorganisation das Erfordernis, eine Koordinationsstelle zur Abstimmung des Ressourceneinsatzes einzurichten, um Doppelarbeiten und Fehlplanungen zu vermeiden.

- Besonders wichtige und drängende Innovationsaufgaben können auch durch eine **Task-Force** bearbeitet werden. Diese Gruppe setzt sich aus Spezialisten unterschiedlicher Fachdisziplinen und Funktionsbereiche zusammen, die so lange vollamtlich in der Task-Force tätig sind, bis die Sonderaufgabe erfüllt ist. Die Task-Force entscheidet auf ihrer ersten Sitzung, ob das identifizierte Innovationsproblem dringlich und wichtig ist oder nicht. Nur wenn entschieden wird, dass das Problem bearbeitet werden soll, bleibt die Task-Force bestehen und sucht eine Lösung. Mit der Entscheidung für ein bestimmtes Vorgehen zur Problemlösung wird festgelegt, welche Linienstellen für die Realisierung zuständig sind. Danach löst sich die Task-Force auf und ihre Mitglieder kehren in die Fachfunktionen zurück.

5.3.4 Rollen im Innovationsprozess

5.3.4.1 Zur Notwendigkeit unternehmens- und prozessspezifischer Rollenfestlegungen

Unter einer **Rolle** wird ein in sich stimmiges Bündel von Verhaltenserwartungen der Interaktionspartner bezüglich der Aufgaben, Rechte und Pflichten verstanden, die an den Inhaber einer bestimmten Stelle gerichtet sind. Diese positionsorientierten Erwartungen sind durch ihren Bezug zu einer organistorischen Einheit personenunabhängig oder anders ausgedrückt: Mit jeder Stelle sind bestimmte Aufgaben, Verantwortung und Kompetenzen verbunden, aus denen sich ein entsprechendes Rollenverhalten ableitet. Durch die Formulierung von Rollen und die damit verbundene **Rollendifferenzierung** wird die Komplexität möglicher Verhaltensmuster reduziert und das Handeln der Stelleninhaber transparenter (vgl. *Macharzina, K.* 1994 S. 443).

So wird beispielsweise von einem Gruppenmeister in der nach dem Fließprinzip organisierten Fertigung eines Industriebetriebs grundsätzlich ein anderes Rollenverhalten erwartet als von dem Leiter des Forschungs- und Entwicklungsbereichs desselben Unternehmens: Während der Gruppenmeister gegenüber den eher gering qualifizierten Fließbandarbeitern in erster Linie eine kontrollierende und anordnende Tätigkeit ausübt, ist es die Aufgabe des F+E-Leiters, seine hoch qualifizierten Forscher und Entwickler zu einer kreativen und möglichst selbstständigen Tätigkeit zu motivieren.

Autor	Rollenbezeichnung				
Schumpeter (1912)	Erfinder	Unternehmer	Financier		
Rogers/Shoemaker (1971)	initiator	stimulator	legitimizer	decision maker	executor
Witte (1973)	Fachpromotor	Machtpromotor			
Globe et al. (1973)	independent inventor	technological gatekeeper	technical entrepreneur		
Havelock (1973)	catalyst	solution giver	process helper	resource linker	
Rothwell et al. (1974)	technical innovator	product champion	business innovator	chief executive	
Chakrabarti (1974)	product champion	members of functional groups			
Uhlmann (1978)	Initiator	Fachpromotor	Machtpromotor	Realisator	
Roberts/Fusfeld (1981)	idea generator	entrepreneur/ champion	project leader	gatekeeper	sponsor/ coach
Hauschildt/Chakrabarti (1988)	Fachpromotor	Machtpromotor	Prozesspromotor		
Picot et al. (1989)	Politischer Koordinator	Informations-koordinator	Ressourcen-koordinator	Markt-koordinator	
Krüger (1995)	Entscheider (»Macher«)	Planer (»Experte«)	Benutzer (»Betroffener«)		
Gemünden/Walter (1996)	Fachpromotor	Machtpromotor	Prozesspromotor	Beziehungs-promotor	

SCHÄFFER POESCHEL

Abb. 5.26: Übersicht über mögliche Rollen im Innovationsprozess (vgl. *Hauschildt, J.* 2004 S. 196)

Ein die **Rollenbildung** prägendes Element sind formale Regelungen, die zum Beispiel als Stellenbeschreibungen oder als Arbeitsanweisungen vorliegen können. Weitere Einflussgrößen, die sich auf die Rollengestaltung im Unternehmen auswirken, sind die Mitarbeiter, die Vorgesetzten, die externen Partner, wie Kunden und Lieferanten, die Persönlichkeitsfaktoren der handelnden Personen sowie die dem Unternehmen zur Verfügung stehenden technischen Mittel (vgl. *Kieser, A./Kubicek, H.* 1992 S. 457, *Staehle, W. H.* 1994 S. 253). Keine Zweifel bestehen zudem daran, dass neben formalen Aspekten auch verstärkt informale Gegebenheiten zur Bestimmung der Rolleninhalte und zur Ausgestaltung der verschiedenen Rollen beitragen.

Der **Sinn der Rollenbildung und -differenzierung** ist darin zu sehen, dass sich die einzelnen Organisationsmitglieder voneinander unterscheiden, jedem Mitglied innerhalb der Organisation ein bestimmter Platz gegeben wird, der auch von den anderen akzeptiert und anerkannt wird, und dass das Verhalten der einzelnen Personen ein gewisses Maß an Kontinuität und Verlässlichkeit erhält (vgl. *Comelli, G./Rosenstiel, L. v.* 1995 S. 166).

In den vorhergehenden Abschnitten wurde deutlich, dass Innovationen besondere Merkmale aufweisen, die ein standardisiertes und repetitives Verhalten eigentlich verbieten. Demzufolge kann auch eine Festlegung von Rollen, die für den laufenden Innovationsprozess relevant sind, sinnvollerweise nur unternehmens- oder sogar prozessspezifisch erfolgen. Trotzdem sind in der Vergangenheit zahlreiche empirische Arbeiten veröffentlicht worden, aus denen deutlich wird, welche **Rollenvielfalt** es beim Management von Innovationen geben kann (vgl. Abb. 5.26).

5.3.4.2 Wichtige Rollen im Innovationsprozess

5.3.4.2.1 Intrapreneure als »Unternehmer im Unternehmen«

Der Ursprung des **Intrapreneuring** oder **Intrapreneurship** geht auf *Giffort Pinchot* zurück, der aus den Begriffen »Intracorporate« und »Entrepreneuring« ein Kunstwort bildete, das angesichts des von allen Seiten proklamierten Innovationsdrucks mehr und mehr an Bedeutung gewinnt (vgl. *Pinchot, G.* 1988 S. 10). Intrapreneuring soll vor allem die Innovationen in Großunternehmen durch die verstärkte Einbeziehung des unternehmerischen Talents und des Erfindungsreichtums der Mitarbeiter fördern. Ein Intrapreneur ist demnach eine Person, die Visionen entwickelt und diese eigeninitiativ zu verwirklichen versucht, so wie es die Aufgabe des selbstständigen Unternehmers (des Entrepreneurs) ist. Intrapreneuring allgemein meint somit das innovativ-unternehmerische Verhalten von einzelnen Personen oder Personengruppen in (Groß-)Unternehmen (vgl. *Servatius, H.-G.* 1988 S. 98).

B

Für die Rolle des Intrapreneurs im Forschungsbereich hat die *Siemens AG* den Begriff des »**Technopreneurs**« eingeführt. Die Technopreneure sollen sich nicht mit einer genialen Idee zufrieden geben, sondern deren Umsetzung in wirtschaftlich erfolgreiche Problemlösungen vorantreiben. Sie sollen sich dafür verantwortlich fühlen, dass ihre Innovationen rechtzeitig, in der erforderlichen Qualität und zu den geplanten Kosten den Markt erreichen (vgl. *Dürand, D.* 1998 S. 63).

Intrapreneure bewegen sich zumeist im Spannungsfeld zwischen dem Entrepreneur als dem »klassischen« Unternehmer (Prinzipal) und dem Manager (Agent), als dem angestellten Unternehmer. Alle drei Funktionen oder Rollen können anhand von charakteristischen Merkmalen unterschieden werden (vgl. Abb. 5.27).

Vor allem in den USA wurde das Intrapreneurship als rein personenzentrierter Gestaltungsansatz gesehen, um die bestehenden Spannungen zwischen den am Innovationsprozess beteiligten Inte-

Merkmal	Grundsätzliche Unterschiede zwischen Entrepreneur	Intrapreneur	Manager
Betriebliche Infrastruktur	nicht vorhanden muss geschaffen werden	Ressourcen, die genutzt werden können, sind vorhanden	Ressourcen, die genutzt werden können, sind vorhanden
Risiko	wird allgemein gesucht	wird im Rahmen des Vorhabens gesucht	wird im Rahmen der Kompetenzen gesucht
Haftung	unbeschränkte Vollhaftung (mit Eigenkapital)	nur im Rahmen der Verantwortung (ohne Eigenkapital)	nur im Rahmen der Verantwortung (ohne Eigenkapital)
Ambiguität	wird allgemein geschätzt	wird vorhabenbezogen geschätzt	Stabilität wird vorgezogen
Umgang mit Fehlern	Fehler dienen als Chance zum Lernen	Fehler dienen als Chance zum Lernen	Fehler werden so weit wie möglich vermieden
Leistungsstreben	umfassend ausgeprägt	vorhabenbezogen ausgeprägt	aufgabenbezogen ausgeprägt
Verpflichtung	auf lange Zeit	für die Dauer des Vorhabens	nur solange, bis eine höhere Hierarchieposition erreicht ist
Motivation	hauptsächlich Selbstverwirklichung	teilweise Einflussbedürfnisse, teilweise Selbstverwirklichung	Selbstverwirklichung weniger ausgeprägt, Ausübung von Macht steht im Vordergrund
Eigene Bedürfnisbefriedigung	steht im Vordergrund	wird z.T. beachtet, z.T. werden die Bedürfnisse des Unternehmens berücksichtigt	Bedürfnisse des Unternehmens stehen teilweise im Vordergrund
Visionen	umfassend und langfristig für das gesamte Unternehmen	Entwicklung eigener Visionen im Rahmen der Vision des Unternehmens	Visionen des Unternehmers werden übernommen

Abb. 5.27: Gegenüberstellung von Entrepreneur, Intrapreneur und Manager (vgl. *Kiechl, R.* 1990 S. 28)

ressengruppen im Unternehmen zu überbrücken. Der Ansatz geht dabei von der Prämisse aus, dass es sich bei dem Erfolg oder dem Misserfolg einer Innovation ausschließlich um ein personales Problem handelt. Das unternehmerische Gespür werde durch die bürokratischen Strukturen gerade in großen Unternehmen oftmals bereits im Keim erstickt wird (vgl. *Bleicher, K.* 1991 S. 185 ff.).

Der häufig in einer Sekundärstruktur institutionalisierte Intrapreneur stellt demzufolge das dar, was man umgangssprachlich oft als den »klugen Kopf des Unternehmens«, manchmal allerdings auch abwertend als den »Abteilungs-Spinner« oder »Unruhestifter« bezeichnen könnte. Ihm sind vor allem ein besonderer Ideenreichtum, ein außerordentlich hohes Engagement und eine zielorientierte Selbstständigkeit eigen, die ihm helfen, seine hoch gesteckten Ziele auch zu verwirklichen (vgl. *Tsifidaris, M.* 1994 S. 123). Die genannten Eigenschaften sorgen dafür, dass sich der Intrapreneur als »Träumer,

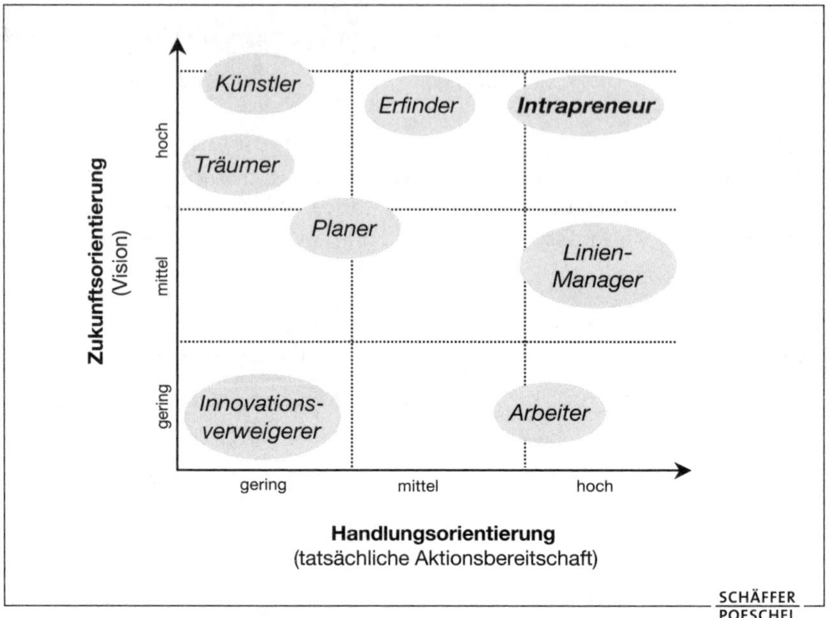

Abb. 5.28: Abgrenzung des Intrapreneurs gegenüber anderen Rollen (vgl. *Pinchot, G.* 1988 S. 66)

der handelt« deutlich von den anderen möglichen Innovationsträgern abgrenzen lässt. Er entwickelt nicht nur Visionen, sondern er ist auch in der Lage und willens diese Visionen in der Unternehmensrealität zu verfolgen (vgl. *Pinchot, G.* 1988 S. 7 und Abb. 5.28).

Die primäre Aufgabe des Intrapreneurs liegt darin, den dynamischen Wettbewerb **im** Unternehmen zu erhalten und gegebenenfalls noch auszubauen. Besonders in Großunternehmen soll damit zweierlei Gefahren vorgebeugt werden (vgl. *Servatius, H.-G.* 1988 S. 94 ff.):

Innovationsprobleme in Großunternehmen

- Einerseits gilt es den sich aus der Unternehmensgröße beinahe von selbst ergebenden Risiken zu begegnen, nämlich einer wachsenden Bürokratie, einer zunehmenden Absicherungsmentalität, einer geringer werdenden Bereitschaft zur Verantwortungsübernahme usw. Ein eigeninitiiertes und innovatives Denken und Handeln wird durch den zunehmenden Organisations- und Formalisierungsaufwand in den Hintergrund gedrängt. Genau diesen Entwicklungen soll das Intrapreneuring entgegenwirken.
- Andererseits muss vermieden werden, dass das innovative Verhalten Einzelner im Unternehmen damit endet, dass diese Personen das Unternehmen mitsamt ihrer neuen Ideen verlassen (müssen) und dann möglicherweise als Pioniere ihrem alten Arbeitgeber Marktanteile streitig machen.

Eine Einordnung des Intrapreneurs in die Unternehmenshierarchie, beispielsweise als Linien- oder Stabsstelle mit den typischen Über- und Unterordnungsverhältnissen ist damit sicherlich kein Erfolg versprechender Weg. Vielmehr bedarf es einer umfassenden Delegation von Aufgaben, Verantwortung und Kompetenzen, die zu unternehmerischen Gestaltungs- und Entscheidungsspielräumen führt. Für die **organisatorische Umsetzung eines Intrapreneuring** müssen verschiedene Voraussetzungen gegeben sein (vgl. *Frey, D./Kleinmann, M./Barth, S.* 1995 Sp. 1272 ff., *Vahs, D.* 2005 S. 153 ff., *Walz, H./Barth, C.* 1991 S. 40):

Voraussetzungen für Intrapreneuring

- Intrapreneuren ist ein (weitgehend) freier Zugriff auf die Ressourcen des Unternehmens zu gewähren. Dadurch entstehen »Unternehmen im Unternehmen«, so genannte **»Intraprises«** (**Intra**corporate **Enter**prises).
- Zur Vermeidung von Kommunikationsbarrieren sind **direkte Informationswege** zwischen den Intrapreneuren und dem Top-Management einzurichten. Auf diese Weise werden Informationsfilter vermieden und schnelle und flexible Entscheidungen ermöglicht.
- Die Intrapreneure sollten die Möglichkeit haben, ungeachtet der Kompetenzen anderer Unternehmensbereiche, die von ihnen eingeleiteten Innovationen von der Idee bis zur Marktreife zu gestalten (**ganzheitliche Prozessverantwortung**).
- Der Umfang der Aufgabendelegation kann zur Einrichtung von organisatorischen Sub-Einheiten im Unternehmen in Form von **Centern** führen. Insbesondere Profit- und Investment-Center eignen sich, um die Umsetzung eines Intrapreneuring zu fördern und den Intrapreneuren die selbstständige Planung und Umsetzung ihrer Ideen zur erlauben.
- Das **betriebliche Anreizsystem** sollte entsprechend der veränderten Anforderungen an den Intrapreneuer modifiziert werden und deutliche erfolgsabhängige Bestandteile beinhalten. Beispielsweise kann ein so genanntes »Intra-Kapital-System« den Intrapreneuren einen Anteil an den von ihnen erwirtschafteten Erträgen gewähren. Mit diesen Erträgen kann der Intrapreneur dann wiederum Investitionen tätigen, um weitere Innovationen anzustoßen.

Wie sich ein Unternehmer im Unternehmen zu verhalten hat, zeigt *Pinchot* in seinen **»Zehn Geboten für Intrapreneure«** anschaulich auf (vgl. Abb. 5.29). Auch wenn der eine oder andere Satz den Anschein erwecken mag, *Pinchot* wolle Anarchisten und Revolutionäre als Unternehmer, so machen seine »Gebote« doch deutlich, worauf es ankommt, um das Intrapreneuring zu einem erfolgreichen Unternehmenskonzept zu machen.

Zehn Gebote für Intrapreneure

1. Komme jeden Tag mit der Bereitschaft zur Arbeit, gefeuert zu werden.
2. Umgehe alle Anordnungen, die deinen Traum stoppen können.
3. Mache alles, was zur Realisierung deines Ziels erforderlich ist – unabhängig davon, wie deine eigentliche Aufgabenbeschreibung aussieht.
4. Finde Leute, die dir helfen.
5. Folge bei der Auswahl von Mitarbeitern deiner Intuition und arbeite nur mit den Besten zusammen.
6. Arbeite so lange es geht im Untergrund – eine zu frühe Publizität könnte das Immunsystem der Organisation mobilisieren (Motto: »Never show fools unfinished work!«)
7. Wette nie in einem Rennen, wenn du nicht selbst darin mitläufst.
8. Denke daran – es ist leichter um Verzeihung zu bitten als um Erlaubnis.
9. Sei ehrgeizig in Bezug auf deine Ziele, aber realistisch in Bezug auf die Möglichkeiten, diese zu erreichen.
10. Halte deine Sponsoren in Ehren.

SCHÄFFER POESCHEL

Abb. 5.29: Zehn Gebote für Intrapreneure (*Pinchot, G.* 1988 S. 43)

Das Konzept des Intrapreneuring scheint auf den ersten Blick bestechend zu sein, insbesondere wenn es um die Umsetzung von Innovationen geht. Allerdings müssen für den Einsatz dieses Konzepts einige Voraussetzungen vorhanden sein: Während beispielsweise hochdiversifizierte Unternehmen mit einem breiten Leistungsangebot für das Intrapreneuring geradezu prädestiniert sind, ist dessen Umsetzung in einem Unternehmen mit beschränkter Produktpalette mehr als fraglich. Starre Hierarchien und eine ausgeprägte Bürokratie sind kaum das Feld, auf dem sich Intrapreneure entwickeln und das gesamte Unternehmen voranbringen werden. Schließlich ist die Realitätsnähe eines Bildes vom »einsamen Helden«, der sich über alle Barrieren hinwegsetzt, um seine Visionen gegen die Widerstände im Unternehmen zu verfolgen, angesichts der Unternehmenswirklichkeit durchaus anzuzweifeln. Obwohl derart geprägten Personen eine Schlüsselrolle zukommt, bleibt die Frage, ob nicht ein kollektives Unternehmertum aller Beteiligten an ihre Stelle treten sollte. Dazu bedarf es allerdings einflussreicher Befürworter, die ihre Entscheidungs- und Handlungsmacht einsetzen, um ein innovationsorientiertes unternehmerisches Denken und Handeln über alle Hierarchieebenen hinweg voranzutreiben.

5.3.4.2.2 Promotoren als Förderer von Innovationsprozessen

Die konsequente Einbeziehung von Entscheidungsträgern der obersten Führungsebene in den Innovationsprozess spielt auch dann eine wichtige Rolle, wenn unternehmensinterne Innovationshemmnisse überwunden werden müssen. Derartige Widerstände treten in aller Regel dann auf, wenn neue Ideen umgesetzt werden sollen und zu Veränderungen führen. Sie können durch Nicht-Wissen, durch Nicht-Wollen und durch administrative Widerstände entstehen. Promotoren können mit dazu beitragen, die Barrieren zu überwinden.

Unter **Promotoren** werden hier solche Personen verstanden, die den Innovationsprozess aktiv mitgestalten und seine Durchführung durch die Überwindung von Widerständen unterstützen.

D

Der Rolle von Promotoren kommt im Innovationsprozess eine große Bedeutung zu. Die empirische Forschung bestätigt, dass Innovationen arbeitsteilige Vorgänge sind, deren zielgerichtete Koordination sich nur durch den Einsatz und die Interaktion von verschiedenen Machtquellen erreichen lässt (vgl. *Hauschildt, J.* 2004 S. 205 ff.). Unabhängig davon, ob diese Promotoren als »process helper«, »chief executive«, »executive champion«, »Sponsor«, »Mentor«, »Pate« oder »Coach« bezeichnet werden, sind damit immer Personen gemeint, die den Innovationsprozess gegen Widerstände vorantreiben.

Das grundlegende Promotoren-Modell *Wittes* unterscheidet zwei **Arten von Promotoren** (vgl. *Witte, E.* 1973 S. 17 ff.):

Macht- und Fachpromotor

- Der **Machtpromotor** ist diejenige Person, die den Innovationsprozess dadurch aktiv fördert, dass sie ihre hohe hierarchische Position gezielt zur Durchsetzung der Innovation nutzt und so die Barrieren des Nicht-Wollens überwinden hilft. Die Rolle des Machtpromotors ist zwingend mit einer bestimmten Position in der Leitungsstruktur des Unternehmens verbunden. Zumeist ist er Mitglied des Vorstands oder der Geschäftsführung oder steht diesen Gremien sogar vor. Seine Stellung erlaubt es dem Machtpromotor, einen ausreichend starken formalen Einfluss auszuüben. Dieser Einfluss muss stark genug sein, um die Opponenten der Innovation zu sanktionieren und die Innovationswilligen zu schützen. Die wichtigste Aufgabe des Machtpromotors ist die Zuweisung von personellen und finanziellen Ressourcen zugunsten der Innovation.
- Die Förderung des Innovationsprozesses durch den **Fachpromotor** beruht auf dessen fachspezifischem Wissen. Seine hierarchische Position spielt dagegen nur eine untergeordnete Rolle. Der Fachpromotor ist Lernender und Lehrender zugleich. Einerseits bildet er sich selbst ständig fort und andererseits gibt er sein Wis-

sen konsequent an Dritte weiter. Um die Innovationswilligen zu unterstützen und die Opponenten zu überzeugen, setzt der Fachpromotor seine funktionale Autorität gezielt ein und überwindet so die Barrieren des Nicht-Wissens.

Die beiden Promotoren müssen nicht zwingend derselben Organisationseinheit angehören oder sich in einer hierarchischen Linie befinden und sie sind auch nicht zur Zusammenarbeit verpflichtet. Sie verbünden sich vielmehr, weil sie wissen, dass sie bestimmte, von ihnen gewollte Innovationen nur gemeinsam gegen die im Unternehmen vorhandenen Widerstände durchsetzen können. Ihre Verbindung ist deshalb eher eine **Koalition** als ein Team. Sie entspringt dem Bewusstsein, dass sie bei der Durchsetzung ihrer Innovationsziele aufeinander angewiesen sind und nur durch ein selbstkoordiniertes Verhalten erfolgreich sein werden (vgl. *Witte, E.* 1973 S. 21).

Prozesspromotor

Das Zwei-Promotoren-Modell von *Witte* hat durch *Hauschildt* und *Chakrabarti* mit dem **Prozesspromotor** eine Erweiterung erfahren (vgl. *Hauschildt, J./Chakrabarti, A. K.* 1988 S. 384, *Hauschildt, J./Kirchmann, E.* 1997 S. 69): Die Hauptaufgaben des Prozesspromotors sind die Koordination und die Verknüpfung der einzelnen am Innovationsprozess beteiligten Funktionen und der dahinter stehenden Personen. Dadurch verringert er die Abstimmungsprobleme und trägt mit zu einer ganzheitlichen Sicht der Dinge bei. Er stellt den Kontakt zwischen den Macht- und den Fachpromotoren her und transformiert die Besonderheiten der Innovation auf ein für alle Beteiligten verständliches Niveau. Neben der ausgeprägten Kenntnis der Organisation und ihrer »Spielregeln« verfügt der Prozesspromotor über ein hohes Maß an diplomatischem Geschick. Während die Fach- und Machtpromotoren also zur Überwindung von Fähigkeits- und Willensbarrieren beitragen, hilft der Prozesspromotor bei der Beseitigung der Organisations- und Beziehungsbarrieren, die insbesondere bei komplexen Innovationsprojekten und/oder in großen und vielgliedrigen Unternehmen auftreten.

Bedeutung von Promotoren

Zweifellos sind alle drei genannten Promotoren wichtig für die erfolgreiche Umsetzung von Innovationen. Vor allem der Prozesspromotor verdient dabei jedoch besondere Beachtung, weil seine Rolle mit einer zunehmenden Komplexität des Innovationsvorhabens an Bedeutung gewinnt. Im Gegensatz zu dem Macht- und dem Fachpromotor kann er weder ihm übertragene formale Machtinstrumente zur Interessendurchsetzung nutzen, noch besitzt er das spezifische Expertenwissen, um sich als Fachpromotor zu etablieren. Dennoch sollte es ihm aufgrund seiner besonderen Eigenschaften, wie Risikobereitschaft, Führungsqualitäten, Charisma und Verhandlungsgeschick, gelingen, die für ihn typische Koordinationsfunktion umfassend zu erfüllen (vgl. *Howell, J. M./Higgins, C. A.* 1990 S. 317 ff.).

5.4 Checkliste zur organisatorischen Einbindung von Innovationen

Checkliste zur Organisation von Innovationen

- Entspricht die Unternehmensorganisation den strategischen Zielen und den Rahmenbedingungen, und ist insbesondere die Organisation des Innovationsmanagements eine sachlogische Konsequenz der verfolgten Innovationsstrategie sowie der Analyse des eigenen Unternehmens und der relevanten Umwelt?
- Ist die aufbau- und die ablauforganisatorische Gestaltung des Innovationsmanagements mit den übrigen im Unternehmen vorhandenen Strukturen und Prozessen kompatibel?
- Ist die vorhandene Organisation des Innovationsmanagements flexibel genug, um den besonderen Anforderungen von Innovationsprozessen gerecht zu werden?
- Wird der Gestaltung der Schnittstellen und der Interdependenzen zwischen den am Innovationsprozess beteiligten Stellen genügend Aufmerksamkeit gewidmet? Wer setzt sich laufend mit diesem »Schnittstellenmanagement« auseinander?
- Hat das Unternehmen die optimale Eingliederungsvariante für sein Innovationsmanagement im Hinblick auf das gegenwärtige und das zukünftige Produktprogramm?
- Sucht das Unternehmen systematisch nach externen Partnern, mit denen sich im Rahmen der Innovationstätigkeit maximale Synergieeffekte bei einer minimalen Gefahr der Wissensdiffusion erzielen lassen?
- Können temporär auftretende Innovationsdefizite durch den Zukauf oder durch die Lizensierung externen Wissens überbrückt werden?
- Lassen sich durch die externe Beauftragung von Innovationsaktivitäten die (fixen) Kosten reduzieren, die bei einer eigenen Forschung und Entwicklung anfallen würden?
- Nutzt das Unternehmen systematisch die Möglichkeiten, die sich durch die Zusammenarbeit mit Gemeinschaftsforschungseinrichtungen (z. B. Hochschulen) bieten?
- Erfolgt bei dem Erwerb externen Know-hows eine systematische Bewertung in Form einer Wirtschaftlichkeitsrechnung und einer Chancen-Risiken-Analyse?
- In welchem Umfang werden Innovationsvorhaben in Projektform abgewickelt, und inwieweit werden die betroffenen Unternehmensbereiche bei der Zusammenstellung der Projektteams berücksichtigt?
- Werden Innovationsprojekte systematisch geplant, durchgeführt und hinsichtlich ihrer Ergebnisse bewertet?
- Werden die Einzelprojekte im Rahmen eines Multiprojektmanagements beispielsweise durch eine Projektadministration oder durch einen Lenkungsausschuss integriert, um Doppelarbeiten und Ressourcenvergeudung zu vermeiden?
- Findet das Projektmanagement von Innovationen in allen Unternehmensbereichen ausreichend Anerkennung, und werden die Projektbeteiligten bei ihren Aktivitäten ausreichend unterstützt?
- Werden in den Innovationsprojekten multifunktionale Teams gebildet, die sich ihren Aufgaben weit gehend eigenverantwortlich und hierarchiefrei widmen können?
- Gibt es im Unternehmen Intrapreneure? Falls nicht, woran ist ein derartiges Konzept bisher gescheitert?
- Wie sehen die Rahmenbedingungen für ein Intrapreneuring im Unternehmen aus? Lassen sich Handlungsfelder für Intrapreneure erschließen?
- Sofern Intrapreneure im Unternehmen existieren, kommt diesen Personen eine besondere Förderung zu (z. B. durch die Bereitstellung von Ressourcen, die Übertragung von zusätzlichen Kompetenzen, die Freistellung von Routinetätigkeiten, besondere Motivationsmaßnahmen usw.)?
- Wie sieht die Rollenverteilung bei der Durchführung von Innovationen im Unternehmen aus? Lassen sich bestimmte Typen von Promotoren und Opponenten identifzieren? Wenn ja, wie geht die Unternehmensführung mit ihnen um?

SCHÄFFER POESCHEL

Abb. 5.30: Checkliste zur Organisation von Innovationen

5.5 Wiederholungsfragen

1. Nennen und erläutern Sie die grundlegenden Merkmale von Organisationen.
2. Welche Strukturtypen der Organisation kennen Sie?
3. Wie kann ein Unternehmen seine Innovationstätigkeit grundsätzlich gestalten?
4. Stellen Sie die Vor- und Nachteile einer In-House-Innovationstätigkeit einander gegenüber.
5. Erläutern und bewerten Sie die Alternativen zur Übernahme von externen Innovationen.
6. Welche Möglichkeiten bestehen für Unternehmen, um bei Innovationen zusammenzuarbeiten? Worin sehen Sie die wichtigsten Chancen und Risiken, die mit diesen Alternativen verbunden sind?
7. Das Innovationsmanagement lässt sich in einem Unternehmen zentral oder dezentral organisieren. Erläutern Sie diese beiden Optionen ausführlich, und gehen Sie dabei auch auf ihre Vor- und Nachteile ein.
8. Wie beurteilen Sie die Bildung zentral-dezentraler Organisationseinheiten als Träger des Innovationsmanagements?
9. Wie können Innovationsprojekte in die Primärorganisation eines Unternehmens eingegliedert werden?
10. Erörtern Sie die jeweiligen Besonderheiten des Stabs-, des Matrix- und des reinen Projektmanagements von Innovationen.
11. Warum ist es sinnvoll, in Innovationsprozessen von vornherein bestimmte Rollen zu definieren?
12. Erläutern Sie, was unter dem Konzept des Intrapreneuring zu verstehen ist.
13. Welche grundlegenden Unterschiede sehen Sie zwischen einem Entrepreneur, einem Intrapreneur und einem Manager?
14. *Pinchot* hat »Zehn Gebote für Intrapreneure« formuliert. Inwieweit können diese Gebote aus Ihrer Sicht in der betrieblichen Praxis befolgt werden, und welche Konsequenzen ergeben sich aus ihrer Umsetzung?
15. Welche Funktion besitzen Promotoren in Innovationsprozessen?
16. Stellen Sie die Aufgaben des Macht-, des Fach- und des Prozesspromotors im Zusammenhang mit der Gestaltung von Innovationen dar, und erläutern Sie deren spezifische Rollen.

6 Gestaltungselemente einer innovationsfördernden Unternehmenskultur

6.1 Lernziele

Im Kapitel 6 soll der Leser
- die Merkmale, die Bedeutung und die Notwendigkeit einer innovationsfördernden Unternehmenskultur kennen lernen,
- sich mit den Möglichkeiten zur Veränderung der Innovationskultur auseinander setzen und
- sehen, welche Vorgehensweise zur Innovationskulturentwicklung sinnvoll ist.

6.2 Grundfragen der Unternehmenskultur

6.2.1 Was ist unter »Unternehmenskultur« zu verstehen?

Die »Entdeckung« der Unternehmenskultur als Erfolgsfaktor in den achtziger Jahren hat eine Vielzahl von Veröffentlichungen nach sich gezogen. Dabei handelt es sich um eine Thematik, die keineswegs neu ist, wenn man an die in vielen Unternehmen gebräuchliche Rede vom »Stil des Hauses« denkt. Breiteres Interesse in Theorie und Praxis fanden die kulturellen Aspekte von Unternehmen allerdings erst in den letzten fünfzehn Jahren, als man erkannte, dass die Unternehmenskultur einen Beitrag zum wirtschaftlichen Erfolg leisten kann. Seitdem ist sie ein faszinierendes und zugleich schwer greifbares Phänomen, mit dem sich Theorie und Praxis in einem zunehmenden Maße auseinander setzen (vgl. *Heinen, E.* 1987 S. 2 ff.).

Insbesondere in den sehr dynamischen Wirtschaftszweigen, wie der chemischen oder der elektrotechnischen Industrie, wird in einer innovationsfördernden Unternehmenskultur ein wesentlicher Faktor für den Unternehmenserfolg gesehen. Hierzu zwei Beispiele:

»Wir wollen eine innovationsfreudige und leistungsorientierte Unternehmenskultur fördern« (*Bayer AG* [Hrsg.] 1998a).

»Wir fordern und fördern Flexibilität und Innovation. Hierfür schaffen wir eine Arbeitsumgebung, die die vielseitigen Eigenschaften unserer Mitarbeiter unterstützt und ein kreatives Arbeiten ermöglicht. ... Dies ist besonders in einem von Technologie bestimmten, sich schnell wandelnden Markt wichtig, ...« (*Hewlett Packard GmbH* [Hrsg.] 1995).

D

Unter der **Unternehmenskultur** (Firmenkultur, Organisationskultur, Corporate Culture) ist die Gesamtheit der im Laufe der Zeit in einem Unternehmen entstandenen und zu einem bestimmten Zeitpunkt wirksamen Wertvorstellungen, Verhaltensvorschriften (Normen) und Einstellungen zu verstehen.

Die Unternehmenskultur prägt nach innen das Denken, die Entscheidungen, die Handlungen und das Verhalten der Organisationsmitglieder und bestimmt nach außen die Art und Weise der Interaktion zwischen dem Unternehmen und seiner Umwelt. Sie ist folglich ein **kollektives Phänomen**, das den »Geist« eines Unternehmens beschreibt und es in Charakter und Stil unverwechselbar und von anderen Unternehmen unterscheidbar macht (vgl. *Bleicher, K.* 1996 S. 183 ff., *Schanz, G.* 1994 S. 270 ff., *Vahs, D.* 2001 S. 119, *Wunderer, R.* 1993 S. 131 ff.).

Kulturwirkungen

Die »verinnerlichten« Überzeugungen bewirken eine **Koordination** der Aktivitäten und können formale Koordinationsmechanismen zumindest teilweise ersetzen; dies gilt umso mehr, je stärker die Mitarbeiter in ihren Überzeugungen übereinstimmen. Die Unternehmenskultur führt sozusagen zu einer kollektiven Programmierung menschlichen Denkens (vgl. *Vahs, D.* 2001 S. 118 ff.). Angesichts der veränderten Rahmenbedingungen durch die zunehmende internationale Ausrichtung der Unternehmen, die Globalisierung der Märkte und den verschärften Wettbewerb kann die Unternehmenskultur einen wesentlichen Beitrag zur Bewältigung des derzeitigen wirtschaftlichen und sozialen Strukturwandels leisten. Die kulturrelevanten Veränderungen sind vor allem durch die folgenden Entwicklungen beeinflusst (vgl. *Wever, U. A.* 1992 S. 17 ff.):

Kulturrelevante Veränderungen

- **Wachsende gesellschaftspolitische Verantwortung der Unternehmen**
  Der Ausdruck dafür sind unter anderem der zunehmende Einfluss von bestimmten gesellschaftlichen Gruppen wie Verbraucherverbänden, Umweltschützern und Bürgerinitiativen. Er verdeutlicht, dass die Anforderungen an die Unternehmen steigen und heutzutage deutlich über die Sicherung des wirtschaftlichen Erfolgs hinausgehen.
- **Generationswechsel**
  Die durch die Ereignisse des Zweiten Weltkriegs geprägte Generation ist weitgehend aus dem Erwerbsprozess ausgeschieden. Die Folgegeneration hat die prägenden Erfahrungen wie Not, Elend und den Kampf um das Überleben nicht gemacht. Sie folgt eher den Grundsätzen einer »wissenschaftlichen« Unternehmensführung und weniger der Intuition oder dem unternehmerischen Gefühl, wie es für die Pioniere des Wiederaufbaus charakteristisch war.

- **Wertewandel**
  Nicht zuletzt der erwähnte Generationswechsel hat dazu geführt, dass die bisher geltenden Pflicht- und Akzeptanzwerte zunehmend durch Selbstentfaltungswerte ersetzt oder ergänzt werden (vgl. Abb. 6.1). Wesentliche Bestandteile dieses Wertewandels sind die Suche nach neuen Leitbildern und moralischen Instanzen sowie ein neues Verhältnis zur Autorität, das sich beispielsweise durch ein kritisches Mitdenken statt einem blinden Gehorsam äußert (vgl. *Beyer, H./Fehr, U./Nutzinger, H. G.* 1995 S. 75). Darüber hinaus sind die Unternehmen angesichts der heutigen Wohlstands- und Freizeitgesellschaft gezwungen, sich Gedanken über neue Möglichkeiten der Mitarbeitermotivation zu machen.
- **Veränderte Loyalitätsbindung der Mitarbeiter**
  Bei den Mitarbeitern tritt die Identifikation mit dem eigenen Unternehmen zunehmend in den Hintergrund. Wichtiger als die Bindung an das Unternehmen ist die persönliche Selbstverwirklichung. Daher werden insbesondere die fähigen Mitarbeiter nicht mehr unbedingt das gesamte Berufsleben in ein und derselben Firma verbringen, sondern sie werden dort tätig sein, wo sie ihre beruflichen Vorstellungen am besten verwirklichen können. Die Unternehmen sind also zunehmend gefordert, Konzepte zur optimalen Gestaltung der Arbeitsbedingungen zu entwickeln, um die Fluktuation des hoch qualifizierten und hoch motivierten Personals so gering wie möglich zu halten.

Will ein Unternehmen diesen veränderten Bedingungen gerecht werden, so muss es geeignete Voraussetzungen schaffen, wenn die Leistungspotenziale der Mitarbeiter umfassend genutzt werden sollen. Gerade in Innovationsprozessen ist es besonders wichtig, dass einerseits ausreichende Freiräume für die Entfaltung der unterneh-

Traditionelle Werte	Neue Werte
Disziplin	Selbstbestimmung
Gehorsam	Partizipation
Hierarchie	Team
Leistung	Bedürfnisorientierung
Karriere	Persönlichkeitsentfaltung
Effizienz	Kreativität
Macht	Kompromissfähigkeit
Zentralisierung	Dezentralisierung

SCHÄFFER POESCHEL

Abb. 6.1: Gegenüberstellung traditioneller und neuer Werte (*Wever, U. A.* 1992 S. 26)

merischen Kreativität bestehen und andererseits die vorhandenen knappen Ressourcen im Hinblick auf die Innovationsziele gebündelt werden. Die Unternehmenskultur leistet hierzu einen wichtigen Beitrag.

6.2.2 Merkmale und Gestaltungselemente der Unternehmenskultur

Jede Unternehmenskultur ist durch für sie charakteristische Merkmale und Ausdrucksformen gekennzeichnet. Wie sich eine Unternehmenskultur darstellt, lässt sich beispielsweise an der internen Kommunikation, dem Umgang mit Konflikten, Kritik und Fehlern, dem Verhalten gegenüber den Kunden oder der Art und Weise, wie Sitzungen gestaltet werden, erkennen. Die Unternehmenskultur manifestiert sich auf **drei Ebenen**: Die oberste Kulturebene ist das sichtbare **Symbolsystem** mit den so genannten »Artefakten« wie beispielsweise Ritualen, Zeremonien, Legenden, Bekleidungsvorschriften oder einem spezifischen Jargon. Auf der mittleren Ebene befindet sich das System der **Unternehmenswerte** (beispielsweise in den Unternehmens- und Führungsgrundsätzen und in der Serviceeinstellung dokumentiert), das als Bindeglied zwischen der sichtbaren oberen und der unsichtbaren unteren Ebene fungiert, welche die **Grundannahmen** der Organisationsmitglieder enthält (z. B. das Menschenbild, die Beziehung zur Umwelt; vgl. *Schein, E. H.* 1985 S. 14, *Wever, U. A.* 1992 S. 45 ff.).

Kulturebenen

Wichtige **Bestandteile einer Unternehmenskultur** sind bestimmte Symbole, Legenden, Helden, Leitsätze, Normen und Rituale. Sie dienen dazu, die Wert- und Glaubensvorstellungen des Unternehmens zu vermitteln, zu stabilisieren und weiterzuentwickeln:

Kulturelemente

- In jedem Unternehmen finden sich **Symbole**, die oft gar nicht bewusst als solche wahrgenommen werden. Dazu zählen unter anderem die Kleidung, der Sprachstil, die vorhandenen oder die fehlenden Statussymbole, Slogans und das Verhalten des Top-Managements im Sinne einer Vorbildfunktion. Symbole existieren nicht um ihrer selbst willen, sondern sie sind Ausdruck derjenigen Werte und Normen, mit denen sich die Mitarbeiter des Unternehmens identifizieren sollen (vgl. *Vahs, D.* 2005 S. 132, *Wever, U. A.* 1992 S. 62 f.).

B

So ist beispielsweise die *Hewlett-Packard GmbH* bekannt für ihre »Open-Door-Policy«, bei der die Türen der Vorgesetzten grundsätzlich immer offen stehen und die Mitarbeiter sich darüber hinaus mit ihren Anliegen an die Führungskräfte oder an die Personalabteilung wenden können, ohne dass ihnen daraus Nachteile entstehen.

In früheren Jahren war die uniforme Kleidung (dunkelblauer Anzug) der *IBM*-Verkäufer ein Symbol für dieses Unternehmen Der *Mercedes*-Stern hat sich, trotz einiger qualitativer Produktmängel in der Vergangenheit, zu einem Sinnbild für Qualität und Präzision entwickelt.

- **Legenden**, Mythen oder Sagen fungieren ebenfalls als Transportmittel für betriebliche Werte und Verhaltensnormen. Sie beruhen zumeist auf den herausragenden, denkwürdigen Leistungen der Vergangenheit und vermitteln eine konkrete Botschaft. Oft handelt es sich um Geschichten, die sich um die Person des Firmenchefs oder -gründers ranken, wobei der Wahrheitsgehalt eine eher untergeordnete Rolle spielt (vgl. *Wever, U. A.* 1992 S. 63 f., *Kieser, A.* 1986 S. 44).

Wird beispielsweise die Geschichte des Firmengründers erzählt, der es sich nicht nehmen ließ, sämtliche Beschwerdebriefe selbst zu lesen und zu beantworten, so lässt sich daraus viel über die von den Mitarbeitern erwartete Einstellung gegenüber den Kunden ablesen.

- In vielen Unternehmen werden bestimmte Werte gezielt durch **Helden** verkörpert. Solche besonders erfolgreichen Mitglieder des Unternehmens haben eine Vorbildfunktion. Sie sollen die Mitarbeiter motivieren und zur Nachahmung anregen. Oft handelt es sich bei den Helden eines Unternehmens um die Firmengründer, die sich vielfach durch eine starke Überzeugungskraft sowie ein besonderes Charisma auszeichnen und um die sich diverse Legenden ranken. Beispielhaft seien hier *Robert Bosch*, *Werner von Siemens* oder *Henry Ford* genannt. Helden müssen aber nicht zwangsläufig eine hohe Position in der Unternehmenshierarchie bekleiden. Auch »kleine« Helden sind als Identifikationsfiguren durchaus von Bedeutung. Man denke beispielsweise an den »Mitarbeiter des Monats«, über dessen Leistungen in der Fimenzeitung berichtet wird (vgl. *Kieser, A./Kubicek, H.* 1992 S. 121, *Vahs, D.* 2005 S. 132, *Wever, U. A.* 1992 S. 66).
- **Leitsätze** (Leitbilder, Unternehmensgrundsätze) transformieren die Unternehmensvision in allgemeine und damit relativ abstrakte Aussagen über die anzustrebenden Ziele, Werte, Normen und Aktivitäten des Unternehmens. Gegenstand von Leitsätzen sind beispielsweise die Einstellung zum Kunden, die Beurteilung von Innovationen oder die Zusammenarbeit mit den unternehmensexternen Partnern (vgl. hierzu das Beispiel der *Siemens*-Unternehmensleitsätze). Damit übernehmen sie als Handlungsrahmen und Verhaltenskodex eine integrierende und steuernde Funktion innerhalb des Unternehmens – vorausgesetzt, sie werden organisationsweit akzeptiert und bringen nicht nur die Werte und Normen der obersten Hierarchieebene zum Ausdruck (vgl. *Schanz, G.* 1994 S. 304 f., 413 f.). Wie empirische Unter-

suchungen zeigen, wächst mit dem schnellen Wandel des gesellschaftlichen Umfelds aus der Sicht von vielen Unternehmen die Notwendigkeit, Leitbilder (neu) zu formulieren (vgl. *Dierkes, M./Hähner, K.* 1991).

B

Die »Unternehmensleitsätze der *Siemens AG*« stellen die Beziehungen des Unternehmens zu seinem Umfeld in den Vordergrund (*Siemens AG* [Hrsg.] 1990):

- »Wir wollen auf dem Gebiet der Elektrotechnik und Elektronik zu den wettbewerbsstärksten Unternehmen der Welt gehören und Schrittmacher des technischen Fortschritts sein.
- Unser Ziel ist, unseren Kunden in aller Welt Produkte und Leistungen von höchstem Nutzen zu bieten.
- Kreativität und Leistungswille unserer Mitarbeiter sind die Basis für den Unternehmenserfolg.
- Wir wollen nachhaltig hohe Erträge als Voraussetzung für die Sicherung der Zukunft unseres Unternehmens erwirtschaften und den Wert des Investments unserer Aktionäre erhöhen.
- Mit unseren Partnern in aller Welt wollen wir konstruktive, langfristige und vertrauensvolle Beziehungen pflegen.
- Wir sehen uns als integrierten Bestandteil der nationalen Volkswirtschaften und fühlen uns der Gesellschaft und der Umwelt verpflichtet.«

- Die Leitsätze finden ihre Konkretisierung in **formalen Normen** und **Verhaltensstandards**, die angeben, was von den Organisationsmitgliedern unter bestimmten Umständen an Denk- und Verhaltensweisen erwartet wird (Normen, Wertvorstellungen) oder die ein bestimmtes Verhalten konkret vorschreiben (Standards, Rituale). So herrscht beispielsweise in vielen Organisationen Einigkeit darüber, was für »gut« oder »schlecht« zu halten ist und was sich »ziemt« oder als »unschicklich« gilt. Besprechungen und Betriebsfeiern haben häufig den Charakter von rituellen Handlungen, in denen jede Phase des Ablaufs genauen und immer wiederkehrenden Mustern folgt.
- **Rituale** sind symbolträchtige Handlungen, in denen die für ein Unternehmen bedeutenden Werte und Normen richtiggehend »inszeniert« werden. Dazu dienen beispielsweise die feierliche Einführungsveranstaltung für neue Mitarbeiter, ein Tag der offenen Tür für die Angehörigen der Belegschaft, die offizielle Verkündigung der Jahresziele oder die Aufnahme von erfolgreichen Verkäufern in bestimmte »Clubs« oder »Hitlisten«. Auch die Verhaltensregeln des Unternehmensalltags werden durch Rituale geprägt. *Wever* nennt als Beispiele dafür die Sitzordnung und die Tischform bei Konferenzen, die Legitimität von öffentlich ausgetragenen Disputen oder das zulässige Maß an Emotionalität (vgl. *Wever, U. A.* 1992 S. 65).

6.2.3 Funktionen der Unternehmenskultur

Der Unternehmenskultur lassen sich im Wesentlichen **drei originäre Funktionen** zuschreiben: die Koordinationsfunktion, die Integrationsfunktion und die Motivationsfunktion (vgl. *Dill, P./Hügler, G.* 1987 S. 146 ff.):

Kulturfunktionen

- **Koordinationsfunktion:** Unter Koordination kann ganz allgemein die Abstimmung von Teilen eines Ganzen hinsichtlich der übergeordneten Zielsetzungen aufgefasst werden. In hierarchisch-arbeitsteilig organisierten Organisationen ergibt sich die Notwendigkeit zur Koordination aus den jeweiligen Interessen und den individuellen Zielen der einzelnen Organisationsmitglieder einerseits und der Begrenzung der gemeinsam zu nutzenden Ressourcen andererseits. Wie oben dargestellt wurde, besteht gerade in Innovationsprozessen aufgrund ihrer Komplexität und ihrer Interdependenzen ein erheblicher Koordinationsbedarf, dessen Bewältigung wesentlich zum Erfolg oder Misserfolg eines Innovationsvorhabens beiträgt.
- **Integrationsfunktion:** Die Integrationsfunktion steht in einem engen Zusammenhang mit der Koordinationsfunktion der Unternehmenskultur. Unter »Integration« wird die Verknüpfung von einzelnen Elementen zum Ganzen eines Systems verstanden. Auf die Gestaltung von Innovationsprozessen übertragen, bedeutet dies beispielsweise die Zusammenfassung der verschiedenen Fachfunktionen wie F+E, Marketing, Produktion, Controlling usw. in einem dauerhaften oder zeitlich befristeten Innovationsteam, das gemeinsam die anstehenden Probleme löst.
- **Motivationsfunktion:** »Motivation« bedeutet die Anregung einer Person zu einem bestimmten Verhalten. Im Rahmen von Innovationsprozessen ist insbesondere die Arbeits- oder Leistungsmotivation der beteiligten Personen von Interesse, also die Motivation, die übertragenen Aufgaben und Pflichten zielgerichtet wahrzunehmen. Sie veranlasst die Mitarbeiter beispielsweise, den Innovationsprozess mit aller Kraft auch gegen interne Widerstände durchzuführen und neue Ideen zur Marktreife zu entwickeln.

Diese Kulturwirkungen treten jedoch nur bei starken und funktionalen Unternehmenkulturen auf. »Starke«, d. h. eindeutige, unverwechselbare und von vielen Mitarbeitern verinnerlichte Kulturen sind in ihrer Wirkung **ambivalent**. Sie können sowohl zum Erfolg eines Unternehmens beitragen als auch dessen Niedergang bewirken, was insbesondere dann der Fall sein kann, wenn durch die herrschende Kultur notwendige Veränderungen behindert oder sogar unmöglich gemacht werden. Daher ist zwischen **positiven**

(funktionalen) und **negativen (dysfunktionalen) Wirkungen** von Unternehmenskulturen zu unterscheiden (vgl. Abb. 6.2 sowie *Sackmann, S.* 1983 S. 404 f., *Schanz, G.* 1994 S. 293 ff., *Steinmann, H./Schreyögg, G.* 1997 S. 615 f.):

Kulturwirkungen

- Eine »gelebte« Unternehmenskultur setzt eine weitgehende Übereinstimmung der Wertvorstellungen und Präferenzen der Mitarbeiter voraus. Dann kann sie eine **koordinierende** und **integrierende Wirkung** entfalten, die dazu beiträgt, einen allgemeinen Grundkonsens (»Wir-Gefühl«) herzustellen und die Leistungsbeiträge der einzelnen Organisationsmitglieder auf ein gemeinsames Ziel hin auszurichten. Dadurch wird die **Kommunikation** untereinander erleichtert. Entscheidungen werden beschleunigt. Formale Koordinationsinstrumente, wie Anweisungen von Vorgesetzten, Verfahrensrichtlinien usw. werden zumindest teilweise überflüssig. Die **motivationsfördernde Wirkung** der Unternehmenskultur wird durch einzelne Kulturelemente unterstützt, die den sozialen Bedürfnissen der Mitarbeiter entgegenkommen und eine Antwort auf die Frage nach dem »Sinn« der Arbeit geben. Eine funktionale Kultur ermöglicht es einem Unternehmen, die auftretenden Probleme frühzeitig zu erkennen und zu lösen, bevor aus ihnen eine Krisensituation entsteht. Sie setzt breite Glaubens- und Wertvorstellungen voraus, die einen umfassenden Denk- und Verhaltensspielraum gewährleisten. Dies ist gerade für Innovationsprozesse, mit denen ein Unternehmen in bisher nicht bekannte Bereiche vorstößt, von besonderer Bedeutung.
- Vor allem in kritischen Situationen kann sich die Unternehmenskultur aber auch negativ auswirken. Starke Kulturen können durch ihre Stabilisierungswirkung tendenziell zur **Abschließung** und zur **Trägheit** führen. Warnsignale der Umwelt, neue Herausforderungen oder neue Chancen, die mit der bestehenden Kultur unvereinbar sind, werden dann nicht rechtzeitig erkannt, bewusst übersehen oder verdrängt. Notwendige Anpassungsmaßnahmen werden als Bedrohung der kulturellen Identität erlebt und deshalb abgewehrt. Schließlich können **emotionale Barrieren** der Umsetzung von neuen Ideen im Wege stehen, wenn diese Ideen als kulturschädigend empfunden werden. Insofern behindert eine starke Kultur unter Umständen die organisatorische Flexibilität.

Die Unternehmenskultur bietet grundsätzlich die Möglichkeit einer Einflussnahme auf die informalen Beziehungen in einem Unternehmen, weil sie explizit auf die Einstellungen und die Verhaltensmuster der Mitarbeiter zugreift. Diese Beeinflussung ist insbesondere dann möglich, wenn die Mitarbeiter in Form von hierarchie- und fachbereichsübergreifenden Arbeitsgruppen in den Prozess der

Positive Effekte	Negative Effekte
• Koordinationswirkung • Hohe Motivation und Loyalität • Stabilität und Zuverlässigkeit • Effiziente Kommunikation • Rasche Entscheidungsfindung • Antizipative Problemlösung	• Tendenz zur Abschließung • Blockierung von neuen Orientierungen • Kollektive Abwehrhaltung • Aufbau emotionaler Barrieren • Mangel an Flexibilität

SCHÄFFER POESCHEL

Abb. 6.2: Wirkungen der Unternehmenskultur

Kulturentwicklung mit einbezogen werden und so ihre unterschiedlichen Sichtweisen einbringen können. Allerdings hängt die Wirkung der Kultur im Einzelfall von der konkreten Situation ab, in der sich das Unternehmen befindet. Kulturelle »Stärke« und kulturelle »Funktionalität« stehen dabei gelegentlich im Widerspruch zueinander, wie *Schanz* zutreffend feststellt (vgl. *Schanz, G.* 1994 S. 295).

6.3 Bedeutung der Unternehmenskultur für den Unternehmenserfolg

Die erfolgreiche Bewältigung des strukturellen Wandels durch die Unternehmen hängt also nicht allein von dem Einsatz neuer Produkt-Markt-Konzepte, neuer Produktions- und Organisationsformen oder einem spezifischen Planungsinstrumentarium ab. Vielmehr spielt gerade die (Neu-)Gestaltung der Arbeits- und Sozialbeziehungen und der innerbetrieblichen Zusammenarbeit eine entscheidende Rolle. Erfolgreiche Unternehmen sind auf hoch motivierte Mitarbeiter angewiesen, die sich mit »ihrem« Unternehmen identifizieren und die ihnen angebotenen Beteiligungsmöglichkeiten sinnvoll nutzen.

»Beziehungs-Eisberg«

Eine Neugestaltung der formalen Organisationsstruktur eines Unternehmens reicht also nicht aus, um angesichts einer immer dynamischeren und komplexeren Unternehmensumwelt langfristig erfolgreich zu sein. Vielmehr muss den informalen Aspekten einer Organisation vermehrt Beachtung geschenkt werden. Dabei handelt es sich um den Teil des organisatorischen Eisbergs, der sich »unter der Oberfläche« befindet (vgl. Abb. 6.3). Dazu gehören beispielsweise die Machtverteilung, die zwischenmenschlichen Bezie-

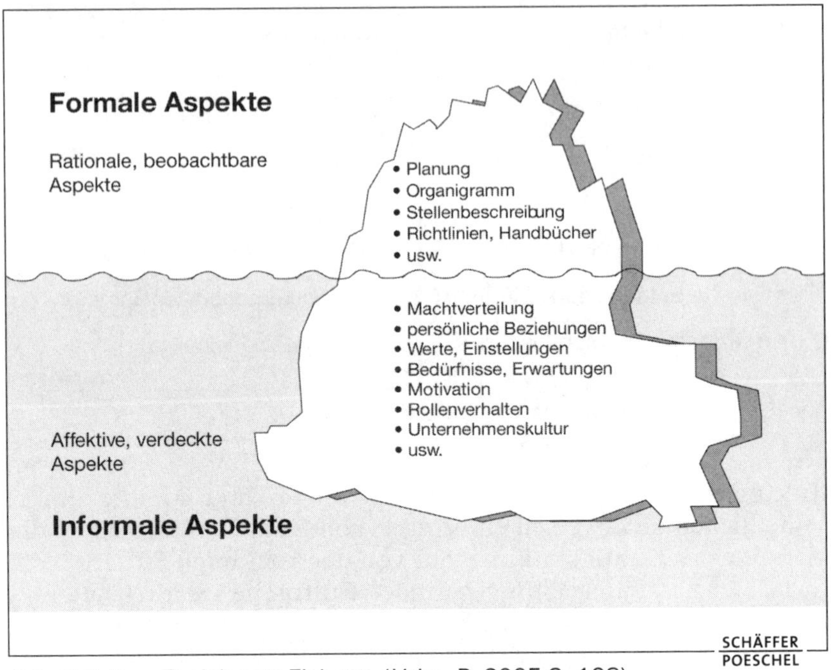

Abb. 6.3: Der »Beziehungs-Eisberg« (*Vahs, D.* 2005 S. 108)

hungen sowie die Normen, die Werte, die Einstellungen und die Bedürfnisse der Mitarbeiter.

Harte und weiche Faktoren

Die beiden amerikanischen Berater *Peters* und *Waterman* gehörten zu den ersten, die die Bedeutung der »weichen« Faktoren für den Unternehmenserfolg erkannten. In ihrem Anfang der achtziger Jahre erschienenen Buch »In Search of Excellence« untersuchten sie die »Erfolgsrezepte« der zum damaligen Zeitpunkt besten amerikanischen Unternehmen und kamen zu dem Schluss, dass effiziente Strukturen, Strategien, Systeme und Verfahren alleine nicht zur Erfolgssicherung ausreichen. Als genauso wichtig wie diese »harten« Faktoren, wenn nicht sogar ausschlaggebend für den Unternehmenserfolg, identifizierten sie ein einheitliches Selbstverständnis, also gemeinsame Wertvorstellungen, ein loyales Stammpersonal, den Umgangs- und Führungsstil und die Nutzung der im Unternehmen vorhandenen speziellen Fachkenntnisse.

7-S-Modell

Die einzelnen Faktoren sind nicht unabhängig voneinander, sondern bilden ein Netzwerk, dessen Bestandteile eng miteinander verknüpft sind. Diesen Sachverhalt verdeutlicht das von *Peters* und *Waterman* erarbeitete **7-S-** oder **Erfolgsfaktoren-Modell** (vgl. Abb. 6.4). Waren die »weichen« Elemente des Modells (Stil, Selbstverständnis, Spezialkenntnisse und Stammpersonal) bis dahin meist als nicht beeinflussbar, irrational und intuitiv angesehen und des-

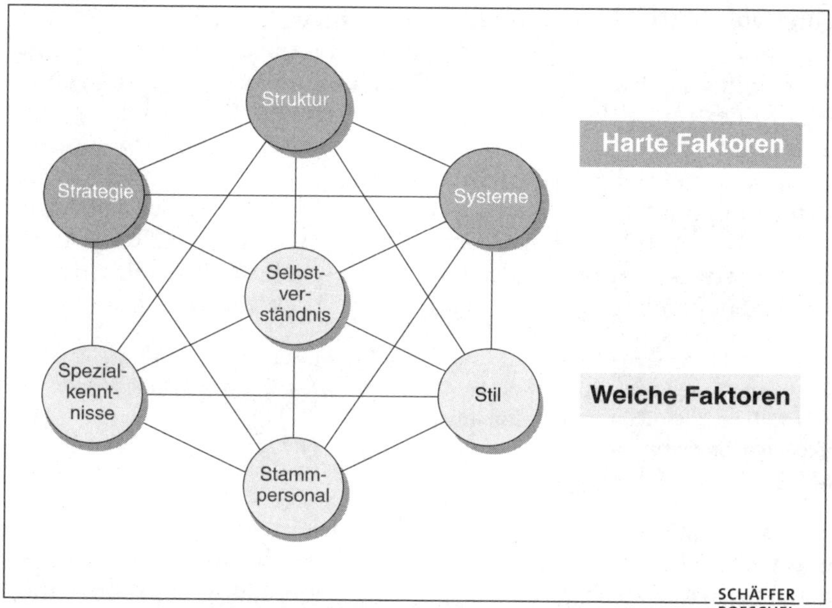

Abb. 6.4: Das 7-S-Modell (vgl. *Peters, T. J./Waterman, R. H.* 1984 S. 32)

halb übergangen worden, so wollten *Peters* und *Waterman* zeigen, dass es doch möglich ist, diese Variablen zu steuern, und sie als wesentliche Einflussgrößen auf den Unternehmenserfolg zu nutzen (vgl. *Peters, T. J./Waterman, R. H.* 1984 S. 30 ff., *Wever, U. A.* 1992 S. 36 f.).

Damit stellt sich die Frage, inwieweit und in welcher Form sich die bisherigen Erkenntnisse über die Wirkungsweise der Unternehmenskultur für die Initiierung und die Durchführung von Innovationsprozessen nutzen lassen. Welche kulturellen Voraussetzungen müssen erfüllt sein, damit in einem Unternehmen neue Ideen entstehen und erfolgreich in marktreife Problemlösungen umgesetzt werden können?

6.4 Voraussetzungen für eine innovationsfördernde Unternehmenskultur

»Jedes Unternehmen hat eine Unternehmenskultur – aber nicht jede Unternehmenskultur ist geeignet, den neuen Anforderungen gerecht zu werden« (*Beyer, H./Fehr, U./Nutzinger, H. G.* 1995 S. 157). Dieses Zitat beschreibt das Ergebnis einer empirischen Untersuchung über den Beitrag der Unternehmenskultur zur Bewältigung von betrieblichen Veränderungsprozessen, und es zeigt den Handlungsbedarf auf, der auf diesem Gebiet besteht. Insbesondere angesichts der Tatsache, dass es heute kaum noch einzelne »geniale Erfinder« sind, die neue Ideen hervorbringen, sondern integrativ arbeitende Spezialistenteams, wird die Koordination und die Motivation der beteiligten Personen zu einem wesentlichen Faktor für den Erfolg oder den Misserfolg von Innovationsprozessen (vgl. *Kieser, A.* 1986 S. 43). Dazu müssen die in der Abbildung 6.2 dargestellten positiven Wirkungen der Unternehmenskultur gezielt genutzt und die negativen Effekte so weit wie möglich vermieden werden.

B

Auf die herausragende Bedeutung der Innovationskultur für den Innovationserfolg weist auch eine Gemeinschaftsstudie des *Bundesverbandes der Deutschen Industrie (BDI)* und des Beratungsunternehmens *Droege & Comp.* aus dem Jahr 1997 hin, in der die Innovationskultur als »Top-Erfolgsfaktor« Nummer eins identifiziert wurde (vgl. *Droege/BDI* [Hrsg.] 1998 S. 6).

Vertrauen statt Misstrauen

In einem tayloristisch geprägten Unternehmen mit einer hochgradigen Arbeitsteilung, einer Vielzahl formaler Regelungen, einer Struktur, in der Hand- und Kopfarbeit voneinander getrennt sind, und Führungskräften, die ihre Mitarbeiter durch strikte Weisung und Kontrolle führen, wird kaum eine innovative Kultur entstehen. Um das brachliegende Kreativitäts- und Produktivitätspotenzial wirkungsvoll zu nutzen, ist es unerlässlich, diese **»Misstrauensorganisation«** durch eine Unternehmenskultur zu ersetzen, in der die Mitarbeiter eigene Ideen entwickeln, selbstständig handeln und die anstehenden Aufgaben gemeinsam bewältigen. Konkret bedeutet dies, dass die Organisationsmitglieder mit den ihnen übertragenen Aufgaben auch Verantwortung übernehmen und mit ausreichenden Kompetenzen ausgestattet werden. Dadurch wird die Vorgabe und die Kontrolle von Details überflüssig. Die Mitarbeiter entscheiden und handeln eigenverantwortlich im Rahmen ihrer Befugnisse und der vereinbarten Zielsetzungen. Ihre Vorgesetzten verstehen sich nicht als Kontrolleure, sondern als Impulsgeber und Ideenförderer. Die positiven Wirkungen einer derartigen **»Vertrauenskultur«** beschränken sich nicht nur auf die soziale Ebene, sondern weisen auch auf der Sachebene funktionale Aspekte auf. Sie bewirken unter anderem

Vorteile einer »Vertrauenskultur«

- Kostenvorteile durch die Verringerung des Kontroll- und Steuerungsaufwands,
- Zeitvorteile durch den Wegfall von aufwendigen und langwierigen Verhandlungs- und Abstimmungsprozessen und durch die Verkürzung der Entscheidungswege und
- eine hohe Einsatzbereitschaft und ein ausgeprägtes Verantwortungsbewusstsein auch ohne Prämien oder andere materielle Anreize.

Kooperation

Eng verbunden mit dem Bestehen einer Vertrauensbasis ist die interne und die überbetriebliche **Kooperation**. Genau genommen besteht zwischen beiden Aspekten eine wechselseitige Beziehung: So ist einerseits Vertrauen die Grundlage für eine funktionierende Zusammenarbeit und andererseits stärkt eine erfolgreiche Kooperation wiederum das Vertrauensverhältnis zwischen den Partnern.

B

Gerade in unternehmensübergreifenden Innovationsprojekten ist das gegenseitige Vertrauen eine Grundvoraussetzung. Nur wenn sich die Innovationspartner sicher sein können, dass die Ergebnisse ihrer Forschungs- und Entwicklungstätigkeit nicht auch Dritten zugänglich gemacht werden, wird die Kooperation überhaupt zustande kommen. Häufig wird deshalb in Randbereichen mit der Zusammenarbeit begonnen. Erst wenn ausreichend positive Erfahrungen vorliegen und das einander entgegengebrachte Vertrauen nicht enttäuscht wurde, erfolgt eine Erweiterung in den sensiblen Bereich der Kernkompetenzen.

Verbindlichkeit

Neben den bereits erläuterten Aspekten haben *Beyer*, *Fehr* und *Nutzinger* noch einen weiteren Faktor ermittelt, der ebenfalls eine Voraussetzung für eine innovative Unternehmenskultur darstellt: **Verbindlichkeit**. Indem Vereinbarungen und Absprachen zwischen den Kooperationspartnern durch vertragliche Regelungen verbindlich gemacht werden, wird eine Kooperation zusätzlich gefestigt. Die fixierten Rechte und Pflichten bilden die Basis für eine dauerhafte und vertrauensvolle Zusammenarbeit und sie tragen mit dazu bei, die Gefahr von Missverständnissen und Konflikten zu verringern (vgl. *Beyer, H./Fehr, U./Nutzinger, H. G.* 1995 S. 160).

Tatsächlich schreiben Unternehmen mit einer ausgeprägten innovationsfördernden Kultur deren Voraussetzungen explizit fest (z. B. in Form von Unternehmens- und Führungsgrundsätzen). Allerdings sind derartige Beschreibungen der Unternehmenskultur nur dann als verbindlich anzusehen, wenn sich die Mitarbeiter auch im Konfliktfall auf sie berufen können und Verstöße gegen diese »Spielregeln« geahndet werden. In der betrieblichen Praxis dürfte dies eher die Ausnahme als die Regel sein, da Kulturverstöße zumeist nur schwer zu erfassen und nachzuweisen sind. Trotzdem sollten sich kulturbewusste Unternehmen erkennbar darum bemühen, die Verbindlichkeit ihrer kulturellen Regelungen sicherzustellen.

B

Beispielsweise gilt bei *IBM* das ungeschriebene Gesetz, dass ein Manager aufgrund einer einmaligen Fehlentscheidung oder aufgrund des einmaligen Nichterreichens seiner Ziele nicht unbedingt abgelöst wird. Unterlaufen ihm aber wiederholt Fehler, so erfolgt die Ablösung zwangsläufig und konsequent. Dies zeigt, wie ernst man die Wahrnehmung der Führungsaufgaben nimmt und wie weit die Fehlertoleranz geht (vgl. *Wever, U. A.* 1992 S. 201 ff.).

Schriftlich festgelegte Rechte und Pflichten allein können jedoch keine positive Unternehmenskultur sichern, geschweige denn erzeugen. Erst die Kombination der Elemente Vertrauen, Verbindlichkeit und Kooperation schafft eine Grundlage, auf der sich eine innovative Unternehmenskultur entwickeln kann.

6.5 Merkmale einer innovationsfördernden Unternehmenskultur

Veränderungsfreudige und kreative Unternehmen weisen eine Reihe von spezifischen Merkmalen auf, die als Indikatoren für das Vorhandensein einer positiven Innovationskultur angesehen werden können. Bevor auf diese Merkmale eingegangen wird, soll jedoch zunächst dargestellt werden, wodurch sich solche Unternehmenskulturen auszeichnen, die als **»innovationsfeindlich«** zu charakterisieren sind:

Merkmale innovationsfeindlicher Kulturen

- Das auffälligste Merkmal von Unternehmenskulturen, die Innovationen erschweren, ist nach *Kieser* die starke Orientierung an den einzelnen Abteilungs- und Bereichszielen. Auf diese Weise entsteht ein Konglomerat von verschiedenen, kaum miteinander verbundenen **Subkulturen**, die nicht auf die übergeordneten Unternehmensziele hin ausgerichtet sind. Die Kommunikation zwischen den Organisationseinheiten ist schwierig, weil die Mitglieder der jeweils anderen Bereiche als »Gegner« betrachtet werden, die der eigenen Einheit die knappen Ressourcen streitig machen (Not-Invented-Here-Syndrom). Eine partnerschaftliche Zusammenarbeit ist aufgrund dieses **Ressortdenkens** nur sehr schwer oder gar nicht möglich.
- Innovationsfeindliche Kulturen sind darüber hinaus durch ein **ausgeprägtes Hierarchiedenken und -bewusstsein** gekennzeichnet. Es gibt keine Freiräume für eigenständige innovative Tätigkeiten. Die Entscheidungsspielräume der nachgeordneten Hierarchieebenen sind beschränkt. Der Fortschritt von Innovationsprojekten wird von der Unternehmensführung laufend kontrolliert. Es fehlt an Vertrauen in die Innovationskraft einzelner Personen und Teams. Daher finden innovative Vorhaben zumeist weder die finanzielle noch die moralische Unterstützung durch das Top-Management (vgl. *Kieser, A.* 1986 S. 45 f.).

Unternehmensinterne Grenzen

Pinchot charakterisiert diese Aspekte mit dem Begriff des **»Revierdenkens«** (vgl. *Pinchot, G.* 1988 S. 276). Reviere zeichnen sich durch klar gezogene, starre Grenzen aus, deren Überschreitung im Allgemeinen Konflikte auslöst. Drei **Arten von Grenzen** sind seiner Meinung nach in den Unternehmen zu beobachten (vgl. *Pinchot, G.* 1988 S. 276):

- Grenzen zwischen ergebnisverantwortlichen Geschäftsbereichen,
- Grenzen zwischen Funktionen, wie beispielsweise dem Vertrieb, der Produktion und dem F+E-Bereich und
- hierarchiebedingte Grenzen, zum Beispiel zwischen den Angehörigen von unterschiedlichen Führungsebenen oder zwischen den Stabskräften einerseits und den Linienmanagern andererseits.

Wirkungen von Grenzen

Durch diese vertikalen und horizontalen Grenzen ist die Kommunikation innerhalb des Unternehmens unzureichend. Teilweise werden Informationen sogar bewusst zurückgehalten oder »gefiltert«. Die Mitarbeiter sind nur mangelhaft über die Innovationsstrategie und die laufenden Innovationsprojekte unterrichtet. Das **Ressortdenken** sowie die **funktionale und hierarchische Abschottung** führen zu Dysfunktionalitäten, die nicht wertschöpfend sind. Es entstehen »operative Inseln«, zwischen denen unnötige Schnittstellen existieren. Doppelarbeiten und Redundanzen verringern die Effektivität und die Effizienz der betrieblichen Innovationstätigkeit usw. (vgl. *Kieser, A.* 1986 S. 45, *Vahs, D.* 2005 S. 204 f.).

Nun gibt es die Sichtweise, dass allein das Fehlen der oben genannten Innovationshemmnisse ausreicht, um eine Unternehmenskultur als **innovationsfördernd** zu bezeichnen (vgl. *Nieder, P./ Susen, B.* 1991 S. 434). Aus der Sicht der Verfasser ist dies zwar eine notwendige Voraussetzung, die aber nicht hinreichend ist, um ein Unternehmen besonders innovativ zu machen. Hierzu müssen weitere Merkmale vorhanden sein (vgl. Abb. 158):

Innovationsfördernde Kulturmerkmale

- **Hoher Stellenwert von Innovationen**
  In innovativen Unternehmenskulturen ist es unverzichtbar, dass Kreativität und Innovationsfreudigkeit im gelebten Wertesystem einen hohen Stellenwert einnehmen. Diese Wertschätzung äußert sich unter anderem darin, dass die tradierten Mythen und Legenden insbesondere um die Innovationsleistungen und die Helden kreisen, die diese vollbracht haben. In den Unternehmensleitsätzen ist die Innovation als ein Grundwert fest verankert. Innovative Leistungen werden durch die Unternehmensleitung für alle sichtbar gewürdigt. Insbesondere dieser Aspekt ist von entscheidender Bedeutung, denn es genügt nicht, Normen und Werte nur zu verbalisieren. Sie müssen vielmehr konsequent praktiziert und gelebt werden, damit sie glaubwürdig sind (vgl. *Kieser, A.* 1986 S. 47, *Nieder, P./Susen, B.* 1991 S. 435).

Die Unternehmen *Hewlett-Packard* und *Tupperware* sind zwei Beispiele für den offenkundig hohen Stellenwert von Innovationen im gelebten Wertesystem. Die Untersuchung von *Peters* und *Waterman* ergab, »dass sich die Unternehmensleitung bewusst um zwei Ziele bemüht: (1.) Würdigung jeder guten Leistung, auch und besonders auf den unteren Ebenen, durch alle möglichen Formen positiver Verstär-

B

B

kung und (2.) Schaffung möglichst vieler Anlässe für den Austausch von Erfolgsmeldungen« (*Peters, T. J./Waterman, R. H.* 1984 S. 154). Entsprechend innovationskräftig sind diese beiden Unternehmen auch heute noch.

Ein Beispiel dafür, dass Innovationen nicht immer den ihnen angemessenen hohen Stellenwert haben, ist dagegen die Erfindung des Faxgerätes durch den bayerischen Ingenieur *Rudolf Hell*. Er entwickelte bereits 1971 das weltweit erste Gerät dieser Art, den »*Hell-Schreiber*«. Seine Erfindung verkaufte er an die *Siemens AG*, mit der er seit vierzig Jahren zusammenarbeitete. Weil der Großkonzern eine Gefahr für das Fernschreibergeschäft befürchtete, bewarb *Siemens* das Faxgerät jedoch so zögerlich, dass die potenziellen Kunden kaum etwas von dessen Existenz bemerkten. Dies erwies sich im Laufe der Zeit als eine schwerwiegende Fehlentscheidung, denn der japanischen Konkurrenz gelang es, daraus ein außerordentlich einträgliches Geschäft zu machen (vgl. *Iwersen, S.* 2004 S. 16).

- **Sicherheit für die Mitarbeiter**
  Wenn es sich bei den von der Unternehmensleitung aufgestellten Maximen dagegen nur um Worthülsen handelt, die nicht in die Tat umgesetzt werden, so verunsichert dies die Mitarbeiter. Diese Unsicherheit führt zu Widerstand gegenüber jeder Art von Neuerung und Veränderung und wirkt sich damit negativ auf die Innovationsbereitschaft aus. Die Mitarbeiter müssen wissen, woran sie sind. Dies gilt gerade und insbesondere dann, wenn es um Neuheiten geht, die mit hohen Risiken verbunden sind und deren Markterfolg keineswegs gewiss ist. Zu dem Faktor »Sicherheit« gehört auch die Tatsache, dass es innovative Unternehmen vermeiden, infolge von (Prozess-)Innovationen Mitarbeiter zu entlassen. Dadurch werden ebenfalls Widerstände abgebaut und die Innovationsbereitschaft erhöht (vgl. *Kieser, A.* 1986 S. 48).
- **Kooperative Arbeits- und Führungskonzepte**
  Der Aufbau einer innovativen Unternehmenskultur ist nicht kurzfristig möglich, sondern erfordert einen Prozess, der sich über einen langen Zeitraum hinweg vollzieht. Die Kooperationsbereitschaft und das gegenseitige Vertrauen als Basis für eine Innovationskultur müssen langsam wachsen, vor allem dann, wenn die Kultur bisher eher von Misstrauen zwischen den verschiedenen »Parteien« geprägt war. Wirksame Arbeits-, Führungs- und Beteiligungskonzepte sind wichtige Erfolgsfaktoren einer innovationsfördernden Unternehmenskultur. Ein engagiertes und verantwortungsvolles Handeln wird insbesondere durch die Beteiligung von Mitarbeitern an den vorausgegangenen Entscheidungen, durch Freiräume für ein selbstständiges Arbeiten sowie durch eine möglichst hohe Qualifikation und eine umfassende Information unterstützt. Ein partizipatives Management und kooperative Arbeitsformen schaffen zum einen die strukturellen und sozialen Voraussetzungen für eine innovative Arbeitsweise, indem sie das an vielen Stellen im Unternehmen vorhan-

dene Wissen und die Träger dieses Wissens eng miteinander verzahnen; zum anderen zeigen sie den Mitarbeitern, dass der Unternehmensführung ernsthaft an einer partnerschaftlichen Zusammenarbeit gelegen ist und die Menschen im Betrieb nicht als »reiner Kostenfaktor« gesehen werden (vgl. *Beyer, H./Fehr, U./Nutzinger, H. G.* 1995 S. 161 ff., *Roth, S.* 1995 S. 39).

B

Das Beispiel des dänischen Herstellers von Hörgeräten *Oticon* zeigt, wie wichtig ein kooperatives Arbeitsklima für den Unternehmenserfolg sein kann. Nachdem der Marktanteil und die Rentabilität des Unternehmens Ende der achtziger Jahre zurückgingen, weil die Wettbewerber bessere und preiswertere Produkte im Markt eingeführt hatten, veränderte der neue Chief Executive Officer die internen Rahmenbedingungen (*Day, J. D./Wendler, J. C.* 1998 S. 22; Hervorhebungen durch die Verfasser):

»He set out to create an environment that would promote the flow of knowledge and encourage entrepreneurial behavior. Organization charts, offices, job descriptions, and formal roles were abandoned. Employees were expected to choose their own projects and work in fast-moving crossfunctional teams. ... These changes produced dramatic results. Return on equity climbed from the low single digits in the late 1980s to over 25 percent in the 1990s as *Oticon* developed and rapidly commercialized innovations such as digital hearing aid.«

- **Umfassende Aus- und Weiterbildung der Mitarbeiter**
  Aufgrund der Erkenntnis, dass qualifizierte und informierte Mitarbeiter ein wertvoller Produktionsfaktor sind, investieren innovationsfreudige Unternehmen in besonderem Maße in die Aus- und Weiterbildung. Ein wichtiges Instrument dafür ist das Prinzip der Job-Rotation. Indem die Mitarbeiter verschiedene Bereiche des Unternehmens kennen lernen, erweitern sie ihre Fachkenntnisse und lernen es, die bereichsspezifischen Probleme besser zu verstehen. Das ist hilfreich um Bereichsegoismen abzubauen und trägt zu der Bildung von informalen Beziehungsnetzwerken bei, die für die Durchführung von komplexen und interdisziplinären Innovationsvorhaben von großer Bedeutung sind (vgl. *Kieser, A.* 1986 S. 48). In ihrer Untersuchung stellten Peters und Waterman fest, dass der Erfolg zu einem großen Teil auf informaler Kommunikation beruht. Sie »... führt zu mehr Experimenten, mehr Lerneffekten und gleichzeitig auch zu der Fähigkeit, besser informiert zu bleiben und über den Dingen zu stehen« (*Peters, T. J./Waterman, R. H.* 1984 S. 154).
- **Unterstützung von Champions**
  Ein weiteres Merkmal von innovationsfördernden Unternehmenskulturen ist die Unterstützung von hoch motivierten und innovativen Persönlichkeiten, den so genannten »Champions«. Sie können als eine Art »Innovationsmotor« angesehen werden, der vor Problemen nicht zurückschreckt, sondern stattdessen versucht, auftretende Schwierigkeiten zielstrebig und effzient zu

lösen. Auffällig ist es, dass erfolgreiche Unternehmen diese potenziellen Innovationsträger gezielt fördern (vgl. *Kieser, A.* 1986 S. 48). Die besondere Bedeutung von Champions ergibt sich aus der Tatsache, dass sie nicht nur kreative Köpfe sind, sondern ihre Ideen auch realisieren wollen und können. Dieser Sachverhalt ist besonders wichtig, denn kreative Ideen sind in vielen Unternehmen in ausreichender Zahl vorhanden. Es fehlt aber häufig an unternehmerisch denkenden und handelnden Personen mit Wagemut und Hartnäckigkeit, die ihre Vorstellungen auch tatsächlich verwirklichen (vgl. *Peters, T. J./Waterman, R. H.* 1984 S. 242 f.).

B

Die Untersuchungen von *Peters* und *Waterman* ergaben, dass eine Vielzahl der großen Geschäftserfolge, beispielsweise die Frühstücksmenüs von *McDonald's* oder die Entwicklung von neuartigen Kunststoffen und Flugzeugtriebwerken bei *General Electric*, kleinen Gruppen engagierter Außenseiter zu verdanken waren (vgl. *Peters, T. J./Waterman, R. H.* 1984 S. 144 f.).

- **Verfügbarkeit von Informationen**
  Die Unterstützung, die innovative Unternehmen ihren Champions gewähren, zeigt sich in vielfältiger Art und Weise. Im Gegensatz zu den innovationsfeindlichen Unternehmen sind **Informationen** in innovativen Unternehmenskulturen kein knappes Gut und werden weder gefiltert noch blockiert (vgl. *Kieser, A.* 1986 S. 48). Information-hiding und eine »Wissen-ist-Macht«-Einstellung gelten als überholt, denn sie sichern einer Führungskraft allenfalls formale Amtsautorität. Außerdem demotivieren unzureichende Informationen die Mitarbeiter, weil sie sich nicht ernst genommen fühlen, und entziehen ihnen durch eine mangelnde Orientierung die Basis für eine zielgerichtete Kreativität.
- **Zielgerichtete Kommunikation**
  Es reicht also nicht aus, dass Informationen vorhanden sind – sie müssen auch zugänglich und verwertbar sein. Eine intensive und **zielgerichtete Kommunikation** erleichtert den Champions ihre Tätigkeit. Die Unternehmen mit einer innovativen Kultur sind insbesondere dadurch gekennzeichnet, dass sie über informelle Kommunikationssysteme und eine hohe Kommunikationsdichte verfügen. Sie setzen zusätzliche Hilfsmittel ein, um die Kommunikation zwischen den Beschäftigten noch weiter zu verbessern.

B

So regen die in einer Abteilung angebrachten Informationstafeln über den Stand des Geschäftsverlaufs dazu an, über aktuelle Fragen und Probleme zu diskutieren. Die mündliche Kommunikation ist gegenüber dem schriftlichen Gedankenaustausch zu bevorzugen. Auch die räumliche Nähe hat sich als Einflussfaktor auf die interpersonelle Kommunikation erwiesen. Diese Erkenntnis kann bei der Anordnung der Arbeitsplätze oder bei der räumlichen Einbindung der Führungskräfte Berücksichtigung finden (vgl. *Kieser, A.* 1986 S. 49, *Peters, T. J./Waterman, R. H.* 1984 S. 254 ff.). Beispielsweise hat der Arbeitsdirektor von *Hewlett-Packard* seinen Arbeitsplatz in einem Großraumbüro inmitten seiner Mitarbeiter und stellt so eine direkte und sichtbar offene Kommunikation sicher.

- **Kreative Freiräume**
  Innovative Unternehmenskulturen tragen auch zur Unterstützung der Champions bei, indem sie ihnen gezielt **Freiräume** für ein eigenständiges Handeln geben. Beispielsweise können sie einen Teil ihrer Arbeitszeit für die Entwicklung und die Verwirklichung von Erfolg versprechenden Ideen verwenden. Die hierzu erforderlichen Sach-, Finanz- und Personalressourcen werden ihnen relativ problemlos zur Verfügung gestellt, was allerdings nicht heißt, dass sie unbegrenzt und unkontrolliert genutzt werden können. Die Aktivitäten der Champions sind vielmehr in ein ergebnisorientiertes Evaluierungssystem eingebunden und einem ständigen internen Wettbewerb ausgesetzt. Dadurch haben nur solche Projekte eine Realisierungschance, die einen Erfolg versprechenden Beitrag zu den langfristigen Unternehmenszielen erwarten lassen (vgl. *Albach, H.* 1991 S. 47, *Kieser, A.* 1986 S. 49).
- **Lernen aus Fehlern**
  Eng mit den Freiräumen für ein eigenständiges Handeln verbunden ist die **Toleranz gegenüber Misserfolgen und Fehlschlägen**. Es lassen sich nun einmal nur dann mehr »Treffer« erzielen, wenn mehr »Würfe« gemacht werden. Das gilt insbesondere für sehr dynamische Branchen mit sich schnell ändernden Produktanforderungen. Allerdings steigt mit der Anzahl der »Experimente« auch die Zahl der möglichen Fehlschläge. Erfolgreiche Unternehmen kennen diesen Zusammenhang und akzeptieren ihn nicht zuletzt deshalb, weil innovative Projekte immer mit besonderen Risiken verbunden sind. Daher muss ein Unternehmen, das ein innovationsförderndes Klima schaffen will, Misserfolge einkalkulieren und tolerieren. Entscheidend ist dabei, dass ein Fehlschlag nicht negativ, sondern positiv gesehen wird, nämlich als Chance, etwas daraus zu lernen. Insofern ist gerade in innovativen Unternehmen eine Fehler- und Lernkultur ein wesentlicher Bestandteil der Unternehmens- und Innovationskultur (vgl. *Bürgel, H. D./Haller, C./Binder, M.* 1995 S. 10, *Kieser, A.* 1986 S. 47, *Peters, T. J./Waterman, R. H.* 1984 S. 245).

Die heutige Unternehmens- und Innovationskultur von *3M* beruht nach wie vor auf den Grundprinzipien, die der frühere Präsident und Chairman of the Board, *William L. McKnight,* im Jahr 1948 formuliert hat. Sie propagiert ein Lernen aus Fehlern und die Gewährung von kreativen Freiräumen für alle Mitarbeiter des Unternehmens. Dementsprechend lauten die Kernaussagen dieser ***McKnight* Principles** (http://solutions.3m.com):

B

- »As our business grows, it becomes increasingly necessary to delegate responsibility and to encourage men and women to exercise their initia-tive. This requires considerable tolerance. Those men and women, to whom we delegate authority and responsibility, if they are good people, are going to want to do their jobs in their own way.«

- »Mistakes will be made. But if a person is essentially right, the mistakes he or she makes are not as serious in the long run as the mistakes management will make if it untertakes to tell those in authority exactly how they must do their jobs.«
- »Management that is destructively critical when mistakes are made kills initiative. And it´s essential that we have many people with initiative if we are to continue to grow«.

In der Abbildung 6.5 werden die Merkmale von innovationsfördernden Unternehmenskulturen zusammenfassend dargestellt.

- Vermeiden der Merkmale innovationsfeindlicher Unternehmenskulturen (Hierarchie- und Revierdenken, Information-hiding, Kontrolle, Überwachung)
- Hoher Stellenwert der Innovation im gelebten Wertesystem
- Sicherheit für die Mitarbeiter
- Beteiligungstradition
- Innovationsfördernde Arbeits-, Führungs- und Beteiligungskonzepte
- Umfassende Aus- und Weiterbildung der Mitarbeiter
- Unterstützung von Champions durch
  - die Bereitstellung von Information,
  - eine direkte, zeitnahe Kommunikation und
  - die Schaffung von Freiräumen
  - die Toleranz gegenüber Misserfolgen und Fehlschlägen
- Lernen aus Fehlern

SCHÄFFER POESCHEL

Abb. 6.5: Merkmale einer innovationsfördernden Unternehmenskultur

6.6 Gestaltung einer innovationsfördernden Unternehmenskultur

6.6.1 Kulturveränderung als langfristiger Prozess

Unternehmenskulturen sind keine statischen Gebilde, sondern befinden sich in einem ständigen Prozess der Veränderung. Die Auslöser dafür sind beispielsweise neue Mitarbeiter, die ihre individuellen Werte einbringen, neue Unternehmensstrategien, die neue Verfahren, Strukturen und Methoden erfordern, oder eine grund legende Veränderung der Markt- und Wettbewerbssituation. Diese unternehmensinternen und -externen Faktoren üben einen mehr oder minder starken Einfluss auf die Kultur eines Unternehmens aus (vgl. *Nieder, P./Susen, B.* 1991 S. 436, *Wever, U. A.* 1992 S. 120).

Optimaler Fit als Ziel

Insbesondere in solchen Unternehmen, deren Kultur bisher wenig innovationsfördernd gewesen ist, stellt sich die Frage, wie sie ihre Innovationskultur an die Innovationsstrategie anpassen können;

denn zweifellos ist die Strategie eines Unternehmens immer sowohl kulturprägend als auch von der bestehenden Kultur geprägt (vgl. *Steinle, C./Eggers, B./ter Hell, A.* 1994 S. 132). Das Ziel der Unternehmensführung muss es deshalb sein, einen **optimalen »Strategie-Struktur-Kultur-Fit«** herzustellen, was letztendlich eine Anpassung der Unternehmensstruktur und -kultur an die Erfordernisse der verfolgten Unternehmensstrategie bedeutet. Gerade die Veränderung der Unternehmenskultur ist jedoch ein kritischer Faktor, weil sie einerseits vergleichsweise viel Zeit erfordert und andererseits aufgrund ihrer destabilisierenden Wirkungen mit einem gewissen Risiko für das Unternehmen verbunden ist. Bei einer starken Diskrepanz zwischen der verfolgten Strategie und der gegenwärtigen Kultur eines Unternehmens ist deshalb auch zu prüfen, inwieweit die Strategie, zumindest übergangsweise, den kulturellen Rahmenbedingungen angepasst werden muss.

B

Bromann und *Piwinger* nennen eine Reihe von Kulturbedingungen für die Umsetzung einer innovativen Strategie, wie beispielsweise (vgl. *Bromann, P./Piwinger, M.* 1992 S. 14 f.):

- die Verankerung von Innovationen in den Wertvorstellungen und im Zielsystem des Unternehmens,
- die Bereitschaft zu Experimenten und die Toleranz gegenüber Fehlern und Misserfolgen,
- den Abbau von strukturellen Barrieren und die Einrichtung von bereichsübergreifenden Teams,
- den offenen Austausch von Informationen,
- die Gestaltung eines Innovationswettbewerbs zwischen den Organisationseinheiten,
- die Schaffung von Freiräumen für »Champions« und »Kreative« und
- die sichtbare Unterstützung von Innovationen durch das Top-Management.

Wie kann ein solcher **Prozess der Kulturveränderung** grundsätzlich aussehen? Bei der Beantwortung dieser Frage werden in der Literatur zwei gegensätzliche Positionen bezogen (vgl. *Steinmann, H./ Schreyögg, G.* 1997, S. 625 f.):

Positionen der Kulturveränderung

- Die **»Kulturingenieure«** gehen davon aus, dass sich Unternehmenskulturen ähnlich wie andere Führungsinstrumente gezielt einsetzen und planmäßig verändern lassen.
- Demgegenüber verstehen die **»Kulturalisten«** die Unternehmenskultur als eine organisch gewachsene Lebenswelt, die sich jedem gezielten Gestaltungsprozess entzieht.

Evolution statt Revolution

Eine Kulturveränderung durch radikale, mechanistisch durchgeführte Maßnahmen ist nach Ansicht der Verfasser wenig erfolgversprechend. Vielmehr ist ein **evolutionärer Wandel** erforderlich, der die bisherigen Kulturelemente und ihre Ausprägungen berücksichtigt und damit eher einer »Kurskorrektur« als einer völligen Neuorientierung gleicht. Dabei spielt das Management eine besondere Rolle, indem es die angestrebten Werte und Orientierungsmuster vorlebt und kommuniziert, um eine breite Partizipation aller Organisationsmitglieder zu erreichen.

Die Gestaltung einer innovationsfördernden Unternehmenskultur ist demzufolge kein kurzfristig zu realisierendes Vorhaben, sondern erfordert einen längeren Zeitraum der Veränderung. *Kieser* spricht von einer zeitlichen Dauer zwischen sechs und fünfzehn Jahren und nennt als mögliche Probleme die hohen Kosten und eine Erfolgsquote von nur etwa 50 % (vgl. *Kieser, A.* 1984 S.11). Eine ausgeprägte Kooperationsbereitschaft und ein ausgeprägtes gegenseitiges Vertrauen als Basis einer innovativen Kultur müssen wachsen und gelebt werden. Sie lassen sich nicht einfach beschließen und kurzfristig einführen. Daher ist es nicht möglich, eine Unternehmenskultur ausschließlich mit Hilfe von rationalen Planungsmethoden zu ändern, wohl aber lässt sie sich zielgerichtet beeinflussen und pflegen (vgl. *Beyer, H./Fehr, U./Nutzinger, H. G.* 1995 S. 161, *Wever, U. A.* 1992 S. 132).

Auf die besonderen Zeiterfordernisse bei der Gestaltung von Veränderungsprozessen weist auch *Noel M. Tichy* in seinem Buch »Regieanweisung für Revolutionäre« eindringlich hin, in dem er sich mit der Neuausrichtung des weltweit tätigen Konzerns *General Electric* befasst (*Tichy, N. M.* 1995 S. 22):

»Gehen Sie bei Ihrer Planung von einem langjährigen Prozess aus. Die drei Akte des in diesem Buch beschriebenen Schauspiels haben bei *General Electric* mehr als ein Jahrzehnt in Anspruch genommen. Bei der Vorbereitung der Transformation in Ihrer Organisation müssen Sie unbedingt von einer realistischen Schätzung des **Zeitbedarfs** ausgehen«.

6.6.2 Vorgehensweise zur Gestaltung einer innovationsfördernden Unternehmenskultur

6.6.2.1 Analyse des Ist-Zustands

Um einen Vorgehensplan zur Veränderung der bestehenden Unternehmens- und hier insbesondere der Innovationskultur zu entwickeln, der dann zielgerichtet umgesetzt werden kann, ist eine umfassende Kenntnis der Ausgangssituation erforderlich. Fragt man die obersten Führungskräfte eines Unternehmens, welche Wertvorstellungen, Meinungen, Einstellungen und Überzeugungen dem Handeln ihrer Mitarbeiter zugrunde liegen, so sind ihre Aussagen zumeist sehr selektiv und durch subjektive Erfahrungen beeinflusst. Für die Veränderung einer Kultur sind aber möglichst objektive und die Unternehmenskultur ganzheitlich erfassende Aussagen erforderlich.

Problematik der Kulturanalyse

Die Schwierigkeit der Kulturanalyse liegt vor allem darin, dass es sich bei vielen Elementen einer Unternehmenskultur um unsichtbare Größen handelt, die nicht bewusst wahrgenommen werden. Für die Mitarbeiter eines Unternehmens sind die konkreten Ausprägungen der einzelnen Kulturelemente vielfach zu einer Selbstverständlichkeit geworden und werden oft gar nicht mehr als solche erkannt; externen Beobachtern fehlen dagegen der unmittelbare Zugang und die detaillierte Einsicht in die sich »unter der Oberfläche« vollziehenden informellen Abläufe im Unternehmen (vgl. *Wever, U. A.* 1992 S. 124 ff.).

Daraus ergibt sich die Notwendigkeit, geeignete Instrumente zur Diagnose der Unternehmenskultur einzusetzen, die es ermöglichen, die sich aus der Unternehmenskultur ergebenden Handlungen zu deuten und so die Basis für eine Analyse der Unternehmenskultur zu schaffen. *Wever* nennt unter anderem die folgenden Verfahren, mit denen die **Ist-Kultur** eines Unternehmens erfasst werden kann (vgl. *Wever, U. A.* 1992 S. 127 f.):

Verfahren zur Erfassung der Ist-Kultur

- regelmäßige, möglichst offene Beurteilungsgespräche zwischen den Vorgesetzten und ihren Mitarbeitern,
- Gespräche zwischen der Unternehmensführung und dem Betriebsrat als einer wichtigen Quelle für kritische Anmerkungen und Beschwerden,
- informelle Diskussionsrunden mit den unterschiedlichen Gruppen von Beschäftigten, wie beispielsweise Auszubildenden, Trainees und Mitarbeitern in speziellen Förderprogrammen,
- Diskussionen zwischen den Spitzenführungskräften und der »Basis« im Rahmen von Seminarveranstaltungen (so genannte »Kamingespräche«); gerade hier wird meist ein objektiveres Bild der Kultur vermittelt, als es in Einzelgesprächen der Fall ist,
- Bildung von Arbeitsgruppen, die sich mit den Stärken und den Schwächen des Unternehmens auseinander setzen und die Ergebnisse direkt an die Unternehmensführung weiterleiten,
- systematische Interviews der Mitarbeiter durch kulturunabhängige externe Berater,
- Durchführung von Workshops zum Thema Unternehmenskultur,
- wiederholte Mitarbeiter-Meinungsumfragen unter Einbeziehung von allen Mitarbeitern oder eines repräsentativen Querschnitts der Belegschaft.

Analyseinstrumente dieser Art unterstützen eine planvolle und strukturierte Vorgehensweise bei der Kulturentwicklung. Insbesondere Mitarbeiterbefragungen können dabei als eine Art »Kulturspiegel« angesehen werden, weil sie u. a. Auskunft über die gelebte Führungsphilosophie, die allgemeinen Arbeitsbedingungen, die Kommunikation und Information, die Mitarbeiterförderung, die Identifikation der Belegschaft mit dem Unternehmen und das Betriebsklima geben (vgl. *Bromann, P./Piwinger, M.* 1992 S. 41 ff.).

Zielsetzung der Ist-Analyse

Die Zielsetzung der Ist-Analyse muss es in jedem Fall sein, die in einem Unternehmen festzustellenden kulturellen Ausdrucksformen systematisch und möglichst vollständig zu erfassen und die ihnen zugrunde liegende Basis-Orientierung zu erschließen. Danach sind die Ist-Kultur hinsichtlich ihrer Wirkungen auf die Erreichung der Unternehmensziele zu bewerten und der sich daraus ergebende Veränderungsbedarf aufzuzeigen (vgl. *Steinmann, H./Schreyögg, G.* 1997, S. 626). Allerdings kann mit Hilfe der genannten Instrumente nur eine Annäherung an das sehr komplexe Phänomen der Unternehmenskultur erreicht werden; die unbewussten Aspekte können auch sie zumeist nicht entschlüsseln.

6.6.2.2 Definition des Soll-Zustands und Einleitung von Veränderungsmaßnahmen

Die zielgerichtete Veränderung einer bestehenden Unternehmenskultur ist eine sehr komplexe und schwierige Aufgabe, die viel Zeit in Anspruch nimmt. Die Unternehmensführung muss diesem Sachverhalt bei der Festlegung des anzustrebenden Soll-Zustands ausreichend Rechnung tragen. *Wever* weist darauf hin, dass sich der Soll-Zustand einer Unternehmenskultur aus den Unternehmensgrundsätzen und -zielen ableiten lässt, da diese das gemeinsame »Dach« für die Unternehmenskultur und die Unternehmensstrategie bilden (vgl. *Wever, U. A.* 1992 S. 133). Im Rahmen einer Kulturveränderung ist deshalb zu prüfen, ob und inwieweit die Veränderungen notwendig und durchführbar sind. Dabei ist vor allem darauf zu achten, dass der kulturelle Wandel nicht bereits im Vorfeld an formalen Hürden scheitert.

Voraussetzungen eines Kulturwandels

Insbesondere Großunternehmen verfügen über eine Vielzahl von Richtlinien und Regeln, die dazu dienen sollen, die Zuständigkeiten, die Rechte und die Pflichten der Mitarbeiter allgemeingültig und verbindlich zu regeln. Derartige Standards können sich durch ihre fehlende Flexibilität innovationshinderlich oder sogar innovationsverhindernd auswirken. Eine wesentliche Voraussetzung für den erfolgreichen kulturellen Wandel ist es deshalb, diejenigen Standards außer Kraft zu setzen, die eine Veränderung der Unternehmenskultur blockieren könnten. Die Erarbeitung von Veränderungsmaßnahmen gemeinsam mit den betroffenen Personen schafft eine wesentliche Voraussetzung, um derartige Blockaden zu erkennen. Darüber hinaus führt ein Dialog zwischen den Initiatoren des Kulturwandels (Unternehmensführung) und den übrigen Kulturträgern zu einer höheren Glaubwürdigkeit und zu einer weit gehenden Identifikation mit der angestrebten Kultursituation. Diese Vorgehensweise trägt auch der Tatsache Rechnung, dass sich eine vollständig neue Kultur nicht »konstruieren« und Schritt für Schritt umsetzen lässt. *Steinmann/Schreyögg* stellen fest, dass eine derartige Vorstellung viel zu mechanistisch ist und den netzwerkartigen Charakter der kulturellen Beziehungen in einem Unternehmen verkennt (vgl. *Steinmann, H./Schreyögg, G.* 1997 S. 627).

Maßnahmen

Insofern kann die Unternehmensführung vor allem **gezielte Anstöße** zur Kulturveränderung geben, indem sie auf die problematischen Wirkungen der bisherigen Verhaltensmuster hinweist und nachdrücklich für deren Korrektur eintritt. Gezielte Maßnahmen können diesen Prozess unterstützen, beispielsweise die sichtbare Förderung von innovativen Ideen, eine offene Kommunikation (auch über Fehler und Misserfolge), die Förderung von kreativen »Querdenkern«, eine stärkere Beteiligung der Mitarbeiter an den Entscheidungen usw.

Grenzen

Letztendlich sind dem geplanten Kulturwandel jedoch unübersehbare **Grenzen** gesetzt, die sich aus dem komplexen Charakter der Organisationskultur ergeben. Er führt häufig zu überraschenden und ungeplanten Wirkungen der Veränderungsmaßnahmen. Allerdings lassen sich Fehlentwicklungen, die nicht den Zielsetzungen des Wandels entsprechen, durchaus feststellen und gemeinsam mit den Betroffenen revidieren (vgl. *Steinmann, H./Schreyögg, G.* 1997 S. 627). Deshalb ist eine gewisse Risiko- und Innovationsbereitschaft gerade bei Kulturprozessen eine wesentliche Voraussetzung für deren langfristigen Erfolg.

6.7 Checkliste für eine innovationsfördernde Unternehmenskultur

Checkliste zur Innovationskultur

- Sind im Unternehmensleitbild die Veränderungsbereitschaft und eine innovative Grundhaltung explizit verankert?
- Werden die Unternehmensgrundsätze von der Unternehmensführung vorgelebt?
- Sind die Unternehmensgrundsätze verbindlich für alle Mitarbeiter und werden Verstöße gegen sie entsprechend geahndet?
- Wird innovatives Verhalten an sich belohnt oder nur ein positives Ergebnis?
- Wie viel Freiraum wird den innovativen Mitarbeitern zugestanden?
- Inwieweit werden Fehler und Misserfolge bei der Innovationstätigkeit toleriert?
- Wie detailliert sind die Tätigkeiten und Verhaltensweisen der Mitarbeiter durch Richtlinien und Regeln vorgeschrieben?
- Wie schwer ist es für die Mitarbeiter, Ressourcen zur Umsetzung von innovativen Problemlösungen zu erhalten?

- Wie intensiv ist die Zusammenarbeit zwischen den verschiedenen Funktionen und Bereichen im Unternehmen?
- Gibt es Gesprächskreise, »Stammtische«, Pausenecken oder sonstige Mittel der informalen Kommunikation?
- Wie viel Wert wird auf die Weiterbildung der Mitarbeiter gelegt?
- Welche Maßnahmen werden ergriffen, um die Mitarbeiter gezielt zu qualifizieren, z. B. durch Kurse, Schulungen, Job-Rotation o. Ä.?
- Besitzt das Unternehmen eine flache Hierarchie, Mitarbeiterbeteiligung, flexible Arbeitszeitmodelle usw.? Wie lange existieren diese Merkmale schon?
- Inwieweit sind die Mitarbeiter über die Unternehmensziele und -abläufe sowie über die laufenden Projekte und deren Ergebnisse informiert?
- Wie leicht sind ihnen diese Informationen zugänglich?
- Werden die Neuerungen von der Unternehmensführung »von oben« durchgesetzt oder mit den Mitarbeitern aus unterschiedlichen Hierarchieebenen gemeinsam erarbeitet?
- Werden Konflikte und Probleme unterdrückt oder werden sie offen diskutiert?
- Wird die bestehende Unternehmenskultur durch Workshops, Gespräche, Diskussionen und Mitarbeiterbefragungen laufend analysiert und auf ihre innovative Ausrichtung hin überprüft?

Abb. 6.6: Checkliste zur Gestaltung einer innovationsfördernden Unternehmenskultur

6.8 Wiederholungsfragen

1. Erläutern Sie den Begriff der Unternehmenskultur.
2. Inwieweit wirkt sich der Wertewandel in den westlichen Industrienationen auf die Innovationsbereitschaft und die Innovationsfähigkeit der Gesellschaft aus?
3. Welche Bestandteile begründen die Kultur eines Unternehmens?
4. Stellen Sie mögliche positive (funktionale) und negative (dysfunktionale) Wirkungen der Unternehmenskultur auf die betriebliche Innovationstätigkeit dar.
5. Wie beurteilen Sie die Bedeutung der Unternehmenskultur für den Erfolg von Unternehmen?
6. Welche Voraussetzungen müssen grundsätzlich erfüllt sein, damit die Unternehmenskultur einen Beitrag zum Unternehmenserfolg leisten kann?
7. Erläutern Sie ausführlich die Merkmale einer innovationsfördernden Unternehmenskultur.
8. Wie schätzen Sie den Stellenwert von »Innovations-Champions« für die Innovationskraft eines Unternehmens ein?
9. Lässt sich die Kultur eines Unternehmens zielgerichtet verändern, und worauf ist bei der Kulturentwicklung vor allem zu achten?
10. Welche Rolle hat die Unternehmensführung im Prozess der Kulturveränderung?

7 Einflussgrößen des Innovationserfolgs

7.1 Lernziele

Im letzten Kapitel soll der Leser
- einen Überblick über die relevanten Einflussgrößen des Innovationserfolgs erhalten,
- sich mit den wesentlichen innovationsspezifischen, unternehmensinternen und unternehmensexternen Faktoren auseinander setzen,
- die Wirkung dieser Einflussgrößen kennen lernen und einige wesentliche Gründe für den Erfolg oder den Misserfolg von Innovationsvorhaben erfahren.

7.2 Dimensionen des Innovationserfolgs

Die Umsetzung von vielversprechenden Ideen in erfolgreiche Innovationen ist zumeist nicht nur eine zeitaufwendige, sondern auch eine kostenintensive Angelegenheit. Von daher ist es gerechtfertigt und notwendig, am Ende eines Buches über das Innovationsmanagement der Frage nachzugehen, ob es bestimmte Einflussgrößen gibt, die sich besonders positiv oder besonders negativ auf den Gesamtnutzen einer Innovation auswirken. Die Kenntnis dieser Einflussgrößen trägt zu einer Reduzierung der Entscheidungskomplexität bei und erleichtert damit das Management von Innovationen (vgl. *Meffert, H.* 1998 S. 408).

Der **Gesamtnutzen einer Innovation** kann anhand von drei Dimensionen beurteilt werden (vgl. *Hauschildt, J.* 2004 S. 502 ff.):

Nutzendimensionen

- **Technischer Nutzen**
  Der technische Nutzen einer Innovation lässt sich mit Hilfe von spezifischen Messgrößen ermitteln (z. B. geringerer Luftwiderstand, reduzierter Energiebedarf, weniger Materialverbrauch, Erfüllung von bestimmten Leistungsparametern usw.). Neben diesen direkten technischen Effekten kann bei Innovationen häufig auch ein indirekter Nutzen festgestellt werden, wie beispielsweise der Lernerfolg, der Know-how-Transfer, die Identifikation von technischen Problemen oder die verbesserte Zusammenarbeit innerhalb eines Innovationsteams.

- **Ökonomischer Nutzen**
  Die Bewertung des ökonomischen Nutzens konzentriert sich zunächst auf den unmittelbaren wirtschaftlichen Erfolg, der mit einer Innovation verbunden ist und sich in einer Veränderung von Größen wie Kosten, Umsatz, Deckungsbeitrag, Gewinn oder Wirtschaftlichkeit zeigt. Indirekt kann sich eine Innovation beispielsweise auf die Wettbewerbssituation auswirken, indem bestimmte Handlungsfelder durch Patente und andere gewerbliche Schutzrechte abgesichert werden. Dies kann beispielsweise zu Umsatzeinbußen oder zu erhöhten Kosten bei den Konkurrenzunternehmen führen. Derartige Effekte lassen sich allerdings nur selten näher beziffern.
- **Sonstiger Nutzen**
  Die sonstigen Nutzenwirkungen einer Innovation liegen auf der individuellen Ebene (z.B. wissenschaftliche Anerkennung des Innovators, Auszeichnung des F+E-Bereichs mit einem Forschungspreis) oder sie beziehen sich auf den sozialen und den ökologischen Bereich.

Zurechnungsproblematik

In der betrieblichen Praxis ist die zeitliche und die sachliche Zurechnung des Beitrags von bestimmten Einflussgrößen zu dem Gesamtnutzen einer Innovation problematisch. Die Komplexität des betrieblichen Geschehens mit ihren vielfältigen Ursache-Wirkungs-Zusammenhängen innerhalb und außerhalb des Unternehmens verhindert im Allgemeinen die exakte Bestimmung der Wirkung eines spezifischen Erfolgsfaktors. Zudem ergeben sich insbesondere bei qualitativen Größen regelmäßig Schwierigkeiten mit ihrer Messung. In dem folgenden Abschnitt wird die Mess- und Zuordnungsproblematik ausgeklammert. Es werden diejenigen Faktoren dargestellt, von denen ein positiver oder ein negativer Einfluss auf das Ergebnis des Innovationsprozesses angenommen werden kann.

7.3 Relevante Einflussgrößen und ihre Wirkung auf den Innovationserfolg

7.3.1 Überblick über die verschiedenen Arten von Einflussgrößen

Die Frage nach denjenigen Faktoren, die eine stark positive Korrelation mit dem Markterfolg eines neuen Produkts aufweisen, beschäftigt die Innovationsforschung seit der Mitte der sechziger Jahre (vgl. *Trommsdorff, V./Schneider, P.* 1990 S. 17). Dies wird unter anderem an den vielen Untersuchungen deutlich, die zu diesem Thema bereits durchgeführt worden sind. Die Aussagekraft der vorliegenden Forschungsergebnisse ist allerdings in dreierlei Hinsicht anzuzweifeln (vgl. *Hauschildt, J.* 1991 S. 452 ff., *Maier, F.* 1995 S. 61):

Problematik der Erforschung von Erfolgsfaktoren

- Die traditionelle Erfolgsfaktorenforschung behandelt die situativen Einflüsse zumeist nicht oder nur unvollständig. Dadurch bleiben die Besonderheiten der unternehmensinternen und -externen Innovationssituation weitgehend außen vor.
- Das generelle Problem, die abhängige Variable »Innovationserfolg« zu operationalisieren, wird dadurch verschärft, dass es der Wissenschaft bisher nicht gelungen ist, eine einheitliche Messkonvention zu definieren, die bei allen Untersuchungsobjekten Anwendung finden kann. Dadurch bestehen subjektive Ermessensspielräume der Forscher, die eine Vergleichbarkeit der einzelnen Untersuchungsergebnisse nahezu unmöglich machen.
- In den meisten Untersuchungen erfolgt keine Differenzierung der Einflussgrößen hinsichtlich der verschiedenen Innovationsarten. Auch dadurch wird ein Vergleich der ermittelten Erfolgs- und Misserfolgsfaktoren erschwert.

Ohne große Rücksicht auf die geschilderten Schwierigkeiten beschäftigt sich der **traditionelle Ansatz der Erfolgsfaktorenforschung** damit, die erfolgreichen mit den nicht erfolgreichen Innovationen zu vergleichen und dabei signifikante Unterschiede zwischen den verschiedenen Neuerungen zu ermitteln (vgl. *Hauschildt, J.* 2004 S. 32 f.). Die Ergebnisse dieser zumeist als Regressions- oder Faktoranalysen gestalteten Studien beinhalten deshalb nur sehr allgemeine Handlungsempfehlungen für das praktische Innovationsmanagement. Die statistisch ermittelten **kritischen Erfolgsfaktoren** (Critical-Success-Factors) können keineswegs als »Erfolgsgaranten« verstanden werden. Dies würde zudem dem Charakter einer Innovation als einem spezifischen, neuartigen und einmaligen Problemlösungsprozess nicht gerecht werden (vgl. *Bullinger, H.-J.* 1994 S. 273, *Sabisch, H.* 1991 S. 199).

Die grundsätzliche Problematik der Ermittlung von Erfolgsfaktoren von Innovationen in der unternehmerischen Praxis wird deutlich, wenn man sich vergegenwärtigt, dass der **Anspruch erfolgreicher Neuprodukte**

- einzigartig und besser zu sein als die Konkurrenzprodukte,
- erkennbare ökonomische und technische Vorteile zu bieten,
- den Kundenbedürfnissen in jeder Hinsicht zu entsprechen,
- eine hochwertige Qualität und Zuverlässigkeit aufzuweisen und dabei
- nicht teurer als vergleichbare Leistungen der Wettbewerber zu sein,

eine nur sehr schwer zu erfüllende Forderung darstellt und damit letztendlich im Allgemeinen nicht oder zumindest nicht vollständig zu realisieren ist (vgl. *Kramer, F.* 1987 S. 84).

Abb. 7.1: Einflussgrößen des Innovations- und Unternehmens-erfolgs

Einflussgrößen des Erfolgs

In den folgenden Abschnitten werden vier Gruppen von Einflussgrößen des Innovationserfolgs näher betrachtet, nämlich die **innovationsspezifischen**, die **unternehmensinternen**, die **unternehmensexternen** und die **sonstigen Erfolgsfaktoren**, und es wird versucht, ihre Wirkungen auf den Innovationserfolg darzustellen. Letzterer ist wiederum eine wesentliche Einflussgröße des Unternehmenserfolgs, der allerdings auch von einer ganzen Reihe weiterer Faktoren abhängt, die hier nicht näher betrachtet werden (vgl. Abb. 7.1).

7.3.2 Innovationsspezifische Einflussgrößen

Die folgenden innovationsspezifischen Eigenschaften können als wesentlich für eine erfolgreiche Einführung und Diffusion eines Produkts im Markt und damit für den Innovationserfolg angesehen werden (vgl. *Mohr, H.-W.* 1977 S. 45, *Rogers, E. M.* 1983 S. 211 ff.):

- Relative Vorteilhaftigkeit der Innovation,
- Kompatibilität der Innovation,

- Komplexität der Innovation,
- Beobachtbarkeit bzw. Erprobbarkeit der Innovation und
- Reifegrad der Innovation.

7.3.2.1 Relative Vorteilhaftigkeit der Innovation

Die relative Vorteilhaftigkeit eines neuen Produkts gegenüber seinem Vorgängermodell oder einem Konkurrenzprodukt ist dann gegeben, wenn das Leistungsprofil des Neuprodukts besser ist als das der bis dahin besten existierenden Alternative. Damit besitzen nur solche Neuprodukte eine hohe Erfolgswahrscheinlichkeit, die sich aufgrund ihrer **komparativen Wettbewerbsvorteile** gegenüber den Produkten der Mitbewerber in einer Einzigartigkeitsposition befinden (vgl. *Rieser, I.* 1986 S. 326, *Sabisch, H.* 1991 S. 199).

Der EDV-Bereich bietet eine Reihe von Beispielen, bei denen die relative Vorteilhaftigkeit gegeben ist: Die jeweils neuen Mikroprozessoren und Speichermedien weisen immer höhere Leistungswerte bei kleineren Abmessungen und sinkenden Preisen auf und sind damit für den Nutzer zweifellos vorteilhafter als ihre Vorgängergenerationen.

Die komparativen Vorteile eines neuen Produkts müssen **objektiv nachvollziehbar** sein, damit sie von den potenziellen Nutzern auch akzeptiert werden. Deshalb sollten möglichst produktnahe Kriterien gewählt werden, anhand derer die Erfüllungs- bzw. Problemlösungsgrade von mehreren Produkten bewertet werden können. Die Art und die Abstufung der Bewertungsskala sind unter Zweckmäßigkeitsgesichtspunkten frei wählbar. In den meisten Fällen erfolgt ein paarweiser Vergleich, der sich sowohl auf die Produkte von verschiedenen Unternehmen im Sinne eines Benchmarkings als auch auf die eigenen Nachfolgeprodukte bezieht.

7.3.2.2 Kompatibilität der Innovation

Unter der Kompatibilität einer Produktinnovation wird ihre Übereinstimmung oder Vereinbarkeit mit den vorhandenen Verwendungsmöglichkeiten der potenziellen Nutzer und mit den Produktions- und Absatzmöglichkeiten des Unternehmens verstanden (vgl. *Mohr, H.-W.* 1977 S. 53, *Rogers, E. M.* 1983 S. 223, *Sabisch, H.* 1991 S. 197). Eine hohe Kompatibilität ist damit für Produktinnovationen ein weiterer zentraler Erfolgsfaktor. Nicht kompatible Neuerungen laufen hingegen Gefahr, wegen ihrer fehlenden oder mangelhaften Anpassungsfähigkeit an die vorhandenen und bereits eingesetzten Systeme und Verfahren vom Markt abgelehnt zu werden und im Unternehmen sehr hohe Anpassungskosten zu verursachen.

Die Computerindustrie bietet Beispiele sowohl für den Erfolgs- als auch für den Misserfolgsfall:

Die beinahe ungehindert ablaufende Diffusion von immer neuen Prozessor- und Speichergenerationen ist unter anderem darauf zurückzuführen, dass diese Neuerungen den Anspruch der Kompatibilität – auch im datenverarbeitungstechnischen Wortsinn – erfüllen. Genau das Gegenteil lässt sich am Beispiel von *Apple Macintosh* feststellen: Das Unternehmen präsentiert zwar innovative Hard- und Softwarelösungen, deren Einsatz durchaus auch von Vorteil wäre; die immer noch existierende Inkompatibilität zwischen den PC-Welten *DOS* und *Apple* wirkt sich aber als ein wesentlicher hemmender Faktor auf die Verbreitung der *Apple*-Neuheiten und damit auf den Erfolg dieses Unternehmens aus.

7.3.2.3 Komplexität der Innovation

Mit der Komplexität einer Innovation wird der Grad ihrer Vielfältigkeit und damit auch der Schwierigkeitsgrad bezeichnet, mit dem ihre Nutzung für die potenziellen Anwender verbunden ist. Dabei ist es so, dass ein hoher Komplexitätsgrad eher Zurückhaltung beim Nutzer hervorruft und damit die Diffusion nachhaltig beeinträchtigt (vgl. *Mohr, H.-W.* 1977 S. 55 f., *Rogers, E. M.* 1983 S. 230 f.).

Als Beispiel für den Versuch, eine geringe Produktkomplexität für die Verstärkung der Adoption und der Diffusion des Neuprodukts im Markt zu nutzen, kann die Einführung der Einwegkameras angeführt werden. Die einfache Bedienung und der Wegfall von umständlichen Filmwechseln sind Kriterien, die eine bestimmte Benutzergruppe ansprechen und das Produkt innerhalb dieses Segments zu einem Markterfolg machen können.

7.3.2.4 Beobachtbarkeit der Innovation

Die marktliche Verbreitung von Produktneuerungen wird erleichtert, wenn die relative Vorteilhaftigkeit des neuen Produkts für die potenziellen Abnehmer als solche auch unmittelbar zu erkennen und individuell nachzuprüfen ist.

Die Beobachtbarkeit der Innovation sollte grundsätzlich zu einem möglichst frühen Zeitpunkt gegeben sein. Allerdings sind dabei Konkurrenzaspekte zu berücksichtigen, denn eine frühzeitige Bekanntgabe innovativen Know-hows führt auch schneller zu Imitationen der neuen Problemlösung und damit zu einer verschärften

Wettbewerbssituation (vgl. *Rieser, I.* 1986 S. 327, *Rogers, E. M.* 1983 S. 232). Insofern befinden sich die Unternehmen in einem Dilemma zwischen einer rigiden Abschottung gegenüber Markt und Wettbewerb und der Tatsache, dass die direkte »Erlebbarkeit« der Innovation ein wesentlicher Faktor für deren Markterfolg ist.

B

Die gängige Praxis der Automobilhersteller, bereits geraume Zeit vor der Markteinführung einer neuen Modellreihe mehr oder weniger stark getarnte »Erlkönige« auf die öffentlichen Straßen zu schicken, hat neben den technischen Gründen der Fahrzeugerprobung auch kommunikationspolitische Aspekte. Für manchen Autofahrer wird die Produktinnovation so direkt ersichtlich. Die Automobilzeitschriften tragen mit ihren »Neuheitenberichten« ein Übriges dazu bei, um die neuen Produkte einer größeren Zahl von potenziellen Kunden vor Augen zu führen.

Auch nach der Markteinführung spielt die Beobachtbarkeit der Innovation eine erhebliche Rolle, weshalb die Fahrzeughersteller ihren Kunden Probefahrten anbieten. Der Kunde kann so die Vorzüge des neuen Automobils selbst testen. Dabei müssen in Teilbereichen jedoch auch Abstriche gemacht werden: Beispielsweise besitzen nur die wenigsten Kunden die Fähigkeit, neu entwickelte durchrostungsfreie Karosserien oder eine geringere Reparaturanfälligkeit selbst zu erkennen und einer Prüfung zu unterziehen. Demzufolge muss der Hersteller die fehlende Erprobbarkeit und Beobachtbarkeit durch die Zusage von langjährigen Garantien kompensieren, um die Kunden zu überzeugen.

7.3.2.5 Reifegrad der Innovation

Der Reifegrad einer Innovation ist ebenfalls ein entscheidendes Kriterium für den Markterfolg. Nur ein ausgereiftes, qualitativ hochwertiges und im Idealfall fehlerfreies Produkt garantiert auch eine erfolgreiche Einführung und Diffusion im Zielmarkt, wobei vorauszusetzen ist, dass auch die anderen Erfolgsfaktoren hinreichend erfüllt sind.

Die Problematik des Reifegrads hat zwei Aspekte: Zum einen werden sich Kunden, die einmal mit den »Kinderkrankheiten« eines neuen Produkts konfrontiert wurden, nur sehr schwer davon überzeugen lassen, dass die Mängel behoben werden konnten und nun ein technisch und qualitativ einwandfreies Erzeugnis zur Verfügung steht. Zum anderen warten die Konkurrenten geradezu auf solche Einführungsschwächen, um die bisherigen oder die potenziellen Kunden des innovativen Unternehmens von der Qualität und der Ausgereiftheit der eigenen Produkte zu überzeugen und sie als Käufer zu gewinnen.

B

Die so genannten »Rückrufaktionen« der Automobilhersteller gehören in der Zwischenzeit offenbar zu einem gängigen Erscheinungsbild der Kfz-Branche, wenn auch nicht alle derartigen Maßnahmen die neuen Modelle betreffen. Die potenzielle Gefahr, aufgrund von häufigen Rückrufaktionen die verärgerten Kunden spätestens bei dem Neukauf eines Wagens an die Konkurrenz zu verlieren, kann dennoch von niemandem bestritten werden. Diese Gefahr wird durch Mängel im Bereich des Kundendienstes noch zusätzlich verstärkt.

Einen gravierenden Fall für Mängel in der Einführungsphase eines Neuprodukts stellte die Präsentation der neuen *A-Klasse* von *Mercedes-Benz* im Herbst 1997 dar. Kurz nach der offiziellen Vorstellung wurde bekannt, dass das Fahrzeug bei extremen Fahr- und Ausweichmanövern (dem so genannten »Elch-Test«) häufiger zum Umkippen neigte als vergleichbare Konkurrenzfahrzeuge. Trotz der sofort eingeleiteten Nachbesserungen und Nachrüstungen wurde das Vertrauen in die Produktinnovation zumindest kurzfristig erheblich gestört.

7.3.3 Unternehmensinterne Einflussgrößen

Bei den unternehmensinternen Variablen ist eine eindeutige Festlegung auf wenige erfolgsrelevante Faktoren sehr schwierig, denn jedes Unternehmen weist ganz individuelle Ausgangsbedingungen für die Durchführung von Innovationsprozessen auf. Als erfolgsrelevante Einflussgrößen werden in diesem Abschnitt

- das Alter des Unternehmens,
- die Unternehmens- und Innovationshistorie,
- die Unternehmensgröße und
- die finanziellen Ressourcen

eingehender betrachtet (vgl. *Mohr, H.-W.* 1977 S. 108 ff.).

7.3.3.1 Alter des Unternehmens

Die Beurteilung des Alters eines Unternehmens kann nicht nur an der Zahl der Jahre festgemacht werden, die seit der Unternehmensgründung vergangen ist, sondern muss sich auch an dem Alter der jeweiligen Branche orientieren.

B

So kann das Alter der über 150 Jahre bestehenden *Siemens AG* nicht unmittelbar mit dem Alter eines Unternehmens wie der *Netscape Corporation* verglichen werden, die sich mit der Entwicklung und Vermarktung von Browser-Software für die Nutzung des Internets beschäftigt. *Netscape* weist zwar im Vergleich zu *Siemens* nur eine relativ kurze zeitliche Präsenz im Markt auf, ist aber unter Berücksichtigung des Durchschnittsalters von Softwareunternehmen (von denen die »Ältesten« kaum mehr als zehn bis fünfzehn Jahre existieren) durchaus als »alt« zu bezeichnen.

Eine generelle Aussage darüber, inwiefern sich das Alter eines Unternehmens auf eine erfolgreiche Innovationstätigkeit auswirkt, ist nicht möglich. Grundsätzlich lassen sich sowohl für »alte« als auch für »junge« Unternehmen innovationsfördernde **und** innovationshemmende Aspekte feststellen:

Wirkungen des Alters von Unternehmen

- Ein **langjährig** tätiges Unternehmen verfügt einerseits zumeist nicht nur über eine konsolidierte finanzielle Lage, sondern hat allein schon aufgrund seines Alters direkt oder indirekt in der Vergangenheit den Beweis erbracht, mit Innovationen »richtig« umgehen zu können. Dieser Aspekt macht auch zukünftig ein erfolgreiches Management von Neuprodukten möglich und wahrscheinlich. Andererseits besteht gerade bei alten Unternehmen die Gefahr, dass überkommene Vorgehensmuster trotz der sich verändernden Rahmenbedingungen beibehalten werden, frei nach dem Motto: »Das haben wir schon immer so gemacht!«. Eine derartige Situation kann leicht dazu führen, dass der bisherige Unternehmenserfolg zukünftige Erfolge erschwert oder sogar verhindert. Insofern wird die Bewahrung der gerade für Innovationen erforderlichen strukturellen und personellen Flexibilität zu einem wichtigen Erfolgsfaktor gerade von »alten« Unternehmen.
- Grundsätzlich scheint die Annahme gerechtfertigt zu sein, dass die Tendenz zur Innovation in **jungen** Unternehmen stärker ausgeprägt ist als in alten Unternehmen. Ein Grund ist darin zu sehen, dass sich junge Unternehmen, die in bereits bestehenden Märkten agieren, nur durch eine konsequente Innovationsorientierung gegenüber den etablierten Konkurrenten behaupten können. Aber auch neue Märkte erfordern eine rege Innovationstätigkeit, um die vorhandenen Absatzpotenziale zu erschließen. Gerade in jungen Unternehmen kommt häufig eine »Aufbruchstimmung« in der Belegschaft hinzu, die motivations- und leistungsfördernd wirkt und wesentlich zu der Innovationsfähigkeit dieser Unternehmen beiträgt.

Zusammenfassend kann festgestellt werden, dass das Alter eines Unternehmens allein kein Erfolgs- oder Misserfolgsfaktor für Innovationen ist. Vielmehr ist der Innovationserfolg davon abhängig, inwieweit ein Unternehmen seine Erfahrungen nutzt und sich die Flexibilität bewahrt, die für eine erfolgreiche Entwicklung und Einführung von Neuprodukten erforderlich ist.

7.3.3.2 Innovationshistorie

Eng verknüpft mit dem Alter sind die Erfahrungen, die ein Unternehmen im Laufe seiner Existenz mit Innovationen gemacht hat. Dabei verhält es sich im Bereich des Innovationsmanagements nicht grundlegend anders als in den anderen Bereichen der betrieblichen Tätigkeit oder im täglichen Leben: Die richtige Nutzung von **Erfahrungswissen** ist ausnahmslos als vorteilhaft anzusehen. Die

Fähigkeit, den Bestand an positiven und negativen Erfahrungen für die Generierung und die Umsetzung von Innovationen zu nutzen, ist ein damit wichtiges Erfolgskriterium (vgl. *Schewe, G.* 1994 S. 43).

Eine langjährige Innovationsgeschichte kann als eine organisationale Wissensbasis verstanden werden, die fortlaufend ergänzt wird und den Umgang mit neuen Ideen und deren Realisierung erleichtert. Auch wenn die früheren Innovationsprozesse nicht immer problemlos verlaufen sind, wirken sich die in ihrem Verlauf gewonnenen Erfahrungen fördernd auf die zukünfigen Innovationsaktivitäten aus.

Es sind aber auch Situationen vorstellbar, in denen eine zurückliegende erfolgreiche Innovation zukünftige Entwicklungen zu hemmen droht. Wenn es einem Unternehmen gelingt, einen erzielten technischen Durchbruch als radikale Neuerung im Markt durchzusetzen und als »dominantes Design« oder »Produkt-Archetypisierung« zum Standard zu erheben, kann dies zukünftige Innovationen blockieren (vgl. *Gassmann O.* 1997 S. 82, *Zedtwitz, M. v./ Kiss, E.* 1996 S. 107).

7.3.3.3 Finanzielle Ressourcen

Die Finanz- und Liquiditätssituation eines Unternehmens ist eine weitere Einflussgröße für die Umsetzung von innovativen Produktideen. Ausreichende finanzielle Mittel, die zielgerichtet eingesetzt werden, erweitern die Handlungsspielräume im Innovationsprozess. Sie erlauben es, die Neuerungen voranzutreiben und mit den geeigneten Maßnahmen im Markt einzuführen.

Grundsätzlich ist festzustellen, dass vor allem eine ausreichende **Eigenkapitalausstattung** die Chancen eines Unternehmens wesentlich verbessert, ein Innovationsvorhaben auch bei dem Auftreten von Störungen erfolgreich abschließen zu können. Bestehen dagegen finanzielle Engpässe, so schränkt dies die Innovationsmöglichkeiten deutlich ein. Zwei Sachverhalte unterstützen diese Feststellung:

- Selbstverständlich lassen sich die Innovationsprojekte auch durch die Aufnahme von Fremdkapital verwirklichen. Diese Form der Finanzierung wurde bereits in dem Abschnitt 1.6 unter dem Begriff des Venture-Capital vorgestellt. Bei der Nutzung von Fremdkapital sollte aber bedacht werden, dass jedes Innovationsprojekt mit entsprechenden Investitionen verbunden ist. Das Fremdkapital belastet ein Investitionsvorhaben mit Zins- und Tilgungszahlungen, die das Finanzbudget einschränken und die Erfolgsaussichten einer Innovation nachteilig beeinflussen.

- Eine überdurchschnittlich gute Finanzlage eines Unternehmens eröffnet dagegen die Möglichkeit, die Budgets der innovationsrelevanten Bereiche (Grundlagenforschung, angewandte Forschung, Entwicklung usw.) zu erhöhen oder doch zumindest auf einem ausreichenden Niveau zu halten. Dabei ist allerdings stets auf eine positive Relation zwischen dem Input (finanzielle Ressourcen) und dem Output (innovative Problemlösungen) zu achten, das heißt die Finanzmittel sind nur für die Entwicklung von solchen Ideen zur Verfügung zu stellen, die auch tatsächlich einen Markterfolg erwarten lassen.

Beispielsweise mussten die Konzernbereiche der *Siemens AG* in der Vergangenheit einen bestimmten Prozentsatz ihres Umsatzes an die mit Forschungsaufgaben betraute »Zentrale Technik (ZT)« abführen, gleichgültig ob deren Innovationen verkäuflich waren oder nicht. Die Folge waren umfangreiche Forschungsanstrengungen, die sich aber nur selten an den Kundenwünschen orientierten und damit kommerziell verwertbar waren. Durch die Schaffung eines »internen Marktes« für Innovationen, auf dem ZT als erfolgsorientierter Dienstleister seine Forschungsergebnisse an die Konzernbereiche verkaufen muss, werden die finanziellen Mittel seit einigen Jahre deutlich zielgerichteter eingesetzt als früher. Heute erwirtschaftet *Siemens* rund 75 % seines Umsatzes mit Produkten, die jünger als fünf Jahre sind (vgl. *Dürand, D.* 1998 S. 62 ff.).

B

Die Abbildung 7.2 verdeutlicht die positiven Wirkungen, die mit einer überdurchschnittlichen (Eigen-)Kapitalausstattung verbunden sein können. Sie zeigt, dass sich die verfügbaren finanziellen Ressourcen nachhaltig auf den Innovationserfolg auswirken und so im Idealfall ein sich selbst beschleunigender Wachstumsprozess in Gang gesetzt wird.

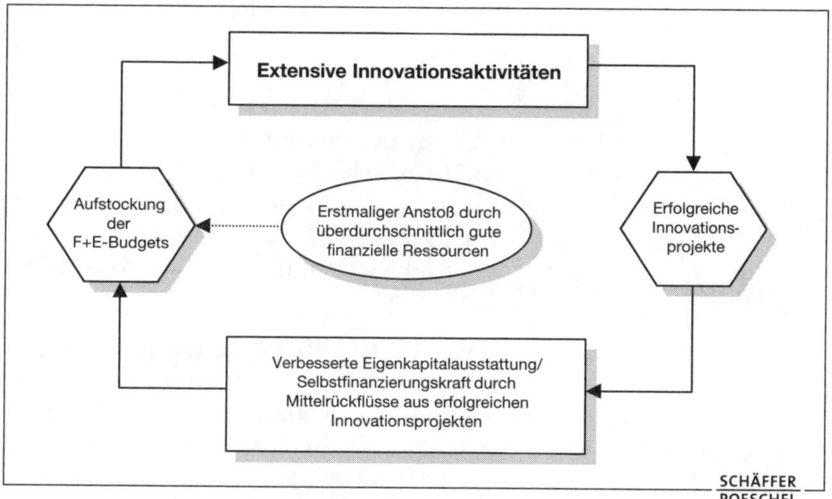

Abb. 7.2: Kreislauf von finanzieller Ausstattung und Innovationserfolg

7.3.3.4 Unternehmensgröße

Die Unternehmensgröße ist ein Einflussfaktor, der im Zusammenhang mit der Erfolgswahrscheinlichkeit von Innovationsvorhaben immer wieder genannt wird. Sie wird im Allgemeinen anhand der Beschäftigtenzahl und des Umsatzvolumens gemessen. Die Betriebsgrößenklassifikationen sind aber nicht einheitlich. Im Folgenden wird auf diese Problematik nicht näher eingegangen. Unter »großen« Unternehmen werden hier vereinfachend solche Betriebe verstanden, deren Beschäftigtenzahl über eintausend Mitarbeitern liegt.

Wenn man sich die Frage nach der grundsätzlichen Wirkung der Unternehmensgröße auf den Innovationserfolg stellt, dann könnte die Abbildung 7.1 auch eine Darstellung dieses Zusammenhangs sein, denn es lässt sich eine Reihe von Argumenten finden, die eine **positive Korrelation** zwischen der Größe eines Unternehmens und der Erfolgswahrscheinlichkeit seiner Innovationsaktivitäten unterstützen. Möglicherweise steigt in Großunternehmen allein schon deshalb die Erfolgswahrscheinlichkeit, weil sie sich in breiteren Aktionsfeldern betätigen und damit mehr Chancen haben, dass einige der vielen neuen Produktideen auch tatsächlich Marktreife erlangen und ökonomisch erfolgreich werden (vgl. *Amstad, M./Arvanitis, S./Hollenstein, H.* 1996 S. 247). Daneben gibt es weitere Gründe, die für die **Unternehmensgröße als Erfolgsfaktor** sprechen:

Wirkungen der Unternehmensgröße

- Eine zunehmende Betriebsgröße geht zumeist nicht nur mit einer steigenden **Verfügbarkeit von Ressourcen,** sondern auch mit einer größeren **Marktmacht** und mit besseren Möglichkeiten der Einflussnahme auf die innovationsrelevanten Bezugsgruppen einher. In Anbetracht der Bedeutung von Kooperationen im Bereich des Innovationsmanagement (vgl. Abschnitt 5.3.2.3) bieten sich für größere Unternehmen eher Möglichkeiten für eine Zusammenarbeit als für Klein- und Mittelbetriebe.
- Die Wahrscheinlichkeit, dass große Unternehmen **umfangreichere Erfahrungen** im Umgang mit Innovationen besitzen, ist ebenfalls höher als in kleinen Unternehmen. Dies hängt nicht nur mit der größeren Zahl von Innovationsprojekten zusammen, sondern ist auch mit der Tatsache verknüpft, dass große Unternehmen häufig älter sind und deswegen über ein umfassenderes Erfahrungswissen verfügen.

Die Unternehmensgröße kann sich allerdings auch **negativ** auf den Innovationserfolg auswirken, denn mit einer zunehmenden Größe nehmen auch die Kommunikations-, Koordinations- und Steuerungsprobleme zu. Es besteht die Gefahr der **»Bürokratisierung«** des Innovationsmanagements (z.B. durch zu umfangreiche Handbücher, formalistische Richtlinien, starre Entscheidungshierarchien o.Ä.), die dessen Flexibilität und Reaktionsfähigkeit entscheidend einengen kann. Das Unternehmenswachstum ist daher häufig die Ursache für eine Abnahme der »Innovationsproduktivität« (vgl. *Little, A. D.* [Hrsg.] 1997 S. 251). Den »Economies-of-Scale« auf der Produktions- und Beschaffungsseite stehen erhebliche »Diseconomies-of-scale« vor allem im Management- und Organisationsbereich gegenüber. Welcher der beiden Aspekte in seinem Einfluss auf den Innovationserfolg überwiegt, entscheidet sich letztlich im konreten Einzelfall.

7.3.4 Unternehmensexterne Einflussgrößen

Grundsätzlich unterliegt die Innovationstätigkeit von Unternehmen einer Vielzahl von externen Einflussgrößen, die von dem unmittelbaren Wettbewerb über die Kunden bis hin zu supranationalen gesetzgeberischen Maßnahmen reichen. In diesem Abschnitt wird auf die als besonders kritisch erachteten Faktoren

- Marktgröße,
- Marktdynamik und
- Kooperationsmöglichkeiten

eingegangen (vgl. *Maier, F.* 1995 S. 69, *Mohr, H.-W.* 1977 S. 63 ff.). Dabei ist jedoch zu berücksichtigen, dass es für ein Unternehmen zumindest kurzfristig nicht möglich ist, auf diese unternehmensexternen Einflüsse einzuwirken.

7.3.4.1 Marktgröße

Die Wirkung des Faktors Marktgröße auf den Innovationserfolg ist ambivalent: Zum einen ist die vollständige Durchdringung eines abgegrenzten und überschaubaren Markts eher und mit einem geringeren Aufwand möglich als die Bearbeitung eines großen Markts. Diese Aussage bezieht sich insbesondere auf den Mitteleinsatz für Maßnahmen des Marketing. Auf der anderen Seite ist eine gewisse Marktgröße aber zwingend erforderlich, damit die Relation zwischen dem Mitteleinsatz und dem Ertrag der Innovation positiv wird. Eine bestimmte »kritische« Marktgröße, gemessen anhand der Kennziffer Umsatzvolumen, ist insbesondere dann erforderlich, wenn die Innovation mit erheblichen Investitionen verbunden ist. Bei einem zu kleinen Markt wird es dem innovativen Unternehmen nicht möglich sein, die Gewinnschwelle zu überschreiten, und das Neuprodukt wird zumindest unter wirtschaftlichen Gesichtspunkten ein »Flop« (vgl. *Mohr, H.-W.* 1977 S. 65).

B

Die Bedeutung der Marktgröße für den Innovationserfolg geht auch aus einer Studie hervor, die von der *OECD* Ende der sechziger Jahre in Auftrag gegeben wurde, um die schon damals vorhandene technologische Lücke zwischen den USA und Europa zu untersuchen: Als eine Hauptursache für den Vorsprung der USA wurde die Größe des Absatzmarkts identifiziert und nicht etwa, wie ursprünglich angenommen worden war, eine unzureichende Forschungs- und Entwicklungstätigkeit der europäischen Unternehmen. Die Größe des amerikanischen Binnenmarkts, verbunden mit einer großen Homogenität auf der Nachfrageseite, erleichtert die Diffusion von neuen Technologien vor allem dann, wenn diese hohe Produktionsstückzahlen erfordern. In Europa dagegen verhindert die Heterogenität der Käufer, bedingt durch die unterschiedlichen Kulturen, Mentalitäten und Kaufgewohnheiten in den einzelnen Ländern, ein undifferenziertes Warenangebot. Losgrößen- und Lernkurveneffekte sind demzufolge in Europa schwerer zu erzielen, was sich auf die Verbreitung von neuen Produkten im Markt nachteilig auswirkt (vgl. *OECD* [Hrsg.] 1968 S. 34).

7.3.4.2 Marktdynamik

Eine große Marktdynamik mit einer entsprechend hohen Innovationsrate führt auf der einen Seite zu einer geringen Planungssicherheit, einer instabilen Absatzlage und unklaren Produktperspektiven. Trotzdem müssen die am Marktgeschehen beteiligten Unternehmen innovativ sein, wenn sie ihre Marktpräsenz aufrechterhalten wollen. Die Reaktionsfähigkeit und noch mehr die Fähigkeit, die Markttrends rechtzeitig wahrzunehmen und in neuartige Problemlösungen umzusetzen, sind in dynamischen Märkten ein erfolgsbestimmender Faktor. Problematisch ist es dabei allerdings, dass die in jedem Fall zu erwartenden Innovationsaktivitäten der Konkurrenzunternehmen eine langfristige Etablierung des Neuprodukts im Markt erschweren oder sogar unmöglich machen können. Dadurch sind die Amortisationszeiten in der Regel vergleichsweise kurz, wodurch nur solche Produkte rentabel sind, die entweder in großen Stückzahlen und/ oder zu einem hohen Preis abgesetzt werden können.

B

Die Softwarebranche ist ein Beispiel für die Wirkungen der Marktdynamik: Hier erscheinen fortlaufend neue Programme, Folge- und Vorabversionen, Programm-Updates und -Upgrades. Eine langfristige Festigung der Marktstellung ist demzufolge mit einem einzigen, unveränderten Programm nicht zu erreichen. Selbst *Microsoft* als Branchenführer im Bereich der PC-Software muss durch ständige Programmverbesserungen versuchen, seinen Vorsprung vor den Wettbewerbern zu erhalten.

Auf der anderen Seite sind dynamische Märkte in der Regel durch hohe Wachstumsraten gekennzeichnet. Daraus folgt, dass Neuerungen vergleichweise leicht in dem wachsenden Markt einzuführen sind und einen raschen Diffusionsprozess erwarten lassen. Dies verringert wiederum die mit der Planungs- und Marktunsicherheit verbundenen Innovationsrisiken.

7.3.4.3 Kooperationsmöglichkeiten

Auch die Möglichkeit der Zusammenarbeit mit externen Partnern auf der Beschaffungs- und der Absatzseite stellt einen wichtigen Erfolgsfaktor für Innovationen dar. Dabei ist vor allem die Bildung von unternehmensübergreifenden Kooperationen von Bedeutung. Die wesentlichen Ziele der Zusammenarbeit sind die Erzeugung einer umfassenden Wissensbasis, die Nutzung von Losgrößeneffekten, die Verbesserung der Marktposition, die Verbreiterung der Eigenkapitalbasis usw.

An die Stelle der »traditionellen« Zweier-Beziehungen (Lieferant – Hersteller oder Hersteller – Kunde) treten dabei zunehmend komplexe **Kooperationsnetzwerke**. Die Beziehungen bestehen meist langfristig und versuchen, die vorhandenen Synergiepotenziale über die gesamte Wertschöpfungskette hinweg auszuschöpfen und die individuelle Ressourcenknappheit zu überwinden (vgl. *Hamel, G./ Prahalad, C. K.* 1995 S. 285).

In der Unternehmenspraxis zählen Joint Ventures und strategische Allianzen heute zu den gängigen Kooperationsformen. So gibt es nur noch wenige Unternehmen, die ihre umfangreichen und kostenintensiven Produktinnovationen vollständig allein bewältigen können oder wollen. Dafür gibt es neben der Know-how-Erweiterung und den Synergieeffekten weitere Gründe, wie beispielsweise die Möglichkeit der Risikoteilung gerade bei Innovationsvorhaben mit einem unsicheren Erfolg.

Wie wichtig die Kooperationsmöglichkeiten für den Innovationserfolg geworden sind, lässt sich am Beispiel des stark wachsenden Markts für Telematik nachvollziehen, die vor allem im Automobilsektor immer neue Anwendungsfelder erschließt: Hier haben sich die Fahrzeughersteller fast ausnahmslos weltweit kompetente Partner gesucht, um den Anschluss an die Entwicklung von Satellitennavigations- und intelligenten Verkehrsleitsystemen nicht zu verlieren und die erreichten Marktpositionen weiter auszubauen.

B

7.3.5 Sonstige Einflussgrößen

Neben den explizit genannten innovationsspezifischen sowie den unternehmensinternen und -externen Einflussgrößen gibt es zahlreiche weitere Faktoren, die sich auf das Ergebnis der Innovationstätigkeit eines Unternehmens auswirken. Hierzu gehören **innerhalb** eines Unternehmens beispielsweise die Führungsstruktur, der Führungsstil, die Art und Weise der internen Kommunikation, die Fehlerkultur, die Prozessorientierung usw. Im Umfeld des Unternehmens ist unter anderem an das Verhalten der Wettbewerber, die Einflussnahme des Gesetzgebers auf die Innovationstätigkeit, die

Verfügbarkeit von Forschungsergebnissen staatlicher Stellen und die Möglichkeiten des Exports von Innovationsergebnissen zu denken. Auf diese Faktoren und ihre möglichen Wirkungen wird hier nicht näher eingegangen.

7.3.6 Wirkung der relevanten Einflussgrößen auf den Innovationserfolg

Die zuvor erörterten Einflussgrößen und ihre Wirkungen sind in der Abbildung 7.3 zusammenfassend dargestellt. Dabei werden die prinzipiellen Wirkungen der einzelnen Faktoren jeweils durch ein Plus (positive Wirkung auf den Innovationserfolg) oder ein Minus (negative Wirkung) gekennzeichnet. Teilweise sind die Wirkungen

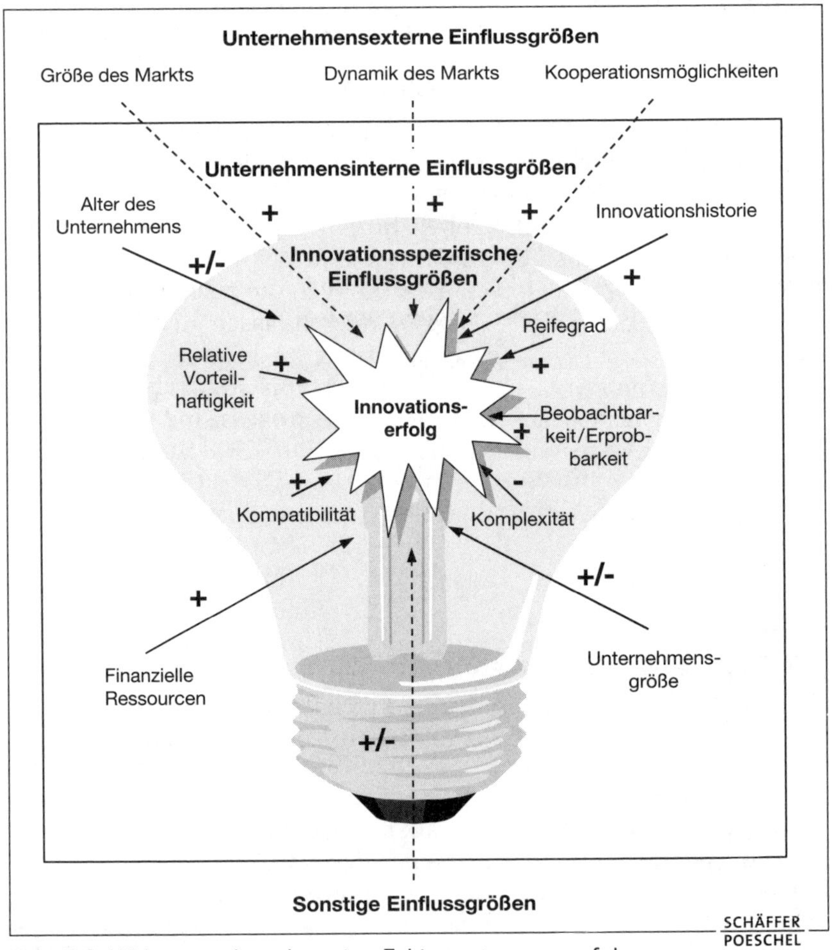

Abb. 7.3: Wirkungen der relevanten Faktorengruppen auf den Innovationserfolg

auch von Fall zu Fall unterschiedlich zu bewerten, was durch ein Plus/Minus kenntlich gemacht ist.

Die Abbildung 7.3 ist nicht mehr als eine Prinzipdarstellung. Sie erhebt weder einen Anspruch auf Vollständigkeit noch auf Allgemeingültigkeit. Allerdings kann die Darstellung als ein Denkansatz für die weitergehende Auseinandersetzung mit der Frage dienen, wovon der Erfolg oder der Misserfolg einer Innovation im konkreten Fall abhängt.

7.4 Wesentliche Gründe für den Misserfolg von Innovationen

Nach der Darstellung der verschiedenen Einflussgrößen von Innovationen stellt sich die Frage, ob es konkrete Faktoren gibt, die eine Innovation **zwangsläufig** zu einem Misserfolg werden lassen. Diese Frage ist insbesondere für solche Unternehmen interessant, die noch keine umfassenden Erkenntnisse aus ihrer eigenen Innovationstätigkeit gewinnen konnten und durch ein Lernen aus der Erfahrung von anderen Innovatoren selber entscheidende Fehler vermeiden möchten.

Die potenziellen Misserfolgsfaktoren ergeben sich zum einen aus dem unzureichenden Erfüllungsgrad der zuvor dargestellten Einflussgrößen des Innovationserfolgs (vgl. die zusammenfassende Darstellung in der Abb. 7.3). Zum anderen lassen sich immer wieder ganz spezifische Ursachen identifizieren, die zu dem Misserfolg einer Innovation führen können. Solche **typischen Schwachstellen oder »Umsetzungsfallen« im Innovationsprozess** sind (vgl. Abb. 7.4 sowie *Corsten, H.* 1989 S. 9 ff., *Olschowy, W.* 1990 S. 30 ff.):

»Umsetzungsfallen« im Innovationsprozess

- **organisatorische** Schwachstellen (zu hoher Spezialisierungsgrad, zu viele Hierarchieebenen, mangelnde Koordination und Kooperation zwischen F+E, Marketing und Produktion, unzureichende Bewältigung des »organisatorischen Dilemmas«),
- **personelle** Schwachstellen (fehlendes Innovationsbewusstsein, beschränkte innovative Fähigkeiten, fehlende Innovationsbereitschaft durch zu geringe Wertschätzung von Innovationen, lückenhafte Informationen, ungenügende Partizipationsmöglichkeiten, Kommunikationsprobleme zwischen den beteiligten Stellen, fehlende personelle Ressourcen),
- **planerische** Schwachstellen (unvollständige Problemanalyse, keine oder eine unklare Innovationsstrategie, fehlende Systematik in der Vorgehensweise zur Generierung und Umsetzung von innovativen Ideen, falscher Markteintrittszeitpunkt, fehlende Kenntnis und/oder Anwendung des Planungsinstrumentariums, unzureichendes Innovationscontrolling) und

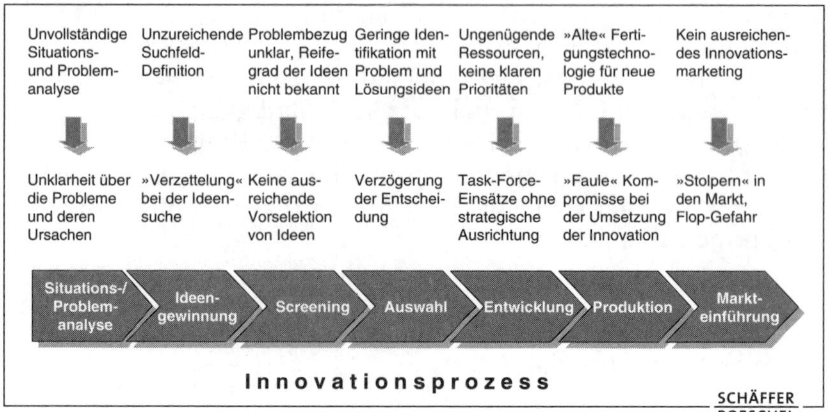

Abb. 7.4: Typische »Umsetzungsfallen« im Innovationsprozess

- **umweltbezogene** Schwachstellen (unvollständige und unsystematische Analyse des marktlichen und wettbewerblichen Umfelds sowie der technologischen, rechtlichen und politischen Rahmenbedingungen).

Ergänzend werden in der Abbildung 7.5 einige charakteristische Beispiele für die fehlgeschlagene Markteinführung von neuartigen Investitionsgütern dargestellt und in der Abbildung 7.6 in Verbindung mit den (vernachlässigten) Einflussgrößen des Innovationserfolgs gebracht.

Die Aussagen in der Abbildung 7.6 beschränken sich auf diejenigen Einflussgrößen, die unmittelbar aus den Fallbeschreibungen ablesbar sind, welche der Typologie fehlgeschlagener Neueinführungen zugrunde liegen. Inwieweit weitere Einflüsse, wie beispielsweise eine mangelhafte Ideenfindung oder ein unzureichendes Innovationscontrolling, zum Scheitern der Innovation beigetragen haben, ist nicht nachvollziehbar.

Zusammenfassend können die Gründe für den Misserfolg von Innovationen auf **zwei zentrale Problembereiche** zurückgeführt werden (vgl. *Corsten, H.* 1989 S. 10 f.):

- die Innovationsfähigkeit und
- die Innovationsbereitschaft.

Fähigkeit und Bereitschaft

Während die **Innovationsfähigkeit** eines Unternehmens aus dem Eignungspotenzial der Mitarbeiter und der zweckmäßigen Gestaltung der Unternehmensorganisation und hier insbesondere der Innovationsprozesse resultiert, ergibt sich die **Innovationsbereitschaft** aus der Motivation der innovativ tätigen Personen. Beide Einflussgrößen sind in der Unternehmenspraxis häufig gemeinsam die Ursache für eine ungenügende Innovationstätigkeit – eine Ursache, die sich durch geeignete Maßnahmen beheben lässt!

Typ	Beschreibung	Ursachen für den Misserfolg
A	»Die bessere Mausefalle, die keiner wollte« (28% der fehlgeschlagenen Neueinführungen)	- Zahl der potenziellen Kunden wird trotz der Vorteilhaftigkeit des Produkts überschätzt
B	»Das Me-too-Produkt, das auf eine Konkurrenzbarriere trifft« (24% der fehlgeschlagenen Neueinführungen)	- Markentreue der Kunden zu bisherigen Lieferanten - Imitation statt Neuheit
C	»Produkte mit Wettbewerbsschwächen« (13% der fehlgeschlagenen Neueinführungen)	- Me-too-Produkte halten dem Wettbewerbsdruck nicht stand
D	»Produkte mit Umfeldschwächen« (7% der fehlgeschlagenen Neueinführungen)	- Produkt ist zu wenig am Kundennutzen orientiert - Markt wird falsch eingeschätzt (Kunden, Wettbewerb, Staat)
E	»Produkte mit technischen Schwächen« (13% der fehlgeschlagenen Neueinführungen)	- Technischer Anspruch kann nicht gehalten werden
F	»Der Preiseinbruch« (13% der fehlgeschlagenen Neueinführungen)	- Zu hohe preispolitische Positionierung - Preissenkung der Konkurrenz führt zum Fehlschlag

SCHÄFFER POESCHEL

Abb. 7.5: Typologie fehlgeschlagener Neueinführungen von Investitionsgütern (vgl. *Backhaus, K.* 1997 S. 318)

Typ	Vernachlässigte Erfolgskriterien
A	- Konsequente Markt- und Kundenorientierung - Beobachtbarkeit/Erprobbarkeit - Größe des Markts
B	- Relative Vorteilhaftigkeit - Marktdynamik - Marktgröße - Konsequente Markt- und Kundenorientierung
C	- Marktgröße - Marktdynamik - Nutzung von Kooperationsmöglichkeiten - Relative Vorteilhaftigkeit der Innovation
D	- Marktgröße - Marktdynamik - Konsequente Markt- und Kundenorientierung - Relative Vorteilhaftigkeit der Innovation
E	- Hoher Reifegrad - Beobachtbarkeit/Erprobbarkeit - Kompatibilität
F	- Finanzielle Ressourcen - Marktdynamik - Marktgröße - Kooperationsmöglichkeiten

SCHÄFFER POESCHEL

Abb. 7.6: Die Nichterfüllung von Erfolgsfaktoren als mögliche Ursache für das Scheitern von Innovationsvorhaben

7.5 Checkliste Erfolgsfaktoren von Produktinnovationen

Checkliste Erfolgsfaktoren von Produktinnovationen

- Gibt es unternehmensinterne Untersuchungen, die sich mit der Identifizierung von Erfolgs- und Misserfolgsfaktoren der Innovationsprozesse beschäftigen?
- Welche besonderen Stärken und Schwächen des Innovationsprozesses lassen sich immer wieder beobachten?
- Können für das eigene Produkt (operationalisierbare) Kriterien aufgestellt werden, die dessen relative Vorteilhaftigkeit gegenüber den Konkurrenzprodukten deutlich machen?
- Werden Instrumente für die Visualisierung der Produkteigenschaften oder der Eigenschaftsprofile genutzt?
- Wird im Rahmen der Neuproduktentwicklung die größtmögliche Kompatibilität mit den Anwendungsmöglichkeiten der Kunden bzw. mit den Produktionsmöglichkeiten im Unternehmen angestrebt und verwirklicht?
- Nutzt das Unternehmen die Möglichkeiten, seine neuen Produkte für die potenziellen Kunden erprobbar und beobachtbar zu machen (z.B. durch Produkt-Kliniken, Marketing, Testmärkte, Veröffentlichungen usw.)?
- Wie gewährleistet das Unternehmen einen möglichst hohen Reifegrad der Innovationen vor deren Markteinführung?
- Werden die relevanten Marktparameter (absoluter und relativer Marktanteil, Marktstruktur und -dynamik, Aktivitäten der Konkurrenten usw.) laufend beobachtet?
- Nutzt das Unternehmen die Kenntnisse und Erfahrungen seiner Kunden, Lieferanten und Konkurrenten in Form von Kooperationen (Strategische Allianzen, Joint Ventures usw.)?
- Macht sich das Unternehmen seine mehr oder minder ausgeprägte Innovationshistorie für zukünftige Neuproduktvorhaben zunutze?
- Stehen im Unternehmen ausreichende finanzielle Mittel für die aktuellen und die zukünftigen Innovationsprojekte zur Verfügung?
- Sind den Entscheidungsträgern im Unternehmen die Einflussgrößen des Innovationserfolgs bekannt?
- Wie werden die Innovationsfähigkeit und die Innovationsbereitschaft der Mitarbeiter eingeschätzt, und welche Maßnahmen zur Verbesserung dieser beiden zentralen Einflussgrößen des Innovationserfolgs werden ergriffen?

SCHÄFFER POESCHEL

Abb. 7.7: Checkliste Erfolgsfaktoren von Produktinnovationen

7.6 Wiederholungsfragen

1. Erläutern Sie die Dimensionen des Innovationserfolgs.
2. Welche Faktoren können den Innovationserfolg positiv oder negativ beeinflussen?
3. Worin sehen Sie die innovationsspezifischen Erfolgsfaktoren?
4. Gibt es aus Ihrer Sicht unternehmensinterne Einflussgrößen, die wesentlich zum Erfolg einer Innovation beitragen können?
5. Welche Rolle spielen die externen Einflüsse für das Erreichen der Innovationsziele?
6. Warum und woran scheitern viele Innovationen?

Literaturverzeichnis

Albach, H.: Innovationsstrategien zur Verbesserung der Wettbewerbsfähigkeit, in: ZfB 1989, S. 1338–1352

Albach, H.: Innovationszeitmanagement, in: Aspekte des Innovationsmanagements, hrsg. v. *Schüler, W.*, Wiesbaden 1991, S. 43–69

Albach, H./de Pay, D./Rojas, R.: Quellen, Zeiten und Kosten von Innovationen, in: ZfB 1991, S. 309–324

Albers, S./Eggers, S.: Organisatorische Gestaltung von Produktinnovations-Prozessen – Führt der Wechsel des Organisationsgrades zu Innovationserfolg?, in: zfbf 1991, S. 44–65

Amstad, M./Arvanitis, S./Hollenstein, H.: Wie innovativ ist die Schweizer Industrie im internationalen Vergleich? in: Internationales Innovationsmanagement, hrsg. v. *Gassmann, O./Zedtwitz, M. v.*, München 1996, S. 231–257

Ansoff, H. I.: Managing Surprise and Discontinuity – Strategic Response to Weak Signals, in: zfbf 1976, S. 129–152

Antoni, C./Hofmann, K./Bungard, W.: Gruppenarbeit, in: Neue Organisationsformen im Unternehmen, hrsg. v. *Bullinger, H.-J./Warnecke, H.-J.*, Berlin et al. 1996, S. 489–498

Arndt, H.: Schöpferischer Wettbewerb und klassenlose Gesellschaft, Berlin 1952

Backhaus, K./Voeth, M.: Innovations- und Technologiemarketing, in: Handbuch Technologiemanagement, hrsg. v. *Zahn, E.*, Stuttgart 1995, S. 395–408

Backhaus, K.: Industriegütermarketing, 5. Auflage, München 1997

Baker, N. R./Green, S. G./Bean, A. S.: How Management can Influence the Generation of Ideas, in: Research Management 28/1985, S. 35–42

Barske, H. et al.: Das innovative Unternehmen, Produkte, Prozesse, Dienstleistungen, Wiesbaden 2000

BASF AG (Hrsg.): Daten und Fakten, Ludwigshafen 1996a

BASF AG (Hrsg.): Forschung und Entwicklung in der *BASF*-Gruppe, in: Forschung (Beilage), Ludwigshafen 1996b

BASF AG (Hrsg.): BASF-Brief Nr. 28, Ludwigshafen 1997

Baus, J.: Controlling, Berlin 1996

Bayer AG (Hrsg.): Innovationsperspektive '97, Leverkusen 1997

Bayer AG (Hrsg.): Leitlinien für die strategische Ausrichtung des Konzerns, Leverkusen 1998a

Bayer AG (Hrsg.): Bayer – Kompetenz und Verantwortung, Leverkusen 1998b

Bayer Innovation Beteiligungsgesellschaft mbH (Hrsg.): Unternehmenspräsentation, www.bayer.com/innovation/content/wir_d.htm, 1998

BDI/DIHK (Hrsg.): Technologiestandort Deutschland stärken, o. O. 2003

Bea, F. X./Dichtl, E./Schweitzer, M.: Allgemeine Betriebswirtschaftslehre, Band 1: Grundfragen, 6. Auflage, Stuttgart et al. 1992

Bea, F. X./Haas, J.: Strategisches Management, 2. Auflage, Stuttgart 1997

Benkenstein, M.: Der goldene Weg zum neuen Produkt, in: Harvard Manager 2/1988, S. 14–18

Benkenstein, M.: Integriertes Innovationsmanagement – Ansatzpunkte zum »lean innovation«, in: Marktforschung und Management 1/1993a, S. 21–25

Benkenstein, M.: Freiräume für Pioniere, in: absatzwirtschaft 6/1993b, S. 102–107

Berth, R.: Welche Idee siegt, in: Gablers Magazin 11–12/1992, S. 72–78

Berth, R.: Der große Innovationstest, Bd. 1, Düsseldorf et al. 1997

Berthel, J.: Ziele, in: Lexikon der Betriebswirtschaftslehre, hrsg. v. *Corsten, H.*, 3. Auflage, München 1995, S. 1072–1078

Betzl, K.: Entwicklungsansätze in der Arbeitsorganisation und aktuelle Unternehmenskonzepte – Visionen und Leitbilder, in: Neue Organisationsformen im Unternehmen, hrsg. v. *Bullinger, H.-J./Warnecke, H.-J.*, Berlin et al. 1996, S. 29–64

Beyer, H./Fehr, U./Nutzinger, H. G.: Unternehmenskultur und innerbetriebliche Kooperation, Wiesbaden 1995

Bierfelder, W. H.: Innovationsmanagement, Prozessorientierte Einführung, 3. Auflage, München et al. 1994

Biermann, T./Dehr, G. (Hrsg.): Innovation mit System, Berlin et al. 1997

Bleicher, K.: Organisation, 2. Auflage, Wiesbaden 1991

Bleicher, K.: Das Konzept Integriertes Management, 4. Auflage, Frankfurt, New York 1996

Bloech, J.: Total Quality Management, in: Lexikon der Betriebswirtschaftslehre, hrsg. v. *Lück, W.*, 5. Auflage, Landsberg/Lech 1993, S. 1207

BMBF (Hrsg.): Bundesbericht Forschung 1996, Bonn 1996

BMBF (Hrsg.): Bundesbericht Forschung 2000, Bonn 2000a

BMBF (Hrsg.): Chance Zukunft, Berlin 2000b

BMBF (Hrsg.): Innovationsförderung, Hilfen für Forschung und Entwicklung, Bonn 2000c

BMBF (Hrsg.): Zur technologischen Leistungsfähigkeit Deutschlands, Zusammenfassender Endbericht, Bonn 2001

BMBF (Hrsg.): Bundesbericht Forschung 2004, Berlin 2004

Böhny, R.: Innovationen muss man provozieren, in: io management 5/1989, S. 31–34

Bonsen, M. zur: Mehr Tempo durch Vision, in: Speed-Management, hrsg. v. *Hirzel, Leder & Partner*, Wiesbaden 1992, S. 133–146

Boutellier, R.: Parallelisieren im Innovationsprozess: Simultaneous Engineering reduziert die Risiken, in: io management 7–8/1996, S. 29–33

Boutellier, R./Völker, R.: Erfolg durch innovative Produkte – Bausteine des Innovationsmanagements, München et al. 1997

Braun, C. C.: Innovationsstrategien multinationaler Unternehmungen, Frankfurt et al. 1995

Braun, J.: Aufgaben und Ziele der Organisationsgestaltung, in: Neue Organisationsformen im Unternehmen, hrsg. v. *Bullinger, H.-J./Warnecke, H.-J.*, Berlin et al. 1996a, S. 7–27

Braun, J.: Dimensionen der Organisationsgestaltung, in: Neue Organisationsformen im Unternehmen, hrsg. v. *Bullinger, H.-J./Warnecke, H.-J.*, Berlin et al. 1996b, S. 65–86

Brockhaus: Der Brockhaus in fünf Bänden, 8. Auflage, Mannheim et al. 1994

Brockhoff, K.: Forschung und Entwicklung, 4. Auflage, München et al. 1994

Bromann, P./Piwinger, M.: Gestaltung der Unternehmenskultur, Stuttgart 1992

Brown, J. S./Oetinger, B. V. (Hrsg.): Ergebnis Innovation, Die Welt mit anderen Augen sehen, München et al. 1998

Brunner, F. J.: Produktplanung mit Quality Function Deployment QFD, in: io management 6/1992, S. 42–46

Buchholz, W.: Timingstrategien – Zeitoptimale Ausgestaltung von Produktentwicklungsbeginn und Markteintritt, in: zfbf 1998, S. 21–40

Buck, M.: Gestaltungsmöglichkeiten für ein mitarbeiterorientiertes Innovationsmanagement: empirische Analyse der Bedingungen freiwilliger Neuerungsbeiträge in Industriebetrieben mit mehr als tausend Mitarbeitern, Frankfurt am Main et al. 1992

Bürgel, H. D.: Controlling von Forschung und Entwicklung, Stuttgart 1989

Bürgel, H. D./Haller, C./Binder, M.: Die japanische Konkurrenz, Anstöße für Überlegungen zur Effektivitäts- und Effizienzsteigerung des westlichen F+E-Prozesses, in: ZfB-Ergänzungsheft 1/1995, S. 1–26

Bürgel, H. D./Haller, C./Binder, M.: F+E-Management, München 1996

Bullinger, H.-J./Fröschle, H.-P./Brettreich-Teichmann, W.: Informations- und Kommunikationsstrukturen für innovative Unternehmen, in: zfo 4/1993, S. 225–234

Bullinger, H.-J.: Einführung in das Technologiemanagement, Stuttgart 1994

Bullinger, H.-J.: Rapid Prototyping – Methodische Unterstützung zur kreativen Produktentwicklung, in: Kreative Unternehmen – Spitzenleistungen durch Produkt- und Prozeßinnovationen, hrsg. v. *Reichwald, R.* et al., Stuttgart 1995, S. 183–197

Bullinger, H.-J./ Warschat, J./Berndes, S. et al.: Simultaneous Engineering, in: Handbuch Technologiemanagement, hrsg. v. *Zahn, E.*, Stuttgart 1995, S. 375–394

Buro, H. F.: Produktmanagement im Gebrauchsgüterbereich, in: Handbuch des Marketing, hrsg. v. *Bruhn, M.*, München 1989, S. 343–374

Burr, W.: Innovationen in Organisationen, Stuttgart 2004

Chandler, A. D. Jr.: Strategy and structure, Chapters in the History of Industrial Enterprise, Cambridge (Mass.) et al. 1962

Christensen, C. M./Raynor, M. E.: Marktorientierte Innovation, Geniale Produktideen für mehr Wachstum, Frankfurt 2004

Clark, K. B./Fujimoto, T.: Automobilentwicklung mit System, Frankfurt et al. 1992

Comelli, G./Rosenstiel, L. v.: Führung durch Motivation, München 1995

Commes, M. T./Lienert, R.: Controlling im F&E-Bereich, in: zfo (52) 1983, S. 347–354

Cooper, R. G.: New product strategies: What Distinguishes the Top Performers, in: Journal of Product Innovation Management 1984, S. 151–164

Corsten, H./Meier, B.: Organisationsstruktur und Innovationsprozesse (I), in: WISU 6/1983, S. 251–256

Corsten, H.: Überlegungen zu einem Innovationsmanagement – organisationale und personale Aspekte, in: Die Gestaltung von Innovationsprozessen, hrsg. v. *Corsten, H.*, Berlin 1989, S. 1–56

Dahrendorf, R.: Homo Sociologicus, 15. Auflage, Köln et al. 1977

Day, J. D./Wendler, J. C.: The new economics of organization, in: The *McKinsey* Quarterly 1/1998, S. 4–32

Deutsch, C.: Gute Kontakte, in: Wirtschaftswoche 6/1996, S. 68–72

Deutsches Patent- und Markenamt (Hrsg.): Jahresbericht 2000, München 2001

Dierkes, M./Hähner, K.: Sozioökonomischer Wandel und Unternehmensleitbilder, Forschungsbericht FS II 91–108 des WZB, Berlin 1991

Dill, P./Hügler, G.: Unternehmenkultur und Führung betriebswirtschaftlicher Organisationen – Ansatzpunkte für ein kulturbewußtes Management, in: Unternehmenskultur, hrsg. v. *Heinen, E.*, München, Wien 1987, S. 141–209

DIN Deutsches Institut für Normung e.V.: Qualitätsmanagement (DIN EN ISO 8402), Berlin 1995

3M Deutschland GmbH (Hrsg.): Ideen verändern die Welt – *3M* Innovationen, Neuss 1997

Droege/BDI (Hrsg.): Weltweite Studie Innovationsmanagement, Volume II, o. O. 1998

Drucker, P. F.: The Age of Discontinuity: Guidelines to our Changing Society, New York et al. 1969

Dürand, D.: Mit sanftem Druck, in: Wirtschaftswoche 30/1998, S. 62–64

Ehrlenspiel, K.: Produktkosten-Controlling und Simultaneous Engineering, in: Effektives und schlankes Controlling, hrsg. v. *Horváth, P.*, Stuttgart 1992, S. 289–308

Ehrmann, H.: Marketing-Controlling, 2. Auflage, Ludwigshafen 1995

Endruweit, G.: Wechselwirkungen zwischen Gesellschaft und Technologie, in: Handbuch Technologiemanagement, hrsg. von *Zahn, E.*, Stuttgart 1995, S. 1053–1069

Englmann, F.: Innovation als »Jobkiller«?, in: Innovation, hrsg. v. der *Landeszentrale für politische Bildung Baden-Württemberg*, Stuttgart et al. 1989, S. 114–128

Euringer, C.: Marktorientierte Produktentwicklung, Wiesbaden 1994

Eversheim, W.: Simultaneous Engineering – eine organisatorische Chance, in: VDI-Berichte, Nr. 758, 1989, S. 1–26

Eversheim, W./Laufenberg, L./Marczinski, G.: Integrierte Produktentwicklung mit einem zeitparallelen Ansatz, in: CIM Management 9/1993, S. 4–9

Fohler-Norek, C./Strunz, H.: Umweltmanagement – Status und Entwicklungsperspektiven, in: Neue Entwicklungen im Management, hrsg. v. *Hofmann, M./Al-Ani, A.*, Heidelberg 1994, S. 325–359

Fourastié, J.: Gesetze der Wirtschaft von morgen, Düsseldorf et al. 1967

Frese, E.: Unternehmensführung, Landsberg am Lech 1987

Frese, E.: Grundlagen der Organisation, 5. Auflage, Wiesbaden 1993

Frey, D./Kleinmann, M./Barth, S.: Intrapreneuring und Führung, in: Handwörterbuch der Führung, hrsg. v. *Kieser, A.* et al., 2. Auflage, Stuttgart 1995, Sp. 1272–1284

Friedrich, R.: Der Centeransatz zur Führung und Steuerung dezentraler Einheiten, in: Neue Organisationsformen im Unternehmen, hrsg. v. *Bullinger, H.-J./Warnecke, H.-J.*, Berlin et al. 1996, S. 984–1014

Frietsch, R.: Entwicklung des internationalen Patentaufkommens, Studien zum deutschen Innovationssystem Nr. 12–2004, Karlsruhe 2003

Fritz, W.: Determinanten der Produktinnovation, in: Die Unternehmung, 2/1986, S. 134–147

Fritz, W./Vahs, D.: Erfolgsfaktoren eines ganzheitlichen Innovationsmanagements – Das Beispiel der Firma *Junghans Uhren GmbH*, in: ASU/BJU News, Unternehmerzeitschrift Baden-Württemberg, Nr. 1/1995, S. 68–70

Gaitanides, M./Wicher, H.: Strategien und Strukturen innovationsfähiger Organisationen, in: ZfB 4/5/1986, S. 385–403

Gaitanides, M./Scholz, R./Vrohlings, A.: Prozessmanagement, Grundlagen und Zielsetzungen, in: Prozessmanagement, Konzepte, Umsetzungen und Erfahrungen des Reengineering, hrsg. v. *Gaitanides, M.* et al., München et al. 1994, S. 1–19

Gassmann, O.: Internationales F+E-Management, München et al. 1997

Geiger, W.: Qualitätslehre, 2. Auflage, Braunschweig et al. 1994

Geiselhart, H.: Wie Unternehmen sich selbst erneuern, Wiesbaden 1995

Gentner, A.: Vom F+E- zum Innovationscontrolling, in: Controlling 1/1993, S. 46–47

Gerpott, T. J./Wittkemper, G.: Verkürzung von Produktentwicklungszeiten, Vorgehensweise und Ansatzpunkte zum Erreichen technologischer Sprintfähigkeit, in: Integriertes Technologie- und Innovationsmanagement, hrsg. v. *Booz, Allen & Hamilton*, Berlin 1991, S. 119–145

Gerpott, T. J.: Organisation der Forschung und Entwicklung (F+E) industrieller Unternehmen, in: RKW-Handbuch Führungstechnik und Organisation, hrsg. v. *Franz, O.*, Berlin 1995, S. 464–489

Gerpott, T. J.: Strategisches Technologie- und Innovationsmanagement, Stuttgart 1999

Gerybadze, A.: Kritische Thesen zu integrierten Technologie- und Marktstrategien, in: Thexis 1/1993, S. 40–45

Geschka, H.: Kreativitätstechniken, in: Das Management von Innovationen, hrsg, v. *Staudt, E.*, Frankfurt 1986, S. 147–160

Geschka, H./Herstatt, C.: Kundennahe Produktinnovation, in: Die Unternehmung 3/1991, S. 207–220

Geschka, H.: Wettbewerbsfaktor Zeit, Landsberg/Lech 1993

Geschka, H./Hammer, R.: Szenario-Technik in der strategischen Unternehmensplanung, in: Strategische Unternehmensführung, 7. Auflage, hrsg. v. *Hahn, D./Taylor, B.*, Heidelberg 1997, S. 464–489

Goldberg, W. H.: Die Pflege innovativer Ideen – Empirische Beobachtungen systematisiert, in: DBW 1984, S. 565–577

Goldhar, J. D.: Some modest Conclusions, in: Management of Research and Innovation, hrsg. v. *Dean, B. V./Goldhar, J. D.*, Amsterdam et al. 1980, S. 283–284.

Grochla, E.: Unternehmensorganisation, 9. Auflage, Opladen 1983

Grün, O.: Projektorganisation, in: HWO, hrsg. v. *Frese, E.*, 3. Auflage, Stuttgart 1992, Sp. 2102–2116

Häfelfinger, K.: Intrapreneurship: Innovationskraft steigern, in: io management 12/1990, S. 31–34

Hahn, D.: US-amerikanische Konzepte strategischer Unternehmensführung, in: Strategische Unternehmensführung, 7. Auflage, hrsg. v. *Hahn, D./Taylor, B.*, Heidelberg 1997, S. 144–164

Haller, C.: Wie Ideen gedeihen, in: io management 5/1997, S. 20–26

Hamel, G./Prahalad, C. K.: Wettlauf um die Zukunft, Wien 1995

Hammonds, K. H.: How a $ 4 Razor Ends up Costing $ 300 Million, in: Business Week v. 29.01.1990, S. 39–40

Hanser, P./Schlutter, R./Schmidbauer, R. et al.: Lust auf Innovation? in: Absatzwirtschaft 5/1996, S. 38–47

Hauptmann, G./Hohmann, R.: Innovationsfördernde Organisations- und Arbeitsstrukturen in High-Tech-Unternehmen, in: Personal 1989, S. 388–394

Hauschildt, J./Chakrabarti, A. K.: Arbeitsteilung im Innovationsmanagement, in: zfo 6/1988, S. 378–388

Hauschildt, J.: Zur Messung des Innovationserfolgs, in: ZfB 1991, S. 451–476

Hauschildt, J.: Innovationsmanagement, 3. Auflage, München 2004

Hauschildt, J./Kirchmann, E.: Arbeitsteilung im Innovationsmanagement, in: zfo 2/1997, S. 68–73

Hauser, E.: So erfassen wir Innovationspotenziale, in: io management 5/1990, S. 34–36

Hein, C.: *Daimler* baut Patentabteilung um, in: Die Welt, 11.08.1997, S. 12

Heinen, E.: Unternehmenskultur, Perspektiven für Wissenschaft und Praxis, München, Wien 1987

Henzler, H. A.: Vision und Führung, in: Strategische Unternehmensführung, 7. Auflage, hrsg. v. *Hahn, D./Taylor, B.*, Heidelberg 1997, S. 289–302

Herstatt, C./Verworn, B. (Hrsg.): Management der frühen Innovationsphasen, Grundlagen, Methoden, Neue Ansätze, Wiesbaden 2003

Herzog, R.: Aufbruch ins 21. Jahrhundert – Ansprache im Hotel Adlon am 26.04.1997, Berlin 1997

Hewlett-Packard GmbH (Hrsg.): Die Unternehmenskultur von *Hewlett-Packard*, Böblingen 1995

Heyde, W./Laudel, G./Pleschak, F. et al.: Innovationen in Industrieunternehmen, Wiesbaden 1991

Higgins, J. M./Wiese, G. G.: Innovationsmanagement – Kreativitätstechniken für den unternehmerischen Erfolg, Berlin et al. 1996

Hill, W./Fehlbaum, R./Ulrich, P.: Organisationslehre 1, 5. Auflage, Bern et al. 1994

Hill, W./Fehlbaum, R./Ulrich, P.: Organisationslehre 2, 4. Auflage, Bern et al. 1992

Hinterhuber, H. H.: Strategische Unternehmensführung – I. Strategisches Denken, 6. Auflage, Berlin et al. 1996

Hinterhuber, H. H.: Strategische Unternehmensführung – II. Strategisches Handeln, 6. Auflage, Berlin et al. 1997

Hörschgen, H./Kirsch, J./Käßer-Pawelka, G. et al.: Marketing-Strategien, 2. Auflage, Ludwigsburg et al. 1993

Hoffritz, J.: Arme Schlucker, in: Wirtschaftswoche 18/1996, S. 128–131

Horváth, P./Lamla, J./Höfig, M.: Rapid Prototyping – der schnelle Weg zum Produkt, in: Harvard Business Manager 3/1994, S. 42–53

Horváth, P.: Instrumente des F + E-Controlling, in: Handbuch Technologiemanagement, hrsg. v. *Zahn, E.*, Stuttgart 1995, S. 705–723

Horváth, P.: Erneuerung des Controlling, in: Neue Organisationsformen im Unternehmen, hrsg. v. *Bullinger, H.-J./Warnecke, H.-J.*, Berlin et al. 1996, S. 937–945

Howell, J. M./Higgins, C. A.: Champions of Technological Innovation, in: ASQ 35/1990, S. 317–341

Hubka, V.: Theorie der Konstruktionsprozesse – Analyse der Konstruktionstätigkeit, Berlin et al. 1976

Hübner, H.: Integratives Innovationsmanagement, Nachhaltigkeit als Herausforderung für ganzheitliche Erneuerungsprozesse, Berlin 2002

Imai, M.: Kaizen, Der Schlüssel zum Erfolg der Japaner im Wettbewerb, 12. Auflage, München 1994

Iwersen, S.: Verpasste Chancen: Die Nöte deutscher Forscher, in: StZ Nr. 163 v. 17.07.04, S. 16

Jakobi, H.-F.: Neuorientierung indirekter Funktionen, in: Neue Organisationsformen im Unternehmen, hrsg. v. *Bullinger, H.-J./Warnecke, H.-J.*, Berlin et al. 1996, S. 499–516

Jórasz, W.: Kosten- und Leistungsrechnung, 2. Auflage, Stuttgart 2000
Jugendwerk der Deutschen Shell [Hrsg.]: Jugend '97, Opladen 1997

Kamiske, G. F./Brauer, J.-P.: Qualitätsmanagement von A bis Z, 2. Auflage, München et al. 1995
Kelley, T.: Das IDEO Innovationsbuch, Wie Unternehmen auf neue Ideen kommen, München 2002
Kern, W./Schröder, H.-H.: Forschung und Entwicklung in der Unternehmung, Reinbek 1977
Kiechl, R.: Intrapreneurship bringt neuen Elan, in: io management 12/1990, S. 27–30
Kieser, A.: Innovation und Organisationskultur, in: gdi impuls 4/1984, S. 3–11
Kieser, A.: Unternehmenskultur und Innovation, in: Das Management von Innovationen, hrsg. v. *Staudt, E.*, Frankfurt 1986, S. 42–50
Kieser, A./Kubicek, H.: Organisation, 3. Auflage, Berlin et al. 1992
King, N./Anderson, N.: Innovation and Change in Organizations, London, New York 1995
Kleinschmidt, E. J./Geschka, H./Cooper, R. G.: Erfolgsfaktor Markt, Berlin et al. 1996
Klötzl, G. L.: Methoden der Ideenfindung, in: Personal 1989, S. 395–396
Kneerich, O.: F+E: Abstimmung von Strategie und Organisation, Berlin 1995
Koch, W.: Deutschland überrundet USA bei Umwelttechnologie, in: Stuttgarter Zeitung Nr. 7 v. 10.01.1998, S. 1
König, W./Eversheim, W./Celi, I. et al.: Rapid Prototyping – Bedarf und Potentiale, in: VDI-Zeitung 8/1993, S. 92–97
Kohn, L.: Das Innovationsmanagement muß aufgeweckt werden, in: io management 11/1988, S. 491–494
Kondratieff, N. D.: The Long Wave Cycle, New York 1984
Kosiol, E.: Organisation der Unternehmung, 2. Auflage, Wiesbaden 1976
Kosiol, E.: Aufbauorganisation, in: Handwörterbuch der Organisation, hrsg. v. *Grochla, E.*, 2. Auflage, Stuttgart 1980, Sp. 179–187
Kramer, F.: Innovative Produktpolitik, Berlin et al. 1987
Krawczyk, O. et al.: Deutschlands forschungsintensive Industrien und wissensintensive Dienstleistungen: Außenhandel, Produktion und Beschäftigung, Studien zum deutschen Innovationssystem Nr. 17–2004, Hannover, Berlin 2003
Kreikebaum, H.: Strategische Unternehmensplanung, 5. Auflage, Stuttgart 1993
Kroy, W.: Technologiemanagement für grundlegende Innovationen, in: Handbuch Technologiemanagement, hrsg. v. *Zahn, E.*, Stuttgart 1995, S. 57–79
Krystek, U./Müller-Stewens, G.: Strategische Frühaufklärung als Element strategischer Führung, in: Strategische Unternehmensführung, 7. Auflage, hrsg. v. *Hahn, D./Taylor, B.*, Heidelberg 1997, S. 913–933
Küttenbaum, V.: Fortschritt durch Basisanalyse, in: io management 9/1992, S. 92–95

Kuhn, L.: Schnell gewaschen, in: Wirtschaftswoche 43/1997, S. 108–112
Kurz, R.: Was ist Innovation?, in: Innovation, hrsg. v. der *Landeszentrale für politische Bildung Baden-Württemberg*, Stuttgart et al. 1989, S. 9–29

Lange, J. H.: Produktinnovations-Controlling, Münster et al. 1994
Leder, M.: Innovationsmanagement, in: ZfB-Ergänzungsheft 1/1989, S. 1–55
Linneweh, K.: Innovation als Führungsaufgabe, Vortrag anläßlich des Personalforums 1995 der Süddeutschen Zeitung, Berlin et al. 1995
Litke, H. D.: Projektmanagement, 3. Auflage, München et al. 1995
Little, A. D. (Hrsg.): Innovation als Führungsaufgabe, Frankfurt et al. 1988
Little, A. D. (Hrsg.): Management erfolgreicher Produkte, Wiesbaden 1994
Little, A. D. (Hrsg.): Management von Innovation und Wachstum, Wiesbaden 1997
Löser, R.: Einfluss der Gesellschaft auf die Technologieentwicklung, in: Handbuch Technologiemanagement, hrsg. v. *Zahn, E.*, Stuttgart 1995, S. 1072–1096
Luczak, H./Springer, J.: Gestaltung von Arbeitssystemen nach ergonomischen und gesundheitsförderlichen Prinzipien, in: Neue Organisationsformen im Unternehmen, hrsg. v. *Bullinger, H.-J./Warnecke, H.-J.*, Berlin et al. 1996, S. 616–655
Lübbe, U.: Qualität als entscheidender Wettbewerbsfaktor, in: Neue Organisationsformen im Unternehmen, hrsg. v. *Bullinger, H.-J./Warnecke, H.-J.*, Berlin et al. 1996a, S. 753–757
Lübbe, U.: Qualitätsmanagementsysteme, in: Neue Organisationsformen im Unternehmen, hrsg. v. *Bullinger, H.-J./Warnecke, H.-J.*, Berlin et al. 1996b, S. 769–785
Lüder, E.: Entwicklungstendenzen in wichtigen Technologiefeldern, in: Handbuch Technologiemanagement, hrsg. v. *Zahn, E.*, Stuttgart 1995, S. 81–95
Lukas, A.: Internationales Management-Symposium: Innovationen fördern, in: Gablers Magazin 3/1995, S. 6–9
Lynn, G. S./Morone, J. G./Paulson, A. S.: Wie echte Produktinnovationen entstehen, in: Harvard Business Manager 4/1996, S. 80–91

Macharzina, K.: Unternehmensführung, 2. (4.) Auflage, Wiesbaden 1995 (2003)
Maddaus, B.-J.: Handbuch Projektmanagement, 5. Aufl., Stuttgart 1994
Maddaus, B.-J.: Methoden des Managements von Technologieprojekten, in: Handbuch Technologiemanagement, hrsg. v. *Zahn, E.*, Stuttgart 1995, S. 681–703
Maier, F.: Die Integration wissens- und modellbasierter Konzepte zur Entscheidungsunterstützung im Innovationsmanagement, Berlin 1995
Majaro, S.: Erfolgsfaktor Kreativität, London et al. 1993
Mansfield, E.: Size of Firm, Market Structure and Innovation, in: Journal of Political Economy 1963, S. 556–576
Mattern, K.: Wirkungsvolles Innovationscontrolling, in: Integriertes Techno-

logie- und Innovationsmanagement, hrsg. von *Booz, Allen & Hamilton*, Berlin 1991, S. 95–116

Meßner, G.: Kreativitätsförderung im Rahmen betrieblicher Innovation, Frankfurt am Main et al. 1987

Meffert, H.: Marketing, 8. Auflage, Wiesbaden 1998

Mintzberg, H.: Die strategische Planung: Aufstieg, Niedergang und Neubestimmung, München et al. 1995

Mohr, H.-W.: Bestimmungsgründe für die Verbreitung von neuen Technologien, Berlin 1977

Naisbitt, J.: Megatrends – Ten new directions transforming our lives, 2. Auflage, New York 1984

Nefiodow, L. A.: Der sechste Kondratieff, 3. Auflage, Sankt Augustin 1999

Neubauer, F. F.: Das PIMS-Programm und Portfolio-Management, in: Strategische Unternehmensführung, 7. Auflage, hrsg. v. *Hahn, D./Taylor, B.*, Heidelberg 1997, S. 436–463

Nieder, P./Susen, B.: Die Bedeutung der Unternehmenskultur für die Innovationstätigkeit der Unternehmen, in: Personalführung 6/1991, S. 434–436

Nieschlag, R./Dichtl, E./Hörschgen, H.: Marketing, 18. Auflage, Berlin 1997

OECD (Hrsg.): Gaps in Technology – General Report, Paris 1968

OECD (Hrsg.): Die Messung wissenschaftlicher und technischer Tätigkeiten, 4. Auflage, Bonn 1982

Olschowy, W.: Externe Einflußfaktoren im strategischen Innovationsmanagement, Berlin 1990

Opaschowski, H. W.: Deutschland 2010, Hamburg 1997

Pay, D. de: Organisationsmaßnahmen zur Verkürzung der Innovationszeit europäischer Unternehmen, in: ZfB-Ergänzungsheft 1/1995, S. 77–102

Perillieux, R.: Einstieg bei technischen Innovationen: früh oder spät? in: zfo 1/1989, S. 23–29

Perlitz, M.: Die Krise üben, in: Wirtschaftswoche 50/1985, S. 94–101

Peters, T. J./Waterman, R. H.: Auf der Suche nach Spitzenleistungen, 10. Auflage, Landsberg/Lech 1984

Pfeiffer, W./Amler, R./Schäffner, G. J. et al.: Technologie-Portfolio-Methode des strategischen Innovationsmanagements, in: zfo 5–6/1983, S. 252–261

Pfeiffer, W./Dögl, R.: Das Technologie-Portfolio-Konzept, in: Strategische Unternehmensführung, 7. Auflage, hrsg. v. *Hahn, D./Taylor, B.*, Heidelberg 1997, S. 407–435

Pfohl, H.-C./Krings, M./Betz, G.: Techniken der prozessorientierten Organisationsgestaltung, in: zfo 1996, S. 246–251

Pierer, H. v./Oetinger, B. v.: Wie kommt das Neue in die Welt? München et al. 1997

Pinchot, G.: Intrapreneuring, Wiesbaden 1988

Platz, J./Schmelzer, H. J.: Projektmanagement in der industriellen Forschung und Entwicklung, Berlin et al. 1986

Pleschak, F./Sabisch, H./Wupperfeld, U.: Innovationsorientierte kleine Unternehmen, Wiesbaden 1994

Pleschak, F./Sabisch, H.: Innovationsmanagement, Stuttgart 1996

Porter, M. E.: Wettbewerbsvorteile (Competitive Advantage), 4. Auflage, Frankfurt et al. 1996

Powell, M./Jaruzelski, B.: Wachstum managen – Vitalisierung durch Innovationsmanagement, in: Unternehmensvitalisierung, hrsg. v. *Booz, Allen & Hamilton*, Stuttgart 1997, S. 47–69

Pümpin, C./Gälweiler, A./Neubauer, F.-F. et al.: Produkt-Markt-Strategien, Bern 1981

Rieser, I.: Produktinnovation, in: Die Unternehmung 1986, S. 323–329

Rössler, U./Nacke, E.: Neue Geschäftsfelder durch Produktinnovation, in: Produktinnovation, hrsg. v. *Witt, J.*, München 1996, S. 155–167

Rogers, E. M.: Diffusion of Innovations, 3. Auflage, New York 1983

Rosenstiel, L. v.: Grundlagen der Organisationspsychologie, 3. Auflage, Stuttgart 1992

Roski, R./Dietz, J.-W.: Innovationsmanagement und Diskontinuitäten, in: ZfB 1988, S. 927–951

Roth, S.: Unternehmenskultur und Effizienz, in: Unternehmenskultur in der Praxis, hrsg. v. *Empter, S./Kluge, V.*, S. 31–39.

Rothwell, R.: The fifth generation innovation process, in: Innovationen und wirtschaftlicher Fortschritt: betriebs- und volkswirtschaftliche Perspektiven, hrsg. v. *Oppenländer, K. H./Popp, W.*, Bern et al. 1995, S. 9–26

Sabisch, H.: Produktinnovationen, Stuttgart 1991

Sackmann, S.: Organisationskultur: Die unsichtbare Einflußgröße, in: Gruppendynamik, Zeitschrift für angewandte Sozialwissenschaft, 4/1983, S. 393–406

Salcher, E. F.: Innovations-Marktforschung, in: Thexis 4/1991, S. 57–60

Schanz, G.: Organisationsgestaltung, Management von Arbeitsteilung und Koordination, 2. Auflage, München 1994

Schaudel, D.: Ethik und technische Innovation: Verantwortung von Unternehmer und Manager, in: io management 9/1993, S. 45–50

Scheer, A.-W.: CIM – Der computergesteuerte Industriebetrieb, 4. Auflage, Berlin 1990

Schein, E.: Organizational Culture and Leadership, San Francisco et al. 1985

Schewe, G.: Successful innovation management: An integrative perspective, in: Journal of Engineering and Technology Management 11/1994, S. 25–53

Schewe, G.: Erfolg im Technologiemanagement, in: ZfB 1994, S. 999–1024

Schlick, G. H.: Innovationen von A–Z, Renningen-Malsheim 1995

Schlicksupp, H.: Produktinnovation, Würzburg 1988

Schmelzer, H. J.: Organisation und Controlling von Produktentwicklungen, Stuttgart 1992

Schmidtke, A.: Praxis des Venture Capital Geschäfts, Landsberg 1985

Schmitt-Grohé, J.: Produktinnovation, Wiesbaden 1972

Schrader, J.: Innovationsförderung als Führungsaufgabe, in: Aspekte des Innovationsmanagements, hrsg. v. *Schüler, W.*, Wiesbaden 1991, S. 15–41

Schreyögg, G.: Unternehmenskultur und Innovation, in: Personal 9/1989, S. 370–373

Schultz-Wild, L./Lutz, B.: Industrie vor dem Quantensprung, Berlin et al. 1997

Schumpeter, J. A.: Theorie der wirtschaftlichen Entwicklung, 3. Auflage, Leipzig 1931

Schumpeter, J. A.: Kapitalismus, Sozialismus und Demokratie, 2. Auflage, München 1950

Schumpeter, J. A.: Theorie der wirtschaftlichen Entwicklung, 7. Auflage, Berlin 1987

Schwarz, P.: Erleuchtung per Kundenkontakt, in: VDI-Nachrichten v. 17.5.1996, S. 6

Seghezzi, H. D.: Qualitätsmanagement, Stuttgart 1994

Seghezzi, H. D.: Integriertes Qualitätsmanagement, Das St. Galler Konzept, München et al. 1996

Servatius, H.-G.: New Venture Management, Wiesbaden 1988

Siemens AG (Hrsg.): Unternehmensleitsätze, Grundsätze der Organisation und Zusammenarbeit, München 1990

Sommer, R.: Innovationsmanagement bei Sony, in: Erfolgsmanagement 2000 – Konzepte für Menschen, Märkte, Unternehmen, hrsg. v. *Matheis, R.*, Wiesbaden 1992, S. 149–163

Sommerlatte, T./Laying, B. J./Frederik, O. v.: Innovationsmanagement – Schaffen einer innovativen Unternehmenskultur, in: Management der Geschäfte von Morgen, hrsg. v. *Little, A. D.*, 2. Auflage, Wiesbaden 1987, S. 57–74

Sommerlatte, T.: Innovationsfähigkeit und betriebswirtschaftliche Steuerung – läßt sich das vereinbaren? in: DBW 2/1988, S. 161–169

Sommerlatte, T.: Warum Hochleistungsorganisation und wie weit sind wir davon entfernt?, in: Management der Hochleistungsorganisation, hrsg. v. *Little, A. D.*, 2. Auflage, Wiesbaden 1991, S. 1–22

Spath, D. et al. (Hrsg.): Integriertes Innovationsmanagement, Erfolgsfaktoren, Methoden, Praxisbeispiele, Stuttgart 2003

Späth, W./Neumann, R. O.: Innovationsmanagement: Den Wandel dynamisch gestalten, in: Gablers Magazin 5/1996, S. 40–43

Specht, G.: Grundprobleme eines strategischen markt- und technologieorientierten Innovationsmanagements, in: WiSt 12/1986, S. 609–613

Specht, G./Beckmann, C.: F + E-Management, Stuttgart 1996

Specht, G./Beckmann, C./Amelingmeyer, J.: F + E-Management, Kompetenz im Innovationsmanagement, 2. Auflage, Stuttgart 2002

Springer, R.: Wettbewerbsfähigkeit durch Innovationen, Erfolgreiches Management organisatorischer Veränderungen, Berlin et al. 2004

Staehle, W. H.: Management, 7. Auflage, München 1994

Staudt, E.: Innovation, in: DBW 1985, S. 486–487

Staudt, E.: Die innerbetriebliche Förderung von Innovationen, in: Personal 9/1989, S. 364–369

Staudt, E./Bock, J./Mühlemeyer, P. et al.: Anreizsysteme als Instrument des betrieblichen Innovationsmanagements, in: ZfB 1990, S. 1183–1204

Stechhan, M.: Technologietransfer in Großkonzernen, in: Der innerbetriebliche Technologie-Transfer – eine Chance, hrsg. v. *Geschka, H./ Wünnenberg, H.*, Köln 1988, S. 59–99

Steinle, C./Eggers, B./ter Hell, A.: Gestaltungsmöglichkeiten und Grenzen von Unternehmenskulturen, in: JfB 3–4/1994, S. 129–148

Steinle, C.: Ökologieorientierte Unternehmensführung, in: Handbuch Unternehmensführung, hrsg. v. *Corsten, H./Reiß, M.*, Wiesbaden 1995, S. 913–925

Steinmann, H./Schreyögg, G.: Management, 4. Auflage, Wiesbaden 1997

Straßberger, F./Beise, M./Belitz, H. et al.: FuE-Aktivitäten, Außenhandel und Wirtschaftsstrukturen: Die technologische Leistungsfähigkeit der deutschen Wirtschaft im internationalen Vergleich, in: Beiträge zur Strukturforschung, hrsg. v. *Deutsches Institut für Wirtschaftsforschung*, Heft 165, Berlin 1996

Teufel, P.: Der Prozess der ständigen Verbesserung (KAIZEN) und dessen Einführung, in: Neue Organisationsformen im Unternehmen, hrsg. v. *Bullinger, H.-J./Warnecke, H.-J.*, Berlin et al. 1996, S. 526–548

Thom, N.: Grundlagen des betrieblichen Innovationsmanagements, 2. Auflage, Königstein/Ts. 1980

Thom, N.: Innovations-Management, in: zfo 1/1983, S. 4–11

Thom, N.: Innovationsmanagement in kleinen und mittleren Unternehmen, in: WISU 1987, S. 363–369

Thom, N.: Effizientes Innovationsmanagement in kleinen und mittleren Unternehmen, Bern 1997

Tichy, N. M.: Regieanweisung für Revolutionäre, Frankfurt et al. 1995

Trabold, H.: Die internationale Wettbewerbsfähigkeit einer Volkswirtschaft, in: Vierteljahreshefte zur Wirtschaftsforschung 2/1995, S. 169–185

Trommsdorff, V./Trimter, R./Schneider, P.: Innovation und Marketing, in: Thexis 2/1988, S. 8–11

Trommsdorff, V./Schneider, P.: Grundzüge des betrieblichen Innovationsmanagements, in: Innovationsmanagement, hrsg. v. *Trommsdorff, V.*, München 1990, S. 1–25

Trommsdorff, V./Reeb, M./Riedel, F.: Produktinnovationsmanagement, in: WiSt 11/1991, S. 566–572

Tsifidaris, M.: Management der Innovation, Renningen-Malsheim 1994

Tushman, M. L./O'Reilly, C. A.: Innovation ist machbar, Landsberg/Lech 1998

Uhlmann, L.: Warum wird innoviert?, in: Innovation, hrsg. v. der *Landeszentrale für politische Bildung Baden-Württemberg*, Stuttgart et al. 1989, S. 30–44

Ulrich, P./Fluri, E.: Management, 7. Auflage, Bern et al. 1995
Utterback, J. M.: Mastering the Dynamics of Innovation, Boston 1994

Vahs, D.: Alles ist im Fluß – Organisationales Lernen hilft bei der Bewältigung struktureller Veränderungen, in: io management 4/1997a, S. 74–79
Vahs, D.: Organisationskultur und Unternehmenswandel – Wirkungen einer »starken« Organisationskultur in betrieblichen Veränderungsprozessen, in: Personal – Zeitschrift für Human Resource Management 9/1997b, S. 466–469
Vahs, D./Schäfer-Kunz, J.: Einführung in die Betriebswirtschaftslehre, Lehrbuch mit Beispielen und Kontrollfragen, 4. Auflage, Stuttgart 2005
Vahs, D.: Organisation, Einführung in die Organisationstheorie und -praxis, 5. Auflage, Stuttgart 2005
Verworn, B./Herstatt, C.: Prozessgestaltung der frühen Phasen, in: Management der frühen Innovationsphasen, Grundlagen, Methoden, Neue Ansätze, hrsg. v. *Herstatt, C./Verworn, B.*, Wiesbaden 2003, S. 195–214
Vidal, M.: Strategische Pioniervorteile, in: ZfB-Ergänzungsheft 1/1995, S. 43–58
Vry, W.: Absatzwirtschaft, 2. Auflage, Ludwigshafen 1990

Wagner, M./Thieler, W.: Wegweiser für den Erfinder, Berlin et al. 1994
Walter, H.: Wachstums- und Entwicklungstheorie, Stuttgart et al. 1983
Walther, S.: Erfolgsfaktoren von Innovationen in mittelständischen Unternehmen, Frankfurt am Main 2004
Walz, H./Barth, C.: Neuer Schwung für träge Organisationen, in: Gablers Magazin 6/1991, S. 39–43
Warschat, J.: Concurrent and Simultaneous Engineering, in: Neue Organisationsformen im Unternehmen, hrsg. v. *Bullinger, H.-J./Warnecke, H.-J.*, Berlin et al. 1996a, S. 549–564
Warschat, J.: Rapid Prototyping, in: Neue Organisationsformen im Unternehmen, hrsg. v. *Bullinger, H.-J./Warnecke, H.-J.*, Berlin et al. 1996b, S. 584–597
Waterman, R.: Die neue Suche nach Spitzenleistungen – Erfolgsunternehmen im 21. Jahrhundert, Düsseldorf et al. 1994
Weidler, A.: Entwicklung integrierter Innovationsstrategien, Frankfurt am Main et al. 1997
Welge, M. K.: Unternehmensführung, Stuttgart 1987
Wever, U. A.: Unternehmenskultur in der Praxis, 3. Auflage, Frankfurt am Main et al. 1992
Weyrich, C.: Die Beherrschung von Schlüsseltechnologien – Herausforderung für Europa, in: Innovationen und wirtschaftlicher Fortschritt: betriebs- und volkswirtschaftliche Perspektiven, hrsg. v. *Oppenländer, K. H./Popp, W.*, Bern et al. 1995, S. 73–97
Wildemann, H.: Einführungsstrategien für die computerintegrierte Produktion (CIM), München 1990

Wildemann, H.: Simultaneous Engineering als Baustein für just-in-time in Forschung, Entwicklung und Konstruktion, in: VDI-Z 12/1992, S. 18–23

Witt, J.: Produktinnovation, München 1996

Witte, E.: Organisation für Innovationsentscheidungen, Göttingen 1973

Wöhe, G.: Einführung in die Allgemeine Betriebswirtschaftslehre, 18. Auflage, München 1993

Wolfrum, B.: Schnittstellenprobleme zwischen F+E und Marketing im Innovationsmanagement, in: WISU 1994, S. 1016–1022

Wolfrum, B.: Alternative Technologiestrategien, in: Handbuch Technologiemanagement, hrsg. v. *Zahn, E.*, Stuttgart 1995, S. 243–265

Wördenweber, B./Wickord, W.: Technologie- und Innovationsmanagement im Unternehmen, 2. Auflage, Berlin et al. 2004

Wunderer, R.: Führung und Zusammenarbeit, Beiträge zu einer Führungslehre, Stuttgart 1993

Wunderer, R./Gerig, V./ Hauser, R. (Hrsg.): Qualitätsorientiertes Personalmanagement, München et al. 1997

Zahn, E.: Innovations- und Technologiemanagement, in: Technologie- und Innovationsmanagement, hrsg. v. *Zahn, E.*, Berlin et al. 1986, S. 9–48

Zahn, E.: Grundlagen und Zweck des Technologiemanagements, in: Handbuch Technologiemanagement, hrsg. v. *Zahn, E.*, Stuttgart 1995, S. 3–32

Zahn, E.: Führungskonzepte im Wandel, in: Neue Organisationsformen im Unternehmen, hrsg. v. *Bullinger, H.-J./Warnecke, H.-J.*, Berlin et al. 1996a, S. 279–296

Zahn, E.: Kernkompetenzen, in: Handwörterbuch der Produktionswirtschaft, hrsg. v. *Kern, W./Schröder, H.-H./Weber, J.*, 2. Auflage, Stuttgart 1996b, Sp. 883–894

Zahn, E./Foschiani, S. (Hrsg.): Innovation, Wachstum, Ertragskraft – Wege zur nachhaltigen Unternehmensentwicklung, Stuttgart 1998

Zangemeister, C.: Nutzwertanalyse in der Systemtechnik, München 1976

Zedtwitz, M. v./Kiss, E.: Wettbewerbsstrategien und Dominante Designs auf globalen Märkten, in: Internationales Innovationsmanagement, hrsg. v. *Gassmann, O./Zedtwitz, M. v.*, München 1996, S. 105–116

Zetsche, D.: Innovation Leadership, in: io management 1–2/1996, S. 32–35

Zinser, S.: Kennzahlensysteme, in: Neue Organisationsformen im Unternehmen, hrsg. v. *Bullinger, H.-J./Warnecke, H.-J.*, Berlin et al. 1996, S. 971–983

Zweipfennig, H.: Der Zusammenhang zwischen der Organisation und Produktivität industrieller Forschung und Entwicklung, Göttingen 1991

Zwicky, F.: Entdecken, Erfinden, Forschen im Morphologischen Weltbild, München 1966

Stichwortverzeichnis